国家卓越工程师教育培养计划食品类系列教材

高等学校食品专业通用教材

合肥工业大学图书出版专项基金

饮料工艺学

孙汉巨　何述栋　主　编

合肥工业大学出版社

图书在版编目(CIP)数据

饮料工艺学/孙汉巨,何述栋主编.—合肥:合肥工业大学出版社,2022.11
ISBN 978-7-5650-5173-9

Ⅰ.①饮…　Ⅱ.①孙…　②何…　Ⅲ.①饮料—生产工艺—教材　Ⅳ.①TS27

中国版本图书馆 CIP 数据核字(2022)第 211257 号

饮料工艺学

YINLIAO GONGYI XUE

孙汉巨　何述栋　主编	责任编辑　郭　敬 (咨询电话:15251858570)
出　版　合肥工业大学出版社	版　次　2022 年 11 月第 1 版
地　址　合肥市屯溪路 193 号	印　次　2022 年 11 月第 1 次印刷
邮　编　230009	开　本　787 毫米×1092 毫米　1/16
电　话　理工图书出版中心:0551-62903004	印　张　25.75
营销与储运管理中心:0551-62903198	字　数　627 千字
网　址　press.hfut.edu.cn	印　刷　安徽联众印刷有限公司
E-mail　hfutpress@163.com	发　行　全国新华书店

ISBN 978-7-5650-5173-9　　　　　　　　定价:65.00 元
如果有影响阅读的印装质量问题,请与出版社营销与储运管理中心联系调换。

编 委 会

孙希云　沈阳农业大学

王　可　安徽农业大学

王金铃　东北林业大学

王树林　青海大学

魏　巍　雀巢研发(中国)有限公司

吴永祥　黄山学院

杨　旭　安徽新希望白帝乳业有限公司

杨福明　东北农业大学

张　强　安徽农业大学

张艳杰　河南农业大学

张左勇　合肥师范学院

前　言

本教材的编写全面贯彻教育部推行"卓越工程师教育培养计划"和"工程教育认证计划"的工作要求,充分考虑社会对食品专业人才能力的需求及实际教学要求,能有效促进高等教育面向国家及社会发展培养人才,全面提高全国食品相关专业人才的工程培养质量。同时,本教材持续深化"立德树人、能力导向、创新创业"三位一体的教育教学体系改革,对食品相关专业学生具有较强的针对性和较好的适用性。

本教材在新的国家标准分类的基础上,依据产品呈现形式,进行章节排序。本教材共有十二个理论章节:绪论、饮料用水及水处理、饮料常用的原辅料、包装饮用水、碳酸饮料、果蔬汁(浆)类及其饮料、茶(类)饮料、咖啡(类)饮料和植物饮料、蛋白饮料、风味饮料和特殊用途饮料、固体饮料、饮料包装材料及容器。重点章节:饮料用水及水处理、饮料常用的原辅料、碳酸饮料、果蔬汁(浆)类及其饮料、茶(类)饮料和蛋白饮料。次重点章节:包装饮用水、咖啡(类)饮料和植物饮料、风味饮料和特殊用途饮料、固体饮料。

本教材以创建一流教材为契机,立足课程思政,兼顾食品等相关专业,在现有教材的基础上,引入饮料新技术、新设备、新工艺,参考及引用大量现行国家标准、研究论文、书籍、网站上的相关内容,在课后增加二维码知识点,学生可以通过扫码学习相关国家标准等。本教材具有一定的系统性、先进性及实用性。

本教材可供高等学校食品科学与工程、食品质量与安全、粮食储藏及加工、粮食工程、烹饪与营养教育、食品卫生与营养学、食品营养与健康、公共卫生等专业本科生及研究生使用,也可供从事食品卫生检验、进出口商品检验、质量监督、食品研究及开发的技术人员参考。

本教材涉及学科较多、知识面广,参阅了大量同行专家的科研成果和资料,在参考文献中仅列出主要部分。感谢刘淑芸、高玲艳、裴慧、李骁、何辛洲、顾荣荧、高宽、陈皓爽、狄大凯及邱敏等研究生同学在部分图片编辑中的辛苦工作。

由于编者水平有限,饮料市场发展迅速,知识更新较快,所编内容难免有不足之处,敬请读者批评指正。

编　者

2022 年 10 月

目　　录

第一章 绪论

教学要求：

1. 掌握饮料的定义与分类；
2. 了解饮料的发展现状与前景。

教学重点：

1. 软饮料及饮料的定义；
2. 从国家标准、组织形态及加工工艺的角度，对饮料进行分类。

教学难点：

1. 软饮料及饮料的定义；
2. 从组织形态角度对软饮料进行分类。

第一节 饮料的定义与分类

一、饮料的定义

根据《食品安全国家标准 饮料》(GB 7101—2022)，饮料(drink 或 beverage)的定义是用一种或几种食用原料，添加或不添加辅料、食品添加剂、食品营养强化剂，经加工制成定量包装的、供直接饮用或冲调饮用、乙醇含量不超过 0.5%（质量分数）的制品，也可称为饮品，如碳酸饮料、果蔬汁类及其饮料、蛋白饮料、固体饮料等。

饮料是经过加工制作的、供人们直接饮用或经冲调后饮用的食品，以提供给人们生活必需的水分和营养成分，以达到生津止渴的目的。饮料具有一定的滋味和口感，而且强调色、香、味。饮料保持天然原料的色、香、味，或者经过加工调配加以改善，以满足人们各方面的需要。饮料不仅能为人们补充水分，还能为人们补充其他营养成分，有的甚至还有食疗作用。有些饮料含有特殊成分，可对人体起不同的作用，如饮用碳酸饮料时有清凉爽口感，具有消暑解渴作用；茶和咖啡是传统的嗜好饮品，由于其含有咖啡碱，饮用时有提神作用；酒类作为嗜好饮品有悠久的历史，适当饮用可使人醒神兴奋，消除疲劳，但是过量饮用则使人伤身等。

饮料的品种繁多，根据产品的组织形态，可以分为液体饮料、固体饮料和共态饮料三种类型。通常情况下，饮料含水量很高，以呈液态的居多，此类饮料称为液体饮料；固体饮料是指用食品原料、食品添加剂等加工制成粉末状、颗粒状或块状等固态，含水量在 7.0% 以下的供冲调饮用的制品；共态饮料则是指那些既可以是固态，又可以是液态，或在物理形态上处于过渡状态的饮料，如冷饮类的雪糕等。

饮料风味各异，国际上对饮料的概念和分类也并不完全相同。目前，较普遍的是将饮料分为非酒精饮料和酒精饮料两大类。非酒精饮料一般称为软饮料(soft drinks)，但软饮料并不是完全不含有乙醇。例如，在一些饮料制作过程中所使用的液体香精，其溶剂通常为乙醇;另外,一些发酵饮料也可能含有微量乙醇,以及果汁及浓缩果汁在储藏过程中,被酵母菌污染,发酵产生少量酒精。酒精饮料是指供人们饮用的且乙醇含量在0.5%(体积分数)以上的饮料,包括各种发酵酒(即酿造酒,如啤酒、葡萄酒、果酒、黄酒等)、蒸馏酒(如白酒、白兰地、威士忌等)及配制酒(如露酒)。

美国软饮料方面的相关法规对软饮料有如下规定:软饮料是指人工配制的、酒精(用作香精等配料的溶剂)含量不超过0.5%的饮料,但不包括果汁、纯蔬菜汁、大豆乳制品、茶叶、咖啡、可可等以植物性原料为基础的饮料。

日本没有软饮料的概念,一般称之为清凉饮料,包括碳酸饮料、水果饮料、固体饮料、咖啡饮料、茶饮料、矿泉水、苏打水、运动饮料等,但不包括含乳酸菌的饮料。

英国软饮料方面的相关法规把软饮料定义为"任何供人类饮用的出售的需要稀释或不需要稀释的液体产品"。软饮料包括各种果汁饮料、汽水(苏打水、奎宁水、甜化汽水)、姜啤及加药或植物的饮料,不包括水、天然矿泉水(包括强化矿物质的)、果汁(包括加糖和不加糖的、浓缩的)、乳及乳制品、茶、咖啡、可可或巧克力、蛋制品、粮食制品(但加麦芽汁含酒精的、任何以包装形式出售的即饮或可稀释的、酒精含量低于1.2%的制品属于饮料)、肉类、酵母菌或蔬菜等制品(包括番茄汁)、汤料、能醉人的饮料及除苏打水外的任何不甜的饮料。欧盟的规定基本与英国相似。

近年来,为了促进饮料市场的快速、健康、有序发展,根据改革开放40多年来饮料行业的发展现状,原国家质量监督检验检疫总局、国家标准化管理委员会制定了国家标准《饮料通则》(GB/T 10789—2015);原中华人民共和国国家卫生和计划生育委员会和国家食品药品监督管理总局发布了国家标准《食品安全国家标准 饮料生产卫生规范》(GB 12695—2016)。饮料都具有一定的滋味和口感,其加工制作必须保证在安全卫生的环境条件下完成,以确保成品对人体无害。因此,在加工过程中必须除去天然原料中的有害成分,并在防止原料受污染的同时,最大限度地保留原材料的营养成分和原有的色、香、味。

二、饮料的分类

(一)按国家标准分类

根据《饮料通则》(GB/T 10789—2015),按原辅料、产品形式与性状的不同将饮料分为11个类别。

1. 包装饮用水

包装饮用水(packaged drinking water)是指以直接来源于地表、地下或公共供水系统的水为水源,经加工制成的密封于容器中可直接饮用的水。

(1)饮用天然矿泉水

饮用天然矿泉水是指从地下深处自然涌出的或经钻井采集的,含有一定量的矿物质、微量元素或其他成分的,在一定区域内未受污染并采取预防措施避免污染的水。在通常情况下,其化学成分、流量、水温等动态指标在天然周期波动范围内相对稳定。

(2)饮用纯净水

饮用纯净水(purified water)是指以直接来源于地表、地下或公共供水系统的水为水源,经适当的水净化加工方法制成的制品。

(3)其他类饮用水

① 饮用天然泉水(natural spring water):以地下自然涌出的泉水或经钻井采集的地下泉水且未经过公共供水系统的自然来源的水为水源,制成的制品。

② 饮用天然水(natural drinking water):以水井、山泉、水库、湖泊或高山冰川等,且未经过公共供水系统的自然来源的水为水源,制成的制品。

③ 其他饮用水(other drinking water):除①和②之外的饮用水,如以直接来源于地表、地下或公共供水系统的水为水源,经适当的加工方法,为调整口感加入一定量矿物质,但不添加糖或其他食品配料而制成的制品。

2. 果蔬汁类及其饮料

果蔬汁类及其饮料(fruit vegetable juices and beverage)是指以水果和(或)蔬菜(包括可食的根、茎、叶、花、果实)等为原料,经加工或发酵制成的液体饮料。

① 果蔬汁(浆)(fruit/vegetable juice, puree):以水果或蔬菜为原料,采用物理方法(机械方法、水浸提等)制成的可发酵但未发酵的汁液、浆液制品;或在浓缩果蔬汁(浆)中,加入其之前加工过程中除去的等量水分复原制成的汁液、浆液制品,如果汁、蔬菜汁、果浆/蔬菜浆、复合果蔬汁(浆)等。

② 浓缩果蔬汁(浆)(concentrated fruit/vegetable juice, puree):以水果或蔬菜为原料,从采用物理方法榨取的果汁(浆)或蔬菜汁(浆)中除去一定量的水分制成的,并加入其加工过程中除去的等量水分复原,具有果汁(浆)或蔬菜汁(浆)应有特征的制品。

含有不少于两种浓缩果汁(浆),或浓缩蔬菜汁(浆),或浓缩果汁(浆)和浓缩蔬菜汁(浆)的制品为浓缩复合果蔬汁(浆)。

③ 果蔬汁(浆)类饮料[fruit/vegetable juice(puree)beverage]:以果蔬汁(浆)、浓缩果蔬汁(浆)为原料,添加或不添加其他食品原辅料和(或)食品添加剂,经加工制成的制品,如果蔬汁饮料、果肉(浆)饮料、复合果蔬汁饮料、果蔬汁饮料浓浆、发酵果汁饮料、水果饮料等。

3. 蛋白饮料

蛋白饮料(protein beverage)是指以乳或乳制品或含有一定蛋白质的植物的果实、种子或种仁等为原料,添加或不添加其他食品原辅料和(或)食品添加剂,经加工或发酵制成的液体饮料。

① 含乳饮料(milk beverage):以乳或乳制品为原料,添加或不添加其他食品原辅料和(或)食品添加剂,经加工或发酵制成的制品,如配制型含乳饮料、发酵型含乳饮料、乳酸菌含乳饮料等。

② 植物蛋白饮料(plant protein beverage):以一种或多种含有一定蛋白质的植物果实、种子或种仁等为原料,添加或不添加其他食品原辅料和(或)食品添加剂,经加工或发酵制成的制品,如豆奶(乳)、豆浆、豆奶(乳)饮料、椰子汁(乳)、杏仁露(乳)、核桃露(乳)、花生露(乳)等。

以两种或两种以上含有一定蛋白质的植物果实、种子、种仁等为原料,添加或不添加其他食品原辅料和(或)食品添加剂,经加工或发酵制成的制品也可称为复合植物蛋白饮料,如花生核桃、核桃杏仁、花生杏仁复合植物蛋白饮料。

③ 复合蛋白饮料(mixed protein beverage):以乳或乳制品和一种或多种含有一定蛋白质的植物果实、种子或种仁等为原料,添加或不添加其他食品原辅料和(或)食品添加剂,经

加工或发酵制成的制品。

④ 其他蛋白饮料(other protein beverage)：除①～③之外的蛋白饮料。

4. 碳酸饮料(汽水)

碳酸饮料(汽水)(carbonated beverage)是指以食品原辅料和(或)食品添加剂为基础，在一定条件下充入一定量二氧化碳气体，经加工制成的液体饮料，如果汁型碳酸饮料、果味型碳酸饮料、可乐型碳酸饮料、其他型碳酸饮料等，不包括由发酵自身产生二氧化碳的饮料。

5. 特殊用途饮料

特殊用途饮料(beverage for special uses)是指加入具有特定成分，满足所有或某些人群需要的液体饮料。

① 运动饮料(sports beverage)：营养成分及其含量能适应运动或经常进行体力活动人群的生理特点，能为机体补充水分、电解质和能量，可被机体迅速吸收的制品。

② 营养素饮料(nutritional beverage)：添加适量的食品营养强化剂，以补充机体营养需要的制品，如营养补充液。

③ 能量饮料(energy beverage)：含有一定能量并添加适量营养成分或其他特定成分，能为机体补充能量，或加速能量释放和吸收的制品。

④ 电解质饮料(electrolyte beverage)：添加机体所需要的矿物质及其他营养成分，能为机体补充新陈代谢消耗的电解质、水分的制品。

⑤ 其他特殊用途饮料(other special usage beverage)：除①～④之外的特殊用途饮料。

6. 风味饮料

风味饮料(flavored beverage)是指以添加糖(包括食糖和淀粉糖)和(或)甜味剂、酸度调节剂、食用香精(料)等中的一种或者多种作为调整风味的主要手段，经加工或发酵制成的液体饮料，如茶味饮料、果味饮料、乳味饮料、咖啡味饮料、风味水饮料及其他风味饮料等。

注：不经调色处理、不添加糖(包括食糖和淀粉糖)的风味饮料为风味水饮料，如苏打水饮料、薄荷水饮料、玫瑰水饮料等。

7. 茶(类)饮料

茶(类)饮料(tea beverage)是指以茶叶或茶叶的水提取液或其浓缩液、茶粉(包括速溶茶粉、研磨茶粉)为原料或直接以茶的鲜叶为原料，添加或不添加食品原辅料和(或)食品添加剂，经加工制成的液体饮料，如原茶汁(茶汤)/纯茶饮料、茶浓缩液、茶饮料、果汁茶饮料、奶茶饮料、复(混)合茶饮料及其他茶饮料等。

8. 咖啡(类)饮料

咖啡(类)饮料(coffee beverage)是指以咖啡豆和(或)咖啡制品(研磨咖啡粉、咖啡的提取液或其浓缩液、速溶咖啡等)为原料，添加或不添加糖(食糖、淀粉糖)、乳和(或)乳制品、植脂末等食品原辅料和(或)食品添加剂，经加工制成的液体饮料，如浓咖啡饮料、咖啡饮料、低咖啡因咖啡饮料、低咖啡因浓咖啡饮料等。

9. 植物饮料

植物饮料(botanical beverage)是指以植物或植物提取物为原料，添加或不添加其他食品原辅料和(或)食品添加剂，经加工或发酵制成的液体饮料。植物饮料包括可可饮料、谷物类饮料、草本(本草)饮料、食用菌饮料、藻类饮料及其他植物饮料，不包括果蔬汁类及其饮料、茶(类)饮料和咖啡(类)饮料。

10. 固体饮料

固体饮料(solid beverage)是用食品原辅料、食品添加剂等加工制成的粉末状、颗粒状或块状等,供冲调或冲泡饮用的固态制品,如风味固体饮料、果蔬固体饮料、蛋白固体饮料、茶固体饮料、咖啡固体饮料、植物固体饮料、特殊用途固体饮料等。

11. 其他类饮料

其他类饮料(other beverage)是除1~10之外的饮料,其中经国家相关部门批准、可声称具有特定保健功能的制品为功能饮料。

(二)按组织形态分类

根据各种饮料组织形态的差异,饮料又可分为固体饮料、液体饮料和共态饮料三种类型。

1. 固体饮料

固体饮料是指以糖、植物抽提物、食品添加剂及其他配料为原料,通过加工制成颗粒状、粉末状或块状等固态的制品,其水分含量控制在7%以内。固体饮料通常不直接食用,而是用水冲调后饮用。

2. 液体饮料

液体饮料是指无一定形状、固形物含量通常为5%~8%(浓缩饮料为30%~50%)、可以随意流动的饮料。

3. 共态饮料

共态饮料是指可以以固、液两种状态同时存在,物理形态处于过渡态的一种饮料,如雪糕等,即冷冻饮品。由《食品安全国家标准　冷冻饮品和制作料》(GB 2759—2015)可知,我国对冷冻饮品的定义:以饮用水、食糖、乳、乳制品、果蔬制品、豆类、食用油脂等其中的几种为主要原料,添加或不添加其他辅料、食品添加剂、食品营养强化剂,经配料、巴氏杀菌或灭菌、凝冻或冷冻等工艺制成的固态或半固态食品,包括冰淇淋、雪糕、雪泥、冰棍、甜味冰、食用冰等。

(三)按加工工艺分类

按饮料的加工工艺,可以将其分为如下四类。

1. 采集型饮料

采集型饮料是指以天然资源为原料,不加工或经过简单的过滤、杀菌等处理的产品,如天然矿泉水。

2. 提取型饮料

提取型饮料是指以天然水果、蔬菜或其他植物为原料,经破碎、压榨或浸提、抽提等工艺制取的饮料,如果汁、菜汁或其他植物性饮料。

3. 配制型饮料

配制型饮料是指以天然原料和添加剂配制而成的饮料,包括充二氧化碳的汽水。

4. 发酵型饮料

发酵型饮料是指用酵母菌、乳酸菌等发酵制成的饮料,包括杀菌的和不杀菌的。

第二节　饮料的生产与消费概况

一、饮料的发展历史

　　饮料加工的历史悠久,不同类别饮料的发展历史各不相同,其中碳酸饮料、果汁饮料和茶饮料占据重要地位。碳酸饮料的发展历史可以追溯到从天然山泉中发现矿泉水的时期。很长时间以来,人们都认为在天然泉水中沐浴有益于健康;科学家们发现天然的矿物质水中含有二氧化碳气体,富含矿物质的山泉水具有医疗效果。

　　市售的第一种饮料是在 17 世纪问世的,其由水、柠檬汁及蜂蜜(用于增加甜度)制作而成。1676 年,巴黎利莫内拉公司获准销售这种柠檬汽水。1772 年,英国人约瑟夫·普利斯发明了制造碳酸饱和水的设备,成为制造碳酸饮料的始祖。然而,1832 年,碳酸饮料才得到广泛普及。1886 年,亚特兰大药剂师约翰·彭伯顿在佐治亚州发明了可口可乐。1892 年,William Painter(威廉·佩因特)发明了皇冠盖。1898 年,布拉德发明了百事可乐。

　　1899 年,关于制造玻璃瓶的玻璃吹瓶机的第一项专利出现。1952 年,第一款低热量饮料——无糖饮料开始销售。1957 年,第一个铝罐开始使用。1959 年,第一瓶低热量可乐开始销售。1962 年,美国匹兹堡酿酒公司第一次将拉环推向市场。1963 年 3 月,美国施利茨酿酒公司向公众推出易拉罐装啤酒。20 世纪 70 年代,饮料开始使用塑料瓶包装形式。1973 年,PET(聚对苯二甲酸乙二醇酯)塑料瓶问世。1974 年,留置式拉环问世,美国瀑布城酿酒公司将其推向了市场。目前,可口可乐、百事可乐在世界碳酸饮料市场上占据垄断位置。

　　茶饮料的发展经历了传统冲泡茶、速溶茶、果汁茶、纯茶、保健茶这 5 个阶段。18 世纪,欧洲的茶商曾从中国进口一种用茶抽提浓缩液制作的深色茶饼,溶化后作为早餐用茶,这便是今天速溶茶的雏形。速溶茶的研制始于 1950 年的美国,初期大多沿用速溶咖啡的加工设备和技术,并不断对设备和技术加以改进。20 世纪 60 年代,在速溶茶工业迅速发展的基础上,出现了工业规模的冰茶制造业。然而,在家庭或宴会中,冰茶已有 100~200 年的历史。1973 年,日本首先开发成功罐装茶水饮料——红茶饮料,如柠檬红茶和奶茶饮料产品。1983 年,日本又推出了绿茶饮料。随后,日本企业相继推出了混合茶饮料和保健茶饮料,至1985 年,无甜味、后味爽口、不加色素的天然茶饮料开始在日本走红,继而生产出了纸容器、PET 瓶和玻璃瓶装茶饮料。一向以经营可乐等碳酸饮料闻名于世的饮料巨头可口可乐公司也在 2001 年推出了系列茶饮料。

　　早在 6000 年以前,就有关于巴比伦人喝水果饮料的记载,这是关于果汁饮料的最古老记载;又经过若干个世纪还有关于喝柠檬饮料的记载。1868 年,日本首次生产调味果汁饮料。1869 年,美国新泽西州对瓶装葡萄汁首次进行巴氏杀菌,开始了小包装发酵型纯果汁的商品化生产。1897 年,日本用榨出的橘子汁生产果汁饮料,并开始销售,但由于杀菌不足,很快终止销售。

　　饮料工业是我国轻工业的重要产业之一。基于我国改革开放政策下的历史背景,我国饮料行业从 20 世纪 80 年代开始,仅用了 20 年的时间就几乎走完了欧美国家 80 年的饮料发展全过程。

　　改革开放 40 多年以来,我国饮料品类经历了从汽水的"一枝独秀"到果蔬汁饮料、蛋白饮料、茶饮料、功能饮料等"百花齐放"的转变。2015年以前,饮料行业大致经历了5个阶段:1979—1995年为第一阶段,这一时期是小规模玻璃瓶装汽水逐渐向国外品牌可乐碳酸饮料转变的时期,历时近17年;1996—2000年为第二阶段,重要的标志是娃哈哈、乐百氏和农夫山泉包装水在我国的热销,它们打破了可口可乐和百事可乐在饮料市场"一统天下"的格局,历时近5年;2001年,康师傅推出茶饮料,其备受消费者青睐,这一阶段可以视为我国饮料发展的第三阶段;2002年,最引人注目的是以"统一鲜橙多"为代表的果汁饮料在市场上的火爆销售,这一阶段视为第四阶段;2005—2015年,以娃哈哈营养快线为代表的果汁加牛奶型含乳饮料热销,同时期热销的产品还有脉动(乐百氏)、激活(娃哈哈)、尖叫(养生堂)等运动饮料,以及王老吉、加多宝凉茶等植物饮料,这一阶段可视为饮料市场强调营养、健康的第五阶段。2015年以后,饮料行业的大小企业共同发展,呈现"百花齐放"的竞争新格局;产品结构也在不断调整,瓶装饮用水被进一步细分,苏打水、非浓缩还原饮料、运动饮料、植物饮料、植物蛋白饮料等全面发展,饮料行业不再以大单品为主线,而以"健康""多元"的主线发展。

二、当前的饮料生产与消费情况

软饮料在国外尤其是欧美国家有很长的发展历史,深受广大消费者的喜爱。美国软饮料市场较为成熟,拥有可口可乐等一众行业巨头。美国作为软饮料第一大国,占据16.36%的市场份额。欧睿信息咨询(上海)有限公司数据显示,2011—2019年,全球软饮料行业市场规模逐年增长,增长速率稳定在2%左右。2020年,受新型冠状病毒感染的影响,全球软饮料市场规模大幅度下降。2020年,全球软饮料市场规模为7 700.58亿美元,同比下降10.6%,这主要是由于在餐饮渠道中软饮料销售受到极大限制。但从整体来看,全球软饮料销量呈上升趋势,全球对软饮料的需求依旧旺盛。从区域来看,北美和亚太地区是全球较大的两个软饮料市场,北美地区由于软饮料行业发展较早并较为成熟,一直是全球第一大软饮料市场。2017年起,亚太地区软饮料行业快速发展,并且超过北美地区成为全球第一大软饮料市场。2020年,亚太地区软饮料市场占全球软饮料市场的27.73%,北美地区软饮料市场占比为24.49%,西欧和拉美地区分别占18.58%和11.69%。

在消费升级的推动下,我国由于庞大的人口数量及近年来软饮料行业的发展,目前稳居世界第二,在软饮料市场中占据12.69%的份额。尼日利亚、墨西哥、印度在软饮料销量上排在第三、第四、第五位,占比分别为7.50%、3.91%和3.86%。

未来我国饮料行业发展潜力巨大,饮料产量将不断增长。据国家统计局统计数据,2022年全年,全国饮料行业总产量为1.81亿t,略低于2021年;销售收入为5 400亿元,同比增长3.5%。2021年全国饮料产量达到1.83亿t,同比增长12%。2010—2021年,全国饮料总产量为18.86亿t,年均产量为1.57亿t,复合增长率达到8.27%。

三、我国饮料产品发展现状

(一)产品种类、口味日益丰富

随着经济发展,居民消费水平的提升及消费结构的升级,我国饮料行业整体呈现出良好的增长态势,未来产能将不断提升,产业结构将进一步得到提升和优化。2022年我国饮料市场规模达到12 478.0亿元,消费者常喝的饮料品类较多,主要有包装饮用水、碳酸饮料、奶制品和气泡水。我国饮料市场中的饮料品类发展大致分为三个阶段：2000年以前，碳酸类饮料占据饮料市场的主导地位；2000—2007年，消费者的目光渐渐转移到茶饮料、功能饮料上；当今，人们健康意识逐渐增强，消费观念随其转变，健康无糖饮料受到越来越多人的重视。

（二）能量饮料销售额增速极快

随着我国居民消费水平的提高，消费者对饮料的健康、功能属性需求日益提升。各细分类别饮料中，能量饮料、即饮咖啡、包装饮用水和有亚洲特色的饮料表现出超越行业的快速增长态势。其中，能量饮料在2014—2019年的销售额复合增长率高达15.02%，是增速极快的细分品类之一。

（三）销售渠道多样

近年来，自动售卖机网点的铺开和互联网销售平台发展迅速，我国饮料行业明显呈现出渠道多元化发展的特征。自动售卖机和互联网销售的饮料占比有所提升，但仍以线下店面销售为主要销售渠道。根据统计，2019年，我国各类饮料的线下店面渠道销售量占比均为90%以上。

（四）国产品牌迅速崛起

跨国品牌历史悠久，市场知名度高，市场份额相对较大。然而，近几年，国产品牌迅速崛起，通过差异化的产品和营销策略逐步提高了市场份额，驱动国内市场增长，并引领行业的创新潮流，如农夫山泉在包装饮用水、茶饮料等诸多领域内都有亮眼的表现。其他较为成功的国产品牌还包括茶饮料中的王老吉、包装饮用水中的怡宝、风味饮料中的天地壹号，以及能量饮料中的东鹏特饮和乐虎等。

第三节　饮料的发展前景

随着我国居民消费水平的不断提高和消费习惯的变化，消费者对饮料的需求呈现出多样化的趋势，促使我国饮料产品类别、口味日益丰富。

一、饮料行业发展新趋势

饮料行业是一个万亿级市场，从诞生至今，植物蛋白饮料、碳酸饮料、茶饮料、瓶装水、果汁、凉茶、含乳饮料等细分市场层出不穷。饮料行业从来就不缺新产品，如瑞幸咖啡、喜茶、奈雪的茶等新品不断涌现，竞争十分激烈。随着产品同质化、消费升级及健康意识的增强，饮料行业也面临新的挑战。

目前，可持续发展、健康老龄化及便携性将成为引领全球食品饮料创新风潮的三大核心趋势。2022年，饮料行业继续秉持"饮料是营养素良好载体"的理念，开拓创新，在产品创新、节能减排、标准体系完善等方面取得了许多成绩。从长远的角度看，"可持续发展"必定会成为全人类的高度共识。从田间地头到零售端、从餐桌到垃圾桶、从原料到包装，可持续发展的定义正覆盖整个产品生命周期。中国饮料工业协会特别倡议，可持续发展是在当下和未来都需要整个行业齐心协力、共同应对的挑战，同时为行业新的发展提供机遇。

当下，消费者对食品和饮料的需求早就不是简单地满足食欲。随着消费环境、消费观念的变化，食品和饮料行业产业结构升级的趋势也越来越明显。健康、环保、可持续发展成为企业追求的创新理念,唯有肩负社会责任的企业才能在市场中脱颖而出。

二、饮料产品的新需求

未来一段时期内,"营养、多元、个性、便捷、智能、合作"将成为饮料行业创新发展的主旋律。在国家实施的"三品"(无公害农产品、绿色食品、有机食品)战略中,与品牌相比较,饮料行业更需要的是提升品质和增加品种。2016 年以来,植物蛋白饮料、粗粮饮料、低糖饮料、无糖饮料、发酵饮料、营养素强化饮料等新品不断,特别是生物发酵技术在饮料中的应用正成为很多企业和研究机构的热门项目;"互联网包装"、包装个性化带来包装创新;产品定制、网络平台带货销售带来营销创新;智能制造、信息化管理将大大提高企业的运行效率和质量管控水平。当前,通过采用新型行业合作方式,使饮料新品的开发不断贴近消费需求,对缓解和解决产能过剩问题起到了积极作用。未来,饮料行业的创新将会更加广泛和深入,也必将促进我国饮料行业从大到强的转变。目前,饮料行业的新品主要有以下几类。

(一)植物水饮料

椰子汁、桦树汁属于植物水饮料,它们富含抗氧化剂、天然矿物质、木糖醇、天然糖等成分,对人类健康有着积极的影响。椰子汁是一个成功的饮料种类,受到了消费者的广泛认可。2018 年前后,桦树汁饮料问世。这种桦树水通常分布在地球北部地区,采集期只有两到四个星期。植物水饮料的另一个潜在来源是仙人掌,它有强势替代椰汁或芦荟汁的趋势。仙人掌的好处是适用于糖尿病患者,有助于抗高胆固醇,甚至可以缓解宿醉。

(二)自然酿造茶和咖啡饮料

目前,在饮料行业,天然和健康是主要的话题。自然酿造是一个产品的解决方案,味道像自制的咖啡或茶。原料无须经过萃取过程,就可用于即饮饮料的生产。这类产品不需要添加糖或甜味剂,可尽可能多地保留自然风味和天然抗氧化成分。

(三)氨基酸运动饮料

健身饮料现在渐成主流。由于运动饮料需求越来越大,各种产品的增长速度比以往任何时候都要快。通过使用天然甜味剂、色素甚至酸化剂,保持配方成分尽可能天然是非常重要的。与单靠节食相比,使用氨基酸运动饮料并与低热量饮食相结合可能更有利于减肥,这种饮料可以帮助运动爱好者保持肌肉质量,提高运动性能。

(四)零食饮料

在紧张的日常生活中,越来越多的人都在努力找时间吃一顿像样的饭。因此,人们开发出了新的零食饮料,该饮料的原料包括芡欧鼠尾草种子、亚麻种子、藜麦和荞麦等。零食饮料可提供矿物质、维生素、纤维和其他营养素等天然成分。随着食品安全的普及,年轻消费者倾向于追求更加干净、简单的配料,使用天然成分替代人工成分将成为零食饮料的一个长期趋势。另外,通过创新技术,转化不健康成分,如在果汁饮料中,应用酶促技术,将果糖转化为膳食纤维,降低果汁热量和含糖量,增加健康特性。

(五)辣味饮料

辣味饮料含有辛辣成分,通常受年轻消费者的喜欢。果汁饮料中含辣椒粉、辣椒提取物或者姜汁等,其中辣椒中含有具有生物活性的化合物(如生物碱和单宁),这些化合物不仅可增加香料和饮料的味道,也会给饮料带来一些健康属性。

(六)植物蛋白饮料

由于受各种过敏原的影响,消费者正在寻找乳清蛋白和动物蛋白质的替代品。有麸质过敏症、乳糖不耐症的人可食用大米、大豆、螺旋藻和菜豆等植物蛋白质。这种植物蛋白质可用于果汁和果汁饮料。消费者对增加蛋白质摄入量仍然表现出很强的兴趣,越来越多的关注点集中在特定类型的蛋白质使用方面。渴望清洁标签、易消化、避免过敏原、兼容素食和纯素食,使消费者更加关注植物蛋白饮料。

(七)抹茶饮料

抹茶(绿茶类别)特有的外观,特定的味道、功能、浊度,独特的口感,使消费者增加了对它的兴趣。抹茶储存应避免阳光直射。由于产品特性独特,含有抹茶的饮料应用铝罐或利乐包等包装。2016年,各种新品牌和新口味的抹茶饮料强势进入饮料市场。

(八)非浓缩还原饮料

非浓缩还原(not from concentrate,NFC)饮料,是将新鲜原果清洗后压榨出果汁,经瞬间杀菌后直接灌装(不经过浓缩及复原)的饮料,完全保留了水果原有的新鲜风味。在我国,现阶段的NFC果蔬汁主要以巴氏杀菌方式生产,而欧美多采用超高压技术(high pressure processing,HPP)生产。近年来,我国超高压果蔬汁生产已开始起步。

第四节　饮料的新产品开发程序及配方设计原则

好的饮料产品,应色泽鲜明,不易褪色和变色,香气柔和协调,口味甜酸适度,有一定营养成分、卫生安全可靠。清汁型饮料应澄清透明;混汁型饮料应均匀,不分层,无沉淀。因此,饮料的配方设计应从色、香、味方面,以及形态、营养与安全方面综合考虑。

一、调色

饮料产品除了特定的品种为无色,天然果汁不加色素外,绝大多数要添加色素。水果型饮料尤为重要,若产品的色泽与天然水果的色泽相一致,则能让消费者产生一种真实感,产品就具有吸引力。要想使产品获得理想的色泽,就得掌握调色知识。在饮料开发中使用色素很常见,色素主要有天然和人工合成两大类。天然色素一般无毒、安全,添加量一般不受限制,大多用于儿童饮料和保健饮料等产品中。天然色素的着色力弱,用量大,保存期短,色泽单调且不够鲜明,对热和光不稳定,容易褪色和变色。使用天然色素时,应避免长时间高温加热和日光照射,溶液要过滤,并添加适量的维生素C,以防止氧化造成其褪色和褐变。尽管天然色素调色不十分理想,但由于它对人体无害而受到消费者的青睐,并有不断上升的趋势。人工合成色素有着色力强,用量少,色调鲜明,耐热、耐光性好等优点,但对人体健康无益,添加量受到严格的限制。若需调复色(几种色素调成的色泽),则应以几种色素总用量计,并避免在儿童饮料和保健饮料中使用。

水果型饮料在饮料产品中占主要地位,对该饮料进行调色是十分重要的。天然水果的色由叶绿素、叶黄素、胡萝卜素、花青素和黄酮类等成分组成,成分十分复杂。各种水果所含色素各不相同,故无论添加哪一种天然或人工合成的单一色素,均不易调成天然水果的色泽,往往要采用复色调配而成。调色时,首先要确定主色,然后考虑辅色,还要懂得不同色素调配时形成的色调。要获得理想的色泽,应按不同的色素和不同的比例,做调色试验,并以标准色卡为准,确定色素的添加量。调色时还要考虑到不同的色彩在热、光和酸性条件下的稳定性。为防止成品在后期褪色、变色等,应做常温、冷藏、光照等保藏条件下的稳定性试验。调色时还要考虑到地方性和习惯性,水果型饮料有的按照果皮的色泽调色,有的则按照果汁的色泽调色。大多数城市的消费者喜爱淡雅的色调,而乡村消费者喜爱深一些的色调。调色时,要先将色素配成母液,以免色素在糖浆中溶解不均匀,造成色点和沉淀。

二、调香

食品中的香气是指挥发性物质经鼻子的嗅觉神经到中枢神经而引起的感觉。香气与口味也有着密切的关系,所以在鉴别香气时往往还要借助于舌头的品尝。饮料香气的种类有花香、果香、药香、焦香等香型。一般具有芳香的挥发性物质才会产生香气,其组成成分较复杂,大多数有萜、烯、醇、醛、酮、酯等有机成分。花香型饮料因含有提取的芳香物质,故可以不添加香料,水果型饮料仅果汁配料有轻微的香气,有的饮料本身无香气,故调香时很多饮料均要借助于香料或香精。

(一)香料

凡是能发香的物质都可以称为香料。在香料工业中,为了便于区别原料和产品,把一些来自动植物的或经人工分离提纯(单离)或合成而得的发香物质称为香料。例如,麝香、龙涎香等为动物性香料,柠檬油、橘子油等为植物性香料,丁香酚、香樟素等为单离香料,乙酸戊酯、丁酸乙酯等为合成香料。天然香料和人造香料多配制成香精来使用,在软饮料中只有调和香料和少部分天然香料,如橘子油、柠檬油、甜橙油可直接用于生产(橘子油、柠檬油在饮料中的添加量一般不超过0.005%),其他的香料很少单独使用。为了确保饮用安全,香料须按《食品安全国家标准　食品添加剂使用标准》(GB 2760—2024)规定使用。饮料中常用的香料有柠檬油、橘子油、甜橙油和香兰素四种。

(二)香精

以天然、人造香料为原料,经过调香(有时加入适当的稀释剂)配制而成的多成分混合体称为香精,其中茉莉、玫瑰、香蕉、菠萝等香精,可以由几种甚至几十种天然香料或人造香料进行调和。饮料中使用香精的目的是对饮料的香味起到辅助、稳定、补充、矫味、赋香和替代作用。饮料加香时需要注意香精的用量、均匀性、其他原料质量、甜酸度配合和温度。调香时要根据不同产品,选用不同的香型,如花香型饮料选用花香型香料,果香型饮料选用果香型香料,以此类推。当选择好香型后,要确定主香剂和辅助香料。通过品尝鉴别香气,调香时应由淡到浓逐步添加香料,国产香精总用量控制为0.08%~0.12%。另外,还要注意所用香精的牌子和编号,因为同一品名由于牌子和编号不同,所调配的香气差距很大,影响产品质量的稳定性和一致性。设计饮料配方时,要通过多次试验,找出最佳的香精添加量。因香精中含有大量挥发性物质,故在调香时不能将香精直接加入热的料液中,而应先使料液冷却后再加入香精,以免芳香气挥发,并且在加入香精后应进行搅拌,使香精与料液充分混合。

三、调味

食品中的可溶性物质溶于唾液中,刺激舌面味觉神经的味蕾,产生味感。当味觉发生好感时,即分泌出大量的消化液而增加食欲,故食品的滋味是否适口是至关重要的。饮料的主要呈味物质是糖和酸,个别的产品还含有苦味质和丹宁,呈苦涩味。所以糖和酸的配比(甜酸比)十分重要,不同的甜味料和酸味料又能产生不同的甜酸味。为了调配成适合的口味,还应根据不同的产品选用不同的甜味料和酸味料。甜味与糖含量有关,糖含量为10%时有快适感,糖含量为20%时有不易消散的甜感。葡萄糖可以改善香气,有爽口和清凉感。舌头从接触至感觉甜味的时间因糖的种类不同而不同。蔗糖甜味感觉较快,消失也快。果糖甜味感觉比蔗糖更快,消失也快。所以,采用蔗糖和果糖配制的饮料,甜味柔和并有爽口感。用糖精和甜菊苷配制的饮料,上口感到甜味不足,后味又腻口,不适合配制高级的饮料。酸味是由溶液中解离后的氢离子所引起的,不论无机酸、有机酸还是酸性盐类均有酸味,但其强度并不与pH相一致。就各种酸的呈味极限值而言,无机酸pH为3.4~3.5,有机酸pH为3.7~4.9,酸性盐pH为5.3~6.4。饮料中常用的酸味剂如下:水果型饮料为柠檬酸、苹果酸及酒石酸,可乐型饮料为磷酸,乳品型饮料为乳酸。

四、形态

液体饮料形态大体可分为清汁型、混汁型、果粒型和果肉型四类。

① 清汁型饮料要求澄清透明,不混浊、无沉淀。要达到上述要求,除了要严格处理水使其符合饮料用水标准外,还要对糖浆进行过滤,所用原果汁要经果胶酶脱胶处理,不可采用乳化香精。

② 混汁型饮料要求浊度适中,无沉淀和分层,瓶颈无油圈等现象发生。在用料上,应选用优质的原果汁和保存期不超过6个月的优质乳化香精;在工艺上,用高压均质机将配料糖浆混合均匀等。

③ 果粒型饮料有清汁、混汁两种,果粒大小较一致,均匀地悬浮在饮料中,无下沉和上浮现象。在工艺上,要注意果粒加工的均匀度,在配糖浆和稀释时严格控制好液体的比重。果汁含量为10%,果粒含量为5%~30%。

④ 果肉型饮料与果粒型饮料的区别在于饮料中所含果肉不呈颗粒状,而呈酱体,其果酱含量为20%~60%。其工艺条件和果粒型饮料大体相同。

五、营养与安全

总体而言,饮用饮料的目的主要在于解渴,适当地添加一些营养成分更好,因此可以在饮料中添加一些天然果汁和维生素C。其中,维生素C可以起到抗氧化作用。保健饮料的范围较广泛,有的添加果汁和多种维生素,也有的添加功能性成分和微量元素,饮用后可对人体起到一定程度的保健作用。

饮料大多以冷食为主,故又称冷饮。除果汁饮料和乳品饮料外,一般成品不经高温杀菌。在生产过程中对食品安全应十分重视,所用的原辅料要符合标准。饮料用水要经过滤和消毒,糖的溶解要采取热溶法,这样可将料液中的微生物杀死。为防止腐败,在饮料中允许添加苯甲酸钠、山梨酸、山梨酸钾或生物防腐剂等。饮料有一定的酸度,对抑制微生物的生长和繁殖均有一定的作用。我国规定生产的可乐饮料不得添加咖啡因,不能任意加入药物。

思考题

1. 简述饮料的定义及分类。

2. 简述每种饮料的定义及分类。

(何述栋、陈蕾、韩春然)

GB 7101—2022
《食品安全国家标准　饮料》

第二章 饮料用水及水处理

教学要求：

1. 了解水源的分类及其特点；

2. 理解天然水中杂质的分类及特点；

3. 掌握水的硬度及碱度的定义、分类及表示方法；

4. 了解水质的改良方法及特点；

5. 掌握反渗透及电渗析脱盐的基本原理、适用范围，以及对原水的水质要求；

6. 掌握水消毒的分类、工作原理及特点。

教学重点：

1. 水中杂质的种类；

2. 水处理方法的种类及工作原理。

教学难点：

1. 天然水中的杂质种类；

2. 饮料用水的要求和饮料用水的具体处理方法及原理；

3. 水消毒的具体方法及作用原理；

4. 阻力截留（筛滤）、重力沉降和接触凝聚的定义及特点。

第一节 水与人体健康

水约占成人体重的 64.7%，参与人体的生理及代谢活动。成人一般每天需要水 2.5～3 L。当人体失水达到 15%～20% 时，有死亡的危险。水中含有病原微生物及化学成分，可分别导致微生物风险及化学风险。世界卫生组织（World Health Organization，WHO）指出，人类 80% 的疾病与水质有关；平均每 8 s 有一名儿童死于与水有关的疾病；每年有 12 亿人因饮用水被污染而患上多种疾病。现有的癌症大约 50% 是由饮食不当造成的，其中饮用水的水质与癌症的发病率存在很大相关性。

世界卫生组织颁布的健康水标准如下。①水中没有对人体有害的杂质、细菌、病毒、原生动物、肠道寄生虫、重金属及有机化合物等污染物。②水的硬度（50～200 mg/L，以碳酸钙含量计）适中。人体体液中的碳酸钙含量过高（水质太硬），会导致结石大量形成；碳酸钙含量过低（水质太软），又会导致人体免疫力的下降，所以饮用水硬度要适中。③饮水可以补充人体的体液，将细胞代谢的废物、体内沉积废物及毒素排出体外。④水中溶解氧及二氧化碳含量适度（溶解氧为 6 mg/L）。⑤水中有人体所需的矿物质和微量元素，并且含量及比例适中（与正常体液相近）。⑥水分子团小（核磁共振半幅宽度低于 100 Hz）。⑦水的功能（包括渗透力、乳化力、溶解力、代谢力、扩散力和洗净力等）要强。

第二节 饮料用水及水质要求

水是饮料生产中的重要原料，占饮料体积的 85%～95% 或更高。水也与食品生产密不可分，水质的好坏不仅影响产品质量及食品安全，还影响其生产工艺的选择、设备性能和产品的安全性。全面了解水的性质,有助于做好饮料生产及食品质量控制,也对食品安全及生产意义重大。水及水处理知识是食品及相关专业学生必须掌握的专业知识和技能。

一、水源的分类及其特点

从形态上,水分为液态水、固态水、气态水;从分布上,水分为海洋水、陆地水、大气水;从性质上,水分为咸水、淡水。地球上的水量大约有 $1.4×10^{18}$ m^3,然而,可用水量不足 $4.5×10^{16}$ m^3(约为总量的 3%),其中适合人类使用的约只占总量的 1%。全球的淡水资源分布不均,65% 的饮用水仅集中在 13 个国家。全世界淡水主要集中的国家见表 2-1 所列。随着气候的变化,环境和植被的破坏等因素的影响,越来越多的国家正面临严重的水资源短缺问题,有些国家甚至年人均可用量不足 1 000 m^3。2020 年,据我国水资源调查,我国水资源总量为 2.8 万亿 m^3,其中地表水总量为 2.7 万亿 m^3,地下水总量为 0.83 万亿 m^3。国际公认的缺水标准分为 4 个等级:①人均水资源量低于 3 000 m^3,为轻度缺水;②人均水资源量低于 2 000 m^3,为中度缺水;③人均水资源量低于 1 000 m^3,为重度缺水;④人均水资源量低于 500 m^3,为极度缺水。我国水资源总量位居世界第 4 位,但由于我国人口众多,人均拥有的水资源量仅居世界的第 121 位,只有世界人均占有水量的 1/4,我国也是世界上 13 个人均水资源较为贫乏的国家之一。目前,我国有 16 个省(区、市)人均水资源量低于 1 000 m^3;有 6 个省(宁夏、河南、河北、山西、山东及江苏)人均水资源量低于 500 m^3。我国的水资源分布很不平衡。长江流域及以南地区,土地面积只占全国的 36.5%,水资源占全国的 81%;长江流域以北地区,土地面积占全国的 63.5%,但水资源仅占全国的 19%。在我国的水资源中,居民生活用水量仅占 14.9%(表 2-2)。

表 2-1 全世界淡水主要集中的国家

国家	占世界总量/%	人均径流量/m^3
巴西	11	4 370
俄罗斯	8.5	27 000
加拿大	6.7	129 600
美国	6.3	12 920
印度尼西亚	6.0	19 000
中国	5.8	2 280
印度	3.7	2 450
世界平均	100	7 120

表 2-2 我国的水资源表

水的种类	比例/%
工业用水	17.7
农业用水	62.1
人工生态环境用水	5.3
居民生活用水	14.9

注:此表为 2020 年调查结果。

　　地球上海水约占总水量的 96.5%,海水对人类的生活和生产具有重要意义。海水是一种化学成分复杂的混合液,能溶解多种化学元素和气体。海水中溶解了各种盐分,这些盐分的成因较为复杂,与地球的起源、海洋的形成及演变过程等有关。海水中有 3.5% 的盐,其中主要是氯化钠,还有氯化镁、硫酸钾及碳酸钙等(表 2-3)。因此,海水又咸又苦,不能直接饮用及灌溉,也不能用于工业生产。已发现海水中有 80 多种化学元素,绝大多数以盐类离子的形式存在。海水中的气体主要由氧气、二氧化碳和氮气组成,还有在海洋的化学、生物及地质演变和放射元素衰变过程中形成的一氧化碳、硫化氢、氢气、甲烷、氦和氡等气体。其中,氧气主要来自大气与海生植物的光合作用,二氧化碳来自大气与海洋生物的呼吸作用及生物体的分解作用等。

表 2-3　海水中盐类的主要组成成分

盐类组成成分	每千克海水中的克数/g	占比/%
氯化钠	27.2	77.7
氯化镁	3.8	10.9
硫酸镁	1.7	4.9
硫酸钙	1.2	3.4
硫酸钾	0.9	2.5
碳酸钙	0.1	0.3
溴化镁等	0.1	0.3
总计	35.0	100.0

　　陆地上水体一般指存在于江河、湖泊、冰川、沼泽和其他水体中的水。陆地水约占地球表面总水量的 3.5%,其中,淡水仅仅占 2.53%(图 2-1)。在这极少的淡水资源中,70% 以上被冻结在南极和北极的冰盖中,还有难以利用的高山冰川及永冻积雪,87% 的淡水资源难以被利用。人类真正能够利用的淡水资源是江河、湖泊和部分地下水,占地球总水量的 0.26%。陆地上水体中蕴藏着各种丰富的自然资源,对人类的生产和生活具有重要意义。河流为人类提供了灌溉、

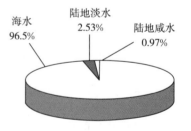

图 2-1　全球海水、陆地水的分布

发电、渔业及城市用水,也为航运及能源的开发提供了有利条件。世界上许多大的河流(如尼罗河、印度河、伏尔加河、长江、黄河等)流域是人类文明的发祥地。

　　原水中可能含有动物排泄物、农药、化肥、杀虫剂、抗生素、工业废液、合成洗涤剂、重金属、有害矿物元素等(表 2-4)。世界卫生组织报道过,水中有害的有机物达 765 种,其中 20 多种是致癌物质,18 种是促癌及助癌物质,24 种是疑似致癌物,47 种是致癌突变物。全世界 80% 的疾病和 30% 的死亡(包括 50% 儿童的死亡)都与不良的饮用水水质有关。饮用水水质不良可导致 50 多种疾病。不良的水质是人类生命的隐形杀手,如水中荧光物质可能会导致癌症及脱发;沉淀物导致胆结石、肾结石及胃肠炎;氟化物导致氟蛀牙及皮肤老化;重金属导致心脑血管疾病等。

表 2-4　原水中可能含有的有害成分

原水	自来水	管道中水	高层水箱水	加热后水
动物排泄物、化肥、农药、杀虫剂、抗生素、工业废液、合成洗涤剂等	氯气	管道锈蚀物、破裂处渗透的细菌及病毒等	因长期无人清理而滋生的细菌、青苔	三氯甲烷、三氯乙酸等致癌物,重金属,有害矿物质,失活细菌及病毒

饮用水按照其来源,可分为地表水(surface water)、地下水(ground water)及自来水(tap water)三种。

(一)地表水

地表水是指降水在地面径流和汇集后形成的水体,是地球表面存积的天然水,主要包括河水、江水、湖水和水库水。地表水是陆地表面上动态和静态水的总称,也称陆地水,包括各种液态和固态的水体,如河流、湖泊、沼泽和冰川等。地表水是人类生产生活用水的重要来源,也是各国水资源的主要组成部分。地表水水量丰富,溶解的矿物质较少,水的硬度为 1.0～8.0 mmol/L,常含有黏土、砂、水草、藻类、腐殖质、钙镁盐类、其他盐类、微生物及工业污染物等。其中,由于所处的自然条件及外界因素影响不同,含杂质的情况有很大差别。我国幅员辽阔,河流纵横,不同河流所含杂质有很大差异。即使是同一条河流,其所含杂质也常因河段(上游、中游及下游)、季节(春、夏、秋、冬)、天气(阴雨和晴天)等不同而不同。

值得一提的是,江河水不一定都是地表水,有的可能是从地下水穿过土层或岩层而流入地表及河流的地下水。所以,河水除含有泥沙、有机物外,还有多种可溶性盐类。我国江河水含盐量变化幅度较大,通常为 70～990 mg/L。近 20 年来,由于工业的快速发展、农药及兽药的使用、城市污水的排放、含有害成分的废水排入江河,导致地表水被污染,降低了水体的使用价值,增加了饮用水、饮料及食品工业用水处理的难度。近几年来,随着国家采取有效的环境保护措施,我国的水质明显得到改善。

《地表水环境质量标准》(GB 3838—2002)适用于我国江、河、湖泊、水库等具有使用功能的地表水水域。根据地表水水域环境功能和保护目标,我国地表水划分为五类:Ⅰ类主要适用于源头水、国家自然保护区;Ⅱ类主要适用于集中式生活饮用水地表水源地一级保护区、珍稀水生生物栖息地、鱼虾类产卵场、仔稚幼鱼的索饵场等;Ⅲ类主要适用于集中式生活饮用水地表水源地二级保护区、鱼虾类越冬场、洄游通道、水产养殖区等渔业水域及游泳区;Ⅳ类主要适用于一般工业用水区及人体非直接接触的娱乐用水区;Ⅴ类主要适用于农业用水区及一般景观要求水域。

(二)地下水

地下水是指降水或地表水经土壤地层渗透到地表以下的水,主要存在于土壤和岩层中,包括井水、泉水和自流井等。潜水(又称井水)层是地下第一隔水层上承托的含水层,离地面数米至数十米,受降水和污水的影响大,水质波动大。深井水(又称承压水或自流井水),离地面几十米至 100 m,受两个不透水层或断层的影响而形成压力。有些井水在挖井后,可自动喷涌而出。泉水离地表面 500～600 m,有的离地表面 1 000～2 000 m(热水)。部分矿泉水可直接作为饮用矿泉水,但有些受到土壤层污染或含有对人体健康有害的成分,所以不能饮用。值得一提的是,造纸厂及化工厂等严重的工业污染导致珍贵的地表水甚至地下水污染,造成我国水资源更加紧缺。

雨水、地面水渗入地下时,因经过地层的渗透和过滤而溶入了各种可溶性矿物质,如钙、镁及铁的碳酸氢盐等。地下水一般含盐量为 0.1~5 g/L,硬度为 2~10 mmol/L。由于水透过地质层时,经过了一个自然过滤过程,很少含有泥沙、悬浮物和微生物,水质比较澄清。深井水一年四季水温不变,铁含量、锰含量、硬度及碱度一般比地面水高。

一般情况下,水渗透系数大于 1 m/昼夜的岩层可称为透水层,是动水流能够透过的土层。只有透水层才有可能成为含水层。渗透系数小于 0.001 m/昼夜的岩层,称为不透水层。渗透系数在 1~0.001 m/昼夜者为半透水或弱透水层。根据地下水有无压力,水井分为无压井和承压井。水井底部到达不透水层时称为完整井,否则称为非完整井。所以水井分 4 种,即无压完整井、无压非完整井、承压完整井、承压非完整井。地下水层剖析图如图 2-2 所示。

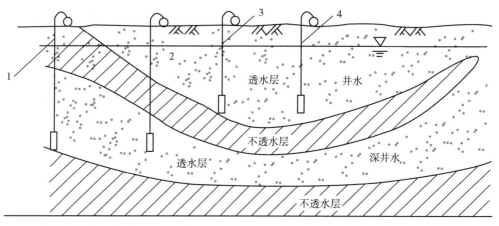

1—承压完整井;2—承压非完整井;3—无压完整井;4—无压非完整井。

图 2-2 地下水层剖析图

(三)自来水

自来水是指通过自来水处理厂净化、消毒后生产出来的供人们生活、生产使用的水。生活用水主要是指通过自来水厂的取水泵站,汲取地下水及地表水,符合国家《生活饮用水卫生标准》(GB 5749—2022),经过沉淀、消毒、过滤等工艺处理,最后通过配水泵站,输送到用户或用水单位的水。自来水是饮料厂用水的主要水源,由于自来水已经在水厂进行了混凝、过滤及消毒处理,在质量上、卫生上较为优质且稳定。饮料厂处理自来水所需的设备简单,投资少,但水价格高,费用高。当制造饮料时,也要对自来水进行水质分析,特别是要细心观察余氯、硬度、碱度、铁、锰、微生物和水温的变化等。各种水源的优缺点见表 2-5 所列。

表 2-5 各种水源的优缺点

水源	优点	缺点	适用的企业规模
自来水	一般经过简单处理后可以直接用于饮料生产,基建投资少	水价较高,经常性费用高	小规模
地表水	水量丰富,溶解物质少,取水容易	浊度及微生物含量高,夏天水温高,不宜作冷却水	大规模
地下水	浊度低,微生物含量少,水温变化小,适宜作冷却水	水中矿物质及溶解性盐的含量高,硬度高	大规模、小规模

二、天然水中的杂质

(一)天然水中杂质类型

天然水中的杂质,按其微粒分散的程度,大致可分为悬浮物、胶体物质和溶解物质(图 2-3)。悬浮物由微生物、藻类、原生动物、泥沙、黏土及其他不溶性物质等组成;胶体由无机胶体及有机胶体组成。溶解物质包括盐类、气体及其他有机物质。天然水中杂质的粒径不同,物理特性也存在差异。

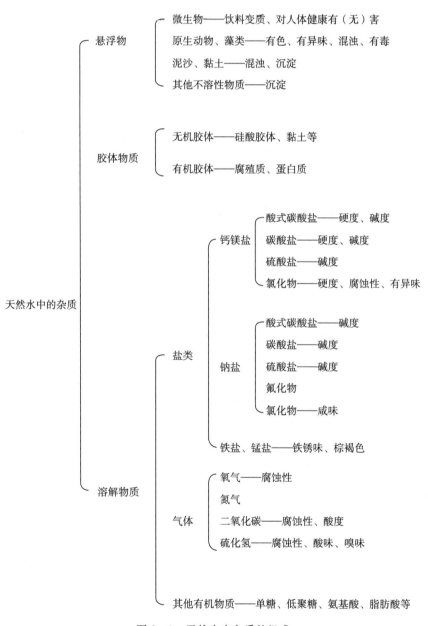

图 2-3　天然水中杂质的组成

（二）天然水中的杂质

1. 悬浮物

天然水中颗粒度大于 $0.2~\mu m$ 的杂质统称为悬浮物（suspended substances）。悬浮物主要是泥土、砂料之类的无机物质，也有浮游生物（如蓝藻、绿藻及硅藻类）及微生物。这类杂物使水质呈混浊状态，在静置时会自行沉降，可以采用沉降、离心、过滤、膜分离（如微滤及超滤）等方法除去。

含有悬浮物的水对饮料及食品生产会造成明显危害，严格来讲存在悬浮物的水是不能进入食品生产环节的。悬浮物在成品饮料中会沉降下来，形成瓶底积垢或絮状蓬松性微粒。在碳酸饮料生产中，悬浮物的存在不利于二氧化碳的溶解，影响产品含气量，有时会导致灌装时产生喷液现象。水中存在的微生物不仅影响产品风味，还会导致产品变质。

2. 胶体物质

胶体物质（colloidal substances）粒径的大小为 $0.001\sim0.200~\mu m$。胶体物质具有丁达尔效应，即光线照射在胶体溶液中时，胶体中出现一条光壳的通路；能吸附水中大量离子而带有电荷，使颗粒之间产生同性电荷的斥力而不能相互聚集，颗粒始终保持稳定的微粒状态而不能自行下沉，具有一定的稳定性。一旦胶体表面电荷被破坏，胶体会发生聚集，形成较大的颗粒或絮状物。

水中的胶体有无机胶体和有机胶体两种。水中胶体大部分是无机胶体，无机胶体多为硅酸胶体和黏土，主要由离子（铁离子及铝离子等）和分子聚集而成，易造成水质混浊。硅酸凝胶是由可溶性硅酸盐与其他酸反应生成的 H_2SiO_3 逐渐聚合而形成的。黏土中含有各种次生黏土矿物和水合氧化物。

高分子有机胶体是一类分子量很大的高分子物质，一般含有动植物残骸经过腐蚀分解形成的腐殖质（腐殖酸）等成分，是造成水体带色的原因。腐殖质是已死的生物体在土壤中经微生物分解而形成的有机物质，呈黑褐色。腐殖酸是动植物遗骸经过微生物的分解、转化及一系列化学过程，产生的一类由芳香族及多种官能团构成的高分子有机酸。腐殖酸被认为是带有芳环单体结构的聚合体。由于酸性基团（如羧基）吸附在芳环上，在水中腐殖酸带负电荷。水合的腐殖酸占溶解性有机污染物的 50%。另外，水中腐殖酸的分子量为 $5\sim10~kDa$，可以通过化学混凝、活性炭吸附处理或者超滤膜过滤去除。胶体是造成饮料混浊、变色的主要原因之一。在饮料生产过程中，水中胶体物质可能与饮料中的带相反电荷物质发生吸附作用，最终产生沉淀或絮凝物。胶体物质可以采用沉降、离心、过滤（微滤及超滤）等方法除去。天然水中杂质的分类、特征、识别及常用处理方法见表 $2-6$ 所列。

表 $2-6$　天然水中杂质的分类、特征、识别及常用处理方法

杂质类型	溶解物质	胶体物质	悬浮物
粒径/nm	<1	$1\sim200$	>200
特征	透明	光照下混浊	混浊（肉眼可见）
识别	电子显微镜	超显微镜	普通显微镜
常用处理方法	离子交换、电渗析、纳滤	混凝、澄清、膜分离（如微滤、超滤）	自然沉降、过滤、离心、膜分离（如微滤、超滤）

3. 溶解物质

溶解物质(dissolved substances)主要是溶解气体(O_2、N_2、Cl_2、H_2S、CO_2、CO、CH_4等)、溶解盐类和其他有机物(单糖、低聚糖、氨基酸及脂肪酸等),这类杂质的微粒在$0.001\ \mu m$以下,以分子或离子形式存在于水中。天然水中的溶解气体主要是O_2和CO_2,此外是H_2S和Cl_2等。这些气体的存在会影响碳酸饮料中CO_2的溶解,并且产生异味,影响饮料的风味和色泽。天然水中常含无机盐离子,其种类和数量因地区不同而差异很大。这些无机盐离子构成了水的硬度、碱度及含盐量。溶解性气体可以采用加热、真空脱气及气体置换等方式加以去除。溶解盐类可以采用纳滤、离子交换、电渗析及反渗透等方式加以去除。其他有机物可以采用超滤等方式加以去除。

三、水的硬度和碱度

(一)水的硬度

水的硬度(hardness of water)是指水中离子沉淀肥皂的能力,其反应的文字表达式如下:

硬脂酸钠＋钙或镁离子——→硬脂酸钙或镁

(肥皂)　(水中的离子)　(沉淀物或絮状物)

水的硬度大小反映的是水中Ca^{2+}和Mg^{2+}的含量,所以,水的硬度取决于水中钙、镁盐类的总含量。硬度分为碳酸盐硬度、非碳酸盐硬度和总硬度。

碳酸盐硬度(carbonate hardness)又称暂时硬度(temporary hardness)。造成碳酸盐硬度的主要化学成分是钙、镁的碳酸氢盐,其次是钙、镁的碳酸盐。由于这些盐类经加热煮沸后会分解成为溶解度更小的碳酸盐和碱,硬度大部分可除去,因此称为暂时硬度。

$$Ca(HCO_3)_2 \overset{\triangle}{=\!=\!=} CaCO_3 \downarrow + CO_2 \uparrow + H_2O$$

$$Mg(HCO_3)_2 \overset{\triangle}{=\!=\!=} Mg(OH)_2 \downarrow + 2CO_2 \uparrow$$

非碳酸盐硬度(non-carbonate hardness)又称永久硬度(permanent hardness),是由水中钙、镁的氯化物($CaCl_2$、$MgCl_2$)、硫酸盐($CaSO_4$、$MgSO_4$)、硝酸盐[$Ca(NO_3)_2$、$Mg(NO_3)_2$]等盐类造成的。这些盐类经加热煮沸不会发生沉淀,硬度不变化,故又称永久硬度。

总硬度是暂时硬度和永久硬度之和,具体如下:

$$总硬度 = [Ca^{2+}]/40.8 + [Mg^{2+}]/24.3$$

式中,$[Ca^{2+}]$、$[Mg^{2+}]$表示水中钙、镁离子含量,单位可采用mg/L或$mmol/L$。根据水质分析结果,可计算出水的总硬度。

水的硬度单位除采用mg/L或$mmol/L$外,还有多种表示方法。我国水的硬度采用与德国相同的表示方法,即$°d$(德国度),其表示$1\ L$水中含有$10\ mg\ CaO$(为1度)。换算关系为$1\ mmol/L = 5.6\ °d$($1\ mmol\ CaO$的质量为$56\ mg$,$56/10 = 5.6$)。$1\ mmol/L$硬度的水中Ca^{2+}的含量为$40.08\ mg$,相当于含$CaO\ 56\ mg$。不同国家水的硬度的表示方法有所不同,

多数国家以 $CaCO_3$ 的含量来表示。

美国度：1 L 水中含有相当于 1 mg 的 $CaCO_3$，其硬度为 1 个美国度（mg/L）。

法国度（°f）：1 L 水中含有相当于 10 mg 的 $CaCO_3$，其硬度为 1 个法国度（°f）。

英国度（°e）：1 L 水中含有相当于 14.28 mg 的 $CaCO_3$，其硬度为一个英国度（°e）。

饮料用水的硬度要求小于 8.5 °d。硬度过高会产生 $CaCO_3$ 沉淀和有机酸钙盐沉淀，影响产品口味及质量，如 $Ca(HCO_3)_2$ 等会与有机酸反应产生沉淀，影响产品稳定性及感官品质；非碳酸盐硬度过高，还会使饮料出现盐味；在洗瓶时，在浸瓶槽上会形成水垢，增加烧碱等清洗剂的用量。另外，水垢的形成会影响玻璃瓶的光洁度。可以采用纳滤、离子交换、电渗析及反渗透等方法降低水的硬度。

（二）水的碱度

水的碱度（water alkalinity）取决于天然水中能与 H^+ 结合的 OH^-、CO_3^{2-} 和 HCO_3^- 的含量，称为水的总碱度，以 mmol/L 表示。其中，OH^- 的含量称为氢氧化物碱度；CO_3^{2-} 的含量称为碳酸盐碱度；HCO_3^- 的含量称为重碳酸盐碱度；OH^-、CO_3^{2-}、HCO_3^- 的总含量称为水的总碱度。

天然水中通常不含 OH^-，同时，钙、镁碳酸盐的溶解度很小，所以当水中没有 Na^+、K^+ 存在时，CO_3^{2-} 的含量也很小。因此，天然水中仅有 HCO_3^- 存在。只有含有 Na_2CO_3 或 K_2CO_3 的碱水中，才有 CO_3^{2-} 离子存在。

水的碱度过大同样会对饮料生产产生不利影响。产生碱度的阴离子 CO_3^{2-} 和 HCO_3^- 与金属离子反应产生水垢，带来不良风味；氢氧化物和饮料中有机酸反应，改变饮料的糖酸比与风味，影响 CO_2 的溶入量，造成饮料酸度下降，使微生物容易在饮料中存活；生产果汁型碳酸饮料时，氢氧化物会与果汁中的酸性成分发生反应，产生沉淀等，我们可以采用化学中和、离子交换、电渗析等方法降低水的碱度。

（三）水的硬度和碱度的关系

水的硬度和碱度反映的是不同离子的存在形式和含量。不同离子之间会发生反应，因此水的硬度和碱度具有一定的关系，一般具有以下三种情况。

① 总碱度＜总硬度，此时，水中有永久硬度和暂时硬度，过量的 Ca^{2+}、Mg^{2+} 可以形成非碳酸盐，不会存在游离的 OH^-、CO_3^{2-}、HCO_3^-，说明水中没有 Na^+、K^+ 的存在，不会存在钠盐硬度（负硬度），则总硬度－总碱度＝永久硬度，总碱度＝暂时硬度。

② 总碱度＞总硬度，水中的 Ca^{2+}、Mg^{2+} 都会形成碳酸盐或非碳酸盐，也会存在游离的 OH^-、CO_3^{2-}、HCO_3^-，表明水中存在 Na^+、K^+，水中无永久硬度，而存在暂时硬度和钠盐硬度，则总硬度＝暂时硬度，总碱度－总硬度＝钠盐硬度（负硬度）。

③ 总碱度＝总硬度，Ca^{2+}、Mg^{2+} 全部以碳酸盐或碳酸氢盐的形式存在，水中没有永久硬度和钠盐硬度，只有暂时硬度，则总硬度＝总碱度＝暂时硬度。

通过水硬度的大小与碱度大小之比，能判别水是碱性水还是非碱性水。当碱度大于硬度，即 $[HCO_3^-]$ 大于 $[1/2Ca^{2+}]$ 与 $[1/2Mg^{2+}]$ 之和时，水是碱性水。水中的 Ca^{2+}、Mg^{2+} 都形成碳酸氢盐，没有非碳酸盐硬度，水中还有 Na^+ 和 K^+ 的碳酸氢盐，这个碳酸氢盐量称为过剩碱度，即"负硬度"。当硬度大于碱度时，此时水中有非碳酸盐硬度存在，是非碱性水。它们可分为钙硬水和镁硬水。钙硬水中的 $[1/2Ca^{2+}]＞[HCO_3^-]$，水中有钙的非碳酸盐硬度而没有镁的碳酸盐硬度。镁硬水的$[1/2Ca^{2+}]<[HCO_3^-]$,水中有镁的碳酸盐硬度,而没有钙的非碳酸盐硬度。

(四)含盐量

水中所有阴离子和阳离子的总含量称为含盐量(salinity)。降低这些离子含量的处理过程称为除盐。完成这个过程的设备称为除盐设备,如反渗透、电渗析及离子交换器。并不是任何水源都需要采用软化和除盐方法,应针对不同的水源采用不同的方法。

四、饮料用水对水质的要求

选择饮料用水时要符合我国的生活饮用水卫生标准相关规定,并且根据水的用途对饮料用水进行进一步的处理。《生活饮用水卫生标准》(GB 5749—2022)规定了生活饮用水水质要求、生活饮用水水原水质要求、集中式供水单位卫生要求、二次供水卫生要求、涉及饮用水卫生安全的产品卫生要求、水质检验方法。饮用水标准比较见表2-7所列。

表2-7　饮用水标准比较

部分水质参数	《生活饮用水卫生标准》(GB 5749—2022)	《饮用净水水质标准》(CJ 94—2005)	WHO 饮用水标准
菌落总数/(CFU/mL)	100	每100 mL水中不得检出	每100 mL水中不得检出
色度/度	15	5	15
混浊度/NTU	1	0.5	1
总硬度/(mg/L)(以碳酸钙计)	450	300	500
六价铬/(mg/L)	0.05	0.05	0.05
汞(mg/L)	0.001	0.001	0.006

(一)色度

水的色度(chrominance)是对天然水或处理后的水关于颜色定量测定的指标。天然水可能常显示浅黄、浅褐或黄绿等颜色。产生颜色的原因主要是水中含有如下成分:①铁、锰金属离子;②腐殖质;③浮游生物、溶解的植物组分、铁细菌、硫细菌及工业废物等;④不同的矿物质、染料、有机物等。脱色的方法可以采用混凝沉淀法、臭氧或氯的氧化法、活性炭吸附法及膜过滤法等。

(二)浊度

水的浊度又称为混浊度(turbidity),是表示水质透光性能的指标,主要是由水中悬浮物及胶体物质(如黏土、泥沙、微生物、无机物、有机物、悬浮生物)造成的。水的浊度不但与水中杂质含量有关,而且和这些杂质的粒径、形状及性质等密切相关。水的浊度增加,不但造成消毒剂用量增加,而且影响其消毒效率。浊度的降低往往意味着水中悬浮物及胶体物质的减少。水的浊度≥10 NIU时,人用肉眼就可以看出水质混浊。去除混浊物质的方法有混凝沉淀法、高速离心法、活性炭吸附法及膜分离法等。

(三)臭味及异味

清净的水是无色、无味、无臭及透明的液体,当其被污染后会产生不正常的气味。水产生臭味和异味的主要原因如下:①氯或其他有味的气体有异味;②铁、锰、钠等金属离子会产生金属味;③微生物的生长、繁殖及其代谢产物会产生异味;④存在的有机物会产生臭味;⑤含量较高的无机盐会引发臭味;⑥水藻及一些微生物会引发臭味及异味。去除异味的方法有脱气法、活性炭吸附法、氯及臭氧氧化法。

(四)泡沫

有些污染物[如洗涤剂、表面活性剂、有机物(如磷酸盐、油脂及脂肪酸等)和悬浮物等]排入水中,以及水中存在藻类、丝状菌及放线菌等,会产生大量泡沫。漂浮于水面的泡沫不仅影响水的感官质量,还产生异味及微生物,严重影响水质。泡沫的去除可以通过吸附法、生化法、混凝沉淀法、膜过滤法等。

(五)有毒成分

由于受到工农业的污染,以及城市污水的影响,水中还含有一些对人体内分泌有干扰作用及有毒、有害的化学污染物。其中,包括难降解的持久性有机污染物(如二噁英、多氯联苯、有机氯农药、有机磷农药、有机重金属化合物、多环及其他长链有机化合物),可分解的有机杀虫剂、洗涤剂、除草剂的降解产物,激素(天然植物分泌、人类排泄、人工合成),微生物毒素,重金属等。这些成分大部分具有致癌、致畸及致突变作用,还可以导致糖尿病、男性雌性化、女性雄性化、出生缺陷等。这些成分与人体自然分泌的激素有相似的结构及性质,会干扰人体自身激素的正常作用,导致人体内分泌紊乱、免疫及生殖功能失调、发育及神经行为异常。这些内分泌干扰物质(也被称为环境荷尔蒙或环境激素)严重影响人类的健康,危及人类子孙后代的健康繁衍。去除这些干扰物质常用活性炭吸附法、氧化法、膜(微滤膜、超滤膜、纳滤膜、反渗透膜)分离法等方法。

(六)铁及锰

水中的铁及锰含量过高,会导致水体的颜色变深,产生金属味,甚至产生沉淀。例如,水中铁的含量为 0.5 mg/L 时,色度≥30;含量为 10 mg/L 时,不但色度增加,而且有明显的铁锈味。水中铁及锰超标会造成人的食欲缺乏、呕吐及腹泻等症状。国家规定生活用水中含铁量不超过 0.3 mg/L,锰不超过 0.1 mg/L。去除水中的铁可采用曝气及氯氧化法,将亚铁氧化为氧化铁,进一步通过混凝及沉淀去除。去除铁及锰也可以采用锰砂法、混凝沉淀法、阳离子交换树脂法及电渗析法等。

(七)微生物

水中含有微生物不但可能传染疾病,而且会使饮料产品中微生物超标,导致其腐败变质。另外,微生物及其代谢产物还导致水产生异味,色泽加深,产生混浊及沉淀。水中微生物的去除方法包括氯(氯气、二氧化氯、氯氨、次氯酸钠)消毒法、紫外线法、臭氧消毒法、超滤及加热法等。

第三节　饮料用水的处理

为了使生产用水符合饮料生产或满足生活用水对水质的基本要求,需要对原水采取物理及化学的手段进行改良,这个改良过程称为水处理。饮料用水的处理环节根据原水的水质及用途,主要分为混凝、过滤、软化、消毒等环节。在每个水处理环节中,要根据水中杂质的种类、状态、含量等来确定合理的工艺环节及设备。水净化是指从原水中除去污染物的过程,其目的主要是除去水中的不溶性杂质。水净化方法有混凝、过滤、膜分离、电渗析等。水软化的目的是除去水中钙、镁离子。降低水中钙、镁离子浓度的过程,称为水的软化过程。完成水的软化过程的设备称为水的软化设备,如混凝沉淀(coagulation precipitation)、阳离子交换、电渗析及反渗透等装置。

一、混凝沉淀

水在容器中静置时,大多数杂质,特别是一些粗大的泥沙颗粒,能迅速沉淀,水会逐渐澄清,但一些细小的悬浮物和胶体一般不会沉淀,导致水带有一定的颜色及臭味。去除水中细小悬浮物和胶体物质的途径有两种:一种途径是在水中加入混凝剂,使水中细小悬浮物及胶体物质互相吸附结合成较大的颗粒,从水中沉淀出来,此过程称为混凝(coagulation)或凝聚;另一种途径是使细小悬浮物和胶体物质直接吸附在一些较大的颗粒或介质表面上而除去,这就是过滤。若两种途径并用,则过滤过程应在混凝过程之后。混凝的主要目的是除去水中的悬浮物和胶体。如果饮料厂生产用水来自城市自来水或优质的泉水或井水,混凝的环节并不是必需环节。混凝和过滤环节一般是自来水厂生产自来水必需的水处理环节。

(一)混凝

混凝是指在水中加入某些溶解性的盐类物质,使水中的细小悬浮物和胶体微粒互相吸附结合成较大颗粒,从水中沉淀下来的过程。混凝处理是常用的水处理方法,其去除的主要对象是水中的细小悬浮颗粒和胶体微粒。这些溶解性的盐称为混凝剂。一般混凝剂应该带有与胶体表面电荷相反的电荷。

胶体物质具有在水中保持悬浮分散而不易沉降的稳定性。其原因是同一种胶体的颗粒带有相同电性的电荷,彼此间存在电性斥力,使颗粒之间相互排斥。这样它们就不可能互相接近并结合成大的团粒,因而也不易沉降。添加混凝剂后,胶体颗粒表面电荷被中和,胶体稳定性被破坏,促使小颗粒变成大颗粒而下降,从而使水澄清。

(二)混凝剂

混凝剂(coagulant)一般为铝盐和铁盐。铝盐有明矾、硫酸铝和碱式氯化铝等,铁盐有硫酸亚铁、硫酸铁及三氯化铁等。其作用机理是自身首先溶解,并水解形成胶体,再与水中的悬浮物和胶体作用,以中和或吸附的形式使悬浮物和胶体凝聚成大的颗粒而沉淀。

1. 铝盐

常用的混凝剂铝盐(aluminium salt)有明矾、硫酸铝[$Al_2(SO_4)_3$]、聚合氯化铝。

(1)明矾

明矾(alum)的化学式为 $KAl(SO_4)_2 \cdot 12H_2O$ 或 $K_2SO_4 \cdot Al_2(SO_4)_3 \cdot 24H_2O$,是一种复盐。明矾在我国民间被广泛用作混凝剂来使用。在水中 $Al_2(SO_4)_3$ 发生水解作用生成氢氧化铝,氢氧化铝是带正电荷且溶解度很小的化合物,经聚集以胶体状态从水中析出,而天然水中的胶体物质大部分带负电荷,因此,两者发生电性中和作用。氢氧化铝的胶体吸附水中的其他胶体和悬浮物,在中和与吸附的共同作用下,水中的胶体微粒逐渐凝聚成大的絮状物沉淀下来。在沉降过程中,大的絮状物又将其他悬浮物夹带在一起沉降,使水质澄清,具体化学反应如下：

$$Al_2(SO_4)_3 = 2Al^{3+} + 3SO_4^{2-}$$

$$Al^{3+} + H_2O = Al(OH)^{2+} + H^+$$

$$Al(OH)^{2+} + H_2O = Al(OH)_2^+ + H^+$$

$$Al(OH)_2^+ + H_2O = Al(OH)_3 \downarrow + H^+$$

使用明矾作为混凝剂时，混凝效果与混凝剂添加量、水的 pH、水温、装置及搅拌状态等因素有关。水的 pH 不同，$Al_2(SO_4)_3$ 处于不同的状态，从而影响混凝效果。另外，适当的水温及前期搅拌也有利于混凝。

使用明矾作为混凝剂时，水的 pH 应为 6.5～7.5（中性范围）。硫酸铝的水解产物 $Al(OH)_3$ 是两性化合物，水的 pH 太高或太低都会促使 $Al(OH)_3$ 溶解，致使 Al^{3+} 残留量上升。

水的 pH 为 5.5 时，$Al(OH)_3 + 3H^+ = Al^{3+} + 3H_2O$。

水的 pH 为 7.5 时，$Al(OH)_3 + OH^- = AlO_2^- + 2H_2O$。

水的 pH 为 9.5 时，水中不会含有 $Al(OH)_3$。

另外，水的 pH 还会影响 $Al(OH)_3$ 胶粒所带的电荷。当 pH<5 时，$Al(OH)_3$ 胶粒带负电荷；当 pH>5 时，$Al(OH)_3$ 胶粒带正电荷；当 pH=8 时，$Al(OH)_3$ 胶粒以中性氢氧化物的形式存在。

使用明矾时，一般要求水温在 25～35 ℃。在一定范围内，水温上升，混凝剂溶解速度上升，混凝作用增强，生成的絮凝物量增加，有利于水中杂质的沉淀去除；水温下降，则相反。当水温高于 40℃时，生成的絮凝物颗粒细小，不利于沉淀；当水温高于 50 ℃时，混凝剂完全失去混凝作用。

刚加入混凝剂时，应迅速搅拌，以利于 $Al(OH)_3$ 胶粒的形成，并扩散到水中及时与杂质作用。当絮凝物开始形成时，不宜搅拌，否则不利于絮凝物颗粒的形成。明矾的加入量一般为 0.001%～0.02%。过多添加明矾会导致水产生涩味。为了加速混凝，一般在加入明矾块前需要将其粉碎，并在其加入后搅拌 1～2 min。

明矾含有 Al^{3+}，在毒理学上属于低毒性元素。在人体内的排泄率低，85% 以上会蓄积在体内，给人体带来不良影响，如导致阿尔茨海默病，造成骨质疏松，诱发肝病，引起贫血，使胎儿生长停滞等。因此，人们应尽量少吃添加明矾的食品（如油条、蜜饯等）。

(2)硫酸铝

硫酸铝（aluminium sulfate）有不同数量的结晶水，$Al_2(SO_4)_3 \cdot nH_2O$，其中 $n = 6$、10、14、16、18 和 27，常用的是 $Al_2(SO_4)_3 \cdot 18H_2O$，其分子量为 666.41，比重为 1.61，外观为白色结晶。$Al_2(SO_4)_3$ 易溶于水，水溶液呈酸性，室温时溶解度大致是 50 g/100 g 水，pH 在 2.5 以下。沸水中其溶解度提高至 90 g/100 g 水以上。$Al_2(SO_4)_3$ 在水溶液中的 pH 为 4.0～4.5，加入水中后其混凝原理与明矾相同。

$Al_2(SO_4)_3$ 在我国使用较为普遍，大多数为块状或粒状 $Al_2(SO_4)_3$。根据其不溶解杂质含量，将 $Al_2(SO_4)_3$ 分为精制和粗制两种。精制 $Al_2(SO_4)_3$ 的价格较高，杂质含量≤0.5%，Al_2O_3 含量≥15%；粗制 $Al_2(SO_4)_3$ 的价格较低，杂质含量≤2.4%，Al_2O_3 含量≥15%。

使用 $Al_2(SO_4)_3$ 时,其有效 pH 因原水的硬度含量而异。软水的 pH 为 5.7~6.6,中等硬度水的 pH 为 6.6~7.2,硬度较高水的 pH 为 7.2~7.8。在控制 $Al_2(SO_4)_3$ 剂量时,应考虑上述特性。$Al_2(SO_4)_3$ 是强酸弱碱性化合物,其水解会使水的酸度增加。而水解产物是两性化合物,水的 pH 太高或太低都会促使其溶解,结果是使水中的铝含量增加。加入过量 $Al_2(SO_4)_3$,会使水的 pH 降至该盐混凝有效 pH 以下,既浪费药剂,又使处理后的水混浊。当水的 pH 为 5.5~7.5 时,生成的 $Al(OH)_3$ 量最大。所以使用 $Al_2(SO_4)_3$ 混凝剂时,往往要使用石灰、NaOH 或酸调整水的 pH 至近中性,一般控制水的 pH 使之接近 6.5~7.5。

使用 $Al_2(SO_4)_3$ 作混凝剂时,所需要的剂量不能根据计算来确定,需要根据实验数据确定。采用 $Al_2(SO_4)_3 \cdot 18H_2O$ 时,其有效剂量为 20~100 mg/L。每投入 1 mg/L $Al_2(SO_4)_3$,需加入 0.5 mg/L CaO。

采用 $Al_2(SO_4)_3$ 作混凝剂时,运输方便,操作简单,混凝效果好;但水温低时,$Al_2(SO_4)_3$ 水解困难,形成的絮凝体较松散,混凝效果变差。粗制 $Al_2(SO_4)_3$ 的不溶性杂质含量高,使用时废渣较多,带来排除废渣方面的操作麻烦,而且因酸度较高而腐蚀性较强,因此溶解与投加设备需考虑防腐问题。

(3)聚合氯化铝

聚合氯化铝(aluminiumchlorohydrate)也称为碱式氯化铝(PAC),又称羟基氯化铝。其分子式为 $[Al_2(OH)_nCl_{6n}]_m$,其中,$n=1~5$,$m \leqslant 10$,这个化学式实际指 m 个 $Al_2(OH)_nCl_{6n}$,称为羟基氯化铝单体的聚合物。该产品为白色或黄色固体,也有无色或黄褐色透明液体。我国对聚合氯化铝的质量有基本要求,即含氧化铝(Al_2O_8)>10%,碱化度为 50%~80%,不溶物<1%。

聚合氯化铝在水中由于羟基的架桥作用而和铝离子生成多核络合物,并带有大量正电荷,能有效地吸附水中带有负电荷的胶粒,电荷彼此被中和,因而与吸附的污物在一起形成大的聚体而沉淀除去。另外,它还有较强的架桥吸附性能,不仅能除去水中悬浮物,还能使微生物吸附沉淀。

聚合氯化铝的一般用量为 0.005%~0.01%,pH 为 5~9,温度适宜性(20~30 ℃)较强。当 pH 为 5.5~6.5 时,Al^{3+} 水解不完全,$Al(OH)_3$ 产生量少;当 pH 大于 8 时,$Al(OH)_3$ 会溶解。而当温度小于 15 ℃ 时,Al^{3+} 水解慢;当温度大于 40℃ 时,生成的 $Al(OH)_3$ 絮状物颗粒小,絮凝效果不好;当温度大于 50 ℃ 时,其失去絮凝效果。在相同的效果下,其用量仅为 $Al_2(SO_4)_3$ 的 0.25%~0.5%。聚合氯化铝是一种无机高分子混凝剂,已逐步取代明矾及 $Al_2(SO_4)_3$。

聚合氯化铝中 OH^- 与 Al 的比值对混凝效果有很大影响,一般可用碱化度($[OH^-] \times 100\%/3[Al]$)表示。例如,当 $n=4$ 时,碱化度一般要求为 40%~60%。

聚合氯化铝作为水处理剂,对各种水质的适应性强,对高浊度水混凝沉淀效果尤为显著,对污染严重或低浊度、高浊度、高色度的原水都可起到好的混凝作用。聚合氯化铝对原水温度的适应性优于 $Al_2(SO_4)_3$ 等无机混凝剂,对低温水的处理效果也较好(最低析出温度为-18℃)。水温低时,聚合氯化铝仍可保持稳定的混凝效果,因此在我国北方地区更适用。其反应迅速,沉淀较快,颗粒大而重,沉淀性能好,投药量一般比 $Al_2(SO_4)_3$ 低,仅为 $Al_2(SO_4)_3$ 的 0.25%~0.5%;适宜的 pH 范围(5~9)较宽,当过量投加时也不会像

$Al_2(SO_4)_3$ 那样造成水混浊的反效果;其碱化度比其他铝盐、铁盐高,因此该药液对设备的侵蚀作用小,并且处理后水的 pH 和碱度下降幅度较小。净化后的水质优于 $Al_2(SO_4)_3$ 等无机絮凝剂,净水成本与之相比低 15%～30%;处理水中 $Al_2(SO_4)_3$ 高,投加量小,可降低制水成本;处理水中盐分较少,有利于离子交换处理和纯水制备。

2. 铁盐

常用的铁盐(iron salt)是硫酸亚铁($FeSO_4 \cdot 7H_2O$,俗称绿矾)、氯化铁($FeCl_3 \cdot 6H_2O$)、硫酸铁$[Fe_2(SO_4)_3]$。国内用于水处理的铁盐主要为前两种。铁盐在水中发生水解产生了 $Fe(OH)_3$ 胶体,$Fe(OH)_3$ 的混凝作用及过程与铝盐相似。

$$FeSO_4 + Ca(HCO_3)_2 = Fe(OH)_2 + CaSO_4 + 2CO_2 \uparrow$$

$$4Fe(OH)_2 + 2H_2O + O_2 = 4Fe(OH)_3$$

$$Fe_2(SO_4)_3 + 3Ca(HCO_3)_2 = 2Fe(OH)_3 + 3CaSO_4 + 6CO_2 \uparrow$$

由绿矾生成的 $Fe(OH)_3$ 胶体或絮凝物在碱性水中比较稳定,故待处理水的 pH 偏高对绿矾的混凝效果影响不大;$Fe(OH)_3$ 比同体积的 $Al(OH)_3$ 胶体重 1.5 倍,因此沉降速度比 $Al(OH)_3$ 絮凝物快;水温对 $Fe(OH)_3$ 的絮凝影响不大,而水温对 $Al(OH)_3$ 的絮凝效果有影响。

由于 $Fe(OH)_2$ 氧化产生 $Fe(OH)_3$ 的反应在 pH>8.0 时才能完成,在水处理时需要加石灰去除水中的 CO_2。每投加 1 mg/L $FeSO_4$,需要加 0.37 mg/L 的 CaO。用 $FeSO_4 \cdot 7H_2O$ 的有效剂量一般为 14～70 mg/L。当 pH>6 时,Fe^{3+} 与水中的腐殖酸能生成不沉淀的有色化合物,所以铁盐不适合处理含有机物多的水。使用固体 $FeSO_4$ 时需溶解后投加,一般配置成质量分数为 10% 左右的溶液使用。

当 $FeSO_4$ 投加到水中时,解离出的 Fe^{2+} 只能生成简单的单核络合物,不如三价铁盐那样有良好的混凝效果。残留于水中的 Fe^{2+} 会使处理后的水带色,当水中色度较高时,Fe^{2+} 与水中有色物质反应,将生成颜色更深的不易沉淀的物质(但可用三价铁盐除色)。所以使用 $FeSO_4$ 时应将 Fe^{2+} 先氧化为 Fe^{3+},然后再使其起混凝作用。通常情况下,可采用调节 pH、加入氯气或曝气等方法快速氧化 Fe^{2+}。

当水的 pH 在 8.0 以上时,加入的亚铁盐中的 Fe^{2+} 易被水中溶解氧氧化成 Fe^{3+};当原水的 pH 较低时,可将 $FeSO_4$ 与石灰、碱性条件下活化的活化硅酸等碱性药剂一起使用,可以促进二价铁离子氧化;当原水 pH 较低而且溶解氧不足时,可通过加氯的方式氧化 Fe^{2+},具体如下:

$$6FeSO_4 + 3Cl_2 = 2Fe_2(SO_4)_3 + 2FeCl_3$$

根据以上反应式,理论上 $FeSO_4$ 与 Cl_2 的投加量之比约为 8:1,但实际生产中,为使 Fe^{2+} 迅速充分氧化,可根据实际情况略增加 Cl_2 的投加量。

当水的 pH<8.0 时,可加入石灰去除水中 CO_2,石灰用量可按下式估算:

$$[CaO] = 0.37a + 1.27[CO_2]$$

式中,a——$FeSO_4$ 的投加量,mg/L;

　　[CO_2]——水中 CO_2 的含量,mg/L。

　　当水中没有足够溶解氧时,则可加 Cl_2 或漂白粉加以氧化。理论上 1 mg/L $FeSO_4$ 需加 0.234 mg/L Cl_2。使用铁盐时,水的 pH 适用范围(5.0~11)较宽。

(三)助凝剂(coagulant aids)

　　为了提高混凝的效果,经常需要加入一些辅助药剂,称为助凝剂。助凝剂本身不起凝聚作用,仅帮助絮凝物形成,如用来调节 pH 的 Na_2CO_3、NaOH、酸、石灰等。常用助凝剂还有活性硅酸、海藻酸钠、羧甲基纤维素钠(CMC - Na)及其他高分子化合物,包括丙烯酰胺、聚丙烯酰胺、聚丙烯等。有时水的混浊度不高,为了加速完成该过程,可以投入黏土。助凝剂的添加种类及添加量根据水质情况而定。例如,使用绿矾时,在水的 pH 较低的情况下,需要添加石灰,除去 CO_2,提高水的 pH。

　　近年来发展的有机混凝剂多为丙烯酸的化合物,有带正电荷的和带负电荷的。其中,聚丙烯酰胺是一种较新型的助凝剂,是线性高分子聚合物,具有吸附架桥及电荷中和作用,主要靠氢键吸附混凝剂并与杂质微粒形成絮凝团,使之相互缠绕交联,形成复杂的聚合体并沉淀下来。

(四)混凝条件的确定

　　混凝条件的确定需要考虑以下因素:①原水的状况,包括出水量、水温、pH 及其他物理和化学性质等;②混凝剂和助凝剂的性状及添加量;③混凝沉淀的装置;④混凝沉淀的工艺包括混凝剂、助凝剂的添加顺序,搅拌强度及时间等,适当搅拌可以加速凝聚和沉淀的过程。总之,水处理应先小试,以确定最佳的混凝条件。

(五)电凝聚

　　电凝聚(electrocoagulation)是指用铝电极在 pH 适宜的水中产生 Al^{3+},从而形成胶体而凝聚的一种方法。

(六)混凝池结构及工作原理

　　混凝池和絮凝池的结构及工作原理如图 2-4 所示。将混凝剂投加在原水中,在快速搅

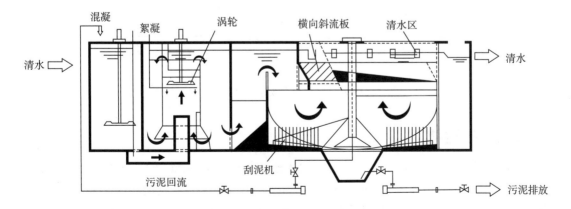

图 2-4 混凝池和絮凝池的结构及工作原理

拌器的作用下同水中悬浮物快速混合,通过中和颗粒表面的负电荷使颗粒"脱稳",形成小的絮状物,再进入絮凝池。在絮凝池中絮凝剂促使进入的小絮体通过吸附、电性中和及相互间的架桥作用,形成更大的絮体。慢速搅拌器的作用如下:一方面,使药剂和絮体能够充分混合;另一方面,不会破坏已形成的大絮体。絮凝后的水进入沉淀池的斜板底部,再向上流至上部的集水区,颗粒和絮体沉淀在斜板的表面上,并在重力作用下下滑。较高的上升流速及斜板 60°倾斜可形成一个连续自刮的过程,使絮体避免积累在斜板上。沉淀的污泥沿着斜板下滑,再跌落到池底,污泥在池底被浓缩。刮泥机上的栅条可以增强污泥浓缩效果,慢速旋转的刮泥机把污泥连续刮进中心集泥坑。浓缩的污泥按照一定的设定程序,用泥位计控制,以达到一个优化的污泥浓度。然后,污泥被间断性排入污泥处理系统中。沉淀后的澄清水由分布在斜板沉淀池顶部的集水槽收集,最后进入后续工艺。快速混凝水处理工艺如图2-5所示。

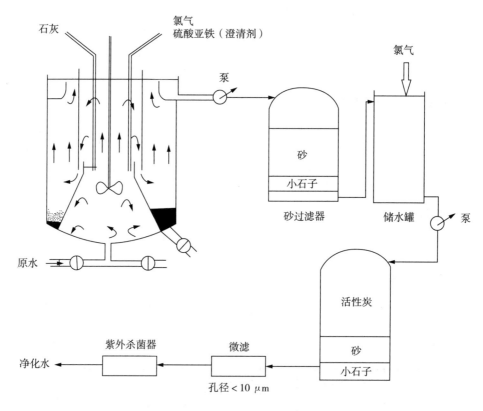

图 2-5 快速混凝水处理工艺

二、水的过滤

水的过滤(filtration of water)一般采用滤池(filter tank)、砂滤棒(sand filter rod)、活性炭(activated carbon)、微滤(microfiltration)、超滤(ultrafiltration)及纳滤(nanofiltration)等方式。自来水厂大规模的水处理通常采用滤池过滤方式,而饮料厂及食品生产的水往往通过多种过滤器实现过滤。过滤过程示意图如图2-6所示。

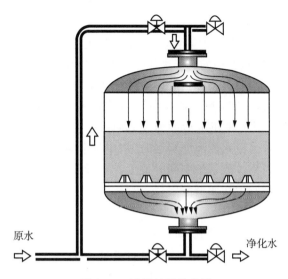

图 2-6 过滤过程示意图

(一)滤池(机械)过滤

滤池过滤主要是指将过滤介质,即滤料填于过滤池中,进行水过滤的方式。滤池(机械)过滤器包括多介质过滤器、砂滤器、活性炭过滤器、石英砂过滤器等。

1. 过滤原理

原水通过粒状料层时,其中一些悬浮物和胶体物质被截留在孔隙中或介质表面上,这种通过粒状介质层分离不溶性杂质的方法称为过滤。过滤过程是一系列不同作用过程的综合,包括阻力截留(筛滤)、重力沉降、接触凝聚等作用。

阻力截留(drag retention):单层滤料层中粒状滤料的级配特点是上细下粗,也就是上层孔隙小,下层孔隙大。当原水由上而下流过滤料层时,直径较大的悬浮杂质首先被截留在滤料层的孔隙间,从而使表面滤料的孔隙越来越小;表面滤料的孔隙拦截住后来的杂质颗粒,在滤层表面逐渐形成一层主要由截留的颗粒物质组成的薄膜,起到过滤作用(图 2-7 和 2-8)。

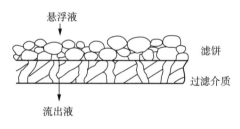

图 2-7 表面过滤

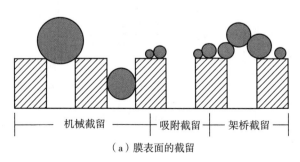

(a)膜表面的截留

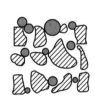

(b)在膜内部的截留

图 2-8 微滤截留位置

重力沉降(gravity settlement)：当原水通过滤层时，众多的滤料颗粒提供了大量的沉降面积，如 1 m³ 粒径为 5×10^{-2} cm 的球形砂粒，可供悬浮物沉淀的有效面积约为 400 m²。当原水经过滤料层时，只要速度适宜，其中的悬浮物就会因重力作用向过滤介质的沉淀面沉降。

接触凝聚(contact agglomeration)：胶体颗粒被巨大颗粒表面所吸附而去除。构成滤料层的砂粒等介质具有巨大的表面积。砂粒在水中带有负电荷，能吸附带正电的微粒(如硅酸、铁及铝的胶体微粒)，形成带正电荷的薄膜，因而能使带负电荷的胶体(黏土、其他有机物)凝聚在砂粒上。这样，当原水流经滤料层时，水中带电微粒将被滤料吸附而从水中除去。

以上三种作用在同一个过滤系统中同时发生。一般地，阻力截留主要发生在滤料表层，重力沉降和接触凝聚主要发生在滤料深层。

2. 过滤的工艺过程

过滤工艺基本上由两个过程组成，即过滤和冲洗两个循环过程。过滤为生产清水的过程；而冲洗是从滤料表面冲洗掉污物，使之恢复过滤能力的过程。在多数情况下，冲洗和过滤的水流方向相反，因而一般把冲洗称为反冲或反洗。

3. 过滤介质及垫层的结构

过滤介质(滤料)是保证过滤作用的重要条件之一，其性能及结构影响着过滤的进行及净化的质量。良好的过滤介质必须具备如下条件：

① 足够的化学稳定性；

② 足够的机械强度；

③ 过滤时不溶于水；

④ 不产生有害或有毒物质。

常见的过滤介质包括砂、石英砂、磁铁矿石、石榴石、无烟煤、活性炭、玻璃纤维、棉花、绢布、石棉板、纸板、棉饼等。

良好的过滤介质应具有以下优点：

① 足够的孔隙率(porosity)。孔隙率是滤料的孔隙体积和整个滤层体积的比例。石英砂滤料的孔隙率为 0.42 左右，无烟煤滤料的孔隙率为 0.5～0.6。

② 适宜的级配(gradation)。级配是滤料粒径的范围及在此范围内各种粒径的数量比例，通常以不均匀系数(K)来表示。天然滤料的粒径大小很不一致，为了既满足工艺要求，又能充分利用原料，通常选用一定范围内的粒径。滤料层的结构及滤料粒度变化如图 2-9 所示。由于不同粒径的滤料要互相承托支撑，

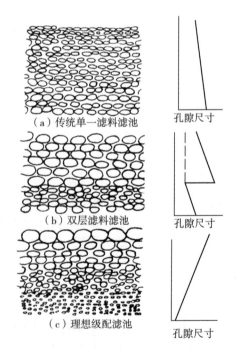

（a）传统单一滤料滤池　孔隙尺寸

（b）双层滤料滤池　孔隙尺寸

（c）理想级配滤池　孔隙尺寸

图 2-9　滤料层的结构及滤料粒度变化

相互间要有一定的数量比，通常用不均匀系数 K 作为控制指标，具体如下：

$$K = d_{80}/d_{10}$$

式中，K——不均匀系数；

d_{80}——80%滤料通过的筛孔直径(80%滤料的粒径);

d_{10}——10%滤料通过的筛孔直径(10%滤料的粒径)。

K 越大,粗细颗粒差别越大。K 过大,各种粒径滤料互相掺杂,降低了孔隙率,对过滤不利。另外,反冲时,过大的颗粒可能冲不动,而过小的颗粒可能随水流失。K 值小,则表明介质颗粒的粒径比较均匀一致,过滤效果好(图 2-10)。但是,在实际生产时,滤料的粒径大小很难一致,为了满足工艺要求及充分利用原料,K 值不能太小。一般,普通快滤池 $K=2\sim2.2$。

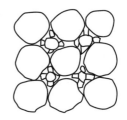

(a)单一粒径砂　　　　　　(b)两种粒径砂　　　　　　(c)多种粒径砂

图 2-10　砂颗粒级配示意图

良好的滤料层结构应满足下列要求:

① 含污能力(kg/m^3)强;

② 产水能力[$m^3/(m^2\cdot h)$或 m^3/h]强。

满足以上要求的过滤池才能保证处理水的质量。

过滤时水流方向多为从上到下,这样可以保持较大的过滤速度及较好的反冲效果。在水流方向为从上往下的情况下,可以有两种截然不同的滤料结构:一种滤料粒径上小下大,此滤料结构的特点是孔隙上小下大,悬浮物被截留在表面,底层滤料未被充分利用,滤层含污能力弱,使用周期较短;另一种滤料结构特点是滤料粒径上大下小,也就是沿水流方向滤料粒径逐渐减小,特点与前一种相反。理想的滤料层结构是粒径沿水流方向逐渐减小。但是,就单一滤料而言,要达到粒径上粗下细的结构,实际上是不可能的。因为在反冲洗时,整个滤层处于悬浮状态,粒径大者质量重,悬浮于下层,粒径小者质量轻,悬浮于上层。反冲洗停止后,滤料自然形成上细下粗的分层结构。为了改善滤料的性能,设计采用两种或多种滤料、具有孔隙上大下小特征的滤料层。例如,上层选用比重轻而粒径大的无烟煤滤层,下层添加密度大、粒径较小的重质滤料层(如砂或石英砂),这种结构称为双层滤池。在一定的强度下反冲后,轻质滤料仍然在上层,重质滤料在下层。双层滤池中,无烟煤的相对密度为 1.4~1.7,粒径选用 0.8~1.8 mm;石英砂的相对密度为 2.55~2.65,粒径选用 0.5~1.2 mm。煤层厚 0.3~0.4 m,砂层厚 0.4~0.5 m。当无烟煤相对密度为 1.5,砂粒的相对密度为 2.65 时,最大的煤粒和最小砂粒直径之比≤3.2。滤层规格见表 2-8 所列。

表 2-8　滤层规格

滤池类型	滤料粒径/mm	滤层厚度/mm	正常滤速/(m^3/h)	强制滤速/(m^3/h)
石英砂滤料池	$d_{最小}=0.5$、$d_{最大}=1.2$	700	8~12	10~14

（续表）

滤池类型	滤料粒径/mm	滤层厚度/mm	正常滤速/(m³/h)	强制滤速/(m³/h)
双滤层滤料池	无烟煤 $d_{最小}=0.8$、$d_{最大}=1.8$ 石英砂 $d_{最小}=0.5$、$d_{最大}=1.2$	400～500	12～16	14～18

滤层总厚度一般为 60～70 cm，滤池的穿透深度为 40 cm，相应的保护层厚度为 20～30 cm。滤池的容积要根据处理水量来确定，一般维持砂层上 1 m 的水深，以防止水质及水量的过度波动。此外，滤池为三层，即在双层滤池的下面再加一层密度更大、粒径更小的其他滤料，如石榴石、磁铁矿等。因滤层的粒径由上到下逐渐递减，这样可以使悬浮物穿透得更深，增加滤层吸附表面积，进一步发挥整个滤层的吸附能力。多介质过滤器结构如图 2-11 所示。有时，为了充分发挥过滤介质的作用，将两种及两种以上过滤器串联在一起，以更有效地去除水中杂质。石英砂及活性炭串联过滤结构示意图如图 2-12 所示。

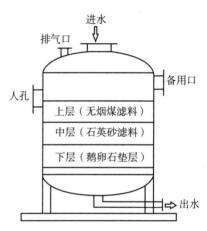

图 2-11　多介质过滤器结构

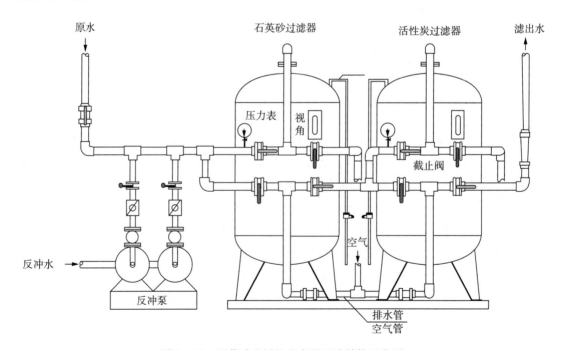

图 2-12　石英砂及活性炭串联过滤结构示意图

　　垫层(cushion)的作用是防止过滤时滤料进入配水系统,以及冲洗时使布水均匀。在滤料层和配水系统之间设置垫层(承托层)时,一般采用砾石,如天然鹅卵石、碎石,粒径为2～32 mm,由上到下分层。垫层应满足如下要求:

　　① 在高速水流反冲洗的情况下,垫层必须保持不被冲动。

　　② 垫层能形成均匀的孔隙,以保证冲洗水的均匀分布。

　　③ 垫层的材料要坚固,不溶于水。

　　一般垫层采用天然卵石或碎石,其最小粒径应在2 mm以上。根据反冲洗可能产生的最大冲击力,确定垫层的最大粒径为32 mm。垫层自上而下分为4层,其具体规格见表2-9所列。

表 2-9　垫层的具体规格

层次(自上而下)	粒径/mm	厚度/mm
1	2～4	100
2	4～8	100
3	8～16	100
4	16～32	150

4. 冲洗

　　滤池经过一定时间的水处理后,滤料及其垫层吸附和聚集大量悬浮物等杂质,使滤池的过滤能力下降,水压损失增加,达不到理想的效果。因此,滤池必须定期冲洗(rinse),使滤料吸附的悬浮物剥离下来,以恢复滤料的净化和产水能力。冲洗方法多采用逆流水力冲洗(有时兼用压缩空气反冲)、高压清水表面冲洗、机械或超声波扰动等。冲洗效果取决于冲洗强度。冲洗强度过小时,不能从滤料上剥离杂质;冲洗强度过大时,滤料层膨胀过度,减少了在反冲过程中单位体积内滤料间互相碰撞的机会,对冲洗不利,还会造成细小粒料的流失和冲洗水的浪费等。对于双层快滤池(含0.6～0.7 mm的砂粒),多采用13～16 L/(m² · s)的冲洗强度。有时截留的凝聚物和表面滤料在反冲洗时形成"泥球",而且有越滚越大的趋势。在这种情况下,必须进行有效的辅助冲洗,如表面冲洗、压缩空气冲洗及机械冲洗。

5. 滤池过滤的方法

　　根据水过滤速度的快慢,滤池过滤可分为快速过滤和慢速过滤两种。一般快速过滤是先在原水中加入混凝剂进行预处理,絮凝沉淀掉大部分悬浮物和胶体。然后,使上层的澄清水经过砂滤层进行过滤,过滤的速度一般为5 m/h。快速过滤主要是除去悬浮物,不能完全除去离子、胶体及微生物,需进一步处理。慢速过滤则是将原水经混凝沉淀处理后,让上层的澄清水以较慢的速度通过砂滤层,过滤速度为2.5～5 m/d。此法不但可除去水中悬浮物、胶体及大部分微生物,而且能改善水的味道。但滤过性病原体不能被去除,若作为饮料用水仍需消毒、软化或进一步过滤(如用砂滤棒、微滤或超滤),离子交换树脂或电渗析软化,紫外线、氯气或臭氧消毒。

　　慢滤池和快滤池是粒状材料过滤的典型构筑物。图2-13所示为慢滤池构造,其核心部分是由厚约1 m的细砂构成的滤层,可截留水中的悬浮固体,滤层下部为卵石构成的承托层,用来支撑滤层并防止漏砂。慢滤池的特点是过滤速度慢,过滤初期存在一个成熟期。滤速是指水流过滤池的速度,是按整个池子面积计算的水流速度,而不是水在滤料间空隙中的真实速度,故又称空池水流速度。慢滤池的滤速为 0.1~0.3 m/h。慢滤池的成熟期是指滤池的滤层顶部几厘米厚的滤层,由原来松散的砂粒变成发黏的滤层(滤膜)所需的时间。对于新建的滤池来说,经过 1~2 周,过滤后的水才能清澈。

慢滤池主要依靠滤膜的作用去除原水浊度和微生物。滤膜形成后,原来松散砂粒间的孔隙结构更有利于截留悬浮固体。在慢滤池运行中,悬浮固体不断在滤膜内累积,水流阻力增大,过滤水头损失逐渐增加,滤速逐渐降低。一般在运行 2~3 月后,必须停止进水,将滤层表面 2~3 cm 厚的砂刮掉。因为刮砂破坏了滤膜,所以慢滤池需重新经历一个成熟期,其出水水质才能恢复到原来的水平。在慢滤池过滤、刮砂的循环运行过程中,需要用清洁的滤砂补充滤层。慢滤池构造如图 2-13 所示。

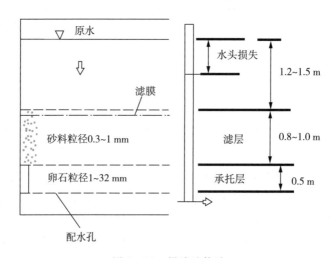

图 2-13 慢滤池构造

慢滤池可用来处理经过自然沉淀或混凝沉淀后的水,出水的浊度和微生物指标均可满足水质要求。同时,慢滤池能有效地去除水的色、嗅、味。有些水厂在快滤池之后,再用慢滤池作为终极处理设施来解决水的色、嗅、味等问题。

针对慢滤池滤速低的缺点,发展了快滤池单元工艺。初期的快滤池滤速约为 5 m/h,现在的快滤池滤速可达 40 m/h,高速滤池滤速可达 60 m/h。为此,必须解决在高速水流条件下,如何使水中悬浮固体黏着在滤料表面,以及怎样清除滤层中截留的大量悬浮固体等问题。

石英砂滤料表面一般带负电荷,其与带负电荷的悬浮固体间存在排斥作用,悬浮固体不会自动附着在滤料表面,一些因直接撞击在砂粒上而被截留的颗粒,也会因水流的剪切作用被冲刷下来。悬浮固体的黏着必须通过水的混凝过程才能实现,即进入快滤池的水必须经过常规混凝沉淀处理或凝聚过程。

快滤池的滤速是慢滤池的几十倍到几百倍,其单位滤层在一两天内所截留的悬浮固体量,与慢滤池在几个月内截留的悬浮固体量相当,因此必须解决快滤池的洗砂问题。如图 2-14所示,滤池主体包括进水渠(集水渠)、冲洗排水槽、滤料层、承托层和配水系统 5 个部分。廊道内主要有浑水进水、清水出水、初滤水、反冲洗来水、反冲洗排水 5 种管渠,以及相应的控制阀门。快滤池的运行包括过滤与冲洗两个过程的循环。

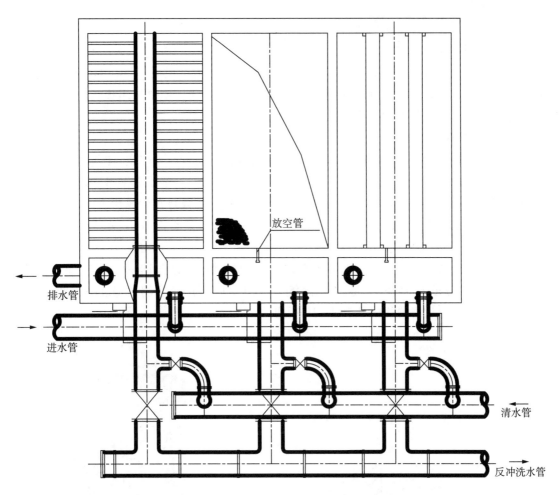

图 2-14　快滤池结构、工作原理及过滤流程

　　水的过滤即生产清水的过程,滤速可以由进水阀控制,或流量控制器自动控制。其过程如下:混凝沉淀池来水→浑水进水干管(进水渠)→进水支管阀门→浑水渠→冲洗排水槽,从槽的两边溢流而出,均匀分布在整个滤池面上。浑水经过滤料层→承托层→配水系统的配水支管汇集→配水干管→清水支管阀门→清水干管→清水池。在过滤过程中,水中絮体不断被截留,滤料间的孔隙不断减小,水流的阻力不断增大。当水头损失达到最大值时,滤速降到设定值以下;或过滤的水头损失虽未达到最大值,但滤出水的浊度等水质参数不合格时,必须停止过滤,进行反冲洗。

　　反冲洗是用清洁水对滤层进行清洗,以去除其截留的悬浮固体的过程。反冲洗时水的流向和过滤完全相反。

　　从过滤开始到结束称为滤池的过滤周期。冲洗操作所需要的总时间称为滤池的冲洗周期,一般需 20～30 min。滤池的过滤周期与冲洗周期之和称为滤池的工作周期或运转周期。一般快滤池的工作周期为12～24 h,冲洗所消耗的水量占滤池生产总水量的1%～3%。

　　砂滤器(sand filter)是浅层介质过滤器,是一种利用过滤介质去除水中各种悬浮物、胶体及其他微细颗粒,达到降低水浊度、提升净化水质效果的一种过滤设备。常用滤料有石英砂、活性炭、无烟煤、锰砂、石榴石等。

(二)砂滤棒过滤器

当用水量较少,原水中只含少量有机物、微生物及其他杂质时,可采用砂滤棒过滤器(sand-filtering rod filter)。砂滤棒有棒状和板状等形式,我国主要采用棒状砂滤棒,日本及其他一些国家采用板状砂滤棒。

1. 基本原理

砂滤棒又称砂芯,是将细微颗粒硅藻土或骨灰等物质在高温下焙烧,使其熔化,可燃性物质变为气体逸出,形成直径为 $0.16\sim0.41\ \mu m$ 小孔的滤柱。在外压作用下,待处理水通过砂滤棒上的微小孔隙时,水中的少量有机物及微生物等被截留在砂滤棒表面。滤出的水可基本达到无菌级别,符合国家饮用水标准。砂滤棒的外形如图2-15所示。

2. 砂滤棒过滤器结构

砂滤棒过滤器(图2-16)是用不锈钢或铝合金铸成的锅形密封容器,分上、下两层,中间以隔板隔开,隔板上(或下)为待滤水,隔板下(或上)为砂滤水,容器内安装一至数十根砂滤棒。国产砂滤棒过滤器规格见表2-10所列。

图2-15　砂滤棒的外形

图2-16　砂滤棒过滤器

表2-10　国产砂滤棒过滤器规格

型号	高×直径×厚/(mm×mm×mm)	每台砂滤棒根数/根	压强/MPa	压强为196 kPa时的流量/(kg/h)
101型铝合金滤水器	800×500×20	19	0.294	1 500
106型铝合金滤水器	450×320×10	12	0.196	800

（续表）

型号	高×直径×厚/ (mm×mm×mm)	每台砂滤棒根数/ 根	压强/MPa	压强为 196 kPa 时的流量/ (kg/h)
112 型铝合金滤水器	400×200×10	6	0.196	500
108 型铝合金滤水器	320×260×10	7	0.196	250
109 型单支压力滤水器	280×70×50	1	0.196	30

3. 使用中应注意的问题

砂滤棒使用一段时间后,砂芯外壁逐渐挂垢而降低滤水量,这时必须停机,卸出砂芯,对砂芯进行处理。具体方法如下:堵住滤芯出水嘴,浸泡在水中,用水砂纸等轻轻擦去砂芯表面被污染层,至砂芯恢复原色,即可重新安装使用。棒体被堵塞时,也可用塑料刷或钢丝刷擦去表层污物,清洗干净后即可恢复压力。若使用洗涤剂,可以封闭冲洗,不用卸出砂芯。

砂滤棒在使用前均需消毒处理,可以将二氧化氯、84 消毒液、75%酒精或 10%漂白粉等注入砂滤棒内,堵住出水口,使消毒液和内壁完全接触,数分钟后倒出。另外,要避免消毒液浓度过高,防止腐蚀滤水器的金属部分。安装时,凡是与净水接触的部分都要进行消毒。因为砂滤棒是加压过滤器,所以使用时必须采用合理的操作压力。若压力太小,则水滤出量小,过滤速度慢;超压则可能造成砂滤棒破损。

（三）活性炭过滤器

活性炭是以木炭、木屑、果核壳或焦炭等为原料,经过气化(碳化、活化)形成以炭为骨架、具有发达的孔隙(较大的比表面积)且具有高吸附能力的炭。活性炭是黑色固体,无臭、无味,具有多孔结构,表面积很大,对气体或胶状固体有强大的吸附力。1 g 粉状活性炭的总表面积可达 1 000 m²。活性炭被喻为"黑匣子",其吸附性能与其孔形态(表面积、孔径分布)密切相关。活性炭的孔径可分为微孔、中孔及大孔。活性炭的孔径分布示意图如图 2-17 所

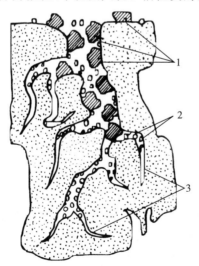

1—大孔(微生物、吸附物质、溶剂可到达的表面);2—中孔(吸附物质、溶剂可到达的表面);
3—微孔(小分子吸附物质、溶剂可到达的表面)。

图 2-17　活性炭的孔径分布示意图

示。大孔的作用是提供物质到达其内部的通道,中孔发挥吸附及提供通道两方面作用,微孔是活性炭表面积的主要部分,是活性炭吸附成分的主要作用部位。

活性炭在水溶液中能吸附溶质分子(杂质分子),这是由于溶质分子的憎水性和活性炭对溶质分子的吸引力发挥了作用。某溶质分子的亲水性越强,向活性炭表面运动的可能性就越小,该溶质分子就越难被吸附。活性炭与溶质分子间的吸引力是静电吸附、物理吸附和化学吸附三种力联合作用的结果。活性炭过滤器(activated carbon filter)之所以能将杂质除去,是因为它除了能发挥上述的吸附作用外,还因为其上有一层厚厚的活性炭,同时能发挥机械过滤作用。

活性炭对水中有机物,尤其是对分子量为500～3 000 Da的有机物有较好的吸附去除效果。在用分子氯破坏水中的有机物和杀灭微生物时,以活性炭作为余氯的吸附剂是最合适的。其去除余氯的作用也不是简单的吸附作用,而是活性炭的活性部位的催化作用。有些水中含有余氯和异臭杂味,极大地影响饮料产品质量。为了保证水体无色、无臭、无味,必须对水进行处理。活性炭过滤器(图2-18)是最好且最常用的水的脱色及脱臭设备。实际生产中常把活性炭过滤器与微孔过滤器、砂滤器等串联使用。活性炭使用一段时间后,需要进行清洗再生。因其具有腐蚀性,最好采用不锈钢或玻璃缸容器,如用铁制容器装活性炭时,要涂上防腐蚀涂料。

图2-18　活性炭过滤器

$$Cl_2 + H_2O \longrightarrow HCl + [O]$$

$$C + [O] \longrightarrow CO_2 \text{ 或氧化有机物}$$

另有

$$Cl_2 + H_2O \longrightarrow HOCl + H^+ + Cl^-$$

$$C^* + mHOCl \longrightarrow CO_m + mH^+ + mCl^-$$

式中,C^*为活性炭;$m=1\sim2$。

(四)膜过滤(membrane filtration)

1. 微滤膜

微滤设备(图2-19)是孔径为0.01～10 μm的过滤设备的统称,能截留0.05～10 μm的颗粒,允许大分子和溶解性盐等通过,能截留悬浮物、微生物及大分子量胶体等成分,运行压力为0.01～0.2 MPa。原料液在压差作用下,其中水(溶剂)透过膜上的微孔流到膜的低压侧,大于膜孔的微粒被截留,从而实现原料液中的微粒与溶剂的分离。微滤的截留机理是筛分作用,决定膜的分离效果的是膜的物理结构、孔的形状和大小、操作压力、微粒的大小及浓度等。分离效率是微孔膜最重要的性能特性,该特性受控于膜的孔径和孔径分布。因为微孔滤膜可以做到孔径均匀,所以微滤膜的过滤精度较高,可靠性较高。其表面孔隙率高(一般可以达到 70%),比同等截留能力的滤纸至少快 40 倍。微滤膜(microporus membrane,MF)的厚度小,因液体被该过滤介质吸附而造成的损失非常小。高分子类微滤膜是均匀的连续体,过滤时介质不会脱落,不会造成二次污染,从而可以得到高纯度的滤液。

图 2-19 微滤设备(合肥科锐特环保工程有限公司提供)

2. 超滤膜

超滤是以压力为推动力的膜分离技术之一,以大分子与小分子分离为目的。超滤膜设备(图 2-20)是孔径为 10~100 nm 的过滤设备的统称。超滤膜能截留 0.002~0.1 μm 的大分子物质(分子量为 1~500 Da),允许小分子物质和溶解性盐等通过,能截留胶体、蛋白质及微生物

图 2-20 超滤膜设备(合肥科锐特环保工程有限公司提供)

等成分,运行压力为 0.1~1 MPa,能将一定大小的高分子胶体或悬浮颗粒从溶液中分离出来,是一种高分子半透膜。超滤膜(ultrafiltration membrane,UF)这种高分子聚合膜具有不对称的微孔结构,该结构分为两层:上层为功能层,具有致密微孔和拦截大分子的功能,其孔径为 1~20 nm;下层为具有大通孔结构的支撑层,起增大膜强度的作用。功能层较薄,透水通量大。一般制成管式、板面式、卷式或毛细管式等各种形式的组件,然后将多个组件组装在一起应用,以增大过滤面积。在本质上,膜的超滤过程是机械筛滤过程,膜表面孔隙的大小是最主要的控制因素。其排斥物质的能力除与膜的特性有关外,还与物质分子的形状、大小、柔度及操作条件(温度、压力、溶液浓度等)等有关。通常超滤膜由各种高分子材料(如醋酸纤维素类、醋酸纤维素酯类、聚乙烯类、聚砜类、聚酰胺类及芳香族聚合物类等)制成。

3. 纳滤膜

纳滤膜(nanofiltration membrane,NF)存在纳米级的细孔(0.1~1 nm),能截留纳米级的物质(分子量 200~1000 Da),一般运行压力为 0.3~3 MPa,纳滤的操作区间介于超滤和反渗透之间。纳滤是从反渗透中分离出来的一种膜分离技术,是超低压反渗透技术的延续和发展分支。纳滤去除物质的机理是筛滤、迁移及扩散共同作用。

纳滤膜截留溶解性盐的能力为 20%~98%,对单价阴离子盐溶液的脱除率低于高价阴离子盐溶液,如对氯化钠及氯化钙的脱除率为 20%~80%,对硫酸镁及硫酸钠的脱除率为 90%~98%。纳滤膜一般用于去除地表水中有机物和色度,降低井水的硬度,去除部分溶解性盐、浓缩液体及分离药品中有效物质等。

4. 反渗透

反渗透(reverse osmosis membrane,RO)又称为逆渗透,其过滤孔径由 0.0001 μm 到零,一般以压力差为推动力,能从溶液中分离出溶剂(水),截留溶解盐及分子量大于 80 Da 的有机物,操作压力为 0.7~13 MPa。因为和自然渗透的方向相反,所以称之为反渗透。单级反渗透适合电导率小于 500 μS/cm(S 是电导国际单位,读"西门子")的水质,出水电导率为 1~10 μS/cm。反渗透可应用于海水淡化,硬水软化,维生素、抗生素及激素等浓缩,细菌及病毒的分离,果汁、牛乳和咖啡浓缩,饮用纯净水生产,废水处理及特种分离等过程。值得一提的是,在离子交换前,使用反渗透可大幅度地降低操作费用和废水排放量。

反渗透是 20 世纪 60 年代发展起来的一项新型膜分离技术。目前,反渗透在工艺及材料技术方面不断取得进步,应用范围逐渐扩大。反渗透和电渗析都属于膜分离范畴。电渗析用离子交换膜把溶液中盐分分离出来。反渗透通过反渗透膜把溶液中溶剂(水)分离出来。

在反渗透装置中,原水经过精细过滤器、颗粒活性炭过滤器、压缩活性炭过滤器等,再通过泵加压。利用孔径为 0.0001 μm 的反渗透膜,能够有效去除带电离子、无机物、胶体微粒、细菌及有机物质等,从而达到饮用水规定的理化指标及卫生标准。反渗透是最精密的膜法液体分离技术,能阻挡所有溶解性盐及分子量大于 100 Da 的有机物,允许水分子透过。反渗透复合膜脱盐率一般大于 98%,如醋酸纤维素反渗透膜脱盐率一般大于 95%。

(1)反渗透原理

在一个容器中用一层半透膜把容器隔成两部分,一边注入淡水,另一边注入盐水,并使两边液位相等,这时淡水会自然地透过半透膜至盐水一侧。盐水的液面达到某一高度后,产生一定压力,抑制了淡水进一步向盐水一侧渗透。此时的压力即渗透压,该半透膜即反渗透膜。如果在盐水一侧加上一个大于渗透压的压力,盐水中的水分就会借助压力从盐水一侧透过半透膜至淡水一侧,这一现象称为反渗透。渗透与反渗透原理示意图如图2-21所示。

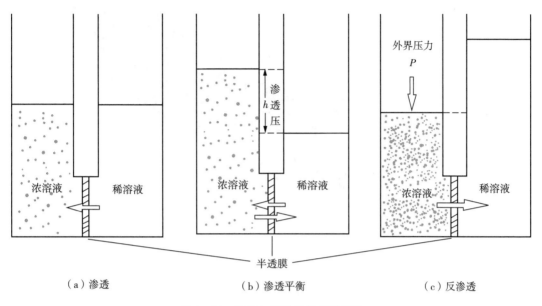

（a）渗透　　　　　　　　　（b）渗透平衡　　　　　　　　（c）反渗透

图2-21　渗透与反渗透原理示意图

(2)反渗透膜种类及特性

反渗透膜有板框式、卷式、碟管式及中空纤维式膜(图2-22)。其外观一般为乳白色,半透明,有一定的韧性。表层(与空气接触层)结构致密,孔隙很小,厚度为$1\sim10~\mu m$,孔隙直径为$8\sim20~nm$;下层结构疏松,孔隙大,通称为多孔层或支撑层,其厚度占膜厚的99%,孔隙直径为$0.1\sim0.4~\mu m$。反渗透能否得到实际应用的关键是半透膜。当前,常用的反渗透膜有醋酸纤维素膜(简称CA膜)和芳香聚酰胺纤维膜。芳香聚酰胺纤维膜具有良好的透水性能、较高的脱盐率、优越的机械强度和化学稳定性,耐压实,能在pH为$8\sim10$时使用。反渗透膜对不同离子的去除能力不同,反渗透膜对杂质的去除能力见表2-11所列,各种膜的透水量与脱盐能力见表2-12所列。

（a）板框式

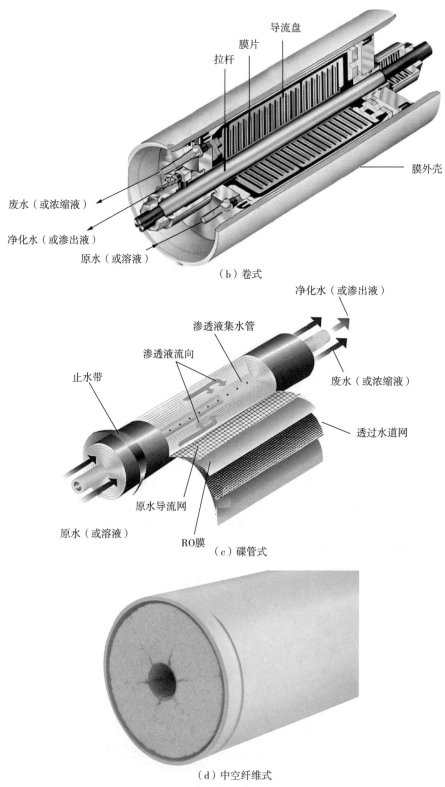

（b）卷式

（c）碟管式

（d）中空纤维式

图 2 - 22 反渗透膜

表 2-11 反渗透膜对杂质的去除能力

离子	去除率/%	离子	去除率/%	离子/杂质	去除率/%
Mn^{2+}	95~99	SO_4^{2-}	90~99	NO_2^-	50~75
Al^{3+}	95~99	CO_3^{2-}	80~95	BO_2^-	30~50
Ca^{2+}	92~99	PO_4^{3-}	90~99	微粒	99
Mg^{2+}	92~99	F^-	85~95	细菌	99
Na^+	75~95	HCO_3^-	80~95		
K^+	75~93	Cl^-	80~95	有机物($>300\ Da$)	99
NH_4^+	70~90	SiO_2^-	75~90		

表 2-12 各种膜的透水量与脱盐能力

膜种类	测试条件/MPa	透水量/[$m^3/(m^2 \cdot d)$]	脱盐率/%
醋酸纤维素膜	1%NaCl	0.30	99.0
醋酸纤维素超薄膜	海水(10.13)	1.0	99.8
醋酸纤维素中空纤维膜	海水(6.08)	0.04	99.8
醋酸丁酸纤维素膜	海水(10.13)	0.48	99.4
醋酸和醋酸纤维混合膜	3.5% NaCl(10.13)	0.44	99.7
醋酸甲基丙烯酸纤维素膜	3.5% NaCl(10.13)	0.33	99.7
醋酸丙酸纤维素膜	3.5% NaCl(10.13)	0.48	99.5
芳香聚酰胺膜	3.5% NaCl(10.13)	0.64	99.5
芳香聚酰胺中空纤维膜	1% NaCl(15.2)	0.02	99
聚苯并咪唑膜	0.5% NaCl(14.19)	0.65	95
多孔玻璃膜	3.5%NaCl(12.16)	1.0	88
磺化聚苯醚膜	苦咸水(7.60)	1.15	98
氧化石墨膜	0.5%NaCl(14.19)	0.04	91

(3)反渗透膜的脱盐机理

反渗透膜的选择透过性与组分在膜中的溶解、吸附和扩散能力有关,除与膜孔的大小、结构有关外,还与膜的化学及物理性质有密切关系,即组分与膜的相互作用密切相关。在反渗透分离过程中,化学因素(膜及其表面特性)起主导作用。到目前为止,关于反渗透膜脱盐机理的解释很多,下面介绍两种较公认的机理。

① 氢键理论:氢键原理最早由雷德(Reid)等提出,也称为空穴式-有序式扩散(holetype-alignment type diffusion)理论,是针对醋酸纤维素膜提出的模型。醋酸纤维素是一种具有高度矩阵结构的聚合物,盐水中的水分子能与乙酸纤维膜上的极性基团(如羧基

等)形成氢键。在反渗透压力作用下,以氢键结合进入膜内的水分子在第一个氢键位置处断裂而转移到另一个位置上,形成另一个氢键。这些水分子通过一连串的氢键形成链接-断开过程,依次从一个极性基团移到下一个极性基团,直至离开表面层,进入膜的多孔层。不以氢键与乙酸纤维膜结合的溶质不能扩散透过,但以氢键与膜结合的离子和分子(如水和酸)却能穿过结合水层而有序扩散,这就是脱盐淡水的过程。

② 选择吸附-毛细管流理论:该理论是由索里拉金(Sourirajan)在吉布斯(Gibbs)方程的基础上提出的。膜是由含有适当亲水活性基团的多孔材料组成的。该理论认为在盐溶液与聚合物多孔膜接触的情况下,膜界面有优先吸附水而排斥盐的性质,因而膜上形成了一层吸附层。它是一层已被脱盐的纯水层,纯水层的输送可通过膜中的小孔来进行。在盐溶液中,膜表面有选择性吸附能力,即吸附水分子而排斥盐分子。这样就在膜和溶液界面上形成了一个纯水层,在反渗透压力推动下,此水层中的纯水通过膜的毛细管作用而连续不断地流出。

(4)反渗透器

反渗透器的构造形式主要有板式、碟管式、卷式和中空纤维式四种。①板式反渗透器:在多孔透水板的单侧或两侧贴上反渗透膜,即构成板式反渗透元件,将几块至几十块元件层层叠合,装入密封耐压容器中,按压滤机形式制成板式反渗透器。该装置的优点是结构牢固,能承受高压,占地面积不大;其缺点是液流状态差,易造成浓差极化问题,设备费用较大,清洗维修不方便。②碟管式反渗透装置是把膜装在耐压微孔承压管内侧或外侧,制成管状膜元件,然后再制成管束式反渗透器。该装置的优点是水力条件好,适当调节水流状态就能防止膜的污染和堵塞,安装、清洗及维修较为方便;其缺点是单位体积的膜面积小,体积大,制造成本较高。③卷式反渗透装置是在两层反渗透膜中间夹一层多孔支撑材料(柔性格网),并将它们三端密封起来,再在下面铺上一层供废水通过的多孔透水格网。然后,将它们的一端粘贴在多孔集水管上,绕管卷成螺旋卷,形成一个卷式反渗透膜组件。最后,把几个组件串联起来,装入圆筒形耐压容器中,便组成螺旋卷式反渗透器。该反渗透器的优点是单位体积内膜的装载面积大,结构紧凑,占地面积小;缺点是容易堵塞,清洗困难。④中空纤维式反渗透装置中装有中空纤维管,管的外径为 $50\sim1000\ \mu m$,内径为 $25\sim350\ \mu m$,壁厚 $12\sim25\ \mu m$。将几百乃至上万根中空纤维膜弯成"U"字形装在耐压容器中,即可组成反渗透器。该装置的优点是单位体积的膜表面积大,装备紧凑;缺点是该膜不耐压,易破损,对原液的预处理要求严格。

反渗透器的工艺流程通常采用一级或二级反渗透。一级是通过一次反渗透就能达到水质要求,二级则是需要通过二次反渗透才能达到水质要求(图 2-23 和 2-24)。此外,还有多级法用于反渗透脱盐,但比较少用。在运行过程中,水不断地透过膜,而水中所含的悬浮物、微生物及有机物等杂质易在膜表面结一层薄垢,影响膜的透水性能及操作压力,因而对原水要进行预处理,如过滤、石灰软化,或在水中添加柠檬酸、酒石酸来防止铁盐、碳酸盐等的形成。许多饮料厂多采用反渗透法处理水(图 2-25 和图 2-26),这是因为反渗透膜能除去水中的胶体等杂质。

反渗透器在使用一段时间后,其膜污染和膜老化将导致脱盐率降低,压力损失增大,产水量降低,这时需要进行清洗。清洗方法包括物理清洗及化学清洗。

物理清洗:最简单的是用水清洗膜表面,即用低压高流速水冲洗膜面 30 min,这样可使膜的透水性能得到改善,但短期运转后其性能会再次下降。若采用空气与水混合流体冲洗膜面 20 min,对初期受到有机物污染的膜效果较好,但对受严重污染的膜,效果也不够理想。

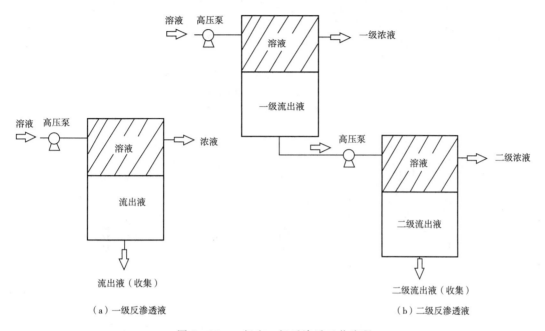

图 2-23 一级和二级反渗透工艺流程

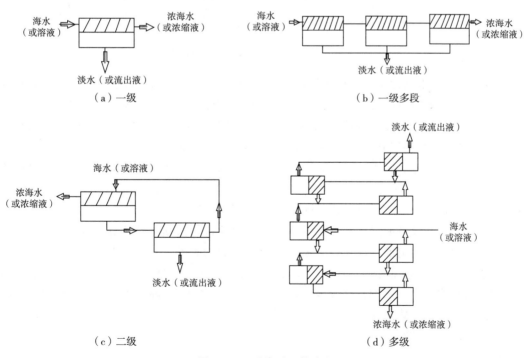

图 2-24 反渗透工艺流程

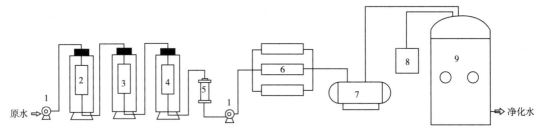

1—泵；2—石英砂过滤器；3—活性炭过滤器；4—离子交换过滤器；5—精滤器；

6—反渗透装置；7—紫外线杀菌器；8—臭氧消毒器；9—净水罐。

图 2-25　使用反渗透装置处理水的工艺

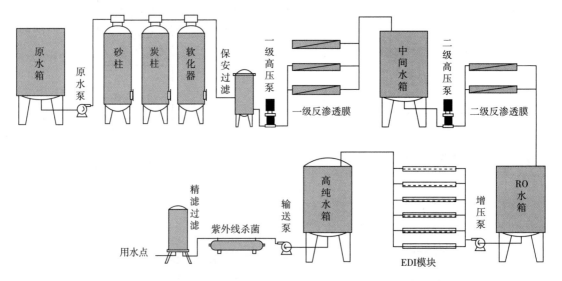

图 2-26　使用一级和二级反渗透装置处理水的工艺

化学清洗：可根据污染物质的不同而采用不同的化学药品进行清洗。对于无机物（特别是金属氢氧化物）的污染，可采用柠檬酸清洗。对于胶体污染，可采用过硼酸钠或尿素、醋、醇、酚等溶液清洗，用浓盐酸或浓盐水清洗也是有效的，这是由于高浓度的电解质可以减弱胶体粒子间的作用，促使其形成胶团。有机物污染，特别是蛋白质、多糖类和油脂类的污染，可用中性洗涤剂清洗。另外，可用双氧水进行清洗。对于细菌污染，对醋酸纤维素膜可用硫酸或盐酸调 pH 为 5～6 后，用二氧化氯或次氯酸钠溶液进行清洗。对芳香族聚酰胺膜，可用双氧水、二氧化氯、84 消毒液、漂白粉等清洗。

纳滤与反渗透没有明显的界线。纳滤膜对溶解性盐或溶质来说不是完美的阻挡层，这些溶质透过纳滤膜的情况取决于盐分或溶质及纳滤膜的种类。透过率越低，纳滤膜两侧的渗透压越高，也越接近反渗透过程。相反，透过率越高，纳滤膜两侧的渗透压越低，渗透压对纳滤过程的影响越小。水的预处理要求，水一般要经过微滤后，再超滤，最后进行纳滤，以防大颗粒杂质导致膜的堵塞或污染。

5. 其他过滤装置

（1）钛棒过滤器

钛棒过滤器是采用粉末冶金方法，将钛金属粉末通过高温烧结的方法加工制成的空心滤管,其被广泛应用于食品、饮料、医药、化工等行业的液固分离。该过滤器具有耐高压、耐强酸和强碱的腐蚀,滤芯可反复再生使用,密闭性好,结构紧凑,不易损坏等特点;适用于生产现场工况条件较恶劣的情况,无维修费用;对过滤溶液、吸附剂、催化剂没有吸附损耗,不改变工作介质的原有成分;无毒、无磁、无脱落,生物相容性好;占地面积小、耐高温,且抗氧化性好,适用于多种酸、碱、盐及各种有机溶剂的高温精密过滤;拆装方便;过滤器结构多样,可满足多种过滤要求;过滤精度高,可将粒径 $0.2\ \mu m$ 以上的颗粒一次性过滤。

(2)化学纤维蜂房式过滤器

化学纤维蜂房式过滤器是将纺织纤维(丙纶、脱脂棉、玻璃纤维)依各种特定工艺在多孔骨架(塑料、不锈钢)上缠绕而成的管状滤芯。缠绕时控制缠绕密度即得不同过滤精度的滤芯。该过滤器具有外疏内密的蜂窝状结构,具有优良的过滤特性;能有效去除液体中的悬浮物、微粒、铁锈、泥沙等杂质;具有良好的化学兼容性,适用于强酸、强碱及有机溶剂的过滤;滤膜可实现深层过滤,纳污能力强,使用寿命长;适用的 pH 为 $1\sim13$;最大压差为正向 0.4 MPa;工作温度为 $4\sim70\ ℃$(在 0.25 MPa 下);灭菌时,耐受 $126\ ℃$、30 min 蒸汽灭菌。

(3)大孔离子吸附树脂过滤器

大孔离子吸附树脂过滤器是一种新的过滤装置。大孔离子吸附树脂是一种不溶于水的球状大孔聚合物,能利用吸附-解吸作用达到物理分离净化的目的。其外观为小于 1 mm 的白色球状颗粒,孔隙大于 5 nm,比表面积大于 $5\ m^2/g$,不但可以吸附有机大分子,而且具有良好的机械强度和化学稳定性,易于再生,可反复使用。大孔离子吸附树脂有多种类型(图 $2-27$),需要根据实际水质及水处理工艺加以选择。

(a)D311离子交换树脂

(b)D301阴离子交换树脂

(c)732阳离子交换树脂

(d)强酸性阳离子交换树脂

图 $2-27$　大孔离子吸附树脂

三、水的软化

饮料及食品生产用水(包括洗瓶用水、锅炉用水、配制饮料用水、清洗用水及卫生用水等)对水的要求较高。特别是配制饮料用水、锅炉用水和洗瓶用水时,对水的卫生条件要求较高,对水的硬度要求更高。用过硬的水配制饮料会影响成品饮料的外观质量。洗瓶用水硬度过高会与洗瓶所用的碱溶液发生反应,导致洗瓶机内的冲洗喷嘴形成水垢,发生堵塞,而影响洗瓶效率,使瓶子得不到有效的洗涤和冲洗,甚至使瓶子表面形成水垢而使玻璃瓶发暗,影响洗瓶效果和瓶子外观。锅炉用水对水的硬度要求更高,在锅炉使用中,如果水的硬度过高,容易造成工业锅炉积垢传热不良,浪费能源,甚至可能因传热不匀引起爆炸。因此,饮料及食品生产用水使用前必须进行水的软化(softening of water)处理,使原水的硬度降低。硬水软化的方法有石灰软化法、离子交换法和电渗析法。

(一)石灰软化法

水中 Ca^{2+}、Mg^{2+} 的总含量称为水的总硬度,含有钙、镁盐类的水称为硬水。随着水温、压力的升高,水中的钙、镁的碳酸氢盐的溶解度下降。加热到 100 ℃时,它们将分别以 $CaCO_3$ 和 $Mg(OH)_2$ 的形式沉淀出来。这些化合物在水中的溶解量很小,分别为 13 和 5 mg/L。因此,水中大部分的 Ca^{2+}、Mg^{2+} 可通过生成 $CaCO_3$ 和 $Mg(OH)_2$ 沉淀而除去。但是工业生产需要大量的水,不可能靠加热方法使其软化,而且加热也解决不了非碳酸盐的硬度问题。在水中加入化学药剂,如生石灰(CaO)等,可以在不加热条件下除去 Ca^{2+}、Mg^{2+},达到水质软化的目的。这种方法称为石灰软化法(Lime Softening),是工业上常用的水软化方法。此法不但可以除去水中的 CO_2 和大部分的碳酸盐硬度,而且可以降低水的碱度和含盐量。石灰软化法包括石灰纯碱软化法和石灰-纯碱-磷酸三钠软化法。用石灰软化法降低水的硬度适用于碳酸盐硬度较高、非碳酸盐硬度较低、不需要高度软化的原水,也可用于离子交换法的预处理过程。

1. 石灰软化法的原理

将生石灰 CaO 配制成石灰乳,具体如下:

$$CaO + H_2O \longrightarrow Ca(OH)_2$$

用石灰乳除去水中重碳酸钙 $Ca(HCO_3)_2$、重碳酸镁 $Mg(HCO_3)_2$ 和 CO_2。

首先,水中的 CO_2 形成 $CaCO_3$ 被除去,具体如下:

$$CO_2 + Ca(OH)_2 \longrightarrow CaCO_3 \downarrow + H_2O \tag{a}$$

只有将水中的 CO_2 除去,才能完全完成软化过程,否则水中的 CO_2 会和 $CaCO_3$ 及 $Mg(OH)_2$ 重新化合,再产生碳酸盐硬度。石灰乳去除水中的 CO_2 后,反应顺利向右进行,产生大量的 $CaCO_3$ 和 $Mg(OH)_2$ 沉淀,其反应如下:

$$Ca(HCO_3)_2 + Ca(OH)_2 \longrightarrow 2CaCO_3 \downarrow + 2H_2O \tag{b}$$

$$Mg(HCO_3)_2 + Ca(OH)_2 \longrightarrow Mg(OH)_2 \downarrow + CaCO_3 \downarrow + CO_2 \uparrow + H_2O \tag{c}$$

$$MgCO_3 + Ca(OH)_2 \longrightarrow Mg(OH)_2 \downarrow + CaCO_3 \downarrow \tag{d}$$

$$2NaHCO_3 + Ca(OH)_2 \longrightarrow CaCO_3 \downarrow + Na_2CO_3 + 2H_2O \tag{e}$$

反应(a)先去除水中的 CO_2，待 CO_2 去除后才完成(b)～(d)软化反应，否则会再产生碳酸盐硬度，反应如下：

$$CaCO_3 + H_2O + CO_2 \longrightarrow Ca(HCO_3)_2$$

$$Mg(OH)_2 + CO_2 \longrightarrow MgCO_3 \downarrow + H_2O$$

$$MgCO_3 + H_2O + CO_2 \longrightarrow Mg(HCO_3)_2$$

当水中的碱度大于硬度时反应(e)才进行。如果化合物 $NaHCO_3$ 中的 HCO_3^- 没有被除去，这部分 HCO_3^- 仍然会和 Ca^{2+}、Mg^{2+} 生成碳酸盐硬度，反应(b)～(d)仍然不能完成。

在进行反应的同时，还产生以下反应：

$$4Fe(HCO_3)_2 + 8Ca(OH)_2 + O_2 \longrightarrow 4Fe(OH)_3 \downarrow + 8CaCO_3 \downarrow + 6H_2O$$

$$Fe_2(SO_4)_3 + 3Ca(OH)_2 \longrightarrow 2Fe(OH)_3 \downarrow + 3CaSO_4$$

$$H_2SiO_3 + Ca(OH)_2 \longrightarrow CaSiO_3 + 2H_2O$$

$$mH_2SiO_3 + nMg(OH)_2 \longrightarrow nMg(OH)_2 \cdot mH_2SiO_3$$

因此，石灰软化法不仅可以降低水中的碳酸盐硬度，还可以除去水中部分铁和硅的化合物。石灰软化法处理水的过程原理如图 2-28 所示。

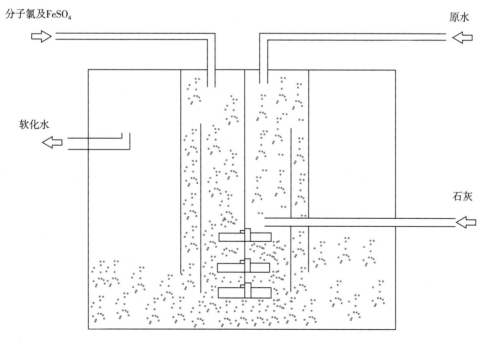

图 2-28　石灰软化法处理水的过程原理

2. 石灰软化法设备

石灰软化法设备有间歇式、涡流反应式及连续式三种。

① 间歇式(图 2-29):将需软化的水注入容器内,加入所需的石灰乳溶液。同时,用压缩空气充分搅拌 10～20 min,静置沉淀 4～5 h,在容器上部引出处理水,在锥底部排出沉淀。此方法简单,石灰的添加量容易控制,但处理时间较长。

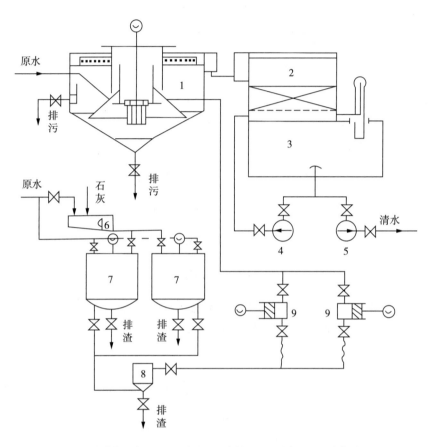

1—机械搅拌澄清池;2—过滤池;3—水箱;4—反洗水泵;5—清水泵;
6—消石灰机;7—电动搅拌石灰浆槽;8—捕砂器;9—加药泵。

图 2-29　间歇式

② 涡流反应式(图 2-30):该设备外形类似涡流反应池,原水和石灰乳都从锥底部沿切线方向进入反应器,两个进口的方向要形成最大的力偶,使水和石灰乳混合后,水流以螺旋式上升,通过一层悬浮粉砂或大理石粉粒填料,吸附软化反应后产生 $CaCO_3$,使水得到软化。当填料颗粒由于吸附逐渐长大到不能悬浮而下沉后,再补充新颗粒,同时排除沉淀颗粒。但反应产生的 $Mg(OH)_2$ 不能被吸附在砂粒上从而使水变浑。因此,当原水中 Mg^{2+}含量超过 0.4 mmol/L 时,该方法不宜采用。

③ 连续式:按原水流量连续添加石灰乳,经搅拌、澄清、过滤等一系列处理后,实现连续出水。连续式的处理效果较好,水质清净,沉淀排除完全,但要求原水的水量及水质较稳定。

3. 石灰添加量

软化时石灰添加量按下式计算:

$$G = 56 \times D \times (H_{Ca} + H_{Mg} + CO_2 + 0.175)/(10^3 \times K)$$

式中,G——石灰消耗量,kg/h;

D——软化水量,t/h;

H_{Ca}——原水的钙硬度,mol/L;

H_{Mg}——原水的镁硬度,mol/L;

CO_2——原水中游离的 CO_2 量,mol/L;

0.175——石灰过剩量;

K——工业用石灰纯度,一般为60%~80%;

56——CaO 的摩尔质量,g/mol。

一般来说,1 m^3 水中每降低1个单位的暂时硬度,需加纯 CaO 10 g;1 m^3 水中每降低1个单位的 CO_2 的浓度,需加纯 CaO 1.27 g。

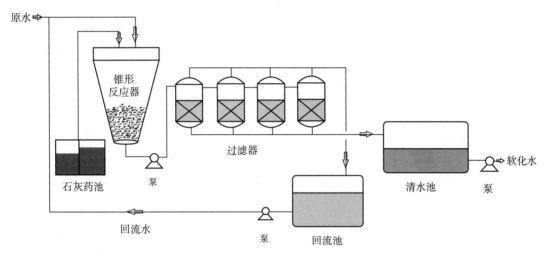

图 2-30 涡流反应式

4. 石灰软化后的水质

石灰软化法不能使永久性硬度彻底降低,因此要想使硬度彻底降低,不能仅仅使用石灰软化法。经石灰软化法处理后,水中大部分暂时硬度被除掉,残余暂时硬度(碳酸盐)可降至0.4~0.8 mmol/L,残余碱度降至 0.4~0.6 mmol/L,有机物除去25%,硅酸化合物降低30%~35%,原水中铁残留量小于0.1 mg/L。

5. 石灰软化水的其他方法

① 石灰-纯碱软化法:适用于总硬度大于总碱度的水,用石灰除去水中碳酸盐硬度,用苏打除去非碳酸硬度。石灰-纯碱软化处理法的原理用以下反应表示:

$$CaSO_4 + Na_2CO_3 \longrightarrow CaCO_3 \downarrow + Na_2SO_4$$

$$CaCl_2 + Na_2CO_3 \longrightarrow CaCO_3 \downarrow + 2NaCl$$

$$MgSO_4 + Na_2CO_3 \longrightarrow MgCO_3 \downarrow + Na_2SO_4$$

$$MgCl_2 + Na_2CO_3 \longrightarrow MgCO_3 \downarrow + 2NaCl$$

生成的碳酸镁可与熟石灰作用而被除去,反应如下:

$$MgCO_3 + Ca(OH)_2 =\!=\!= CaCO_3 + Mg(OH)_2$$

由以上反应式可以看出,虽然水中的暂时硬度和永久硬度被除去,但由此产生了很多可溶性物质,如 Na_2SO_4、NaCl。特别是,当原水中永久硬度较高时,纯碱不能降低原水中的溶解固体含量。目前,此法已不常用。饮料生产中常用电渗析法取代此法,特别是对含盐量较高的海水或苦咸水,电渗析法的效果较好。纯碱消耗量 G(g/h)计算方法如下:

$$G = 106D(H_永 + a)/E$$

式中,D——软化水量,t/h;

106——Na_2CO_3 的摩尔质量,g/mol;

$H_永$——原水的永久硬度,mol/L;

a——纯碱过剩量,取 $1.0 \sim 1.5$ mol/L;

E——工业用纯碱的纯度,%。

② 石灰-纯碱-磷酸三钠软化法:以石灰乳和纯碱作为基本软化剂,通入蒸汽加热,以少量磷酸三钠为辅助软化剂。其作用原理是用石灰和纯碱去除大部分钙、镁离子,磷酸三钠能与造成暂时硬度及永久硬度的钙、镁离子生成难溶盐,使之沉淀,从而使原水软化。

(二)离子交换法

离子交换法(ion exchange method)即用离子交换剂,把原水中所不需要的离子暂时交换吸附,然后再将它释放到再生液中,使水得到软化。

1. 离子交换剂的分类

(1)按来源分类

离子交换剂的种类很多,按来源的不同可分为三大类:①矿物质离子交换剂,如泡沸石($Na_2O \cdot nAl_2O_3 \cdot Fe_2O_3 \cdot xSiO_2 \cdot yH_2O$);②炭质离子交换剂,如磺化煤;③有机合成离子交换树脂。前两类一般用于水质软化处理,如锅炉用水、冷却水及洗瓶水的水质软化。饮料生产用水的处理都采用有机合成离子交换树脂。离子交换树脂(ion exchange resin)是一种三维网络结构的高分子共聚物,不溶于酸、碱和水,但吸水膨胀。树脂分子含有极性和非极性基团两部分,膨胀后,极性基团上可扩散的离子与溶液中离子起交换作用,而非极性基团则为离子交换树脂的骨架。

(2)按所带功能基团的性质分类

一般常用的离子交换树脂,按其所带功能基团的性质,分为阳离子(cation)和阴离子(aanion)交换树脂两类。离子交换树脂本体中带有酸性交换基团的称为阳离子交换树脂,即在交换过程中,能与水中的阳离子进行交换。离子交换树脂本体中带有碱性交换基团的称为阴离子交换树脂。

按其交换基团酸性的强弱(即交换基团在水中解离能力的强弱),离子交换树脂又可以分为强酸性、中酸性和弱酸性三类。

强酸性离子交换树脂含有大量的强酸性基团(如磺酸基—SO_3H),易在溶液中解离出 H^+,故呈强酸性。树脂解离后,本体所含的负电基团(如 SO_3^{2-})能吸附结合溶液中的其他阳离子。这两个反应使树脂中的 H^+ 与溶液中的阳离子互相交换。强酸性树脂的解离能力很强,在酸性或碱性溶液中均能解离和产生离子交换作用。树脂在使用一段时间后,要进行再生处理,即用化学药品,使离子交换反应以相反方向进行,使树脂的官能基团恢复原来状态,以供再次使用。若上述的阳离子树脂是用强酸进行再生处理的,则此时树脂放出被吸附的阳离子,再与 H⁺ 结合而恢复原来的组成。阳离子交换树脂结构模型示意图如 2-31 所示。

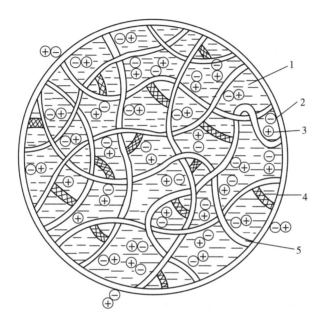

1—水;2—固定离子;3—可交换离子;4—二乙烯交换链;5—聚苯乙烯链。

图 2-31　阳离子交换树脂结构模型示意图

弱酸性离子交换树脂含弱酸性基团(如羧基—COOH),能在水中解离出 H^+ 而呈酸性。树脂解离后余下的负电基团,如 R—COO⁻(R 为碳氢基团),能与溶液中的其他阳离子吸附结合,从而产生阳离子交换作用。这种树脂的酸性(即解离性)较弱,在低 pH 下难以解离和进行离子交换,只能在碱性、中性或微酸性溶液(如 pH 为 5~14 时)中起作用。这类树脂也是用酸进行再生的(比强酸性树脂较易再生)。

同样,可按其交换基团碱性的强弱,分为强碱性和弱碱性两类。另外,还有螯合、两性、氧化及还原树脂等。

强碱性阴离子树脂:含有强碱性基团,如季胺基(也称四级胺基,—NR₃OH,R 为碳氢基团)和二甲基-β-羟基-乙基胺基团,能在水中解离出 OH^- 而呈强碱性。解离后,余下的正电基团能与溶液中的阴离子吸附结合,从而产生阴离子交换作用。这种树脂的解离性很强,在不同 pH 下都能正常工作。该树脂需用强碱(如 NaOH)进行再生。

弱碱性阴离子树脂:这类树脂含有弱碱性基团,如伯胺基(也称一级胺基,—NH₂)、仲胺基(二级胺基,—RNH)或叔胺基(三级胺基,—NR₂),在水中能解离出 OH^- 而呈弱碱性。该树脂的正电基团能与溶液中的阴离子吸附结合,产生阴离子交换作用。在多数情况下,这种树脂吸附溶液中其他酸分子,它只能在中性或酸性条件(pH 为 1~9)下工作,再生时可用 Na_2CO_3、$NH_3 \cdot H_2O$。

2. 常用的离子交换树脂种类

732 苯乙烯强酸性阳离子交换树脂:由苯乙烯和二乙烯苯(交联剂)聚合形成网状球形

的聚苯乙烯树脂,再用硫酸处理,生成磺酸型阳树脂($R-SO_3H$)。极性基团是$-SO_3H$,解离度大,酸性强。在酸性或碱性溶液中均能发生交换反应,能除去水中阳离子。交换速度快,但再生能力低,再生需消耗较多的酸液。该树脂出厂型态是 Na 型。

717 或 711 苯乙烯强碱性阴离子交换树脂:由苯乙烯和乙烯苯聚合而成的聚苯乙烯树脂,再与氯甲醚在催化剂($ZnCl_2$、$SnCl_4$、$AlCl_3$)的作用下,进行氯甲基化;然后,与三甲胺作用生成季胺型的阴树脂(简写成 $R\equiv NOH$),极性基团是$-R_3N^+OH^-$,解离度大,碱性强。在碱性或酸性溶液中该树脂均能起交换反应,能除去水中强酸与弱酸根。该树脂交换速度快,但再生能力弱,故再生时消耗碱液较多。

701 和 704 弱碱性阴离子交换树脂:701 型为环氧型弱碱阴离子交换树脂,系苯乙烯和二乙烯苯的共聚体。经氯甲基化和胺化生成伯胺或仲胺型阴离子交换树脂。此类树脂解离度低,碱性较弱,只能和水中强酸根离子(如 SO_4^{2-}、NO_3^-、Cl^-)起交换作用,对弱酸根(SiO_3^{2-}、CO_3^{2-})几乎不起交换作用。但是,其交换容量大,再生容易。

3. 离子交换树脂的选择原则

根据原水的离子组成及处理后水质的要求,正确选择离子交换树脂,使树脂在生产中发挥最大的效能,这是离子交换水处理工作的关键。一般选择容量大、强度高的树脂。

交换容量是离子交换树脂的一项极为重要的指标,指一定数量的树脂可交换离子的数量。交换容量越大,同体积的树脂所能交换吸附的离子就越多,处理的水量也就越大。一般同类型树脂中,弱型比强型交换容量大,但是机械强度一般较差。另外,同类型的树脂,由于树脂的交联度不同,交换容量也不相同。交联度小的树脂,交换容量大;交联度大的树脂,交换容量小。

根据原水中需要除去的离子种类选择合适的树脂。如果只需除去水中吸附性较强的离子(如 Ca^{2+}、Mg^{2+} 等),可选用弱酸性或弱碱性树脂。例如:对原水(特别是碱性水)进行软化时,原水中碳酸盐硬度如果大,那么选择弱酸性树脂进行软化比较经济。但是,如必须除去原水中吸附性能比较弱的阳离子(如 K^+、Na^+)或阴离子(如 HCO_3^-、$HSiO_3^-$)时,用弱酸或弱碱树脂就较困难,它们甚至不能进行交换反应。此时,必须选用强酸性或强碱性树脂。因此,在处理高硬度或高盐分的原水时,先用弱酸性树脂进行处理,再用强酸性树脂进行处理,或先用弱碱性树脂处理,再用强碱性树脂处理。另外,在选择用于水处理的离子交换树脂时,还需要注意其外观、膨胀度、交联度、颗粒度及机械强度等。

外观:离子交换树脂的颜色有白色、黄色、褐色、棕色及黑色等。水处理一般选用白色树脂,便于从颜色变化了解交换程度。树脂的形状有球状或无定形,以球状较为理想。因为球状可以使液体阻力减小,同时具有流量均匀、耐磨性好等优点。

膨胀度(expansion):指干树脂吸水后体积膨胀的程度。由于树脂有网状结构,其网络间的孔隙易被水充满,从而使树脂膨胀。树脂吸水膨胀后,内部水分可以移动,与树脂颗粒外部的溶液进行自由交换。膨胀后的树脂与高浓度的电解质接触时,高浓度的电解质能夺走树脂内部的水分,会使树脂收缩,体积缩小。树脂在转型时,体积也会发生变化。因此,在确定树脂的装置时,应考虑树脂的膨胀性能。

交联度(degree of cross-linking):指离子交换树脂中交联剂的含量。交联度越低,树脂越容易膨胀。交联度主要影响树脂的机械强度、孔隙大小、交换容量。交联度与树脂的机械强度呈正相关,与树脂的孔隙和交换容量呈负相关。交联度大,大分子的物质就不易被交换。

颗粒度(graininess):指树脂颗粒在溶胀状态下的直径大小,树脂的颗粒度为 $16\sim17$ 目(直径相当于 $1.19\sim0.20$ mm)。颗粒小有利于液体扩散和离子交换。颗粒小虽然交换速度快,但流体阻力加大。

机械强度(mechanical strength):树脂要有一定的机械强度,以避免和减少使用过程中的破损。一般来说,同类型的树脂中弱型比强型交换容量大,但机械强度较差。树脂的膨胀度越大,交联度越小,机械强度也就越差。

4. 离子交换树脂软化水的原理

离子交换树脂在水中是解离的,具体如下。

阳离子交换树脂为

$$RSO_3H \longrightarrow RSO_3^- + H^+$$

阴离子交换树脂为

$$R_4NOH \longrightarrow R_4N^+ + OH^-$$

若原水中含有 K^+、Na^+、Ca^{2+}、Mg^{2+} 等阳离子,当原水通过阳离子交换树脂层时,水中阳离子被吸附,树脂上的阳离子 H^+ 被置换到水中,即

$$RSO_3H + Na^+ \longrightarrow RSO_3Na + H^+$$

若原水中含有 SO_4^{2-}、Cl^-、HCO_3^-、$HSiO_3^-$ 等阴离子,当水中阴离子被吸附时,树脂上的阴离子 OH^- 被置换到水中,即

$$R\equiv NOH + Cl^- \longrightarrow R\equiv NCl + OH^-$$

从上述反应可以看出,水中溶解的阴离子、阳离子被树脂吸附,离子交换树脂中的 H^+ 和 OH^- 进入水中,从而达到水质软化的目的。

5. 离子交换树脂的性能指标

离子交换树脂进行离子交换反应的性能,表现在它的"离子交换容量"上,即每克干树脂或每毫升湿树脂所能交换离子的毫克当量数,以 mg/g(干)或 mg/mL(湿)表示,其可用总交换容量、工作交换容量和再生交换容量三种方式表示:①总交换容量表示每单位数量(重量或体积)树脂能进行离子交换反应的化学基团的总量;②工作交换容量表示树脂在某一定条件下的离子交换能力,它与树脂种类和总交换容量,以及具体工作条件(如溶液的组成、流速和温度等因素)有关;③再生交换容量表示在一定的再生剂量条件下,所取得的再生树脂的交换容量,表明树脂中原有化学基团再生复原的程度。

通常再生交换容量为总交换容量的 $50\%\sim90\%$(一般控制为 $70\%\sim80\%$),而工作交换容量为再生交换容量的 $30\%\sim90\%$(对再生树脂而言),后一比率也称为树脂的利用率。在实际使用中,离子交换树脂的交换容量包括了吸附容量,但后者所占的比例因树脂结构不同而不同。现仍未能分别进行计算,在具体设计中,需凭经验数据进行修正,在实际运行时要复核。

离子交换树脂交换容量的测定一般以无机离子进行。这些离子尺寸较小,能自由扩散到树脂体内,与它内部的全部交换基团起反应。在实际应用中,水中常含有高分子有机物,它们的尺寸较大,难以进入树脂的微孔中,因而实际的交换容量会低于用无机离子测出的数值。这种情况与树脂的类型、孔的结构尺寸及所处理的物质有关。

6. 离子交换水处理装置

根据生产需要,可采用不同的离子交换水处理装置。目前,离子交换水处理装置分为固定床及连续床两大类。固定床又称填充床反应器,是一种装填固体催化剂或固体反应物,用以实现多相反应过程的反应器。在进行多相处理的过程中,若有固相参与,且处于静止状态,则设备内的固体颗粒物料层称为固定床。固定床离子交换柱中的离子交换树脂层、固定床催化反应器中的催化剂颗粒层、固定床吸附器中的吸附剂颗粒层等均属于固定床。固体物通常呈颗粒状,粒径为 2~15 mm,堆积成一定高度(或厚度)的床层。床层静止不动,流体通过床层进行反应。它与流动床反应器及移动床反应器的区别在于,固体颗粒处于静止状态。

在水处理中,对于离子交换水软化法,最简单的是采用固定床。离子交换树脂装填于管柱式容器中,形成固定床(固定的树脂层)。固定床离子交换水处理装置如图 2-32 所示。运行中的几个基本过程(交换、反洗、再生及清洗)在同一装置中间歇反复地进行,而离子交换树脂本身不移动和流动。它具有操作简单、设备少及出水水质稳定等优点。

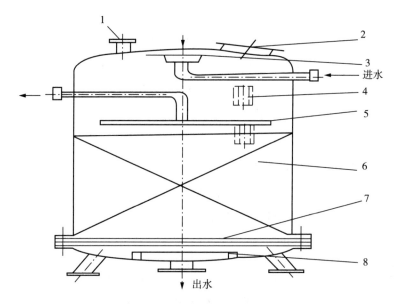

1—放空气口;2—人孔;3、8—挡水板;4—视镜孔;5—分配器;6—树脂层;7—多孔板。

图 2-32　固定床离子交换水处理装置

根据生产需要,固定床离子交换装置的组合方式有以下几种。

单床(single bed)是固定床中较为简单的一种方式。常用的钠型阳离子交换属于这种方式,可软化硬水。多床(multiple bed)采用同一种离子交换剂和两个单床串联的方式。当单床处理的水质达不到要求时,可采用多床。复床采用两种不同的离子交换剂和串联方式,用于水的除盐。混合床将阴离子、阳离子交换树脂置于同一柱内,相当于将很多级阴离子、阳离子柱串联起来,处理水质量较高。多床是在一个交换柱中装填两种树脂(弱酸与强酸、弱碱与强碱型),上下分层不混合。水的离子交换树脂脱盐工艺流程如图 2-33 所示。

固定床离子交换水处理装置的缺点是树脂用量多而利用率低,运行不连续。

为提高树脂利用率及管理自动化水平,20 世纪 60 年代后出现了连续式离子交换装置,该装置可分为移动床式和流动床式。

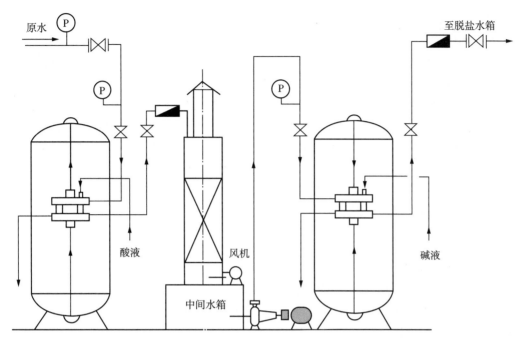

图 2-33　水的离子交换树脂脱盐工艺流程

移动床离子交换水处理系统如图 2-34 所示。将交换剂装于交换塔 1 中,原水从下部流入,软水从塔上部流出。这样自下而上地流动及交换一定时间(一般 45~60 min)后停止

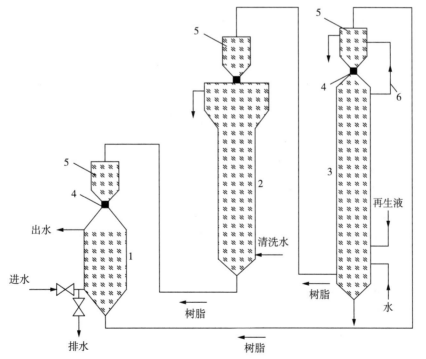

1—交换塔;2—清洗塔;3—再生塔;4—浮球阀;5—漏斗;6—联通管。

图 2-34　移动床离子交换水处理系统

交换,将交换塔中一定容量的失效交换剂送至再生塔 3 中还原。同时,从清洗塔 2 向交换塔上部补充相同容积的已还原清洗的交换剂。约 10 min 后,交换塔又开始工作。因交换塔上面始终有刚加入的新交换层,故出水水质稳定。其交换剂及还原液的利用率都比固定床高。缺点是交换剂磨损较大,耗电量较多。

　　流动床是完全连续工作的,在进行交换的同时不断地从交换塔内向外输送需更换的离子交换剂,并且不断地向交换塔内输送再生后的交换剂。流动床的优点是出水质量高,并且比较稳定;设备简单,操作方便,只在新设备投入运行时,需要一定时间进行调整;需交换剂量少。为了减少阴离子交换柱负担,对于经阳离子交换柱处理的酸性水,一般采用一个脱碳器(CO₂ 脱气塔)并配合机械鼓风,使游离 CO_2 逸出,从而减少水中 CO_3^{2-} 及 HCO_3^- 含量,从而减轻阴离子交换柱的负担。其反应式为

$$HCO_3^- + H^+ \Longrightarrow H_2CO_3 \Longrightarrow H_2O + CO_2 \uparrow$$

7. 离子交换树脂交换离子的能力

　　阳离子交换柱:因为阳离子交换树脂的交换能力大于阴离子交换树脂,故一般将阳离子交换柱作为第一级交换。水中阳离子交换能力的顺序为 $Fe^{2+} > Al^{3+} > Mg^{2+} > K^+ > Na^+ > Li^+$。阳离子交换柱出水 pH 一般为 2.4~4.5。

　　阴离子交换柱:水中阴离子交换顺序与离子交换树脂的类型有关。

　　弱碱型阴离子交换树脂的离子交换能力:$OH^- > SO_4^{2-} > NO_3^- > PO_4^{3-} > Cl^- > HCO_3^-$。强碱型阴离子交换树脂的离子交换能力:$SO_4^{2-} > NO_3^- > OH^- > HCO_3^- > HSiO_3^-$。原水经阴离子交换柱后,出水 pH 为 8~9.5。

　　混合离子交换柱:将阳离子、阴离子交换树脂按一定比例混合,放在同一个交换柱内。它具有水质高、出水速度快等优点。缺点是交换容量低,再生复杂,混合床出水 pH 为 7.0 ± 0.2。

8. 饮料用水离子交换处理方式

　　根据饮料用水除盐要求,一般可采用复床或联合床系统。复床系统能将原水的含盐量从 500 mg/L 降到 5~10 mg/L,出水的 pH 为 7.0 ± 0.2。联合床即阳树脂床-阴树脂床-混合床。若用联合床效果更佳:水中绝大部分离子已被复床交换,混合床只交换漏泄的离子,使混合床再生量减少,比较经济。

　　在各种组合方式中,阳树脂床需排在首位,不可颠倒。原因是水中的 Ca^{2+}、Mg^{2+} 如不经阳树脂柱而进入阴树脂柱进行交换,交换下来的 OH^- 会和 Ca^{2+}、Mg^{2+} 生成沉淀包在阴树脂的外面,影响其交换能力。各种组合中,阳树脂、阴树脂的用量比例,可按下式计算:

$$W_阳 / W_阴 = V_阴 / V_阳$$

式中,$V_阳$——阳树脂交换容量;

　　　$V_阴$——阴树脂交换容量;

　　　$W_阳$——阳树脂用量;

　　　$W_阴$——阴树脂用量。

　　例如,当 732 苯乙烯强酸性阳离子交换树脂 $V = 4.5$,717 苯乙烯强碱性阴离子交换树脂 $V = 3.0$ 时,阳、阴离子交换树脂用量比为 $W_阳 / W_阴 = 3.0 : 4.5 = 1 : 1.5$,实际采用 1:1.5 或 1:2。

9. 离子交换树脂的处理、转型及再生

新树脂往往混有可溶性的低聚物及夹杂在树脂中的悬浮物质,影响树脂的交换反应。因此,新树脂在使用前必须进行预处理。另外,市售的阳离子交换树脂多为 Na 型,阴离子交换树脂多为 Cl 型,需分别用酸、碱处理,分别将阳离子交换树脂转为 H 型,阴离子交换树脂转为 OH 型。

阳离子交换树脂的处理和转型:首先,新树脂用水浸泡 1～2 d,使其充分吸水膨胀,反复用水冲洗去除可溶物,直至洗出水为无色为止,沥干水;其次,加等体积 7% 的 HCl 溶液浸泡 1 h,去除酸液,用水洗至洗出水 pH 为 3～4 为止,去除余水;再次,加等量 8% 的 NaOH 溶液浸泡 1 h,去除碱液,再用水洗至出水 pH 为 8.0～9.0,去除余水;最后,加 3～5 倍 7% HCl 溶液浸泡 2 h,使阳离子转为 H 型,去除酸液,用去离子水洗至 pH 为 3～4 即可应用。

阴离子交换树脂处理和转型:首先,新树脂用水浸泡,反复洗涤至无色、无臭;其次,加等量 8% NaOH 溶液浸泡 1 h,搅拌,去除碱液;再次,用通过 H 型阳离子交换树脂处理的水洗至 pH 为 3～4;最后,加入 3～5 倍量 8% NaOH 溶液浸泡 2 h 左右,然后搅拌,使阴离子交换树脂转为 OH 型,去除碱液,用去离子水洗至 pH 为 8～9 即可。将转型处理后的阳、阴离子交换树脂装柱,要求树脂间没有气泡,树脂量一般为柱容量的 3/4。

离子交换树脂的再生(regeneration):离子交换树脂处理一定水量后,交换能力下降,这种情况通称为树脂"失效"或"老化",须进行再生,其再生机理是水处理的逆反应。阳离子交换树脂再生多用盐酸,用树脂重量 2～3 倍的 5%～7% HCl 处理阳离子交换树脂。硫酸也可以用于再生,但浓度须≤5%。阴离子交换树脂再生则多用 NaOH 进行再生,用 2～3 倍的 5%～8% NaOH 溶液处理阴离子交换树脂。对于高交换容量及易再生的弱碱性阴离子交换树脂,也可以用 Na_2CO_3 或氨水进行再生。然后,用去离子水分别洗至 pH 为 3.0～4.0 和 8.0～9.0,使树脂重新转变为 H 型和 OH 型。再生液可适当加温(温度控制在 50 ℃以内),这样再生效果更好。

树脂再生前应先进行反洗,冲洗至松动无结块为止。其目的是除去停留在树脂上的杂质,并排除树脂中的气泡,从而有利于再生。再生方法有顺流再生和逆流再生。顺流再生时,再生液由交换器上部进入,下部流出,其流向和运行时水的流向相同。该再生方法的优点是装置简单,操作方便;缺点是再生效果不理想。逆流再生时,再生液的流向和运行时水的流向相反,出水的水质比较好,但工艺稍复杂。

离子交换法处理的原水含盐量过高时,需要经常进行树脂再生处理,费物、费力、水质不稳定。这时应在离子交换处理前进行相应预处理,如凝聚、过滤、吸附或电渗析等。

(三)电渗析法

当用石灰软化法对含盐量比较高的水进行处理不易达到使用要求,或者水的含盐量大于 0.5 g/L 时,用离子交换水处理装置就很不经济。在以上两种情况下若使用电渗析法,则其效果较好。

1. 电渗析原理

电渗析(electrodialysis)是一项通过具有选择透过性和良好导电性的离子交换膜,在外加直流电场的作用下,根据异性相吸及同性相斥的原理,使原水中阴离子、阳离子分别通过阴离子交换膜和阳离子交换膜而达到净化目的的技术。电渗析常用于海水和咸水的淡化,

及用自来水制备初级纯水。电渗析脱盐的工作原理如图 2-35 所示。

电渗析器(electrodialyzer)由不同的极框及离子交换膜组成。当水进入第 1、3、5 室时,水中离子在直流电场作用下做定向移动。阳离子要向阴极移动,通过阳膜进入极室及 2、4 室;阴离子要向阳极移动,通过阴膜也进入 2、4 室及极室。因此,从第 1、3、5 室流出来的水中,阴离子、阳离子数都会减少,成为含盐量较低的淡水。当水进入第 2、4 室时,离子在直流电场作用下也做定向移动。阳离子要移向阴极,但受阴膜的阻挡而阻留在室内;阴离子向阳极移动,受阳膜阻挡也阻留在室内。第 2、4 室内原来的阴离子、阳离子均出不去,而第 1、3、5 室中的阴离子、阳离子都要透过膜进入其中,所以从第 2、4 室流出来的水中,阴离子、阳离子数都比原水中多,成为浓水。由此可见,电渗析器通电后,从第 1、3、5……室流出淡水,从第 2、4……室流出浓水,分别汇集起来,最后得到一股淡水和一股浓水。

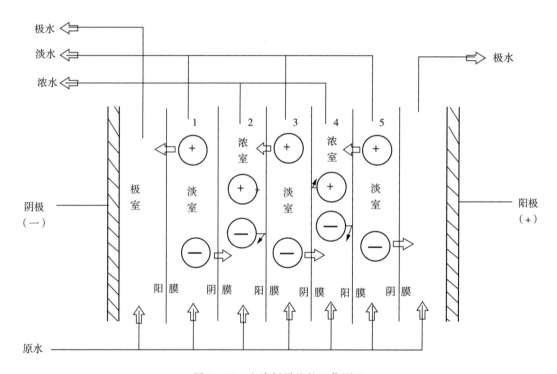

图 2-35 电渗析脱盐的工作原理

电渗析器通电以后,两端的电极表面上还有电化学反应发生。以 NaCl 溶液为例,反应如下:

在阳极,

$$H_2O === H^+ + OH^-$$

$$2OH^- - 2e^- === 1/2O_2 \uparrow + H_2O$$

$$Cl^- - e^- === [Cl] \longrightarrow 1/2 Cl_2 \uparrow$$

$$H^+ + Cl^- === HCl$$

在阴极,

$$H_2O \rightleftharpoons H^+ + OH^-$$

$$2H^+ + 2e^- \rightleftharpoons H_2 \uparrow$$

$$Na^+ + OH^- \rightleftharpoons NaOH$$

在阳极室,OH^- 减少,极水呈酸性,并产生性质非常活泼的初生态氧和氯,两者都会对电极造成强烈的腐蚀,因此一定要考虑电极材料的耐腐蚀性。在阴极室,H^+ 减少,极水呈碱性,当极水中有 Ca^{2+}、Mg^{2+} 和 HCO_3^- 等离子时,这些离子会与 OH^- 生成 $CaCO_3$ 和 $Mg(OH)_2$ 等水垢,聚集在阴极上,同时放出氢气。靠近电极的隔室(极室)需要通入极水,以便不断排除电解过程的反应产物,保证电渗析器的正常运行。阴极室和阳极室的流出液(极水)中,分别含有碱、酸和气体,因为浓度很低,一般废弃不用。考虑到阴膜容易损坏并防止 Cl^- 离子透过阴膜进入阳极室,所以在阳极附近一般不用阴膜,而采用一张阳膜或抗氧化膜。

2. 电渗析器的结构

电渗析器(图 2-36)有立式和卧式。其基本部件均是浓水室和淡水室隔板、离子交换膜、电极、板框、压紧装置等。电渗析器利用离子交换膜和直流电场,使水中电解质的离子发生选择性迁移,从而达到使水淡化的目的。

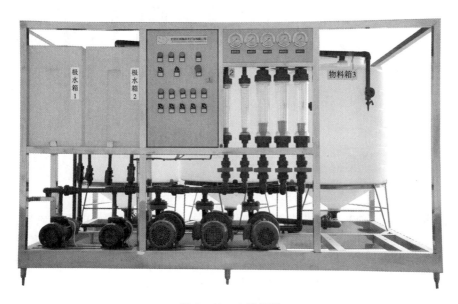

图 2-36 电渗析器

隔板(separator):隔板放在阴膜和阳膜之间,作为水流通道,隔开两膜。隔板上有进水孔、出水孔、布水槽、流水槽及过水槽。根据布水槽的位置,将隔板分为淡水室和浓水室隔板。隔板的材料用聚氯乙烯,也有的采用橡胶材料,厚度为 $1.5 \sim 2$ mm。

离子交换膜(ion exchange membrane)是一种具有离子交换性能的高分子材料薄膜。按其透过性能分为阳离子和阴离子交换膜。能透过阳离子的称为阳离子交换膜,能透过阴离子的称为阴离子交换膜。常用的阳离子交换膜一般以磺酸基为活性基团,活性基团的结构式为 $R-SO_3-H$,在水中解离成 $R-SO_3^-$,带负电荷,吸收水中的正离子,并让其通过该膜,阻止负离子通过。阴离子活性基团为季胺基型,即 $R—N(CH_3)_3—OH$,在水中解离成 $R—N(CH_3)_3^+$,带正电荷,吸收水中的负离子并让其通过,阻止正离子通过该膜。

图 2-37 所示为电渗析离子交换膜活性基团及工作原理。在水溶液中,离子交换膜上的活性基团会发生解离作用,解离产生的解离离子(或称为反离子,如阳膜上解离出来的 H^+ 和阴膜上解离出来的 OH^-)进入溶液,于是在膜上就留下了带有一定电荷的固定基团。存在于膜微细孔隙中带一定电荷的固定基团,就相当于在一条狭长通道中所设立的一个个关卡或者警卫,用来鉴别和选择所通过的离子。在阳膜上留下的是带负电的基团,构成了强烈的负电场,在外加直流电场的作用下,根据异性相吸的原理,溶液中带正电荷的阳离子就可被它吸引并通过微孔进入膜的另一侧,而带负电荷的阴离子则受到排斥;相反,阴膜微孔中留下的是带正电荷的基团,构成了强烈的正电场,也是在外加直流电场的作用下,溶液中带负电荷的阴离子可以被它吸引传递,而阳离子则受到排斥。

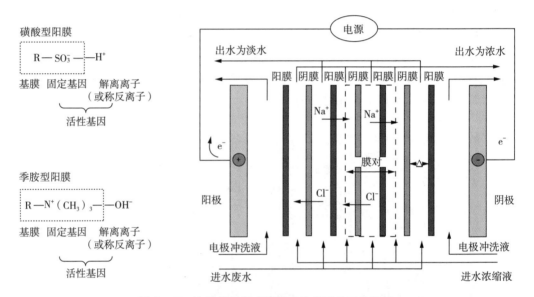

图 2-37　电渗析离子交换膜活性基团及工作原理

电极(electrode):通电后形成外电场,使水层中的离子定向迁移。电极的质量直接影响电渗析效果。常用的阳极必须采用耐腐蚀材料,如石墨、铅、二氧化铅等;阴极多用不锈钢。我国的饮料及水处理厂家常用钛涂钌电极,也叫钌系涂层钛电极,是在经过特殊处理的钛基材表面上涂覆以钌为主的贵金属化合物,可以全涂或者局部涂覆。

极框(pole frame):用来保持电极与离子交换膜间的距离,分别位于阴极、阳极的内侧,从而构成阴极室和阳极室,是极水的通道。在极水分布均匀、水流通畅、能带走电极产生的气体和腐蚀沉淀物的条件下,极框厚度宜小不宜大,为 5～7 mm。

压紧装置(pressing device):把交替排列的膜堆和极区压紧,使其组装后不漏水,一般使用不锈钢板,用工钢或槽钢固定四周,用均匀的螺杆拧紧。

有关电渗析器的常用术语如下。

膜堆:由交替排列的浓水室、淡水室隔板和阴离子、阳离子交换膜组成,是电渗析器脱盐的主要场所。

膜对:简称"对",是电渗析器中的一个较为简单的脱盐单元,由一张阳膜、一张浓水室(或淡水室)隔板、一张阴膜、一张淡水室(或浓水室)隔板组成。

级:在电渗析器内部,一对电极之间的膜堆部分称为级。

段:电渗析器中,浓水室、淡水室隔板水流方向一致的膜堆部分称为一段。水流方向每改变一次,段的数目就增加一个。

台:用夹紧装置将各部件锁紧成一个电渗器本体,称为台。它可以是一级一段、一级多段、一段多级或多级多段等形式。

系列:由多台电渗析器串联起来的一次脱盐流程的整体,称为系列。

3. 电渗析器的组装形式

电渗析器的组装形式主要有以下几种形式。

① 单台一段串联式:原水流过一个隔板后,不再流入另一个隔板。有时,在膜堆的中间增加一个或几个感应电极,单台并联时,各级之间的膜对数应该相等。这种组装方式的流水道多,流程长短取决于隔板的形式,脱盐率较低。

② 单台多段串联式:将几个隔板串联起来使用,每流过一次隔板,水流方向改变一次(即一段)。串联流过几个隔板,称为几段串联。多段串联的优点是脱盐率高,电流效率高。缺点是组装和运行较复杂。

③ 多台串联式:实际上是把几台单台电渗析装置加以串联而成,这样可以提高脱盐率和电流效率。

在实际应用中,电渗析器的组装方式多种多样。

4. 水垢的形成和去垢的方法

在电渗析器运行中,浓水室一侧的阴膜和阳膜面上会出现结垢现象,此现象称沉淀结垢。其存在将减少离子交换膜的有效使用面积,增加膜的电阻,加大电能消耗量及降低膜的使用寿命。为了消除和防止沉淀生成,常采用如下三种方法。

① 倒换电极:定期倒换电极的极性,即运行一定时间后把阴极改为阳极,阳极改为阴极。由于电场方向改变,可使已生成沉淀消除。倒换时间间隔一般为 3~8 h,倒换电极一段时间(5~10 min)后淡水出口水质下降,需待水质合格后再继续使用。

② 定期酸洗:采用浓度不超过 3%(一般控制为 1%~2%)的盐酸定期酸洗,周期视结垢情况而定。酸洗操作时间为 2~3 h,使 pH 为 3~4。

③ 碱洗:当水中含有机杂质时,在阴膜的淡水室一侧析出沉淀物,造成阴膜污染,称为受污,一般每隔几个月定期用 0.1 mol/L NaOH 溶液清洗。

5. 电渗析装置对原水水质的要求

如果原水中悬浮物较多,会造成隔板上沉淀结垢,增加阻力,降低流量。如果水质污染较严重,就不能直接用电渗析法处理,应配合适当预处理,如混凝、过滤、杀菌等,除去杂质,再用电渗析,才能收到良好效果。

四、水的消毒

消毒(disinfection)是指杀灭水中的致病菌,防止水中致病菌导致消费者感染疾病。消毒并非将所有微生物全部杀灭。饮用水消毒的主要目的是杀死水中对人体有害的病原微生物等。饮用水中含有细菌、真菌、藻类、病毒、原生动物及肠道寄生虫等病原微生物,如不经过处理直接饮用,可能引起人体急性肠胃炎、病毒性肝炎、伤寒、痢疾和寄生虫感染等疾病。因此,饮用水需要消毒。水的消毒分为杀灭去除与过滤去除两大类。前者主要包括氯气消毒、臭氧消毒、紫外线消毒、氯氨消毒等,这也是目前常用的方法,尤其是氯气消毒;后者主要包括超滤膜过滤、活性炭吸附、硅藻土过滤及混凝沉淀等,其中最有效的手段是超滤膜过滤。

一般,混凝、沉淀、过滤及石灰法软化等都能除去一定量的致病性微生物。如果这些处理方法联合使用,能更有效地降低致病菌的数量。尽管如此,水中仍有一定数量的微生物,为满足饮水安全需求及生产对水卫生质量的要求,需要对水进行消毒处理。

目前,水的消毒方法很多,国内外常用的是氯(包括氯气、氯氨、二氧化氯、次氯酸钠、漂白粉)消毒、臭氧消毒及紫外线消毒等技术,也可以采用超滤膜过滤或者超高压杀菌等方法除去水中的微生物。然而,氯消毒时分子氯与水中有机物(如腐殖酸等)产生对人体有害的消毒副产物(如三氯甲烷)。因此,在氯消毒前应采用适当措施(如混凝、活性炭吸附及膜分离等)去除水中的有机物。目前,氯消毒仍然是最安全、有效及经济的消毒方法。

(一)氯消毒(Chlorine Disinfection)

1. 基本原理

氯气(Cl_2)在水中发生如下反应:

$$Cl_2 + H_2O \Longrightarrow HOCl + H^+ + Cl^-$$

$$HOCl \Longrightarrow OCl^- + H^+$$

以上反应能很快达到平衡,HOCl 为次氯酸,OCl^- 为次氯酸根。由于 H^+ 能被水中的碱中和掉,反应极易向右进行,最后水中只剩下 HOCl 和 OCl^-。HOCl 和 OCl^- 在水中的平衡关系受水的 pH 影响。当水 pH 较低,水呈酸性时,水中 HOCl 保持分子状态,水的消毒效果较好;当水的 pH 较大,水呈碱性时,OCl^- 的比例较大,消毒效果相应变差。因此,采用氯消毒时,水的 pH 应保持在 7 左右。

关于氯气所能起到的消毒作用,有不同的看法。氯气的消毒作用是通过它在水中产生的 HOCl 实现的,而不是氯气本身,也不是 H^+ 或 OCl^-。HOCl 是一个中性的分子,可以扩散到带负电的细菌内部,由于氯原子的氧化作用,破坏了细菌某些酶的系统,最后导致细菌死亡。而 OCl^- 虽然含有一个氯原子,但它带负电,不能靠近带负电的细菌,所以也不能穿过细胞膜进入细菌内部。因此,其消毒作用远弱于次氯酸。

2. 加氯方法和加氯量

加氯方法有滤前加氯和滤后加氯两种方法。

滤前加氯:原水水质差,有机物多,可在原水过滤前加氯,可防止沉淀池中微生物繁殖,但加氯量要多。

滤后加氯:原水经沉淀和过滤后加氯,加氯量可比滤前添加的少,且消毒效果好。

加入水中的氯分为两部分,即作用氯(吸氯)和余氯。作用氯是和水中微生物、有机物(烷烃、类笨等)及有还原作用的盐类(如亚铁盐、亚硝酸盐等)起作用的部分。余氯是为了使水在加氯后有持久的杀菌能力,防止水中微生物生长和外界微生物侵入的部分。

3. 几种常用氯消毒剂

(1)氯胺

氯胺(chloramine)是由水中的氨和氯化合产生的,是一种有效的氯消毒试剂。在实际进行消毒时,是在投氯前或者投氯后,向水中按比例加入少量氨或胺盐生成氯胺。氯胺消毒技术能延长管网中余氯消耗的时间,关键在于能够有效地降低三卤甲烷及氯酚的产量,并且对抑制其中细菌生存及繁殖起着重要作用。此外,氯胺消毒技术还能抑制铁细菌在管网中的繁殖。但是,这种消毒方式需要较长时间接触才能使其充分发挥作用,并且操作烦琐,需要根据实际情况增加专门的加氯设备。

生成一氯胺(NH_2Cl)时:

$$NH_3 + HOCl = NH_2Cl + H_2O$$

生成二氯胺($NHCl_2$)时:

$$NH_3 + 2HOCl = NHCl_2 + 2H_2O$$

$$NH_2Cl + HOCl = NHCl_2 + H_2O$$

生成三氯胺(NCl_3)时

$$NH_3 + 3HOCl = NCl_3 + 3H_2O$$

$$NH_2Cl + 2HOCl = NCl_3 + 2H_2O$$

氯胺在水中缓慢分解,逐步放出 $HOCl$,容易保证管网末端的余氯含量,并且避免了自由性余氯 $HOCl$ 产生较重的氯臭、氯酚臭。同时,减少了三卤甲烷(如三氯甲烷、一溴二氯甲烷、二溴一氯甲烷及三溴甲烷等)的生成。因此,很多大城市的自来水厂由氯气消毒改为氯胺消毒。

用氯胺消毒时,氯与氨用量要按比例添加,一般采用 2:1～5:1。当氯氨比小于 4 时,有剩余氨存在,可防止氯臭味的产生。氨的来源有液氨、$(NH_4)_2SO_4$、NH_4Cl 等。

根据我国《生活饮用水卫生标准》(GB 5749—2022),若采用氯氨消毒自来水,应测定水中总氯含量,氯氨与水作用时间≥120 min,自来水厂出厂水中总氯的限制值为 3 mg/L,出厂水中总氯含量应大于 0.5 mg/L,在管网端末梢水中总氯大于 0.05 mg/L。

(2)漂白粉

漂白粉(bleaching powder)是由 Cl_2 与熟石灰反应而制得的,是 $Ca(OH)_2$、$CaCl_2$ 及 $Ca(ClO)_2$ 的混合物,主要成分是 $Ca(OCl)_2$。习惯上,常用 $Ca(OCl)_2$(氧氯化钙)来表示漂白粉的分子式,其中氯占 $Ca(OCl)_2$ 的百分数为

$$2Cl/Ca(OCl)_2 = 71/143 = 50\%$$

漂白粉中氯占漂白粉的百分数为

$$50\% \times 65\% = 32.5\%$$

这 32.5% 称为漂白粉的有效氯含量,一般商品漂白粉的有效氯含量为 25%～35%,使用时按 25% 估算。漂白粉的消毒作用是由其在水中产生次氯酸的情况决定的。

漂白粉一般配成 1%～2% 的浓度使用,也可以干投。

还有一种商品氯消毒剂是漂粉精(HTH),漂粉精纯度较漂白粉高,有效氯含量为 60%～70%。漂粉精主要成分是次氯酸钙[$Ca(OCl)_2$],次氯酸钙比漂白粉更加稳定。它在

水溶液中产生 HOCl 和 OCl⁻，HOCl 起到消毒作用。

(3)次氯酸钠

次氯酸钠(sodium hypochlorite)在水溶液中可分解成次氯酸,因而具有消毒作用。它一般可通过电解 NaCl 溶液而制得。

次氯酸钠杀菌能力强,但效果不如液氯强,其主要发挥消毒作用的是次氯酸,水溶液很纯净,不增加水的硬度,所以比漂白粉好,主要缺点是成本高。

传统的消毒方式面临新的严峻挑战。氯消毒会产生具有致突变和致癌的消毒副产物;饮用水中存在抗氯性及致病性微生物,如隐孢子虫、贾第鞭毛虫和鸟型分枝杆菌等病原体;在氯消毒过程中,存在很大的运输、储存和使用风险。这促使人们放弃单一的自由氯消毒方式,而采取其他更为安全的水消毒技术。

根据我国《生活饮用水卫生标准》(GB 5749—2022),采用液氯、次氯酸钠及次氯酸钙消毒时,自来水厂出厂水中余氯的限制为 2 mg/L,出厂水中余氯含量应大于 0.3 mg/L,在管网端末梢水中余氯大于 0.05 mg/L。为使管网最远点保持余氯量,要保证总投氯量为 0.5～2.0 mg/L。

(4)二氧化氯

二氧化氯(chlorine dioxide)是一种广谱型的消毒剂,能快速透过微生物的细胞壁和细胞膜,氧化破坏其中的生物酶或蛋白质,从而杀灭微生物,对水中病原微生物,包括病毒、芽孢等均有很好的杀灭作用,是国际上公认的高效消毒灭菌剂。其安全无残留;不与有机物发生氯代反应,不产生其他有毒物质;受温度和 pH 影响小,受有机物影响小,几乎不产生三氯甲烷及其他氯化物。根据我国的《二氧化氯消毒剂卫生标准》(GB/T 26366—2021),在饮用水中二氧化氯的添加浓度为 1～2 mg/L,作用时间为 15～30 min。二氧化氯优点:100 ppm 以下对人没任何影响;与氯气相比,二氧化氯杀菌效果受 pH 影响小,在 pH 为 2～10 时,能有效杀灭微生物。用于水处理时,二氧化氯比其他氯系消毒剂效果更好。二氧化氯、臭氧、氯气及氯胺在消毒效率及稳定性方面的大小顺序如下。

消毒效率:臭氧＞二氧化氯＞氯气＞氯胺。

稳定性:氯胺＞二氧化氯＞氯气＞臭氧。

综合以上两个因素,二氧化氯消毒最有优势。

用二氧化氯消毒时会产生无机消毒副产物亚氯酸根(ClO_2^-)。研究表明,高浓度的 ClO_2^- 对动物具有一定的潜在毒性。二氧化氯被世界卫生组织国际癌症研究机构列为易见的致癌物质,因此要控制其使用的浓度。一般来说,在工作区域或者空气中二氧化氯的极限允许浓度为 1.0 g/L。对于新鲜水果及蔬菜,其最大使用量为 0.01 g/kg。对于水产品及其制品(仅限于鱼类加工),其最大使用量为 0.05 g/kg。

根据我国《生活饮用水卫生标准》(GB 5749—2022),采用二氧化氯消毒时,与水作用时间≥30 min,自来水厂出厂水中二氧化氯应≤0.8 mg/L,出厂水中二氧化氯含量应≥0.1 mg/L,在管网端末梢水中二氧化氯≥0.02 mg/L。

(二)臭氧消毒

臭氧(O_3,ozone)又称富氧、三子氧、超氧。1840 年,德国化学家发明了臭氧消毒。1856 年该技术被用于水处理消毒行业。臭氧是特别强烈的氧化剂,其瞬时的灭菌性能优于氯。

在欧洲,臭氧已被广泛用于水的消毒中,同时用于去除水臭、水色及金属铁和锰。臭氧在常温下是略带蓝色的气体,通常看上去是无色的;液态臭氧是暗蓝色的。它比氧气易溶于水,但由于只能得到分压低的臭氧,所以浓度都比较低。臭氧的氧化能力很强,所以水中的无机和有机物质(包括微生物)均易被臭氧氧化。目前,臭氧已被广泛用于水处理、空气净化、食品加工、医疗及生物等领域。

臭氧的生成可以通过如下方式:(1)高压放电;(2)雷电(雷电过后,可以闻到它的气味);(3)电化学;(4)光化学;(5)原子辐射等。其生成的原理是利用高压电或化学反应,使空气中的部分氧气分解后聚合为臭氧,是氧的同素异形转变的一个过程。

臭氧具有不稳定性,因此通常要求其随时制取并当场应用。在绝大多数情况下,可利用干的空气或氧气进行高压放电而制成臭氧。每平方米放电面积,每小时可产生 50 g 臭氧。一般采用喷射法以增加臭氧和水接触时间,使臭氧得到充分利用。臭氧的杀菌速率比氯快15~30 倍。臭氧处理方法在水及空气消毒方面应用很普遍。

臭氧是一种强氧化剂及消毒剂,灭菌过程中发生生物化学氧化反应。臭氧灭菌有以下三种形式。

① 臭氧能氧化分解细菌内部葡萄糖所需的酶,使细菌灭活死亡。

② 直接与细菌、病毒作用,破坏它们的细胞器、DNA 及 RNA,使细菌及病毒的新陈代谢受到破坏,导致其死亡。

③ 透过细胞膜组织,侵入细胞内,作用于外膜上的脂蛋白和内部的脂多糖,使细菌发生通透性畸变而溶解死亡。

水的臭氧消毒工艺示意图如图 2-38 所示。臭氧发生器常用形式有平板式和管式,主要由一根玻璃管和一根不锈钢管组成。空心的不锈钢管为一极,装在玻璃管里面,中间用挠性绝缘垫分开,其间距为 1.5~3 mm,此间距即放电空间。玻璃管装在一个有循环水的容

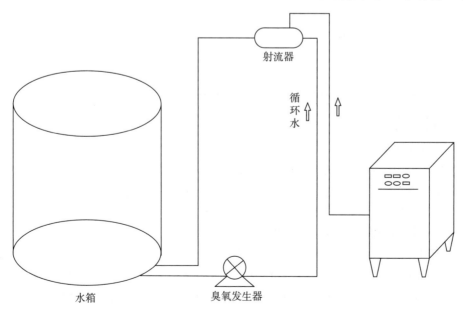

图 2-38　水的臭氧消毒工艺示意图

器中。工作时,将容器外壳和不锈钢管分别接入电场,空气进入外壳后,均匀地分散在放电空间中。由于电压(15~20 kV)很高,即在此区域内进行无声放电,将空气中部分氧气转化为臭氧,其转化率为3%~4%,再由出口排出。放电产生的热量则由冷却水带走。

臭氧不稳定,要求随时制取,当场使用。在绝大多数情况下,对干燥的空气或氧气进行高压放电来制备臭氧。

$$3O_2 \xrightarrow{\text{高压放电}} 2O_3 (148.1 \text{ kJ/mol})$$

臭氧消毒的特点是消毒彻底,无残留,杀菌广谱,可杀灭细菌繁殖体、芽孢、病毒、真菌和霉菌等,并可破坏肉毒杆菌毒素。臭氧不稳定,不管在气体中还是液体中臭氧都极不稳定;在水温20 ℃、pH为7左右的水中,臭氧的半衰期约为0.5 h。臭氧在水中比在空气中的分解速度要快,尤其是水中含有污染物(微生物及有机物等)、pH及水温升高时,其分解速度加快。臭氧还是一种强氧化剂:一方面它可以提高有机物的生物降解性;另一方面,它可以去除水中一些无机成分,将铁及锰氧化成三价铁及高价锰,进一步通过生成沉淀和过滤去除。需要注意的是,臭氧在水中生成的消毒副产物是溴酸盐及二溴丙酮腈等致癌物质。因此,水的臭氧消毒应该与活性炭及膜过滤等方法并用。影响臭氧消毒的主要因素是臭氧浓度、消毒时间、混合效果、液体pH、水温、水的浊度及有机物的含量等。根据我国《生活饮用水卫生标准》(GB 5749—2022),采用臭氧消毒时,与水作用时间≥12 min,自来水厂出厂水中臭氧应≤0.3 mg/L。饮用水中消毒剂及常规指标见表2-13所列。

表2-13 饮用水中消毒剂及常规指标

消毒剂名称	与水接触时间/min	出厂水中限值/(mg/L)	出水中余量/(mg/L)	管网末梢水中余量/(mg/L)
氯气及游离氯制剂(游离氯)	≥30	2	≥0.3	≥0.05
一氯胺(总氯)	≥120	3	≥0.5	≥0.05
臭氧(O_3)	≥12	0.3	—	0.02;如加氯,总氯≥0.05
二氧化氯(ClO_2)	≥30	0.8	≥0.1	≥0.02

(三)紫外线消毒

20世纪初,氯消毒就被广泛地用于水消毒工艺中。70年代以后,人们发现传统的氯消毒会产生致畸、致癌、致突变的消毒副产物,如三卤甲烷、卤乙酸等。而紫外线消毒法则具有不投加化学药剂,不增加水的臭味,不产生有毒有害的副产物,便于运行管理和可实现自动化等优点。近30年来,紫外线消毒已经得到了越来越多人的认可,但限制该技术应用的主要因素是它在管网中没有持续的消毒效果,仍需与氯配合使用。

1. 基本原理

紫外线(ultraviolet ray,UV)是一种波长为1360~3900 Å的不可见的光线,其中波长小于2000 Å的称为真空紫外线,很容易被空气吸收,实用价值不大;而波长为2 500~2 600 Å的则杀菌效率最高。其杀菌原理如下:紫外线照射微生物,使微生物体内的核酸、蛋白质的结构发生改变,从而改变其生物活性,导致微生物死亡。紫外线对清洁透明的水有一定的穿透能力,可用于水的杀菌消毒。紫外线消毒器是指以紫外汞灯为光源,以灯管内汞蒸气放电时辐射的 253.7 nm 紫外线为主要光谱线,对生活饮用水进行消毒的设备(简称消毒器)。紫外线消毒器示意图如图 2-39 所示。

图 2-39　紫外线消毒器示意图

2. 紫外线消毒设备布置

当介质温度较低时,杀菌效果差。采用紫外线高压汞灯消毒时,须装石英套管,使灯管与套管间形成一个环状空气夹层,这样,灯管能量能充分发挥而不致影响杀菌效果。消毒效果随处理水量增加而降低。采用的灯管数应根据处理水量大小而定。如采用低压汞灯消毒,一般用 30 W 灯管消毒地下水时,流速不大于 15 m³/h,消毒地面水时,流速不大于 6 m³/h。

3. 紫外线消毒优点及缺点

紫外线消毒具有如下优点。①消毒速度快,杀菌效率较高,运行稳定可靠。紫外线消毒对细菌和病毒等具有较高的灭活率,并且由于不投加任何化学药剂,不会对水体和周围环境产生二次污染。②对致病性微生物有广谱效果,对隐孢子虫和贾第鞭毛虫有特效消毒效果。常规的氯消毒工艺对隐孢子虫和贾第鞭毛虫的灭活率很低,并且在较高的氯投加量下会产生大量的消毒副产物,而紫外线消毒在较低的紫外线剂量下对隐孢子虫和贾第鞭毛虫就可以达到较高的灭活效果。③不产生有毒、有害副产物,不增加饮用水中可同化有机碳(AOC)含量。紫外线消毒不改变有机物的特性,并且由于不投加化学药剂,不会产生对人体有害的副产物,不会增加生物可降解溶解性有机碳(BDOC)等的副产物。④紫外线能减少臭味和降解微量有机物,对水中多种微量有机物具有一定的降解能力。⑤占地面积小,运行维护简单,造价及运行成本低。若每天要用氯消毒 5 万 t 污水,则需建一个长为 130 m、宽为 3 m 的接触渠,而采用紫外线消毒只需长为 20 m、宽为 3 m 的消毒面积。⑥消毒效果受水温及 pH 影响小。

直流式的紫外线杀菌器[图 2-40(a)]对微生物的杀菌效果较差。现在采用较多的是套管式紫外线杀菌器[图 2-40(b)]。紫外线对饮用水的消毒效果的影响因素包括紫外线的波长、杀菌时间、光照强度、微生物的种类及数量、水温及水的理化性质(色度、浊度、肉眼可见物等)和水中其他杂质的含量等。

紫外线消毒对原水水质具体要求如下:①总大肠杆菌群值低于 1000 个/L,细菌总数小于 2000 个/mL;②色度小于 15 度;③总铁含量小于 0.3 mg/L;④浊度小于 5 度;⑤锰含量小于 0.05 mg/L;⑥硬度小于 120 mg/L;⑦紫外线穿透率大于 75%;⑧水温为 5~50 ℃。

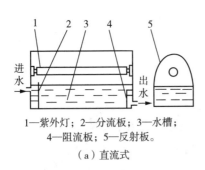 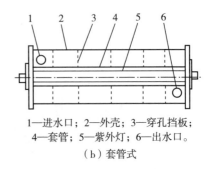

1—紫外灯；2—分流板；3—水槽；
4—阻流板；5—反射板。

（a）直流式

1—进水口；2—外壳；3—穿孔挡板；
4—套管；5—紫外灯；6—出水口。

（b）套管式

图 2-40　紫外线杀菌器

紫外线消毒技术在工程应用中也有如下缺点：①不能完全、彻底杀死全部微生物及病毒；②无持续杀菌能力，消毒后的水如果遇到新的污染源，会再次被污染，需与氯配合使用；③浊度及水中悬浮物对紫外线杀菌效果有较大影响，它们会降低消毒效果；④紫外灯套管易结垢，影响紫外光的射出和杀菌效果，因此需要对套管进行定期清洗以及采取表面降温措施来防止管垢的形成；⑤存在微生物复活现象，一些被紫外照射失活的病毒、细菌可通过光的协助修复自身被破坏的组织，达到复活目的；另外，一些微生物可能存在暗复活现象（无须光照）。在国内外，紫外线杀菌器已被广泛用于水处理、食品的表面杀菌及车间消毒。

4. 紫外线消毒技术应用前景

紫外线消毒具有广谱性，对多种病原微生物都有较好的作用。20 世纪 90 年代，欧洲许多国家及北美洲的加拿大和美国已分别修改了环境立法，推荐废水处理后的消毒及饮用水的消毒都采用紫外线消毒技术。目前，紫外线消毒技术在饮用水消毒、再生回收水消毒、生活污水、工业废水等的消毒处理中得到了一定的应用。随着人们对紫外线消毒技术研究的不断深入，杀菌效率更高的中压灯、脉冲灯出现，灯管使用寿命获得延长，紫外线消毒装置产品逐步国产化，紫外线消毒技术在我国饮用水消毒中已较为普遍应用。

5. 消毒副产物

原水经过氯气、氯氨、臭氧或二氧化氯消毒后，虽然其中的微生物及病毒等被有效地杀死，但是这些消毒剂有强的氧化性，会与水中存在的有机物或无机物（卤化物）等发生反应，产生卤甲烷、卤乙酸、卤化腈、氯酸盐、亚氯酸盐、溴酸盐、碘化物等消毒副产物（disinfection by-products，DBPs）。不同的消毒剂所产生的副产物见表 2-14 所列。通常，水中存在的与氯形成副产物的有机物称为有机前体物，分为天然和人工合成有机物两种。天然水中有机前体物主要成分为腐殖质（腐殖酸、富里酸等），其次是藻类及其代谢产物（如藻毒素），以及蛋白质等。腐殖质是水氯化消毒过程中形成三卤甲烷的主要前体物质。

表 2-14　不同的消毒剂所产生的副产物

消毒剂种类	主要产生的消毒副产物
氯气	氯仿、卤乙酸、卤化腈、卤代酮、氯酸盐、亚氯酸盐
氯氨	卤乙酸、氯化腈、溴化腈
二氧化氯	亚氯酸盐、氯酸盐、有机副产物
臭氧	溴酸盐、碘化物、醛类、酮类、羧酸、二溴丙酮腈

水中产生的消毒副产物的种类及含量，因采用的消毒方法及工艺的不同而不同。含有

消毒副产物的水对人类的身体具有潜在的致癌性和致突变性。2020年,在世界卫生组织国际癌症研究机构公布的致癌物清单中,二氯甲烷、二溴乙烷、溴二氯甲烷、二溴乙腈及二溴乙酸被定为2B类致癌物,对人体可能有致癌、致畸及致突变作用。

饮用水氯化消毒后的消毒副产物有三卤甲烷(Trihalomethanes,THMs)、卤乙酸、卤乙腈、卤代酮类、卤乙醛、卤代羟基呋喃酮、卤硝基甲烷。其中主要是三氯甲烷及卤乙酸,两者不但在水中浓度远远超过其他副产物的浓度,而且其致癌及致突变性风险也较高。饮用水中形成的三卤化物是氯和有机物反应的结果。在水的游离氯消毒过程中,氯分子与水反应生成次氯酸(HOCl),次氯酸水解生成次氯酸根(OCl⁻)和氢离子。如果有溴离子(Br⁻)存在,溴离子会被氧化成次溴酸(HOBr)。次溴酸、次氯酸与水中有机物反应生成消毒副产物,包括三卤甲烷。

三卤甲烷在饮用水中的出现已引起了全世界公共卫生部门的注意,其可能是致癌物。正因为如此,世界及中国的饮用水标准中三卤甲烷的最大可容许浓度逐渐降低。世界卫生组织制订的《饮用水水质准则》中,将 $CHBrCl_2$、$CHBr_2Cl$ 和 $CHBr_3$ 的最大可容许浓度分别定为60、100和100 $\mu g/L$。另外,各种类浓度与其各自最大可容许浓度比值的总和应小于1。我国《生活饮用水卫生标准》(GB 5749—2022)及我国《食品安全国家标准　包装饮用水》(GB 19298—2014)仅规定三氯甲烷的含量≤0.02 mg/L。因此,我国的包装饮用水的质量有待于进一步提高。

影响氯气消毒水中三卤甲烷形成的因素主要有水中天然有机物、pH、温度、氯的添加量、消毒时间、溴离子浓度等。一般来说,三卤甲烷的生成与有机物的浓度、溴离子的浓度、氯气浓度、pH及温度呈正相关。控制饮用水中三卤甲烷形成的主要方法:降低水中有机物及溴离子的浓度,可以采用化学絮凝、活性炭吸附、膜过滤(微滤、超滤及纳滤)、臭氧预氧化等方法处理;氯气与水接触有效时间后,控制余氯的浓度,或者采用氯氨替代氯气来消毒;用氯气消毒后,用活性炭或者超滤过滤器过滤水,分别吸附及截留水中生成的三卤甲烷;使用替代消毒剂,如臭氧或二氧化氯(虽然这些消毒剂不会生成三卤甲烷,但是可能会产生其他对人体有害的副产物)。

思考题

1. 水源的分类及特点是什么?

2. 如何理解饮料生产中水的重要性?

3. 水中的杂质分为哪三种类型? 怎样去除这些杂质对软饮料的影响?

4. 水的硬度和碱度的定义及分类是什么?

5. 硬度和碱度对软饮料生产有哪些影响?

6. 饮料用水软化的方法有哪些? 说明其作用原理、适用范围及注意事项。

7. 水的改良有哪些方法?

8. 混凝沉淀法的原理及适用范围是什么? 以明矾为例说明混凝沉淀法(即絮凝法)改善水质的工作原理。

9. 水的过滤的原理是什么? 过滤过程中至少包括哪三个作用?

10. 良好的滤层结构应具有哪些特点?

11. 级配、孔隙率和不均匀系数的定义是什么?

12. 砂滤棒过滤的基本原理和使用条件是什么?

13. 石灰软化法的原理及适用条件是什么?

14. 离子交换树脂软化水的作用原理是什么?

15. 什么是交换容量?

16. 活性炭过滤器、砂滤棒过滤器、反渗透、电渗析改良水质的工作原理是什么?

17. 水的氯消毒、紫外线消毒和臭氧消毒的原理及性质上的区别是什么?

18. 某一水源,其硬度及含盐量较高,且含有其他杂质及微生物。用其生产纯净水,设计一个水处理工艺,并说明所采用每个单元的目的。

19. 饮料用水对水质的要求是什么?

20. 水消毒时产生哪些副产物? 怎样有效控制?

（孙汉巨、王树林、何胜华、张左勇）

GB 5749—2022
《生活饮用水卫生标准》

第三章　饮料常用的原辅料

教学要求：

1. 掌握饮料中常用的原辅料；
2. 掌握甜味剂的作用、分类及特点；
3. 掌握几种常用的酸味剂的特点；
4. 了解二氧化碳的作用、使用时应注意的事项；
5. 理解二氧化碳对饮料风味的影响；
6. 了解饮料的增稠剂、乳化剂、抗氧化剂、食品工业用加工助剂、酶制剂的种类及特点。

教学重点：

1. 影响味感的因素；
2. 储存二氧化碳时应注意的事项；
3. 二氧化碳对饮料风味的影响。

在现代饮料工业中，为了满足消费者对口感、外观和保质期等多方面的需求，通常会在饮料配方中添加一系列的原辅料。这些原辅料不仅赋予饮料特定的风味和色泽，还有助于提升产品的稳定性和安全性。饮料中常用的辅料主要有甜味剂、酸味剂、香料和香精、食用天然着色剂、防腐剂、抗氧化剂、增稠剂等。这些原料和辅料在饮料配方中的比例和种类需要根据具体的产品类型和市场需求精心调配，才能达到最佳的风味和外观。同时，所有添加剂的使用都必须符合食品安全法规，确保消费者的健康。

第一节　饮料常用的原料

一、生产原料分类

用于饮料生产的原料种类丰富，根据不同的分类方法，饮料原料可以分为不同的类型。其中按原料保藏性能，饮料原料可分为以下几类。

① 粉末状与颗粒状物料，如奶粉、大豆粉、明胶、砂糖、全蛋粉、红豆、绿豆、薏米、血糯米、椰丝、脱盐乳清粉、椰奶粉、水溶性纤维素、蛋黄粉及可可粉等。

② 流体类物料，如牛奶、稀奶油、鲜鸡蛋浆、棕榈油、全脂甜炼乳等。

③ 冻结的或固体物料，如冰牛奶、冰全蛋、人造奶油、奶油、融化奶油（酥油）、巧克力块及代可可脂等。

④ 罐藏或瓶装果汁罐头、塑料瓶包装的各种水果、果汁等。

⑤ 新鲜水果类，如草莓、香蕉等。

⑥ 用塑料袋或塑料桶包装的干果类，如红枣、枸杞子、无花果、瓜子仁、杏仁、核桃仁等。

二、主要原料

（一）果蔬汁类

果蔬汁是以水果、蔬菜为原料，利用物理方法（如压榨、离心、萃取等）得到的汁液产品，一般是指纯果蔬汁。果汁按形态分为澄清果汁和混浊果汁。澄清果汁澄清透明,如苹果汁,而混浊果汁均匀混浊,如橙汁。果蔬汁是果蔬汁类饮料生产的主要原料,一般以大宗水果果汁为主,如苹果汁、橙汁、梨汁、椰子汁、西瓜汁等。也有产量较低、具有地方特色的小浆果类产品,如枸杞汁、沙棘汁、刺梨汁、草莓汁、蓝莓汁、红树莓汁、杨梅汁等果汁,也是生产果汁类饮料产品的主要原料。以果汁为原料的饮料产品开发要充分考虑原料的来源及原料特性等。

(二)乳及乳制品

在蛋白饮料生产中,乳及乳制品是常用的饮料生产原料,其包括全脂鲜牛奶、全脂甜炼乳、全脂奶粉、奶油等。其中,乳是哺乳动物分娩后由乳腺分泌的一种白色或微黄色的不透明液体,主要包括水分、脂肪、蛋白质、乳糖、盐类、维生素、酶类及气体等成分。乳中含有多种化学成分,其中水是分散剂,其他各种成分(如脂肪、蛋白质、乳糖、无机盐等)为分散质分散在乳中,形成一种复杂的分散体系。

用于饮料生产的主要乳及乳制品是牛乳及牛乳制品。牛乳中的水分含量为 $85.5\%\sim89.5\%$,总乳固体含量为 $10.5\%\sim14\%$,脂肪含量为 $2.5\%\sim6.0\%$,蛋白质含量为 $2.9\%\sim6.0\%$,乳糖含量为 $3.5\%\sim6.0\%$,无机盐含量为 $0.5\%\sim0.9\%$ 。乳蛋白是乳中主要的含氮物。牛乳的含氮化合物中 95% 为乳蛋白,5% 为非蛋白态含氮化合物,蛋白质在牛乳中的含量为 $3.0\%\sim3.5\%$ 。牛乳中的蛋白质可分为酪蛋白和乳清蛋白两大类,另外还有少量脂肪球膜蛋白质。

(三)豆类

豆类是生产植物蛋白饮料、冷饮及固体饮料的主要原料。大豆富含蛋白质、不饱和脂肪酸、膳食纤维、磷脂、维生素和矿物质等营养成分。同时,大豆具有降血脂、降血糖、预防心血管疾病、抗衰老、益智健脑等多种生理功能,是一种较好的饮料加工原料,已被开发成多种产品。此外,能用于饮料生产的豆类有大豆、绿豆、赤小豆、蚕豆、白芸豆、蚕豆及黑豆等,但广泛应用于植物蛋白饮料的豆类仍然以大豆为主。

(四)干果类

干果是果实果皮成熟后为干燥状态的果实或种子。干果又分为裂果和闭果,它们大多含有丰富的蛋白质、维生素、脂质等营养成分。常见的干果有很多,如板栗、锥栗、霹雳果、榛子、腰果、核桃、瓜子、松仁、杏仁、白果、开心果、碧根果、沙漠果、白瓜子、南瓜子、花生、夏威夷果等。常用于饮料生产的干果主要有核桃仁、花生、杏仁、腰果等。

(五)药食同源原料

"药食同源"指许多食物也是药物,它们之间无绝对分界线。《黄帝内经太素》书中写到"空腹食之为食物,患者食之为药物",反映出"药食同源"的思想。"药食同源"是说中药与食物是同时起源的。随着经验的积累,药食才开始分化。在使用火后,人们开始食熟食,烹调加工技术才逐渐发展起来。在食与药开始分化的同时,食疗与药疗也逐渐区分。

2012年原国家卫生部公示的87种药食同源原料(既是食品又是药品的物品名单):丁香、八角茴香、刀豆、小茴香、小蓟、山药、山楂、马齿苋、乌梢蛇、乌梅、木瓜、火麻仁、代代花、玉竹、甘草、白芷、白果、白扁豆、白扁豆花、龙眼肉(桂圆)、决明子、百合、肉豆蔻、肉桂、余甘子、佛手、杏仁(甜、苦)、沙棘、牡蛎、茨实、花椒、赤小豆、阿胶、鸡内金、麦芽、昆布、枣(大枣、酸枣、黑枣)、罗汉果、郁李仁、金银花、青果、鱼腥草、姜(生姜、干姜)、枳椇子、枸杞子、栀子、砂仁、胖大海、茯苓、香橼、香薷、桃仁、桑叶、桑葚、桔红、桔梗、益智仁、荷叶、莱菔子、莲子、高良姜、淡竹叶、淡豆豉、菊花、菊苣、黄芥子、黄精、紫苏、紫苏籽、葛根、黑芝麻、黑胡椒、槐米、槐花、蒲公英、蜂蜜、榧子、酸枣仁、鲜白茅根、鲜芦根、蝮蛇、橘皮、薄荷、薏苡仁、薤白、覆盆子、藿香。

2014 年又新增 15 种中药材物质:人参、山银花、芫荽、玫瑰花、松花粉、粉葛、布渣叶、夏枯草、山柰、西红花、草果、姜黄、荜芨等。在限定适用范围和计量内作为药食使用。

2018 年国家卫生健康委员会新增 9 种中药材物质(按照传统,既是食品又是中药材):党参、肉苁蓉、铁皮石斛、西洋参、黄芪、灵芝、天麻、山茱萸、杜仲叶。在限定适用范围和剂量内作为药食两用。

(六)食用花卉

食用花卉不但有美丽的外观,而且还含有多种生理活性成分、芳香物质、花青素、黄酮、类胡萝卜素等成分。食用花卉能使人的紧张情绪得以松弛,还有美容、护肤、促进血液循环等作用,深受人们的欢迎。花卉型饮料不但颜色、香味令人赏心悦目,而且具有滋润肌肤和提神明目之功效,受到女性消费者的特别青睐。现在欧洲市场上流行玫瑰花、向日葵花等花卉。在花盛开时,首先采用人工采摘方式;然后通过快速脱水干燥(热风干燥、真空干燥或冷冻干燥等)、粉碎或超微粉碎,确保原色原味、可速溶性和稳定性。花卉可以制成直接饮用的制品,也可以制成粉剂用开水冲泡,饮之爽口、浓郁不凡。

玫瑰花又称赤蔷薇,为蔷薇科落叶灌木。玫瑰花味甘、微苦、气香性温,含少量挥发油和黄色结晶性苷、槲皮苷、鞣质、没食子酸、色素等成分。玫瑰油中主要成分为萜醇类化合物,有利气、行血、治风痹、散瘀止血的功用,可用于妇女月经过多、赤白带下、肠炎、下痢、痔出血等病症。

金银花是忍冬科植物忍冬的干燥花,也称二花,在全国各地多有分布,资源丰富,有清热解毒、杀菌消炎功能,其主要成分为绿原酸和挥发油,含有蛋白质、多种维生素和矿物质元素等成分,色、香、味俱佳。其主要保健成分为挥发油、绿原酸、肌醇、忍冬苷、丁香苷、银杏醇、甾醇等。

原农业部规定无公害花卉有茉莉花、玫瑰花、栀子花、菊花、桂花、梨花、桃花、白兰花、荷花、山茶花、金雀花、百合花、丁香花、芙蓉、月季、海棠、玉兰花、霸王花、大丽花。2022 年,关山樱花已被我国批准为新资源食品。目前,市场上已出现桂花露、玫瑰花露、金银花、茉莉花露、百合露、菊花、牡丹花等花卉饮料。

第二节　甜味剂

甜味剂是指能赋予软饮料甜味的食品添加剂。甜味剂按营养价值可分为营养性和非营养性(或非糖类)两类;按其来源可分为天然及合成甜味剂。果糖、葡萄糖、蔗糖、麦芽糖、乳糖和淀粉糖等糖类物质,虽然也是天然甜味料,因长期被人食用,并且是人体重要的营养物质,通常被归为食品原料,不作为食品添加剂。属于非糖类的甜味剂有天然和人工合成甜味剂:天然甜味剂包括甜菊糖苷、甘草、甘草酸二钠、甘草酸三钾、甘草酸三钠、果葡糖浆、麦芽糖浆、淀粉糖浆、糖醇类(木糖醇、麦芽糖醇、甘露醇等)等,人工合成甜味剂包括阿力甜、糖精钠、环己基氨基磺酸钠和天门冬酰苯丙氨酸甲酯(阿斯巴甜)等。

甜味剂具有保持一定酸甜口感的作用,有利于饮料风味形成。甜度是许多食品的指标之一,为使饮料具有适口的感觉,需要加入一定量的甜味剂。糖酸比是饮料重要的风味特征,甜味剂可使产品获得好的风味,具有调节和增强风味的作用。甜味和许多食品的风味是相互补充的,饮料产品的味道就是由风味物质和甜味剂相结合而产生的,所以饮料中需要加入适当的甜味剂。

一、天然来源的甜味剂

(一)甜菊糖苷

甜菊糖苷(stevioside,stevia)又称为甜菊素、甜菊苷,分子式为 $C_{38}H_{60}O_{18}$,相对分子质量为804.872,密度为 $1.5\pm0.1\ g/cm^3$,为白色至浅黄色晶体粉末,味清凉甘甜;熔点为198～202 ℃,耐高温;在空气中极易吸湿,在水中溶解量约为0.12%,微溶于乙醇。其甜度约为蔗糖的300倍,是天然甜味剂中最接近蔗糖的一种。其甜味纯正,残留时间长,后味可口,有轻快凉爽感,对其他甜味剂有改善和增强作用,在酸性和碱性条件下都较稳定。甜菊糖苷来源于植物甜菊。甜菊为菊科属多年生草本植物,叶中含甜味成分,原产于南美巴拉圭东北部和巴西,在我国江苏、安徽、福建、山东及新疆等地大面积种植。提取甜菊糖苷的方法很多,如将叶子干燥后用乙醇提取,在提取液中加入乙醚使甜味成分沉淀,然后用乙醇重新结晶。甜菊苷毒性为小鼠经口 $LD_{50}\geq15\ g/kg$。

(二)甘草

甘草(glycyrrhiza uralensis fisch)别名为甜甘草、粉甘草,为豆科植物甘草、光果甘草(*G. glabra*)或胀果甘草(*G. inflata Bat.*)的干燥根和茎,主产于我国的内蒙古、甘肃、青海、新疆等地。甘草甜味成分主要是甘草酸,甘草酸分子式为 $C_{42}H_{62}O_{16}$,相对分子质量为822,密度为 $1.4\pm0.1\ g/cm^3$。甘草酸的甜度为蔗糖的200倍,其甜味不同于蔗糖,入口后稍经片刻才有甜味感,保持时间长,有特殊风味。甘草酸虽无香气,但能增香。将甘草切碎,经水浸后,得到滤液,经过蒸发浓缩,即得甘草膏或者甘草粉。甘草粉为浅黄色,味甜略带苦,其水溶液为浅黄色,浓缩液常为黑褐色,有特殊的香气和甜味。甘草性平,味甘,有清热解毒、祛痰止咳、补脾益气、缓和止痛、调和药性的功能。自古以来,中国将甘草作为调味料和草药来使用,正常使用对人体无害,其为无毒品。美国食品、药品监督管理局(Food and Drug Adminstration,FDA)将甘草列为公认的安全类添加剂。

(三)木糖醇

木糖醇(xylitol)的分子式为 $C_5H_{12}O_5$,相对分子质量为152,密度为 $1.52\ g/cm^3$。常温下其甜度与蔗糖相当,低温下甜度达到蔗糖的1.2倍。木糖醇原产于芬兰,是从白桦树、橡树、玉米芯、甘蔗渣等植物原料中提取出来的一种甜味剂。在自然界中,木糖醇广泛存在于各种水果、蔬菜、谷类之中,但含量较低。商品木糖醇是将玉米芯、甘蔗渣等农产品进行深加工而制得的一种天然、健康的甜味剂。木糖醇是人们身体中正常糖类代谢的一种中间体。

木糖醇能促进肝糖原合成,使血糖稳定不升高,改善肝功能和抗脂肪肝;为人体提供能量,合成糖原,减少脂肪和肝组织中的蛋白质的消耗,保护肝脏,减少人体内有害酮体的产生。每克木糖醇仅含有 2.4 cal(1 cal=4.186 8 J)热量,比其他大多数碳水化合物的热量少

40%,可被应用于减肥食品中。另外,木糖醇不会被蛀牙菌发酵产酸从而腐蚀牙齿,有防龋作用,可用其开发儿童食品。

有专家认为,木糖醇在体内新陈代谢不需要胰岛素参与,又不使血糖值升高,并可缓解糖尿病人的"三多"症状(多食、多饮及多尿),是糖尿病人群的安全甜味剂、营养补充剂及辅助治疗剂。但是,其不易被胃酶分解而直接进入肠道,若食用过量,对胃肠有一定刺激,可引起腹部不适、胀气及肠鸣。木糖醇在肠道内吸收率不到 20%,在肠壁上易积累,造成渗透性腹泻。另外,过量食用木糖醇会造成血脂升高。也有专家认为,木糖醇在人体代谢初始,可能不需要胰岛素参加,但在代谢后期,则需要胰岛素的促进。因此,木糖醇不能替代葡萄糖纠正代谢紊乱,也不能降低血糖、尿糖及改善临床症状。木糖醇不能治疗糖尿病,并且过多食用易造成血液中甘油三酯升高,引起冠状动脉粥样硬化,因此糖尿病患者不宜多食木糖醇。

(四)阿拉伯糖

阿拉伯糖(arabinose)又被称为果胶糖等。其分子式为 $C_5H_{10}O_5$,相对分子质量为 150,密度为 1.625 g/cm³,无气味,甜度约为蔗糖的 50%,溶于水,但溶解度低于蔗糖,对热和酸的稳定性较高。阿拉伯糖有 D 和 L 两种构型。L-阿拉伯糖可从玉米皮半纤维素内的阿拉伯木糖中提取。

L-阿拉伯糖能抑制水解双糖的酶,因此其能抑制因摄入蔗糖而导致的血糖升高(在小肠中蔗糖酶的水解作用下,蔗糖被分解成葡萄糖和果糖,而被人体吸收),具有降糖作用。另外,L-阿拉伯糖对双糖水解酶有抑制作用,使在小肠中没被分解的蔗糖在大肠中被微生物分解,产生大量的有机酸。这些有机酸对肝脏合成脂肪有抑制作用,从而减少体内脂肪的形成。此外,L-阿拉伯糖还有预防便秘、促进双歧杆菌生长的作用。2008 年原卫生部第 12 号公告批准 L-阿拉伯糖为新资源食品,使用范围:各类食品,但不包括婴幼儿食品。

(五)低聚果糖

低聚果糖(fructo oligosaccharide,FOS)是指以 2~5 个果糖基为链节,以 β-2,1 键连接在蔗糖的 D-果糖基上而形成的蔗果三糖(GF2)、蔗果四糖(GF3)、蔗果五糖(GF4)和蔗果六糖(GF5)的混合物。商品低聚果糖一般还含有少量蔗糖、果糖、葡萄糖。糖浆为无色或淡黄色、透明黏稠液体,带低聚果糖清香,甜味柔和清爽,无异味。甜度为蔗糖的 30%~60%,既保持了蔗糖的纯正甜味,又比蔗糖甜味清爽。低聚果糖是一种天然活性物质,具有调节肠道菌群、促进双歧杆菌增殖、促进钙的吸收、调节血脂、增强免疫力及抗龋齿等保健功能的新型甜味剂,被誉为继抗生素时代后最具潜力的新一代添加剂。低聚果糖不易被人体吸收,热量值很低,甜度低,不会导致肥胖,可以生产无糖食品、减肥食品、低卡路里食品,已在乳制品、饮料、糖果、焙烤食品、果冻、冷饮等食品中应用。

(六)果葡糖浆

果葡糖浆(fructose syrup)又称为异构糖,是由植物淀粉水解和异构化而成的一种淀粉糖,主要成分是果糖和葡萄糖。果葡糖浆分为 F42、F55 及 F90 型三种,果糖含量分别为42%、55%及 90%。该产品的甜度与果糖含量呈正相关。果葡糖浆的甜度接近于同浓度的蔗糖(其甜度约相当于同浓度蔗糖的 90%),其价格一般只有白砂糖的 1/3,因此在食品尤其是饮料中被广泛使用,部分或者全部替代白砂糖。果葡糖浆有类似天然果汁的风味,因果糖的存在,具有清香、爽口的感觉。在 40 ℃以下,果葡糖浆具有冷甜特性,随着温度降低其甜度快速上升。由于果糖、葡萄糖与蔗糖甜味的协同增效,总甜度仍与同浓度的蔗糖相同。果糖不是口腔微生物的合适底物,口腔中的细菌对其发酵性差,有利于保护牙齿,防止龋齿。果糖及葡萄糖可直接被人体所吸收,而蔗糖进入人体后需要转化为葡萄糖及果糖才能被人体吸收。果糖进入人体后,被吸收的速度较葡萄糖慢,不需要胰岛素,可被肝脏迅速代谢为肝脏元,并且生成速度比葡萄糖快 1 倍左右,生成的糖原量也多 2 倍。进食后,不会产生过高浓度的血糖。因此,果糖是糖尿病人群良好的甜味剂。糖尿病人群不能食用蔗糖,但是可以食用果葡糖浆(尤其是 F55、F90 糖浆)。果葡糖浆在使用时,应该避免高温和长时间加热,当温度≥70 ℃时,果糖不耐热,易发生焦糖化反应,产生有色成分,影响饮料的色泽。果糖为无定形单糖,很容易从空气中吸收水分,吸湿性大,具有良好的保湿性,可使面包、蛋糕及糕点等食品保持新鲜松软,延长其货架期。

(七)麦芽糖浆

麦芽糖浆(malt syrup)是以淀粉为原料,经过液化、糖化、脱色过滤、精致浓缩而成的,以麦芽糖为主要成分的产品。麦芽糖(maltose)是经 $\alpha-1,4$ 糖苷键连接两个葡萄糖单位而成的双糖,又称为麦芽二糖。根据麦芽糖质量分数的不同,麦芽糖浆可分为普通麦芽糖浆、高麦芽糖浆和超高麦芽糖浆三种,质量分数分别为 60%以下、60%~70%及 70%以上。

麦芽糖具有低吸潮性、高保湿性、温和适中的甜度、良好的抗结晶性、抗氧化性、适中黏度、良好的化学稳定性、冰点低等特性,故在糖果、冷饮制品及乳制品行业中得到了广泛的应用。高麦芽糖对热和酸比砂糖稳定,因而适合用作热加工及酸性食品的甜味剂。麦芽糖浆的甜度低而温和,可口性强、口感好。麦芽糖在高温和酸性情况下比较稳定,通常温度下不会因其分解而引起食品变质或甜味发生变化,所以加热时不易发生美拉德反应。单纯用麦芽糖浆生产糖果产品,比用传统的砂糖,生产出的产品韧性好,透明度高,不会出现"返砂"现象,并可降低糖果黏度,提高产品的风味,显著降低生产成本。麦芽糖浆因其良好的抗结晶性,常被用于果酱及果冻制造,防止砂糖结晶析出。其具有良好的可发酵性,故大量用于面包、糕点、啤酒产品,同时也被广泛用于糖果、饮料及调味品等产品中。

(八)D-甘露醇

D-甘露醇(D-mannitol)又称己六醇、D-甘露蜜醇、D-木蜜醇、甘露蜜醇。其分子式为 $C_6H_{14}O_6$,相对分子质量为182,密度为 1.596 g/cm^3。D-甘露醇为六元醇,呈无色至白色针状或斜方柱状晶体或结晶性粉末,无臭,具有清凉甜味。其水溶液稳定,在稀酸、稀碱中也稳定。其溶于水,略溶于乙醇,溶于热乙醇,吸湿性极小。甜度为蔗糖的 57%~72%。每克 D-甘露醇产生 8.37 J 热量,约为葡萄糖的 1/2。甘露醇广泛存在于植物的叶、茎及根等中,如海藻、柿饼表面的白粉。在食用菌类、地衣类、洋葱及胡萝卜等中,其含量也较多。

(九)赤藓糖醇

赤藓糖醇(erythritol)化学名为 1,2,3,4-丁四醇,又名原藻醇、赤藓醇,是一种天然的糖醇类填充型甜味剂。其分子式为 $C_4H_{10}O_4$,相对分子质量为122.12,密度为 1.451 g/cm^3,为白色结晶性粉末。甜味清凉纯正,无异味,该物质极易溶于水,微溶于乙醇,溶于水后形成无色的溶液,并且溶液的黏度很低。赤藓糖醇甜度低,与蔗糖的甜味特性十分接近;其稳定性高,对酸、热十分稳定;耐酸性、耐碱性都很高,吸湿性低。赤藓糖醇在自然界中分布广泛,在海藻、蘑菇、水果(甜瓜、葡萄等)、地衣类植物、微生物及发酵食品中都存在。

二、人工合成的甜味剂

(一)阿力甜

阿力甜(alitame)是由 L-天门冬氨酸、D-丙氨酸及 2,2,4,4-四甲基-3-硫化亚甲胺偶合制取的,其学名为 L-a-天冬氨酰-N-(2,2,4,4-四甲基-3-硫化三亚甲基)-D-丙氨酸,是一种二肽类甜味剂。其分子式为 $C_{14}H_{25}N_3O_4S$,相对分子质量为 331。阿力甜是一种白色结晶性粉末,无臭,有强甜味,甜度是蔗糖的 200~290 倍。阿力甜的风味与蔗糖相近;饮料中使用阿力甜可减少砂糖用量,可防止龋齿;阿力甜易溶于水,耐热性和耐酸、碱性好;含阿力甜的食品的甜度经巴氏杀菌后不受影响,甜度不下降;与水溶性纤维素共同使用,效果良好。阿力甜的最大使用量为 0.1 g/kg。

(二)糖精钠

糖精钠(saccharin sodium)学名为邻苯甲酰磺酰亚胺钠,分子式为 $C_6H_4SO_2NNaCO\cdot2H_2O$,相对分子质量为 241.2。糖精钠为无色或稍带白色的结晶性粉末,其甜度为蔗糖的 200~500 倍,易溶于水,经常被用于食品中。在生产饮料产品时可以加入糖精钠。其具有许多优点,如糖精不提供热量,可用于低热量产品的开发;食用糖精钠不会引起龋齿症。糖精钠在饮料、酱菜类、复合调味料、蜜饯、配制酒、雪糕、糕点、饼干及面包中的最大使用量为 0.15 g/kg,在瓜子中的最大使用量为 1.2 g/kg,在话梅及陈皮中的最大使用量为 5.0 g/kg。

(三)山梨糖醇

山梨糖醇(sorbitol)又名山梨醇,其分子式为 $C_6H_{14}O_6$,相对分子质量为 182.17,密度约为 1.49 g/cm³。产品为白色晶状粉末、片状或颗粒,无臭;易吸湿,易溶于水,微溶于乙醇和乙酸;有清凉的甜味,甜度约为蔗糖的 1/2,热值与蔗糖相近。山梨糖醇具有良好的保湿性,可防止糖的结晶。由于其是不挥发的多元醇,还有增强食品香气的作用。其最大使用量是 40g/kg。内服过量山梨糖醇会引起腹泻和消化紊乱。食用后在血液内不转化为葡萄糖,也不受胰岛素影响。因此,可采用山梨糖醇,开发出针对糖尿病、肝病及胆囊炎患者的食品。

(四)甜蜜素

甜蜜素(sodium cyclamate)的化学名称为环己基氨基磺酸,是钠盐或钙盐,分子式为 $C_6H_{12}NNaO_3S$,相对分子质量为 201.219,密度为 1.32 g/cm³,色泽呈白色,为颗粒状结晶或粉末状态,无嗅,易溶于水。甜蜜素的甜度约为砂糖的 50 倍,用量过多时会出现微微的苦味,因此常与糖精钠一起混合使用。甜蜜素有致癌和致畸作用,我国严格限定了甜蜜素在食品中的使用量,在饮料中的最大使用量为 0.25 g/kg。

(五)阿斯巴甜

阿斯巴甜(aspartame)学名是天门冬酰苯丙氨酸甲酯,又名甜味素、阿斯巴坦等。其分子式为 $C_{14}H_{18}N_2O_5$,相对分子质量为 294,密度 1.3±0.1 g/cm³,为白色结晶粉末,甜度为蔗糖的 150~200 倍,可溶于水。在高温或高 pH 条件下,阿斯巴甜会水解,因此不适用需用高温烘焙的食品。阿斯巴甜与糖精钠混合使用有协同增效作用,其可按正常需要适量用于饮料中。在果蔬汁(浆)类饮料、蛋白饮料、碳酸饮料、特殊用途饮料及风味饮料中其最大使用量为 0.6 g/kg。

在肠道中,阿巴斯甜在一个分解过程中产生天冬氨酸和苯丙氨酸,两者是神经递质;在另一个分解过程中则会产生甲醇和甲醛,约 10% 的阿巴斯甜转化成甲醇和甲醛,两者对人体神经系统的损伤是积累的。阿巴斯甜的副作用如下:①对视神经产生伤害,甚至造成失明,促进大脑内肿瘤的生成;②造成二级神经系统紊乱,阿巴斯甜和咖啡因进入人体后,会促进大脑、肝脏、肾脏、脾脏和内分泌系统中的细胞生理过程;③造成乳腺增生及乳腺癌。具有较多天冬氨酸受体的神经系统,是生殖系统和乳腺的激活系统。长期对乳腺进行神经刺激,却没有其他与怀孕相关的神经信号,可能会引发乳腺癌。长期摄入阿巴斯甜会导致泌乳雌激素大量分泌,这是近年来女性乳腺癌发病率大幅度上升的祸源之一。减少使用人工甜味剂,食用天然食物,是减少脑瘤、乳腺癌、视力问题等的最好方法,也是健康食品开发、设计及消费的重要理念。

(六)异麦芽酮糖醇

异麦芽酮糖醇(palatinitol)别称为氢化帕拉糖、氢化异麦芽酮糖及帕拉金糖醇,由 α-D-呋喃葡糖基-1,6-D-山梨糖醇和 α-D-呋喃葡糖基-1,1-D-甘露醇按等摩尔的比例混合而成,两者的相对分子质量分别为 344.32 及 380.32。异麦芽酮糖醇是由蔗糖用酶法转化为异麦芽酮糖后,催化加氢,经浓缩、结晶、分离而得到的。产品呈白色无臭结晶,甜度为蔗糖的 45%~65%,稍吸湿。其溶于水,在水中的溶解度在室温时低于蔗糖,升温后接近蔗糖,不溶于乙醇。其热值约为蔗糖的 1/2,对人体血浆葡萄糖和胰岛素水平无明显影响,糖尿病人群可以食用。其不致龋,无褐变反应。异麦芽酮糖醇属于新食品原料,其使用范围适用各类食品,但不包括婴幼儿食品,并且食用量应 ≤100 g/d。从营养学角度来讲,异麦芽酮糖醇是一种碳水化合物;从生理角度来讲,它在人体内不易被分解吸收,也不为绝大多数微生物分解利用。异麦芽酮糖醇不会引起血糖和胰岛素上升,可用之开发适合糖尿病人群的食品。因其不被口腔内的变形链球菌分解利用,不会造成蛀牙,可开发儿童食品。

(七)麦芽糖醇

麦芽糖醇(maltitol)别名为 4-O-α-吡喃葡萄糖基-D-山梨糖醇,是由麦芽糖经氢化还原制成的双糖醇。其分子式为 $C_{12}H_{24}O_{11}$,相对分子质量为 344.31,密度为 1.69 g/cm³。其易溶解于水,不溶于乙醇,吸湿性很强。其产品有麦芽糖醇及麦芽糖醇液。其甜度为蔗糖的 85%~95%,具有耐酸、耐热、保湿及非发酵等特点,基本上不产生美拉德反应。在体内其不被消化及吸收,热值为 2.1 cal/g,仅仅是蔗糖的 5%,不造成血糖升高,也不增加胆固醇含量,是开发适合糖尿病及肥胖人群食品的理想甜味剂;因有防龋齿作用,可用于儿童食品。作为食品添加剂,麦芽糖醇被允许在果汁、冷饮、糕点、饼干、面包、酱菜及糖果中使用,可按生产需要确定用量。

(八)三氯蔗糖

三氯蔗糖(sucralose)又名蔗糖素、蔗糖精或 4,1,6-三氯-4,1,6-三脱氧半乳型蔗糖,是由蔗糖经氯化作用而制得的。分子式为 $C_{12}H_{19}Cl_3O_8$,相对分子质量为 397.6335,密度为 1.357(g/cm³,15 ℃),产品呈白色至近白色结晶性粉末,水溶性很好,不吸湿。我国规定,在饮料类产品、焙烤食品及配制酒中,其最大使用量为 0.25 g/kg;在浓缩果蔬汁及固体饮料中,其最大使用量为 1.25 g/kg。

第三节　酸味剂

酸味剂(sour agent)是构成软饮料的主要成分之一。酸味剂使饮料具有特定的酸味,可改善饮料的风味,形成适宜的糖酸比。酸味剂通过刺激人体产生唾液,能增强饮料的解渴效果;许多酸味剂具有一定的防腐效果,是防腐剂的增效剂;某些酸是络合剂,可以减轻或消除某些离子对饮料质量的影响。酸味剂的酸味可以分为三类:①令人愉快的酸味,如柠檬酸、D-异抗坏血酸钠、葡萄糖酸的酸味;②带有苦味的酸味,如苹果酸的酸味;③带有涩味的酸味,如酒石酸、乳酸、延胡索酸及磷酸的酸味。

一、柠檬酸

柠檬酸(citric acid)又名枸橼酸,分子式为 $C_6H_8O_7$,相对分子质量为192.14,无色及无臭晶体,常含一分子结晶水,密度为 1.665 g/cm^3,易溶于水,水溶液显酸性。柠檬酸具有酸味圆润、柔和、爽快、可口的优点,入口后即可达到最高酸味感觉,后味延续时间较短。柠檬酸是软饮料中应用最广泛的酸味剂,也是酸味最纯正的酸味剂,特别适用于柑橘类水果饮料。在其他饮料中可以单独或与其他酸味料配合使用。其使用量依据饮料品种而定,一般为0.05%~0.25%。使用时根据实际情况,一般先制成10%~50%的溶液。

二、苹果酸

苹果酸(malic acid)别名为2-羟基丁二酸,分子式为 $C_4H_6O_5$,相对分子质量为134.09,密度为 1.609 g/cm^3,呈白色结晶体或结晶状粉末,有较强的吸湿性,易溶于水及乙醇。苹果酸有特殊愉快的酸味,微有苦涩味,其酸味强度是柠檬酸的1.2倍。苹果酸与柠檬酸混合使用,有增强酸味、圆润口感的效果。苹果酸可在各类食品中按生产需要适量使用。

三、乳酸

乳酸(lactic acid)的分子式为 $C_3H_6O_3$,相对分子质量为90.08,密度为 1.206 g/cm^3,无色澄清黏性液体、微酸味,主要用作食品的酸味剂和防腐剂。乳酸是乳酸发酵饮料的主要酸味成分,主要用于调配乳酸饮料。乳酸的酸味强度是柠檬酸的1.2倍,有涩味、收敛味,与水果的酸味不同,不能在果味和果汁饮料中使用乳酸。在婴幼儿配方食品中,按生产需要适量使用。

四、DL-酒石酸

DL-酒石酸(DL-tartaric acid)别名为L(+)-酒石酸,DL-2,3-二羟基丁二酸;DL-二羟基琥珀酸,分子式为 $C_4H_6O_6$,相对分子质量为150.09,其一水合物的密度为 1.788 g/cm^3,呈白色结晶性粉末,易溶于水及乙醇。DL-酒石酸在葡萄中含量最多。DL-酒石酸的酸味强度是柠檬酸的1.2~1.3倍,有涩味和收敛味。使用时以混合使用效果最佳。含DL-酒石酸的饮料在低温储存时易产生酒石沉淀。DL-酒石酸不易吸水潮解,适于制造固体饮料。在果蔬汁(浆)类饮料、植物蛋白饮料、复合蛋白饮料、碳酸饮料、茶及植物饮料、特殊用途饮料及风味饮料中最大添加量为5 g/kg;在葡萄酒中最大添加量为4 g/kg。

五、磷酸

磷酸（phosphoric acid）又名正磷酸，是一种中强性的无机酸，分子式为 H_3PO_4，相对分子质量为 97.994，密度为 1.874 g/cm^3，不易挥发，不易分解，是三元弱酸，其酸味比柠檬酸及酒石酸要强，具有涩味。磷酸在非果味饮料中可以与叶、根、坚果或香辛料的香气很好地混合，特别是在可乐型饮料中使用，更能发挥其独特的酸味。在饮料类及果冻中，其最大使用量为 5 g/kg。

六、富马酸

富马酸（fumaric acid）又名反丁烯二酸、延胡索酸、紫堇酸或地衣酸，分子式为 $C_4H_4O_4$，相对分子质量为 116.07，密度为 1.635 g/cm^3，为白色颗粒或结晶性粉末，无臭，具有独特的酸味，酸味强度是柠檬酸的 1.8 倍。富马酸主要用于酒类的调味和粉末发泡饮料。在碳酸饮料、果蔬汁（浆）类饮料中，富马酸钠最大使用量分别为 0.3 g/kg 及 0.6 g/kg。

七、葡萄糖酸

葡萄糖酸（gluconic acid）别名为 D-葡萄糖酸，1,2,3,4,5-五羟基己酸，分子式为 $C_6H_{12}O_7$，相对分子质量为 196.16，密度为 1.24 g/cm^3，为结晶状化合物，呈弱酸性，溶于水。因制备其固体结晶产物较困难，商品葡萄糖酸大多为 50% 溶液。葡萄糖酸可作为酸味剂、蛋白凝固剂和食品防腐剂。其具有与柠檬酸相似的酸味，稍有臭味，酸味强度是柠檬酸的 50%，常与其他酸味剂混合使用。

八、乙酸

乙酸（acetic acid），别名为醋酸、冰乙酸或冰醋酸，分子式为 CH_3COOH，相对分子质量为 60.05，无色透明液体，有强烈刺激性气味，熔点为 16.7 ℃，沸点为 117.9 ℃，密度为 1.050 g/cm^3。在 16 ℃ 以下，无水乙酸凝固成冰状，故称冰乙酸，并且凝固时体积增大。通常乙酸含纯乙酸约 30%，可与水、乙醇及甘油等混溶。醋酸是食醋的主要成分。含有碳水化合物（如糖、淀粉）的原料（如大米、高粱、红薯及木薯等原料），通过酵母菌发酵，可使其所含碳水化合物（糖、淀粉）转化成酒精和二氧化碳；酒精再经过醋酸菌发酵，生成醋酸和水。我国食品安全国家标准《食品安全国家标准　食品添加剂使用标准》（GB 2760—2024）中规定，冰乙酸是酸度调节剂，可在各类食品中按生产需要适量使用。

第四节　香料和香精

香气是饮料四大感官指标之一，香气能增加人的心理愉悦感，激发人的食欲。

一、饮料加香的目的

饮料生产中使用香料、香精的原因很多。例如，某些原料原来具有良好的香气，如茶叶、高级酒等，但制造饮料的各种原料原有的香气会在加工过程中挥发过半，且用以生产饮料的大部分原料本身就无味，想仅仅依赖这些物质产生令人愉快的香气是很难办到的。因此，添加香精或香料是增加和改善饮料香气的主要技术手段。

天然产品的香气往往受地区、季节、气候、土壤、栽培条件和加工技术的影响而不稳定。香精则按一定配方进行调和生产，其香气基本上能使每批产品都有稳定的香味，加香可以对天然产品的香气起到一定的稳定作用。

二、香料

(一)香料的类型

香料(spice)是一种能被嗅觉嗅出香气或味觉尝出香味的物质，是配制香精的原料，它有天然香料、合成香料和单离香料三种。

1. 天然香料

天然香料(natural spice)包括动物性和植物性香料，如麝香、龙涎香、玫瑰香、茉莉花香等。

动物性天然香料是动物的分泌物或排泄物。动物性天然香料有十几种，能够形成商品和经常应用的只有麝香、灵猫香、海狸香和龙涎香四种。

植物性天然香料是以芳香植物的花、枝、叶、草、根、皮、茎、籽或果实等为原料，用水蒸气蒸馏法、浸提法、压榨法、吸收法或超临界二氧化碳提取法等方法生产出来的精油、浸膏、酊剂、香脂、香树脂和净油等。

2. 合成香料

合成香料(synthetic spice)是经化学反应而制成的单体香料化合物。目前，世界上合成香料已有5 000多种，常用的有400多种。

3. 单离香料

使用物理或化学的方法从天然香料中分离出来的单体香料化合物称为单离香料(isolated spice)。薄荷油中含有70%～80%薄荷醇，用重结晶的方法从薄荷油中分离出来的薄荷醇就是单离香料，俗称薄荷脑。

(二)香料的调和

1. 主香剂

主香剂(main fragrance)是决定香精所属品种的基本香料，其香气形成香精香气的主体。香精中的主香剂可能只有一种，也可能有多种。

2. 顶香剂

顶香剂(top fragrance)是香气容易挥发的或强烈的香料。顶香剂挥发时，可带动主香剂挥发，从而使主香剂的香气更明显突出。

至于某种香料在配制香精时起主香作用还是起顶香、辅香及定香作用，要根据具体情况而定，并无定则。例如甜橙油在橘子香精中作为主香剂使用，但其在香蕉、菠萝等香精中则作为辅香剂使用。

三、香精

香精(essence)是以天然香料和合成香料为原料调配制成的产品，俗称香精，也称调和香料。饮料中香料单独使用不多，也不太方便，一般使用成品香精。

一种香精往往是由几种至上百种香料所组成,它们具有一定的香型,调和比例常用质量百分比表示。由于香气和香味比较单调,天然香料及合成香料多数不能单独直接使用,而是将香料调配成香精以后,才用于加香。

(一)香精的种类

1. 水溶性香精

水溶性香精(water-soluble fragrance)是由香精基、乙醇(丙二醇)和蒸馏水调和而成的,有时加入少量甘油和色素。

2. 油溶性香精

油溶性香精(oil-soluble fragrance)是由香精基和精制食用植物油、甘油或丙二醇调和而成的。

3. 乳化香精

乳化香精(emulsified essence)是由香精基、乳化剂、稳定剂和蒸馏水调和而成的,其外观为白色乳浊状液体且带黏稠性,在水中能迅速分散使溶液呈乳浊状态。

4. 粉末香精

粉末香精(powder essence)是由香精基、赋形剂(糊精等)、乳化剂等调和而成的,呈粉末状,色泽可按需要确定的。

5. 香基香精

香基香精(vanilla essence)是指只含有香料的香精,不含稀释剂,可防止氧化变质。该类香精香气浓烈,使用前可加稀释剂配制成各种香精。

(二)香精的使用

1. 香精使用的原则

食用香精必须是国家批准生产的合格产品,香精的添加量须按照《食品安全国家标准 食品添加剂使用标准》(GB 2760—2024)规定执行。同种名称的香精,其浓度、质量、价格不同,应进行了解及比较。香精的用量要通过反复试验和多次品评,并应征求消费者的意见。香精用量要适当,过多则香气不正,过少则香气不足;饮料中添加食用香精时必须分散均匀,不应出现局部过浓或过稀现象;由于香精多易挥发,如果饮料生产中需要脱气、脱臭等处理,香精的添加必须在这些过程之后。一般在汽水生产中将香精加于糖浆中,故糖浆冷却后才能添加香精。

2. 使用香精时须注意的细节

使用香精时,必须充分了解生产产品的品种及相关质量信息;使用香精前,需将瓶盖与瓶身消毒,方法是用70%酒精或消毒液进行消毒,以防止外来污染;加香精前,需将双手洗净消毒,并戴好口罩;加香精时,要在搅拌的前提下徐徐加入,初加时只加香精量的1/2～1/3,并继续搅拌2～3 min,抽样进行感官鉴定,如香味不足需继续添加,直至香味符合要求为止;加入香精后饮料的香味一定要符合品种要求。另外,香味要淡雅芬芳、和顺,不能有刺鼻的感觉;瓶中剩余的香精要储存好,瓶盖要盖紧,不使瓶上标签脱落,以免搞混。香精应保存于干燥阴凉处;香精是加在混合料液内的,但香味如何最终要以成品为准。要求负责加香的人员在刚开始生产或试制新品种时要跟班到底,必要时取样,邀请有关人员一起鉴定香精的加入量是否合适;当调换使用其他牌号的香精时,要先试样再用为佳;调香工作是一件既平凡又关系到产品质量的重要工作,应派专人负责这项工作。

第五节　食用色素

一、色素的作用

色素可模仿天然产品色泽;矫正天然产品在加工中的褪色、变色,使之恢复原有的亮丽色泽;满足消费者嗜好性要求。色素的种类很多,通常包括食用天然色素和食用合成色素两大类。

二、食用天然色素的分类

食品天然色素大部分取自植物(如各种花青素、类胡萝卜素等),部分取自动物(胭脂虫红)、矿物(如二氧化钛)和微生物(红曲红)。食品天然色素按化学结构可以分成六类。

① 多酚类衍生物,包括花青苷和黄酮类。花青苷属多酚类衍生物,是一类水溶性色素,广泛分布于植物中。花青苷类色素是目前食品工业中主要应用的一类色素,如越橘红、萝卜红、红米红、黑豆红、玫瑰红和桑葚红等。黄酮类色素是多酚类衍生物中另一类水溶性色素,同样以糖苷的形式广泛分布于植物界。其基本化学结构是 α-苯基苯并吡喃酮。这类色素的稳定性较好,但也受分子中酚羟基数和结合位置的影响。此外,光、热和金属离子对其稳定性也有一定的影响。

② 异戊二烯衍生物,包括类胡萝卜素、栀子黄、辣椒红等色素物质。类胡萝卜素是异戊二烯衍生物,属于多烯类色素,广泛分布于生物界,颜色包括黄、橙、红紫色,不溶于水,可溶于脂肪溶剂,属于脂溶性色素。类胡萝卜素对热比较稳定,但光和氧对它有破坏作用。

③ 四吡咯衍生物(卟啉类衍生物),包括叶绿素、血红素等。

④ 酮类衍生物,包括红曲色素、姜黄色素等。

⑤ 醌类衍生物,包括紫胶红、胭脂虫红等。

⑥ 其他类色素,包括甜菜红、焦糖色素等。

食用天然色素来源于自然界,种类繁多,并且大多数无毒副作用,与合成色素相比具有突出的特性。大多数天然色素来源于可食用的动植物原料,安全性高;很多天然色素含有人体需要的营养物质或者本身就是维生素或者维生素类成分;一些天然色素具有药理作用,对某些疾病有防治作用,如黄酮类色素对心血管病的防治具有积极作用;一些色素具有抗氧化、镇痛、降压等作用;天然色素色调自然,易被消费者接受,有一定的使用价值和经济价值;有的品种有特殊香气,可增加食品的风味。

三、食用天然色素举例

(一)红曲色素

红曲色素(monascus red pigment,red kojic rice)又称为红曲红、红曲米,是红曲霉菌分泌的天然色素,是曲霉的次级代谢产物。该色素耐光性及耐热性较好,在阳光直射下可褪色,不受氧化还原作用的影响。该色素的脂溶性成分能够较好地溶解于乙醇及乙酸中,常用乙醇及乙酸作为溶剂。红曲色素还具有一定的抗菌及防腐作用。红曲色素是由优质大米经浸泡蒸熟后,加红曲霉菌发酵,再经提取及纯化得到的。该色素包含黄、橙、红、紫和青等颜色,但以红、紫两种颜色的成分最多。红曲色素是多种色素的混合物,这些色素都是聚酮类化合物,由化学结构不同、性质相近的红、橙及黄色素组成。已知结构的有 10 种组分,其中醇溶性色素有 6 种,水溶性色素有 4 种。红曲色素中黄色成分仅占 5%,因其含量低,所以红曲色素呈红色。红曲色素对蛋白质着色良好,适宜在蛋白饮料中使用,是一种无毒安全的色素。红曲色素在使用前需将其溶于酒精后再用。除红曲色素粉外,还有红曲色素的液体,后者比前者的价格较低。红曲色素的使用量可按需要适量使用。

(二)姜黄色素

姜黄是姜黄属的多年生草本植物,也是一种中药材,性温、味辛苦,无毒,具有活血、散瘀、舒肝、解郁及降血脂等功效。姜黄色素(turmeric color,curcumin)是以姜黄(turmeric)为原料,用乙醇等有机溶剂抽提、过滤及浓缩等精制得到的。该色素是一种天然黄色素,具有姜黄特有的香辛气味,色泽鲜艳,热稳定性强,安全无毒,着色力强(尤其是对含蛋白质的饮料的着色力强)。其对光十分敏感,在中性或酸性条件下呈黄色,在碱性条件下呈红褐色。姜黄色素主要包括三种活性成分:姜黄素($C_{21}H_{20}O_6$,相对分子质量为 368,约占 70%)、脱甲氧基姜黄素($C_{20}H_{18}O_5$,相对分子质量为 338,约占 15%)和双脱甲氧基姜黄素($C_{19}H_{16}O_4$,相对分子质量为 308,约占 10%)。该色素分为水溶、油溶两种。油溶的色素在使用时用 95%酒精溶液溶解后,再添加到水中。该色素在酸性及中性溶液中呈黄色,在碱性溶液中呈橙红色,其主要用于乳制品、淀粉食品、谷物调味汁和辛辣调味品等食品的着色,其最大使用量为 0.01 g/kg;也可作为着色剂,广泛用于糕点、糖果、饮料及有色酒等食品。因具有对人体无毒副作用、防腐和保健功能等优点,该色素是目前流行的较有开发价值的天然食用色素之一。

(三)焦糖色素

焦糖色素(caramel color)又称为焦糖、糖色、焦糖色,是糖类物质(如淀粉、饴糖、蔗糖、转化糖、乳糖及麦芽糖浆的水解产物等)在高温下脱水、分解及聚合而成的深褐色或黑色液体,也可以是固体,是应用较广泛的半天然食品着色剂。依生产方式可分为四类,即普通焦糖、苛性亚硫酸盐焦糖、氨法焦糖、亚硫酸铵焦糖。焦糖有特殊的甜香气和愉快的焦苦味,易溶于水,水溶液呈红棕色,透明,无混浊或沉淀,对光稳定。液体焦糖浆呈浓浆状,以糖度为 33~38 °Bé、黏度为 1.5~3.0 Pa·s、pH 为 2.6~5.6 的产品为好。焦糖色素安全无毒,可按生产需要适量使用。该色素可用于碳酸饮料、咖啡饮料、可可饮料及巧克力饮料等产品中。焦糖色素广泛用于酱油、食醋、料酒、肉制品、酱菜、烘制食品、糖果、黄酒、啤酒及药品等的生产,并能有效提高产品品质。

(四)天然苋菜红

天然苋菜红(natural amaranth)有两种单体。一种是苋菜苷(amarathin),分子式为 $C_{30}H_{34}O_{19}N_2$,相对分子质量为 726;另一种是甜菜苷(betaine),分子式为 $C_{24}H_{26}O_{13}N_2$,相对分子质量为 550。天然苋菜红采用红苋菜(*amaranthus tricolor* L.)的可食用部分作为原料,经水提取、乙醇精制获得,产品呈紫红色膏状或者紫红色无定形粉末,很容易溶解于水和稀乙醇中,不溶于无水乙醇、石油醚等有机溶剂。对光、热的稳定性较差,应避免长时间加热。另外,铜、铁等金属离子影响其稳定性。当 pH 小于 7 时,该色素的溶液呈紫红色;当

pH 大于 9.0 时,其溶液由紫红色转变为黄色。《食品国家安全标准　食品添加剂使用标准》(GB 2760—2024)中规定:可用于果汁(味)饮料类、碳酸饮料、配制酒、糖果、果冻及山楂制品的天然苋菜红的最大使用量为 0.25 g/kg。

(五)紫胶红

紫胶红(shellac Red Colo,Laccaic Acid,Lac Dye Red)又称为虫胶红、虫胶色素,是紫胶虫(coceuscaueae)在蝶形花科黄檀属、梧桐科芒木属等寄生植物上分泌的紫胶原胶中的一种色素,经水提取及钙盐沉淀得到的蒽醌衍生物,是一种红紫或鲜红色粉末的动物色素。虫胶色素有水溶性和水不溶性两类。溶于水的该色素称为虫胶红酸,呈红色,微溶于水,易溶于碱性溶液,含有 A、B、C、D、E 五种组分,其色调受 pH 影响。当介质 pH 小于 4.0 时,其呈橙黄色;当 pH 为 4.0～5.0 时,其呈橙红色;当 pH 大于 6.0 时,其呈紫红色;在碱性环境中(pH>12.0)其易褐变。其易受金属离子的影响而氧化,因此应避免与金属离子(特别是铁离子)接触。为防止对蛋白质染色时发生褐变,需加入明矾、酒石酸钠和磷酸盐等稳定剂。其染色性随 pH 变化,越接近中性染色性越差;适用于偏酸性食品,最适用于不含蛋白质及淀粉的饮料、糖果、果冻类等,其使用量为 0.5～2.0 g/kg;用于饮料时,在调配的最后加入;对糖果着色时,先配成一定浓度的溶液,再加入糖浆中。在饮料中紫胶红的最大使用量为 0.5 g/kg。

(六)栀子黄

栀子黄(crocin,gardenia yellow)别名为藏花素及黄栀子,是从栀子中提取的一种黄色色素,该色素成分为类胡萝卜素中的藏花素,与藏红花中的藏花素相同。栀子黄分子式为 $C_{44}H_{64}O_{24}$,相对分子质量为 976.97,密度为 $(1.5\pm0.1)g/cm^3$。栀子黄色素易溶于水及乙醇等极性溶剂。其溶液为透明的黄色溶液,pH 对调色几乎无影响。栀子黄可用于果蔬汁(浆)类饮料、果汁(或果味)饮料及配制酒类产品,最大使用量为 0.3 g/kg。用于固体饮料时,其最大使用量为 1.5 g/kg。在食品加工中其直接着色不多,主要用于与天然的黄色素(如红花黄色素、栀子黄色素等)配伍,调配出不同色泽的绿色素。

(七)栀子蓝

栀子蓝(gardenia blue)又名栀子蓝色素,是以茜草科植物栀的果实为原料,提取出黄色素,再经食品酶解处理而得的天然着色剂。利用不同的加工工艺,可获得不同色调的蓝色素,颜色从天蓝色到海蓝色,还有耐酸性和不耐酸的品种,适合于不同的应用环境。该色素呈深蓝色粉末,易溶于水。其色调柔和、染色性好,易溶于水,对酸、碱、热、pH 和抗氧化剂等较为稳定。在自然界中天然的蓝色素很少有,栀子蓝色素是其中的一种。与合成的食用色素(亮蓝及靛蓝)相比,其安全性高。

栀子蓝可以与天然的黄色素(如栀子黄色素、红花黄色素等)配比,调配出不同色泽的绿色素,该色素比叶绿素的稳定性要好,耐酸性也较好,可用于偏酸性食品及饮料中。另外,栀子蓝色素还可与天然红色素配伍,调配出不同的紫色色调。栀子蓝色素是一种值得大力推广的食用天然色素。我国批准允许使用该食用天然色素,可用于果蔬汁(浆)类及其饮料、蛋白饮料、固体饮料及风味饮料(仅限果味饮料),最大使用量为 0.2 g/kg。

(八)β-胡萝卜素

β-胡萝卜素(Beta-carotene)是类胡萝卜素之一,也是橘黄色脂溶性色素。其分子式为

$C_{40}H_{56}$，相对分子质量为 536.89，密度为 1.000 g/cm^3，产品为紫红或暗红色的结晶性粉末。β-胡萝卜素是自然界中普遍存在且较为稳定的天然色素。其稀溶液呈橙黄色或黄色，随着其浓度增大，呈现橙色。β-胡萝卜素不溶于水，微溶于乙醇，熔点为 176～180 ℃。其主要来源于颜色较为艳丽的绿色植物（西兰花、绿茶）和黄色、橘黄色的水果（如芒果）等天然食物。β-胡萝卜素较为适合在油性及蛋白质类产品中添加，可用于蛋白饮料、人造奶油、肉制品、人造肉及面制品等产品的调色。另外，经过微胶囊化处理后，β-胡萝卜素的水溶性得到显著改善，可添加到水溶性饮料等食品中。在风味发酵乳、植物饮料、调制乳、水果罐头及果酱等产品中最大使用量为 1.0 g/kg。在蛋白饮料、果蔬汁（浆）类饮料、碳酸饮料、风味饮料及特殊用途饮料等产品中，其最大使用量为 2.0 g/kg。

(九)红花黄色素

红花黄色素(caethamins yellow)又称为红花黄，是从我国重要的中草药——红花中提取出来的，其主要成分是红花黄 A、红花黄 B 及氧化物。该色素为黄色或棕黄色粉末，熔点为 230 ℃，易溶于水、稀乙醇、稀丙二醇。在 pH 为 2～7 的溶液中，其呈黄色，且不变色；在碱性溶液中，其呈黄橙色。其耐光性好，耐热性稍差。光照或日晒对该色素有一定的影响，但不受紫外光的影响。铁、钙、镁、锌、铝及铅等离子对其颜色影响较大，导致其颜色变暗。红花黄色素可用于饮料、酒类及保健食品的着色，也可作为婴幼儿和老年保健食品的着色。红花黄色素可用于果味型饮料、果汁型饮料、汽水、配制酒、糖果、糕点、果酱、水果罐头、浓缩果汁、冷饮、蜜饯、果冻、菜肴及烹调食品，其最大使用量为 0.2 g/kg。

(十)辣椒红色素

辣椒红色素(paprika red,capsanthin)别名为辣椒红，是一种存在于红辣椒中的四萜类橙红色色素。其中，极性较大的组分主要是辣椒红素、辣椒玉红素，占总量的 50%～60%；极性较小的黄色组分主要成分是 β-辣椒素类物质，该物质是一种混合物。目前，已鉴定出 19 种成分，其中辣椒素、二氢辣椒素等 5 种组分的含量最高。这 5 种化合物中又以辣椒素（占总量的 69%）、二氢辣椒素（占总量的 22%）含量高。该色素不溶于水，溶于乙醇及油脂，为有光泽的深红色针状结晶。其色泽鲜艳，着色力强，色泽稳定，广泛应用于饮料、水产品、肉类、糕点、色拉及罐头食品的着色。在果蔬汁（浆）类饮料、蛋白饮料、果冻的生产中，可按生产需要适量使用。

(十一)番茄红素

番茄红素(lycopene)又名番茄素，又称 ψ-胡萝卜素，属于异戊二烯类化合物，是类胡萝卜素中的一种。因最早从番茄中分离制得，故称番茄红素。其分子式为 $C_{40}H_{56}$，相对分子质量为 536.438，密度为 0.94 g/cm^3，是一种天然的红色开链烃类胡萝卜素，纯品为暗红色细粉末或油状物，是一种脂溶性天然色素，其呈色范围为黄色～红色。其化学结构是由 11 个共轭双键和 2 个非共轭双键组成的直链型碳氢化合物。目前，番茄红素的制备主要通过植物提取、化学合成及微生物发酵 3 种途径。番茄红素不仅是一种功能性天然色素，还是一种天然抗氧化剂，具有保护皮肤、保护心脑血管及提高免疫力等功能，广泛应用于饮料、食品、保健品及化妆品等领域。《食品安全国家标准 食品添加剂使用标准》(GB 2760—2024)规定，在风味发酵乳及调味乳等饮料中其最大使用量为 0.015 g/kg。

四、食用合成色素举例

我国允许使用的食用合成色素（food synthetic colour）有苋菜红、胭脂红、赤藓红、诱惑红、新红、日落黄、柠檬黄、亮蓝、靛蓝、酸性红、氧化铁黑（红）、叶绿素铜钠盐和二氧化钛等。

（一）苋菜红

苋菜红（amaranth）又称鸡冠紫红、蓝光酸性红、食用色素红色 2 号，3-羟基-4-(4-偶氮萘磺酸)2,7-萘二磺酸三钠盐，分子式为 $C_{20}H_{11}N_2Na_3O_{10}S_3$，相对分子质量为 604.47，密度为 $1.5\ g/cm^3$，是合成色素中的一种，它是红褐色或暗红褐色的均匀粉末或颗粒，无臭，微溶于水，溶液呈玫瑰红色。该色素是由 1-萘胺-4-磺酸钠经重氮化后与 2-萘酚-3,6-二磺酸钠偶合而制得的。苋菜红耐光、耐热、耐酸，适用于生产樱桃及草莓冷饮。《食品安全国家标准　食品添加剂使用标准》(GB 2760—2024)规定：苋菜红可用于果味水、果味粉、浓缩果汁、果子露、汽水、配制酒、糖果、罐头及青梅等产品的着色，其最大使用量为 0.025 g/kg。2017 年，苋菜红是世界卫生组织国际癌症研究机构公布的致癌物之一。

（二）胭脂红

胭脂红（ponceau 4R，carmine）别名为食用红色 7 号、亮猩红、丽春红 4R 及大红，是水溶液偶氮类着色剂。其化学名称为 1-(4'-磺酸基-1'-萘偶氮)-2-萘酚-6,8-二磺酸三钠盐，分子式为 $C_{20}H_{11}O_{10}N_2S_3Na_3$，相对分子质量 492.39，密度为 $(1.3\pm0.1)g/cm^3$，是苋菜红的异构体。该色素为红色至深红色颗粒或粉末，无臭。其易溶于水及甘油，微溶于酒精；耐光及耐酸性较好，有较强的耐热性，耐还原性差。《食品安全国家标准　食品添加剂使用标准》(GB 2760—2024)规定：在含乳饮料、碳酸饮料、风味饮料（仅限果味饮料）中其最大使用量为 0.05 g/kg，在植物蛋白饮料中其最大使用量为 0.025 g/kg。

（三）赤藓红

赤藓红（erythrosine）别名为樱桃红、食品色素 3 号，分子式为 $C_{20}H_6I_4Na_2O_5 \cdot H_2O$，相对分子质量为 897.88。该色素为红色或红褐色颗粒或粉末，易溶于水，色泽较为鲜艳，着色力及稳定性较好。对热、氧化剂及还原剂的耐受性好，耐光性差。当 pH<4.5 时，形成不溶性黄棕色沉淀；在碱性条件下，产生红色沉淀。根据《食品安全国家标准　食品添加剂使用标准》(GB 2760—2024)规定：在含乳饮料、碳酸饮料、风味饮料（仅限果味饮料）中其最大使用量为 0.05 g/kg。

（四）柠檬黄

柠檬黄（tartrazine，lemon yellow）又称为酸性淡黄、酒石黄、肼黄，化学名称为 1-(4-磺酸苯基)-4-(4-磺酸苯基偶氮)-5-吡唑啉酮-3-羧酸三钠盐，是合成色素，其分子式为 $C_{16}H_9N_4O_9S_2Na_3$，相对分子质量为 491.408，密度为 $1.93\ g/cm^3$，呈橙黄至橙色粉末或颗粒，无臭，易溶于水，溶液呈黄色，耐光、热及酸。在风味发酵乳、冷冻饮品及调制炼乳中其最大使用量为 0.05 g/kg。柠檬黄可导致儿童智力下降，引起过敏、焦虑、偏头痛、抑郁症及腹泻等症状，对肾脏及肝脏有一定的伤害。

（五）靛蓝

靛蓝（indigotine）的分子式为 $C_{16}H_{10}N_2O_2$，相对分子质量为 262.263，密度为 $1.01\ g/cm^3$，

是深紫蓝色至深紫褐色的均匀粉末,无臭,溶于水,水溶液呈深蓝色,对光、酸、碱敏感,但着色力好。靛蓝主要作配色用,在果蔬汁饮料、碳酸饮料、风味饮料(仅限果味饮料)及配制酒中,其最大使用量为 0.1 g/kg。靛蓝与柠檬黄能够调制成绿色。

(六)叶绿素铜钠盐

叶绿素铜钠盐(chlorophyllin,chlorophyllin sodium copper salt)又称为铜叶绿素钠盐,是一种较为稳定的金属卟啉类色素,是由绿色植物细胞中的叶绿素转化而来,并通过一定工艺加工制成的干燥粉末,主要成分是叶绿素铜二钠、叶绿素铜三钠。其颜色为绿色至墨绿色,无臭或略臭,易溶于水,水溶液呈透明的绿色,其着色力强,色泽亮丽,其最大使用量为 0.5 g/kg。可从菠菜、桑叶及麦苗等植物原料中,用丙酮或乙醇提取叶绿素,再添加适量硫酸铜,叶绿素卟啉环中的镁原子被铜置换即生成叶绿素铜钠盐。该色素具有天然绿色植物的色调,着色力强,对光、热稳定性稍差,钙离子存在时则有沉淀析出。在固体食品中稳定性较好,在 pH>6 条件下产生沉淀,比较适用于中性或碱性(pH 为 7~12)食品。在饮料类中,其最大使用量为 0.5 g/kg;果蔬汁(浆)类饮料按生产需要适量使用。

(七)亮蓝

亮蓝(brilliant blue)又名食用蓝色 2 号,属水溶性非偶氮类合成色素。它的分子式为 $C_{37}H_{34}N_2Na_2O_9S_3$,相对分子质量为 792.84,密度为 1.417 g/cm³。亮蓝为有金属光泽的深紫色至青铜色颗粒或粉末,易溶于水,溶于有机溶剂。其耐光、耐热、耐酸及耐盐性较好。《食品安全国家标准 食品添加剂使用标准》(GB 2760—2024)规定:在果蔬汁(浆)类饮料、含乳饮料、碳酸饮料、风味饮料(仅限果味饮料)中,其最大使用量为 0.025 g/kg;在固体饮料中,其最大使用量为 0.2 g/kg。

五、关于色素的使用与色调配制

合成色素较天然色素色彩鲜艳;着色力好,牢度强;可以任意调色;质量稳定,价格低。由于合成色素的安全性问题,其使用品种数逐渐减少,但国家批准使用的合成色素的安全性都是很高的。天然色素来自天然物,其色素含量和稳定性不如合成色素,但其安全性高,因此发展很快。

无论是天然色素还是合成色素,同一种色素在不同溶剂中的色泽是不同的。在使用红曲色素粉时,若用水作溶剂而不是用酒精作溶剂,则生产出的草莓饮料不是淡红色而是橙黄色,不符合品种要求。

色素在使用前,尤其是在试制新产品时,都要先配成 10%~15% 的浓度后再用。色素的添加量一定要严格按照《食品安全国家标准 食品添加剂使用标准》(GB 2760—2024)执行。

调色时,要按照水果本身的色泽来选择色素,宜淡不宜浓,如成熟草莓的色泽是鲜艳的红色,但草莓饮料的颜色则要求淡雅些,以淡红色为佳。另外,红色是暖色调,在炎热的夏、秋两季,红色过浓的饮料总给人更热的感觉。青梅饮料的颜色以绿色为好,并且绿色可以稍浓些,因为绿色是冷色。橘子冷饮的色泽应以当地消费者喜爱的橘子品种为准,假定人们爱吃黄岩橘子,那么橘子冷饮的色泽以黄岩橘子的橙黄色为佳。橙黄色泽在色素中很难找到,可通过调配制得,即用几种色素进行拼配。

在调配时,第一次使用的色泽为基本色,第二次使用的由红、黄、蓝调制出的橙、绿与紫色称为复合色(二次色),第三次使用的由橙、绿、紫调制出的橄榄、暗灰与棕褐色则称为再复合色(三次色)(图 3-1)。

在生产可可饮料时,若用 0.5%可可粉,可加 0.053%焦糖;若生产的是咖啡饮料,在使用咖啡汁或速溶咖啡时也应适量加些焦糖。使用焦糖的目的是增加上述两种产品的棕褐色泽。

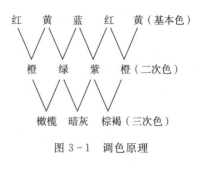

图 3-1　调色原理

第六节　防腐剂

防腐剂(antiseptics,preservative)是能抑制微生物活动,防止食品腐败变质的一类食品添加剂。要使食品有一定的保藏期,就必须采用一定的措施来防止微生物的污染和繁殖。采用防腐剂是达到上述目的较为经济、有效和简捷的方法之一。常用的防腐剂有苯甲酸、苯甲酸钠、山梨酸、山梨酸钾、丙酸钙、乳酸链球菌素、纳他霉素、聚赖氨酸等 25 种。

一、山梨酸及其盐类

山梨酸及其盐类(sorbic acid,potassium sorbate)是白色结晶性粉末或微黄色结晶性粉末或鳞片状固体。山梨酸钾为酸性防腐剂,对细菌、霉菌、酵母菌均有抑制作用,具有较高的抗菌性能,能抑制霉菌的生长繁殖,其主要是通过抑制微生物体内的脱氢酶系统,从而抑制微生物和起到防腐的作用。防腐效果明显高于苯甲酸类,是苯甲酸盐的 5~10 倍,产品毒性低。其防腐效果随 pH 的升高而减弱:当 pH 为 3 时,防腐效果最佳;当 pH 达到 6 时,仍有抑菌能力,但最低浓度不能低于 0.2%。

山梨酸及其盐类主要分为山梨酸、山梨酸钾和山梨酸钙三类。山梨酸不溶于水,使用时须先将其溶于乙醇或硫酸氢钾中,使用时不方便且有刺激性,故一般不常用。联合国粮食及农业组织(Food and Agriculture Organization of the United Nations,FAO)/世界卫生组织规定山梨酸钙的使用范围小,所以也不常使用;山梨酸钾易溶于水,使用范围广,经常用于饮料、果脯及罐头等食品。山梨酸、山梨酸钾和山梨酸钙三者的作用机理相同,是一种相对安全的食品防腐剂;可用于酱油、醋、面酱类、果酱类、酱菜类、罐头类和一些酒类等食品。在饮料类产品、乳酸菌饮料及浓缩果蔬汁(浆)中其最大使用量分别为 0.5、1.0 及 2.0 g/kg。

二、尼泊金酯类

尼泊金酯类(parabens)又称为对羟基苯甲酸酯类,产品有对羟基苯甲酸甲酯、乙酯、丙酯、丁酯等。其中,对羟基苯甲酸丁酯防腐效果最好,是一种广谱型防腐剂。我国主要使用对羟基苯甲酸乙酯和丙酯。其防腐机理是破坏微生物的细胞膜,使细胞内的蛋白质变性,并抑制细胞呼吸酶系活性。其抗菌活性成分主要是分子态在起作用,由于其分子内的羟基已被酯化,不再电离,当 pH 为 8 时仍有 60%的分子存在。因此,当 pH 为 4~8 时,尼泊金酯均有良好的效果,不随 pH 的变化而变化,性能稳定且毒性低于苯甲酸。由于其难溶于水,使用时应先溶于乙醇中。为更好地发挥防腐剂的作用,最好将两种以上的该酯类混合使用。

三、苯甲酸及其盐类

苯甲酸及其盐类(benzoic acid,sodium benzoate)有苯甲酸和苯甲酸钠两类,是白色颗粒或结晶粉末,无臭或略带安息香的气味。其防腐最佳 pH 为 2.5～4.0;当 pH 为 5.0 以上时,防腐效果不理想。因为其安全性只相当于山梨酸钾的 1/40,日本已全面取缔其在食品中的应用。苯甲酸又称为安息香酸,故苯甲酸钠又称安息香酸钠。苯甲酸在常温下难溶于水,在空气(特别是热空气)中微挥发,有吸湿性,常温下溶解度大约为 0.34 g/100 mL,但溶于热水,也溶于乙醇、氯仿和非挥发性油。苯甲酸和苯甲酸钠的性状和防腐性能都差不多。苯甲酸钠大多数为白色颗粒,无臭或微带安息香气味,味微甜,有收敛性;易溶于水,常温下溶解度为 53.0 g/100 mL 左右,pH 为 8 左右;苯甲酸钠是酸性防腐剂,在碱性介质中无杀菌和抑菌作用;其防腐最佳 pH 为 2.5～4.0,当 pH 为 5.0 时,5％的溶液防腐效果也不是很好。苯甲酸钠亲油性较大,易穿透细胞膜进入细胞体内,干扰细胞膜的通透性,抑制细胞膜对氨基酸的吸收;进入细胞体内电离酸化细胞内的碱储(血浆 $NaHCO_3$),并抑制细胞的呼吸酶系的活性,阻止乙酰辅酶 A 缩合反应,从而达到食品防腐的目的。

四、脱氢乙酸钠

脱氢乙酸钠(sodium dehydroacetate)又名脱氢醋酸钠,分子式为 $C_8H_8NaO_4$,相对分子质量为 191.135 9,呈白色结晶性粉末,无毒、无臭,易溶于水、甘油及丙二醇。脱氢乙酸钠具有广谱的抗菌能力,对霉菌和酵母菌的抗菌能力尤强,一般用量为 0.03％～0.05％。其作用机理是有效渗透到细胞内,抑制微生物呼吸作用,从而达到防腐及防霉等保鲜作用。《食品安全国家标准　食品添加剂使用标准》(GB 2760—2024)规定:在果蔬汁(浆)类饮料中,其最大使用量为 0.3 g/kg。

五、生物防腐剂

生物防腐剂(biological preservatives)指通过生物培养、提取和分离技术获得的、具有抑制和杀灭微生物作用的一类高效防腐剂,常用的有乳酸链球菌素、纳他霉素、聚赖氨酸等。

(一)乳酸链球菌素

乳酸链球菌素(nisin)也称为乳酸链球菌肽或音译为尼辛,是乳酸链球菌产生的一种多肽物质,由 34 个氨基酸残基组成,相对分子质量约为 3500,可作为营养物质被人体吸收利用。乳酸链球菌素可抑制大多数革兰氏阳性球菌,并对芽孢杆菌的孢子有强烈的抑制作用,因此被广泛应用于食品中。该物质被食用后,在人体的生理 pH 条件和 α-胰凝乳蛋白酶作用下,很快水解成氨基酸,不会改变人体肠道内正常菌群,也不产生其他抗生素所出现的抗性问题,更不会与其他抗生素产生交叉抗性,是一种高效、安全、无毒、无副作用的天然食品防腐剂。乳酸链球菌素是一种浅棕色固体粉末,使用时需溶于水或液体中。

1969 年,联合国粮食及农业组织/世界卫生组织食品添加剂联合专家委员会确认乳酸链球菌素可作为食品防腐剂。1992 年 3 月原卫生部批准实施的文件指出:"可以科学地认为乳酸链球菌素作为食品保藏剂是安全的。"它能有效抑制引起食品腐败的许多革兰氏阳性细菌,如肉毒梭菌、金黄色葡萄球菌、李斯特菌、溶血性链球菌、嗜热脂肪芽孢杆菌、乳杆菌、明串珠菌、小球菌及葡萄球菌的生长和繁殖。其尤其是对产生孢子的革兰氏阳性细菌,如芽孢杆菌及梭状芽孢杆菌,特别有效。乳酸链球菌素的抗菌作用机理是通过干扰细胞膜的正常功能,造成细胞膜的渗透、养分流失和膜电位下降,从而导致致病菌和腐败菌细胞的死亡。它是一种无毒的天然防腐剂,对食品的色、香、味等不产生影响,现已广泛应用于乳品、罐头食品、鱼类制品和含酒精饮料中。《食品安全国家标准　食品添加剂使用标准》(GB 2760—2024)规定:在饮料类产品中其最大使用量为 0.2 g/kg。

(二)纳他霉素

纳他霉素(natamycin)是由纳他链霉菌受控发酵制得的天然抗真菌化合物,属于多烯大环内酯类物质,是白色至乳白色的无臭、无味的结晶粉末。分子式为 $C_{33}H_{47}NO_{13}$,相对分子质量为 665.73,密度为 1.39 g/cm^3。熔点为 280 ℃,微溶于水,难溶于大部分有机溶剂。室温下在水中的溶解度为 30～100 mg/L。当 pH 低于 3 或高于 9 时,其溶解度会提高,但会降低其稳定性。纳他霉素可有效地抑制霉菌及酵母菌的生长,也能抑制真菌毒素的产生,已广泛用于食品的防腐及保鲜,是一种无臭、无味、低剂量且安全性高的食品防腐剂。

纳他霉素通过其内酯环结构与真菌细胞膜上的甾醇化合物作用,形成抗生素-甾醇化合物,从而破坏真菌的细胞质膜的结构。大环内酯的亲水部分(多醇部分)在膜上形成水孔,损伤细胞膜通透性,进而引起菌内氨基酸及电解质等物质渗出,导致菌体死亡。当某些微生物细胞膜上不存在甾醇化合物时,纳他霉素就对其无作用。因此,纳他霉素只对真菌产生抑制,对细菌和病毒不产生抗菌活性,不影响奶酪、酸奶、生火腿及发酵肠的自然成熟过程。

《食品安全国家标准　食品添加剂使用标准》(GB 2760—2024)规定,纳他霉素的适用范围和用量:乳酪、肉制品、肉汤、西式火腿、广式月饼、糕点表面等,用 200～300 mg/kg 悬浮液喷雾或浸泡,残留量应小于 10 mg/kg;在果蔬汁(浆)类饮料中其最大使用量为 0.3 g/kg。

(三)聚赖氨酸

聚赖氨酸(polylysine)又称 ε-多聚赖氨酸(ε-PL),是一种具有抑菌功效的多肽。ε-PL 纯品为淡黄色粉末,略带苦味,吸湿性强,溶于水,微溶于乙醇,但不溶于乙醚、乙酸乙酯等有机溶剂。其具有很高的稳定性,不受 pH 影响。对热稳定(120 ℃,20 min),能抑制耐热菌,故加入后可热处理。但遇酸性多糖类、盐酸盐类、磷酸盐类、铜离子等后可能因结合而使活性降低。与柠檬酸、苹果酸、甘氨酸、高级脂肪甘油酯等合用,有增效作用。相对分子质量为 3 600～4 300 的聚赖氨酸抑菌活性最好,当相对分子质量低于 1 300 时,其失去抑菌活性。

聚赖氨酸作用于细胞壁和细胞膜系统、遗传物质或遗传微粒结构、酶或功能蛋白。其机理主要是破坏微生物的细胞膜结构,引起细胞的物质、能量和信息传递中断,最终导致细胞死亡。在日本,聚赖氨酸已被批准作为食品防腐剂,广泛用于方便米饭、湿熟面条、熟菜、海产品、酱油、酱类、鱼片和饼干的保鲜防腐中。另外,聚赖氨酸和其他天然抑菌剂配合使用,有明显的协同增效作用,可以提高其抑菌能力。《食品安全国家标准　食品添加剂使用标准》(GB 2760—2024)规定:在果蔬汁(浆)类饮料中,其最大使用量为 0.2 g/kg。

第七节　乳化剂

乳化剂(emulsifier)是一种分子中具有亲水基和亲油基,并易在水与油的界面处形成吸附层的表面活性剂。乳化剂分为油包水型(W/O)和水包油型(O/W)。饮料中常用的乳化剂包括单及双甘油脂肪酸酯、蔗糖脂肪酸酯、吐温和司盘等。

　　饮料生产使用乳化剂时,宜选亲水亲油平衡值(HLB 值)为 3.5~6.0 与 13.0~15.0 的乳化剂。乳化剂主要用于含油蛋白饮料,可使油脂的乳化效果更好,使饮料洁白,口感细腻。乳化剂用于冰激凌生产时,有利于料液中的各种成分混合均匀,有利于空气的充入和泡沫的稳定,使制品产生微小的气泡和微小冰晶,提高制品的膨胀率和热稳定性,也就是增强其抗融性和抗收缩性,使制品保形性好。

一、单硬脂酸甘油酯

　　单硬脂酸甘油酯(glyceryl monostearate,GMS)是将 C16~C18 长链脂肪酸与丙三醇进行酯化反应,而制得的一种非离子型表面活性剂。其分子式为 $C_{21}H_{42}O_4$,相对分子质量为 358.56,密度为 0.958 g/cm³。单硬脂酸甘油酯为微黄色蜡状固体,不溶于水,与热水强烈振荡混合后可乳化分散于水中,能溶于热的乙醇溶液中。其使用可按生产需要适量添加,最好与蔗糖脂肪酸酯一起使用,比例为 1:1。其具有亲水及亲油基因,具有润湿、乳化、起泡等多种功能,可作为消泡剂、分散剂、增稠剂及湿润剂等在食品中使用。

二、蔗糖脂肪酸酯

　　蔗糖脂肪酸酯(sucrose esters of fatty acids,sucroesters)别名为 B-D-呋喃果糖基-A-D-吡喃葡糖苷十八酸酯、蔗糖硬脂酸酯。蔗糖脂肪酸酯由高亲水性的蔗糖和高亲油性的脂肪酸经酯化反应制得,色泽为白至淡黄色,呈干燥粉末状或无色至微黄色的黏稠液体,味无臭或微臭。蔗糖脂肪酸酯最好与单硬脂酸甘油酯一起使用,比例为 1:1,其添加量为油脂量的 1%~10%。此外,用于饮料中的乳化剂还有三聚甘油单硬脂酸酯(最大用量为 3 g/kg)、山梨醇酐单硬脂酸酯(用量为 0.2%~0.3%)、酪蛋白酸钠(最大用量为 0.3%)、六聚甘油单硬脂酸酯(最大用量为 10 g/kg)等。

第八节　增稠剂

　　增稠剂(thickener)又称为胶凝剂,是一种能增加食品黏度的物质。增稠剂可以提高体系的黏度,使体系保持相对稳定的悬浮或乳浊状态,或者形成凝胶。增稠剂大多数还具有乳化作用。增稠剂可分为天然和合成两大类。天然增稠剂大多数从植物和海藻类中提取,是一种含多糖类的黏性物质,如淀粉、阿拉伯胶、明胶(gelatin)、果胶(pectin)、琼脂、海藻酸钠(sodium alginate)、角叉胶、黄原胶、卡拉胶、β-环状糊精、微晶纤维素(microcrystalline cellulose,MCC)等;合成品有羧甲基纤维素钠(sodium carboxy methyl cellulose)、甲基纤维素、变性淀粉、藻蛋白酸钠等。下面列举其中几种,具体如下。

一、明胶

　　明胶是将猪、牛、羊等动物的骨和皮的胶原,经部分水解后得到的高分子多肽高聚物。明胶的化学组成中,蛋白质占 82% 以上,除缺乏色氨酸外,含有组成蛋白质的全部氨基酸,是良好的营养品。明胶的分子量为 10~70 kDa,为白色或淡黄色,半透明,为微带光泽的薄片或者细粒,有特殊异味。明胶不溶于冷水,但遇水后会缓慢吸水膨胀软化,能吸收本身质量 5~10 倍的水。明胶能够溶解在热水中,溶液冷却后即凝结成胶状,其不溶于乙醇等有机溶剂,但溶于醋酸及甘油。明胶作为一种增稠剂广泛应用于食品中,如果冻、软糖、冰激凌、饮料、肉制品、酸奶、冷冻食品等。

明胶溶液的黏度,主要因分子量分布不同而异,凝胶强度还受到 pH、温度、电解质等因素的影响。明胶具有很强的保护胶体的作用,可用作疏水胶体的稳定剂、乳化剂。明胶是一种两性电解质,在水溶液中可将带电的微粒凝集成块,明胶因这种特性可作为酒类、果汁的澄清剂。长时间煮沸明胶溶液,或在强酸、强碱条件下加热,明胶水解速度加快、加深,导致胶凝强度下降,甚至不能形成凝胶。

在配料过程中,可多次将明胶洒在料液上面,搅拌均匀;也可以配制浓度约为 2.5% 的溶液,将明胶加入 90~95 ℃ 的热水中,不断搅拌使其全部溶解;也可将明胶浸入 40~50 ℃温水中,待它软化后,配成 4%~5% 的溶液;或者与液态物料混合后,用胶体磨研磨 1~2 次。

二、果胶

果胶是羟基被不同程度甲酯化的聚半乳糖醛酸和聚 L-鼠李糖半乳糖醛酸。果胶是一种含有成百上千个结构单元的多糖,分子量为 50~180 kDa,D-半乳糖醛酸残基是其分子链的结构单元。果胶为白色至淡黄褐色的粉末,无固定熔点和溶解度,相对密度约为 0.7,溶于 20 倍的水中成黏稠状液体,不溶于乙醇及其他有机溶剂。果胶与 3 倍及以上的砂糖混合后,更易溶于水,在酸性溶液中比在碱性溶液中稳定。该溶胶的等电点为 3.5。

果胶可用柠檬、柑橘、酸橙等水果皮及苹果皮制得。甲氧基高于 7% 的果胶称为高甲氧基果胶,低于 7% 的果胶为低甲氧基果胶。甲氧基含量越高,果胶的凝胶能力越强。果胶是在肠内不易被分解的多糖类,其对高血压、高胆固醇、便秘疾病有预防和治疗作用。

将果胶加入果汁饮料中,可使果汁饮料更具有天然的感觉;加入冰激凌料液中,可使冰激凌润滑,没有砂质感。果胶可在各类食品中按生产需要适量使用。

三、羧甲基纤维素钠

羧甲基纤维素钠又称 CMC-Na,是葡萄糖聚合度为 100~2 000 的纤维素衍生物,密度为 1.6 g/cm³。羧甲基纤维素钠是饮料中常用的一种增稠剂,呈白色纤维状或颗粒状粉末,无臭,无味,有吸湿性,不溶于有机溶剂,易溶于水中而变成黏稠性溶液。用热水溶解 CMC-Na 可使其溶解速度明显加快,不影响溶液的黏度。CMC-Na 可使饮料、冰激凌及乳制品组织细腻、增稠、稳定,其与其他稳定剂(如明胶)搭配使用,有较好的协同作用。CMC-Na 可在各类食品中按生产需要适量使用。

四、海藻酸钠

海藻酸钠别称为褐藻胶、褐藻酸钠、海带胶等,是从海草(藻)中提取得到的一种天然多糖,分子式为 $(C_6H_7NaO_6)_x$,分子量为 32~200 kDa,密度为 1.6 g/cm³,为白色或淡黄色粉末,几乎无臭无味。海藻酸钠微溶于水,不溶于大部分有机溶剂,不溶于 pH<3 的稀酸。其 1% 水溶液的 pH 为 6~8;黏性在 pH 为 6~9 时稳定,加热至 80 ℃ 以上时黏性降低;水溶液久置,也缓慢分解,其黏度降低。在果蔬汁(浆)类饮料等产品中应按照实际需要添加。

五、海藻酸丙二醇酯

海藻酸丙二醇酯(Propylene Glycol Alginate)简称 PGA,分子式为 $C_4H_6O_3$,相对分子质量为 102.09,是一种白色至黄白色粉末,粉末较粗或微细,基本无味或略具芳香味。PGA 易溶于热水,在冷水中溶解缓慢。若制备含 PGA 1% 的溶液,在 50 ℃ 水中其溶解时间为 4 min,而在 30 ℃ 水中的溶解时间为 9 min。PGA 的黏度高,4% 浓度的 PGA 溶液黏度达 37 Pa·s。PGA 的乳化性能好,用于饮料、冰激凌及乳制品中可增加料液的稠度,使冰激凌口感润滑、组织细腻。该添加剂是一种常用的安全、无毒的食品添加剂,其最大使用量为 1.0 g/kg。《食品安全国家标准 食品添加剂使用标准》(GB 2760—2024)规定:在啤酒和麦芽饮料、果蔬汁(浆)类饮料及咖啡(类)饮料、含乳饮料、植物蛋白饮料中,其最大使用量分别为 0.3、3、4 及 5 g/kg。

六、黄原胶

黄原胶(xanthan gum)又称为汉生胶、黄胶,是黄单胞杆菌以碳水化合物为主要原料,经过发酵生产的一种作用范围较广的微生物胞外杂多糖。其是由 D-葡萄糖、D-甘露糖和 D-葡糖醛酸按 2∶2∶1 组成的多糖类高分子化合物,分子量在 100 万以上。黄原胶为浅黄色至白色流动性较好的粉末,稍带臭味。其易溶于冷水及热水中,不溶于乙醇,耐冻结和解冻。化学性质稳定,不受温度(-18～90℃)波动的影响,使产品具有热和冰融稳定性。对酸、碱较为稳定,pH 为 5～10 时,黏度不受影响。黄原胶的亲水性强,如果在使用时没有完全溶解,就会在水中分散不均,有粒、团现象出现,从而形成水包层,影响了黄原胶的继续溶解,进而影响到其使用效果。如果配料时使用黄原胶粉料,也可以通过胶体磨将物料匀浆 1～2 次,使黄原胶均匀分散至溶液中。黄原胶可在各类食品中按生产需要适量使用。

七、卡拉胶

卡拉胶(carrageenan)又称为麒麟菜胶、鹿角菜胶、石花菜胶及角叉菜胶,是从麒麟菜、石花菜及鹿角菜等红藻类海草中提炼出来的亲水性胶体。其化学结构是由半乳糖和脱水半乳糖所组成的多糖类硫酸酯的钾、钠、钙及铵盐。其由硫酸基化或非硫酸基化的半乳糖及 3,6-脱水半乳糖通过 $\alpha-1,3$ 糖苷键及 $\beta-1,4$ 键交替连接而成,并且在 1,3 连接的 D 半乳糖单位 C4 上带有 1 个硫酸基,分子量在 20 万以上。产品为白色或浅褐色颗粒或粉末,无臭或微臭。其溶于约 80 ℃ 水,形成有黏性、透明或轻微乳白色的易流动溶液。由于其中硫酸酯结合形态不同,卡拉胶可分为 K、I 及 L 等 7 种主要类型。卡拉胶能够增加产品的溶解性、胶凝性及增稠性,在食品工业中其常作为增稠剂、胶凝剂、乳化剂和稳定剂。在果蔬汁(浆)类饮料等食品的生产中,应按生产需要适量使用。

八、β-环状糊精

β-环状糊精(beta-cyclodextrin)又称为环麦芽七糖、环七糊精,简称 β-CD,是由淀粉经微生物酶作用后提取制成的由 7 个葡萄糖残基以 $\beta-1,4-$糖苷键结合构成的环状物,其化学式为 $C_{42}H_{70}O_{35} \cdot xH_2O$,分子量为 1 135 Da,密度为 1.6 ± 0.1 g/cm³。产品为白色或结晶固体或粉末;溶于水,难溶于乙醇等溶剂。其可包埋多种成分,增加产品的稳定性、溶解性、缓释性、乳化性、抗氧化性等,并具有掩盖异味等作用。对于含油量高的饮料,如咖啡饮料、冰激凌及其他乳化食品等,添加 β-CD 可使产品保持长期稳定的乳状状态。若与食品乳化剂配合使用,乳化效果更佳。在果蔬汁(浆)类饮料、植物蛋白饮料、复合蛋白饮料、其他蛋白饮料、碳酸饮料、茶、咖啡、植物(类)饮料及特殊用途等饮料中,其最大使用量为0.5 g/kg。

九、阿拉伯胶

阿拉伯胶(gum arabic 或 acacia gum),也称为阿拉伯树胶,产于非洲撒哈拉沙漠以南的半沙漠带的阿拉伯胶树(学名为 acacia senegal、acacia seyal),是阿拉伯半乳糖寡糖、多聚糖和蛋白糖的混合物,分子量为 220～300 kDa,呈淡黄色的块状或为白色粉末。该胶体作为天然乳化剂、增稠剂、悬浮剂及胶黏剂,在饮料、糖果等食品中被广泛应用。

十、微晶纤维素

微晶纤维素是一种纯化的、部分解聚的纤维素,主要成分为以 β-1,4-葡萄糖苷键结合的直链式多糖类物质。其分子的聚合度为3 000～10 000个葡萄糖单元,产品呈白色结晶粉末,密度为 1.27～1.60 g/mL(20 ℃),无臭,无味,不溶于水、稀酸、有机溶剂及油脂等,其流动性强,可分散在水中。在一般植物纤维中,微晶纤维素约占 70%,其余的为无定形纤维素,经过物理或化学方式(如酸水解)去除无定形纤维素后,剩余的即微小、耐酸的结晶纤维素。微晶纤维素作为一种食用纤维和食品添加剂,在饮料、乳制品、冷冻食品及肉制品等中得到广泛应用。

第九节　抗氧化剂

抗氧化剂(antioxidant)是指能防止或延缓食品氧化,提高食品的稳定性和延长贮存期的食品添加剂。正确使用抗氧化剂不仅可以延长食品的储存期、货架期,给生产者带来良好的经济效益,还可以保证食品的安全性。

抗氧化剂按照作用方式可分为自由基清除剂、金属离子螯合剂、氧清除剂、过氧化物分解剂、酶抗氧化剂、紫外线吸收剂或单线态氧淬灭剂等。

抗氧化剂按来源可分为人工合成抗氧化剂和天然抗氧化剂,其中人工合成抗氧化剂包括丁基羟基茴香醚(BHA)、二丁基羟基甲苯(BHT)、没食子酸丙酯(PG)等;天然抗氧化剂包括抗坏血酸、茶多酚(Tea Polyphenols,TP)、生育酚(Tocopherol)、黄酮类(Flavonoids)、植酸、β-胡萝卜素、维生素 E 等。

抗氧化剂按溶解性可分为油溶性、水溶性和兼溶性三类。油溶性抗氧化剂有 BHA、TBHQ(特丁基对苯二酚)、BHT 等,水溶性抗氧化剂有抗坏血酸、茶多酚等,兼溶性抗氧化剂有抗坏血酸棕榈酸酯等。

下面介绍几种抗氧化剂。

一、抗坏血酸

抗坏血酸(或称维生素 C)是植物和动物体内的单糖氧化-还原催化剂。维生素 C 是一种有还原性的氧化还原催化剂,可中和诸如过氧化氢这类的活性氧物质。维生素 C 除了有直接的抗氧化效果外,还是还原酶抗坏血酸过氧化物酶(ascorbate peroxidase)的底物,这种酶对植物的抗逆性有特别重要的作用。

二、维生素 E

维生素 E 是由生育酚和生育三烯酚构成的 8 种相关化合物的统称,是一类具有抗氧化功能的脂溶性维生素。在这类化合物中,因为人体优先吸收和代谢 α-生育酚,所以 α-生育酚的生物利用度最大,也是被研究最多的。

α-生育酚是最重要的脂溶性抗氧化剂,能清除游离的自由基中间体并且停止自由基的链增长,以此保护细胞膜免受由过氧化链反应产生的过氧化脂质的破坏,由此产生的氧化态 α-生育酚自由基可被其他抗氧化剂(如维生素 C、视黄醇或泛醇)还原,使其重新回到活性还原态继续起到抗氧化作用。

三、茶多酚

茶多酚是茶叶中多酚类物质的总称,为白色不定形粉末,易溶于水,可溶于乙醇、甲醇、丙酮、乙酸乙酯,不溶于氯仿。绿茶中茶多酚含量较高,占其质量的 15%～30%,茶多酚的主要成分为黄烷酮类、花色素类、黄酮醇类、花白素类、酚酸、缩酚酸类 6 类化合物。其中,以黄烷酮类(主要是儿茶素类化合物)最为重要,其占茶多酚总量的 60%～80%;其次是黄酮醇类,其他酚类物质含量比较少。

茶多酚多为含有 2 个以上的邻位羟基多元酚,具有较强的供氢能力,是一种理想的抗氧化剂。作为油脂食品的抗氧化剂,其具有优异的抗氧化性能,效力远远优于人工合成抗氧化剂,如 BHT 和 BHA。茶多酚在食品中用途广泛,在饮料生产中主要用于蛋白质饮料。在植物蛋白饮料中其最大使用量为 0.1 g/kg(以儿茶素计),固体饮料按稀释倍数增加使用量,蛋白固体饮料中其最大使用量为 0.8 g/kg(以儿茶素计)。

第十节　酶制剂

酶制剂(enzyme)是从生物(包括动物、植物、微生物)中提取的具有生物催化能力的物质,辅以其他成分,用于加速食品加工过程和提高食品产品质量。食品工业用酶制剂在生产使用时必须符合国家有关质量标准,酶制剂的剂型可以是液体,亦可以是固体。

食品酶制剂是利用符合《食品安全国家标准　食品添加剂使用标准》(GB 2760—2024)要求的来源菌种,按照食品添加剂卫生标准要求、酶制剂生产环境和设备要求生产的作为食品加工助剂的生物酶制剂。酶的自然来源有动物、植物和微生物三大类。目前,用于大规模工业化生产的酶制剂是用微生物发酵生产出来的。

食品酶制剂作为食品添加剂被添加到食物中后,只在加工过程中起作用,即帮助一种物质完成一种转变,而一旦它完成了使命,就在终产品中消失或失去活力,不会在食品中残留产生危害。食品酶制剂以其催化特性专一、催化速度快、天然环保等特性,在食品生产和人们生活中扮演着越来越重要的角色。

食品酶制剂种类较多,其中,碳水化合物用酶、蛋白质用酶、乳品用酶在食品酶制剂中的占比较大(所占比例为 81.7%)。在食品加工过程中常用的酶制剂主要有果胶酶、淀粉酶、木瓜蛋白酶、谷氨酰胺转氨酶、弹性蛋白酶、溶菌酶、脂肪酶、葡萄糖异构酶、异淀粉酶、纤维素酶(cellulase)、超氧化物歧化酶、菠萝蛋白酶、无花果蛋白酶、生姜蛋白酶等。

一、淀粉酶

淀粉酶(amylases)作用于可溶性淀粉、直链淀粉、糖原等 α-1,4-葡聚糖,水解 α-1,4-糖苷键,生成麦芽低聚糖和麦芽糖。根据酶水解产物异构类型的不同,淀粉酶可分为 α-淀粉酶和 β-淀粉酶。淀粉酶的生产以芽孢杆菌属的枯草芽孢杆菌和地衣形芽孢杆菌深层发酵生产为主,后者产生耐高温酶。另外,也用曲霉属和根霉属的菌株深层和半固体发酵生产,适用于食品加工。葡萄糖淀粉酶能将淀粉水解成葡萄糖,现在几乎全由黑曲霉深层发酵生产,用于制糖、酒精生产、发酵原料处理等。

α-淀粉酶又称为中温淀粉酶、α-1,4-糊精酶、液化型淀粉酶或液化酶,可水解淀粉内部的 α-1,4-糖苷键,产生糊精、低聚糖和单糖,作用后可使淀粉的黏度迅速降低,变为液化淀粉。根据热稳定性,α-淀粉酶可分为耐高温 α-淀粉酶和中温-淀粉酶。α-淀粉酶的最适 pH 范围为 4.5~7.0;中温-淀粉酶的最适 pH 范围为 5.0~6.0,最适温度范围为 70~75 ℃;地衣芽孢杆菌-淀粉酶的最适 pH 范围为 6.1~6.15,最适温度为 92 ℃;芽孢杆菌-淀粉酶的最适 pH 范围为 5.0~7.0,最适温度为 70 ℃。由淀粉液化芽孢杆菌和地衣芽孢杆菌产生的耐高温 α-淀粉酶酶制剂已被广泛地应用于食品加工中。

β-淀粉酶(β-amylase),又称为淀粉 β-1,4-麦芽糖苷酶,能将直链淀粉分解成麦芽糖,广泛存在于小麦、大麦、大豆、甘薯等高等植物及芽孢杆菌属等微生物中,是啤酒酿造、麦芽糖浆(饴糖)生产的主要糖化剂。在已经酸化或 α-淀粉酶液化后的淀粉原料中,添加多黏芽孢杆菌、巨大芽孢杆菌等微生物产生的 β-淀粉酶,可以生产麦芽糖浆(麦芽糖含量为 60%~70%)。β-淀粉酶的最适 pH 范围为 4~5,最适温度范围为 50~60 ℃。

二、葡萄糖异构酶

葡萄糖异构酶(glucose isomerase)又称为 D-木糖异构酶(D-xylose isomerase),能将葡萄糖液转化成约含 50%果糖的糖浆,这种糖浆可代替蔗糖用于食品工业。该酶来源较为广泛,存在于细菌及真菌等微生物和动植物细胞中。用淀粉酶、葡萄糖淀粉酶、葡萄糖异构酶等和玉米等淀粉可以生产果糖浆。葡萄糖异构酶的最适 pH 范围为 7.0~7.5,最适温度为 60 ℃。

三、果胶酶

果胶酶(pectinase)是指分解果胶的酶类,是从根霉中提取的。它可使细胞间的果胶质降解,把细胞从组织内分离出来。果胶酶广泛分布于高等植物和微生物中,根据其作用底物的不同,又可分为三类。其中两类(果胶酯酶和聚半乳糖醛酸酶)存在于高等植物和微生物中,还有一类(果胶裂解酶)存在于微生物中,特别是某些能感染植物的致病性微生物中。

果胶酶包括两类,一类能催化果胶解聚,另一类能催化果胶分子中的酯水解。其中催化果胶物质解聚的酶分为作用于果胶的酶(聚甲基半乳糖醛酸酶、醛酸裂解酶或者果胶裂解酶)和作用于果胶酸的酶(聚半乳糖醛酸酶、聚半乳糖醛酸裂解酶或者果胶酸裂解酶)。催化果胶分子中酯水解的酶有果胶酯酶和果胶酰基水解酶。该酶的最适 pH 范围为 3.0~4.0,最适温度范围为 50~55 ℃。

果胶酶是水果加工中一种重要的酶。应用果胶酶处理破碎果实,可加速果汁过滤,促进澄清等。共同使用其他的酶与果胶酶,其效果更加明显,如采用果胶酶和纤维素酶的复合酶系制取苹果汁,大大提高了苹果的出汁率和苹果汁的稳定性。果胶酶、纤维素酶、半纤维素酶、淀粉酶及蛋白酶等可提高果蔬汁的出汁率,增加澄清度,在果蔬加工中有广阔的应用前景。

四、纤维素酶

纤维素酶又称为 $\beta-1,4-$葡聚糖$-4-$葡聚糖水解酶,是降解纤维素使之生成葡萄糖的一组酶的总称。它不是单体酶,而是起协同作用的多组分酶系,是一种复合酶。纤维素酶主要由外切 $\beta-$葡聚糖酶、内切 $\beta-$葡聚糖酶和 $\beta-$葡萄糖苷酶等组成,还含有很高活力的木聚糖酶。纤维素酶作用于纤维素及从纤维素衍生出来的产物。纤维素酶在将微生物不溶性纤维素转化成葡萄糖,以及破坏果蔬细胞壁,从而提高果汁得率等方面,具有非常重要的意义。纤维素酶广泛存在于细菌、真菌、动物体内等,用于生产的纤维素酶来自真菌,典型的有木霉属(*trichoderma*)、曲霉属(*aspergillus*)和青霉属(*penicillium*)。酸性、中性及碱性纤维素酶的最适 pH 范围分别为 3.5~4、4.5~6 及 10~11,最适温度范围为 45~55 ℃。

第十一节　食品工业用加工助剂

食品工业用加工助剂就是有助于食品加工顺利进行的各种物质,与食品质量无关,如助滤剂、澄清剂、吸附剂、润滑剂、脱模剂、脱色剂、脱皮剂、提取溶剂、发酵用营养物质等。它们一般应在食品中除去而不应成为最终食品的成分,或仅有残留。在最终产品中没有任何工艺功能,无须在产品成分中标明。

一、硅藻土

硅藻土(diatomite)是一种硅质岩石,由无定形的二氧化硅组成,并含有少量氧化铁、氧化钙、氧化镁、氧化铝及有机杂质。硅藻土通常呈浅黄色或浅灰色,质软,多孔而轻,工业上常用来作为保温材料、过滤材料、填料、研磨材料、水玻璃原料、脱色剂、硅藻土助滤剂及催化剂载体等。显微镜下可观察到天然硅藻土的特殊多孔性构造,这种微孔结构是硅藻土具有特殊理化性质的原因。其 pH 为中性,无毒,悬浮性能好,吸附性能强,容重轻,吸油率为115%,细度为 325~500 目,混合均匀性好。

二、二氧化硅

二氧化硅(silica)的化学式为 SiO_2,纯的二氧化硅无色,常温下为固体,不溶于水,不溶于酸,但溶于氢氟酸及热浓磷酸,能和熔融碱类起作用。自然界中存在结晶二氧化硅和无定形二氧化硅两种。二氧化硅用途很广泛。在食品工业中,二氧化硅用作抗结剂、消泡剂、增稠剂、助滤剂、澄清剂。在冷冻饮品(食用冰除外)中其最大使用量为 0.5 g/kg,在固体饮料中其最大使用量为 15.0 g/kg,在其他(包括豆制品)中其最大使用量为 0.025 g/kg。

第十二节　其他常用食品添加剂

一、营养强化剂

营养强化剂(nutrient supplements)主要包括以下几种。

(一)活性多糖

活性多糖(active polysaccharide)主要有抗肿瘤多糖(如香菇多糖、金针菇多糖及银耳多糖等)和降血糖多糖(如昆布多糖、紫草多糖、薏米多糖和紫菜多糖等)。

(二)功能性甜味剂

功能性甜味剂有功能性单糖(functional sweetener,如 D-果糖、L-果糖、L-木糖、L-葡萄糖、L-半乳糖等)、功能性寡糖(如大豆低聚糖、乳酮糖、低聚乳果糖和低聚龙胆糖等)、多元糖醇(如木糖醇、麦芽糖醇、乳糖醇、山梨糖醇、异麦芽酮糖醇和氢化淀粉水解物等)和强力甜味剂(甜菊甙、甜菊双糖甙和三氯蔗糖等)。

(三)维生素

维生素(vitamins)有维生素 A(包括 β-胡萝卜素)、维生素 E、维生素 C 和 B 族维生素等。

(四)微量活性元素

微量活性元素(trace active elements)有硒、锗、铬、铁、铜和锌等。

(五)肽和蛋白质

肽和蛋白质包括谷胱甘肽、降血压肽、促进钙吸收肽、易消化吸收肽、抑制胆固醇的蛋白质和免疫球蛋白等。

(六)其他活性物质

其他活性物质包括二十八烷醇、植物甾醇、黄酮类化合物、多酚类化合物和皂苷等。

二、微生物菌种

在发酵饮料生产中,需要使用酵母菌、乳酸菌、霉菌等菌种。主要的乳酸菌包括乳杆菌属、链球菌属、双歧杆菌属和片球菌属中的部分菌株。

三、二氧化碳

(一)二氧化碳在饮料生产中的作用

二氧化碳在饮料生产中的作用具体如下:(1)形成无氧环境,抑制好氧菌繁殖;(2)使饮料具有清凉感觉;(3)形成高压环境,抑制细菌生长;(4)使饮料 pH 下降,抑制不耐酸菌繁殖。含二氧化碳的碳酸饮料具有明显的刺激口感,其强度与二氧化碳压力相关。在饮料的饮用过程中,二氧化碳逸出能带出香味,突出饮料的风味。碳酸饮料的清凉作用与碳酸分解形成二氧化碳,吸收热量有关。

(二)二氧化碳在水中的溶解度

在一定的压力和一定温度下,二氧化碳在水中的最大溶解量称为溶解度。二氧化碳在水中的溶解量达到最大时,气体从液体中逸出的速度和气体进入液体的速度达到平衡,称为饱和。未达到最大溶解量的水溶液称为不饱和溶液。

在一个绝对大气压下,温度为 15.56 ℃时,一个容积的水可以溶解一个容积的二氧化碳气体,称为 1 气体容积,是碳酸饮料中二氧化碳溶解量的通用单位。欧洲大陆常用的溶解量单位为 g/L,即一升饮料中溶解的二氧化碳的克数。二氧化碳的密度为 $1.98\,g/L$,每瓶饮料中含二氧化碳多少克,可根据压力和温度换算。

　　纯水较含糖或含盐的水更容易溶解二氧化碳,而该气体中的杂质则阻碍二氧化碳的溶解。二氧化碳中有空气存在,不仅影响二氧化碳在水中的溶解,还会促进霉菌及腐败菌等好气性微生物的生长繁殖,使饮料变质。同时,杂质还能氧化香料使风味受到影响。空气的混入还会使液体中存在未溶解的气泡,这些气泡在灌装泄压阶段将很快逸出,气泡逸出会剧烈地搅动产品,使二氧化碳也逸出,不仅影响加盖后产品的含气量,还会导致灌装起沫。

思考题

1. 饮料生产的常用辅料有哪些? 在饮料生产中的作用有哪些?

2. 饮料生产中常用的食品加工助剂有哪些?

3. 二氧化碳在饮料生产中有什么作用?

4. 生物防腐剂有哪些?

5. 在我国,可食用花卉有哪些?

6. 糖醇类物质有哪些?

7. 列举 5 种在饮料生产中可以使用的功能性食品原料。

8. 在饮料加工中可添加的天然色素有哪些?

9. 针对糖尿病及肥胖人群开发的饮料,可采用哪些甜味剂?

10. 在饮料加工中常见的酶制剂有哪些? 使用时应该考虑哪些因素?

11. 饮料生产中常用的稳定剂及增稠剂有哪些? 它们分别有什么特点?

12. 什么是药食同源原料? 举例说明其在饮料开发中的应用。

13. 饮料加工中常见哪些抗氧化剂? 它们分别有哪些特点?

14. 从食品安全的角度考虑,在饮料中添加食品添加剂时应该考虑哪些因素?

(王树林、何胜华、郭丽、何述栋)

GB 2760—2024
《食品安全国家标准　食品添加剂使用标准》

第四章　包装饮用水

教学要求：

1. 掌握包装饮用水的定义和分类；
2. 掌握天然矿泉水的理化特征及表示方法；
3. 掌握对天然矿泉水进行曝气的目的及方法；
4. 理解矿泉水中除铁、锰及氟的方法；
5. 了解纯净水生产的工艺。

教学重点：

1. 天然矿泉水的理化特征；
2. 矿泉水曝气的目的及方法；
3. 矿泉水中除铁、锰及氟的方法；
4. 去除水中不同杂质的方法。

教学难点：

1. 去除水中不同杂质的方法；
2. 矿泉水中去除铁、锰及氟的方法。

根据《饮料通则》(GB/T 10789—2015)，包装饮用水(packaged drinking water)是以直接来源于地表、地下或者公共供水系统的水为水源，经加工制成的密封于容器中可直接饮用的水，分为饮用矿泉水、饮用纯净水、其他类饮用水。其中，其他类饮用水分为饮用天然泉水、饮用天然水和其他饮用水三类。关于饮用纯净水和其他类饮用水的具体定义如下。

饮用纯净水(purified drinking water)：以直接来源于地表、地下或公共供水系统的水为水源，经适当的水净化加工方法，制成的制品。

饮用天然矿泉水(natural spring water)：以地下自然涌出的泉水或经钻井采集的地下泉水，且未经过公共供水系统的自然水源的水为水源，制成的制品。

饮用天然水(natural drinking water)：以水井、山泉、湖泊或高山冰川等，且未经过公共供水系统的自然来源的水为水源，制成的制品。

其他饮用水(other drinking water)：其他类饮用水中，除饮用天然矿泉水、饮用天然水之外的饮用水。例如，以直接来源于地表、地下或公共供水系统的水为水源，经适当的加工方法，为调整口感加入一定量矿物质，但不得添加糖或其他食品配料而制成的制品。

第一节　饮用天然矿泉水

一、天然矿泉水的发展历史

1863 年 6 月 23 日，拿破仑三世以"法兰西利益"的名义，为尼姆城畔 Vergeze(韦尔热兹)小镇中的"沸腾之水"(les bouillens)泉眼颁发了经营特许令。经过 100 多年的发展，矿泉水逐渐改变了人们饮用水的观念和方式，并引导形成了一个价值庞大的瓶装水市场。

据考证，1850 年左右，世界上第一瓶瓶装矿泉水出现在法国。1855 年，被认为能够帮助治疗肾病、胆病和肝病的 Vittel(伟图)矿泉水获得了政府的灌装许可,它被装在陶制的罐子中,在药房中作为保健品销售。从 20 世纪 30 年代开始,矿泉水在欧洲一直快速增长,年增长率为 10% 左右。1908 年,在伦敦英法展览会上,巴黎矿泉水以其 500 万瓶的销售量荣膺矿泉水年度销售大奖;1933 年,巴黎矿泉水产量达到 1 900 万瓶;1983 年欧洲共同体各国矿泉水产量已高达 9 000 万 t,产量超过 100 万 t 的国家有法国、意大利等国。近年来,随着生活水平的提高,人们从保健与营养的需求出发,对矿泉水的需求量逐渐增加。

1932 年,我国建立了第一家饮用矿泉水厂——青岛崂山矿泉水厂。20 世纪 60 年代开始,我国正式生产饮料矿泉水。80 年代以后,矿泉水产量保持高速增长,增长率始终在 10% 以上。我国的名优矿泉水(崂山矿泉水、龙川矿泉水等)远销国外。我国不但矿泉水资源丰富,而且市场潜力也不容低估。随着人们对矿泉水保健作用的日益了解,我国的矿泉水饮料业持续发展。

近 20 年是中国矿泉水饮料业发展迅猛的时期。目前,国内的矿泉水企业大约有 1200 多家,而生产能力在万吨以上的企业仅占其中的 10% 左右。从 21 世纪开始,我国矿泉水饮料业发展迅猛,工业总产值保持持续快速上涨态势,年均增长率为 33%,复合增长率为 26.23%。

亚洲国家的矿泉水人均年消费量远远低于欧洲,如泰国为 70 L,中国香港为 70 L,日本为 10 L。中国内地仅为 2~2.5 L,只有欧洲一些发达国家的 1/50。若人均消费量增加 1 L,矿泉水产量将比目前增加 2/3,我国矿泉水的消费市场潜力巨大。庞大的消费人口基数是我国矿泉水消费市场的最大潜力,也成为许多企业纷纷实施矿泉水项目的动力。

二、天然矿泉水的定义

(一)矿泉与矿泉水

矿泉(mineral spring)是指泉水中含有大量矿物质的泉,一般是指温泉。目前,欧州、日本、美国等许多地区和国家仍将矿泉称为温泉,但实际上两者的含义不相同。矿泉是以泉水中所含的盐类成分、矿化度、气体成分、少数活性离子及放射性成分的多寡,来划分矿泉和非矿泉的。温泉是以泉水的温度高低,来划分温泉及冷泉的。矿泉不一定都是温泉,而温泉也不都是矿泉。目前,世界各国皆有不同的标准来划分矿泉与非矿泉。

矿泉水(spring water)一般以其温度、矿化度、化学成分或自由逸出的气体(包括放射性氡气)的特征区别于一般淡水。通常来说,经验上能对人体产生生理影响的一类矿泉水称为医疗矿泉水;如果水的矿化度很高,并且工业上可用来开采盐类,则称之为矿化水(工业矿水),以与饮用矿泉水相区别。也就是说,矿泉水与矿化水也是有区别的。但是许多国家,如日本、新加坡等,对进口瓶装矿泉水商品有附加规定:若出口国在矿泉水瓶子商标上有涉及医疗效果的文字宣传,就不得作为食品及饮料进入口岸,而属于另一类卫生法规管理的范围。

(二)天然矿泉水的定义

根据《食品安全国家标准　饮用天然矿泉水》(GB 8537—2018),饮用天然矿泉水(natural mineral water)是指从地下深处自然涌出的或经钻井采集的,含有一定量的矿物质、微量元素或其他成分,在一定区域内未受污染并采取预防措施避免污染的水。通常情况下,其化学成分、流量、水温等动态指标在天然周期波动范围内相对稳定,又分为含气天然矿泉水、充气天然矿泉水、无气天然矿泉水、脱气天然矿泉水。

① 含气天然矿泉水：在不改变饮用天然矿泉水基本特性和主要成分含量的前提下，在加工工艺上，允许通过曝气、倾析、过滤等方法去除不稳定组分，允许回收和填充同源二氧化碳，包装后，在正常温度和压力下有可见同源二氧化碳自然释放起泡的天然矿泉水。

② 充气天然矿泉水：在不改变饮用天然矿泉水基本特性和主要成分含量的前提下，在加工工艺上，允许通过曝气、倾析、过滤等方法去除不稳定组分，充入食品添加剂二氧化碳而起泡的天然矿泉水。

③ 无气天然矿泉水：在不改变饮用天然矿泉水基本特性和主要成分含量的前提下，在加工工艺上，允许通过曝气、倾析、过滤等方法去除不稳定组分，包装后，其游离二氧化碳含量不超过为保持溶解在水中的碳酸氢盐所必需的二氧化碳含量的天然矿泉水。

④ 脱气天然矿泉水：在不改变饮用天然矿泉水基本特性和主要成分含量的前提下，在加工工艺上，允许通过曝气、倾析、过滤等方法去除不稳定组分，除去水中的二氧化碳，包装后，在正常的温度和压力下无可见自然释放的二氧化碳的天然矿泉水。

三、天然矿泉水的特征

(一)天然矿泉水的分布特征

我国天然矿泉水分布很广，尤以东南、华南各省分布较多，川西、滇西及藏南地区也较为密集，华北、西北地区相对较少。各类矿泉水中以碳酸、硅酸、锶矿泉水为数最多，约占全部矿泉水的90%。含锌、含锂矿泉水相对较少，而含碘、含硒矿泉水为数更少。现按矿泉水不同类型，对具体分布概述如下。

① 碳酸矿泉水：水中游离二氧化碳含量＞250 mg/L。20世纪80～90年代，我国已开发饮用碳酸水点，共有30多处，占全国饮用矿泉水点总数的12%。主要分布在黑龙江、吉林、辽宁、广东、云南、福建、青海、浙江、江西、湖南、广西等省(区)。例如，东北五大连池含二氧化碳型矿泉水，由于火山地热活动产生大量的二氧化碳气体，溶解于地下水中，同时对其围岩有较强的溶蚀作用，把岩石中的各种离子和多种微量元素溶解在水中，形成了今天的含二氧化碳气的碳酸矿泉水。

② 硅酸矿泉水：水中硅酸含量＞25 mg/L。20世纪80～90年代，我国开发硅酸矿泉水点170多处，其中有90多处同时含锶，80多处含硅酸，此类型为全国分布最广的一种类型，约占总数的64%，主要分布于吉林、广东、福建、广西等省区，其余各省有少量分布。百岁山出品的硅酸型天然矿泉水中，硅酸含量为25～70 mg/L；恒大冰泉低钠天然矿泉水中，硅酸含量为54.6 mg/L；润田翠天然含硒矿泉水中，硅酸含量为45～90 mg/L；武夷山天然矿泉水中，硅酸含量为30～50 mg/L；崂山天然矿泉水硅酸复合型矿泉水中，硅酸含量为55～55 mg/L，锶元素含量为0.2～0.8 mg/L。

③ 锶矿泉水(Sr)：水中锶含量≥0.2 mg/L。目前，全国已开发锶矿泉水点40多处，约占总数的14.5%，在数量上仅次于硅酸矿泉水，各地均有分布，如济南趵突泉矿泉水中锶元素含量为4.55 mg/L，pH为7.11～8.00(弱碱性)，硅酸含量为42.9 mg/L；VOSS(芙丝)天然矿泉水中锶含量为0.4～1.3 mg/L；昆仑山雪山矿泉水中，锶元素含量为0.4～1.4 mg/L；五大连池矿泉水中，锶元素含量为0.2～1.8 mg/L，硅酸含量为60～80 mg/L。

④ 锌矿泉水(Zn)：水中Zn含量≥0.2 mg/L。20世纪80—90年代，全国共开发锌矿泉

水点 20 多处,主要分布于四川、广东和福建等地。90 年代末,新发现 23 处,仅有 2 处开发,含锌 0.2~1.0 mg/L,最高达 1.84 mg/L(巴县矿泉),并含硅酸 30~107 mg/L,水温为 19~21 ℃。矿泉水主要产于三叠系须家河组砂岩含水层和侏罗系上沙溪庙组嘉祥寨砂岩含水层。广东已开发的锌矿泉水点至少有 5 处,含锌 0.22~1.36 mg/L,并含硅酸 40~60 mg/L;仅一处单含锌矿泉水(罗浮山),水温为 21.5~26 ℃,矿泉水均产自花岗岩分布区。福建省含锌矿泉水资源丰富,已发现 40 余处,含锌 0.2~1.7 mg/L,个别达到 4 mg/L,主要产于花岗岩裂隙含水层,多为矿泉井水。

⑤ 锂矿泉水(Li):水中 Li 含量≥0.2 mg/L。20 世纪 80—90 年代,全国开发的锂矿泉水点有 20 多处,约占总数的 7%,主要分布于广东、云南、四川及重庆等省市。云南已开发的锂矿泉水点至少有 4 处,含锂 0.2~0.4 mg/L,其中有 3 处为碳酸、锶、硅酸复合类型,主要产自浅变质岩系裂隙含水层。广东省已开发的含锂矿泉水点至少有 5 处,含锂 0.2~0.78 mg/L,最高达 1.30 mg/L(陆河青龙矿泉),其中 4 处为碳酸、硅酸、锶复合类型。重庆含锂矿泉水已发现 12 处,含锂 0.22~0.45 mg/L,并含硅酸 30~57 mg/L,水温为 19~21 ℃,主要产于侏罗系上沙溪庙组嘉祥寨砂岩裂隙含水层,以井(孔)出露形式为主,如农夫山泉天然矿泉水(含锂型),源自大兴安岭,锂含量超过 0.2 mg/L,还含有锶、镁、钙、硅酸等多种天然矿物元素和微量元素,其中农夫山泉抚松长白山天然矿泉水中,锂含量≥0.2 mg/L,锶含量≥0.2 mg/L,锌含量≥0.2 mg/L,硒含量≥0.01 mg/L,硅酸含量≥25 mg/L。

⑥ 硒矿泉水(Se):该泉水中 Se 含量≥0.01 mg/L。安徽省池州市"仙寓山"天然富硒矿泉水中硒含量为 0.01~0.05 mg/L。

⑦ 盐类矿泉水:溶解性总固体≥1 g/L。

(二)天然矿泉水的理化特征

天然矿泉水中含有较高浓度的化学成分,如碳酸氢盐、硫酸盐、硫、碘、氟、铁、硼;含有一定量的放射性元素,如镭、铀等;含有较多有医疗价值的气体,如 CO_2、H_2S、氡气等。为了简明表示出矿泉水的主要理化特征,采用苏联的库尔洛夫式表示,其形式如下:

$$SP \cdot M \cdot \frac{\text{阴离子(以毫克当量%为单位,按含量多少从左向右排列)}}{\text{阳离子(单位及排列顺序同阴离子)}} \cdot pH \cdot T \cdot Q$$

式中,SP——所含气体或微量元素;

　　M——总固体成分,即总矿化度,g/L;

　　pH——酸碱度;

　　T——泉温,℃;

　　Q——泉水涌出量,L/s 或 t/24 h。

矿泉水中的阴、阳离子不一定全部列入库尔洛夫式,一般认为以超过 250 mmol/L 为标准,有的以超过 100 mmol/L 为标准,也有人认为凡超过 50 mmol/L 者即可列入式中。

四、天然矿泉水的分类

天然矿泉水的分类方法很多,各国方法也不相同。欧州一些国家还广泛采用 Hintz 分类。苏联分类亦有几种,如劳辛马基分类法、亚历山大洛夫分类法、舒卡列夫分类法和托尔斯基分类法等。它们的特点是以离子学说为基础进行分类。目前,世界各国矿泉水分类标准极不统一,矿泉水分类不但在各国之间甚至在各国内亦往往不统一,故给矿泉的应用及研究带来很大的困难。由于方法不一,各国的矿泉分类互不一致。例如,日本定为12种,苏联则分作8类。目前,在可溶性固体成分的划分界限上,各国多以1 000 mg/L为标准。仅苏联以2 g/L为界限标准。除此以外,对其他化学成分、气体成分及少量活性元素等的规定亦各不相同。例如,对于每升水中CO_2的最低含量,有的国家以1 000 mg/L为标准,有的国家以750 mg/L为标准。对于溴的含量,有的国家以30 mg/L或25 mg/L为标准。对于氡的含量,有的国家规定5.5 ME,有的国家规定8.25或50 ME。在划分温度上则更不统一,日本规定25 ℃以上为温泉,美国规定27 ℃以上为温泉,英国、德国、法国、意大利、苏联等国家规定20 ℃以上为温泉,我国规定医疗矿泉泉温在34 ℃以上为温泉。

(一)按天然矿泉水温度分类

① 美国分为极冷水(13 ℃以下)、冷水(13~18 ℃)、凉水(18~27 ℃)、温水(27~33.5 ℃)、不感温水(33.5~35.5 ℃)、暖和水(35.5~36.5 ℃)、热水(36.5~40 ℃)、极热水(40~46 ℃)。

② 德国分为冷泉水(20 ℃以下)、温泉水(20~50 ℃)、热泉水(50 ℃以上)。

③ 国际矿泉水文学组织分为冷泉(小于20 ℃)、低温泉(20~37 ℃)、温泉(37~42 ℃)、热泉(42 ℃以上)。

④ 日本分为冷泉(25 ℃以下)、微温泉(25~34 ℃)、温泉(34~42 ℃)、高温泉(50 ℃以上)。

(二)按用途分类

① 医用矿泉水包括浴疗矿泉水及饮疗矿泉水。

浴疗矿泉水(含I、Rn、S、As、H_2S等)是在医生的指导下,通过洗浴、冲洗、洗涤或吸入矿泉水,达到治疗疾病的目的。

饮疗矿泉水(含Ra、Rn、Fe、I、Zn、Ca、CO_2等)是内服、洗胃及洗肠的内服矿泉水。饮疗矿泉水须符合饮用水卫生标准,需在医生指导下,定时及定量使用,

② 农用矿泉水:以矿泉水中某些特种元素(如含有较多硝态氮)改良土壤、育种,以及利用矿泉水的温度及特种水质进行水产养殖等。

③ 工业矿泉水:指具有高度矿化度(>50 g/L)或较高温度(>43 ℃)的矿泉水(如卤水、碘水及地热水),用其提取元素或者化合物,以及利用其温度进行加热及生产。

④ 饮料矿泉水:含有人体必需的微量元素或对人体有益的矿物质,清洁卫生,不含致病菌和有毒物质,可直接饮用的天然矿泉水。

(三)按渗透压分类

由于矿泉水中含的离子浓度不同,渗透压也就不同。矿泉水的渗透压分类方法是由泉水冰点决定的,而冰点下降与盐类浓度有关。

① 低张泉水的冰点高于-0.55 ℃,溶解性固体物含量为1~8 g/L。

② 等张泉水的渗透压相当于人体血清渗透压,或相当于0.9%生理盐水的渗透压,如以冰点为准,血清的冰点为-0.56 ℃,等张泉水冰点为-0.55~-0.58 ℃,溶解性固体物含量为8~10 g/L。

③ 高张泉水的冰点低于-0.58 ℃,溶解性固体物含量为10 g/L以上。

通常,医疗上用等张泉水或低张泉水。高张泉水只适于外用(因有较强的脱水作用)。

(四)按 pH 分类

按 pH,天然矿泉水分为强酸性泉水(pH<2)、酸性泉水(2<pH<4)、弱酸性泉水(4<pH<6)、中性泉水(6<pH<7.5)、弱碱性泉水(7.5<pH<8.5)、碱性泉水(5<pH<10)、强碱性泉水(10<pH)。

(五)按紧张度(或刺激度)分类

① 缓和性矿泉水:包括单纯温泉水、食盐泉水、重碳酸盐泉水、芒硝泉水、石膏泉水和放射能泉水等。

② 紧张性矿泉水:包括酸性泉水、硫黄泉水、单纯碳酸泉水、碳酸铁泉水、绿矾泉水、明矾泉水、含碳酸的土类泉水。

(六)按所含化学成分分类

除气体成分外,在 1 L 矿泉水中含 1 g 以下可溶性固体成分者称为淡矿泉;在 1 g/L 以上时,根据是否含阴离子 HCO_3^-、Cl^- 及 SO_4^{2-} 而分为碳酸氢盐泉水、氯化物泉水及硫酸盐泉水等。主要是日本、德国等国家应用此种分类法。

① 俄罗斯按照矿泉水所含矿物质的离子成分来划分。

第一类:碳酸氢盐型。碳酸氢盐型中 HCO^{3-} 的毫摩尔百分数大于 25%,碳酸氢盐型矿泉水根据金属阳离子不同又分为钠质泉水(Na^+>25%)、钙质泉水(Ca^{2+}>25%)和镁质泉水(Mg^{2+}>25%)。

第二类:氯化物型。氯化物型中 Cl^- 的毫摩尔百分数大于 25%。根据金属阳离子不同,其又分为钠质泉水、钙质泉水和镁质泉水。

第三类:硫酸盐型。硫酸盐型中 SO_4^{2-} 的毫摩尔百分数大于 25%,同第一类、第二类分类一样,也可以分为钠质泉水、钙质泉水和镁质泉水。

第四类:成分复杂的矿泉水。此类泉水中,两种或两种以上的阴离子化合物(单质)毫摩尔百分数超过 25%。

第五类:含有生物活性离子的矿泉水。此类泉水中,Fe 含量>10 mg/L,As 含量为 1 mg/L,Br 含量为 25 mg/L,I 含量为 10 mg/L,Li 含量为 5 mg/L。

第六类:含气体的矿泉水。根据主要气体成分,此类矿泉水分为碳酸水(含游离 CO_2)、硫化氢水(含游离 H_2S)和放射性水(含氡)。

② 日本、德国等国家按温度、游离 H_2CO_3、矿物质含量、离子浓度进行分类。

单纯温泉水:泉水温度保持在 25 ℃以上,泉水中游离 H_2CO_3 和固体成分都小于1 g/L,或固体成分含量稍高于 1 g/L。其主要含 HCO_3^-、Ca^{2+}、Mg^{2+}。

碳酸泉水:泉水中游离 H_2CO_3 含量为 1 g/L 以上,但可溶性固体含量在 1 g/L 以下。

重碳酸土类泉(即土类泉)水:可溶性固体成分含量在 1 g/L 以上,以阴离子的 HCO_3^- 和阳离子的 Ca^{2+}、Mg^{2+} 为主要成分,结合时构成重碳酸钙和重碳酸镁的主要成分。泉水中游离 H_2CO_3 含量在 1 g/L 以上时,称为含 H_2CO_3 的土类泉水。这类泉兼含多量的 Na^+ 和 Cl^-,或 Na^+ 和 SO_4^{2-} 时,分别称为含食盐的重碳酸土类泉水和含 Na_2SO_4 的重碳酸土类泉水。

重碳酸钠泉(碱泉)水:泉水中固体成分含量为 1 g/L 以上,以阴离子的 HCO_3^- 和阳离

子的 Na^+ 为主要成分。这类泉水兼含 CO_2 在 1 g/L 以上者称为含 CO_2 碱泉水,含有显著量 Cl^- 的称为含食盐碱泉水,含有显著量 SO_4^{2-} 的称为含芒硝碱泉水,含有显著量 Cl^- 及 SO_4^{2-} 的称为含食盐、芒硝碱泉水,含有显著量 Ca^{2+} 及 Mg^{2+} 的称为含土类碱泉水。

食盐泉水:可溶性固体含量在 1 000 mg/L 以上,主要成分为 Cl^- 和 Na^+。对于该泉水,当游离 H_2CO_3 含量为 1 g/L 以上时,称为含 H_2CO_3 的食盐泉水;当 Cl^- 和 Na^+ 含量各为 260 mmol/L(含食盐 15 g)以上时,称为强食盐泉水;当两种离子含量均不满 87 mmol/L(含食盐 5 g)时,称为弱食盐泉水;当含有显著量的 Ca^{2+} 及 Mg^{2+} 时,称含土类食盐泉水。

硫酸盐泉(苦味泉)水:可溶性固体含量在 1 g/L 以上,阴离子以 SO_4^{2-} 为主要成分,若矿泉不呈碱性,虽 Cl^- 及 SO_4^{2-} 含量高,也属此类型。

铁泉水:Fe^{2+} 或 Fe^{3+} 含量在 10 mg/L 以上。铁泉水有以下两种,即碳酸铁泉水和硫酸铁泉(绿矾泉)水。碳酸铁泉水中含 Fe^{3+} 及多量 HCO_3^-。对于该泉水,当游离 H_2CO_3 含量在 1 g/L 以上时,称为含碳酸铁泉水;当固体成分含量不到 1 g/L 时,称为单纯碳酸铁泉水。硫酸铁泉(绿矾泉)水主要含 Fe^{2+} 或 Fe^{3+} 及 SO_4^{2-},阴离子以 SO_4^{2-}、阳离子以 Fe^{2+} 为主要成分,含有或不含有 HCO_3^-。对于硫酸铁泉水,当 SO_4^{2-} 含量不满 1 g/L 时,称为单纯硫酸铁泉水;当含氢离子(H^+)1 mg/L 以上时,称为酸性硫酸铁泉水。

明矾泉水:含有可溶性固体 1 g/L 以上,Al^{3+} 在 100 mg/L 以上,阴离子以 SO_4^{2-} 为主要成分。当氢离子含量在 1 mg/L 以上时,称为酸性明矾泉水。

硫黄泉水:泉水温度在 25 ℃ 以上,1 L 泉水中含硫氢离子(HS^-),或硫氢离子和硫代硫酸离子(次亚硫酸离子 $S_2O_3^{2-}$),或游离硫化氢(H_2S);硫黄总量达 1 mg/L 以上(碘法定量)。当该泉水中不含游离硫化氢时,固体成分不足 1 g/L 者称为单纯硫黄泉。

硫化氢泉水:含游离硫化氢(H_2S),并且常与游离碳酸共存。当可溶性固体成分不足 1 g/L 时,称为单纯硫化氢泉;当含氢离子 1 mg/L 以上,并能构成游离矿酸时,称为酸性硫化氢泉。

酸性泉水:泉水中氢离子(H^+)浓度在 1 mg/L 以上时,能形成游离矿酸。其中可溶性固体含量在 1 g/L 以下者,称为单纯酸性泉。

碘泉水:泉水中含碘 100 mg/L 以上。

砷泉水:泉水中含砷 100 mg/L 以上。

放射能泉水:含氡(Rn)111 Bq/L(或相当于 8.25 ME)或含镭(Ra)10^{-8} mg/L 以上,包括镭泉和氡泉。镭泉泉水中镭含量为 10^{-8} mg/L 以上,氡泉泉水中氡含量为 111 Bq/L(或相当于 8.25 ME)[1 埃曼(Eman)单位=3.7 Bq/L;1 马海(ME)单位=13.47 Bq/L=3.64 埃曼(Eman)]。各国矿泉研究工作者对矿泉是否含有放射性物质十分重视,认为矿泉水中如含有放射性物质就有很大的医疗价值。有人认为应把饮用矿泉水、浴用矿泉水及吸入矿泉水含氡的极限浓度分别定为 3 700、370 及 37 Bq/L。

根据矿泉水中氡含量的多少,有人把含氡矿泉水分为以下三类:①强放射性氡水,含氡量>300 Eman/L;②中等强度放射性氡水,含氡量为 100~300 Eman/L;③弱放射性氡水:氡含量为 35~100 Eman/L。有人观察到含氡量 10 Eman 的矿泉水,就有治疗作用,即使氡含量小于 10 Eman,对人体也有医疗作用。有的国家规定,含氡 10 ME 的矿泉水可供疗养饮用,含 20 ME 的矿泉可供放射性浴用,含 100 ME 的矿泉可供内服治疗用。

(七)按矿泉水涌出形式不同分类

此分类是依矿泉水涌出形式及涌出地方的地质条件进行的。

① 自喷泉水是指自然涌出而非人工开采的矿泉水。涌出时不伴有大量气体,水平面比较乱者称为泡沸泉。涌出时有大量气体,并随同气体一起向上喷出的泉称为喷泉。若主要是因矿泉水的沸腾而产生水蒸气的泉水称为沸腾泉水。

② 脉搏泉水是不定期涌出且在短时间内涌出量变化较明显的泉水。此种矿泉水若涌出和停止是较规则变化的,称为间歇泉水或断续泉水。

③ 火山泉水是地质上的分法,即在火山附近地区涌出的泉水称为火山泉水。沿着断层涌出者称为断层泉水,沿着花岗岩裂隙涌出的泉水称为裂隙泉水,有时称为火山性矿泉水、地下水性矿泉水等。

五、天然矿泉水的评价

对于天然矿泉水,应从矿泉水水质、形成的地质背景、矿泉水资源的动态及周围环境方面进行综合评价。

(一)评价标准

在我国,评价矿泉水的标准只能用《食品安全国家标准　饮用天然矿泉水》(GB 8537—2018,简称《矿泉水标准》),而不能用《生活饮用水卫生标准》(GB 5749—2022,简称《饮用水标准》)。主要的原因是《矿泉水标准》主要控制水中有利因素,当然对有害元素也有限量,而《饮用水标准》主要控制有害物质的浓度;《矿泉水标准》是按每人每天饮用 500 mL 计算的,而《饮用水标准》按 2 000~2 500 mL 计算。有些指标限量值(如氟化物)也是不一样的。

(二)评价内容及方法

1. 采样和测定

采样时间:应分别在丰水期、平水期和枯水期采样。

采样方法:《食品安全国家标准　饮用天然矿泉水检验方法》(GB 8538—2022)规定采样。

测定项目:按《食品安全国家标准　饮用天然矿泉水检验方法》(GB 8538—2022)要求列出全部测定项目及计量单位,并指出现场测定的项目。测定项目包括饮用天然矿泉水的色度、滋味和气味、状态、混浊度、pH、溶解性总固体、总硬度、总碱度、总酸度、多元素测定、钾、钠、钙、镁、铁、锰、铜、锌、总铬、铅、镉、总汞、银、锶、锂、钡、钒、锑、钴、镍、铝、硒、砷、硼酸盐、偏硅酸、氟化物、氯化物、碘化物、二氧化碳、硝酸盐、亚硝酸盐、碳酸盐、碳酸氢盐、硫酸盐、耗氧量、氰化物、挥发性酚类化合物、阴离子合成洗涤剂、矿物油、溴酸盐、硫化物、磷酸盐、总 β 放射性、氚、^{226}Ra 放射性、大肠菌群、粪链球菌、铜绿假单胞菌、产气荚膜梭菌。

测定结果:需要测定丰水期、平水期和枯水期各项指标。

2. 水质评价

在丰水期、平水期、枯水期分别采样,采样间隔 4 个月左右。对水的感官要求、界限指标、限量指标、污染物指标和微生物要求等各项指标进行评价。将采样的水质检验结果与饮用天然矿泉水的标准比较。

凡天然矿泉水水源有逸出气体的钻孔、泉均应采集气体样品,分别测定水中溶解气体和逸出气体的组成及其含量。分析项目包括 CO_2、H_2S、CO、N_2、CH_4 及 ^{222}Rn,其中 CO_2、H_2S 应在天然矿泉水水源现场分析测试。

丰水期、平水期和枯水期的水质检验结果中,其主要组分(溶解性总固体、K^+、Na^+、Ca^{2+}、Mg^{2+}、HCO_3^-、SO_4^{2+}、Cl^-)的变化范围不应超过 20%。天然矿泉水水源的水质动态变化(包括水源勘查阶段和已开采水源的年度检查),主要常量成分和界限指标含量基本稳定,水化学类型不得改变。

3. 水质特征

矿泉水的水质特征指界限指标及其含量范围。例如,两种矿泉水中溶解性总固体及游离二氧化碳的含量分别为 1.3～1.0 g/L 及 310～260 mg/L,则这两种矿泉水分别已达到饮用天然矿泉水及碳酸矿泉水的标准界限指标值。另外,要明确矿泉水中主要的阴离子和阳离子含量、pH 及水温。例如,某矿泉水中阴离子以碳酸氢根形式占绝对优势,其摩尔百分数为 32.3%～30.4%;离子以钾为主,其摩尔百分数为 45.1%～49.1%,pH 为 6.2～6.4,水温为 21～23 ℃。水中含有对人体健康有益的锂、锌、硒、碘及溴等微量元素。

4. 允许开采量计算及评价

对于自然涌出的天然矿泉水水源,可依据泉水动态连续监测资料,按泉水流量衰减方程或天然矿泉多年枯水期最小流量的 80% 推算允许开采量。对于单井开采的天然矿泉水水源,可利用抽水试验资料,计算允许开采量。对于群井开采的天然矿泉水水源,可根据水源地水文地质边界条件和群孔抽水试验资料,确定水文地质模型和计算模型,用解析法或数值法确定允许开采量。以枯水期的水量作为水源的允许开采量,每日允许开采量应大于 50 t。根据天然矿泉水资源条件确定水质稳定条件下的允许开采量,预测天然矿泉水水源地开采动态趋势。允许开采量应充分考虑矿泉水源开采影响范围内的其他开采井的影响。

(三)关于矿泉水的定名问题

《食品安全国家标准　饮用天然矿泉水》(GB 8537—2018)中规定:确定饮用天然矿泉水的界限指标有锂、锶、锌、偏硅酸、硒、游离二氧化碳及溶解性总固体 7 项。凡其中 1 项达到界限值者,即可定为饮用天然矿泉水,并且可参与成分命名。例如,当硒含量大于 0.01 mg/L时,可定为硒型矿泉水;当锌含量大于 0.2 mg/L 时,可定为锌型矿泉水;而当锂和偏硅酸同时达到界限值时,可将其定名为含锂的硅酸矿泉水;当碳酸、偏硅酸和硒等均达到界限值时,称其为含硒和含硅酸的碳酸矿泉水等。该命名取决于这 7 项特征化学成分在水中的绝对含量,然而没有反映碳酸根、碳酸氢根、钠离子或钙离子等离子成分。若矿泉水中的阴、阳离子大于 25%(摩尔分数),以上均可参加水化学类型的命名。库尔洛夫式可以表示水中各主要化学成分的摩尔分数及其比例关系。例如,某种矿泉水中,当硒含量大于 0.01 mg/L,HCO_3^- 摩尔分数大于 25% 时,其正确命名应该如下:水质类型为重碳酸盐型,矿泉类型为硒型矿泉。因此,饮用天然矿泉水的定名是完全根据饮用天然矿泉水标准中的界限指标值来确定的,水质类型则仍按照库尔洛夫式。

六、天然矿泉水水源地保护区的划分及要求

(一)天然矿泉水水源地保护区的划分

阐明矿泉水水源地及周边的环境状况,分析可能影响水质、水量的因素,进行天然矿泉

水水源地地质环境评价。根据天然矿泉水水源地地质环境状况,对开采天然矿泉水水源可能产生的地质环境进行评估。水源保护区的划分要结合水源地的地质-水文地质条件,特别是天然防护能力、覆盖层下渗情况、补给地环境保护情况及当地的环境情况。然后,制定天然矿泉水水源地开采保护方案,科学划分界限范围。天然矿泉水水源地保护区划分为Ⅰ级、Ⅱ级及Ⅲ级。在保护区的界限处应设置固定警示标识。

(二)划分要求

Ⅰ级保护区(安全保护区):该保护区范围包括天然矿泉水水源地取水点、引水及取水建筑设施所在地区。保护区边界依水文地质条件及周边环境状况划定,距取水点半径为30~50 m,对于自然涌出的矿泉水水源及在水源保护性能较差的地质-水文地质条件下,边界范围可根据实际情况划定。保护区内无关人员不得逗留或居住,不得兴建与天然矿泉水水源引水无关的建筑。禁止进行任何影响水源地保护的活动,消除一切可能导致天然矿泉水水源污染的因素。

Ⅱ级保护区(内保护区):该保护区范围包括Ⅰ级保护区的周边地区,即地表水及潜水向矿泉水取水点流动的径流地区。在天然矿泉水水源与潜水具有水力联系且流速较小的情况下,保护区边界距离一级保护区最短距离不小于50 m;产于岩溶含水层的天然矿泉水水源,保护区边界距一级保护区边界不小于100 m半径距离或适当扩大。范围内不得设置可导致天然矿泉水水源水质、水量、水温改变的工程;禁止进行可能引起矿泉水含水层污染的人类活动及经济工程活动。

Ⅲ级保护区(外保护区):对于自然涌出的天然矿泉水水源,以水源免受污染为原则划定保护区,其范围宜包括水源补给地区。深层钻孔取水地天然矿泉水水源地保护区边界,距取水点不小于500 m半径范围或适当扩大。在此区内,只允许进行对矿泉水水源地地质环境没有危害的经济工程活动。

(三)天然矿泉水水源地保护的动态监测

对天然矿泉水水源的泉(孔)进行动态监测,掌握天然矿泉水资源天然动态和开采动态变化规律。监测内容包括水位(压力)、开采量(流量)、水温,监测频率为至少每月2~3次,天然矿泉水水源勘查阶段要求连续监测一个水文年以上,水质每年按丰水期、平水期和枯水期至少监测3次。已开采的矿泉水水源须按水源勘查阶段的各项要求连续监测,并要求每年至少进行一次水质全分析。

七、饮用天然矿泉水的生产工艺

饮用天然矿泉水的基本工艺包括引水、曝气、过滤、杀菌、充气、灌装等主要组成工序。其中,曝气和充气工序是根据矿泉水中的化学成分和产品的类型来决定的。在采集天然饮用矿泉水的过程中,泉井的建设、引水工程等由水文地质部门决定。采水量应低于最大采取量,过度采取会对矿泉的流量和组成产生不可逆的影响。

(一)饮用天然矿泉水的生产工艺流程

1. 不含碳酸气的饮用天然矿泉水的工艺流程

这类天然矿泉水因原水中没有二氧化碳,也不需要充气(二氧化碳),生产工艺较简单。其工艺流程如图4-1所示。

2. 含碳酸气的饮用天然矿泉水的工艺流程

利用二氧化碳含量高,硫化氢、铁及锰等含量低的原水生产含二氧化碳的矿泉水,则不需要曝气工序,需要进行气水分离和充气工序(图 4-2)。

图 4-1　不含碳酸气的饮用天然矿泉水工艺流程

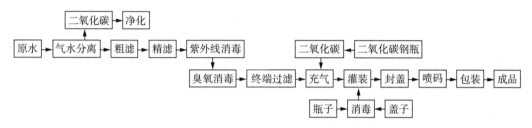

图 4-2　含碳酸气的饮用天然矿泉水工艺流程

对原水中二氧化碳、硫化氢、铁、锰含量较高的矿泉水需要进行曝气,去除气体和铁、锰离子,曝气后其生产工艺和不含碳酸气的天然矿泉水的生产工艺相同,可以再充气生产含二氧化碳的矿泉水,或不充气生产不含二氧化碳的矿泉水。

(二)饮用天然矿泉水生产工艺要点

按照国家标准规定,在不改变饮用天然矿泉水原水基本特性和主要成分含量的前提下,允许通过曝气、倾析、过滤等方法去除不稳定组分;允许回收和填充同源二氧化碳;允许加入食品添加剂二氧化碳,或者除去水中的二氧化碳。

1. 引水

矿泉水引水工程一般分为地下引水和地上引水两部分。对于天然露出的矿泉水和人工揭露的矿泉水,其工程设施和设备条件等均有所不同。

对于地下引水,主要通过挖掘的方法,剥离泉口表面的岩石或矿泉水流出裂隙表面的岩石,挖至基岩,把矿泉水露头周围稍加扩宽扩深,用钢筋混凝土使它相对封闭起来,让矿泉水经一定的自然孔隙或沿人工安装的管道流入水池,然后抽取。也有在矿泉水露出口附近打井取水的方法。

对于天然露出的矿泉水,如采用地上取水方法,主要是引取天然出口的矿泉水,采取的工程措施是对矿泉水天然露出口的周围进行加固,对出水口进行清淤,切断地表水的来源,防止地表水的混入;建设水源保护体,把取水系统和泉口周围与外界隔离开来,建立泵房。

以上取水工程的目的是把矿泉水从一定的深度引到地表的适当处。

对于人工钻井或孔的矿泉水,成井时一定要采用不易腐蚀、不污染水体的不锈钢井管,抽取时最好使用水泵与井管密封连接,并采取措施,防止地表水、浅层水对矿泉水的影响。在开采碳酸泉时应该注意碳酸水不同于一般地下水,它含有大量的气体成分,气体随压力的降低而逸出,容易导致矿物质的沉淀,不仅造成水质变化,还可堵塞通道。所以,开采时一定要掌握矿泉水的水化学特征和水文地质条件,有水文工程的地质专家参与或指导。另外,碳酸矿泉水生产中为防止矿泉水中二氧化碳的逸失,以用自然流动式采水较好,不宜用明渠式采水,否则气体成分既容易逸散,又不利于卫生管理。必须用泵抽取碳酸水时,水泵最好用齿轮泵或活塞泵,因为齿轮泵可以通过增加管道的阻力控制水电流量,离心泵的流量不能通过管道的阻力来控制,容易引起矿泉水中游离二氧化碳的损失。

抽水泵、管道及储罐必须由清洁的、与矿泉水不起化学反应的材料制成。因为矿泉水对金属的腐蚀性远远超过一般饮用水。例如,富含二价铁的矿泉水与镀锌铁件接触时,能很快使锌溶解。由于矿泉水含盐较多,电导度高,电化学腐蚀现象特别严重。另外,碳酸本身同样有不可忽视的腐蚀性。

总之,引水工程的主要目的就是在自然条件允许情况下,得到最大可能的流量,防止水与气体的任何损失;防止地表水和潜水的渗入与混入,完全排除有害物质污染和生物污染的可能性,防止水由露出口到利用处物理化学性质发生变化。另外,水露出口设备应方便水的涌出和使用。

2. 曝气

曝气(aeration)是使矿泉水原水与经过净化了的空气充分接触,使它脱去其中的二氧化碳和硫化氢等气体,并发生氧化作用,是一种去除不良气体及改良水质的一种技术手段,通常包括脱气和氧化两个同时进行的过程。曝气的原因具体如下。①一些深层的矿泉水中往往含有较高含量的二氧化碳及硫化氢等各种气体,溶液呈现酸性,溶解大量的金属离子。当矿泉水开采上来后,压力降低,大量溶解的气体逸出,溶液由酸性变成碱性溶液,导致溶解性的金属离子产生沉淀。②水中还溶解了各种产生令人不愉快气味(臭味)的气体(如硫化氢、二氧化硫),影响矿泉水的感官质量。③原水中含有的低价铁和锰离子超过饮用水水质标准,还导致水质有铁锈味,呈现棕褐色。装瓶后,由于氧化作用,其被氧化成高价离子,形成氢氧化物絮状沉淀,使矿泉水混浊。④国家对饮用水的总硬度、溶解性总固体的含量都设置了最高限值,若矿泉水中硬度及含盐量都较高,也要通过曝气降低钙、镁及其他金属盐类的浓度,使矿泉水的总硬度及溶解性总固体指标符合饮用水的卫生标准。

曝气工序主要是针对二氧化碳、硫化氢及低价态的铁离子($\geqslant 0.05$ mg/L)、锰离子($\geqslant 0.03$ mg/L)含量较高的原水进行的,可用于生产不含二氧化碳的矿泉水,或者曝气后可以重新通入二氧化碳气体生产含气矿泉水;而对含气很少,铁离子、锰离子含量又少的就不需要曝气。

曝气方法主要有以下几种。

① 自然曝气法:原水在水池中自然曝气。

② 喷雾法:原水经喷嘴喷雾,与空气接触曝气。

③ 梯栅法:原水从梯栅上流下,与空气接触实现曝气。

④ 焦炭盘法:用深度为 30 cm、底部能漏水的盘子,内盛焦炭块,将这种盘上下相堆叠,使水从上往下流而曝气。此法特别适合去除氧化亚铁和亚锰离子。

⑤ 强制通风法:水槽内装很多层多孔板,水从上而下,空气从下往上,水气相接触而曝气。

用含气很少,铁、锰含量又低的原水生产一般瓶装矿泉水时,不需要曝气;用含气量高的原水生产含二氧化碳矿泉水时,也不需要曝气。

① 除铁:铁的存在会使水具有腥味,除去后可改善口味。矿泉水中铁一般以碳酸氢盐

的形式存在,在水与空气接触(曝气)后,碳酸氢亚铁先分解成氢氧化亚铁及二氧化碳。当水中二氧化碳被除尽后,碳酸氢亚铁则可以完全分解成氢氧化亚铁。氢氧化亚铁再与空气中的氧作用,生成氢氧化铁胶粒凝聚沉淀,过滤即可除去沉淀物。首先,利用各种曝气方法让矿泉水充分与空气接触,然后通过石英砂过滤,这样便可将水中所含的大部分铁除去。当原水的pH大于6.8,含铁量低于10 mg/L,铁以碳酸氢盐状态存在时,用曝气石英砂过滤法除铁效果良好,水中剩余的铁含量可减少到0.3 mg/L以下,则有

$$Fe(HCO_3)_2 === Fe(OH)_2 + 2CO_2 \uparrow$$

$$4Fe(OH)_2 + O_2 + 2H_2O === 4Fe(OH)_3 \downarrow$$

② 除锰:锰和铁往往同时存在于矿泉水中,多数情况下铁的含量高于锰。当水中含铁量较高而锰的含量较低时,可使原水先经过曝气,再用天然锰砂过滤,这样既可除去水中的铁,又可除去水中少量的锰。

当矿泉水中铁和锰的含量都较高时,若用天然锰砂同时处理铁和锰,铁比锰易于氧化,铁的沉淀物降低了天然锰砂的除锰效果,所以一般采用二次过滤法,即先曝气,用天然锰砂过滤法除去原水中的铁,然后向已除去铁的水中加强氧化剂,用天然锰砂过滤第二次,将水中的锰去除。

当矿泉水中锰含量高、铁含量低时,可先曝气,然后加强氧化剂,再用天然锰砂过滤的方法处理,以去除铁和锰。

$$MnO_2 + Mn^{2+} + H_2O === MnO_2 \cdot MnO \downarrow + 2H^+$$

$$MnO_2 \cdot MnO + H_2O + Cl_2 === 2MnO_2 + 2H^+ + 2Cl^-$$

③ 除氟:有时也会碰到饮用天然矿泉水原水中氟化物含量超标的情况,此时需采取除氟措施。常用的降低水中氟化物含量的方法是吸附过滤法。吸附过滤法就是使含氟化物的水通过活性氧化铝滤料,使氟化物被吸附在活性氧化铝表面而得以除去。活性氧化铝是由氧化铝的水合物经400～600 ℃灼烧而成的,比一般氧化铝表面积大,在水中具有离子交换性能。当活性氧化铝除氟能力降低到一定程度时,可用硫酸铝溶液或硫酸再生。另外,磷酸三钙颗粒也能作为除氟滤料,当含氟的水通过时,其分子中的羟基会与水中的氟离子进行交换。利用氢氧化钠的氢氧根离子与磷酸三钙上的氟离子进行交换则可使磷酸三钙再生。

3. 过滤

矿泉水过滤的目的是除去水中的不溶性悬浮杂质和微生物(主要为泥沙、细菌、霉菌及藻类等),防止矿泉水装瓶后在贮藏过程中出现混浊和变质情况,过滤后矿泉水水质变得澄清透明、清洁卫生。矿泉水的过滤一般依次经过粗滤和精滤。

粗滤一般是矿泉水经过多介质过滤,截留水中较大的悬浮颗粒物质,起到初步过滤的作用。过滤时加入一些锰砂,能够降低水中的锰、铁含量。有时为了提高过滤效果,还在矿泉水的粗滤过程中加入一些助滤剂,如硅藻土或活性炭,或进行活性炭过滤。

微滤和超滤是矿泉水的精滤方法。经常采用三级微滤过滤。目前,国内推广的三级过滤为1、0.5和0.2 μm,大大提高了矿泉水的质量和产品稳定性。但是,微滤不能滤掉微生物及病毒。为了保证产品的质量,将矿泉水再经过一道0.001～0.01 μm超滤,去除矿泉水中的微生物及病毒。

4. 消毒

天然矿泉水并非无菌,取自矿源处的矿泉水细菌总数一般为 $1 \sim 100$ 个/mL,绝大多数低于 20 个/mL,这些细菌显示天然的和原产地的微生物群落的状况。此外,矿泉水在输送和生产等过程中有可能被微生物污染。因此,为保障饮用安全性,通常需要进行杀菌处理。除此之外,在地下、喷泉中采取的原水,一般先储于水槽内,原水中含有的固形物或混浊物质会自然沉淀除去,放置时间过长,有害微生物就会繁殖,也会污染环境。所以,储水时间不宜过长,如要长时间储存,可用臭氧及紫外线消毒。

生产上矿泉水的杀菌一般采用臭氧和紫外线消毒方式,有关具体内容见水的消毒章节。瓶和盖采用消毒剂(如双氧水、次氯酸钠、过氧乙酸或高锰酸钾)等进行消毒,消毒后用无菌矿泉水冲洗,也可以用臭氧或紫外线进行消毒。

5. 充气

充气是指向矿泉水中充入二氧化碳气体,原水经过引水、曝气或气水分离、过滤和杀菌后,再充入二氧化碳气体。充气所用的二氧化碳气体可以是原水中所分离出的二氧化碳气体,也可以是市售的饮料用钢瓶装二氧化碳。充气工序主要针对含碳酸气天然矿泉水或含二氧化碳的成品,不含气矿泉水的生产不需要这道工序。因此,矿泉水是否充气主要取决于产品的类型。

碳酸泉中往往拥有质量高、含量高的二氧化碳气体,矿泉水生产企业可以回收利用这些气体。由于这种天然碳酸气纯净,可直接被用来生产含气矿泉水。

如果使用的二氧化碳不够纯净,就必须对其进行净化处理。其净化处理过程一般都需经过高锰酸钾的氧化、水洗、干燥和活性炭吸附脱臭,以去除二氧化碳中所含的挥发性成分,否则会给矿泉水带来异味和有机杂质,并给微生物的生长提供机会。

充气一般是在气水混合机中完成的,其具体过程和碳酸饮料是一致的。为了提高矿泉水中二氧化碳的溶解量,充气过程中需要尽量降低水温,增加二氧化碳的气体压力,并使气、水充分混合。

6. 灌装

灌装工序是指将杀菌后的矿泉水装入已灭菌的包装容器的过程。目前,在生产中主要采用自动灌装机在无菌车间内进行灌装。灌装方式取决于矿泉水产品的类型,含气与不含气的矿泉水的灌装方式略有不同。矿泉水的灌装工艺和设备都比较简单,但卫生方面的要求却非常严格:要对瓶进行彻底杀菌,在装瓶各个环节中要防止污染。

不含气矿泉水的灌装采用负压灌装方式。灌装前将矿泉水瓶抽真空,形成负压,矿泉水在贮水槽中以常压进入瓶中,瓶子的液面达到预期高度后,水管中剩余的矿泉水流回缓冲室,再回到储水槽,装好矿泉水的瓶子压盖后,灌装就结束了。含气矿泉水一般采用等压灌装方式。在矿泉水厂,自动洗瓶机(自动完成洗瓶、杀菌和冲洗过程)与灌装工序相配合。

八、矿泉水生产开发中的质量控制要点和措施

(一)变色

瓶装矿泉水储藏一段时间后,水体会发绿和发黄。发绿主要是由矿泉水中藻类植物(如绿藻等)和一些光合细菌(如绿硫细菌)引起的。由于这些生物中含有叶绿素,矿泉水在较高

的温度和有光的条件下储藏,这些生物利用光合作用进行生长繁殖,从而使水体呈现绿色,通过有效的过滤和灭菌处理能够避免这种现象的产生。而水体变黄主要是由于管道和生产设备材质不良,在生产过程中产生铁锈,只要采用优质的不锈钢材料或高压聚乙烯就可解决。

(二)沉淀

矿泉水在储藏过程中经常会出现红、黄、褐和白等各色沉淀,沉淀引起的原因很多。矿泉水低温长时间储藏时,有时会出现轻微白色絮状沉淀。这是正常现象,是由矿物盐在低温下溶解度降低引起的,返回高温储藏容易消失。而对于高矿化度和重碳酸型矿泉水,由于生产或储藏过程中密封不严,瓶中二氧化碳逸出,pH升高,会形成较多的钙、镁的碳酸盐白色沉淀,可以通过充分曝气后过滤去除部分钙、镁的碳酸盐,或充入二氧化碳降低矿泉水pH。同时,密封,减少二氧化碳逸失,使矿泉水中的钙、镁以碳酸氢盐形式存在。红、黄和褐色沉淀,主要是由高含量铁、锰离子引起的,可以通过防止地表水污染矿泉和进行充分的曝气来预防。

(三)微生物

矿泉水生产中经常出现的问题是微生物指标难以控制。需要对整个生产过程加以控制。管道、罐体、曝气装置容易造成原水污染。用井下水充分冲洗管道,并排尽后抽水。曝气装置孔径应小于 $0.2~\mu m$,防止空气中细菌尘埃的污染。对铁含量小于 $10~mg/L$ 的原水,可不经曝气除铁处理,尽可能缩短原水储存时间。以热交换器代替曝气降温,使储存时间控制在 $4~h$ 以内。容器、灌装线设备管道、灌装间空气容易造成灌装再污染。对水处理、容器、灌装线只作消毒处理是不够的,矿泉水生产水处理管线必须达到无菌状态。为适应矿泉水生产的工艺流程特点和满足产品质量要求,必须采用快速、高效、无毒害残留的灭菌措施。

细菌总数 <100 个/mL及大肠杆菌 <3 个/L是饮用水的安全指标,但不能作为矿泉水生产的卫生指标。实践证明,凡初检有少量细菌仅符合饮用水卫生指标的矿泉水产品均不能在保质期内保质。其控制方法为生产卫生指标采用双零菌指标(无菌),不能把初检的细菌总数 <100 个/mL、大肠杆菌 <3 个/L的产品作为合格产品储存。

洁净室(灌装间)达到空气洁净度的细菌数小于 30 个/m³。空气消毒可采用紫外线空气消毒净化机,或无毒害化学消毒剂喷雾,地面消毒采用臭氧水或化学消毒剂(如二氧化氯),衣帽、口罩等每班消毒更换,脚踏池用二氧化氯或常规消毒剂即可。

当前不少厂家采用 $0.2~\mu m$ 的终滤器,可滤除全部细菌与影响澄明度的颗粒物质,但对小于 $0.2~\mu m$ 的病毒、胶体、热源物质无能为力。故矿泉水生产以采用 $0.001\sim0.01~\mu m$ 的终滤器为宜,以协同水质化学灭菌的措施。

第二节　饮用纯净水和其他类饮用水

一、饮用纯净水和其他类饮用水的定义

依据《食品安全国家标准　包装饮用水》(GB 19298—2014),对包装饮用水(packaged drinking water)的原料规定如下。

① 以来自公共供水系统的水为生产用原水,其水质应符合《生活饮用水卫生标准》(GB 5749—2022)的规定。

② 以来自非公共供水系统的地表水或地下水为生产用原水,其水质应符合《生活饮用水卫生标准》(GB 5749—2022)对生活饮用水水源的卫生要求。原水经处理后,食品加工用水水质应符合《生活饮用水卫生标准》(GB 5749—2022)的规定。

③ 水源卫生防护:在易污染的范围内应采取防护措施,以避免对水源的化学、微生物和物理品质造成任何污染或外部影响。

饮用纯净水(purified drinking water)的定义如下:以符合原料要求的水为生产用原水,采用蒸馏法、电渗析法、离子交换法、反渗透法或其他适当的水净化工艺,加工制成的包装饮用水。

饮水是提供人体必需的矿物质及微量元素的重要途径之一。在生产中采用微滤、超滤及反渗透等过滤工艺,造成饮用纯净水中的微量元素(锌、镁、碘等)含量减少。如长期饮用纯水,人体中微量元素缺乏,造成营养失衡,引起四肢无力、精神不振等症状,甚至对人体的生长及代谢带来不良影响。

除饮用纯净水外,包装饮用水还包括其他饮用水。其他饮用水主要分为两类:第一类是以符合原料要求②、③的水为生产用原水,仅允许通过脱气、曝气、倾析、过滤、臭氧化作用或紫外线消毒杀菌等有限的处理方法,不改变水的基本物理化学特征的自然来源饮用水;第二类是以符合原料要求①的水为生产用原水,经适当的加工处理,可适量添加食品添加剂,但不得添加糖、甜味剂、香精(香料)或者其他食品配料而加工制成的包装饮用水。

我国规定的饮用纯净水和其他类饮用水质量标准见表 4-1 所列。

表 4-1　我国规定的饮用纯净水和其他类饮用水质量标准

项目	指标		项目	指标
一、感官指标	饮用纯净水	其他类饮用水	溴酸盐/(mg/L)	≤0.01
色度/度	≤5	≤10	挥发性酚[a]/(mg/L)(以苯酚计)	≤0.002
混浊度/NTU	≤1	≤1	氰化物/(mg/L)(以—CN 计[b])	≤0.05
状态	无正常视力可见外来异物	允许有极少量的矿物质沉淀,无正常视力可见外来物	阴离子合成洗涤剂/(mg/L)	≤0.3
滋味、气味	无异味、无异臭		总 α 放射性[c]/(Bq/L)	≤0.5
二、理化指标			总 β 放射性[c]/(Bq/L)	≤1
余氯(游离氯)/(mg/L)	≤0.05		三、微生物指标	
四氯化碳/(mg/L)	≤0.002		大肠菌群/mL/(CFU)	与采样方案有关,限量为 5 或 0
三氯甲烷/(mg/L)	≤0.02		铜绿假单胞菌/250 mL/(CFU)	与采样方案有关,限量为 5 或 0
耗氧量(以 O₂ 计)/(mg/L)	≤2.0			

注:"a"指仅限于用蒸馏法加工的饮用纯净水、其他饮用水。

　　"b"指仅限于用蒸馏法加工的饮用纯净水。

"c"指仅限于以地表水或地下水为生产用原水而加工的包装饮用水。

二、饮用纯净水的生产工艺

我国各地的水质差异较大，在考虑饮用纯净水的生产工艺和生产设备时，必须对其水质进行全面分析，才能匹配较为理想的生产工艺和生产设备。尽管纯净水的生产可以通过电渗析、离子交换、反渗透和蒸馏等多种工艺来进行，但利用不同生产方法生产的纯净水在质量上有较大的差距。不同水处理工艺去除水中杂质的效果见表4-2所列。

表4-2　不同水处理工艺去除水中杂质的效果

工艺	凝聚粗过滤	卷绕式过滤器	活性炭大孔树脂吸附	电渗析	反渗透	紫外线杀菌	膜过滤	超过滤	蒸馏	脱气
悬浮物	很好	很好								
胶体	好		一般	好	很好		好	很好	很好	
微粒	好		一般		很好		很好	很好	很好	
低分子质量溶解性有机物	一般		好		好		一般			
高分子质量溶解性有机物	好	一般	好	一般	很好		很好			
溶解性无机物				很好	很好				很好	
微生物			一般			好	很好	好	很好	
细菌			一般			很好	很好	很好	很好	
热源						好		好	很好	
气体										很好

近20年来，纯净水工业得到了迅速发展，这与膜分离技术的应用密不可分，特别是反渗透技术的应用推动了纯净水生产工艺的变革。目前，纯净水的生产主要采用反渗透法和蒸馏法，其中蒸馏水的生产过程是自来水经过过滤、消毒、水软化等预处理，然后通过高温加热变成蒸汽，再冷凝成水；而一般的纯净水是采用反渗透法生产的，原水经过多层过滤（如活性炭过滤及反渗透过滤）。在反渗透法中，有时也结合使用电渗析或离子交换法，而单独使用电渗析或离子交换法比较少。

下面介绍饮用纯净水的常规生产工艺方法。

（一）蒸馏法

蒸馏法是传统的纯水制作方法。但目前很少有工厂采用此法生产纯净水，其工艺流程如图4-3所示。

原水 → 多介质过滤 → 机械过滤 → 活性炭过滤 → 初级净化 → 蒸馏 → 精滤 → 杀菌 → 纯净水

图4-3　蒸馏法生产纯净水的工艺流程

原水可取自城市生活用水(自来水)或地下水。首先是预处理工序,包括砂滤、机械过滤、活性炭吸附等,具体选择哪些工序应视原水的水质特点而定。砂滤由多层滤料组成,常见的有无烟煤及石英砂等,作用是除去水中悬浮物等较大的杂质颗粒。如果原水中含铁量高,还应增设锰砂过滤层。机械过滤器可进一步去除水中较小的杂质颗粒。假如原水水质好,混浊度小于 5 NIU 时可省去砂滤,直接用机械过滤即可。活性炭吸附器的作用是吸附除去水中的胶体颗粒、有机物、余氯及异味等,进一步提高水质,满足下道工序所需的水质要求。

初级净化一般由复床式离子交换装置进行,利用离子交换原理将水中大部分溶解性盐去除,使水质大幅度提高,达到蒸馏处理所需的水质要求。

蒸馏是工艺的核心部分,为保证产品水的纯度要求,应至少采取两次蒸馏处理,即两次蒸馏或三次蒸馏。经过处理,可有效地去除水中残留的微粒杂质和溶解性无机物。同时,对水中的微生物、细菌、抗原也起到极好的杀灭去除作用。

精滤处理常用孔径为 0.22 μm 或 0.1 μm 的膜材料滤芯,滤除水中的菌尸等残留物,制成纯净产品水。

蒸馏法的类型有多种,但用于饮用纯净水生产的主要是多级蒸馏法。多级蒸馏法一般采用多台塔、多台换热器和一台冷凝器。塔和冷凝器由进料水管、蒸汽管和冷却水管等连接在一起,组成一台蒸馏水机。经过该多效蒸馏水机,出水纯度高,以往在医药行业被广泛地应用在针剂、输液的制备上。但多级蒸馏法存在以下缺点。

① 能耗大:生产 1 t 蒸馏水,进口蒸馏水机耗电量为 15~16 kW·h。目前,国产的蒸馏水机不采用电加热方式,而采用蒸汽加热方式。蒸馏水机的蒸汽来自锅炉,生产 1 t 蒸馏水所需的能源折合标准煤为 45 kg,锅炉的配备不但增加了投资,而且增加了占地面积,操作人员也增加了。

② 产水不含氧:由于技术方面的限制,生产出来的水不含氧。因此,在饮用纯净水制取中,蒸馏法已逐渐为电渗析、离子交换、反渗透等方法所取代。

(二)反渗透法

反渗透处理工艺最早应用于宇航和航海领域。20 世纪 80 年代末,欧美等国家和地区率先将之普及到民用饮水中。近 20 年来,我国发展较快。目前,很多饮料及食品等生产企业采用二级反渗透法生产纯净水。图 4-4 所示为典型的二级反渗透法生产纯净水工艺流程,主要包括水的预处理、反渗透、灭菌、终端过滤、灌装等工序。采用反渗透法生产纯净水,具有脱盐率高、产量大、劳动强度低、水质稳定、终端过滤器寿命较长的优点;缺点是需要高压设备,原水利用率只有 75%~80%,膜需要定期清洗。

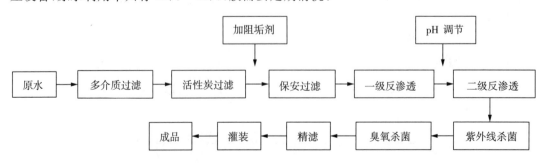

图 4-4　典型的二级反渗透法生产纯净水工艺流程

反渗透膜设备(图4-5)对进水水质有严格要求,因此应把好预处理关。除进行多介质过滤、活性炭吸附外,还要注意水质多项指标。将水质多项指标随时控制在许可范围内,以避免反渗透膜受到损害。若水中余氯不应大于0.1 mg/kg,可以加入亚硫酸氢钠来调节控制;若水中钙离子与硫酸根离子的浓度偏高,则应添加六偏磷酸钠;若混浊度污染指数高,则应加强微滤;此外,水的温度、pH等也应控制在工艺要求的范围内。

图4-5　反渗透膜设备(合肥科锐特环保工程有限公司提供)

反渗透处理后的水还需经灭菌处理,灭菌方法有紫外线杀菌、臭氧杀菌两种。目前,国内纯水生产中较多采用紫外线结合臭氧杀菌的方式。通常杀菌后的水还需用0.20～0.25 μm的微滤装置进一步除去水中残存的菌体等杂质,即制成纯净水。

反渗透生产工艺运行成本较低,技术也已成熟。应注意的是,最好选用脱盐率较高的反渗透复合膜,以确保产品水纯度,但目前国产复合膜尚待完善,对进口产品仍依赖,在生产操作、日常维护上需求较高。因此,在设计时应充分掌握原水水质的四季变化状况,确定合理有效的处理方案。采用反渗透法生产纯净水的部分设备如图4-6所示,其工艺要点如下。

图4-6　采用反渗透法生产纯净水的部分设备(合肥科锐特环保工程有限公司提供)

① 水源：采用自来水等满足生活饮用水标准的水。

② 多介质过滤：采用多介质过滤器，截留水中较大的悬浮物和胶体物质，降低水的浊度，需要定期进行反冲洗。

③ 活性炭过滤：采用活性炭过滤器有效吸附水中有机物、余氯、胶体及微粒等，脱色及脱臭。活性炭需要定期反冲洗进行再生，或者更换。

④ 加阻垢剂：添加三聚磷酸钠、六偏磷酸钠等，与水中钙、镁等金属离子反应，形成可溶性的络合物，抑制钙、镁离子产生沉淀。

⑤ 保安过滤器：采用孔径为 $0.1 \sim 10 \ \mu m$ 的微滤器，滤出病毒、细菌、胶体及悬浮物等，确保水质达到反渗透膜的进水指标。

⑥ 一级反渗透：通过反渗透装置去除水中钙离子、镁离子、铅离子、汞离子等离子及其他杂质，降低水的硬度，并进行脱盐。

⑦ pH 调节：调节纯净水的 pH 为 $5 \sim 7$。

⑧ 二级反渗透：通过一级反渗透处理后，再经过二级反渗透，使水进一步净化，达到国家规定的纯净水质量要求。

⑨ 紫外线杀菌：采用合适规格的管道式紫外线消毒器对水进行杀菌处理，消毒时紫外线有效剂量应不低于 $40 \ mJ/cm^2$。

⑩ 臭氧杀菌：采用臭氧杀菌器对纯净水进一步杀菌。臭氧浓度达到 $0.4 \sim 0.5 \ mg/L$ 临界浓度时，接触时间大于 5 min，就可将水中微生物基本杀灭。臭氧还能通过氧化反应分解和有效去除水中残留的有害物质，如有机物、氰化物及农药等。臭氧在水中的半衰期约为 35 min。氧化反应中多余的臭氧可以很快分解成氧气。由于其分解快，没有残留物质，利用臭氧杀菌消毒既不会产生污染，又能利用其半衰期对灌装好的纯净水进行整桶杀菌，以获得真正洁净、安全的水。

⑪ 精滤：将杀菌后的纯净水用 $0.2 \ \mu m$ 微滤器过滤，去除水中残存的菌体等。

⑫ 灌装：其灌装工艺、瓶和盖的消毒、生产设备消毒与灌装车间的净化与矿泉水基本相同。

三、其他饮用水的生产工艺

其他饮用水是以直接来源于地表、地下或公共供水系统的水为水源，经适当的加工方法，为调整口感加入一定量矿物质，但不得添加糖或其他食品配料而制成的制品。添加矿物质的方法主要有直接溶化法和二氧化碳侵蚀法两种。

(一)直接溶化法

直接溶化法是 20 世纪 40 年代前流行的方法，即在天然水中添加碳酸氢钠、氯化钙、氯化镁等（还可再充以二氧化碳）。直接溶化法生产其他饮用水工艺流程如图 4-7 所示。

原水 → 氯消毒 → 脱氯 → 调配 → 过滤 → 紫外线消毒 → 灌装 → 封口 → 成品

图 4-7　直接溶化法生产其他饮用水工艺流程

原水以优质水为好，也可以使用井水和自来水。先用氯杀菌，再用活性炭脱氯，送至调配罐，按预定成分加入一些无机盐类，严格控制用量，使浓度符合要求，并应稳定。过滤时宜先粗滤,再进行精滤,将所得滤液存入中间罐中,装瓶前进行紫外线杀菌。灌装的容器必须干净、无菌。将杀好菌的饮用水灌入已洗净消毒的瓶中,经压盖、冷却、包装而得产品。杀菌也可用热交换器杀菌。

充气:针对其他饮用水的做法是配料后,将水冷却到 $3 \sim 5 \, ℃$,充入 CO_2,再精密过滤,冷杀菌,装瓶。

直接溶化法生产的其他饮用水质量上有其不足之处:引入了大量酸性阴离子,如 Cl^-、NO_3^- 等,这些离子形成的盐在营养学上属于中性化合物,所以制成品“碱性”比较低,饮用后不能很好地起到调节人体酸碱平衡的作用;另外,直接溶化法难以制成钙、镁含量高的饮用水。

(二)二氧化碳侵蚀法

在 CO_2 压力下,将 $SrCO_3$、$CaCO_3$、$MgCO_3$、Li_2CO_3 等难溶碱式碳酸盐溶于水中,再经冷杀菌后灌装。在 CO_2 的作用下,难溶的无机盐转化为碳酸氢盐而溶于水中,使制得的饮用水中阴离子占绝对优势。因此其属于营养学意义上的“碱性饮料”。矿物质可采用石灰石、白云石、文石等碱式碳酸盐矿石粉末,含有 CO_2 的原料水与矿物质反应,使水含有矿物质,其主要化学反应如下:

$$CaCO_3 + H_2CO_3 = Ca(HCO_3)_2$$

$$MgCO_3 + H_2CO_3 = Mg(HCO_3)_2$$

原水中 $Ca(HCO_3)_2$、$Mg(HCO_3)_2$ 等成分含量达到要求后,再直接加入少量可溶性成分。然后,经过滤、杀菌、灌装、封口等工艺后,即得成品。

饮用水的杀菌方法也包括无菌过滤、氯化、臭氧化、紫外线照射、超声波处理、热杀菌等。

二氧化碳浸蚀法既然能解决主成分钙镁碳酸盐的溶解问题,那么其他成分的溶解就很容易解决了。所以从原则上讲,可以添加一切类型的矿物质。

思考题

1. 什么是包装饮用水? 有哪些种类? 各有什么特点?
2. 什么是天然矿泉水? 天然矿泉水有何特征?
3. 我国国家标准对天然矿泉水的界限指标有哪些?
4. 什么是饮用天然矿泉水? 有哪些类型?
5. 天然矿泉水的生产工艺与瓶装纯净水生产工艺有何不同?
6. 什么是天然矿泉水的理化特征?
7. 如何确定矿泉水类型?
8. 矿泉水的评价内容有哪些?
9. 矿泉水气体成分的来源有哪些?
10. 在饮用天然矿泉水的生产中,曝气的目的是什么? 有哪些方法?
11. 除矿泉水中铁、锰的方法有哪些?
12. 什么是饮用纯净水?
13. 生产纯净水时有哪些脱盐的方法?

14. 简述天然矿泉水及饮用纯净水的生产工艺的异同。

15. 设计一条用地下含气矿泉水生产饮用矿泉水(不含气)的工艺路线,分析所采用的每个工艺的必要性,并写出能够去除的水中杂质。

(孙汉巨、何胜华、李菁、何述栋)

GB 19298—2014
《食品安全国家标准
包装饮用水》

GB 19304—2018
《食品安全国家标准
包装饮用水生产卫生规范》

第五章　碳酸饮料

教学要求：

1. 理解碳酸饮料的定义、分类和特点；

2. 掌握碳酸饮料一次灌装法、二次灌装法的基本工艺及优缺点；

3. 熟悉混合糖浆的配制过程，各种物料的特点及溶解方式；

4. 掌握碳酸化原理、亨利定律和道尔顿定律；

5. 掌握影响 CO_2 在水中溶解度大小的因素；

6. 理解碳酸饮料灌装方式与原理；

7. 理解洗瓶的方式及工艺条件；

8. 掌握造成碳酸饮料不正常的混浊与沉淀、变色、变味、气不足或爆瓶的原因，以及预防措施。

教学重点：

1. 碳酸饮料生产的两种工艺；

2. 糖浆的调配遵循原则；

3. 亨利定律和道尔顿定律；

4. 影响 CO_2 溶解度大小的因素；

5. 一次灌装法和二次灌装法的优缺点；

6. 造成碳酸饮料不正常的混浊与沉淀、变色、变味、气不足或爆瓶的原因及采取的预防措施。

第一节　碳酸饮料概述

一、碳酸饮料的定义和作用

碳酸饮料（carbonated drink）是指在一定条件下充入 CO_2 气体的饮料，不包括由发酵法自身产生 CO_2 气体的饮料。碳酸饮料一般由水、甜味剂、酸味剂、香精（香料）、色素、CO_2 气体和其他原辅料组成。碳酸饮料中含有 CO_2 气体，能使饮料风味突出且口感强烈，还能让人产生清凉爽口的感觉。也正因如此，碳酸饮料成为人们剧烈运动时及炎热季节所喜爱的优良饮品。

CO_2 是碳酸饮料的灵魂，主要具有如下功能和作用。①饮料溢出大量的碳酸气体泡沫，给予人们心理上的条件反射，让人有一种痛饮为快的感觉。当碳酸进入人体的消化系统后，由于温度升高，压强降低，碳酸饮料在体内会发生分解，产生 CO_2，随呼吸系统排出体外。这个反应是吸热反应，一进一出中带走了人体的热量，于是，就起到了清凉的作用。在国际上，一般认为碳酸饮料的 CO_2 含气量为 $3.5 \sim 4.0$ 倍为安全区。②刺激消化液分泌，增进食欲。饮用碳酸饮料，可促进口腔唾液和肠胃消化液的分泌，使人们食欲顿增。③CO_2 可突出碳酸饮料香味，碳酸饮料中逸出的 CO_2 气体可带出所配制饮料的香气，给消费者以身心愉悦的感受，增强口感和风味。④碳酸饮料中 CO_2 的存在破坏了嗜氧微生物的生存环境,对其有致死性,并且充满 CO_2 气体的饮料瓶有一定的压力,更能抑制微生物的生长,从而延长碳酸饮料的保质期。

从营养方面来看,除砂糖提供的热量外,碳酸饮料几乎没有营养价值,主要功能是产生清凉感。近年来,研究发现,过量饮用碳酸饮料会影响人们的身体健康,主要影响人体的骨骼发育并且导致骨质疏松;长期饮用会使免疫力下降,影响消化功能,严重时会导致肠胃功能紊乱;长期饮用容易导致人的肥胖,它还是引起糖尿病的隐患之一。有调查发现,过度饮用碳酸饮料会对神经系统产生影响,妨碍神经系统的冲动传导,甚至引起儿童的多动症。

二、碳酸饮料的发展历史

18 世纪末和 19 世纪初,人们开始饮用天然碳酸泉水。1772 年,英国人 Priestley(普里斯特利)发明了碳酸化设备,他不仅研究了水的碳酸化,也研究了葡萄酒和啤酒的碳酸化,并由此指出水的碳酸化会产生一种令人愉快的气体,并能随着水中其他成分的香味一起飘出,他还强调了碳酸水的医用价值。1807 年,美国推出了果汁碳酸水,向碳酸水中添加果汁调味,使碳酸水更加具有风味,产品推出后受到欢迎,由此开始了工业化生产。随着人工香精的合成,液态二氧化碳的制成,帽形软木塞和皇冠盖的发明,机械化碳酸饮料生产线的出现等,这种饮料很快被推广到全世界。

我国碳酸饮料工业起步比较晚,20 世纪初在沿海等城市建立起来小型碳酸饮料厂,如天津山海关、上海正广和、广州亚洲、沈阳八王寺及青岛等碳酸饮料厂。随后,在武汉、重庆等地也建立起来小型碳酸饮料厂,但产量都不高。中华人民共和国成立前,我国的饮料产量仅有5 000 t;1980 年以后,我国碳酸饮料迅速发展;1998 年,达到493 万 t,占软饮料总产量的 45%;2003 年,达 666 万 t,占软饮料的 28%;2018 年,产量为 1 744 万 t,占总饮料的 11.13%。

三、碳酸饮料的分类

根据《碳酸饮料(汽水)》(GB/T 10792—2008)规定,碳酸饮料分为以下 4 种类型。

(一)果汁型

果汁型(fruit juice type)碳酸饮料是指果汁含量在 2.5% 以上且 CO_2 含量不低于 1.5倍的碳酸饮料,如橘汁碳酸饮料、橙汁碳酸饮料、菠萝汁碳酸饮料或混合果汁碳酸饮料等。这类饮料具有原果独特的色、香、味,不仅可以消暑解渴,还具有一定营养作用。一般可溶性固形物为 8%~10%,含酸量为 0.2%~0.3%,CO_2 含量为 2~2.5 倍。由于加入果汁的体态不一,分为澄清和混浊型果汁碳酸饮料。

(二)果味型

果味型(fruit flavoured type)碳酸饮料是指以果味香精为主要香气成分,含有少量果汁或不含果汁的碳酸饮料,如柠檬碳酸饮料、橘子碳酸饮料等。用蔗糖、柠檬酸、色素及果香型食用香精配制而成的各种各样的具有水果香型的碳酸饮料,是目前产量比较稳定的碳酸饮料品种,此类产品一般含糖量为 8%~10%,含酸量为 0.1%~0.2%,CO_2 含量为 3~4 倍,饮用该饮料能起到清凉解渴的作用。

(三)可乐型

可乐型(cola type)碳酸饮料是指以可乐香精或类似可乐果香型的香精为主要香气成分

的碳酸饮料。可乐型碳酸饮料是世界上主要生产的碳酸饮料之一,深受许多人群喜爱。可乐是一种嗜好性饮料,美国的"可口可乐"(Coca-Cola)为开山鼻祖,及其后起的"百事可乐"(Pepsi-Cola),在美国和国际市场上都有一定的声望。可口可乐中含有 11.1% 糖分及 0.084% 总酸(主要是磷酸),pH 值为 3.2,咖啡因含量为 0.11%,二氧化碳含量为 3.0%(V),色素成分主要为焦糖色素,香味成分除了来自于古柯树(Coca)的树叶浸提液和可拉树(Cola)的种子抽出液两种之外,还来自于甜橙油、橙花油、白柠檬油、桂皮油、肉豆蔻油、丁香油、胡姜油及香草油 8 种香精油的混合香精。此外,其还含有微量的可卡因等成分。

20 世纪 80 年代,我国开始开发可乐型饮料,如天府可乐、红雪可乐、崂山可乐、健力宝等。健力宝诞生于 1984 年,被誉为"中国魔水",是我国第一个添加碱性电解质的碳酸饮料。国内可乐型饮料的特征是部分添加药食同源成分,除具有一般清凉解暑功效外,还具备一定保健作用。

(四)其他型

其他型(other types)碳酸饮料是指除了上述三种类型的碳酸饮料,如特殊风味的姜汁碳酸饮料、沙土碳酸饮料,仅充入 CO_2 的碳酸水或苏打水,含气量较低的运动碳酸饮料等。从感官角度来分,碳酸饮料又可分为透明型和混浊型两类,两者的生产工艺不同。透明型是通过澄清、过滤等手段以达到产品清澈透明的效果,果味型及某些果汁型碳酸饮料均属于此类。混浊型则是通过均质和添加混浊剂的方法,使果汁中的果肉均匀地分布于碳酸饮料之中,使碳酸饮料呈混浊状态从而更加接近天然果汁的形态,如混浊型果汁碳酸饮料等。

四、碳酸饮料的产品技术要求

《碳酸饮料(汽水)》(GB/T 10792—2008)在感官、理化、食品添加剂和营养强化剂、卫生要求等几个方面对碳酸饮料产品进行了技术要求。在室温下,打开包装,立即取一定量混合均匀的被测样品,鉴别气味,品尝滋味。并取约 50 mL 混合均匀的被测样品,置于 100 mL 透明烧杯中,在自然光或相当于自然光的感官评定室内,观察其外观,检查其有无杂质。要求被测样品应具有反映该类产品特点的外观、滋味,不得有异味、异臭和外来杂物。碳酸饮料理化指标应符合表 5-1 的要求。

表 5-1　碳酸饮料理化指标

项目	果汁型	果味型、可乐型及其他型
二氧化碳气容量(20 ℃)/倍	≥1.5	
果汁含量(质量分数)/%	≥2.5	—

食品添加剂和食品营养强化剂使用量及使用范围应符合《食品安全国家标准　食品添加剂使用标准》(GB 2760—2024)和《食品安全国家标准　食品营养强化剂使用标准》(GB 14880—2012)的规定。卫生要求应符合《食品安全国家标准　饮料》(GB 7101—2022)的规定。

第二节　碳酸饮料的生产工艺

目前,按照碳酸饮料的灌装方法,碳酸饮料的生产工艺主要有一次灌装法和二次灌装法两种。

一、一次灌装法

一次灌装法(one filling method)又称为预调式灌装法、成品灌装法或前混合法,是将调和糖浆与处理水预先按照一定比例调和,再进入碳酸化罐冷却并充入 CO_2(或进入冷却器和混合机,经过冷却碳酸化后),将达到一定含气量的产品一次灌入容器中的方法。这在国外及国内一些大厂中常采用。一次灌装法工艺流程如图 5-1 所示。

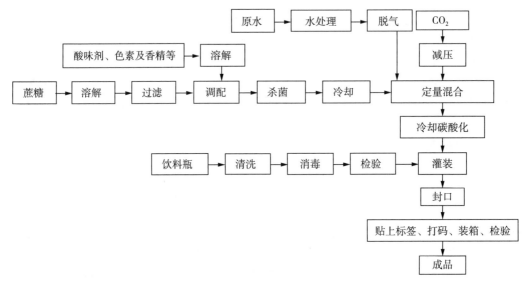

图 5-1　一次灌装法工艺流程

二、二次灌装法

二次灌装法(secondary filling method)又称为现调式灌装法、三段装瓶法、预加糖浆法或后混合法,是将调和糖浆通过灌装机定量注入容器中,然后通过另外一台灌装机注入经过冷却的碳酸化的水至规定量,容器密封后再混合均匀的方法,常在中小型厂中采用。二次灌装法工艺流程如图 5-2 所示。

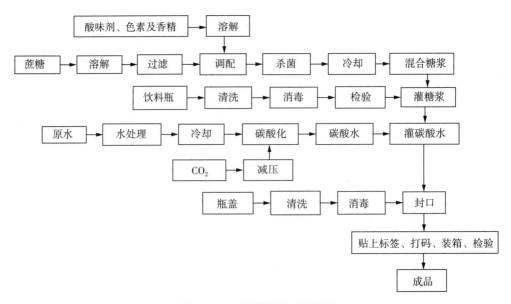

图 5-2　二次灌装法工艺流程

三、一次灌装法和二次灌装法的优缺点

（一）一次灌装法优缺点

一次灌装法优点具体如下。①由于预先使用配比器,灌装时糖浆和水的比例准确。②容器容量变化时,不需要改变糖浆量,产品质量稳定,而二次灌装法需要重新调整糖浆量。③糖浆和水的温度一致,避免了因温差而造成起泡现象,避免了风味、CO_2的损失。而二次灌装法中糖浆不经碳酸化,所以要提高气压,补偿糖浆需碳酸化部分,以免降低汽水含气量,但风味仍损失严重。④CO_2气体含量稳定,易于控制,CO_2利用率高。一次灌装法多采用同一底座的灌装机和封盖机,缩短了距离,减少了灌装后到封盖间的CO_2损失,一般CO_2用量为二次灌装法的70%～80%。⑤减少了一台糖浆机。⑥自动化程度高,操作人员少,速度(可为12 000～14 000瓶/h)快。

一次灌装法缺点具体如下:①采用配比器不利于带果肉产品的生产;②生产不同风味产品时,每次必须全部清洗混合器和灌装机,而二次灌装法则由于糖浆和碳酸水各自有自己的管路分别灌装,清洗比较容易;③若操作不当,容易受到微生物污染,必须严格遵守操作规程,才能控制好产品卫生指标。

（二）二次灌装法优缺点

二次灌装法虽然较为古老,但在一些方面仍具有以下优点:①尤其是在灌装果肉型饮料时,由于饮料中含有果肉,通过混合机喷嘴时容易堵塞喷嘴,不易清洗,而二次灌装法采用的管道是单独的,清洗方便,生产果味型、可乐型和带果肉型碳酸饮料时采用这种方法就较为有利;②灌装过程中,糖浆和碳酸水各成独立的系统,在灌装前互不相混,糖浆渗透压高,对微生物有抑制作用,碳酸水也不易繁殖微生物,容易达到卫生标准的要求;③若灌装发生泄漏,浪费的绝大部分是碳酸水,糖浆浪费较少,更加节约成本;④二次灌装法设备简单、投资少。

二次灌装法缺点:①二次灌装采用的灌装形式是糖浆定量灌装,碳酸水的灌装量会由于瓶子的容量不一致或灌装后液面高低不一致而难以准确,使产品无法保持合理和一致的灌装高度;②糖浆和碳酸水之间存在温度差,当容器中盛有糖浆时,再灌碳酸水易激起大量泡沫,造成CO_2的损失量增大及产品灌装量的不足,从而造成成品质量不够稳定。

四、汽水主剂

（一）汽水主剂的含义

汽水的组分可分为下列四个部分:第一部分是水,占90%以上,它除了有解渴效果外,还是滋味的载体;第二部分是糖,它赋予汽水以甜味;第三部分是CO_2气体,它赋予汽水清凉的效果;第四部分是赋予汽水主要风味的其他添加剂,也就是汽水主剂。

使用汽水主剂是饮料工业发展过程中产生的一种新的生产方式。在生产过程中,汽水主剂既是汽水的主要成分,又是主剂生产厂的产品,同时也是汽水灌装厂的主要原料,它对汽水质量的好坏起决定性因素。

好的汽水主剂能使汽水灌装厂的产品备受消费者的欢迎,给灌装厂带来高效益。许多国际名牌饮料产品能风靡世界,其秘密就在这一部分配料之中。在我国生产的可口可乐、百事可乐等碳酸饮料就是由原公司提供汽水主剂,然后在生产厂家灌装的。

（二）汽水主剂的组分

汽水主剂的组分中有香味剂、酸味剂、防腐剂和其他添加剂等，通常分为粉末和液体两类：粉末类组分主要包括酸味剂、防腐剂和其他添加剂，液体类组分主要是香味剂。一定量的粉末组分和液体组分构成汽水主剂的一个单位。一个单位的汽水主剂可以满足灌装 2 t 汽水成品的需要。为了保证产品的质量，有些生产厂家还把主剂与甜味剂调配好，成为汽水糖浆提供给灌装厂。

（三）使用汽水主剂的优点

使用汽水主剂生产汽水时，只要把汽水主剂中的粉末类组分和液体类组分按照汽水主剂配制的要求，全部加入经消毒过滤后的糖液中，配制成糖浆，再经过混比器和碳酸水混合后就可以灌装。如果使用汽水糖浆，则只需混合灌装。因此，使用汽水主剂生产具有以下优点。

① 保证产品质量稳定。汽水主剂生产厂是汽水配料生产方面的专业化工厂，它负责汽水主剂中所有添加剂的采购、检验和加工，能够保证主剂成品的质量稳定，从而保证汽水产品质量的稳定。

② 简化灌装厂工作。若使用汽水主剂生产汽水，灌装厂可以省去采购、检验、贮存、保管汽水原料的许多工作，同时也简化了生产过程，减少了仓储占用面积，节省了人力、物力。灌装厂可以集中力量，着力提高灌装生产技术。

③ 促进新品种的开发。汽水主剂厂因主要生产主剂，所以着重于研究新品种主剂的开发，因而能够及时地开发汽水新品种。

④ 发挥最大的品牌效应。汽水生产的主剂形式，是主剂厂和灌装厂联合起来的生产形式。灌装产品大量使用主剂生产厂家的品牌，在市场上会充分地发挥品牌的效应，使各生产厂家均收到良好的经济效益。

第三节　糖浆的制备

一、糖溶液的制备

（一）糖溶液

为配制混合糖浆所用的糖水溶液，称为糖液、原糖液或单纯糖液。对于普通碳酸饮料而言，甜度适宜的砂糖用量为 10％左右。但对于不同的饮料来说，甜味和酸味的比例不尽相同，调配时要适当地调整糖酸比。

单纯糖液的一般标准浓度为 30～32 °Bé，相当于 55.2％（质量）。确定这一浓度标准的理由在于：比该浓度低时，容易腐败变质；浓度为该浓度时，虽然保存性能好，但冷却黏度过大，不容易计量和稀释处理。制备糖溶液时，首先需将砂糖溶解。

（二）混合糖浆制备工艺

混合糖浆制备工艺流程如图 5-3 所示。

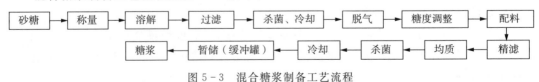

图 5-3　混合糖浆制备工艺流程

(三)糖浆浓度的测定

糖液浓度可用糖度表示。糖度是糖液中固形物浓度单位,在工业生产上一般用白利度(°Brix 或°Bx)表示糖度。白利度是指在 100 克糖溶液中所溶解的固体物质的质量(克数)。糖度在碳酸饮料的应用中更加精细,有三种表示方法,即新鲜糖度(fresh brix)、转化糖度(invert Brix)和即时糖度(receive Brix)。新鲜糖度是指刚配置的新蔗糖溶液的糖度(即溶液中只含有蔗糖);转化糖度是指以蔗糖水解为例,将蔗糖溶液在酸性条件下加热,蔗糖水解成一分子果糖和一分子葡萄糖时,测量得到的糖度;即时糖度是指即时即刻测得的糖度,当下溶液中可能含有单糖。

糖类包括单糖、二糖、寡糖(低聚糖)和多糖等。目前,碳酸饮料行业中常用的是单糖和二糖。在碳酸饮料生产中,糖类不仅可以提高碳酸饮料黏稠度,还可以使消费者在饮用时产生甜腻的愉快感。调整甜度和酸度,增加饮料能量和营养价值,还可以对饮料中其他味道起掩盖或增强作用。

1. 糖浆浓度的测定和表示方法

在我国饮料行业中,表示糖浆浓度的单位有三种,即白利度(°Bx)、波美度(°Bé)、相对密度。其中,白利度常用手持糖量仪、比重计(糖度计)或阿贝折光仪测定。

(1)比重计法

操作方法如下:取适量糖液于量筒中,放入比重计,检验人员调整站姿,使视线与液面最低处保持平齐,读出对应刻度值,即糖浆浓度。若测定碳酸饮料中糖的浓度,则需要在糖液中的 CO_2 全部逸出后再开始测量。注意读数时,比重计不能与量筒壁发生碰触。其具体步骤如下:①取适量糖液到量筒中,保持静置使糖液中的气体完全排出;②将清洁干净的比重计轻放在糖液中,让比重计自由下沉,不可使用外力助推至其上浮,待下沉停止后,准备读数;③检验人员按照标准读数,记录数据;④测量糖液温度,记录数据并查找温度表矫正温度。

值得注意的是,糖液的浓度和温度要同时读出,避免因操作的微小时间误差而导致所得温度和浓度不匹配,这样不具有实际价值。波美表法和比重计法的操作方法相同,但数据单位不同。

(2)折光测定法

折光测定法利用了物质的折光率,一般采用手持糖度计进行测定。操作方法如下:首先,掀起盖板,用清水将折光棱镜清洗干净,并擦拭干净,无水渍残留;然后,将适量糖液滴至折光棱镜面上,盖上盖板,调整仪器进光窗,使其对准光源,确保进光,转动视度圈,使视野内刻度线清晰易于辨认,最后检验人员读出明暗分界线处相应读数,即溶液的糖浓度或者百分含量。

2. 糖液浓度的换算

糖锤度、波美度、相对密度对照表见附录 C。

$$15\ ℃时相对密度\ d=144.3/(144.3-a)$$

式中,a 是波美度,°Bé。此式仅用于比水重的情况。

二、砂糖的溶解

砂糖的溶解方式分为连续式和间歇式。按照砂糖溶解时是否需要加热,将其划分为热溶(又可分为蒸汽加热和热水溶解)和冷溶。为保证糖浆质量,砂糖等甜味剂均要求为优质材料,水质可与瓶装水的水质相同,要确保安全、干净、卫生。

(一)间歇式溶解

1. 冷溶法

冷溶法是在室温条件下不经加热,把砂糖加入水中不断进行搅拌溶解的方法。冷溶时,把预先计量的经过处理的无菌水用泵抽入化糖锅内,开动搅拌机并投入称量好的砂糖,通过搅拌使砂糖完全溶化。激烈搅拌会卷入很多空气,使糖液受到污染,因而搅拌速度不宜过快,在糖完全溶化后应立即停止搅拌。若使用部分葡萄糖,可先用足够的热水使葡萄糖溶解,然后加入纯水,再投入砂糖使之搅拌溶解。

该方法优点:设备简单,省去了加热和冷却过程,减少了费用。

该方法缺点:溶解时间长,设备体积大,利用率低。由于完全不经加热,缺少杀菌工序,对于防止糖液的污染是不利的。这种工艺对卫生管理要求特别严格,从配浆室到装瓶的整个过程,必须充分保证清洁卫生。

冷溶法制得的糖液必须马上用完。若确实无法做到这一点,应立即加入酸液,以抑制微生物的繁殖,但添加酸的量不能超过配方中的酸量。

2. 热溶法

(1)蒸汽加热溶解

将水和砂糖按比例加入溶糖罐内,直接用蒸汽加热,在高温条件下,不断搅拌至溶解。

该方法的优点:溶糖速度快,可杀菌,能量消耗相对较少。

该方法的缺点:直接通蒸汽到溶糖罐内会因为蒸汽冷凝的缘故带入冷凝水,糖液浓度和质量受到影响。若用夹层锅加热,则当锅壁温度较高,搅拌出现死角时,容易黏结,内壁结垢,影响传热效果和糖液质量。热溶糖时,会有凝固杂质浮于液面上,一般需要进行过滤。另外,蒸汽会影响操作环境。

(2)热水溶解法

热水溶解法是边搅拌边把糖逐步加入热水中溶解,然后加热杀菌、过滤、冷却。该方法克服了上述一些方法的缺点。国内一些厂家采用此法。热溶法工艺流程如图5-4所示。

图5-4　热溶法工艺流程

热水溶解法优点具体如下:(1)避免了用蒸汽加热时糖在锅壁上黏结,采用50～55℃热水减少了蒸汽给操作带来的影响;(2)粗过滤可除去糖液中的悬浮物和大颗粒杂质(优质糖可省略此步骤),减轻了后工序(精滤)的负担;(3)糖液在低温(39℃)下过滤,可避免产生絮凝物,不过温度不能太低,否则黏度上升影响过滤效率;采用精滤时,精度为 5 μm 以下,过滤出来的糖液呈无色透明状。

(二)连续式溶解

糖和水从供给到溶解、杀菌、浓度控制和糖液冷却,都是连续进行的。因自动控制程度较高,国外大多数国家采用此法。该方法生产效率高,全封闭,全自动操作,糖液质量好,浓度误差小(±0.1 °Bx),但设备投资较大。这种方法较之于间歇式的溶解过程,除了具有自动化程度高的优点外,还因其采用的是全封闭式的设备、容器,可以降低微生物污染的风险,大幅度提高生产效率,由此获得的原糖浆的浓度比较均匀,质量优良。这种方法的弊端是设备造价昂贵,不利于成本控制,增加了生产成本,对操作人员的职业素质要求较高。连续式溶糖工艺流程如图 5-5 所示。

图 5-5　连续式溶糖工艺流程

采用这种方法制备原糖浆时应注意:当温度升高时,砂糖的溶解度就会增大;100 ℃时可以溶解 83% 的砂糖;当温度降到 0 ℃时,砂糖只能溶解 64%,这样会有砂糖析出,造成精制砂糖的浪费,无故增加生产成本,减少收益。所以,一般情况下,制备原糖浆时采用 65% 砂糖浓度。

三、溶糖设备

溶糖设备多采用带有搅拌器的不锈钢夹层锅(图 5-6)、冷热缸(图 5-7)、化糖锅(图 5-8)或带有加热盘管的容器。

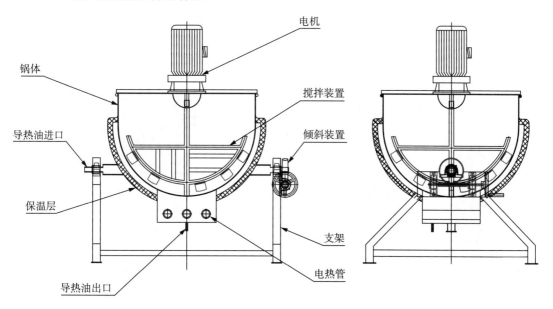

图 5-6　夹层锅

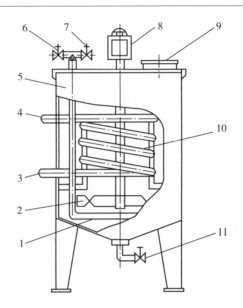

1—蒸汽及水进管；2—搅拌器；3—冷却水进口；4—冷却水出口；5—锅体；6—进气阀；7—进水阀；8—电机；9—加料口；10—冷却盘管；11—出料口。

图 5-7 冷热缸   图 5-8 化糖锅

四、糖浆的过滤

为了保证糖浆的质量，除去砂糖和溶糖过程中带入的杂质（如灰尘、纤维、砂粒和胶体），糖液必须进行净化处理，一般可采用过滤或吸附两种手段。

(一)以过滤为主要手段

对于高质量的优质砂糖或饮料用糖，采取普通的过滤形式净化，即以不锈钢丝网、尼龙布、帆布、绢布、纸浆、棉花、棉饼等为介质，进行热过滤或冷过滤即可。过滤依压力分为常压过滤、加压过滤（如双联过滤器）。双联过滤器及其不锈钢滤网罩如图 5-9 和图 5-10 所示。采用何种形式、何种介质处理应根据工厂的实际情况而定。

图 5-9 双联过滤器   图 5-10 双联过滤器中不锈钢过滤网罩

（二）以吸附为主要手段

如果砂糖质量较差（包括原来质量较差和受污染两种）或者需要制备一些特殊的饮料，如无色透明的白柠檬汽水，对糖液的色度要求很高，则要用活性炭（一般用量为糖质量的0.5%～1%）吸附脱色，再用硅藻土助滤的办法，使糖液达到要求。

板框式过滤机是间歇式过滤机中应用最广泛的一种。板框式过滤机（图5-11）的滤室由滤框和交替排列的滤板组成。滤框和滤板构成一个完整的通道，同时在滤板和滤框（图5-12）的边角上有通孔，起到通入悬浮液、洗涤水和引出滤液的作用。板框式过滤机在工作时由供料泵将悬浮液压入滤室，同时在滤布上形成滤渣，直至充满滤室。滤液穿过滤布并沿滤板沟槽流至板框边角通道中，这时通过板框边角通孔集中排出。过滤完毕后，可通入清水洗涤滤渣。洗涤后，有时还通入压缩空气，除去剩余的洗涤液。随后，打开过滤机，卸除滤渣，清洗滤布，重新压紧板、框，开始下一个工作循环。

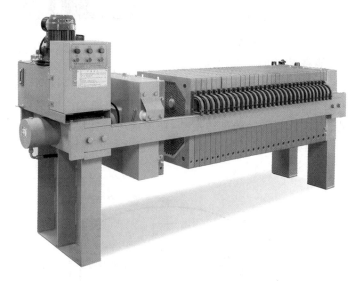

图5-11 板框式过滤机

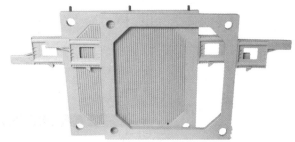

图5-12 滤板和滤框

当采用不锈钢过滤机过滤糖浆时，有时候其本身的过滤强度可能不能满足使用要求，这时，需要加入助滤剂来提高过滤质量和过滤速度。助滤剂一般用硅藻土或纸浆等，在砂糖完全溶解后加入。助滤剂纸浆原料的用量（千克）与过滤面积（平方米）成1:1的关系，即每平方米过滤面积需要耗费 1 kg 的纸浆原料。然后,用泵将助滤剂加压使其通过滤板,开始循环,形成均匀的滤层,待滤液澄清透明时,即可停止过滤操作。一般情况下,操作压力为 0.6 MPa,当操作压力超过 1.2 MPa 且流量开始降低时,需要停止操作,对设备必要地方进行洗涤,及时更换助滤剂和滤布,更新洁净后可继续使用。

硅藻土过滤机(图 5-13)使用中最为关键的步骤是在工作中形成均匀的硅藻土预涂层,这是关系到滤出浆液澄清透明度最重要的一步。为了不影响过滤速度,使滤饼更加高效,获得更高品质的原糖浆,也可在加入糖液中混入少量硅藻土助滤剂,一般每 10 t 糖液可加入 5~10 kg 硅藻土助滤剂。

图 5-13　硅藻土过滤机

当使用质量较差的砂糖溶成原糖液时,生产的碳酸饮料中可能会产生絮状物、沉淀物及异味,还可能在装瓶时产生大量泡沫等,不仅降低生产效率,还不能保证饮料品质。当发生这种情况时,可以用活性炭过滤器(图 5-14)处理,方法具体如下:向需要净化的热糖浆中加入活性炭,活性炭的使用比例一般控制在糖质量的 0.5%~1%,边加边搅拌,使糖液与活性炭充分接触。在 80 ℃下保持 15 min,然后过滤。为避免活性炭堵塞过滤机,还需要在过滤前向糖液中加入适量硅藻土作助滤剂,助滤剂同为糖质量的 0.1%。

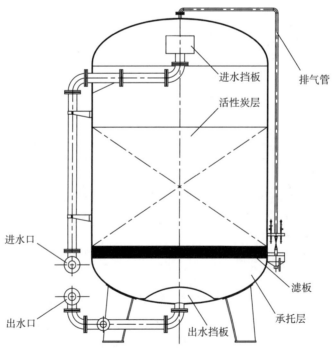

图 5-14　活性炭过滤器

对于用热溶法生产的糖浆,为了获得足够澄清透明的浆液,需先冷却至常温后过滤,可将所得澄清滤液储存在有冷却效果的容器中待用。

五、糖浆的调配

根据不同碳酸饮料质量的要求,在糖液中加入甜味剂、酸味剂、香精、色素、防腐剂、果汁及定量的水等,混合均匀即得糖浆或混合糖浆(mixed syrup),这个过程称为糖浆的调配(blending)。不同品种之间的差别主要在于加入的甜味剂、酸味剂、香精等种类及量的多少和加入方法。混合糖浆贡献了碳酸饮料产品中的绝大部分营养价值。所以,从各个方面考虑,糖浆的质量好坏也被公认为衡量碳酸饮料产品质量优劣的关键因素。

(一)物料处理

为了使配方中的物料混合均匀,减少局部浓度过高而造成的反应,物料不直接加入而是预先制成一定浓度的水溶液,并经过过滤,才进行混合配料。

1. 甜味剂

碳酸饮料所使用的甜味剂有天然甜味剂(如蔗糖、葡萄糖、果糖、麦芽糖、甜菊糖、果葡糖浆、蜂蜜、木糖醇等),以及人工甜味剂(如糖精钠、蛋白糖、甜蜜素等)。使用较多的是砂糖,包括蔗糖和甜菜糖。甜菊糖、甘草苷、糖精钠、甜蜜素、山梨糖醇等是适合糖尿病人的甜味剂。

实际生产中往往不仅仅使用一种甜味剂,而是使用两种或两种以上的甜味剂,这样风味更好。使用其他甜味剂时应注意一些问题,如用其他甜味剂代替砂糖时,饮料的固形物含量会下降,水量增多,料液的相对密度、黏度、外观都会发生改变,口感也会稀薄,必须加入增稠剂,如羧甲基纤维素钠、海藻酸钠、黄原胶、变性淀粉、果胶等。添加0.05%～0.15%耐酸性羧甲基纤维素钠,可保持饮料稳定3个月;使用黄原胶,可保持饮料稳定达6个月。使用增稠剂时,要注意其结块问题,可与白砂糖充分混合溶解后,再用胶体磨研磨1～2次。

2. 酸味剂

柠檬酸、乳酸、苹果酸、酒石酸、醋酸和磷酸均可作为酸味剂。一般地,饮料用柠檬酸作酸味剂,不同类型饮料使用不同类型酸味剂。一般先将其配成50%的溶液,也有部分厂家在溶糖时添加。要注意砂糖在酸的作用下会分解成果糖和葡萄糖。不同品种的碳酸饮料分别使用不同的酸味剂,如柠檬酸常用于柑橘风味的碳酸饮料,酒石酸则多用于葡萄风味的碳酸饮料和一些混合饮料,可乐型饮料常用磷酸,葡萄糖饮料则常用乳酸或乳酸与柠檬酸的混合酸,苹果饮料则常用苹果酸与柠檬酸的混合酸。

3. 色素

一般地,饮料的色泽与饮料的名称相对应,果味、果汁汽水应接近新鲜水果或果汁的色泽。色素用量应符合《食品安全国家标准　食品添加剂使用标准》(GB 2760—2024)的规定。生产中为了便于调配和过滤,一般先把色素配成5%的水溶液,水应煮沸冷却后使用,或用去离子水(或蒸馏水),否则可能会因水的硬度太大而产生色素沉淀。溶解色素的容器应采用不锈钢、玻璃或食用级塑料容器,不能使用铁、锡、铝等容器和搅棒,以避免其中的金属产生影响。大多数色素耐光性较差,保存时应避光。使用色素时,尽量做到随配随用,防止其氧化或分解,并要过滤,防止结块。

4. 香精

碳酸饮料使用的香精主要来自柠檬、橘子、葡萄、菠萝、草莓、桃、苹果、蓝莓及树莓等。饮料的香味是由果实、果汁或香精表现的,不同类型饮料具有不同类型香味。饮料香味最主要是由大量合成的香料和天然物的浸出物所产生的,俗称为香精。来自果实的香料容易影响饮料的稳定性,特别是柑橘类果实的天然精油极其容易氧化,是产生油圈和沉淀的主要原因。综上所述,有时需要加入抗氧化剂、乳化剂和稳定剂以防止此类现象发生。

5. 防腐剂

碳酸饮料因含有二氧化碳,具有压力并有一定的酸度,故不利于微生物的生长及繁殖,因此防腐剂用量可相应少些。碳酸饮料中可以添加苯甲酸钠、山梨酸钾、对羟基苯甲酸酯类及生物防腐剂等。使用时,一般用热水先把防腐剂溶解成 20%～30% 的水溶液;然后边搅拌边缓慢加入糖液中,避免局部浓度过高与酸反应而析出,产生沉淀,失去防腐作用。尽量不用防腐剂,实现绿色加工,提高产品的安全性。

6. 果汁

果汁的主要成分为水、糖类、有机酸、单宁、维生素、氨基酸、色素等。果汁类型较多,碳酸饮料中大多数使用的是澄清果汁和浓缩果汁。常用天然果汁有柑橘、白柠檬、葡萄柚、草莓、苹果、菠萝、梨子、桃等果汁,用量一般为 5%～10%。

7. 二氧化碳

碳酸饮料中的二氧化碳量标志碳酸化效果。制取二氧化碳有很多种方式,二氧化碳中最常见的杂质是油,可导致饮料灌装时发生喷涌。发酵法制得的二氧化碳可能会发出臭味或异味,因此影响饮料质量。二氧化碳质量检验可通过异臭和碳酸水的滋味进行。

(二)混合糖浆调配的一般顺序和原则

混合糖浆调配的一般顺序如图 5-15 所示。

图 5-15 混合糖浆调配的一般顺序

混合糖浆调配的原则如下:

① 调配量大的原料(如糖液、水)先调入;

② 配料容易发生化学反应的(如酸、防腐剂)原料分开调入;

③ 黏度大、起泡性原料(如乳浊剂、稳定剂)较迟调入;

④ 挥发性的原料(如香精、香料)最后调入。

各种原料应先配成溶液并过滤后,在搅拌下徐徐加入,以避免局部浓度过高,混合不均匀;同时,搅拌不能太激烈,以免造成空气大量混入影响灌装和储藏(空气对碳酸化影响很大)。糖浆制成后,应尽快使用或装瓶,避免时间过长造成其质量改变。

糖浆调配需要在配料室中完成。配料的容器需是不锈钢材料,一般有倾斜式或腰部式搅拌装置,内有容量刻度,如调配罐(图 5-16)。使用腰部式或倾斜式搅拌装置可有效防止搅拌时振动导致的灰尘和油污等杂质掉入糖浆中。

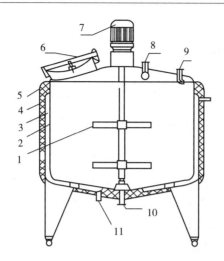

1—搅拌浆；2—内胆；3—夹层；4—保温层；5—外层；

6—人孔；7—电机；8—清洗球；9—进料口；10—出料口；11—疏水口。

图 5-16　调配罐

除了搅拌时要防止灰尘等杂物落入糖浆引起污染外，还应对容器、管道、器具、车间进行充分的洗涤及消毒。此外，工作人员的个人卫生也要重视，达到厂家规定的卫生标准；进行操作时，穿戴好工作服、工作帽、手套、口罩、工作鞋等，要经常洗手及消毒，避免将微生物及异物带入生产设备和原料中。糖浆的调配要在专门的配料室内进行，在卫生方面，不但要清洁消毒，而且要有必要的防苍蝇和蚊虫、排水及换气设施。

（三）调和设备

调和设备多为带搅拌器和容量刻度标尺的不锈钢容器。搅拌方式多为倾斜式或腰部式，可避免因振动而产生的灰尘和油污等杂质掉进糖浆中。

（四）调和工艺

调和工艺可分为间歇式与连续式。

间歇式按调和温度的不同又可分为热调和与冷调和。

1. 热调和糖浆处理工艺

热调和是在高温下进行配料的，通常是用热溶解的糖液直接进行配料，然后冷却。这样只经过一次加热就完成了溶糖、调和和杀菌的操作，可节省能源。其不足之处是破坏了饮料的风味和营养成分，香精挥发损失大。所以，要选用耐热型香精。

2. 冷调和糖浆处理工艺

冷调和就是在常温下（也有提出要小于 20 ℃）进行配料，然后进行巴氏杀菌、冷却。该方法多用于热敏性物料（香精、香料）多的果汁型饮料生产。冷调和工艺流程如图 5-17所示。

图 5-17　冷调和工艺流程

3. 连续式调和糖浆处理工艺

连续式调和工艺流程如图 5-18 所示。

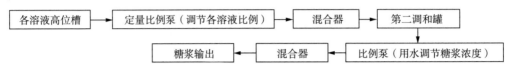

图 5-18　连续式调和工艺流程

用这种流程配制的糖浆,精度可达(±0.05)°Bx,可大量降低糖原料的损耗,并且由于是全封闭全自动操作,卫生状况良好,但设备一次性投资大。

4. 调和工艺流程的布置原则

调和工艺流程的布置原则如下:

① 注意卫生,溶糖部分与配料部分应隔开;

② 配料间与灌装线应尽量靠近;

③ 管路要简捷,减少弯头,尽量利用液位差压力,避免使用临时胶管;

④ 前后工序的设备能力要平衡且要便于操作、计量。

5. 配比器

糖浆与水的混合决定了制品中各成分的比例,这直接影响制品的质量。因此,必须按照预定的比例混合,能将糖浆与清水按一定比例混合的设备称为配比器(proportioner)或混合器。较为常见的有以下三类:配比泵混合机(图 5-19)、孔板定比例混合机(图 5-20)、喷射式混合机。

配比泵混合机:连有两台活塞泵,一台用来控制进水,一台用来控制进糖浆。活塞直径有大有小,通过调节活塞行程的大小来调节糖浆比例。

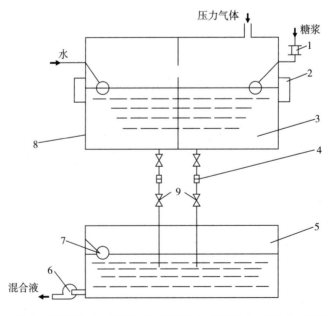

1—玻璃桶;2—电极;3—储糖浆桶;4—多孔板;5—储料桶;6—离心泵;7—浮球;8—储水桶;9—联动阀。

图 5-19　配比泵混合机

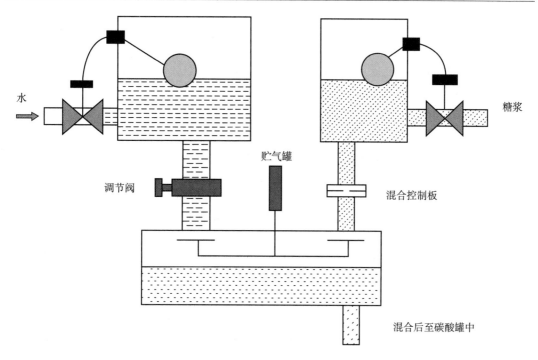

图 5 - 20　孔板定比例混合机

孔板定比例混合机:在落差不变的情况下,液体流过一个固定节流孔时,流速恒定不变,达到流量不变。节流孔还可用节流阀来代替。

喷射式混合机:基本构造为一个文氏管。当净水以高速从文氏管喷出时,在文氏管的吸入腔内所产生的低压导致糖浆通过节流阀进入混合区。通过节流阀上的手轮来调节水和糖浆的比例。

第四节　碳酸化

一、碳酸化原理

水吸收 CO_2 的作用一般称为 CO_2 饱和作用或碳酸化(carbonation)作用。H_2O 和 CO_2 的混合过程实际上是一个化学反应过程,具体如下:

$$CO_2 + H_2O \Longrightarrow H_2CO_3$$

这个过程服从亨利定律和道尔顿定律。

亨利定律:气体溶解在液体中时,在一定的温度下,一定量液体中溶解的气体量与液体保持平衡时的气体压力成正比。即温度 T 一定时,有

$$V = Hp$$

式中,V—— 溶解气体量;

p—— 平衡压力;

H—— 与溶质、溶剂及温度有关的常数。

道尔顿定律:混合气体的总压力等于各组成气体的分压力之和,即

$$p = \sum_{i=1}^{n} p_i$$

式中，p_i—— 分压，即各组分气体在温度不变时，单独占据混合气体所占的全部体积时对器壁施加的压力；

　　i——$1,2,\cdots,n$；

　　p—— 总压力。

二、CO_2 在水中的溶解度

在一定的温度和压力下，CO_2 在水中的最大溶解量（实际上是 $CO_2 + H_2O \Longrightarrow H_2CO_3$ 的动态平衡）称为 CO_2 在水中的溶解度。这时气体从液面逸出的速度和从液面进入液体的速度达到平衡，该溶液称为饱和溶液。未达到最大溶解量的溶液则称为不饱和溶液。气体的溶解度多用溶于液体中的气体容积来表示。

在我国，碳酸饮料行业常用"本生体积"作为 CO_2 溶解度的单位，简称为体积。本生体积是指在气压为 1 个大气压，温度为 0 ℃时，每一单位体积液体中溶解的 CO_2 体积数。有的美国及欧洲国家采用"奥斯瓦德体积"，这种表示方法不考虑"本生体积"的温度标准，用一定大气压下每升溶液中溶解的 CO_2 质量作为 CO_2 溶解量单位（g/L）。两者之间可以换算，1 本生体积约等于 2 g/L（准确来说是 1.98 g/L）。

对于 CO_2 来说，在 0.1 MPa、温度为 15.56 ℃时，1 体积水可以溶解 1 体积的 CO_2。也就是说，在 0.1 MPa、15.5 ℃时，CO_2 的溶解度近似为 1。不同类别、口感的碳酸饮料都有其特定的碳酸化程度，需要不同的 CO_2 溶解度。

测定一瓶汽水的气体容积时，需要知道测定时的温度和瓶内压力。压力的测定有专门的汽水 CO_2 测定计，测定计由压力表、夹钳、在瓶盖上开孔的顶针和排气阀组成。瓶内温度则可以用温度计测定。这样，根据压力和温度值就可以通过查表查出 CO_2 的容积倍数，即 CO_2 的溶解度。

样品瓶内 CO_2 溶解度并不是直接测得的，而是测定同一时刻的瓶内压力和饮料温度后通过查表得出的，所得数据即该种饮料溶解度。测定瓶内压力时，使用专业的碳酸饮料 CO_2 测定仪。对于不同类别的碳酸饮料，所需要的 CO_2 溶解度范围不一样。一般地，可乐型碳酸饮料和苏打水需要的溶解量是 3～4 倍体积；果汁型和果味型碳酸饮料大概需要 2～3 倍体积。CO_2 容积倍数的测定有以下两种方法。

（一）减压器法（常规检验袪）

将碳酸饮料样品瓶（罐）用测定仪（图 5-21）上的针头刺穿瓶盖（或罐盖），旋开放气阀排气，待压力表指针归零后，立即关闭放气阀，将样品瓶（或罐）往复剧烈

图 5-21　测定仪

振摇约 40 s,待压力稳定后,记下兆帕数(取小数点后两位)。旋开放气阀,随即打开瓶盖(或罐盖),用温度计测量容器内液体的温度。根据测得的压力和温度,查碳酸气吸收系数表(见附录 B),即得 CO_2 的容积倍数。

(二)蒸馏滴定法(仲裁法)

按照《饮料通用分析方法》(GB/T 12143—2008)规定的蒸馏滴定法,测定 CO_2 的容积倍数。

三、CO_2 调压站

CO_2 调压站是用来调节供应的 CO_2 气体压力,适应混合机所需要压力的一种设备。一般 CO_2 供应分为以下三种。

① 由其他工业生产所获得的副产品通过常压或者稍高压所输送来的气体,由天然的 CO_2 气体以常压或稍高压输送过来的气体,由自制的 CO_2 气体以常压或稍高压输送来的气体。任何来源的净化过的 CO_2 气体压力低于常用混合机所需气体,任何来源的 CO_2 气体贮于气柜中压力低于常用混合机需要的气体。

② 储于钢瓶中的 CO_2 气体。

③ 制成的干冰。

第一种情况主要用调压站加压。典型例子是自制的 CO_2 没有经过液化就直接通入贮气柜中。贮气柜是由一个浸没在水中的浮筒构成的,CO_2 经过水洗后进入浮筒内水面以上部分,这些气体产生的压力使浮筒上升,一直到浮筒充满。从贮气柜出来的气体压力略高于大气压力。将出来的气体用压缩机加压后,再进入碳酸化罐或通入一个附有活塞泵的混合机(活塞泵有两个进口:一个进水,一个进 CO_2 气体;进口有可以调节大小的阀门,用来调节两口的流量,二者混合后,从出口的单向阀门流入碳酸化塔中)中。此类混合机通常只用于混合气体和水,CO_2 中含有的空气经常从储气筒上部的出口排出。

第二种情况较常见。打开瓶口便变成气体,压力可达 8 MPa,不需要净化时,必须先经过降压站才能进入混合机。最普遍的降压站只有一个降压阀,降压阀将气体压力调节为混合机所需要的气体压力。用气量较大的压力站可分成两段降压。CO_2 降压时,压力急剧减小导致吸收大量热,会导致降压阀结霜或冻结。一般安装气体加热器可使气体温度升高,避免冻结阀芯。

第三种情况用干冰挥发器,使干冰挥发为气体后再使用,分为高压和低压两种。在高压挥发器中气体又变成液体贮存于挥发器中。

四、影响液体中 CO_2 含量的因素

(一)CO_2 气体的分压力

温度不变时,CO_2 分压增高,CO_2 在水中的溶解度就会上升。压力在 0.5 MPa 以下时,CO_2 分压与 CO_2 在水中的溶解度呈线性正比关系。例如,在 0.1 MPa、15.56 ℃时,一定量的水吸收 1 体积 CO_2;在 0.2 MPa 时,吸收 2 体积 CO_2。由此可见,生产时,在不影响其他操作设备的前提下,充气压力可适当提高。

(二)水的温度

在一个大气压下,不同温度下 CO_2 的溶解体积数见表 5-2 所列。据此可见,CO_2 的溶

解度随温度的升高而降低。根据道尔顿定律和亨利定律,当含有 CO_2 的混合气体溶于同一溶液中时,CO_2 在溶液中的溶解度,仅与 CO_2 在此种溶液中的溶解量有关。另外,其也与 CO_2 在混合气体中所占分压有关。

表 5-2 不同温度下 CO_2 的溶解体积数

温度/℃	溶解体积数/(mL/mL)
0	1.713
5	1.424
10	1.194
20	0.878
30	0.655
40	0.530
50	0.436
60	0.359

压力较低时,在压力不变的情况下,水温降低,CO_2 在水中的溶解度会上升。反之,温度升高,溶解度下降。亨利常数以 H 表示。若以 V 表示 CO_2 溶解量,p_i 表示绝对压力,则有 $V=Hp_i$。H 随温度变化而变化(压力较低时),但压力较高时,会有偏离。因为,H 还是压力的函数,即 $H=f(T,P)$。为此,引入 a、$\hat{a}$ 来修正,即 $H=(a-\hat{a})p_i$,修正常数 a 及 $\hat{a}$ 的值见表 5-3 所列。

表 5-3 修正常数 a 及 $\hat{a}$ 的值

温度/℃	$a/[(m^3/m^3)\cdot kPa]$	$\hat{a}/[(m^3/m^3)\cdot Pa]$
10	186.4	2 533
25	76.5	425
50	43.1	158
75	31.2	97.6
100	23.4	32.6

(三)气体和液体的接触面积和时间

气体溶入液体不是瞬间能完成的,需要一定的作用时间和产生一个动态平衡,此时间太长会影响设备生产能力。减少气体溶入液体的时间主要应该从扩大气液接触面积方面来考虑,将溶液喷雾,使其成液滴状或薄膜状。

(四)气液体系中空气含量的影响

根据道尔顿定律和亨利定律,各种气体的溶解量不仅取决于各气体在液体中的溶解度,还取决于该气体在混合气体中的分压。在相同的温度和压力下,混合气体组分的分压等于该组分在混合气体中摩尔分数和混合气体总压力的乘积,而这时混合气体中某组分的摩尔分数等于它的体积分数,如 1 体积的空气减少溶解 50 倍体积的 CO_2。

1. 饮料中空气的来源

饮料中空气的来源主要如下:①CO_2 不纯;②水中溶解有空气;③CO_2 气路有泄漏;④糖浆中溶解有空气;⑤糖浆混合机及其管线中存有空气;⑥糖浆管路中存有空气;⑦抽水管线有泄漏。

2. 脱氧排气

脱氧排气一般在水冷却(准备碳酸化)之前或已混合的饮料冷却碳酸化之前进行。其形式主要有两种,即真空脱气和 CO_2 脱氧。真空脱气是迫使液体形成雾滴或液膜,并造成负压,借助液体内部压力大于外部压力,使溶解于液体中的 O_2 等气体逸出并排走;CO_2 脱氧则是利用水中 CO_2 的溶解度大于空气的特点,将水或未冷却碳酸化的饮料从脱气器顶部喷下,CO_2 从底部注入,排出的空气从顶部排走。该方法要求 CO_2 纯度极高,故较少采用。饮料中空气的来源及其解决办法见表 5-4 所列。

表 5-4 饮料中空气的来源及其解决办法

空气来源	解决办法
饮料水中载有和溶解了空气	放置数小时或者进行脱气处理
在水或碳酸化前的糖浆中混有空气	仔细检查管道上的接头和阀门,必要时可多次进行排气处理
混合机内和饮料中含有溶解氧	清除管道和混合机内的空气,在混合机顶部安装排气阀,经常开启,避免空气积存
来自 CO_2 气源	操作开始前检查 CO_2 纯度,使用高纯度 CO_2 气体。另外,清除气路中空气
糖浆中含有溶解氧	避免过度搅拌和配料时溅出,避免管道中空气窝存,减少容器中空气含量

(五)液体的种类及存在于液体中的溶质

不同种类液体及液体中存在的不同溶质对 CO_2 溶解度有很大的影响。在标准状态下,CO_2 在水中的溶解度是 1.713,在酒精中则为 4.329,这说明液体本身的性质对 CO_2 溶解度有很大影响。另外,当液体中溶有溶质(如胶体、盐类)时,有利于 CO_2 的溶入;当含有悬浮杂质时,不利于 CO_2 的溶入。

五、二氧化碳需要量

(一)二氧化碳理论需要量的计算

例如,测得样品温度为 20 ℃,压力为 0.34 MPa,查碳酸气吸收系数表(参见附录 B)。横轴 20 ℃的线和纵轴 0.34 MPa 线的交点为 3.8(CO_2 的体积倍数)。然后,在横轴 15 ℃的线上找到数字 3.8(或近似数),并由此沿纵轴向上求得压力,其值为 0.28 MPa。即在 15 ℃时 CO_2 的压力是 0.34 MPa,若用 CO_2 的体积倍数表示,就是 3.8 倍。

根据气体常数,1 mol 的气体体积在 0 ℃和 $1.013\,3 \times 10^5$ Pa 时为 22.4 L。

1 mol 碳酸气为 44 g(CO_2 分子量为 44),在 0 ℃时为 22.4 L,在 15 ℃时则成为 22.4

$(1+15/273)＝23.6(L)$。即在 15 ℃和$1.013\ 3×10^5$Pa 条件下，44 g 碳酸气为 23.6 L。以装 20 kg CO_2 气体的钢瓶为例，这些气体在 15 ℃和$1.013\ 3×10^5$Pa 时占的容积为 23.6×20 000/44＝10 727(L)。

标准汽水瓶的实装量为 340 mL，到瓶盖的全部容量为 355 mL，一箱有 24 瓶，其总容量为 0.355×24＝8.52(L)。气体吸收率若为一个容积，每只钢瓶的 CO_2 可生产10 727/8.52＝1259(箱)；若为 4 个容积的气体吸收率，则 1 260/4＝315(箱)，即 1 个钢瓶的碳酸气20 kg，在 15 ℃时能生产 315 箱汽水。

当然，以上只是理论计算。在实际生产中，钢瓶中残留气体约为 0.5 kg；碳酸化器、装瓶机内顶出空气需用气体，由装瓶到压盖传运时，还要逸散气体。因此，与理论计算会有很大差异。这样，必须先根据实践计算 CO_2 的平均利用率，然后再计算。

(二)CO_2 的利用率

碳酸饮料生产中 CO_2 的实际消耗量比理论需要量大得多，这是因为生产过程中 CO_2 损耗很大，CO_2 在装瓶过程中的损耗一般为 40％～60％。因此，实际上 CO_2 的用量为瓶内含气量的 2.2～2.5 倍，采用二次灌装法时，用量为 2.5～3 倍。

提高 CO_2 利用率的措施如下：①缩短灌装与封口之间的距离(特别是二次灌装)，但不要影响操作和检修；②经常对设备进行检修，提高设备完好率，减少灌装封口时的破损率(包括成品)；③尽可能提高单位时间内的灌装、封口速度，减少灌装后的露空时间，减少 CO_2 的逸散；④使用密封性能良好的瓶盖，减少漏气现象。

六、碳酸化的方式与设备

碳酸化是在一定的气体压力和液体温度下，在一定的时间内进行的。典型的碳酸化过程如图 5-22 所示。一般要求尽量扩大两相接触面积，降低液体温度和提高 CO_2 压力。因为单靠提高 CO_2 的压力，受到设备的限制；单靠降低水温，效率低且能耗大，所以大多数采用冷却降温和加压相结合的方式。

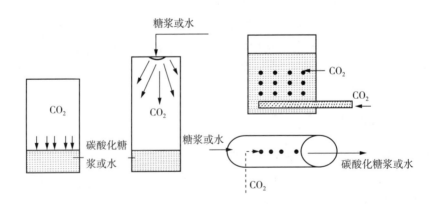

图 5-22　典型的碳酸化过程

(一)水或混合液的冷却

因为 CO_2 在液体中的溶解度受温度影响，所以应先使水或糖浆冷却降温后，再让 CO_2

进行溶解,通常将液体温度控制为不大于 4 ℃。一般在水箱中加冷却排管,用制冷剂和载冷剂使水箱中的水降温。常见制冷剂有液氨、氟化烷、氟利昂-12 等。制冷剂有低温盐水(NaCl、CaCl₂、MgCl₂、KCl)、醇水(酒精水或乙二醇水)。通常用盐水作为载冷剂。先将盐水通过制冷剂,进行热交换降温;然后,将盐水在冷却排管内循环与水发生热交换,使水温降低。

薄膜式冷却器内部有一组平行焊接的排管,冷却介质通入管中,水通过管上的一个水散布器分布成细流,在排管上形成薄膜流下,以此达到让水降温的目的。小型冷却器是将介质通到两片焊合的波纹中,水的细流形成薄膜顺波纹板曲折下流,使水降温。一些混合机在机内设多组波纹板,使水一边降温一边碳酸化。

常用冷却方法如下:①水的冷却;②糖浆的冷却;③水和糖浆混合液的冷却;④水冷却后与糖浆混合,再最终冷却。冷却方式按冷却器的热交换形式可分为直接冷却及间接冷却。

1. 直接冷却

直接冷却即直接把制冷剂供给冷却水或混合液的冷却方式(图 5-23)。冷却器多为排管或盘管式,直接浸没在装满水或混合液的冷冻箱(池)中,制冷剂在管中循环,用蒸发压力控制温度,使水或混合液的冷却温度保持在需要范围内。

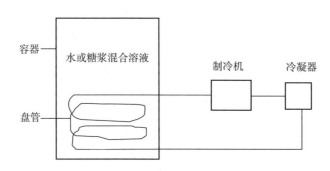

图 5-23　直接冷却示意图

2. 间接冷却

间接冷却是指制冷剂通过介质将需要冷却的物料冷却(图 5-24)。具体来看,间接冷却装置是将制冷剂通入冷却介质(通常是盐水)中,先将冷却介质冷却至一定温度后,再把冷却介质通入冷却器,进行冷却操作。饮料冷却器多为套管或板式热交换器。不管是哪种冷却装置,在进行冷却操作前一定要选择合适的制冷剂,并对冷却器进行消毒杀菌,保证生产时足够卫生、安全。

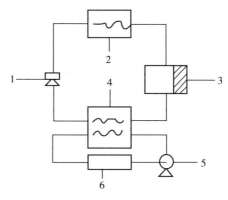

1—膨胀阀;2—冷却器;3—压缩机;
4—蒸发器;5—循环泵;6—冷却装置。

图 5-24　间接冷却示意图

(二)水或混合液的碳酸化

根据碳酸化依附的主要条件,水或混合液的碳酸化方式可分为低温冷却吸收式与压力混合式。

1. 低温冷却吸收式

在二次灌装工艺中,把进入气水混合机前的水冷却至 4 ℃左右,在 0.441 MPa 下进行碳酸化操作。在一次灌装工艺中,把糖浆和脱气的水定比例混合冷却至 16～18 ℃,在 0.785 MPa 下与 CO_2 混合。其缺点是,制冷量消耗大,冷却时间长或由于水冷却不够而造成含气量不足,而且生产成本较高。其优点是,冷却后液体的温度低,可抑制微生物生长,设备造价低。

2. 压力混合式

压力混合式采用较高的操作压力来进行碳酸化。优点:碳酸化效果好,节省能源,降低了成本,提高了产量。其缺点是设备造价较高。

(三)气水混合机

气水混合机(图 5-25)可分为定饱和型(分为饱和型和不饱和型两种)、可调饱和型。

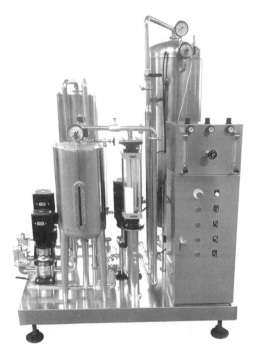

图 5-25　气水混合机

(1)定饱和型混合机

定饱和型混合机的类型是由 CO_2 与水的接触面积和接触时间所决定的。饱和型中气液的接触面积大且接触时间长,在室温定压下可使气液溶解达到饱和;不饱和型的则气液接触面积小,接触时间短,在定温、定压下气液溶解达不到饱和。

(2)可调饱和型混合机

可调饱和型混合机中气液的接触面积和接触时间是可以调节的。生产中为了提高气液的混合效果,可将定饱和型与可调饱和型混合机组合起来使用。目前,常见的混合机结构类型有喷洒式、填料塔式及喷射式。

① 喷洒式混合机:所有的混合机都有一个碳酸化罐(图 5-26),它是一个受压容器,外有保温材料,可保证温度的恒定。喷洒式混合机在罐顶部装有可转动的喷头,使经过加压的

水或者饮料进入罐时,迅速与 CO_2 接触进行碳酸化,提高了 CO_2 在水中的溶解度,并缩短溶解 CO_2 所需要的时间,提高了碳酸化效率。也有在罐的上部装塔板式薄膜冷却器,使水在压力作用下分散成液滴或水膜,冷却后与 CO_2 接触碳酸化,若配以可变饱和度的装置即可控制饱和度。储存罐位于罐的底部,液位器可控制液面的高度,位置低于雾化器,喷头可作清洗器,实现原地清洗(cleaning in place,CIP)。

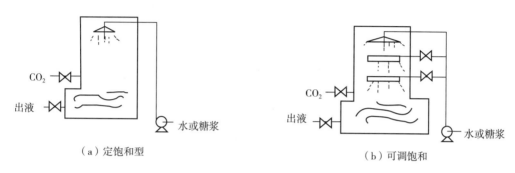

（a）定饱和型　　　　　　　　　　　　　　　　（b）可调饱和

图 5-26　喷洒式碳酸化罐

② 填料塔式混合机:此种混合机为立式圆柱体,塔内装有塔板,塔板上填充玻璃球或陶瓷质填料。当低温的水喷洒到填料塔内并经过这些玻璃球或填料时被雾化,因此,扩大了 CO_2 的接触面积,并延长了碳酸化时间。此种混合机可作不可变饱和度混合机(图 5-27)或可变饱和度混合机(图 5-28)。该种混合机常用于常规系统,但由于清洗困难等缺点,一般只用于水的碳酸化,不用于成品饮料的碳酸化。

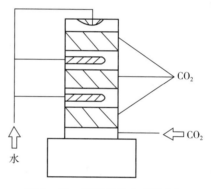

图 5-27　不可变饱和度混合机

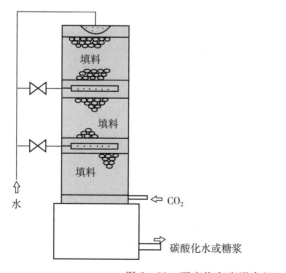

图 5-28　可变饱和度混合机

③ 喷射式混合机(文丘里管式混合机):水或混合液在一定压力下进入一个狭窄的文丘里管(图 5-29),在管道咽喉处连通 CO_2 的进口,CO_2 通过管道进入。因为压力差促使水爆裂成细滴,扩大了水与 CO_2 的接触面积,促进了 CO_2 溶解。该种混合机多用于预碳酸化或追加碳酸化,后面通常接碳酸化罐或板式热交换器,以保证气体全部溶解。

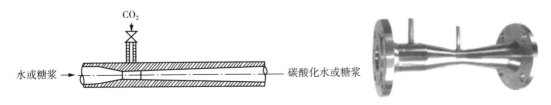

图 5-29　文丘里管

喷射式硫酸化混合机(图 5-30)安装于碳酸化罐底部,一个 $\Phi40\ mm\times350\ mm$ 的管,CO_2 进口连接于咽喉处。当低温的水或糖浆被泵压进文丘里管,流经到锥形喷嘴外时,水的流速急剧增大,且伴随着内部压力急剧减小,CO_2 就会一直被吸入与液体混合。当混合液流入扩大管后,周围环境压力与混合液内部压力形成较大的压差,水分散成细滴,又由于水与气体分子间具有很大的相对速度,导致水滴更加细小并雾化,罐内的 CO_2 与水的接触面积便增大,从而提高了碳酸化的效率。

喷射管可用于预碳酸化、碳酸化或追加碳酸化。混合的液体流入管道贮存罐内或板式热交换器内。为了保证气体全部溶解,完成整个过程,将这种混合机的温度、CO_2 压力调到合适范围内,便可取得比较满意的混合效果和较高的效率。

图 5-30　喷射式混合机

第五节　碳酸饮料的灌装

一、灌装的方法

目前,我国灌装机按照灌装(filling)原理,分为压差式灌装、等压式灌装、负压式灌装及加压式灌装四种方式。其中,等压式灌装较为常用。

(一)压差式灌装

压差式灌装又称启闭式灌装,储液缸内的压力高于瓶中的压力,液体靠压差流入瓶内,是一种较为传统的灌装方式。通往饮料瓶的阀门只有通往料槽和大气的两条通路,当通往料槽的通路打开时,饮料便由此流入瓶中,但瓶中空气无法排除,受大气压的影响,瓶内空气受压形成的压力使饮料流入一定程度后无法继续。此时阀门换向,通往料槽的通路封闭,通往大气的通路打开,使瓶内空气逸出(时间很短),瓶内压力降低。阀门再换向,碳酸饮料再流入瓶中,如此反复操作四五次至装满为止。压差式灌装示意图如图 5-31 所示。该种方式对机器要求低,结构简单,但过程较为麻烦,瓶中液面高度很难控制。

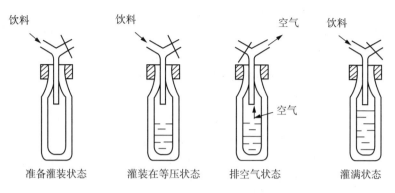

准备灌装状态　　灌装在等压状态　　排空气状态　　灌满状态

图 5-31　压差式灌装示意图

该方法优点:结构简单,设备便宜,灌装速度较快。

该方法缺点:排气时会带出一部分 CO_2,灌装液位难以准确控制,泡沫多、含气量大的品种(如可乐饮料)常常发生灌装困难。

(二)等压式灌装

等压式灌装是储液罐内压力与瓶中压力相等,靠液体自重流入瓶中而灌装。目前,大多数机器均采用等压式灌装。通往饮料瓶的通路有三条:第一条为通往料槽液面之上的气管,第二条是通往料槽液面之下的液管,第三条是通往大气的排气管。这种设备的灌装阀能在灌装时使液体无直接冲击,瓶内灌装平稳,压力恒定,液体中的 CO_2 损失极少。气管 A 阀可位于以下两种位置:①料槽下;②料槽液面上。前者气管中残留的饮料少,液面控制准确,但气管再次打开时常有少量液体冲下,进入下一个瓶子时产生泡沫。改进方法是在第一个瓶子中装满液体,排气脱离阀门后,在第二个瓶子进入前瞬间打开气管,利用气管上部压力将残余饮料冲出。若采用后一种,在打开排气管时,气管 A 中液体可在此时全部流入瓶中,控制液面时应将这个量计算在内。另外,在进行下一瓶灌装时,打开气管 A 时不再留有饮料而产生泡沫。等压式灌装示意图如图 5-32 所示。

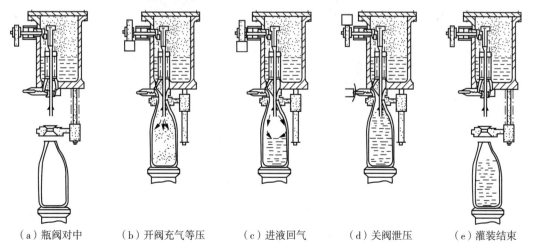

(a)瓶阀对中　　(b)开阀充气等压　　(c)进液回气　　(d)关阀泄压　　(e)灌装结束

图 5-32　等压式灌装示意图

(三)负压式灌装

这种方法是压差真空式(纯真空灌装法),在低于大气压力的条件下进行的灌装方法,主要用于非碳酸饮料(如啤酒等)的灌装(图5-33)。它通往瓶的通路中有一条连接真空室,通过该通路,瓶中空气首先被抽去空气形成负压。当瓶子与料罐的通路连通后,饮料在常压的状态下流入瓶中。到达预定液面高度后,多余的料液沿真空管返回缓冲室,再流回料罐中。灌装碳酸饮料时,负压式要与等压式灌装相结合,即首先使瓶子真空,然后再进行等压式灌装。目前,这种灌装方式多应用于啤酒的灌装。因为啤酒易被氧化,所以瓶子抽真空后,灌装时可以更少地接触空气,降低溶解氧含量,此时灌装机的保压气体也应选用CO_2气体。有的灌装机为了能灌装热敏性饮料(如葡萄酒),还增加了向瓶子中首先充入CO_2的步骤,以杀死瓶中存在的酵母菌,在灌装时可以采取负压-等压式。

(四)加压压差式灌装

加压压差式灌装结构比较简单,气管从瓶口直通到料罐上部,由料罐底部通过一个活塞筒及单向阀连结为料管,通过料管将定量饮料压入瓶中,料管和气管只停止在瓶口,液面由调节活塞进程控制(图5-34)。老式的单头机常用这种形式,灌装过程中饮料的流速很快,液面控制程度为中等。这种方式虽然没有排气步骤,但过程中涌沫的现象也不严重。

图5-33　负压式灌装示意图

图5-34　加压压差式灌装示意图

二、糖浆机

糖浆机又称为灌浆机或定料机。其分为液面密封和容积定量两种形式,由定量机构、瓶座、回转盘、进出瓶装置和传动机组成。进瓶装置送进的瓶子,由拨盘拨入瓶座。瓶座安装在转盘上,瓶座下的弹簧将瓶座弹起,打开定量机构下边的阀,使糖浆流入瓶中。瓶座下的小滚轮通过斜铁,将瓶座压下,瓶子脱离定量机构后,阀关闭。已经装好糖浆的瓶子被出瓶拨盘拨到输送带上,送到灌装机。根据计量方式,可将灌浆机分为容积定量式和液面密封定量式。

(一)容积定量式

1. 量杯式

一般采用定量量杯,不能调节,糖浆流入瓶中,从而实现定量灌装(图5-35)。

2. 液休静压式

液体静压式的定量是靠一个可调节的活塞筒完成的,按不同的灌装糖浆量调节筒上的调节螺丝,以控制灌装量,而糖浆的排出完全靠糖浆自身的静压力。通过可调节螺丝即可调节活塞腔大小(即定量大小),进料时滑阀下移堵住出口,饮料进入活塞腔。空瓶顶上时,滑阀上移,堵住进料口,活塞腔内饮料流入瓶中。滑阀可上下移动。液体静压式糖浆机灌装示意图如图5-36所示。

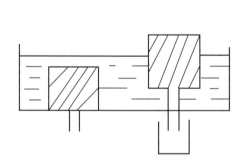

图5-35　量杯式灌装示意图

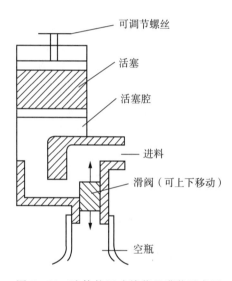

图5-36　液体静压式糖浆机灌装示意图

(二)液面密封定量式

液面密封定量式糖浆机通过插入量杯内排气管(气管管径很小)的高低来控制液位从而达到定量的目的。当出料回阀门堵上时,糖浆靠静压进料。当饮料液面达到排气管下口时,杯顶气体由于密封不能排出,同时随着液面上升,气体压力增大。当压力足够大时,量杯口液面不再上升而只沿排气管上升,直至液面与料罐中液面高度平齐,这时排气管中液面比量杯内的液面高h,关闭进料口,打开出料口,杯中包括排气管中的饮料流入瓶中,完成定量灌装糖浆。液面密封定量式糖浆机灌装示意图如图5-37所示。压盖封口分为皇冠盖和易拉罐式。封口与罐头封罐一样,

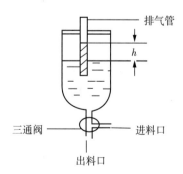

图5-37　液面密封定量式
糖浆机灌装示意图

盖子是下口大上面小,盖中加垫片,瓶往上时,盖被挤紧,达到密封目的。

三、灌装系统

为了保证产品质量,对灌装系统有如下要求。

① 糖浆和水的比例正确。用一次灌装法灌装时,糖浆和水的混合比例要准确,不波动,且混合器性能稳定;用二次灌装法灌装时,则要求糖浆注入量准确,灌装液面高度稳定。

② 达到预期的二氧化碳含量。碳酸饮料的碳酸化程度应保持在合理范围内,二氧化碳的含量必须达到预期水平,符合国家标准。饮料生产中灌装系统是饮料成品含气量的主要决定因素,同时,含气量的多少也与混合机类型的选择密不可分。

③ 保持合理的灌装高度和一致的水平。饮料的灌装高度不仅影响产品外观,还影响含气量。采用二次灌装法时,成品饮料的最终糖度由灌浆量、灌装高度和容器的容量决定,所以在保证糖浆量准确的同时要合理控制灌装高度。而对于一次灌装法,保证配比器正确运行即可。灌装高度应适应饮料与容器的膨胀比例,如当灌装高度设置过高时,灌得太满,液面顶隙小;当饮料由于温度升高而膨胀时,压力会增加,易产生漏气和爆瓶等现象。

④ 二氧化碳利用率高。例如,在一次灌装法中,灌装机与封盖机组装在一个底座上,可减少灌装到封盖过程中的二氧化碳损失。

⑤ 速度快,生产能力大,减少操作费用,便于生产控制与维修。

⑥ 密封严密有效。密封是保持饮料质量的关键因素,在保证饮料内部质量稳定的同时,能够有效隔绝外界微生物污染。

⑦ 性能稳定,破损率低(包括瓶和盖),不论是皇冠盖、螺旋盖还是易拉罐盖,都应密封良好。

四、灌装生产线

碳酸饮料灌装生产线(filling production line)有玻璃瓶灌装线、易拉罐灌装线、聚酯(PET)瓶灌装线和复合软包装灌装线等类型。我国的饮料灌装设备是在酒类灌装设备基础上发展起来的。20 世纪 70 年代,我国陆续从意大利、日本等国家引进碳酸饮料生产线。20 世纪 80 年代,随着我国经济的发展,我国引进了大量技术比较先进的设备,如碳酸饮料玻璃瓶灌装线、易拉罐灌装线、复合软包装饮料线及有关制罐、制盖和其他容器制造设备。当前,随着我国科技的快速进步,生产自动化水平不断提高,国产饮料灌装生产线水平随之不断提高。

(一)玻璃瓶灌装线

美国迈耶(MEYER)公司玻璃瓶灌装机头数为 32～120 头,最高生产能力为 1 400 瓶/min。德国赛茨(SEN)和 H&K 公司啤酒灌装线制造技术最高生产能力达到 22 000 瓶/h。日本三菱重工引进玻璃瓶灌装线制造技术,生产能力达到 18 000 瓶/h(即 300 瓶/min)。国内制造厂通过引进、消化吸收方式,制造中小型饮料灌装设备。

(二)易拉罐灌装线

易拉罐灌装线生产能力一般为 300～400 罐/min,速度高的可达 500 罐/min 以上,包括卸托盘机、洗罐机、灌装机、封罐机、混合机、温罐机、吹罐机、装托盘机、包装机、液位检测器、喷码机等。美国迈耶(MEYER)公司的饮料灌装线生产能力达 575 罐/min,该灌装机为40～120 头,最高速度达2 000罐/min。

(三)聚酯瓶灌装线

聚酯(PET)瓶多用于碳酸饮料和矿泉水包装。其灌装线主要设备有冲瓶机、灌装机、旋盖机、温瓶机等。其灌装线可以是单独的专用线,但一般均与玻璃瓶灌装线同用一台灌装设备。灌装玻璃瓶时用玻璃瓶洗瓶机,灌装聚酯瓶时用冲瓶机。灌装机高度可以调整,以适应不同类型瓶的高度。另外,用于玻璃瓶灌装时,灌装机与皇冠盖压盖机相连;灌装聚酯瓶时,灌装机与旋盖机连接。这样一台灌装机可以完成两种不同类型容器的灌装。美国迈耶(MEYER)和德国赛茨(SEN)的设备灌装1 250 mL瓶时的生产能力为 50～100 瓶/min。国产设备50头两用灌装机用于玻璃瓶灌装线时,灌装 250 mL 瓶的生产能力为500 瓶/min;灌装 1250 mL 聚酯瓶的生产能力为 120 瓶/min。聚酯瓶矿泉水灌装线,机头数有 18、32 和 50三种机型,灌装 600 mL 聚酯瓶时的生产能力分别为 3 500 瓶/h、7 000 瓶/h 及 12 000瓶/h。中小规模聚酯瓶灌装线灌装机头数为 12 个、封口机为 3 头,灌装1 250 mL瓶时的生产能力为 900 瓶/h。

第六节　碳酸饮料生产中的其他系统

一、容器清洗

碳酸饮料的包装有玻璃瓶、易拉罐和聚酯(PET)瓶等。玻璃瓶包括新瓶与回收瓶。易拉罐和聚酯瓶等不能使用回收瓶,为一次性用品,污染程度较低。玻璃新瓶经玻璃厂制作时,原料经过高温处理,产品经严密包装后进行运输储存,也不易受到污染,因此采用无菌水喷淋或采用压缩空气干洗后即可用于灌装。进行容器清洗(cleaning of containers)时,若采用的是回收再利用的玻璃瓶,虽然加大了生产和流通的难度,但因其成本低廉仍广泛使用。瓶子经连续周转使用,瓶身内外因原装饮料和其他残留物,均受不同程度的污染,为各种微生物的繁殖提供了条件。因此,为保证产品质量,需要采用专用的洗涤剂和消毒液对回收瓶进行洗刷和消毒,冲净率应为 100%,这是灌装前的重要准备工作。

(一)玻璃瓶清洗

玻璃瓶清洗工艺流程主要由瓶子污染程度、洗瓶方式、洗瓶机性能及洗涤剂性能、浓度和温度等因素决定。概括起来,玻璃瓶清洗工艺流程分为浸泡、冲洗或刷洗、冲净三个步骤。浸泡是利用洗涤剂的化学作用使瓶上附着的污染物溶解或软化,并使微生物死亡;冲洗或刷洗是利用高压力的液体喷射冲击瓶壁或利用毛刷对瓶壁的机械摩擦作用,清除掉瓶内外的污染物、积垢;冲净则是用符合饮用标准的清水或无菌水完全洗去污染物和洗涤剂。

清洗前,玻璃瓶应先经过人工预检,剔除破瓶,剔除盛装过化学试剂、食用油、农药等异物的瓶子,剔除不同外形尺寸的瓶子,除去瓶盖及瓶中的吸管和其他的异物。经筛选后的瓶子进入洗瓶机后,经清水浸泡、洗涤剂浸泡、洗涤液内外喷淋、消毒水喷淋、清洁水冲洗等工序。清洁后,在洗瓶机上直接烘干,或放在滴水车上沥干余水。污染程度过高的瓶子可先放入洗涤槽中浸泡,经特别洗刷后再进入洗瓶机。经洗涤后,玻璃瓶需保证内外清洁,无残留洗涤剂;经过微生物检验,细菌菌落不超过 2 个/mL,大肠菌群等致病菌不得检出。

（二）洗瓶方式及工艺条件

洗瓶方式根据将瓶洗净的主要作用分为毛刷刷洗和液体冲击式。

1. 毛刷刷洗式

毛刷刷洗是利用毛刷与瓶壁频繁的摩擦作用除去黏附于瓶壁上脏物的方法。受频繁的摩擦、洗涤剂的作用及温度的影响，毛刷必须经常更换，否则会由于毛刷的残缺而洗不干净瓶。大型的连续化生产厂一般不用这种方式，小型厂因其设备简单、投资少仍采用。

毛刷刷洗式工艺条件：先用浸泡液浸泡，浸泡液为 1%～3% NaOH。温度为 40～55 ℃，浸泡时间为 15～25 min。然后，用水喷淋去碱液，用毛刷刷瓶外部标签等杂物，刷洗内部，再用有效氯为 50～100 mg/L 的溶液消毒。最后，用压力为 0.049～0.098 MPa 的无菌水向瓶中喷射，洗瓶内壁 5～10 s；瓶外部用自来水或去离子水清洗。双头刷瓶机及转盘式刷瓶机如图 5-38 和 5-39 所示。

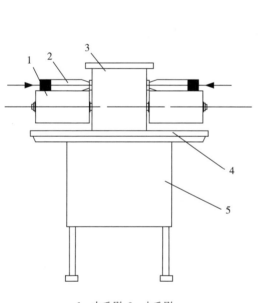

1—大毛刷；2—小毛刷；
3—传动箱；4—盆体；5—机架。
图 5-38　双头刷瓶机

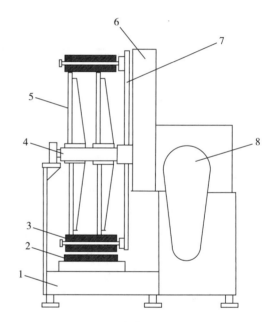

1—机座；2—板刷；3—毛刷；4—主轴；
5—转盘；6—大齿轮；7—圆盘；8—三角带。
图 5-39　转盘式刷瓶机

2. 液体冲击式

液体冲击式是利用高压液体对瓶子进行喷射冲击，取代毛刷刷洗作用的洗瓶方法。目前，大厂多采用该方法，其工艺条件根据设备的不同有所区别。一般碱液浓度为 3% 以上，其中，NaOH≥60%，碱液温度≥50 ℃，浸瓶时间≥5 min。

目前，全自动洗瓶机一般采取液体冲击式，通过浸泡、喷射、喷淋相结合的方式，达到清洁目的。转盘式冲瓶机如图5-40所示，其盘座与盘垫如图5-41所示。单端式洗瓶机如图5-42所示。

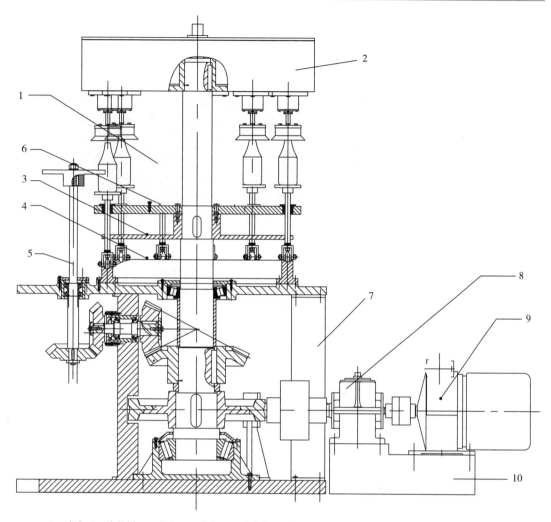

1—喷头;2—防护罩;3—盘座;4—盘垫;5—喷水管;6—转盘;7—挡板;8—减速器;9—电动机;10—机架。

图 5-40 转盘式冲瓶机

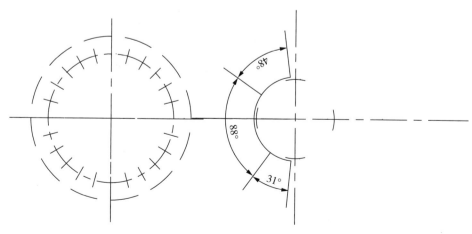

图 5-41 盘座与盘垫

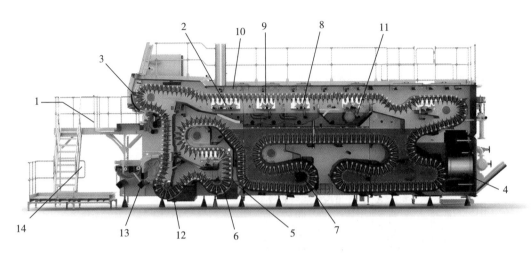

1—出瓶装置;2—喷头;3—链带;4—加热器;5—洗涤液喷射槽;6—洗涤液浸泡槽;7—浸泡槽;
8、9—热水喷射部;10—温水喷射部;11—冷水喷射部;12—预泡槽;13—进瓶装置;14—进瓶台。

图 5-42 单端式洗瓶机

(三)洗涤剂的使用

洗涤剂(abstergent)各有优势与缺陷,局限性较大,正式使用时常常搭配不同洗涤剂混合使用,多以氢氧化钠为主,辅助加入其他类型的碱。例如,在氢氧化钠溶液中,加入碳酸钠,洗涤液更易冲洗干净;加入磷酸钠,可以抑制水垢的生成,避免因使用硬水而导致瓶壁上堆积大量污垢;加入葡萄糖酸钠,更利于除去瓶口的铁锈等;有的厂家会采用去污能力强的十二烷酸钠,但这种洗涤剂需要与消毒液配合使用才能确保空瓶洁净和无菌。烧碱液(氢氧化钠溶液)常用作瓶用洗涤剂,其洗涤效果好,能轻易溶解和分解大部分较为常见的杂质及污垢,具有较强的杀菌能力;同时,其成本也较为低廉,适合用于产业化大量消耗的情况。其缺点在于碱性强,腐蚀性大,使用时对人体皮肤有强烈的腐蚀性,应特别注意安全。单独使用烧碱液进行洗涤时,浓度宜为 3.5%～4%、温度为 60～65 ℃、时间为 10～20 min,烧碱液浓度在 4% 以上或温度≥77 ℃时,对玻璃有腐蚀作用,可能导致玻璃瓶爆裂。长时间使用也会造成不锈钢器皿及管道等的腐蚀。烧碱浓度、温度、时间与细菌死亡率的关系见表 5-5所列。

表 5-5 烧碱浓度、温度、时间与细菌死亡率的关系

NaOH/%	细菌死灭时间/min	
	50 ℃	60 ℃
1	—	4.68
1.5	—	20.4
2	41.7	11.7
2.5	27.6	7.8
3	19.8	5.7
3.5	15.2	4

（续表）

NaOH/%	细菌死灭时间/min	
	50 ℃	60 ℃
4	12.4	—
4.5	10	—
5	8.2	—

除氢氧化钠之外,常用的洗涤剂还有碳酸钠、偏硅酸钠、磷酸钠等。近年来,随着化学行业的发展,国内外生产的洗涤剂越来越丰富,品种越来越多,主要采用的洗涤剂性能见表5-6所列。

表5-6　主要采用的洗涤剂性能

洗涤剂	乳化力	溶解力	润湿力	分解力	杀菌力	腐蚀力	软化力	易洗力
氢氧化钠	劣	优	劣	优	优	优	劣	劣
偏硅酸钠	良	良	良	劣	优	劣	劣	良
碳酸钠	优	良	劣	劣	良	良	劣	劣
磷酸三钠	优	良	优	优	劣	良	良	优
四磷酸钠	优	劣	劣	优	劣	良	良	优
三聚磷酸钠	优	劣	劣	优	劣	劣	良	优
焦磷酸四钠	优	良	劣	良	劣	劣	优	优

(四)洗涤剂使用注意事项

① 好的洗涤剂应对金属腐蚀性小,润滑性好,不产生水垢,溶解快且完全;洗涤能力强(使污染物和商标容易脱落),润湿能力强,能使脂肪乳化、有机物溶解,溶解下来的污物不沉淀在瓶上,易冲掉;杀菌力强;价格便宜。由于氢氧化钠碱性强,去污效果好,杀菌能力强,价格便宜,国内一般采用它作为洗涤剂。

② 洗涤剂使用一段时间后浓度下降,必须经常补充,调整浓度或更换。

③ 在洗涤剂中添加表面活性剂可迅速提高洗涤效果。表面活性剂的作用在于降低表面张力,使洗涤剂能很好地分布在污物上并穿透污物到达玻璃层,加快清洗速度。表面活性剂不能过量,以免产生太多泡沫影响洗涤效果。

④ 洗涤剂浓度高、温度高时,洗涤时间可缩短。一般来说,浓度增加50%,时间可缩短约一半;温度每升高20 ℃,时间可缩短约一半。为了保证完全杀菌,洗瓶液的温度升到60~70 ℃,但每个操作阶段的温度差最多不超过30 ℃,以免温差造成爆瓶。另外,碱浓度也要控制,因为碱浓度大于6%时,瓶易产生塑性变形。有油污的瓶子,可用浓度为20%的热碱或磷酸钠溶液短时间浸泡,使油污皂化后洗净,注意手不要接触碱。

⑤ 有铁锈的瓶可在浓盐酸中浸泡片刻,或用稀盐酸短时间浸泡后擦掉。有时洗完的瓶子表面不透明,这是含镁的水和碱作用后生成非常细微的沉淀附着在瓶壁上的结果,可先在洗液中加入磷酸三钠,或者用去离子水清洗。

(五)空瓶和成品检验

在装瓶生产线上,逐瓶进行肉眼检查是十分必要的,空瓶检查更是其中的关键。验瓶通常是采用肉眼检验法,目的在于剔除破瓶和没有洗净的瓶子。

验瓶是一件很重要的工作,直接影响接下来的灌装步骤,若不能认真检出破瓶,可能会出现各种事故,如浪费原料、损坏设备、发生意外等。因此,对验瓶员应有严格的要求。

验瓶员要求一年进行两次视力检查,包括色盲项目的检查。肉眼检查工作很容易导致疲劳,时间长易造成漏检的风险,因此要规定验瓶员的连续工作时间。当验瓶速度为 100 瓶/min 以下时,每人连续验瓶时间不能超过 40 min;当验瓶速度超过 100 瓶/min 时,每人连续验瓶时间不能超过 30 min。肉眼检查的速度不得超过 200 瓶/min,到达规定时间后应及时更换验瓶员。原验瓶员进行充分休息,保证下次验瓶的充足精力,保证检验的可靠性。

验瓶在传送带上进行,验瓶照明以荧光灯为好。验瓶时传送带以适当的速度传送,保证充足的照明光线,采用荧光灯为主要光源,在荧光灯前放上乳白色或淡绿色的透明塑料片,以便于验瓶员检验,有时在上端安装角度为 45°的反射镜,从镜中可观察瓶口和瓶底。传送带上玻璃瓶通过的速度,要调整到可以充分检查的程度。检验合格的瓶,用传送带送到灌装机灌装。人工灯检机如图 5-43 所示。

图 5-43　人工灯检机

检瓶机(bottle inspector)利用光电原理检查空瓶,可以达到 800 瓶/min 的高速度,通常用于检查瓶底、破裂瓶和残留液体瓶。光源在瓶子下方,当空瓶进入检瓶机时,瓶进入透光底盘,光线在瓶中聚焦后由瓶口射出,由上方的接收器接收,设备利用透光后接收器信号电压的变化,将不透光的杂质瓶检出,再通过信号连接到真空吸出机构,剔除有问题的瓶子。检瓶机可同时检查瓶口破裂、瓶中残留液体这种情况。先进的检瓶机可利用照相记忆法,把被检的瓶子与存储在电脑中的不合格瓶对比,可以分辨不透光杂质和透光的玻璃碎片,可克服瓶底厚薄不均及刻有花纹等的误认现象。

空瓶检验项目如下:①有各种质量缺陷的玻璃瓶(图 5-44～图 5-46);②尘土、杂质(昆虫);③其他可能的污染;④残留碱液。

（a）表面有裂纹　　　（b）口有破损　　　（c）瓶形倾斜　　　（d）瓶形过大

图 5-44　有质量缺陷的玻璃瓶

（a）锲形瓶底　　　　　　　（b）有油迹　　　　　　　（c）有气泡

图 5-45　有少许质量缺陷的玻璃瓶

（a）笼式　　　（b）有毛刺　　　（c）高顶　　　（d）瓶口破损

图 5-46　有严重质量缺陷的玻璃瓶

成品检验的项目如下：①灌装液面高度；②是否有杂质；③瓶盖是否严密。

二、CIP 系统

原地清洗（cleaning-in-place，CIP）或定置清洗，就是用水和不同的洗涤液，按照固定的程序通过泵循环，不用拆装设备就能达到清洗目的。目前，世界上很多软饮料生产厂家普遍采用 CIP 系统（图 5 - 47）。该系统最初于 20 世纪 50 年代在美国的乳品工业中得到应用。1955 年，CIP 系统开始与自动控制技术相结合，在食品工业的其他领域中得以应用。发展至今，CIP 系统已经被广泛应用于饮料及食品生产中容器和设备的清洗。

与常规拆卸清洗相比，CIP 的优点主要如下：①节省清洗用水和蒸汽；②节省劳动力，保证操作的安全性；③节约操作时间，提高效率；④能保证一定的清洗效果，保证产品的安全性与稳定性。

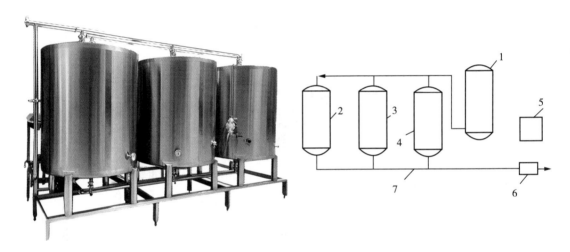

1—总储罐；2、3、4—酸、碱及洗涤剂等储罐；5—控制柜；6—泵；7—管路。

图 5 - 47 CIP 系统

CIP 系统有多种类型，根据其清洗液的使用方式，可以分为以下三种类型。

(一)清洗剂单次使用的 CIP 系统（single-use CIP systems）

在清洗剂单次使用的 CIP 系统中，清洗剂只使用一次。整个系统由 CIP 罐、CIP 泵、回流泵、浓清洗剂泵、换热器和管路组成。它没有大容量的稀释液储桶，被清洗的罐或管路与CIP 装置通过配管形成回路，清洗结束后将清洗液排放。这种系统所需要的设备比较简单，有时候可以不必设置专门的 CIP 站就可以进行 CIP 过程。

(二)清洗剂重复使用的 CIP 系统（reuse CIP systems）

对于清洗剂重复使用的 CIP 系统，它的水、碱、酸等各种清洗液分别放在各自的储罐里，清洗完毕后酸、碱等洗涤液进行回收再利用。当洗涤剂浓度降低时，可以补充酸、碱再反复使用。该系统在国内使用较为普遍，由于其酸、碱清洗剂都是在储液罐中稀释调配的，系统设备比较庞大。

(三)清洗剂多次使用的 CIP 系统(multi-use CIP systems)

尽管集中控制的清洗剂重复使用的 CIP 系统较为节约清洁剂资源,但是它的供水管路和回收管路太长,会导致大量液体和热量损失,同时残留在管道里的产品和清洗剂会被稀释。清洗剂多次使用的 CIP 系统既吸取了清洗剂单次使用 CIP 系统不占空间、输送管路短的优点,又具有清洗剂重复使用的 CIP 系统洗液回收的优势。在设计上,非集中控制的清洗剂多次使用的 CIP 系统是由局部的、靠近被清洁设备的小型标准单元组成的,由批式罐配制清洗剂并进行集中供给,清洗完毕后清洗剂可以回收。

1. CIP 清洗剂

在污染物清洗过程中,首先需要先将污染物从被清洗的物品表面分离,再将污染物在清洗液中分散形成一种稳定的悬浮状态,并防止污染物重新沉淀附着在被清洗物的表面上。之后,用水冲洗干净。在实际操作过程中,污染物分离的过程是较为复杂的,依靠一种单一的化学品并不能满足清洁的需要,因此往往将多种清洗剂搭配使用。清洗剂主要分为以下几种类型。

(1)中性清洗剂

水及表面活性剂都属于中性清洗剂。一般食品中水的溶解性成分含量很高,当水作为清洗剂的基本成分时,如果污染物完全可溶,就不需要添加其他的清洗剂,节约成本的同时更加绿色环保。表面活性剂可分为阳离子、阴离子和非离子三种类型。在进行碱性清洗时,添加界面活性剂不仅可以促进污染物润湿,还能对污染物有乳化和分散的作用。当被清洗设备的油脂污染物较小时,表面张力较低,污染物与机械表面的接触面积较大,清洗剂能够充分渗透而提高清洗效果。

(2)酸性清洗剂

酸性清洗剂被广泛用于溶解各种被清洗产品表面的矿物质沉积物,如钙镁沉积物、硬水积石、啤酒积石、牛乳积石和草酸钙等。常使用的无机酸有硝酸、磷酸、硫酸、盐酸,有机酸有葡萄糖酸、柠檬酸等、乳酸和酒石酸等。酸性清洗剂不受二氧化碳的影响,可以采用冷清洗方式。合成的酸性清洗剂还具有抑制酵母菌和霉菌的作用。

(3)碱性清洗剂

碱性清洗剂是食品工厂使用最广泛的清洗剂。碱与脂肪结合形成肥皂,与蛋白质形成可溶性物质,经过流水冲刷而易于清除。常用的碱性清洗剂是氢氧化钠和氢氧化钾,还有碳酸钠、碳酸氢钠、原硅酸钠、甲基硅酸钠和磷酸三钠等。氢氧化钠的缺点是对玻璃和金属有亲和力,所以浸透力较差,很难水洗除去,甚至很弱的氢氧化钠溶液也会强烈腐蚀铝、锡、锌和玻璃。但是由于氢氧化钠的清洗效果是碳酸氢钠(小苏打)的 4 倍,而且在适当的温度下还具有杀菌的效果,因而被广泛地应用到实际操作中。

(4)消毒剂

一些化学药品可用作 CIP 清洗的消毒剂,如次氯酸盐、二氧化氯和酸性阴离子表面活性剂等。在消毒设备前必须先保证设备和管路已被彻底清洗,如果设备表面有原料残渣或其他污染物存在,消毒剂的效果会受到严重影响。

2. CIP 程序

CIP 程序(表 5 - 7)主要包括预冲洗、碱洗、中间冲洗、酸洗、最后冲洗及生产前消毒等操作单元。①回收管道内的产品剩余物。可借助水冲刷和置换,亦可用压缩空气吹扫。②用水冲洗除去污物。③用洗涤剂清洗。④用热水、蒸汽或化学药品消毒。⑤用清水循环一次。

表 5-7　CIP 程序

程序	内容	清洗介质	时间/min	温度/℃
1	预冲洗	清水或工艺用水	3～5	常温或小于60
2	碱洗	1%～3%氢氧化钠	10～20	60～80
3	中间冲洗	工艺用水	5～10	小于60
4	酸洗	1%～2%硝酸	10～20	60～80
5	最后冲洗	工艺用水	3～10	常温或小于60
6	生产前消毒	工艺用水	15～30	92～95

3. CIP 影响因素

CIP 系统作为自动化的清洗系统,对污染物的清洁效果不仅受装置和所用清洁剂的影响,还受系统水的流速、清洗温度及清洗时间的影响。

(1)水的流速

水的流速会影响污染物和清洗剂的冲洗效率,过慢会导致污染物残留,过快则会造成水资源的浪费。因此,要根据管道计算水流雷诺数,并结合经验合理安排流速,保证效果的同时兼顾环保。

(2)清洗温度

提高清洗温度可以加快污染物与清洗剂的化学反应速度,同时减少清洗液的黏度,还可以增大污染物中可溶性物质的溶解度,减少残留。如果温度过高,会导致污染物中的蛋白质变性,使污染物与设备间的结合力提高,反而对清洁造成阻碍。通常清洗液的温度设置为 60～80 ℃。如果采用热水消毒,水温必须大于 82 ℃才能保证必要的消毒效果。

(3)清洗时间

清洗时间将直接影响污染物的溶解程度,影响清洗剂和消毒剂的使用效果,因此在操作过程中必须保证合理的清洗时间,才能最大效率地除去设备中的污染物。

第七节　碳酸饮料生产实例

一、水处理系统

(一)处理水生产工艺流程

处理水生产工艺流程如图 5-48 所示。

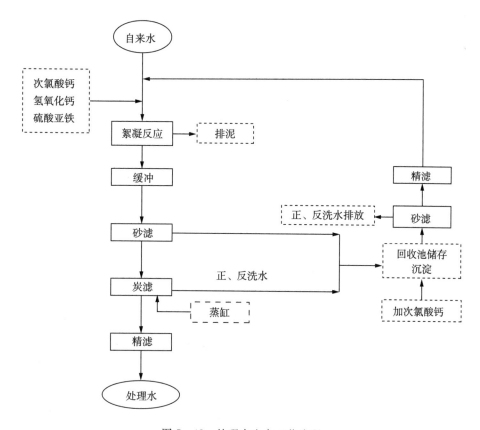

图 5-48　处理水生产工艺流程

（二）工艺简介

处理水生产工艺简介如下：

① 自来水通过添加次氯酸钙、氢氧化钙和硫酸亚铁等进行絮凝反应，通过砂滤器、活性炭过滤器和精滤器过滤产出碳酸饮料生产用的处理水；

② 砂滤器、活性炭过滤器需要每周进行反冲洗和正冲洗，以去除滤层中截留的杂质，同时提高水的综合利用率，一般正洗的自来水会通过回收系统重新回到自来水箱进行二次利用；

③ 活性炭过滤器主要作用是脱色、脱臭、吸附水中的游离氯离子，一般使用 1 个月左右，需要用蒸汽进行蒸罐，一方面用于杀灭微生物，另一方面能够活化活性炭，恢复其吸附能力；

④ 不同地区水质及口感差异较大，按照同样的质量标准，遵循同样的水处理工艺，能够最大限度降低水质对饮料风味的影响。

二、糖浆制备

（一）糖浆制备工艺流程

糖浆制备工艺流程如图 5-49 所示。

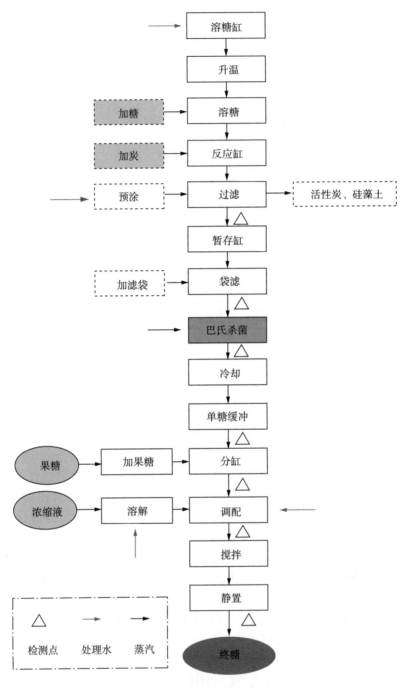

图 5-49　糖浆制备工艺流程

(二)糖浆制备工艺简介

1. 简单糖浆制备

简单糖浆指将白砂糖溶解、过滤、杀菌后制备的白砂糖糖浆,一般糖度为 60 °Bx,用于后续饮料糖浆配制。以连续溶糖流程为例,生产流程如下:

① 在 50 ℃左右的热水中倒入一定量白砂糖溶解;

② 倒入 1.5%左右质量比例的活性炭(吸附异色、异味);

③ 糖浆和活性炭的混合物流转至反应缸保持 0.5 h;

④ 经过已经预涂形成滤层的圆盘过滤器进行过滤;

⑤ 过滤糖浆使用 0.8 μm 滤膜过滤,检查有无硅藻土和活性炭残留;

⑥ 合格糖浆经过巴氏杀菌后,进入暂存罐备用。

2. 最终糖浆配制

最终糖浆是指已经添加白砂糖、果糖等甜味剂和香精、香料等添加剂的糖浆,用于和水、二氧化碳按照一定比例混合灌装。以某碳酸饮料配制为例,生产流程如下。

① 按照生产计划,配制 16 Unit(浓缩主剂的标准单位)糖浆。

② 计算 16 Unit 糖浆物料需求及体积:

A. 白砂糖 10.5 kg/Unit,所需单糖糖浆量(16 U×10.5 kg/U)/0.61＝275.4 kg(单糖糖浆 61 °Bx);

B. 果糖 260 kg/Unit,所需果糖糖浆量(16 U×260 kg/Unit)/0.77＝5402.6 kg(果糖糖浆为 77 °Bx),浓缩主剂为 16 Unit;

C. 糖浆质量为 380 kg,理论最终糖浆配料量为 6 080 kg;

D. 最终糖浆白利度为 10.8 °Bx。

③ 将 275.4 kg 单糖和 5 402.6 kg 果糖打入糖浆配制缸。

④ 将 16 Unit 主剂预溶解后打入糖浆配制缸。

⑤ 糖浆配制缸补水至 6 080 kg。

⑥ 搅拌静置,检测白利度范围为(56.1±0.2)°Bx。

⑦ 糖浆暂存备用。

三、混比工艺

混比指糖浆、水和 CO_2 以一定比例混合成为可供最终灌装的饮料料液的过程。以某一饮料产品为例,最终糖浆和处理水的比例为 6∶1,其混比流程如下。

① 处理水经过脱气进入水罐,脱气的目的是降低水中空气含量,显著提高 CO_2 的溶解度,减少碳酸饮料灌装时的 CO_2 和产品外溢。

② 糖浆和脱气后的处理水,经过精确的流量控制,按照 6∶1 比例混合进入混合罐。

③ 通过文丘里管,将 CO_2 添加到饮料中,完成碳酸化过程。碳酸化后的饮料通过 CO_2 含量探头检测,反馈调整 CO_2 供给管道比例阀的开度,确保碳酸化过程平稳进行。

④ 碳酸化后的饮料中 CO_2 压力为 4.2 bar,通过缓冲罐进入灌装机灌装。

混比工艺流程如图 5-50 所示。

四、空瓶制备

(一)吹瓶流程

吹瓶流程如图 5-51 所示。

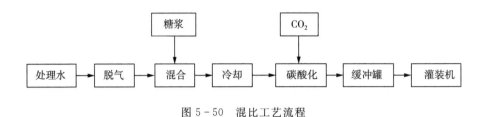

图 5-50　混比工艺流程

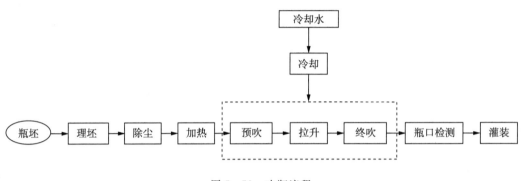

图 5-51　吹瓶流程

（二）吹瓶工艺

目前，盛装碳酸饮料的瓶子主要是塑料瓶。生产碳酸饮料瓶的材料为瓶坯，其材质可为 PET（聚对苯二甲酸乙二醇酯）。在吹瓶过程中，利用 PET 材质特性，将瓶坯加热到 95～130 ℃，使之处于玻璃态，在模具中经过高压气吹塑成型。

① 瓶坯在加热炉中经过从上到下排列、不同功率的加热灯管被加热到 110 ℃ 左右。不同位置的加热功率和温度对空瓶成品质量有非常大的影响。

② 加热到玻璃态的瓶坯进入模具，合模。

③ 高压气从胚口注入瓶坯内部，经过垂直拉升、6 bar 预吹、25 bar 终吹成型。

④ 模具底部和侧面的冷却水将瓶子表面迅速冷却，使 PET 材质重新回归有序的结晶状态。

⑤ 首检合格的瓶子流转至灌装机进行灌装生产。

五、碳酸饮料灌装

灌装流程（以易拉罐灌装为例）具体如下：

① CO_2 从压缩气体通道流入易拉罐中，并将空气挤至冲洗气体通道中；

② 通过打开的压缩气体缸，经由阀管，将易拉罐预加压到压缩气体通道中的压力；

③ 打开产品缸，环形缸或中央缸中的产品经由流量计和灌装阀流入易拉罐内；

④ 灌装结束后，有一定的静置时间，降低封盖前饮料和 CO_2 外溢；

⑤ 罐内压力缓慢释放，产品进入封盖环节。

灌装流程图如图 5-52 所示。

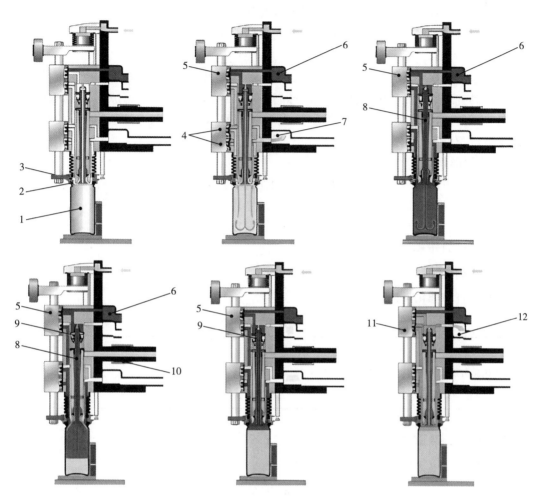

1—易拉罐;2—定心罩;3—压紧橡胶;4—冲洗气体缸;5—压缩气体缸;6—压缩气体通道;
7—冲洗气体通道;8—阀管;9—产品缸;10—流量计;11—泄压缸;12—泄压通道。

图5-52　灌装流程图

第八节　碳酸饮料的质量评价

一、质量标注

(一)感官指标

1. 色泽

产品色泽应接近于品名,果汁型和果味型碳酸饮料应该接近于品名相符的鲜果或果汁的色泽,或大众所习惯和承认的色泽;可乐型碳酸饮料应有焦糖色、类似焦糖色泽或无色;其他型应具有与品名相符的色泽。同一产品色泽应保持鲜亮无变色现象。

2. 香气

果汁型碳酸饮料应具有该品种鲜果的香气;果味型碳酸饮料应具有类似该品种鲜果的

香气;可乐型碳酸饮料应有可乐果及水果所具有的香气;其他类型碳酸饮料应具有该品种应有的香气,每种类型的碳酸饮料产品香气都应协调柔和。

3. 滋味

果汁型碳酸饮料具有该品种鲜果汁之滋味,味感纯正、爽口、酸甜适口有清凉感;果味型碳酸饮料具有近似该品种鲜果汁之滋味,味感纯正爽口,酸甜适口,有清凉感;可乐型碳酸饮料应口味正常、味感纯正、爽口、酸甜适口,有清凉口感;其他类型具有该品种应有的滋味,味感纯正爽口,有清凉感。

4. 外观形态

清汁类碳酸饮料应澄清透明、无沉淀、不混浊、不分层;果汁型和果味型混汁类碳酸饮料应具有一定的混浊度,混浊均匀一致,不分层,允许有少量果肉沉淀;其他型碳酸饮料应混浊均匀,浊度适宜,允许有少量沉淀;可乐型碳酸饮料应澄清透明且无沉淀。碳酸饮料中均不能有肉眼可见的外来杂质。

(二)理化指标

碳酸饮料的理化指标见表 5-9 所列。

表 5-8　碳酸饮料的理化指标

项目	果汁型	果味型、可乐型及其他型
二氧化碳气容量(20 ℃)/倍	≥1.5	
果汁含量(质量分数)/%	≥2.5	

(三)微生物指标

碳酸饮料的微生物指标见表 5-8 所列。

表 5-9　碳酸饮料的微生物指标

项目		指标
菌落总数/(CFU/mL)	≤	100
大肠菌数/(MPN/100 mL)	≤	6
霉菌/(CFU/mL)	≤	10
酵母菌/(CFU/mL)	≤	10
致病菌(沙门氏菌、志贺氏菌、金黄色葡萄球菌)		不得检出

二、碳酸饮料常见质量问题及产生的原因

(一)不正常的混浊与沉淀

沉淀物生成(包括絮状物的产生和不正常的混浊现象),出现这种现象的原因如下。

1. 物理性变化

原辅料质量差或处理不妥,如砂糖纯度不高,糖液特别是甜菜糖液过滤欠佳;水过滤不彻底,水的硬度及浊度过高;乳浊香精或乳化剂质量差,操作方法不妥,造成饮料乳化不完

全;瓶子未洗涤干净,附着于瓶壁的杂质浸泡后形成沉淀,发生沉降、凝聚等。

2. 化学性变化

原辅料之间的相互作用或与空气和水源中的氧气或其他物质发生反应。酸碱中和,酸、碱与盐类发生置换反应,防腐剂与酸反应。在实际生产中,要严格按有关标准验收原辅料,如色素、果汁、白砂糖等。

3. 微生物引起

产品被微生物(多为酵母菌)污染,产品中糖变质产生混浊,与柠檬酸作用会形成白色沉淀;封盖不严使 CO_2 溢出,进入的空气中带有微生物,从而使产品腐败;由于设备未清洗干净或生产中没有及时将糖浆冷却装瓶,会导致感染杂菌产生酸败味。

(二)变色(包括褐变和褪色)、变味

1. 褐变

褐变包括酶促褐变和非酶褐变。酶促褐变主要是由果汁原料所含多酚氧化酶造成的;非酶褐变则是由美拉德反应、焦糖化反应及维生素 C 的自动氧化等造成的。

2. 褪色

产生褪色的主要原因如下:①光线的照射使耐光性弱的物质(主要是色素)氧化褪色;②温度过高使耐热性弱的色素变性褪色或加速物质氧化还原反应造成褪色;③在酸性条件下形成色素沉淀,饮料原来的色泽会逐渐消失,所以要加强成品的管理,尽量避光保存,避免过度曝光,储存时间不能过长,储存温度不能过高。

3. 变味

变味的主要原因如下:①原辅料质量差或处理不妥,如香精质量差,使用量不当, CO_2 中杂质含量高,加上净化方法不妥;②空气中的 O_2 使物质发生氧化作用而变味,如香精(特别是萜类)的氧化变味;③配制时间过长,温度过高,引起挥发性物质(如香精)的挥发,造成香味不足;④微生物污染,其代谢产物使得产品变味,如酵母菌产酒精、醋酸菌产酸等;⑤糖酸比失调,配料不妥造成变味,如柠檬酸用量过多会造成涩味,糖精钠用量过多会有苦味;⑥ CO_2 气压过高或过低,使风味失调。

(三)气不足

气不足原因主要如下:① CO_2 气体不纯;②碳酸化效果差,碳酸化时液体温度过高,混合机压力不够,生产过程中有空气混入或脱气不彻底;③灌装时排气不完全;④封盖不及时或不严密,或盖与瓶不配套。

(四)爆瓶

爆瓶原因主要如下:① CO_2 含量太高,压力太大,当储藏温度高时气体体积膨胀超过瓶子耐压程度;②瓶子质量差。

(五)产生可见性杂质

产生可见性杂质的主要原因如下:①严重污染的旧瓶未洗干净,如残留有玻璃片、昆虫尸体、纸屑等;②在调配过程中掉进杂质。所以在生产中要注意卫生,杜绝昆虫等异物的进入。

三、保证碳酸饮料质量的途径

保证碳酸饮料质量的途径具体如下。

① 减少微生物污染：A. 改善工厂环境卫生，保持工厂车间的清洁；B. 加强对设备、机械的清洗与消毒；C. 加强对容器的清洗与消毒；D. 搞好操作卫生工作；E. 加强原辅料保管和处理；F. 加强水的处理；G. 做好生产车间通风及空气净化工作；H. 加强杀菌（包括糖的杀菌、设备杀菌、容器的杀菌）；I. 改变微生物生存环境，即在允许的范围内添加适量防腐剂，减少饮料中溶解的空气，尤其是氧气。

② 杜绝昆虫进入：A. 搞好工厂环境卫生，消灭工厂范围内的昆虫滋生地；B. 生产车间采用双重门、窗，保持四周特别是地板干净；C. 加强容器处理。

③ 选择适当配方及合理的工艺。

④ 稳定原辅料质量。

⑤ 选择好的洗瓶、配料、混合、灌水、压盖设备，并且做好设备的维护及保养工作。

⑥ 建立严格的卫生、生产、原辅料及成品管理制度。

思考题

1. 碳酸饮料是指充有_____饮料的总称。

2. 洗瓶的基本方法有_____、_____两种。

3. 在一定温度和压力下，二氧化碳在水中的最大溶解量叫_____，碳酸饮料中的溶解量计算单位为_____，即标准压力和标准温度下，1 体积的水所能溶解的二氧化碳体积量。

4. 碳酸化系统一般由_____、_____、_____组成。

5. 灌装系统要完成_____、_____、_____三个工序

6. 压盖前应对瓶盖进行清洗，消毒，常用的方法有_____、_____、_____。

7. 简述碳酸饮料的定义、分类及特点。

8. 依据自身对饮食保健的了解，谈谈你对"多喝碳酸饮料对健康无益"这个观点的认识。

9. 简述二氧化碳在软饮料中的作用。

10. 简述原糖浆及调和糖浆的制备方法。

11. 简述碳酸化的基本原理。

12. 简述影响碳酸化的因素，请加以分析。

13. 简述砂糖溶解方式及各自特点。

14. 简述碳酸饮料一次灌装法和二次灌装法生产工艺及优缺点。

15. 简述糖浆调配的顺序原则。

16. 简述碳酸化原理、亨利定律和道尔顿定律的定义。

17. 简述水或混合液的冷却方式。

18. 简述气水混合机类型。

19. 简述碳酸饮料的灌装方式。

20. 简述碳酸饮料等压式灌装的工作原理。

21. 简述糖浆机的类型。

22. 简述空瓶和成品的检验项目。

23. 简述 CIP 系统用到的清洗剂及清洗的程序。

24. 简述碳酸饮料产生不正常的混浊和沉淀的原因及防止措施。

25. 简述碳酸饮料变色的原因及防止措施。

26. 某碳酸饮料发生微生物超标现象,请分析其原因及采取控制产品质量的措施。

填空题答案

1. 二氧化碳气。

2. 毛刷刷洗法、液体冲击法。

3. 本生体积　容积倍数。

4. 二氧化碳气调压站、水冷却器、混合机。

5. 灌糖浆水、灌碳酸水、封盖。

6. 紫外线消毒法、臭氧消毒法、蒸汽消毒法。

(孙汉巨、张艳杰、刘梦杰、李菁、兰伟)

GB/T 10792—2008
《碳酸饮料(汽水)》

第六章　果蔬汁(浆)及其饮料

教学要求：

1. 掌握果蔬汁(浆)饮料定义；

2. 理解影响果蔬汁(浆)质量的主要因素；

3. 了解果蔬简易储藏、冷藏、气调储藏的特点；

4. 理解果蔬原料的前预处理及澄清方法；

5. 掌握果蔬汁(浆)中的混浊物主要来源、常用的澄清方法及特点；

6. 了解过滤、离心分离和均质的目的及操作条件；

7. 掌握脱气的目的及种类；

8. 理解果蔬汁(浆)浓缩和芳香物的回收方法；

9. 掌握果蔬汁(浆)杀菌和灌装方式及特点；

10. 掌握果蔬汁(浆)饮料生产中常见的质量问题；

11. 掌握影响果蔬汁(浆)及其饮料质量的外界因素。

教学重点：

1. 果蔬汁(浆)饮料定义；

2. 果蔬汁(浆)中混浊物主要来源；

3. 常用的果蔬汁(浆)澄清方法及特点；

4. 果蔬汁(浆)过滤和离心分离的方法；

5. 果蔬汁(浆)均质的目的及操作条件；

6. 果蔬汁(浆)脱气的目的及种类；

7. 果蔬汁(浆)杀菌和灌装方式及特点；

8. 果蔬汁(浆)饮料生产中常见的质量问题。

教学难点：

1. 果蔬汁(浆)饮料定义；

2. 常用的果蔬汁(浆)澄清方法及特点；

3. 果蔬汁(浆)过滤和离心分离；

4. 果蔬汁(浆)饮料生产中常见的质量问题。

第一节　水果及蔬菜的概述

一、水果、蔬菜的营养及生物价值

与其他食品相比,水果(fruits)、蔬菜(vegetables)的特有营养及健康方面的意义,主要表现在以下三个方面:①水果、蔬菜内含有多种营养物质,如糖类、蛋白质、脂肪、维生素 B_1、维生素 B_2、维生素 C、胡萝卜素、多种矿物质等,有些成分含量相当高;②含有一些其他食品比较缺乏,但对人体组织有利的化学成分,如植物多酚、低聚果糖等;③一些其他的食品所含的不利于人体健康的化学成分（如胆固醇、动物激素等），在水果、蔬菜中含量相当少，甚至不含这些成分。

水果、蔬菜还具有一些特殊的疗效或保健功能：①黄瓜、苹果等果蔬具有抗氧化作用的原因，可能与其具有较强的清除自由基的能力有关，它们含有维生素 C、总酚、总黄酮、超氧化物歧化酶（SOD）、过氧化氢酶（CAT）；②果蔬（特别是十字花科的萝卜属、伞形花科的胡萝卜属和葫芦科瓜类）中存在干扰素诱生剂，都有助于刺激人体细胞产生干扰素，从而增强人体的免疫能力；③有些蔬菜（十字花科）含有芳香物质，具有抑制细胞异态的功能；④蓝莓、黑加仑、桑葚、紫薯、西红柿等果蔬中含有花青素，具有抗氧化、改善视力、提高免疫力及改善睡眠等功能；⑤大蒜中含有大蒜素，具有抗氧化、杀菌等作用；⑥金银花中含有绿原酸，具有较强的杀菌及消炎作用；⑦桔梗是我国传统常用中药材，药食两用，含有三萜皂苷、黄酮类化合物、酚类化合物、聚炔类化合物、脂肪酸、无机元素及挥发油等成分，具有清肺、祛痰、利咽、排脓等功能，主治咳嗽痰多、咽喉肿痛等症状。

二、常见果蔬汁（浆）原料

选择品质优良的原料制取果蔬汁（浆），对于生产出高质量的果蔬汁（浆）具有决定性意义。因此，用于果蔬汁（浆）加工的原料一般应具备出汁率高、甜酸适口、香气浓郁、营养丰富等特点。

（一）常见果汁原料

一般用于果汁加工的水果分为三类：核果、仁果及浆果。核果是果实的一种类型，属于单果，是由一个心皮发育而成的肉质果，一般内果皮木质化形成核，其常见于蔷薇科、鼠李科等类群，如桃、杏、李、枣、樱桃、橄榄、梅子。仁果的果实中心有由薄壁构成的若干种子室，室内含有种仁，可食部分为果皮、果肉，如苹果、梨、山楂、枇杷等。浆果是由子房或联合其他花器发育成的柔软多汁的肉质果，如葡萄、猕猴桃、树莓、醋栗、越橘、桑葚、无花果、石榴、杨桃、木瓜、番石榴、蒲桃、蓝莓、西番莲等。

目前，市场上主要的果蔬汁（饮料）有橙汁、橘汁、柠檬汁、菠萝汁、苹果汁、桃汁、葡萄汁、芒果、猕猴桃汁、番石榴汁、西番莲汁及胡萝卜汁，以及近年来迅速发展起来的黑加仑、蔓越莓、蓝莓、树莓、黑果及樱桃果汁。

（二）常见蔬菜汁原料

适合制汁的蔬菜原料一般包括果菜类、根菜类和绿叶菜类。果菜类中的番茄和根菜类中的胡萝卜是比较常见的蔬菜汁原料。用来生产蔬菜汁的根菜类主要有萝卜、胡萝卜及甜菜。绿叶菜中的芹菜和菠菜也已用来加工蔬菜汁制品。其中，芹菜汁具有利尿与降血压的功能。除了上述各种蔬菜外，洋葱、大蒜、芦笋、冬瓜、辣椒、甜椒、西瓜等均可用于生产果蔬汁。常用于蔬菜汁类饮料加工的蔬菜有番茄、胡萝卜、芦笋、莲藕、荸荠、番茄、南瓜、苦瓜、甜玉米、食用菌、藻类及蕨类等。

三、果蔬汁（浆）原料的质量标准

果蔬汁（浆）原料的标准是衡量其品质的尺度。但由于要求者（如消费者、生产者和加工者）的衡量角度不同，就会有不同的评价。对于消费者来说，果蔬的"好坏"主要以大小、成熟度、外观及味道等作为主要的质量标志;对于果蔬种植者来说,把果蔬的抗病性、栽培管理的难易程度、产量及耐储性等作为主要的质量标志;对于果蔬汁加工企业来说,常把果蔬的成熟度、加工适应性、耐储性、出汁率、风味、色泽、营养等视为主要的质量标志。

四、果蔬汁(浆)及其饮料对原料的基本要求

选择汁液丰富、取汁容易、可溶性固形物含量高的果蔬品种,原料风味芳香独特、色泽良好、果胶含量适宜、具有良好的感官品质和营养价值,原料选择较为新鲜、无病害和腐烂、无机械损伤、成熟度和糖酸比适宜、耐储运、农药等有害成分含量低的果蔬。

果蔬采收成熟度的评价方法具体如下。

① 色泽变化辨别法:主要根据果蔬的外观色泽和种子色泽来判定是否达到适宜的成熟度。果实成熟过程中,果皮的色泽有明显变化。判断成熟度的色泽指标,不同种类品种间有差异,但一般以果皮底色由深绿变黄、由褐变红为依据。

② 理化指标分析法:常通过测定果蔬的糖、酸、可溶性固形物和淀粉含量,以及糖酸比来确定果蔬采收时期。另外,随着果实成熟度的提高,其硬度减小。因此,也可根据果实(如苹果)硬度的变化来鉴别其成熟度,常用果实硬度计测定。

③ 果实质量、大小和外观特征判定法:主要以果实的重量、相对密度、纵横径比(果形指数)、果实表面是否形成果粉、蜡质层的厚度、核的硬化和果梗的脱离难易程度等进行判断。

④ 生长期:以果蔬盛花期到成熟期的整个生长期为指标。在正常气候条件下,在一个地区,某个品种果蔬每年的盛花期和成熟期基本一致。因此,通过摸索可以确定某一品种果蔬在某地从盛花至成熟需要多少天数。实际上,还要根据当地气候的变化、栽培管理及树势强弱等条件来评定。

果蔬在采摘及运输时候,还应注意以下问题:①采收时间以早上或傍晚为宜,雨中、雨后或者露水未干时,不宜采收;②采后的果蔬应及时降温,可采用预冷或者速冻等方法;③尽量避免果蔬遭受机械性损伤,若果蔬需要短期贮存,采用辅助或临时保鲜措施(空调降温、电风扇散热、室内或地下室保存等),及时进行保鲜处理;④采摘后的果蔬要及时运输、预处理、贮藏及加工。

第二节　果蔬汁(浆)及其饮料的定义、分类及产品技术要求

一、果蔬汁(浆)及其饮料的定义与分类

(一)果蔬汁(浆)

果蔬汁(浆)[fruit/vegetable juice(puree)]是指采用物理方法(机械方法,如直接榨取、水浸提等),将水果或蔬菜加工制成可发酵但未发酵的汁液、浆液,或在浓缩汁(浆)中加入其加工过程中除去的等量水分复原而成的制品,或水果、蔬菜或果蔬汁(浆)、浓缩果蔬汁(浆)经发酵后制成的汁液。未发酵果蔬汁(浆)包括非复原果蔬汁(浆)和复原果蔬

汁(浆)。

可以使用糖(包括食糖和淀粉糖)或酸味剂或食盐调整果汁的口感,但不得同时使用糖(包括食糖和淀粉糖)和酸味剂调整果汁、果浆的口感。可以回添香气物质和挥发性风味成分,但这些物质或成分必须通过物理方法获取且只能来源于同一种水果、蔬菜。通过物理方法从同一种水果和/或蔬菜中获得的纤维、囊胞(来源于柑橘属水果)、果粒、蔬菜粒也可以添加到果蔬汁(浆)中。只回添通过物理方法从同一种水果或蔬菜获得的香气物质和挥发性风味成分,和(或)通过物理方法从同一种水果和(或)蔬菜中获得的纤维、囊胞(来源于柑橘属水果)、果粒、蔬菜粒,不添加其他物质的产品声称100％。果蔬汁(浆)分为以下四类产品。

1. 果汁

果汁(fruit juice)是指以水果为原料,采用物理方法制成的可发酵但未发酵的汁液制品,或在浓缩果汁中加入其加工过程中除去的等量水分复原而成的制品,包括原榨果汁(非复原果汁)和复原果汁。

(1)原榨果汁

原榨果汁(非复原果汁,not from concentrated fruit juice)是指以水果为原料,通过机械方法,如直接制成的果汁(即非复原果汁)。其中采用非热处理方式加工或巴氏杀菌制成的原榨果汁为鲜榨果汁。

(2)复原果汁

复原果汁(fruit juice from concentrated)是指在浓缩果汁中加入其加工过程中除去的等量水分复原而成的果汁。

2. 蔬菜汁

蔬菜汁(vegetable juice)是指采用物理方法(机械方法,如直接榨取、水浸提等),将蔬菜加工制成可发酵但未发酵的汁液,或在浓缩蔬菜汁中加入其加工过程中除去的等量水分复原而成的制品。

3. 果浆、蔬菜浆

果浆、蔬菜浆(fruit puree and vegetable puree):采用物理方法(机械方法,如直接打浆、水浸提等),将水果、蔬菜加工制成可发酵但未发酵的浆液,或在浓缩果汁(浆)或浓缩蔬菜汁(浆)中加入其加工过程中除去的等量水分复原而成的制品。

4. 复合果蔬汁(浆)

复合果蔬汁(浆)(blended fruit/vegetable juice,puree):含有不少于两种的果汁(浆)或蔬菜汁(浆)或果汁(浆)和蔬菜汁(浆)的制品。

(二)浓缩果蔬汁(浆)

浓缩果蔬汁(浆)(concentrated fruit/vegetable juice,puree)是指采用机械方法从水果、蔬菜榨取的果汁(浆)、蔬菜汁(浆)中除去一定比例的水分,加水复原后具有果汁(浆)、蔬菜汁(浆)应有特征的制品,也包括经水浸提后榨取或打浆得到的果汁(浆)、蔬菜汁(浆)的浓缩制品。可以回添香气物质和挥发性风味成分,这些物质或成分必须通过物理方法获取且只能来源于产品对应的同一种水果、蔬菜,从同一种水果和/或蔬菜中获得的纤维、囊胞(来源于柑橘属水果)、果粒、蔬菜粒也可以添加到浓缩果蔬汁(浆)中。浓缩果蔬汁(浆)分为以下三类。

1. 浓缩果汁(浆)

浓缩果汁(浆)(concentrated fruit juice,puree)是指采用机械方法从果实中榨取的果汁(浆)中除去一定比例的水分,加入除去的等量水分复原后具有果汁(浆)应有特征的制品,也包括经水浸提后榨取或打浆得到的果汁(浆)的浓缩制品。

2. 浓缩蔬菜汁(浆)

浓缩蔬菜汁(浆)(concentrated vegetable juice,puree)是指采用机械方法从蔬菜中榨取的蔬菜汁(浆)中除去一定比例的水分,加入除去的等量水分复原后具有蔬菜汁(浆)应有特征的制品,也包括经水浸提后榨取或打浆得到的蔬菜汁(浆)的浓缩制品。

3. 浓缩复合果蔬汁(浆)

浓缩复合果蔬汁(浆)(blended concentrated fruit/vegetable juice,puree)是指含有不少于两种的浓缩果汁(浆)、浓缩蔬菜汁(浆)、浓缩果汁(浆)和浓缩蔬菜汁(浆)的制品。

(三)果蔬汁(浆)饮料

果蔬汁(浆)饮料[fruit/vegetable juice(puree)beverage]是指以果蔬汁(浆)、浓缩果蔬汁(浆)、水为原料,添加或不添加其他食品原辅料和(或)食品添加剂,经加工制成的制品。可添加通过物理方法从水果和(或)蔬菜中获得的纤维、囊胞(来源于柑橘属水果)、果粒、蔬菜粒。果蔬汁(浆)饮料可分为以下六类。

1. 果蔬汁饮料

果蔬汁饮料(fruit/vegetable juice beverage)是指以果汁(浆)、浓缩果汁(浆)或蔬菜汁(浆)、浓缩蔬菜汁(浆)、水为原料,添加或不添加其他食品原辅料和(或)食品添加剂,经加工制成的制品。

2. 果肉(浆)饮料

果肉(浆)饮料(fruit nectar)是指以果浆、浓缩果浆、水为原料,添加或不添加果汁、浓缩果汁、其他食品原辅料和(或)食品添加剂,经加工制成的制品。

3. 复合果蔬汁饮料

复合果蔬汁饮料(blended fruit/vegetable juice beverage)是指以果汁(浆)、浓缩果汁(浆)、蔬菜汁(浆)、浓缩蔬菜汁(浆)中的两种或两种以上及水为原料,添加或不添加其他食品原辅料和(或)食品添加剂,经加工制成的制品。

4. 果蔬汁饮料浓浆

果蔬汁饮料浓浆(concentrated fruit/vegetable juice beverage)是指以果汁(浆)、蔬菜汁(浆)、浓缩果汁(浆)或浓缩蔬菜汁(浆)中的一种或几种、水为原料,添加或不添加其他食品原辅料和(或)食品添加剂,经加工制成的,按一定比例用水稀释后方可饮用的制品。

5. 发酵果蔬汁饮料

发酵果蔬汁饮料(fermented fruit/vegetable juice beverage)是指以水果或蔬菜或果蔬汁(浆)或浓缩果蔬汁(浆)经发酵后制成的汁液、水为原料,添加或不添加其他食品原辅料和(或)食品添加剂的制品,如苹果、橙、山楂、枣等经发酵后制成的饮料。

6. 水果饮料

水果饮料(fruit beverage)是指以果汁(浆)、浓缩果汁(浆)、水为原料,添加或不添加其他食品原辅料和(或)食品添加剂,经加工制成的果汁含量较低的制品。

二、产品技术要求

(一)原辅料要求

水果原料应新鲜、完好、成熟度适当。水果、蔬菜、干制水果可使用物理方法保藏,或采用国家标准及有关法规允许的适当方法(包括采后表面处理方法),以维持果实完好状态。其他原辅料应符合相关标准和规定。

(二)感官要求

果蔬汁(浆)及其饮料色泽具有与所标示的该种(或几种)水果、蔬菜制成的汁液(浆)相符的色泽,或具有与添加成分相符的色泽。滋味和气味具有由所标示的该种(或几种)水果、蔬菜制成的汁液(浆)应有的滋味和气味,或具有与添加成分相符的滋味和气味;无异味。组织状态要求为无正常视力可见外来杂质。

(三)理化指标

果蔬汁(浆)及其饮料的理化指标要求见表6-1所列。

表6-1　果蔬汁(浆)及其饮料的理化指标要求

分类	项目	指标或要求
果蔬汁(浆)	果汁(浆)或蔬菜汁(浆)含量(质量分数,%)	100
果汁(浆)	可溶性固形物含量	符合20℃下复原果汁和复原果浆的最小可溶性固形物(Brix)的要求
蔬菜汁(浆)		
复合果蔬汁(浆)	可溶性固形物含量应符合调兑时使用的单一品种果汁(浆)和蔬菜汁(浆)的指标要求。	
浓缩果汁(浆)	可溶性固形物的含量与原汁(浆)的可溶性固形物含量之比	≥2
浓缩蔬菜汁(浆)		
复合浓缩果蔬汁(浆)		
果蔬汁饮料	果汁(浆)或蔬菜汁(浆)含量(质量分数,%)	≥10
复合果蔬汁饮料	果汁(浆)或蔬菜汁(浆)含量(质量分数,%)	≥10
果肉饮料	果浆含量(质量分数,%)	≥20
果蔬汁饮料浓浆	果汁(浆)或蔬菜汁(浆)含量(质量分数,%)	≥10(按标签标示的稀释倍数稀释后)
发酵果蔬汁		
发酵果蔬汁饮料	发酵果蔬汁添加量(质量分数,%)	≥10
水果饮料	果汁(浆)含量(质量分数,%)	≥5

注:① 可溶性固形物含量不含添加糖(包括食糖、淀粉糖)、蜂蜜等带入的可溶性固形物含量;

② 对于果蔬汁(浆)含量,没有检测方法时按配方计算得出。

第三节　果蔬汁(浆)饮料的一般生产工艺

目前,世界上生产的主要果蔬汁(浆)产品根据加工工艺的不同,可以分为以下五大类型。

① 澄清汁(clear juice):需要澄清和过滤,以干果为原料时还需要浸提工序。

② 混浊汁(cloudy juice):需要均质和脱气。

③ 果肉饮料(nectar):需要预煮与打浆,其他工序与混浊汁一样。

④ 浓缩汁(concentrated juice):需要浓缩。

⑤ 果汁粉(juice powder):需要脱水干燥,在我国的饮料分类中这类产品属于固体饮料的范畴,因此在此不作介绍。

各类果蔬汁(浆)及其饮料的一般生产流程如图6-1所示。

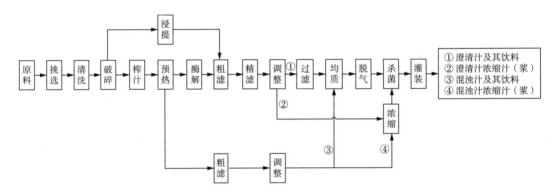

图6-1　各类果蔬汁(浆)及其饮料的一般生产流程

一、果蔬汁(浆)关键生产工艺

(一)中间储藏

果蔬一般是未完全成熟就采收了,否则会因为果蔬的成熟度太高,果蔬变软,不利于采收和运输。所以,果蔬加工制汁的原料均需有一定的中间储藏(intermediate storage)过程,特别是果类及果菜类需要经过一段时间存放达到后熟,以使其内含物转化,这样,果蔬汁(浆)的营养成分、色泽、风味才能得到提高,如香蕉采用乙烯等方法催熟。近地销售时采收成熟度为8.5成~9.5成,而远销或短期贮运的应为7.5成~8.5成。苹果、桃、番茄等果蔬经过中间储藏过程后,硬度降低,糖度升高,酸度下降,原果胶物质逐步分解为果胶和果胶酸,色泽和风味大为改善。工厂现在常用的贮藏方法主要有简易储藏、冷藏保鲜、气调储藏。

1. 简易储藏

简易储藏(simple storage)是目前生产中仍广泛使用的主要方法。即根据当地的自然条件和现有设施(如产地的地沟、土窑洞、地窖、通风库和厂区的库房、人防工程等),通过合理管理方式和防腐保鲜处理(如药剂处理、薄膜包装等)使果蔬达到良好的保鲜效果。其优点是简便、易行、投资少,可在产地进行。对一些耐藏果蔬(如山楂、苹果、柑橘)可获得明显的效果。其缺点是水分损耗大,易出现腐烂,储存期短。

2. 冷藏保鲜

冷藏(cold storage)是目前国内外果蔬汁加工中应用最广的原料贮存方法。即在产地(或原料基地),或加工厂建造一栋一定规模的机械冷藏库(或复合冷凉库、节能型通风冷藏库等)。通过人工制冷(或自然通风降温与机械制冷相结合)方式将果蔬温度迅速降至适宜贮温下,并辅以化学防腐保鲜技术、薄膜气调保鲜技术、果实涂被包膜技术等辅助保鲜方法,使果蔬得到长期储藏。其优点是储藏效果好,储存期长,可供多种果蔬(如一些不耐储藏的品种)储存。但是,不同的果蔬不能混装在同一库房中和使用相同的温度。其缺点是一次性投资较大。但是,对于现代化果蔬汁加工企业来说,机械冷藏库是加工企业必不可少的设施。

3. 气调储藏

气调储藏(controlled atmosphere storage)是目前果蔬贮藏方面较为先进的一种方法,是在机械冷藏的基础上,再辅以气调调节。气调储藏法是将产品存于人工调节的特定的混合气体环境中,其中二氧化碳、氧气浓度与空气中的比例不同,并将给定的气体浓度限制在一个很狭小的范围内。限气(modified atmosphere,MA,也称自发性气调)储藏法是利用薄膜包装储藏,依靠果蔬自身的呼吸代谢,达到降低环境中的氧浓度,提高二氧化碳浓度的方法。限气储藏法也属于气调的范畴,但二氧化碳和氧气的浓度波动大,没有一定的指标。气调储藏同机械冷藏相结合,可同时控制温度、湿度、气体成分等环境因素,获得理想的贮藏效果,是目前较先进的储藏技术。气调库原理示意图如图6-2所示。

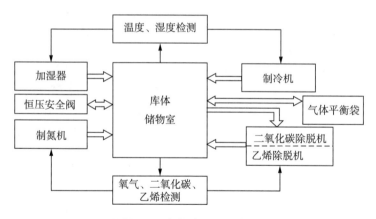

图6-2　气调库原理示意图

(二)预处理

预处理是在制汁之前对果蔬原料进行拣选(picking)、清洗(cleaning)、破碎(crushing)、热处理、酶处理等操作过程。

1. 拣选

加工过程中只要有少数果蔬原料出现了腐败现象或者受到污染,即使采用最好及最先进的工艺方法也可能影响到果蔬汁的品质。因此,制汁之前必须拣选(picking)。拣选的目的是剔除霉烂、带有病虫害、破损和未成熟果蔬,以及混杂在果蔬中的异物。拣选一般在预选输送带上手工进行。对浆果类水果应增设磁选装置以除去带铁的杂物,以免损坏破碎机或打浆机等设备。

2. 清洗

　　果蔬在生长、成熟、采收、运输和储存过程中会受到泥土、树叶、微生物、农药及其他有害成分的污染,为了防止这些有害成分影响果蔬汁的质量,在取汁之前必须对原料进行清洗。果蔬原料的清洗方法,可根据原料的性质、形状及设备的条件加以选择,一般分为物理方法和化学方法。物理方法有浸泡、摩擦、刷洗、鼓风、喷淋、搅动、振动等;化学方法包括用清洗剂和表面活性剂等进行清洗。通常清洗设备把几种方法组合起来使用。污染不严重的原料可以采用喷水冲洗方式或流动水冲洗。对于有农药残留的果蔬,清洗效果还取决于农药的种类和施加剂量,如果原料受到了严重的农药污染,可以先添加化学物质(如 0.5%～1% 的稀酸溶液或洗涤剂)在不锈钢装置中进行预清洗,以便大部分黏附在果蔬原料表面上的农药残留物被脱除,然后再用清水洗净。残留农药的清洗效果取决于农药种类、施用剂量、果蔬原料种类、清洗工艺等因素。一般在清洗水中添加漂白粉、二氧化氯或洗涤剂等浸泡后,再冲洗。清洗时,应根据果蔬原料的自身特性尽可能选用与清洗工艺相应的设备,在充分浸泡和机械力作用下,使黏附在果蔬表面上的污垢松动脱落,使果蔬表面各个侧面都能受到冲洗而达到作业的要求。不允许使果蔬原料受到机械损伤,特别是浆果类(如草莓、树莓)和核果类(如桃、杏)水果,尽可能保持较低的水压喷淋清洗。果蔬清洗机如图 6-3 所示。此外,对于严重受微生物污染的原料,还要用二氧化氯、漂白粉等消毒剂进行处理。另外,添加表面活性剂也可大大提高清洗效果。清洗效果受消毒液的浓度、清洗时间、清洗液温度、机械作用方式、洗液 pH、水硬度和矿物质等因素的影响。

图 6-3　果蔬清洗机

3. 破碎

　　果蔬的汁液存在于果蔬的组织细胞内,只有打破细胞壁,细胞的汁液和可溶性固形物才能出来。因此,果蔬原料破碎后才能获得理想的出汁率。破碎目的是提高出汁率,特别是皮、肉致密的果实。但是,果蔬组织破碎必须适度。若破碎后的果块太大,则压榨时出汁率低;若果块太小,则压榨时外层的果汁很快地被压榨出来,形成一层厚皮,使内层的果汁难以流出,也会降低出汁率。另外,生产澄清果汁时果汁中果肉含量增加,澄清作业负荷加大。

　　果蔬的破碎方法很多,有磨碎、打碎、压碎和打浆等。一般来说,果蔬破碎最常采用的方法是机械破碎法。机械破碎自动化生产适应性强,易于操作。机械破碎法是指采用机械设备通过挤压、剪切、冲击、劈裂、摩擦等作用破坏原料组织的细胞壁,从而有利于榨汁。机械设备有果蔬破碎机(crusher)(图 6-4)及打浆机(pulper)等。此外,还有一些其他破碎方法,如热力破碎法、冷冻破碎法、电质壁分离法和超声波破碎法。电质壁分离法是指首先直接加热果蔬原料,使其细胞的蛋白质变性,然后用辊式电质壁分离器处理已经排出了部分汁液的果浆泥,增加其细胞的质壁分离程度,改善其出汁性能,进而提高出汁率。超声波破碎法是用强度高达 3 W/cm² 以上的超声波处理果蔬原料,引起原料组织共振,造成不可逆的伤害,使细胞壁破坏,从而有利于出汁。研究表明,水果原料含水量越大,吸收声波的能力就越强,并且低频率(20～40 kHz)的超声波破碎能力大于高频率(800 kHz)的超声波。

原料、榨汁方法不同,则破碎粒度不同,一般果浆的粒度为 3～9 mm。葡萄只要压破果皮即可;橘子、番茄则可用打浆机破碎;加工带果肉的果蔬汁

图 6-4　果蔬破碎机

时,原料可用打浆机来处理。由于破碎时果肉细胞中的酶释放,在有氧存在的情况下酶与底物结合,会发生酶促褐变和其他一系列氧化反应,破坏果蔬汁的色泽、风味和营养成分等,需要采用一些措施防止酶促褐变和其他氧化反应的发生。若发生破碎,则加入维生素 C 等抗氧化剂或加热钝化酶活性等。

4. 热处理

果蔬原料经破碎后,水果表面积急剧扩大,大量吸收氧,引发氧化反应,同时各种酶从破碎的细胞组织中逸出,活性极大增强,在多种酶尤其是多酚氧化酶的作用下果蔬汁(浆)会发生褐变。此外,果蔬原料破碎后产生的果浆又为来自外界微生物的生长繁殖提供了良好的营养条件,使其自身极易腐败变质。因此,必须对果汁或果浆及时处理,钝化原料自身含有的酶,抑制微生物繁殖,保证果汁的质量。首先,热处理可以钝化酶,同时杀灭大部分的微生物;其次,热处理可以凝固细胞原生质中的蛋白质,改变细胞的半透性,促进色素、风味物质及汁液的渗出。此外,热处理可以软化果肉,并且由于有机酸的释放促进了果胶的水解,从而降低了汁液的黏度,有利于取汁和过滤。热处理的加热温度一般为 60～80 ℃,最佳温度为 70～75 ℃,加热时间为 10～15 min。也可采用瞬时加热方式,在 85～90 ℃下,保温 1～2 min,不仅灭酶,还有杀菌作用。对带皮橙类榨汁时,为了减少溶液中果皮精油的含量,可预煮 1～2 min。对于宽皮橘类,为了便于去皮,可在 95～100 ℃的热水中烫煮 25～45 min。但是,对果胶含量高的原料加热会加速果胶质水解,使之变成可溶性果胶进入果汁内,增加汁的黏度,难于榨汁,使过滤、澄清等工艺操作困难。因此,对于果胶含量丰富的核果类和浆果类水果应采用常温破碎方式,在榨汁前添加一定量的果胶酶。果蔬中的果胶酯酶和半乳糖醛酸酶等果胶酶的活性较强,在短时间内就能分解果胶,使高分子果胶和水溶性果胶都明显减少,使果汁黏度降低,使其易榨汁、过滤,提高出汁率,对于澄清型果汁具有明显的优越性。

5. 酶处理

原料中大量的果胶能降低果蔬的出汁率,而果胶酶可以有效地分解果肉组织中的果胶物质,使果汁黏度降低,使榨汁过滤变得容易,提高出汁率。果胶酶的使用可采用两种方式进行:一是把果浆加入酶解罐(图 6-5)中,加热到 50 ℃左右,并加入适量的酶制剂,保温数小时,再加热到 80～85 ℃,保温 10～120 s,能使酶迅速钝化,并使果浆保持理想的黏度,可显著提高果蔬汁的质量;二是先把果浆加热到 80～85 ℃,保温 10～120 s,然后冷却到 50 ℃左右,加入酶,再保温 0～150 min,能钝化天然氧化酶,提高色素获得率和某些有效成分的含量,适合于花色素含量,丰富的原料。最后,添加果胶酶时还应注意要使之与果肉均匀混

合,并且根据原料的果胶含量,控制酶制剂的种类、用量,以及作用的温度和时间。另外,有些果蔬汁还含有纤维素、淀粉及蛋白质等成分,需要分别添加纤维素酶、淀粉酶及蛋白酶等进行酶解处理。

(三)取汁

果蔬的取汁是果蔬汁加工中一道非常重要的工序。取汁方式是影响出汁率的一个重要因素,也是影响果蔬汁产品品质和生产效率的因素。果蔬的出汁率可按下列公式计算:

出汁率=汁液质量/果蔬质量×100%(压榨法)

出汁率=(汁液质量×汁液可溶性固形物含量)/(果蔬质量×可溶性固形物含量)×100%(浸提法)

根据原料和产品种类的不同,取汁的方式主要有两种。

图6-5　酶解罐

1. 压榨法

压榨(pressing)取汁是生产中广泛应用的一种取汁方式,通过一定的压力取得果蔬中的汁液。压榨机有螺旋压榨机(图6-6)、带式榨汁机(图6-7)。从一定意义上说,出汁率既反映果蔬自身的加工性状,又体现加工设备的压榨性能。出汁率除了与果实的种类、质地、成熟度、新鲜度、加工季节、榨汁方法有关,还与榨汁条件(果浆预加工、挤压层厚、挤压速度、挤压压力、挤压时间、挤压温度和预排汁等)有关。其中,破碎度和挤压层厚度对出汁率有重要影响,将破碎的浆料先适当地进行薄层化处理,再加压榨汁,有利于汁液排放。与此同时,在一定的压力范围内出汁率与挤压压力成正比,但在相同的挤压压力下,挤压速度增大,有时出汁率反而降低。另外,进行预排汁能够显著提高榨汁机的出汁率和榨汁效率。

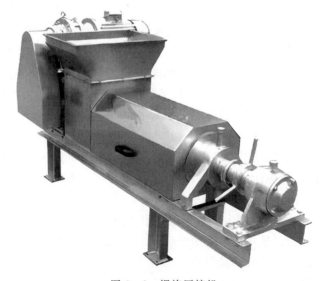

图6-6　螺旋压榨机

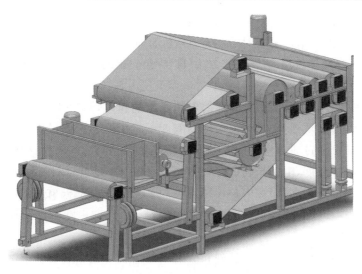

图 6 - 7　带式榨汁机

榨汁(juicing)的方法因果实的结构、果蔬汁存在的部位及其组织性质以及成品的品质要求而异。对于果蔬的破碎和榨汁,不论采用何种设备和方法,均要求工艺过程短,出汁率高,要减轻和防止对果蔬汁色、香、味的损害,并最大限度地防止空气混入果蔬汁中。榨汁可分为冷榨和热榨。冷榨汁液香味好,但色调淡,出汁率(50%~60%)较低。热榨则需先加热至 60~80 ℃,数分钟后冷却至 50 ℃榨汁。热榨对酶有钝化作用,且出汁率可达 70%以上,但香气损失较多,风味较差,并且果皮、果肉中的色素及果胶溶入汁中,使果汁透明度差。此外,热榨还可使葡萄汁中的酸及其产量增加。草莓可通过冷冻压榨凝固其黏质物,使汁液容易榨出,且色泽浓赤而透明,具有新鲜香气,出汁率也可达 70%。

在榨汁中,为了改善果浆的组织结构,提高出汁率或缩短榨汁时间,可使用一些榨汁助剂,如稻糠、硅藻土、珠光岩、人造纤维、木纤维等。榨汁助剂的添加量,取决于榨汁设备的工作方式、榨汁助剂的种类和性质、果浆的组织结构等。若压榨苹果,榨汁助剂添加量为 0.5%~2%,可提高出汁率至 6%~20%。榨汁要求工艺过程短,出汁率高,最大限度地减轻和防止果蔬汁的色、香、味和营养成分的损失。

2. 浸提法

浸提就是把果蔬细胞内的汁液转移到液态浸提介质中的过程。通常在加工过程中用加热的方法破坏细胞壁,促进细胞内外的液体交换,加速浸提过程。浸提法也是果蔬原料提汁中普遍使用的方法。干制果蔬原料及干红枣等果蔬原料含水量少,难以用压榨法提汁,需要用浸提法提汁。对苹果、梨等通常用压榨法提汁的水果,为了增加有效物质的含量,提高提取率,有时也采用浸提法提汁。与压榨法相比,浸提法所得到的汁液具有芳香成分含量高、鞣质含量较高、色泽明亮、氧化程度小、微生物含量低、易于澄清处理等优点。应用浸提法提取果蔬汁时,影响出汁率的因素主要有以下几个方面。

(1)料水比

料水比是指原料与加水量之间的质量比。破碎的果蔬原料与水混合后,在浓度差的驱动下,可溶性成分从原料内部向水中扩散,直至平衡。在原料用量等其他条件都相同的情况下,加水量越多,浓度差越大,扩散动力就越大,浸出的可溶性固形物也越多,出汁率就越高,但浸汁中可溶性固形物的浓度相应降低。这对于后续的浓缩工艺来说,需要蒸发的水分多,能源消耗大,费时,极不经济。因此,浸提时需要控制合适的加水量。在实际生产中,通常采用多次浸提、罐组式浸提及连续逆流浸提法,这些方法可以保持一定的浓度差,浸提效果较好。

(2)浸提温度

浸提温度的选择首先要考虑可溶性固形物浸出的速度,其次要考虑浸汁的用途。如果浸汁用于加工浓缩汁,特别是浓缩清汁,浸提温度不宜太高。否则,过多可溶性胶体物质进入浸汁内,会给后续的过滤和澄清造成很大的困难。用于制造果肉型饮料的浸汁希望果胶含量高些,增加果汁黏度,阻止果肉沉淀,提高果汁稳定性,因此,浸提温度要高些。但是,浸提时间越长,浸提温度越高,果蔬中各种易热解和挥发的成分损失就越大。在工业生产中,浸提温度一般选择 60~80 ℃,最佳温度为 70~75 ℃,这样能很好地达到上述要求。

(3)浸提时间

浸提时间的选择要考虑原料的品种和所采用的浸提工艺。在一般情况下,单次浸提总计时间应控制为 1.5~2 h,多次浸提总计时间应控制为 6~8 h。

(4)果实压裂程度

果实压裂后,果肉与水接触的表面积增大,并且扩散距离变小,有利于可溶性固形物的浸出。因此,果蔬在浸提前,要用破碎机压裂或用破碎机适当破碎。山楂等水果的简便易行的浸提方法是将其放入 2 倍量的沸水中,混合后的温度为 70 ℃左右。在浸提过程中,浸提温度不可能也没有必要始终保持一致。因此,混合后就可直接放置,使其自然冷却,直至浸提过程结束。

二、非浓缩还原果蔬汁

非浓缩还原的英文是"not from concentrate",缩写为"NFC"。NFC 果蔬汁是指将新鲜果蔬清洗后通过机械方法制汁,仅采用巴氏杀菌或非热处理方式加工,没有经过浓缩还原,不添加其他物质的果蔬汁。NFC 果蔬汁在加工过程中的受热时间很短,营养成分损失更少,能够更好地保持新鲜果蔬的成分和味道。近年来,国内外消费者对 NFC 果蔬汁的需求持续增长。目前,针对 NFC 果蔬汁生产可参考的标准较少,有江西省地方标准《100%非浓缩还原(NFC)橙汁生产技术规范》(DB 36/T 1221—2019)和中国饮料工业协会发布的团体标准《非浓缩还原果汁 橙汁》(T/CBIA 006—2019)。

在 NFC 果蔬汁加工过程中对产品品质影响最大的是杀菌处理。NFC 果蔬汁的杀菌方法有热杀菌和非热杀菌。热杀菌包括巴氏杀菌、超高温杀菌、微波杀菌、欧姆杀菌等技术,非热杀菌包括超高压、超声波、紫外、辐照、脉冲电场等技术。NFC 果蔬汁生产工艺流程如图 6-8 所示。

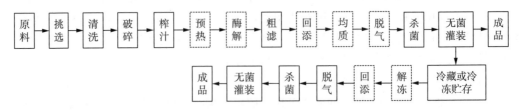

图 6-8 NFC 果蔬汁生产工艺流程

注:其中虚线部分为可选工序。

(一)热杀菌对 NFC 果蔬汁的影响

巴氏杀菌的程序种类繁多,一般包括低温长时间(low temperature long time,LTLT)杀菌和高温短时(high temperature short time,HTST)杀菌。LTLT 杀菌是加热食品至约 63 ℃,不少于 30 min。HTST 是加热食品至约 72 ℃或更高,维持 15 s 或更多。从实际的应用情况看,NFC 果蔬汁一般采用的是 HTST 杀菌。HTST 杀菌能够达到杀菌和克服稳定性的目的,同时可以使酶失活。但两种方法都会造成果蔬汁营养成分和感官品质的下降。

超高温(ultra high temperature,UHT)杀菌是目前液态食品中常用的杀菌方式,是将产品在封闭的系统中升温至 135~150 ℃,持续 2~8 s,然后迅速冷却的杀菌方式。经过 UHT 杀菌处理后,果汁中多酚氧化酶的活性可下降 95%,但果汁的酸度和色泽有较大的损失。

微波(microwave sterilization)杀菌是一种电磁波杀菌方式,同时存在热效应和非热效应。微波的热效应是分子被电磁场影响后发生分子极化,吸收能量升温,导致微生物细胞中的蛋白质变性失活。微波的非热效应是电磁场使微生物细胞膜电位和周围的电荷产生改变。据报道,特定的微波非热效应可以提高微生物和酶的失活率。

欧姆杀菌是使电流通过食品介质从而实现快速、均匀的加热,其加热速率与液体食品的导电性有关。研究发现欧姆杀菌对大肠杆菌、伤寒沙门氏菌和单核细胞增生李斯特菌的杀菌效果显著高于传统巴氏杀菌。原因是,欧姆杀菌不仅存在热效应,还可使由电穿孔引起的细胞损伤导致额外的细菌失活。

综上所述,传统热处理可以起到杀菌钝酶、延长货架期的作用,但对果蔬汁品质的影响较大。虽然新型的热处理能够减小这种影响,但其主要的杀菌机制还是通过热效应,依然无法最大限度地保留果蔬汁营养成分。

(二)非热杀菌对 NFC 果蔬汁的影响

非热处理技术在过去的 30 年中得到了深入研究,是对食品加工和储藏功能影响最小的创新技术。该技术采用减少加热的方法来使酶和致病性微生物失活,同时保持果汁的色泽、风味和营养价值。

高静水压技术(high hydrostatic pressure,HHP),又称超高压技术(high-pressure processing,HPP),是食品加工和保鲜中较有前途的非热处理方法之一,也是目前研究最广泛的一种非热杀菌方式。HPP 是将果汁置于密闭高压装置内,把水或油当作介质,施加 100~1 000 MPa 的压力,从而杀死果汁中的有害微生物。HPP 不但可以破坏微生物细胞膜,使蛋白质变性,还可以改变细胞的形态。微生物的死亡率与施加的压力成正比,但长时间的加压处理并不一定会增进致死效果。HPP 对共价键的影响有限,因此可以更好地保持食品的颜色、风味和营养价值等品质,同时对主要的理化特性无显著影响。

超声(ultrasonic,US)迄今为止已经在食品工业中有广泛应用,包括超声波加工、保存和提取。超声波杀菌原理是果汁中细微的空气泡在大功率超声影响下发生崩溃、收缩等变化,使泡内温度和压力短暂升高,从而使液体中的微生物失活。US 不但避免了产品的损失,而且提高了产品的最终营养质量,减少了果汁中的微生物数量,还具有加工时间短、能耗低、环保等优点。然而,超声处理并不能完全实现果蔬汁的灭菌,需与高温(热超声)、高压(压力超声)或两者兼有(压力超声)等过程相结合,可在微生物失活与质量保持和效率方面产生协同效应。热超声(thermosonication,TS)技术在果汁加工的应用中具有很大的潜力,因为可以利用较温和的温度来杀灭微生物,同时可以保留果汁原有的特性。因为膜和生物材料对能量的吸收,热超声处理后细菌细胞和孢子通常变得更加敏感,热和超声波的共同作用导致细胞膜弱化或破坏,细胞膜的侵蚀和穿孔使细胞内的物质暴露在环境中,从而产生致命的影响。

脉冲电场(pulsed electric fields,PEF)技术可能是保证 NFC 果汁质量和安全性的关键技术之一,因为它更适合于连续加工(HPP 一般是分批加工)。脉冲电场技术是一种短时间(从几纳秒到几毫秒)的电场处理技术,电场强度从 100～300 V/cm 到 20～80 kV/cm。当其作用于食品基质时,会产生一种称为电穿孔的物理现象,电位的差异使这种现象表现为细胞壁的局部结构损伤,导致微生物的细胞膜破裂而失活。与其他非热技术一样,该工艺中也存在一定的热处理,提高了效率,但 PEF 所产生的温度(40～60 ℃)更低。同时,PEF 可以使酶完全失活,而且可以保持果蔬汁的维生素 C 含量、总酚含量、抗氧化能力、色泽等品质特性。

紫外线(ultraviolet radiation,UV)杀菌技术是一种有效的杀菌技术。与其他杀菌技术相比,紫外线杀菌技术不但杀菌时间短,而且使用方便,成本较低。该技术在降低液体食品和饮料中的细菌数量的同时,不会在理化参数、感官特性和生物活性等方面产生负面影响。UV 在 254 nm 时是一种用于抑制或灭活液体食品中食源性微生物的消毒方法。在对食品进行 UV 处理过程中,在同一 DNA 链上相邻嘧啶分子间产生嘧啶二聚体,可以中断 DNA 转录和翻译,导致细胞死亡,从而抑制其繁殖过程,导致微生物失活。利用紫外线杀菌时需要根据原料种类,针对性地优化使用的剂量,同时,也要考虑果蔬汁的流速、粒径和压榨过程中果蔬汁的褐变对杀菌效率的影响。

非热等离子体(non-thermal plasma,NTP)是指体系中电子温度远高于体系中其他粒子温度的等离子体。当施加脉冲电场(如电晕放电、介质阻挡放电等)时,其表观温度接近或略高于环境温度,适用于热敏性食物的加工。NTP 杀菌导致细菌失活的确切机制尚在研究中,但一些生成的产物已被证明发挥了作用。这些产物包括等离子气相中的活性氧粒子、UV 辐射和带电粒子。NTP 对果蔬中内源酶多酚氧化酶、过氧化物酶、果胶甲酯酶等具有良好的钝化作用,且能更好地保留果汁中的生物活性成分。

三、食用植物酵素产品

酵素是指以动物、植物、菌类等为原料,添加或不添加辅料,经微生物发酵制得的含有特定生物活性成分的产品。酵素分为食用酵素、环保酵素、日化酵素、饲用酵素、农用酵素、纯种发酵酵素、群种发酵酵素、复合发酵酵素、食用植物酵素、菌类酵素和动物酵素。食用植物酵素产品是指以可用于食品加工的植物为主要原料,加或不加辅料,经微生物发酵制得的含有特定生物活性成分、可供人类食用的酵素产品。食用植物酵素产品根据物理状态可分为液态、半固态和固态三种。食用植物酵素产品生产工艺如图 6-9 所示。

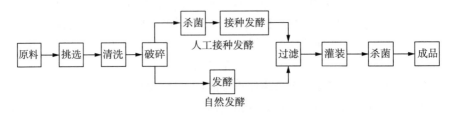

图 6-9　食用植物酵素产品生产工艺

（一）食用植物酵素发酵微生物

1. 酵母菌发酵

酵母菌为单细胞真核微生物，最适生长 pH 为 5.0，最适生长温度为 25 ℃。酵母菌的代谢类型属于兼性厌氧型。当酵母菌的生存环境中缺乏足够的氧气时，酵母菌会利用葡萄糖大量合成乙醇和二氧化碳；当酵母菌的生存环境中存在足量的氧气时，酵母菌通过糖酵解和三羧酸途径将进入酵母菌细胞的糖类彻底氧化成水和二氧化碳。在此过程中，酵母菌也会将一些中间代谢产物排除胞外，如乳酸、酒石酸和苹果酸等。另外，酵母菌在缺氧的条件下生长速度较快。

2. 乳酸菌发酵

乳酸菌是一类能发酵碳水化合物产生乳酸的革兰氏阳性细菌的统称。乳酸菌最适生长条件如下：pH 为 6.0，生长温度为 37 ℃，二氧化碳体积分数为 5%。乳酸菌发酵主要通过糖酵解途径，每利用一单位的葡萄糖可生成 2 个单位的乳酸和 2 个单位的 ATP（腺嘌呤核苷三磷酸），理论上可全部将葡萄糖转化为乳酸。

3. 醋酸菌发酵

醋酸菌属于革兰氏阴性菌或变种，无芽孢，最适生长 pH 为 3.5～6.5，最适生长温度为 28～30 ℃。一般不产生色素，少数菌株产生水溶性色素。通常情况下氧气作为最终电子受体，能够将糖类、糖醇类或醇类氧化为相应的葡萄糖、酮或乙酸等物质，并且大部分醋酸菌能够使用硫酸铵作为唯一氮源，从而利用氨合成所有氨基酸。醋酸菌将乙醇转化为乙酸的主要代谢伴随着次生代谢的发生，在次生代谢过程中生成少量挥发性物质，包括乙烷、乙醛、甲酸乙酯、乙酸乙酯、乙酸异戊酯、丁醇、甲基丁醇及 3-羟基-2-丁酮。目前，常用醋酸菌与其他发酵菌共同制备药食两用植物酵素，单一醋酸菌发酵主要用于工业生产酿造食醋及果醋饮料等。

4. 霉菌发酵

目前，利用人工接种发酵生产植物酵素的霉菌主要是根霉和曲霉。根霉的最适生长温度为 30～33 ℃，菌丝较为高大、粗糙。根霉分泌的淀粉酶的活力较高，除了具有糖化作用外，也可促进发酵过程中产生少量的乙醇、乳酸、丁烯二酸和反丁烯二酸，从而丰富产品的风味。黑曲霉属半知菌亚门、丝孢纲、丝孢目、丛梗孢科及曲霉属，是丝状真菌中的一个常见种。其发酵周期短，生长旺盛，可生产纤维素酶、木聚糖酶、淀粉酶、蛋白酶、糖化酶、果胶酶、脂肪酶及葡萄糖氧化酶等多种酶，具有不产毒、外源基因表达能力较强和蛋白表达高效、有分泌和修饰能力，以及重组子具有很高的遗传稳定性等优点。

5. 混菌发酵

混菌发酵是指利用原料中自然分布的微生物或者人为使用两种及两种以上微生物进行发酵。混菌发酵可利用微生物之间的互利共生关系发酵，得到更加丰富的代谢产物。酵素的原料不同，在发酵过程中微生物的群落组成就不同。例如黑果枸杞酵素自然发酵过程中，样品中未检测到醋酸菌，而是检测到酵母菌、乳酸菌和霉菌在发酵期间主要作用。在混菌发酵过程中，酵母菌将蔗糖发酵成酒精、葡萄糖、果糖和二氧化碳等，醋酸菌将酒精转化成乙酸。同时，乳酸菌在相对无氧条件下将己糖转化成乳酸等有机酸。

(二)食用植物酵素发酵条件和方式

1. 发酵条件

在酵素发酵过程中,pH、温度、时间、菌种和接种量是影响发酵结果的主要因素。例如,在芸豆酵素生产中,利用酵母菌和复合乳酸菌(植物乳杆菌和嗜酸乳杆菌以质量比1∶1混合)进行发酵,发酵条件如下:pH为5.0,接种量为0.20%(体积分数)酵母菌,在30℃下振荡培养24 h;再分别接种1.5%植物乳杆菌和1.5%嗜酸乳杆菌,37℃发酵24 h后,4℃静置发酵24 h。在玉米须果蔬复合酵素生产中,利用安琪高活性葡萄酒酵母菌、保加利亚乳杆菌、醋酸菌进行发酵,首先接种2%(体积分数)酵母菌和保加利亚乳杆菌混合菌液,置于密闭31℃恒温箱中发酵41 h后,再添加醋酸菌,摇床发酵。

2. 发酵方式

酵素生产一般采用液态发酵或固态发酵方式。

(1)液态发酵

现阶段酵素的生产主要采用液态发酵(也称作深层发酵)的方式,将谷物、水果、蔬菜、菇类和药食同源植物等原料接种有益菌种进行发酵,以改善原料的不良风味,产生新的活性成分。然而,液态发酵的酵素产品不可避免地受到季节、发酵环境和发酵体系中的微生物等因素影响。因此,在发酵后采用真空冷冻干燥、喷雾干燥等技术手段,除去液体酵素中的大部分水分,不仅可得到具有生物活性的固态酵素,还可避免运输和储存过程中微生物未灭活而导致的产气炸瓶等现象。

(2)固态发酵

固态发酵是在一定湿度的固体基质上进行无水发酵。固体发酵基质可以作为发酵底物,提供碳源和氮源使有益微生物进行生长和繁殖,进而促进营养吸收和转化。该方法可以实现整个果蔬的全部利用,不产生任何废渣,生态环保。研究和实践表明,丝状真菌、细菌和酵母菌都能在水果皮、大豆等固态基质上进行发酵,产生酶、有机酸等生物活性物质。对于固态发酵的酵素,因其发酵状态或条件不同,酵素产物的种类、含量、稳定性均有所不同。固态发酵得到的酶在极端pH和温度下具有更好的稳定性,并且没有底物抑制现象,而液态发酵得到的酶存在底物抑制现象。从目前研究来看,多数生产酵素的原料含有大量水分,不易进行固态发酵。在如今的固态发酵工艺过程中,主要存在的问题包括搅拌混合困难或者不充分,发酵过程中发酵速率和温度难以控制等。因此,固态发酵食用酵素工艺还需进一步完善,以适应大规模工业化生产的需要。

(三)食用植物酵素的营养价值及功能

食用植物酵素采用果蔬、谷物等原料经微生物发酵而成,不但保留了发酵原料中原有的营养物质,而且通过微生物发酵代谢产生了新的生物活性成分。这些物质能够通过影响机体内的酶来调节细胞层面的生命活动,将大分子物质催化分解成小分子物质,如将多糖转化为葡萄糖,蛋白质分解成氨基酸,脂肪分解成脂肪酸,从而被机体细胞吸收利用来维持机体功能(组织修复,食物消化等)。酵素富含多种营养物质(总酚、各种酶、低聚糖、有机酸、氨基酸、脂肪酸和矿物质等),具有抗氧化、消炎抗菌、降脂减肥、解酒护肝、改善肠道环境、美容美白及提高免疫力等多种生物活性功能。

第四节　果蔬汁(浆)及其饮料生产中常见的质量问题及处理方法

一、常见的质量问题

(一)褐变

果蔬汁(浆)中出现的褐变也称为变色。褐变有两种类型,即酶促褐变和非酶褐变。

1. **酶促褐变**

酶促褐变主要发生在果蔬破碎、取汁、粗滤、泵输送等工序过程中。由于果蔬组织破碎,酶与底物的区域化被打破,在有氧气的条件下果蔬中的氧化酶(如多酚氧化酶)催化酚类物质氧化褐变,主要防治措施如下:

① 加热钝化酶的活性;

② 破碎时添加抗氧化剂(如维生素 C),消耗食品中的氧气,还原酚类物质的氧化产物;

③ 添加有机酸(如柠檬酸)抑制酶的活性,因为多酚氧化酶最适 pH 为 6.8 左右,当 pH 降到 2.5～2.7 时,其基本失活;

④ 隔绝氧气,破碎时充入惰性气体(如氮气)创造无氧环境,采用密闭连续化管道生产。

2. **非酶褐变**

非酶褐变发生在果蔬汁(浆)的储藏过程中,特别是浓缩汁更为严重。这类变色主要是由还原糖和氨基酸之间的美拉德反应引起的,而还原糖和氨基酸都是果蔬汁(浆)本身所含的成分。因此,此类褐变较难控制,主要防治措施如下:

① 避免过度的热处理,防止羟甲基糠醛(根据其值的大小可以判断果蔬汁(浆)是否加热过度)的形成;

② 控制 pH 在 3.2 以下;

③ 低温储藏或冷冻储藏。有些含花青苷的果蔬汁(浆)由于花青苷不稳定,在储藏过程中也会变色。

④ 隔绝氧气,防止多酚类成分的氧化及维生素 C 的自动氧化。

(二)蔬菜汁失绿

绿色是绿色蔬菜汁的一个重要质量指标。绿色蔬菜的绿色来源于叶绿素,叶绿素不稳定,对光、热、酸、碱等条件都非常敏感,这使绿色蔬菜汁在加工或储藏过程中极易变色,尤其是在酸性条件下很容易变暗。对于酸性蔬菜汁的护绿有以下几种方法:

① 在稀碱液中,将绿色蔬菜原料浸泡 30 min,使游离出的叶绿素水解为叶绿酸盐等产物,绿色更为鲜亮;

② 用稀氢氧化钠或碳酸钠溶液烫漂 2 min,进而钝化叶绿素酶,同时中和原料中的有机酸;

③ 用 pH 为 8～9 的极稀锌盐(如醋酸锌、葡萄糖酸锌)或钙盐(碳酸钙、乙酸钙或氯化

钙)溶液浸泡原料数小时,使叶绿素中的 Mg^{2+} 被 Zn^{2+}、Ca^{2+} 取代,生成对酸、热较稳定的络合物,从而达到护绿效果;

④ 杀菌时,采用高温短时杀菌法,有利于减少叶绿素的损失。

(三)营养成分的损失

在加工和储藏过程中,果蔬汁(浆)中所含有的维生素、矿物质等营养成分都会有不同程度的损失,尤其是维生素 C 很容易被氧化,从而严重降低果蔬汁(浆)的营养价值。减少营养成分损失的具体措施如下:

① 在整个加工过程中,要减少或避免果蔬汁(浆)与氧气的接触,尽量在无氧或缺氧环境下进行压榨、过滤、灌装等工序,并采用管式输送方式;

② 严格进行脱气处理,并且稳定剂的浓度不宜过高,避免由于气泡难以排除而损失维生素 C;

③ 脱气、浓缩、干燥等工序尽量采用低温、真空的方法,以减少氧气和加热对营养成分的损害;

④ 在保证杀菌充分的情况下,尽量降低杀菌温度,缩短杀菌时间;

⑤ 饮料用水采用去离子水,消除水中金属离子对维生素 C 等营养成分的氧化作用;

⑥ 储藏时,尽量低温、隔氧、避光。

(四)混浊沉淀

澄清果蔬汁(浆)产品在储藏和销售的过程中,容易产生混浊与沉淀的现象。这主要是由淀粉、果胶、蛋白质、氨基酸、微生物、多酚类化合物、阿拉伯聚糖、右旋糖酐及助滤剂等引起的。为防止产品混浊可采用以下几种措施:

① 利用澄清剂尽可能降低多酚类物质和蛋白质等成分的含量;

② 合理使用酶制剂(淀粉酶、蛋白酶、果胶酶及纤维素酶),分别酶解淀粉、蛋白质、果胶、纤维素等大分子成分;

③ 通过过滤(粗滤、微滤及超滤)或者离心(高速离心机、碟片离心机、卧式离心机等),充分除去果蔬汁(浆)中的悬浮颗粒及沉淀物;

④ 通过低温储藏,降低引起后混浊的各类化学反应的速度;

⑤ 防止微生物的污染,尤其是微生物产生的右旋糖酐所引起的污染。

混浊果蔬汁(浆)要求混浊度均匀,但在储藏和销售过程中,往往会出现分层和沉淀现象。防止混浊果蔬汁(浆)分层和沉淀的方法如下:

① 在进行取汁前的热处理时,要彻底破坏果胶酶活性,以保持可溶性果胶对混浊体系的稳定作用;

② 均质、脱气及灭菌等工序都要严格进行;

③ 可通过脱水处理或添加增稠剂方式,提高果蔬汁(浆)的黏稠度,抑制果肉沉淀。

二、影响果蔬汁(浆)质量的外界因素

(一)微生物的影响

果蔬汁(浆)在生产过程中杀菌不彻底或杀菌后由微生物引起的再污染,都会造成微生

物在产品贮藏和销售过程中生长繁殖,从而导致果蔬汁腐败变质。果蔬汁腐败变质后可表现为变味、长霉、混浊和发酵等现象。

(二)金属离子的污染

金属离子对果蔬汁质量的影响主要表现在引起褐变和沉淀。一些金属离子与 Fe^{3+} 和 Cu^{2+} 会通过氧化作用使果蔬汁褐变。不合格水中的 Ca^{2+} 和 Mg^{2+} 会引起果蔬汁的沉淀。

(三)空气的影响

在破碎、取汁等果蔬汁加工过程中,空气中的氧气会进入果蔬汁中引起果蔬汁氧化变质。同时,在脱气的过程中,若脱气不充分,气体则吸附到果肉上使果肉浮力增大,使饮料分层。

(四)储藏温度的影响

果蔬汁(浆)及其饮料是一个复杂的体系,其中的各种成分在果蔬汁(浆)的储存、运输和销售过程中都在缓慢地发生着各种化学反应。在产品保质期内,这些反应对产品品质的影响很微弱,但是,储存时间过长,这些反应就会导致产品的品质下降。因此,在运输、储藏过程中,果蔬汁(浆)及其饮料最好处于低温环境中,以减慢果蔬汁(浆)中化学反应的速度,尽可能地延长产品稳定期。

思考题

1. 果蔬汁(浆)如何分类?
2. 果汁饮料和原果汁的定义是什么?
3. 果蔬汁(浆)加工对原料的基本要求是什么?
4. 果蔬汁(浆)榨汁前的预处理(热烫、酶处理)的必要性有哪些?
5. 果蔬汁(浆)常用的榨汁方法有哪些? 各榨汁方法优点和缺点是什么?
6. 果汁榨汁出汁率的定义是什么?
7. 果汁榨汁时影响出汁率的因素有哪些?
8. 果蔬汁(浆)的澄清方法有哪些? 每种方法的原理是什么?
9. 果蔬汁(浆)及其饮料脱气的目的是什么? 有哪些方法?
10. 果蔬汁(浆)浓缩方法有哪些? 其原理是什么? 对各方法进行比较。
11. 果蔬汁(浆)常见的质量问题有哪些? 解决方法是什么?
12. 果蔬汁(浆)杀菌方式有哪些?
13. 通过调研,说明目前国内果蔬汁(浆)市场存在哪些问题? 解决方式是什么?
14. 设计开发一种新型果蔬汁,说明创意来源、创新点和可行性。
15. 果蔬汁(浆)饮料产生褐变、沉淀和维生素损失的原因各是什么? 怎样克服?
16. 果胶酶澄清果汁的原理是什么?
17. pH 小于 4.5 的果蔬汁(浆)为什么可以采用巴氏杀菌方法?
18. 改善果汁饮料的稳定性的方法有哪些? 请加以说明。
19. 果蔬的中间储藏方法有哪些?

20. 澄清型与混浊型果蔬汁(浆)在生产工艺上有什么区别?

21. 果蔬汁(浆)及其饮料为什么要采用非热加工方式? 目前,非热杀菌技术有哪些?

22. 果蔬汁(浆)饮料的灌装方式有哪些?

23. 什么叫食用植物酵素产品?

24. 食用植物酵素发酵微生物有哪些? 分别产生什么类型发酵?

25. 食用植物酵素的营养及功能有哪些?

26. 果蔬汁(浆)及其饮料生产中常见的质量问题有哪些? 怎样处理?

27. 影响果蔬汁(浆)质量的外界因素有哪些?

(何述栋、李明、李兴江)

GB/T 31121—2014
《果蔬汁类及其饮料》

第七章　茶(类)饮料

教学要求：

1. 掌握液体茶(类)饮料分类；
2. 了解茶(类)饮料生产工艺；
3. 掌握茶(类)饮料产生混浊及沉淀的原因及防止措施；
4. 掌握茶汤褐变原因分析及处理。

教学重点：

1. 液体茶饮料分类；
2. 茶(类)饮料生产工艺。

教学难点：

1. 茶(类)饮料产生混浊及沉淀的原因及防止措施；
2. 茶汤褐变原因分析及处理。

第一节　茶叶的主要化学成分及其功能

茶(类)饮料是以茶树的芽叶子为原料,经过采摘、杀青、揉捻、发酵(红茶)、炒制或干燥等工艺,加工制成的一种低热值、无酒精饮料。按照加工工艺的不同,我国茶叶主要分为绿茶、红茶、黑茶、乌龙茶(青茶)、黄茶、白茶六大类。我国是茶树的原产地。我国在茶叶产业上对人类的贡献主要是最早发现并利用茶这种植物,把它发展成为中国和东方乃至整个世界的一种灿烂独特的茶文化。我国茶树种植有2 000多年的历史,唐朝陆羽著有世界第一本专著《茶经》。茶叶自唐朝以后,通过陆路和海路被传到朝鲜、日本、东南亚、中东,进而传遍世界,与咖啡、可可并称世界三大无酒精饮料。目前,我国也是世界上最大的产茶国家,茶叶产量占世界总量的40%。广义的茶是指所有适合日常泡饮的生物类饮料,包括动植物类、微生物类等。

茶叶中含有蛋白质、矿物质、多种维生素,还有茶多酚、咖啡碱、茶色素和茶多糖等近500种成分。这些成分是决定茶叶滋味、香气和汤色等品质特性的主要物质,具有调节生理功能、保健和药理作用。茶(类)饮料的保健功能主要是通过茶叶经热水萃取后溶于水中的可溶性成分发挥出来的。茶(类)饮料中可溶性成分的含量和比例是决定茶(类)饮料品质高低的重要因素。

一、茶多酚

茶叶中含30多种茶多酚,占茶叶干重的20%～35%。茶多酚(tea polyphenols,TP)又名茶单宁、茶鞣质,是茶叶中所含有的酚类物质及其衍生物的总称。茶叶中的茶多酚主要由儿茶素(catechins)、黄酮醇类(flavonols)、花青素(anthocyanins)、酚酸(phenolic acids)四类成分组成。其中,儿茶素类化合物为茶多酚的主要成分,占茶多酚总量的60%～80%。

茶多酚的主要药理作用如下。

① 抗氧化:茶多酚可广泛清除体内的自由基,这与茶多酚结构中的多酚类羟基有关。

多酚类羟基易被氧化而生成 H^+,所以茶多酚能够清除自由基,属于极强的消除有害自由基的天然物质;同时,可通过抑制氧化酶的活性,预防自由基的产生,达到抗氧化作用;茶多酚与 10 多种氨基酸和几种有机酸(如柠檬酸、苹果酸、维生素 C 等),具有协同抗氧化增效作用。

② 抗辐射:辐射对细胞的直接和间接作用都会使组成细胞的分子结构和功能发生变化,导致细胞死亡或丧失正常的活性而发生突变。茶多酚具有吸收放射性物质(锶 90、钴 60)的能力,口服和外用茶多酚都能抵抗辐射。

③ 预防心脑血管疾病:茶多酚能显著降低引起高脂血症的血清总胆固醇、甘油三酯、低密度脂蛋白胆固醇含量。同时,茶多酚的抗氧化作用能减轻自由基对血管的损伤,防止血管平滑肌细胞增生导致的血管狭窄,能够恢复和保护血管内皮。

④ 防龋齿和清除口臭:茶多酚类化合物可以杀死口腔中的乳酸菌及其他引起龋齿的细菌。同时,能够抑制变异链球菌的生长,使细菌的黏附力下降,菌斑形成量减少,菌斑中胞外葡聚糖及细菌总蛋白含量降低,具有清除口臭的作用。

⑤ 抗菌及杀菌:茶多酚对人轮状病毒 Wa 株具有抑制作用。当茶多酚与水比例为 1∶8 时,可以完全抑制 Wa 株病毒。

⑥ 减轻重金属盐的毒害作用:茶多酚对重金属盐具有吸收作用,能够与重金属结合形成络合物产生沉淀,从而减轻重金属对人体的危害。

⑦ 提高人体综合免疫力:茶多酚通过提高人体免疫球蛋白总量,并使其维持在高水平,刺激抗体活性的变化,从而提高人的总体免疫能力,并可促进人体自身调理功能。

二、生物碱

茶叶中的生物碱是指传统茶叶植物体内富含的一类含氮有杂环结构的有机化合物。该类化合物主要为嘌呤碱,也含有少量的包括尿嘧啶、胸腺嘧啶、胞嘧啶及 5-甲基胞嘧啶等在内的嘧啶碱类化合物。生物碱是人类对植物药用有效成分研究最早且较多的一类成分,其中含量最多的是咖啡碱,在茶(类)饮料中咖啡碱的含量一般为 $15\sim25$ mg/100 mL,是茶(类)饮料滋味、苦味及功能成分之一,其他的还有可可碱、茶叶碱等。咖啡碱的作用如下。

① 兴奋作用:咖啡碱和黄烷醇类化合物相互作用可起到兴奋提神的作用,并且不会因为其他因素的作用而降低效应。

② 促消化作用:咖啡碱可以增强消化道的蠕动,促进食物消化,并能预防某些消化器官疾病的发生。另外,其还能刺激胃液分泌,促进食物消化。

③ 利尿作用:咖啡碱能够舒张肾血管,使肾脏血流量增加和肾小球过滤速度增加,抑制肾小管的再吸收,从而促进尿的排泄,防治泌尿系统感染。同时,咖啡碱还有助于醒酒,解除酒精的毒害。

④ 强心作用:咖啡碱能够使冠状动脉松弛,增加心肌的收缩力,促进血液循环,增加心血输出量,从而有利于提高心脏病患者的心脏指数、脉搏指数、氧气消耗和血液吸氧量,辅助心绞痛及心肌梗死患者的治疗。

然而,过量饮(食)用茶叶,能扰乱胃液的正常分泌,影响食物消化,还能使人产生心慌、头晕、四肢乏力等症状,是导致"醉茶"的主要因素。茶叶中的咖啡因可促进胃酸分泌,增大胃酸浓度,促进食物消化,但也可诱发胃溃疡甚至胃穿孔。

三、糖类

茶叶中糖类物质主要包括单糖、双糖和多糖三类,其含量占干物质的 20%~25%。单糖和双糖又称为可溶性糖,含量为 0.8%~4%,是组成茶叶滋味的物质之一。茶叶嫩度低,多糖含量高;嫩度高,多糖含量低。

茶多糖是一类具有一定生理活性的复合多糖,往往与蛋白质紧密结合形成糖蛋白,并结合大量的矿质元素,称为茶叶多糖复合物,简称茶叶多糖或茶多糖。其中,蛋白部分主要约20 种常见的氨基酸组成。糖的部分主要是阿拉伯糖、木糖、岩藻糖、葡萄糖及半乳糖等。矿质元素主要是钙、镁、铁、锰等及少量的微量元素(如稀土元素等)。茶多糖具有降血糖、降血脂、增强免疫力、降血压、减慢心率、增加冠脉流量、抗凝血、抗血栓和耐缺氧等作用。近年来,研究发现茶多糖还具有治疗糖尿病的功效。

四、色素

茶叶中的色素包括脂溶性色素和水溶性色素两种,含量仅占茶叶干物质总量的 1% 左右。茶叶中有叶绿素、叶黄素、胡萝卜素等。水溶性色素有黄酮类物质、花青素及茶多酚氧化产物(茶黄素、茶红素和茶褐素等)。茶(类)饮料中的色素成分在不同的茶类中存在一定差别。绿茶饮料中的色素主要由茶多酚类中呈黄绿色的黄酮醇类和花青素及花黄素组成。叶绿素不溶于水,故不构成绿茶饮料的色泽。乌龙茶和红茶饮料中的色素主要由茶多酚类的氧化产物(如茶黄素、茶红素、茶褐素等)组成。茶色素是茶叶中的儿茶素类、花色素、原花色素、黄酮醇类及酚酸等多种酚类物质经氧化聚合作用形成的一类复杂的水溶性色素,主要包括茶黄素(theaflavins,TFs)、茶红素类(thearubigins,TRs)和茶褐素类(theabrownines,TBs)。茶红素能在红茶和黑茶中检出,而茶褐素则是黑茶的特征性茶色素。茶黄素和茶红素不仅构成了乌龙茶和红茶饮料色泽的明亮度和强度,也是形成茶饮料鲜爽滋味的重要成分。

五、香气物质

茶叶中大部分香气物质是在制茶过程中形成的,大概含有几百种香气物质。茶叶中香气物质对温度十分敏感,在茶(类)饮料加工过程中,特别是杀菌过程中香气物质发生了复杂的化学变化,易造成茶(类)饮料香气恶化现象。

六、果胶

果胶是糖的代谢产物,含量占干物质的 4% 左右。水溶性果胶是形成茶汤厚度和外形光泽度的主要成分之一。

七、有机酸

茶叶中有机酸种类较多,约为干物质的 3%,多为游离有机酸,如苹果酸、柠檬酸、琥珀酸、草酸等。在制茶过程中形成的有机酸,有棕榈酸、亚油酸等。茶叶中的有机酸是香气的主要成分之一,已发现茶叶香气成分中有机酸种类达 25 种。

八、氨基酸

茶叶中至少含有 25 种氨基酸,人体必需的氨基酸是 8 种,茶叶中含有 6 种。氨基酸是构建生物机体的生物活性分子之一,是构建细胞、修复组织的基础材料。

九、蛋白质

茶叶中的蛋白质含量占干物质量的 20%～30%,能溶于水直接被利用的蛋白质含量仅占 1%～2%,这部分水溶性蛋白质是形成茶汤滋味的成分之一。蛋白质遇到茶多酚,会产生很难溶解的鞣酸蛋白,对人体健康产生不利影响。

第二节 茶(类)饮料的定义、分类及质量标准

一、茶(类)饮料的定义

《饮料通则》(GB/T 10789—2015)中对茶饮料(tea beverages)的定义如下:以茶叶或茶叶的水提取液或其浓缩液、茶粉(包括速溶茶粉、研磨茶粉)或直接以茶的鲜叶为原料,添加或不添加食品原辅料和(或)食品添加剂,经加工制成的液体饮料,如原茶汁(茶汤)/纯茶饮料、茶浓缩液、茶饮料、果汁茶饮料、复(混)合茶饮料、其他茶饮料等。茶饮料含有一定量的茶多酚、咖啡碱等茶叶有效成分,既具有茶叶的独特风味,又兼具营养、保健功效,是一类天然、安全、清凉解渴的多功能饮料。

二、茶(类)饮料的分类

根据《饮料通则》(GB/T 10789—2015)和《茶饮料》(GB/T 21733—2008),茶饮料因原辅料种类和加工方法不同分为茶饮料(茶汤)、茶浓缩液、调味茶饮料和复(混)合茶饮料四大类。其中,调味茶饮料又进一步分为果汁茶饮料和果味茶饮料、奶茶饮料和奶味茶饮料、碳酸茶饮料和其他调味茶饮料四类。

(一)茶饮料(茶汤)

茶饮料(tea beverage)又称茶汤,是指以茶叶的水提取液或其浓缩液、茶粉等为原料,经加工制成的液体饮料。保持原茶汁应有风味是茶饮料的特点,可添加少量的食糖和(或)甜味剂。茶饮料分为红茶饮料、绿茶饮料、乌龙茶饮料、花茶饮料和其他茶饮料等。

(二)茶浓缩液

茶浓缩液(concentrated tea beverage)是指采用物理方法从茶叶的水提取液中除去一定比例的水分,加水复原后具有原茶汁应有风味的液态制品。其中,茶浓缩液产品按标签标注的稀释倍数稀释后,其中的茶多酚和咖啡因含量应符合同类产品的规定。

(三)调味茶饮料

调味茶饮料(flavored tea beverage)是指以茶叶的水提取液或其浓缩液、茶粉为原料,加入果汁或乳或二氧化碳、甜味剂、香精、酸味剂等调制而成的液体饮料,分为以下四类:果汁茶饮料和果味茶饮料、奶茶饮料和奶味茶饮料、碳酸茶饮料和其他调味茶饮料。

1. 果汁茶饮料和果味茶饮料

以茶叶的水提取液或其浓缩液、茶粉等为原料，加入果汁、食糖和甜味剂、食用酸味剂、食用果味香精等中的一种或几种调制而成的液体饮料。其中，根据国标要求，茶多酚含量≥200 mg/kg，咖啡因含量≥35 mg/kg，果汁茶饮料中的果汁质量分数≥5%。

2. 奶茶饮料和奶味茶饮料

以茶叶的水提取液或其浓缩液、茶粉等为原料，加入乳或乳制品、食糖和（或）甜味剂、食用奶味香精等中的一种或几种调制而成的液体饮料。其中，根据国标要求，茶多酚含量≥200 mg/kg，咖啡因含量≥35 mg/kg，奶茶饮料中蛋白质质量分数≥0.5%。

3. 碳酸茶饮料

以茶叶的水提取液或其浓缩液、茶粉等为原料，加入二氧化碳气体、食糖和（或）甜味剂、食用香精等调制而成的液体饮料。产品中茶多酚含量≥100 mg/kg，咖啡因含量≥20 mg/kg，二氧化碳气体含量（20 ℃容积倍数）≥1.5 倍。

4. 其他调味茶饮料

以茶叶的水提取液或其浓缩液、茶粉等为原料，加入除果汁和乳之外其他可食用的配料、食糖和（或）甜味剂、食用酸味剂、食用香精等中的一种或几种调制而成的液体饮料。产品中茶多酚含量≥150 mg/kg，咖啡因含量≥25 mg/kg。

（四）复（混）合茶饮料

复（混）合茶饮料（blended tea beverage）是指以茶叶和植（谷）物的水提取液或其浓缩液、干燥粉为原料，加工制成的具有茶与植（谷）物混合风味的液体饮料。产品中茶多酚含量≥150 mg/kg，咖啡因含量≥25 mg/kg。

三、茶（类）饮料产品质量标准

茶（类）饮料生产企业执行《茶饮料》（GB/T 21733—2008）标准，可以根据国家标准制定和实施企业标准，但产品的原材料标准、感官指标、理化指标、食品添加剂标准和卫生指标必须达到或略高于国家标准。

（一）原材料标准

① 茶叶应符合《食品安全国家标准 食品中农药最大残留限量》（GB 2763—2021）、《红茶 第 1 部分：红碎茶》（GB/T 13738.1—2017）、《红茶 第 2 部分：工夫红茶》（GB/T 13738.2—2017）、《红茶 第 3 部分：小种红茶》（GB/T 13738.3—2012）、《绿茶 第 1 部分：基本要求》（GB/T 14456.1—2017）、《绿茶 第 2 部分：大叶种绿茶》（GB/T 14456.2—2018）、《绿茶 第 3 部分：中小叶种绿茶》（GB/T 14456.3—2016）、《绿茶 第 4 部分：珠茶》（GB/T 14456.4—2016）和《茶叶中铬、镉、汞、砷及氟化物限量》（NY 659—2003）等相关标准的规定。

② 不得使用茶多酚、咖啡因作为原料调制茶（类）饮料。

（二）感官指标

《茶饮料》（GB/T 21733—2008）中规定，茶（类）饮料应该具有该产品应有的色泽、香气和滋味，允许有茶成分导致的沉淀或混浊，无正常视力可见的外来杂质。茶（类）饮料的感官指标应符合表 7-1 的规定。

表7-1　茶(类)饮料的感官指标

项目	茶饮料 (茶汤)	调味茶饮料				复(混)合茶饮料
		果味茶饮料	果汁茶饮料	碳酸茶饮料	奶味茶饮料	
色泽	具有原茶类应有的色泽	呈茶汤和类似某果汁的混合色泽	呈茶汤和类似某果汁的混合色泽	具有茶应有的色泽	浅黄或浅棕色的乳液	具有该品种特征性应有的色泽
香气与滋味	具有原茶类应有的香气和滋味	具有类似某种果汁和茶汤的混合香气和滋味,香气柔和,酸甜适口	具有某种果汁和茶汤的混合香气和滋味,酸甜适口	具有品种特征性应有的混合香气和滋味,酸甜适口,有清凉口感	具有茶和奶混合的香气和滋味	具有该品种特征性应有的香气和滋味,无异味,口感纯正
外观	透明,允许稍微沉淀	清澈透明,允许稍微有混浊和沉淀	透明略带混浊和沉淀	透明,允许稍有混浊和沉淀	允许少量沉淀,振摇后仍均匀	透明或略带混浊
杂质	无肉眼可见杂质					

(三)理化指标

茶(类)饮料的理化指标应符合表7-2的规定。

表7-2　茶(类)饮料的理化指标

项目		茶饮料 (茶汤)	调味茶饮料						复(混)合茶饮料
			果汁茶饮料	果味茶饮料	奶茶饮料	奶味茶饮料	碳酸茶饮料	其他调味茶饮料	
茶多酚/ (mg/kg)≥	红茶	300	200		200		100	150	150
	绿茶	500							
	乌龙茶	400							
	花茶	300	200		200		100	150	150
	其他茶	300							
咖啡因/ (mg/kg)≥	红茶	40	35		35		20	25	25
	绿茶	50							
	乌龙茶	50							
	花茶	40							
	其他茶	40							
果汁含量(质量分数)/%			≥5.0						
二氧化碳气体含量 (20℃容积倍数)							≥1.5		
蛋白质含量(质量分数)/%					≥0.5				

① 茶浓缩液按标签标注的稀释倍数稀释后,其中茶多酚和咖啡因等含量应符合上述同类产品的规定。

② 低糖和无糖产品应按《食品安全国家标准 预包装特殊膳食用食品标签》(GB 13432—2013)等相关标准和规定执行。

③ 对于低咖啡因产品,咖啡因的含量应不大于表7-2规定的同类产品咖啡因最低含量的50%。

(四)食品添加剂标准

茶(类)饮料产品中的食品添加剂的使用量和使用范围应符合《食品安全国家标准 食品添加剂使用标准》(GB 2760—2024)的规定。

(五)卫生指标

茶(类)饮料的卫生指标应符合《食品安全国家标准 饮料》(GB 7101—2022)的规定。微生物含量是衡量一款产品品质的重要指标之一,在生产过程中,茶(类)饮料既要具有高的营养价值,又要符合菌落总数、致病菌、霉菌、大肠菌群、砷、铅和铜等指标要求,均符合相应的食品卫生标准才能够通过抽检进入市场销售。茶(类)饮料卫生指标应符合表7-3的规定。

表7-3 茶(类)饮料卫生指标

项目	指标
砷/(mg/L)	≤0.2
铅/(mg/L)	≤0.3
铜/(mg/L)	≤5.0
菌落总数/(CFU/mL)	≤100
大肠菌群,每100ml含/(MPN/mL)	≤6
霉菌、酵母菌/(CFU/mL)	≤10
致病菌(沙门氏菌、志贺氏菌、金黄色葡萄球菌)	不得检测出来

第三节 茶(类)饮料的生产工艺

茶(类)饮料的加工指的是将提取分离得到的茶汁,按科学配方进行调配、灌装、杀菌等操作,而仍保留茶特有色、香、味的一种新型饮料的加工工艺,以及利用提取得到的茶汁经过滤、浓缩、干燥等操作得到固体饮料的加工工艺。

一、茶叶的前处理

(一)绿茶茶叶的生产工艺

1. 生产工艺流程

绿茶茶叶的生产工艺流程如图7-1所示。

图7-1 绿茶茶叶的生产工艺流程

2. 生产工艺要点

① 杀青:通过高温破坏新鲜茶叶中酶的结构,阻止多酚类物质氧化,以防止茶叶红变;同时蒸发茶叶内的部分水分,使叶子变软,以便于更好揉捻。新鲜茶叶中低沸点的具有青草味的芳香物质也随着水分蒸发而挥发,使茶叶香气明显改善。杀青按杀青热源的不同,可以分为蒸汽杀青和锅炒杀青。按干燥方式的不同还分为炒青、烘青和晒青。影响杀青质量的因素有杀青温度、投叶量、杀青机种类、时间、杀青方式等。

② 揉捻:绿茶塑造外形的一道工序,即通过外力把叶片揉成条,体积缩小,便于冲泡。绿茶的揉捻工序有冷揉与热揉之分:冷揉是指将杀青叶放凉后进行揉捻,用于嫩叶,可以使嫩叶保持黄绿明亮的汤色;热揉则是趁热对杀青叶进行揉捻,用于老叶,使老叶条索紧结,减少碎末。

③ 干燥:蒸发水分,整理茶叶外形,充分发挥茶香。揉捻后的茶叶仍然有较高含量的水分,无法直接进行炒干,需要先烘干使水分降低,防止茶叶在炒干机内结块,待含水量降低至符合要求时,再进行炒干。

(二)红茶茶叶的生产工艺

1. 生产工艺流程

红茶茶叶的生产工艺流程如图 7-2 所示。

图 7-2 红茶茶叶的生产工艺流程

2. 生产工艺要点

① 萎凋:分为室内加温萎凋和室外日光萎凋两种。萎凋程度到鲜叶尖失去光泽,叶质柔软,梗折不断,叶脉呈透明状态即可。

② 揉捻:随着机器化的改革,现在更多的是采用机器代替人工,揉捻时使茶汁外流,叶卷成条即可。

③ 发酵:将揉捻好的茶坯装在篮子里,稍加压紧后,盖上温水浸过的发酵布,以增加发酵叶的温度和湿度,促进酶的活动,缩短发酵时间,一般在 5~6 h 后,叶脉呈红褐色,即可进行烘焙。发酵的目的是使茶叶中的多酚类物质在酶的促进作用下发生氧化作用,使绿色的茶坯产生红变。发酵是红茶制作的独特阶段,也是决定红茶品质的关键。

④ 烘焙:制作红茶的最后工序。把发酵适度的茶叶均匀摊放在筛上,烘焙初期要求火温(80 ℃左右)高些,目的是停止酶的作用,防止发酵过度,叶底暗而不展开。烘焙采用一次干燥法,不宜翻动以免使干度不均匀,造成外干内湿,一般烘焙 6 h 即可,具体时间由火力大小而定。

二、茶(类)饮料的一般生产工艺流程

茶(类)饮料的生产工艺流程基本相同,但是根据各类型的茶(类)饮料的不同的风味品质和包装容器,其工艺流程稍有差别。

(一)茶汁基料的生产工艺流程

茶汁基料的生产工艺流程如下:

茶叶原料→浸提→澄清→过滤或离心分离→茶汁→浓缩→调制→茶汁基料。

茶汁基料可以通过喷雾干燥或冷冻干燥制成速溶茶,也可以用作制造茶(类)饮料的原料。

(二)茶(类)饮料的生产工艺流程

茶(类)饮料的生产工艺流程如下:茶叶→浸提→过滤→茶汁→调配→过滤→罐装→封口→杀菌→冷却→检验→成品。

热灌装茶饮料的生产工艺流程如图7-3所示。

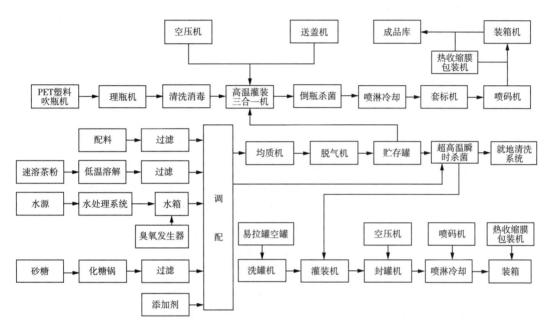

图7-3　热罐装茶饮料的生产工艺流程

三、茶(类)饮料生产的操作要点

(一)原料预处理

① 茶叶:是加工茶饮料主要的原料,应符合《食品安全国家标准　食品中农药最大残留量》(GB 2763—2021)、《红茶　第1部分:红碎茶》(GB/T 13738.1—2017)、《红茶　第2部分:工夫红茶》(GB/T 13738.2—2017)、《绿茶　第1部分:基本要求》(GB/T 14456.1—2017)和《茶叶中铬、镉、汞、砷及氟化物限量》(NY 659—2003)等相关标准的规定。常用绿茶、红茶、乌龙茶等。具体的茶叶加工要求如下:

A. 采用新茶,品质无劣变情况,无烟、焦、酸、馊等异味;

B. 无金属及化学污染,无农药残留,并符合标准;

C. 冲泡前色泽正常,冲泡后茶液符合等级标准,茶香味正常;

D. 不含茶类夹杂物及非茶类物质;

E. 茶叶保存完整,其成分完好。

② 水:是茶(类)饮料生产的重要原料之一,水中的钙、镁、铁、氯等离子会影响茶汤的色泽和滋味,还会使茶(类)饮料发生混浊,形成茶乳。因此,茶(类)饮料的用水除了要符合卫

生标准,还必须是经过处理去除部分离子和杂质后的纯净水。冲泡用水的选择见表 7 - 4 所列,应当选择合适的冲泡用水。

表 7 - 4　冲泡用水的选择

种类	特性			
	酸碱性	硬度	汤色	滋味
山泉水	弱酸	低	亮	甘甜
过滤水 包装水	弱酸—弱碱	低	亮	甘醇
去离子水	弱酸	极低	亮	青味
自来水	弱碱	高	暗浊	粗涩
井水	弱碱	高	暗浊	粗涩

(二)浸提

　　浸提是把茶叶内溶物从茶叶中提取出来的工艺总称,是茶(类)饮料生产中关键的工序之一。经浸提后含有各种茶叶可溶性化学成分的溶液,称为浸出液。影响茶(类)饮料浸提效率和品质的主要因素有浸提时间、浸提温度、茶水比、茶叶颗粒大小及浸提方式等。

　　① 浸提的温度与时间:一般来说,浸提的温度越高,茶叶中可溶性物质的溶解度越高,提取率就越高,但是过高的提取温度会造成茶叶中可溶性成分的高温氧化及聚合,使茶汁颜色加深,口感不佳。随着浸提时间的延长,茶叶和茶汁中可溶性物质的浓度差逐渐减小,浸提的速率也会降低。工业上茶(类)饮料的浸提温度一般为 80~95 ℃,浸提时间不超过20 min.浸提对茶汁的香味和有效成分的浓度有直接影响。因此,在茶(类)饮料生产过程中具体采用的温度、时间等条件,要依据茶的品种、产品类型来确定。

　　② 茶水比:实践证明,茶水比越大,浸出率越高,但是过大的茶水比会增加生产的成本。因此,在实际的生产过程中,茶饮料的茶叶使用量以 1.0%~1.5% 为宜,碎茶则以 0.6%~0.7% 为宜,较浓茶汁的茶水比可按 1∶10 进行浸提。

　　③ 茶叶颗粒大小:通常将茶叶粉碎后浸提,从而提高茶叶中有效成分的浸出效率。一般将茶叶粉碎至 10~50 目。茶叶颗粒太大不利于茶叶中有效成分的浸出,颗粒太小不利于浸提后茶渣的过滤分离,影响过滤的速度和效果。

　　④ 浸提方式:目前,茶(类)饮料生产中常用的浸提方式有批次浸出法、逆流连续浸提法、分段浸提法和低温缓慢浸提法等方式。

　　所谓批次浸出法就是将茶叶和水在一定的容积和一定的条件下浸提一段时间后,将茶水分离得到茶汤的方法(图 7 - 4)。批次浸出法是小型茶(类)饮料和速溶茶生产企业常用的方法。

　　逆流连续浸提法适用于茶浓缩液和速溶茶的生产。这种方法的优点是萃取效率高,能够连续作业,降低人工成本。此外,这种方法还可以有效地减少因浓缩而出

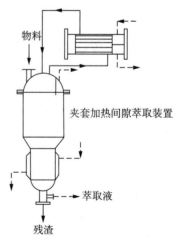

物料

夹套加热间隙萃取装置

萃取液

残渣

图 7 - 4　萃取罐(批次浸出设备)

现的茶汤色、香的劣变。故这种方法适合茶浓缩液和速溶茶的生产。逆流连续浸提设备示意图如图 7-5 所示。

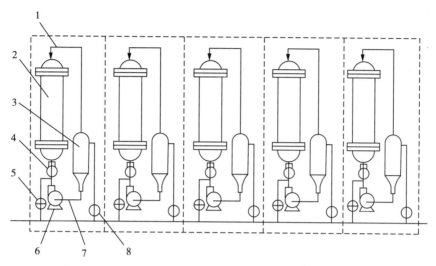

1—管道；2—提取罐；3—储液罐；4、5、8—阀门；6—循环泵；7—管道。

（a）罐组式

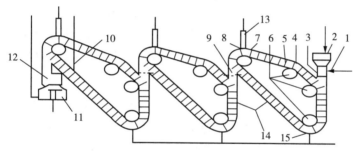

1—出液口；2—投料器；3—进料口；4—提取器；5—拖链；6—从动链轮；7—主动链轮；8—排气口；
9—出料渣口；10—进液口；11—卸料式离心机；12—储渣罐；13—冷凝管；14—加热夹套；15—残液出口。

（b）拖链型连通式

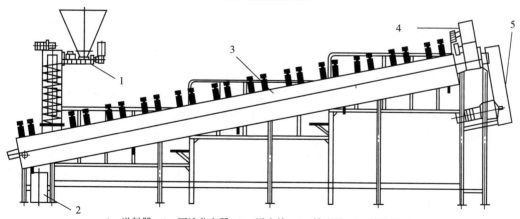

1—送料器；2—固液分离器；3—浸出舱；4—排渣器；5—传动机构。

（c）螺旋推进式

图 7-5 逆流连续浸提设备示意图

分段浸提法是指第一次采用常温或低温长时间浸提的方法,第二次采用高温短时间浸提的方法。这种方法比较适用于茶(类)饮料和速溶茶的生产,可以在保持品质的基础上,提高茶汤浸提效率。

低温缓慢浸提法是指在较低温度下长时间连续浸提茶叶,以获取高品质茶汤的方法。该方法适用于绿茶饮料。当浸提温度为 20~35 ℃,浸提时间为 3~6 h,茶水比为 1:90~1:40 时,绿茶原有的风味能够得到很好保留,并且有较高的浸出率,但是其生产成本较高。

(三)过滤

茶汤是一种复杂的胶体溶液,除含有茶多酚、咖啡因、氨基酸、维生素等主要化学成分外,还含有可溶性蛋白质、果胶、淀粉等大分子成分。同时,茶汤中还含有肉眼可见的茶叶微粒、茶梗等细小的茶渣残留物。对茶汁进行过滤处理,才能获得澄清透明的茶汤,保证茶饮料在储藏和销售过程中始终保持澄清、透明的状态,防止产生混浊与沉淀现象。茶汤的过滤通常采用多级过滤的方式,逐步去除茶汤中的茶叶细小微粒及部分大分子物质。第一次为粗滤,将茶汤与茶渣分离;第二次为精滤,主要去除茶汁中的细小微粒及某些大分子物质。

(四)冷却

茶汤中含有的茶多酚、咖啡因、蛋白质、淀粉、果胶,以及茶红素、茶黄素等可溶性成分,在低温时会产生混浊或沉淀,这种现象称为"冷后浑"。把形成的混浊或沉淀物称为茶乳。为避免产品在储藏和销售过程中产生混浊或沉淀现象,在调配之前,往往先快速冷却,使以上物质形成后,过滤除去,从而保持产品澄清透明。为了使茶乳形成较为彻底,在生产过程中,通常采用板式热交换器或冷冻机使茶汁迅速冷却到 5 ℃左右,迅速彻底形成茶乳。

(五)澄清与过滤

通过过滤方法得到的茶汤只能保持暂时的澄清。在茶汤的后续加工及储存过程中,茶多酚、咖啡因、蛋白质、果胶、淀粉、茶红素、茶黄素等化合物在一定条件下会发生复杂的聚合或缩合反应,形成大分子络合物而产生混浊或沉淀。由此可见,除了过滤外,还必须结合澄清处理,使茶汤中产生混浊或沉淀的物质快速沉淀下来,再次过滤去除这些絮凝物或沉淀物,使茶饮料在保质期内不再出现混浊或沉淀现象。以下主要针对沉淀的形成机理及其过滤、澄清方法进行阐述。

1. 沉淀物的化学组成

茶汤沉淀物的化学组成最早是针对红碎茶"冷后浑"现象进行研究的。结果发现,"冷后浑"主要是由茶黄素、茶红素和咖啡碱以 17:66:17 的比例形成的浅褐色或橙色乳状的混浊现象。研究还发现,茶黄素、茶红素的没食子酸酯对"冷后浑"的形成有重要作用。蛋白质可与多酚类物质络合形成络合物,在"冷后浑"中部分替代咖啡碱的作用。在沉淀物中存在1-三十烷醇、α-菠菜固醇、二氢-α-菠菜固醇等脂类成分及果胶物质与少量酶性未氧化物质、矿物质等。乌龙茶沉淀物的化学组成主要是儿茶素、茶多酚、咖啡碱、蛋白质、果胶、氨基酸及钙离子。其中,儿茶素、咖啡碱、蛋白质、果胶含量分别占 24%、20%、18% 及 2%。绿茶沉淀物亦主要是这些化合物。

2. 沉淀物的形成机理

茶饮料沉淀物的主要成分是茶多酚、氨基酸、咖啡碱、蛋白质、果胶及矿物质等。这些成分在水溶液中发生一系列变化,主要是在分子间的氢键、盐键、疏水作用下,其溶解特性、电解质、电场等发生变化,从而导致茶汤沉淀。

(1)氢键

当茶提取液温度较高时,茶黄素、茶红素等多酚类物质与咖啡碱各自呈游离态存在。但是当温度较低时,茶黄素、茶红素及其没食子酸酯等多酚类物质的酚羟基可以分别与蛋白质的肽基、咖啡碱的酮氨基以氢键结合形成络合物,咖啡碱的酮氨基亦可以与蛋白质的肽基形成氢键。单分子的咖啡碱与茶黄素、茶红素络合时,氢键的方向性与饱和性决定至少可以形成 2 对氢键,并且引入 3 个非极性基团(咖啡碱的甲基),隐蔽了 2 对极性基团(羟基和酮基),因而使分子质量随之增大。当多个分子参与形成氢键时,络合物的粒径可达到 $10^{-4}\sim$ $10^{-1}\mu m$,茶汤表现为由清转浑,粒径进一步增大,便会产生凝聚作用而沉淀下来。茶多酚形成“冷后浑”的能力与其氧化程度呈正相关关系,咖啡碱形成“冷后浑”的能力与浓度呈正相关关系。蛋白质可与多酚类物质络合形成络合物,在“冷后浑”中部分替代咖啡碱的作用,主要是茶多酚包埋蛋白质点,使分子表面的亲水基形成水化物,结构被破坏而形成单质点沉淀。不同质点带上相异电荷而互相吸引,被不同茶多酚包埋的蛋白质分子间形成键而破坏质点的水化层,使体系不断增大形成沉淀。其作用大小取决于多酚类物质中能与蛋白质结合的活性中心的多少。这种活性中心通常是一棓酰基、二羟基苯或三羟基苯。茶叶中每分子表儿茶素没食子酸酯(ECG)与没食子儿茶素没食子酸酯(EGCG)有 2 个活性中心,一个为酰基,另一个为羟基苯。因此,ECG 与 EGCG 沉淀蛋白质的能力比较强。

(2)盐键

茶叶中的茶多酚、氨基酸、咖啡碱、碳水化合物、果胶、水溶性蛋白质等多种有机组分都可能与金属离子发生吸附或络合作用。Ca^{2+}、Mg^{2+}、Zn^{2+}、Cr^{6+}、Mn^{7+}、Fe^{2+}、Fe^{3+} 等 22 种金属离子可与茶汤组分发生络合或还原络合反应。其中,Ca^{2+} 等 10 种金属离子可与茶多酚络合。Ca^{2+} 与茶汤组分反应生成溶解度低的络合物,其溶解度及稳定性可随反应溶液 pH 的升高而下降。添加一定浓度的氯化钠、葡萄糖、蔗糖会降低 Ca^{2+} 络合物的溶解度和稳定性,这可能是离子效应、电解质作用和共沉效应等共同作用的结果。Ca^{2+} 络合物中的主要组分是茶多酚,其中以酯型儿茶素含量最高。另外,氨基酸、咖啡碱、水溶性碳水化合物等组分本身并不能与 Ca^{2+} 生成沉淀,它们因茶多酚-钙络合物的吸附等共沉淀效应而被带入钙络合沉淀中。

(3)疏水作用

茶汤沉淀物中含有 1-三十烷醇、α-菠菜固醇、二氢 α 菠菜固醇等水不溶性脂类物质,表明沉淀物中蛋白质、茶多酚及其没食子酸酯、咖啡碱与脂类间存在疏水作用。在冲泡茶叶时,这类组分随着茶叶主要内含物进入茶汤,它们也许以表面活性成分(如磷脂、茶皂素)的形式存在于茶汤中。当咖啡碱、茶多酚与蛋白质形成氢键时,脂类成分与蛋白质或咖啡碱同时进入其疏水区而沉淀下来。

(4)电解质和电场作用

电解质的存在对茶汤沉淀物的形成有显著影响。分散在茶汤中的固体颗粒表面带负电荷,电解质阳离子能明显降低分散系的稳定性。它通过压缩粒子表面减弱粒子间的静电引力而加速沉淀,这种沉淀能逐渐改变其在茶汤中的絮状形态而收缩成团粒状,即沉淀缩聚成团粒状颗粒。一方面,电场的存在使蛋白质等大分子物质在等电点时沉降;另一方面,由于带电物质按电场规律分布又减少了阴、阳离子的碰撞,茶汤从而得以保持稳定。其总效应是促进沉淀的形成。

(5)其他作用

沉淀物的生成量不仅与多酚类和咖啡碱的绝对含量有关系,还与咖啡碱/茶多酚的比值有很大关系。当人为添加一定量的咖啡碱,调整茶汤中咖啡碱含量及咖啡碱/茶多酚比值时,茶汤中咖啡碱含量越多,沉淀物形成量也越多;两者比值小时不易产生絮状沉淀,相反比值大时易产生沉淀。茶叶中的蛋白质、果胶在较高温度时呈水溶性,冷却后蛋白质产生絮状沉淀,果胶产生云雾状沉淀。

除此之外,微生物也是引起茶(类)饮料沉淀的因素之一。若茶(类)饮料不经过严格灭菌,则其含有的丰富的碳、氮营养物质可供微生物生长繁殖。当细菌总数达到 10^4 个/mL以上时,茶汤变质发浑,产生絮状或块状沉淀物。

3. 解决沉淀问题的措施

茶多酚、咖啡碱是茶叶萃取液生成沉淀的物质基础,是茶饮料发浑的主要成分。消除沉淀物的基本原理是除去部分茶多酚或咖啡碱,降低这些易络合物质的浓度,或添加某种物质来阻断其络合,达到去浑的目的。从作用机理上来说,茶饮料常用的澄清方法主要有去除法、pH法、离子去除法、沉淀剂法、化学转溶法、氧化法、离子络合法、包埋法、酶法、膜分离法等。

① 去除法:添加少量吸附剂等物质去除茶汁部分内含物,去除茶汁中部分茶多酚或咖啡碱,使茶汁中形成混浊沉淀的成分比例失调,从而减少沉淀产生。去除茶汁内含物的方法具体如下。

A. 添加钙离子、明胶、硅胶、聚乙烯吡咯烷酮、聚酰胺树脂、清蛋白、番木瓜酶、壳聚糖等,经搅拌后离心分离,可吸附部分茶多酚。

B. 用氯仿、石油醚、植物油、苯与液态二氧化碳等溶剂萃取出茶汤中的咖啡碱。

C. 加入乙醇可使茶汤中的蛋白质、果胶等物质沉淀而除去。

D. 用多聚糖除去蛋白质。

E. 用抗坏血酸或异抗坏血酸(盐)抗氧化和柠檬酸络合钙离子、亚铁离子等,均可降低茶乳酪的形成。

F. 添加大分子胶体物质:在茶饮料中添加大分子胶体物质,如阿拉伯胶、海藻酸钠、蔗糖脂肪酸酯等。由于这些物质具有良好的乳化作用和分散作用,使茶汁中可溶成分的分散性得到改良,可避免在低温下产生混浊,并可提高茶汁的色、香、味。

② 化学转溶法和氧化法:外源物可添加亚硫酸钠或强碱转溶,聚磷酸盐(偏磷酸钠和六偏磷酸钠)分离转溶。氢键是一种比较弱的化学键,在茶汁中添加碱液,使茶多酚与咖啡碱之间络合的氢键断裂,并且与茶多酚及其氧化物生成稳定的水溶性很强的盐,避免茶多酚及其氧化物同咖啡碱络合,增加大分子成分的溶解性。此法可促进茶沉淀的形成,再用酸调节,茶汁经冷却和离心后即可增加澄清度。常用的碱有氢氧化钠、氢氧化钾、氢氧化铵等。碱法转溶可促使多酚类过度氧化,使产品颜色加深,香气降低,滋味变淡。

化学转溶法和氧化法对茶汤原有的品质风味影响较大,去除法不但去除了茶汤中许多风味物质,影响滋味,而且大大降低了萃取效率。由此可见,上述这两种方法都有明显的缺陷,目前已较少使用。近年来,包埋法、酶法和膜分离法逐渐成为茶饮料澄清技术研究的焦点。

③ 包埋法:利用食品添加剂对茶汤中参与茶乳酪形成的物质进行包埋,以阻止与其他物质生成茶乳酪的方法。采用 β-CD 作为包埋剂可以包埋茶汤中的儿茶素类物质,阻止儿茶素与其他化学物质的络合反应,有效抑制茶汤中低温混浊物的形成。茶汤的透光度随 β-CD 添加量提高而增加,且以萃取前加入更好。其较佳的工艺条件如下:添加量为 10～25 g/L,温度为 50 ℃,低速搅拌 20 min。

离子络合法的原理是茶汤中有多种金属离子参与茶乳酪的形成,加入一些物质可以阻止茶乳酪的形成,并使茶汤有效成分(如茶多酚等)形成络合物,而对茶饮料风味影响不大。EDTA(乙二胺四乙酸)是一种优良的络合剂,对茶汤中易形成沉淀的茶多酚类物质有明显络合作用,而使茶多酚保持溶解状态,茶汤澄清透明,无沉淀,并且还有一定的护色效果。另外,加入柠檬酸、复合磷酸盐也能形成络合物。

④ 酶法:此法在茶饮料中应用可以实现茶汁的低温浸提,使茶汁中大分子物质水解,促进茶汁的澄清,从而改善茶汤感官品质。目前,已开发可应用于茶饮料的酶制剂有单宁酶、果胶酶、纤维素酶、半纤维素酶、葡萄糖氧化酶、蛋白酶、淀粉酶等。例如,单宁酶主要含水解酚酸的酯键,即切断没食子酸甲基酯键,破坏茶络合物的形成,可提高茶可溶物质在冷水中的溶解度,从而减少混浊沉淀现象的发生,提高茶汁的澄清度。另外,采用复合酶的效果优于单一酶。

⑤ 膜分离法:以前茶饮料的过滤方法主要是尼龙布过滤和减压多级过滤,现在多采用膜过滤方法。尼龙布过滤一般选择 200～800 目的尼龙布用于分级过滤,直到茶汤达到要求即可。采用减压多级过滤主要是为了提高过滤速度和过滤质量,这种方法常常要加入硅藻土等助滤剂配合使用,效果较尼龙布过滤要好。膜过滤主要有微滤、超滤及生物膜过滤等技术。由于膜分离法具有不引入化学物质、工艺操作简便、能耗低、过滤液澄清度高、在储存过程中不易产生混浊和沉淀等优点,是过滤的发展方向。

生物膜过滤是指将相关的酶固定在超滤膜上,茶汤滤过时利用酶水解大分子,从而起到保持茶汤原有品质之作用。例如,将果胶酶和纤维素酶固定于超滤膜或反渗透膜上,可大大提高茶汤的渗透率,也可提高茶汤的澄清度。据日本专利介绍,将单宁酶固定于中空纤维超滤膜上,当茶叶提取物通过膜表面时,单宁酶即分解茶汤中的茶乳酪,超滤膜截留大分子物质,由此得到澄清的茶饮料。目前,由于生物膜的成本较高,应用还不十分普遍,在生产中应用较多的是超滤膜技术。

茶(类)饮料中出现的混浊沉淀主要是由茶叶中所含成分引起的,其也是茶(类)饮料风味物质所在。解决茶(类)饮料混浊沉淀的措施要本着既不会造成茶汤成分过分损失或风味的过多改变,又能合理、有效地解决茶汤沉淀问题的原则。目前,各种方法能较好地解决中低档原料茶沉淀问题,但对高档茶仍存在一定的问题。随着科技的发展,高新技术(如纳米、酶处理、微胶囊、超滤及微滤等)开始应用。可以预见,不久的将来,高档茶饮料的沉淀问题能得以圆满解决。

(六)调配

调配指的是将精滤后茶汁的浓度、pH 调节到适合值,并按照产品品质类型的要求可不添加任何其他配料制成单一茶(类)饮料,或者可以加入糖、酸味剂、原果汁(或浓缩果汁)、乳制品、香精、香料及非果蔬植物抽提液等配料制成调味茶饮料,如果汁茶饮料、果味茶饮料、奶味茶饮料等。调节 pH 时,一般采用碳酸氢钠进行调节。在不影响茶(类)饮料风味的条件下,尽可能地将 pH 调低,这样能够有效防止微生物的生长。在茶(类)饮料的生产中,为了防止茶（类）饮料的氧化褐变导致其风味发生改变,通常还会加入维生素 C 及其钠盐,或使用异抗坏血酸及其钠盐作为抗氧化剂。

(七)灌装

根据包装方式的不同,将茶（类）饮料的灌装方式分为两种:热灌装和常温灌装。热灌装是指将茶汁加热至 90 ℃以上,将热的茶汁灌装到耐热包装容器(如玻璃瓶和易拉罐)中,密封后再杀菌的包装方式。常温灌装是将茶汁先进行加热杀菌,然后冷却至 25 ℃左右,在无菌条件下进行灌装的包装方式;通常该方法用于 PET(聚对苯二甲酸乙二醇酯)瓶或纸包装茶（类）饮料的生产。

(八)杀菌和冷却

茶（类）饮料的杀菌方式通常根据其不同的包装进行选择。用 PET 瓶或纸包装的产品,采用先灭菌后灌装封口的工艺流程;用易拉罐包装的产品,采用先灌装封口再灭菌的工艺流程。实际生产中,用 PET 瓶包装的茶饮料先利用高温瞬时灭菌机或超高温瞬时灭菌机对茶（类）饮料进行杀菌处理(135 ℃,3~6 s),而后对于耐热性的 PET 瓶,将茶（类）饮料冷却到 85~87 ℃后,趁热灌装。随后,将已密封的 PET 倒置,用茶汁的剩余热量对瓶盖进行杀菌。对于非耐热性的 PET 瓶,则将茶汁冷却到 25 ℃左右进行无菌灌装。对于用易拉罐包装的茶（类）饮料,通常将茶（类）饮料加热至 90 ℃以上后立即进行灌装封口。封口后,采用 121 ℃、7~15 min 的条件进行高温杀菌。杀菌完毕后采用喷淋冷水的方法将茶（类）饮料冷却至 25 ℃左右的室温。

(九)检验

在茶（类）饮料杀菌冷却后,按产品标准的规定,对茶（类）饮料进行产品感官、理化、卫生指标等的检测。对合格产品打上生产日期装箱,不合格的产品则按规定处理。

四、调味茶饮料生产工艺

(一)工艺流程

除碳酸茶饮料以外,调味茶饮料的生产工艺特殊之处在于茶饮料调配时,根据产品类型加入了果汁或果味香精、乳制品或奶味香精、酸味剂、着色剂等食品添加剂,其他的工艺完全一致。碳酸茶饮料(茶汽水)主要是指含有二氧化碳的茶饮料,通常是将红茶和绿茶提取液、水、甜味剂、酸味剂、增香剂、着色剂等成分调配后,加入二氧化碳灌装而成的饮料。除含有汽水的成分外,其还含有多种茶叶的有效成分,既借鉴了碳酸饮料的加工方式,又结合了茶饮料独特的风味特征。

以碳酸茶饮料为代表的调味茶饮料的生产工艺分为一次灌装法(一步法)和二次灌装法(二步法),具体如下。

1. 一次灌装法

一次灌装法是最常用、最先进的碳酸茶饮料灌装方法。先将茶汤(速溶茶粉或浓缩茶汁)、水、甜味剂、酸味剂、色素、香精、香料等原料按照配方溶解调配好后,经高温瞬时灭菌并冷却到 4 ℃左右,然后充入二氧化碳进行碳酸化,再灌装封盖成成品。

碳酸茶饮料一次灌装法的生产工艺流程如图 7-6 所示。

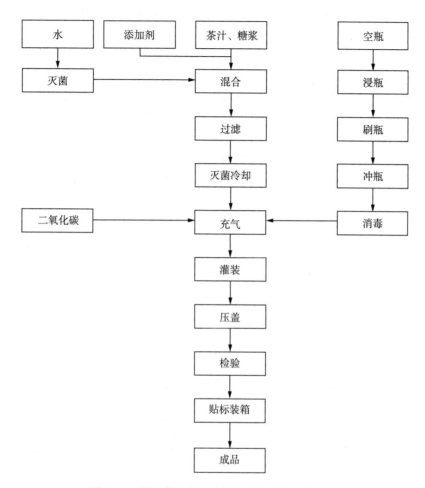

图 7-6 碳酸茶饮料一次灌装法的生产工艺流程

2. 二次灌装法

二次灌装法生产工艺是指先将茶汤（速溶茶粉或浓缩茶汁）、甜味剂、色素、香精、香料等原料按照配方要求溶解调配好后制成浓糖浆，经高温瞬时灭菌，冷却到 4 ℃左右，按规定量先灌入饮料瓶中，然后再将二氧化碳的碳酸水灌入饮料瓶中，最后封盖的生产工艺。

碳酸茶饮料二次灌装法的生产工艺流程如图 7-7 所示。

（二）工艺要点

1. 茶汤制取

茶汤制取方法分为两种。第一种是按配方称取检验符合生产要求的茶叶放入容器内，根据茶叶种类控制浸提温度、时间和次数，一般选择温度 85～95 ℃，时间为 3～5 min，次数为 2～3 次。浸提后进行过滤，滤汁澄清，无茶渣残留即可。第二种是将茶粉或茶浓缩液作为原料，需要加水溶解或稀释得到所需茶汤，茶汤与糖浆混合就得到原汁或母液。

2. 冷却、精滤

将制取的茶饮料经换热器迅速冷却到 5 ℃左右，形成沉淀。这些沉淀主要是茶多酚、咖啡因、蛋白质等易形成"冷后浑"的物质。用微滤、超滤等精密过滤设备除去茶汤中的沉淀及果胶、淀粉等大分子聚合物,使茶汤澄清透明,并用饮料泵泵入调配罐。

3. 溶糖

溶糖方法有热溶法和冷溶法两种。一般应采用热溶法,溶糖时将配制成的50%浓糖液投入锅内,边加热边搅拌,撇除浮在液面上的泡沫,维持沸腾5 min,充分杀菌。糖液中一般含有浮沫、炭粒、淀粉等杂质,为使糖液清亮透明,将溶解好的糖液趁热用双联过滤器过滤后,冷却到70 ℃,保温2 h,使蔗糖不断转化为还原糖,再冷却到30 ℃以下。

4. 用水处理

水的质量决定饮料品质。碳酸茶饮料用水先经过澄清、过滤、软化、灭菌等过程,再经冷冻机降温到3~5 ℃,使用气水混合机,在一定压力下形成雾状,与二氧化碳混合形成理想的碳酸水。

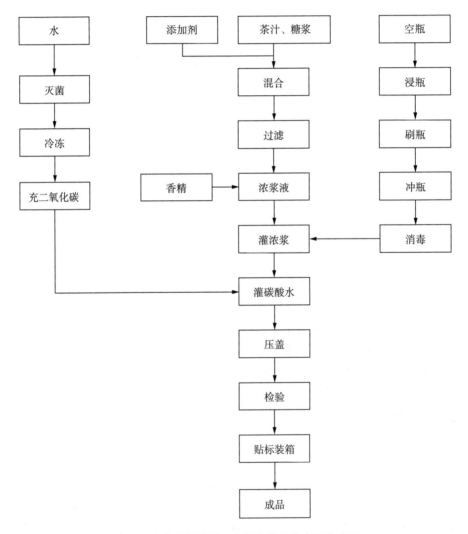

图7-7　碳酸茶饮料二次灌装法的生产工艺流程

5. 糖浆配制

在配制糖浆时,加料顺序是固定的。加料次序改变,味道也可能发生改变。加料顺序即抗氧化剂、糖液、防腐剂、香精及色素，加水至规定容积。各种原料混合均匀，不宜过分搅拌，以免混入过多空气而影响后期的碳酸化水平。调配好的糖浆要进行测定及品评，色、香、味符合要求后，经进一步精滤，才能进入下面的工序。

6. 碳酸化

先将碳酸化罐排空并充入一定量的净化后的二氧化碳气，随后将冷却后的物料打入碳酸化罐中，进行碳酸化。严格控制二氧化碳压力使之达到碳酸化水平，保证产品中二氧化碳气体含量。

7. 灌装

对于二次灌装法，先将糖浆注入储液桶内，送入灌装机中定量灌装，再将已充入二氧化碳气的碳酸水输送到灌装机内，注入装有糖浆的饮料瓶中，立即封口。若采用一次灌装法，则需按茶水比例，一次配成灌装。

目前，碳酸茶饮料的包装容器基本上是PET塑料瓶，灌装设备都是等压灌装机，灌装机内的压力和碳酸化罐内的压力一致。灌装过程包括排气、充气、灌装、泄压。灌装完毕后，要立即封盖，防止二氧化碳逸失。洗瓶机和封盖机一般与灌装机三位一体，构成一个灌装系统，自动完成碳酸气饮料瓶的洗涤、灌装与封盖。

五、复（混）合茶饮料生产工艺

复（混）合茶饮料是指以茶叶和植物的水提取液或其浓缩液、干燥粉为原料，加工制成的具有茶与植物混合风味的液体饮料。因含有植物的功能性部分，故复合茶饮料（如薄荷茶、玫瑰茶、菊花茶等）具有一定的保健功能。

（一）原料

复合茶饮料原料丰富。绿茶、红茶和乌龙作为最主要的原辅料，要求品质优良，植物原料（如荞麦、燕麦、玉米等）丰富多样。最常用的药食同源成分有菊花、金银花、甘草、薄荷、夏枯草、桑叶、板蓝根等。

（二）生产工艺流程

复（混）合茶饮料的生产工艺流程与茶饮料（茶汤）的生产工艺流程类似，差别之处在于原料需要分别浸提得到茶汤、药食同源成分浸提液或谷物浆液，再按配方要求进行调配，其他工序完全一致。

（三）生产工艺要点

复（混）合茶饮料由多种中草药制作而成，而中草药中有效成分则主要通过浸提工序由中草药转入提取液中，所以浸提工序是复（混）合茶饮料加工的重要步骤之一。通过控制浸提工艺的关键参数（如液料比、浸提温度和浸提时间），尽可能地提高凉茶中的有效成分含量和得到更好的风味口感。

1. 茶汤浸提

茶汤的浸提步骤要与茶饮料相似。首先选择符合要求的茶叶，其次控制适宜的浸提条件，最后使用符合工艺要求的浸提用水，得到色、香、味俱佳的茶汁。通过控制浸提工艺的关键参数（如液料比、浸提温度和浸提时间），可以尽可能地提高茶中的有效成分含量和提高其感官质量。

2. 药食同源成分浸提

药食同源成分中常常含有泥沙、杂草等杂质。一般先冲洗,进行适当的切段或粉碎,从而提高浸提效率。浸提时温度不宜过高,一般控制为 70～90 ℃。浸提时间控制在每次 30 min 以内,一般浸提次数为 2～3 次,这样能减少能耗,保持高的提取率,料水比控制为 1∶20～1∶10。研究发现,在 90 ℃浸提条件下,金银花、菊花、甘草复合凉茶浸出的固形物含量达到最高值;国内学者研究发现,菊花在 85 ℃下浸出茶饮料口感最好。浸提的时间与浸提的温度有一定的关系,若温度高,浸提时间可相应地缩短。

3. 调配

复(混)合茶饮料最大的特点是含有茶叶及各种中草药中的多种功能性成分,调配的顺序是茶汤、药食同源的中草药汁、抗氧化剂。为防止有效成分的氧化损失,一般加入抗氧化剂。为了减轻中草药固有的苦涩味,提高饮料的适口性,改善饮料的口感,一般还要加入蔗糖、果葡糖浆、麦芽糖浆、甜蜜素等甜味剂。为改善饮料的色泽,一般加入着色剂及香精。调配好的饮料应该具有产品要求的色、香和味。

六、速溶茶生产工艺

(一)速溶茶的定义

速溶茶是以成品茶、半成品茶、茶叶副产品或鲜叶为原料,通过提取、过滤、浓缩、干燥等工艺加工而成的一种易溶于水而无茶渣的颗粒状或粉状的新型饮料,冲饮携带方便。

(二)速溶茶的种类和特点

1. 速溶红茶

速溶红茶是以红茶为原料或在加工过程中通过转化将非红茶原料加工成具有红茶特征的速溶茶。其特点是汤色红明、香气鲜爽、滋味醇厚。

2. 速溶绿茶

速溶绿茶以绿茶或茶鲜叶为原料,经萃取、浓缩、干燥等工艺而成。其特点是汤色黄而明亮,香气较鲜爽,滋味浓厚。

3. 速溶花茶

速溶花茶是以各种花茶或鲜花和茶叶为原料经加工而成的。其特点是冲泡后汤色明亮、花香弥漫、滋味浓厚。

4. 调味速溶茶

调味速溶茶是在速溶茶基础上发展起来的配制茶。最初,多用作夏季清凉饮料,加冰冲饮,故又称冰茶。除速溶茶部分外,也可以加糖、香料或果汁等,从而调配出不同风味的速溶茶。

5. 速溶茶的特点

速溶茶是茶叶深加工产物,原料来源广泛,不受产地限制。可直接取材中低档成品红茶、绿茶,也可采用鲜叶或半成品作为原料;速溶茶成品既可直接饮用又可与水、果汁、糖等辅料调配饮用,满足不同消费者的需求;速溶茶符合食品安全要求,几乎没有污染成分,是一种比较纯净的饮品。速溶茶生产容易实现机械化、自动化和连续化;速溶茶体积小,分量轻,运费少,使用方便,既可冷饮又可热饮且无去渣烦恼,符合现代需求。

（三）速溶茶生产工艺

速溶茶生产工艺流程如图 7-8 所示。

图 7-8 速溶茶生产工艺流程

速溶茶的生产工艺要点具体如下。

① 原料选择与预处理：将不同特点的地区茶、季节茶或不同级别的茶适当混配，能较好地解决品质与效益之间的关系。制造速溶红茶，搭配 10%~15%绿茶，能明显改进汤色，同时提高产品的鲜爽度；在绿茶中加入 30%的红茶，成品则有乌龙茶风味。原料选定后经破碎处理，可增大茶叶同溶剂接触表面积，提高可溶物的浸出率。因为茶叶有效成分的提取率同固液两相接触面积和浓度差呈线性关系，所以一般将茶叶的压碎程度控制在 50 目左右，并用不锈钢筛筛滤。

② 提取工序：速溶茶风味好坏与所提取的成分关系紧密。香气成分和鲜味成分易提取，一些成分则较难提取。提取操作应用得当可获得较高的提取率及良好的品质。影响提取工艺的主要因素有提取方法、茶水比、提取次数和时间等。

③ 提取方法：主要有沸水冲泡提取和连续抽提两种。沸水冲泡提取的茶水比为 1：(12~20)，连续抽提的茶水比为 1：9。沸水冲泡提取液浓度为 1%~5%，连续抽提的提取液浓度可达到 15%~20%。

④ 茶水比：在一定比例范围内，提取时茶水比越大，提取率越高。但是，浸提用水太多，会降低提取液的浓度，增加浓缩工序的负担和能耗。同时，长时间的浓缩过程中，茶叶中的有效成分会在水热条件下发生变化，损失大量的芳香物质，使浓缩液失去茶香，继而产生熟汤味，降低成品品质。因此，提取时的茶水比控制为 1：(6~12)为宜。

⑤ 提取次数：若用 1：8 的茶水比分 2 次提取，第一次提取 15 min，第二次提取 10 min，水浸出物基本提净。但茶叶老嫩不同，第一次提取率也各不相同，其规律是随原料嫩度下降，提取量相应提高。一般低档茶提取 1 次即可。

⑥ 提取时间：一般提取时间与浸出量关系不明显，但是茶叶长时间处在水热闷蒸状态下，会导致提取液色泽泛黄，香味焖熟，成品品质差。故提取时间以 10~15 min 较好。

（四）净化与浓缩

净化是指除杂和除沉过程。抽提液中常有少量茶叶碎片悬浮物，抽提液经冷却后又常有少量冷不溶性物质，为保证用冷水或硬水冲泡时也有明亮的汤色和鲜爽度，需在浓缩前将提取液净化，去除杂质。

目前，净化方法主要有两种：一种是物理方法，如离心、过滤（包括粗滤、微滤、超滤）等；另一种是化学方法，主要针对冷不溶性物质的沉淀部分，经适当的化学处理，使这部分物质转溶。净化后的提取液一般浓度较低，需加以浓缩以提高固形物浓度，使其增加到 20%~48%，提高干燥效率的同时也可获得低密度的颗粒速溶茶。

浓缩的方法主要有真空浓缩、冷冻浓缩和膜浓缩法等。茶叶中的可溶性物质在高温下长期受热，易受到破坏、变性、氧化等。因此，茶叶可溶性物质在浓缩时，要充分考虑温度、时间效应,从茶叶的安全性看,要求低温短时。

(五)干燥

干燥工序对制品的内在品质和制品的外形及速溶性等有重要影响。常用的干燥方法有真空冷冻干燥和喷雾干燥。①对于真空冷冻干燥的产品,其干燥是在低温状态下进行的,茶叶的香气损失少,较好地保持了原茶的香味;但是,干燥时间长,能耗大,成本高,产品速溶性差,一般不用。②喷雾干燥操作简单,效率高,制品外形呈颗粒状,流动性好,溶解性好,生产成本低,但其产品在高温条件下雾化干燥,故芳香物质大量流失。两种干燥方法的成本相差很大,前者是后者的6~7倍,故喷雾干燥至今仍然是国内外速溶茶加工的主要方法。

总而言之,不论采用哪种方法干燥,都应尽可能不破坏茶叶的固有品质,使速溶茶成品具有较低的松密度,每100 mL只有9~15 g,一般粒径控制为200~500 μm,以满足商业上的一般要求。松密度是指包括颗粒内外孔及颗粒间空隙的松散颗粒堆积体的平均密度,用处于自然堆积状态的未经振实的颗粒物料的总质量除以堆积物总体积求得。速溶茶的松密度与茶溶液中溶存的果胶含量有密切关系。当果胶含量低于固形物质量0.2%时,松密度就难以达到上述标准。如果胶含量超过2.0%,这样的速溶茶在冷的硬水中就无法溶解。因此,果胶含量是衡量松密度的指标之一,其一般在1.0%以上。

(六)包装

速溶茶是一种疏松的小颗粒,对异味尤为敏感,易吸潮结块、损失香气、汤色变深,严重吸潮时会变成沥青状,不能饮用。因此,在速溶茶的包装环境和包装方式方面,要注意控制温度和湿度,一般包装环境温度应小于20 ℃,相对湿度低于60%,包装方式宜用轻便包装材料,常用的是轻量瓶、铝箔塑料袋等。

(七)应用实例

1. 速溶乌龙茶

速溶乌龙茶的生产工艺流程如图7-9所示。

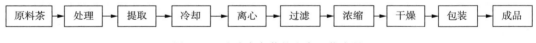

原料茶 → 处理 → 提取 → 冷却 → 离心 → 过滤 → 浓缩 → 干燥 → 包装 → 成品

图7-9 速溶乌龙茶的生产工艺流程

速溶乌龙茶的生产工艺要点具体如下。

① 原料处理:乌龙茶的原料较粗大,要轧碎,使茶梗为0.5~1.0 cm,叶茶粒度在14~20目。

② 提取:可以采用高效密闭加压循环方式连续提取,提取时间为10 min,水温在95~100 ℃,压力控制在186.3~205.9 kPa,然后,提取液在密闭系统中冷却后进入下一道工序。

③ 离心过滤:提取液中含有部分残渣和不溶性杂质,因此需离心过滤。经冷却的提取液用压力泵输入过滤器,在245.2 kPa压力下过滤,经转速为2 600 r/min的离心机澄清。也可以采用超滤过滤器过滤。

④ 浓缩:喷雾干燥前经过离心过滤的茶提取液,需浓缩以减轻干燥的负荷。浓缩工序采用薄膜蒸发浓缩,料液进入蒸发器的锥体盘后,在离心力作用下使料液分布于锥盘外表面上,形成0.1 mm厚的液膜,在1 s内经蒸汽加热蒸发水分。受热温度为45~50 ℃,一次浓缩可将固形物含量提高1倍。

⑤ 干燥：一般采用喷雾干燥方式。为了获得不同的产品粒度、松密度及含水量，应对进料量（料液中固形物含量适当，为 40%～50%）、热风分配和离心喷头的旋转速度等进行合理调控。严格控制热空气的进口和出口温度，一般进口温度为 250 ℃，出口温度为 80～100 ℃。

⑥ 包装：选择具有良好的防潮和密封性能的材料，在低温及低湿条件下迅速包装。

2. 桑叶速溶茶

桑叶具有疏散风热、清肺润燥、清肝明目等功效。其次生代谢物具有降血压、降血脂、预防脑血栓、降血糖、抗衰老及抗溃疡等作用。桑叶中含有的生物碱 DNJ（1-脱氧野尻霉素）对二糖类分解酶活性具有抑制作用，从而抑制小肠对双糖的吸收，降低餐后血糖的高峰值。具有降糖功能的保健产品已成为现代社会消费的重点关注对象。

桑叶速溶茶粉的制作：桑叶用自来水洗干净后，按照 1∶10 的固液比（M/V）加去离子水，用粉碎机粗粉碎，在 90 ℃下，浸提 20 min，浸提次数为 2 次。将滤液真空浓缩至黏稠状；然后，放入真空冷冻干燥机中，冷冻干燥至恒重。真空冷冻干燥机参数如下：温度为 −60 ℃，真空度为 0.185 MPa；产品在 4 ℃冰箱中储存备用。桑叶速溶茶的生产工艺流程如图 7-10 所示。

图 7-10　桑叶速溶茶的生产工艺流程

桑叶速溶茶的生产工艺：料液比为 1∶10，浸提温度为 90 ℃，浸提时间为 20 min，浸提次数为 2 次。

3. 金莲花甘草复合速溶茶

金莲花，别名为旱荷、旱莲花、陆地莲、旱地莲等，含生物碱、黄酮类、藜芦酸、荭草苷、牡荆苷、藜芦酰胺和棕榈酸等，也是一味清热解毒的常用药。金莲花甘草复合速溶茶的生产工艺流程如图 7-11 所示。

图 7-11　金莲花甘草复合速溶茶的生产工艺流程

金莲花和甘草的浓缩液的制备：

金莲花、甘草经粉碎过 60 目筛，将金莲花粉末按 1∶10（g/mL）的料液比加入去离子水中，60 ℃下浸提 60 min；将甘草粉末按 1∶12（g/mL）的料液比加入去离子水中，在 75 ℃下浸提 60 min；将提取后的金莲花与甘草提取液用 200 目滤布进行过滤；然后，残渣再重复一次浸提工序，将两次提取的滤液进行混合；当茶浸提液冷却到一定温度时，添加 8% β-环糊精，不仅能保香保色，还能起到一定的转溶作用；浸提过滤后的茶水含有真空，约在 95% 以上；在 42 ℃及真空度 0.003 MPa 下，浓缩 2 h。

配比：26 mL 莲花浓缩液，16 mL 甘草浓缩液及 2.5 g 蔗糖。

进行冷冻干燥后，生产出的产品颗粒细腻，无结块，茶香浓郁，甜味适中，易于溶解，具有金莲花特性的同时也具备了甘草的特性，有较好的应用开发前景。

七、茶（类）饮料发展趋势

近年来，兴起了许多新式茶饮品牌，主要产品是复（混）合茶饮料。在茶汁基料与鲜奶、果汁混合的基础上,创新地加入奶盖、水果、芋泥、黑糖、冰激凌等配料,使得茶(类)饮料口感更加丰富。同时,给消费者提供了更多选择和自由搭配的空间,相比于传统的茶(类)饮料,复(混)合茶饮料更能吸引消费者的青睐。随着人们健康意识不断提高,消费者对茶(类)饮料的选择已经从追求更好的味道转变为更加注重产品的营养和功能性(如低脂、低糖)等。如今,用新鲜牛奶、天然动物奶油,搭配新鲜水果等的新式茶饮赢得了更多消费者的青睐。茶(类)饮料正朝着健康化的方向发展,如何更好地保存茶(类)饮料的功能性成分,在控制糖分添加的基础上如何保证茶(类)饮料的口感以及如何将茶(类)饮料与健康食材相融合,都是茶(类)饮料发展的关键。

(一)食用菌茶(类)饮料

随着健康饮食的流行,食用菌越来越受到大众的青睐。美国早已将食用菌与咖啡完美融合,将松茸、冬虫夏草等食用菌的提取物加入咖啡中,减少喝普通咖啡带来的副作用。企业可以发展保健型、健康型的食用菌茶(类)饮料。根据市场定位选用不同食用菌品种,例如:以中老年人为消费对象,可选用猴头菇、鸡腿菇、大球盖菇、灰树花等药用价值较高的品种;以中小学生为消费群体,宜选用金针菇、姬松茸、大杯伞等高氨基酸含量品种。由于食用菌的营养和药用价值被不断发现,国家相关科研机构及国内领先的食用菌产业化企业纷纷加大对食用菌的科研投入。

(二)低糖、无糖茶(类)饮料

我国低糖、无糖茶(类)饮料研究起步较晚。目前,主要降糖措施有两种:一是从天然的植物中提取低热量的功能性甜味剂取代传统甜味剂,在实际生产中已得到应用,功能性甜味剂主要有甜菊糖苷、罗汉果糖苷等;二是使用人工合成的二肽甜味素或糖醇类成分(如赤藓糖醇、麦芽糖醇)等作为蔗糖的替代品添加到茶(类)饮料中。高倍甜味剂虽然能起到降低能量的作用,但其使用后会带来一些后苦味和金属味。日本、欧美等国家饮料生产商多年前就已不常使用,纷纷转向了更健康、更天然的零热值配料——赤藓糖醇。赤藓糖醇能够在提高茶(类)饮料甜度的同时,降低其苦涩感和掩盖一些异味。目前,赤藓糖醇作为安全、天然、健康的新型糖醇已经有了较大的市场需求,且赤藓糖醇的特性符合茶(类)饮料生产商未来的产品研发方向。因此,其必将在茶(类)饮料界掀起一股低糖、低热量饮料的创新浪潮。

第四节　茶(类)饮料生产中常见的质量问题及处理方法

一、茶(类)饮料混浊沉淀产生的原因分析及处理方法

茶(类)饮料混浊沉淀产生的原因主要有以下几个方面。

① 茶的浸出液冷却后,会出现絮状混浊,这种现象称为"冷后浑",其中形成的沉淀物称为茶乳。在茶汤温度接近 $100\ ℃$ 时,咖啡碱、茶黄素、茶红素等都呈游离状态,随着茶汤温度的降低,茶汤中的茶黄素、茶红素等多酚类物质会和蛋白质的肽键、咖啡碱的酮氨基通过氢键形成络合物,氢键缔合度越高,络合物的粒径就越大。

② 细菌等微生物污染会引起茶(类)饮料变质,使之出现混浊沉淀。茶叶、饮用水等原料不达标以及杀菌不够彻底是导致茶(类)饮料被微生物污染的主要原因。

③ 存在于茶(类)饮料中的金属离子(钙、镁、锌、铁、锰、镉等)可能发生络合或发生还原

络合反应而产生混浊沉淀。

④ 茶（类）饮料中被热浸提出来的蛋白质、淀粉、果胶等大分子物质表面有许多亲水基团，在过滤时没有完全去除，加工成饮料后这些物质又逐步相互结合成颗粒，产生混浊沉淀。

目前，为防止和解决茶（类）饮料在贮藏销售过程中出现混浊和沉淀，可采取一些理化方法来处理解决。

① 碱性转溶法：在茶汁中加入一定量的碱性物质，使茶多酚与咖啡碱之间的氢键断裂，同时碱性物质同茶多酚及其氧化物生成稳定的、水溶性更强的盐，避免茶多酚及其氧化物再次同咖啡碱络合。该方法效果比较明显，但由于前期需加热处理，最后还需加酸调整 pH，对茶（类）饮料的风味和色泽有较大影响。

② 低温去除法：将茶提取液迅速冷却，使茶汁混浊或沉淀快速形成后，用离心或过滤的方法去除，以提高茶汁的澄清度。但是，这种方法会造成原料的浪费，茶汤滋味因内容物含量降低而较淡薄，在储藏中还有可能会重新生成沉淀。

③ 浓度抑制法：茶乳主要是由咖啡碱、茶黄素、茶红素等物质构成的。除去茶汁中一定量的咖啡碱、茶黄素、茶红素，可减少茶乳的形成。因此，可在茶汁中加入聚酰胺、聚乙烯吡咯烷酮、阿拉伯胶、海藻酸钠、丙二醇、三聚磷酸钠、维生素 C 等物质。这些物质可与茶汁中的部分茶黄素、茶红素或咖啡碱形成沉淀，过滤沉淀即可得到澄清的茶汁。该法可有效解决茶饮料沉淀问题，而且避免了在后期冷藏时形成茶乳沉淀，但是会损失一部分有效可溶物。

④ 酶促降解法：在茶汁中加入单宁酶、纤维素酶、蛋白酶或果胶酶等可以使大分子物质分解，从而除去混浊和沉淀，提高茶（类）饮料的澄清度。另外，采用复合酶的效果会优于仅仅采用单一酶的效果。

⑤ 氧化法：通过过氧化氢、臭氧、氧气等氧化剂，将茶汁中的混浊和沉淀转换为可溶性物质，使之重新溶解于茶汁中，这样可以去除混浊沉淀，节约成本。但是这些方法会使茶多酚等有效成分发生氧化反应。

⑥ 吸附法：使用吸附剂可以吸附茶汁中的沉淀物质，达到澄清的目的。通常采用的吸附剂有硅藻土、活性炭、高岭土等。但是，这种方法的缺点在于后期可能会再次产生混浊沉淀，且茶汁中有效成分的含量会降低。

⑦ 包埋法：对茶汤中形成茶乳的物质进行包埋防止形成混浊沉淀。有研究表明，β-环糊精（β-CD）可以作为包埋剂包埋儿茶素类物质，从而减少儿茶素类物质与其他物质发生络合反应。这样不仅可以减少萃取中的挥发损失和加热过程中的不良反应，还可以包埋臭味物质，起到掩盖异味的作用。

⑧ 超滤法：采用适当孔径的超滤膜，截留去除大分子成分（如淀粉、蛋白质等）。这也是实际生产中行之有效的技术手段。

二、茶汤褐变原因分析及处理

叶绿素中的镁原子被氢原子取代后，原有的绿色消失，变成褐色的脱镁叶绿素，使茶汤汤色发生褐变。导致茶汤褐变产生的主要原因是，在 pH、氧气、金属离子、温度等因素的影响下，茶浸出液中的主要色素物质发生了一定的理化变化，如叶绿素水解、黄酮类物质被氧化、环境 pH 对花色素产生影响。这些变化均会导致茶汤变色。为避免茶汤褐变，主要有以下几种预防方法。

① 稳定茶汁的 pH：儿茶素虽然是一种无色物质，但在氧化或强酸、强碱条件下，可转化

为褐色物质,影响茶汁的色泽。可以在调整好 pH 的茶汁中,加入缓冲剂使茶汁 pH 值保持稳定,以此来防止儿茶素的变色。

② 添加抗氧化剂:氧化对茶汤色泽影响较大,添加抗氧化剂可以改善茶汤的茶色。在实际生产中,通常将维生素 C 及其钠盐,或异抗坏血酸及其钠盐作为抗氧化剂添加到茶汁中,用来防止氧气等物质使茶汁氧化变色。

③ 包埋法:β-环糊精(β-CD)具有特殊的分子结构和稳定的化学性质,不易受酸、碱、酶、光和热的作用而分解。因此,β-CD 可以作为包埋剂包埋儿茶素类物质,能够增强儿茶素类物质对氧气、酸、碱等物质的抵抗能力,防止儿茶素变色。

④ 离子护色法:在红茶和乌龙茶中,加入铝离子可以使茶汤颜色更为明亮。影响茶汤色泽的物质主要是色素物质,色素包括脂溶性色素(叶绿素、叶黄素、类胡萝卜素)和水溶性色素(花色素、黄酮类、氧化多酚色素等)。绿茶茶汤变色的原因主要是叶绿素中的镁离子被氢离子取代,生成脱镁叶绿素,导致茶汤色泽变化。因此,可以加入铜离子或锌离子来使绿茶茶汤恢复颜色。但是,加入的锌离子会与茶汤物质反应产生沉淀。

三、茶(类)饮料风味变化原因分析及处理方法

茶(类)饮料的风味主要取决于风味物质的组成及含量。但是在生产的过程中,保留具有美好口感的风味物质和提高其含量,去除和掩盖具有苦涩口感的风味物质,才能够使茶(类)饮料被更多的消费者所接受。为了使茶(类)饮料维持最佳的风味口感,主要有以下几种处理方法。

① 采用分子包埋法。茶(类)饮料中的主要风味物质是茶多酚、氨基酸和咖啡碱等。因此,在实际生产中通常采用 β-环糊精(β-CD)来包埋茶汁中具有苦涩口感的多酚类物质。当人们饮用茶(类)饮料的时候,这种由 β-CD 包埋的多酚类物质又会被释放出来。这种方法既保持了茶(类)饮料中有效成分的含量,又将具有苦涩味道的多酚类物质包埋起来,提高了茶(类)饮料的口感风味。

② 改变茶(类)饮料各种呈味物质的组成和比例。在茶(类)饮料中,各种氨基酸物质(如天冬氨酸、精氨酸、谷氨酸和天冬酰胺等)是主要呈味物质,在缓解茶(类)饮料苦涩口感的同时还能够使茶汁呈现鲜味;多酚类物质和咖啡碱会增加茶(类)饮料的苦涩味、收敛味和刺激性。因此,可以适当增加氨基酸物质含量和减少咖啡碱含量来改变茶(类)饮料中各种呈味物质的比例,从而改进茶(类)饮料的口感风味。

四、香气成分的劣变原因分析及处理方法

在茶(类)饮料加工中,如何保存茶叶的芳香依旧是现在最难攻克的一个难关。茶叶中蕴含着大量的芳香物质,但这些物质热稳定性较差,在经过了热浸提、过滤、调配、杀菌及灌装等工序后,特别是茶汁经过浸提和杀菌的高温作用后,香气损失、被破坏及产生不良风味。为了避免和减少这种现象,主要处理方法如下。

① 原料选择:在选择原料时优先选择新鲜的茶叶,并且注意茶叶的贮存环境要保持避光、低温及防潮。当茶叶放置时间过久时,需要采用高温复火的方法,避免或减少不良风味的产生,但高温也同时导致芳香物质的损失。此时,可以通过在加工工艺中添加芳香物质的方式为茶叶增加香气。

② 香气回收:由于芳香物质的稳定性较差,在茶(类)饮料的加工制作过程中,香气容易

损失。因此,可以采用超临界二氧化碳萃取法或分馏法对茶叶中的芳香成分进行回收,并且将回收的芳香物质在最后的工序步骤中通过包埋的方法添加到茶汁中。通过一些装置,把以气体形式逸散的香气组分收集起来,以此添加茶饮料中的天然香气。

③ 微胶囊技术:在浸提过程中,添加 $0.05\%\sim0.5\%$ 的 β-环糊精(β-CD),这样能有效掩饰茶(类)饮料灭菌后产生的不良气味。或者,用 β-CD 包埋香精油后添加到茶(类)饮料中,利用其具有的特殊分子结构和稳定的化学性质来防止香气的挥发和损失,以获得掩盖不良气味和保留茶香的效果。

④ 调香:在实际的加工过程中,可以通过添加天然香精(香料)、香味增强剂来提高茶(类)饮料的香气。但是在调香时应该注意以下问题。

A. 香精在使用时需要合理把握使用量,使用量过多或者过少都无法取得良好的效果。

B. 香精在茶(类)饮料中必须均匀,这样才能达到良好的效果,使产品香味一致,否则会造成产品部分香味不均的严重质量问题。

C. 针对茶(类)饮料,所加入的香精都是水溶性香精。水溶性香精具有熔点低、易挥发的特点,所以在使用香精时需要注意对温度的控制,一般调香时保持在常温状态。

D. 香精在使用时要注意与其他原辅料的搭配问题,若其他的原辅料具有较强烈的气味,则容易干扰香精的香味散发,进而导致调香结果受到影响。

思考题

1. 什么是茶(类)饮料?其如何分类?

2. 与一般软饮料相比,茶(类)饮料有何特点?

3. 碳酸茶饮料的一般工艺过程及产品特点是什么?

4. 灌装茶饮料的一般工艺过程及产品特点是什么?

5. 速溶茶的一般工艺过程及产品特点是什么?

6. 速溶茶生产过程中,常用的浓缩方法有哪些?操作原理是什么?

7. 茶(类)饮料产生混浊及沉淀的原因有哪些?怎样防止?

8. 茶(类)饮料生产主要采用哪些生产设备?

9. 茶(类)饮料生产采用哪些杀菌技术?分别可采用什么包装容器?

10. 茶汤褐变的原因及处理方法是什么?

11. 茶(类)饮料风味变化的原因有哪些?可采取哪些处理方法?

(郭泽镔、李德海、杨旭、孙常雁)

GB/T 21733—2008
《茶饮料》

第八章　咖啡(类)饮料和植物饮料

教学要求:

1. 了解咖啡(类)饮料的分类、产品特征;

2. 掌握咖啡(类)饮料的生产工艺及质量控制措施;

3. 了解植物饮料的概念、分类及产品特征;

4. 掌握植物饮料的生产工艺和质量控制措施。

教学重点:

1. 咖啡(类)饮料的生产工艺及质量控制措施;

2. 植物饮料的生产工艺和质量控制措施。

教学难点:

1. 咖啡(类)饮料的生产工艺及质量控制措施;

2. 植物饮料的生产工艺和质量控制措施。

第一节　咖啡(类)饮料的分类和生产工艺

咖啡(coffee)最早发现于埃塞俄比亚。迄今为止,至少有 1400 多年历史。当时,牧羊人发现山羊吃了一种浆果后行动敏捷,自己尝试后精神焕发。修道士们在听说后将浆果烘干运到远处的修道院,其中烘干后的浆果就是最初的咖啡豆。后来,咖啡豆传到土耳其,人们开始用明火烘焙、磨碎,用水煮,这就是咖啡的雏形。我国自古以茶为主,咖啡作为舶来品,真正开始崭露头角是在 1997 年。经过 20 多年的发展,中国咖啡市场正以年均 20% 的复合增长率飞速增长。随着生活水平不断提高,人们对咖啡文化的认可度也在不断增加。发展至今,咖啡已经不单单以传统意义上的一杯现磨咖啡的形式出现。通过现代化加工技术制成的即饮咖啡饮料的多元化产品,因其便利性深受消费者的喜爱。

一、咖啡(类)饮料的概念

咖啡豆是生产咖啡(类)饮料的主要原料。咖啡豆是将咖啡树果实里面的果仁用适当的方法烘焙而成的。

咖啡(类)饮料(coffee beverage)是指以咖啡豆和/或咖啡制品(研磨咖啡粉、咖啡的提取液或其浓缩液、速溶咖啡等)为原料,添加或不添加糖(食糖、淀粉糖)、乳和(或)乳制品、植脂末等食品原辅料和(或)食品添加剂,经加工制成的液体饮料。

二、咖啡(类)饮料的分类

按照《饮料通则》(GB/T 10789—2015)及《咖啡类饮料》(GB/T 30767—2014),将咖啡(类)饮料分为浓咖啡饮料、咖啡饮料、低咖啡因咖啡饮料和低咖啡因浓咖啡饮料四大类。低咖啡因饮料只是去除了咖啡中大部分的咖啡因,不能完全去除。

根据《咖啡类饮料》(GB/T 30767—2014),这四类咖啡饮料在具体理化指标的要求上不尽相同。咖啡类饮料理化指标要求见表8-1所列。一般咖啡类饮料生产企业会在符合国家标准要求的前提下,依据实际情况制定满足自身产品要求的企业标准。

表8-1　咖啡类饮料理化指标要求

项目	指标			
	咖啡饮料	浓咖啡饮料	低咖啡因咖啡饮料	低咖啡因浓咖啡饮料
咖啡固形物[a]/(g/100mL)　≥	0.5	1	0.5	1
咖啡因/(mg/kg)	≥200		≤50	

注:咖啡固形物[a] 指来源于咖啡提取液或其浓缩液的干物质成分,以原料配比或计算值为准,饮料中咖啡固形物的计算公式为$(m \times w)/v$。其中,w 为咖啡提取液或其浓缩液中固形物的质量分数(%),m 为使用的咖啡制品质量(g),v 为饮料体积(mL)。

三、咖啡(类)饮料的生产工艺

咖啡类饮料生产企业一般采用咖啡提取液、咖啡粉和咖啡浓缩液中的一种或几种,再添加或不添加食品辅料和(或)食品添加剂等,经调配、过滤、均质、杀菌等过程制备成咖啡饮料。一些大型生产企业具有从咖啡豆的加工到咖啡(类)饮料配制的全生产线。

(一)原料的生产工艺

1. 咖啡提取液的制备

咖啡提取液的制备流程如下:

生咖啡豆的加工→烘焙→粉碎→浸提→过滤→咖啡提取液。

(1)生咖啡豆的加工

从咖啡树上采摘下来的新鲜的果实要变成咖啡豆有两种加工方法,分别为干法加工和湿法加工。

干法加工:利用日晒和风干等自然条件将咖啡果实干燥脱水,再把干咖啡果实用脱壳机去掉果肉、果皮和银皮。采用这种方法处理的咖啡豆能长久地保持香味,但同时也会带有一定的环境气味。这种方法也是最经济的传统加工方法。干燥的好坏决定外果皮脱离及破碎的程度,一般每堆咖啡果的干燥过程需要10~15 d。然后,用特制的脱壳机去掉果皮和种壳,再由人工筛去果皮、碎粒及杂质,即得商品咖啡豆。从整体上来讲,干法生产的咖啡豆比湿法生产的品质差。随着科技的发展,已经开始使用烘干机烘干咖啡果实,这样可以大大地缩短时间,提高加工效率。

湿法加工:采用加水浸泡的方式筛选咖啡果实,再将筛选后的果实通过发酵、挤压等方法脱皮、脱胶,但表面的银皮会保留,再用脱皮机脱去已经干燥的银皮。湿法加工最大的优点是咖啡豆外观优良,可以完整地保留原有风味。缺点是加工成本较高,需要用大量的水清洗,此法一般用于优质咖啡豆的加工。湿法加工的生产工艺流程如下:

鲜果→浮选→脱皮→筛选→初步分级→脱胶→洗涤→干燥→脱壳→分级→包装储藏。

1)浮选

先将绿果、干果、过熟果、枝叶及其他杂物分出,再用分级机或水选池将大小果分成若干等级,这样有利于脱皮。浮选的主要目的是除去黑果,收集时总有一部分在树上枯干的果实,其相对密度小于水,浮在水上面,可用水将它分开,然后采用干法加工。除去病害及被虫蛀的果实,这种果实的相对密度也较小,也可通过浮选分出。在发病较多的地区,这一点很重要。除去病果,对保证整批咖啡豆的质量有利;除去树叶及小枝等杂质,它们是采果时带进来的;清除沙土、小石块等。以上杂质的清除对于脱皮机的维护有很大好处。硬而干的果实和树叶、小枝等会堵塞脱皮机,使机器运转不正常,脱皮不完全;小石块则会破坏机器。

根据饱满果与次果、杂质相对密度的不同,利用虹吸的作用将沉水的饱满果从池的下半部吸出,连水一起送入脱皮机。而次果及枝叶等则从水面上浮起,撇掉。池底部的小石块则定期开放闸门放出。咖啡浮选设备结构示意图如图 8 - 1 所示。

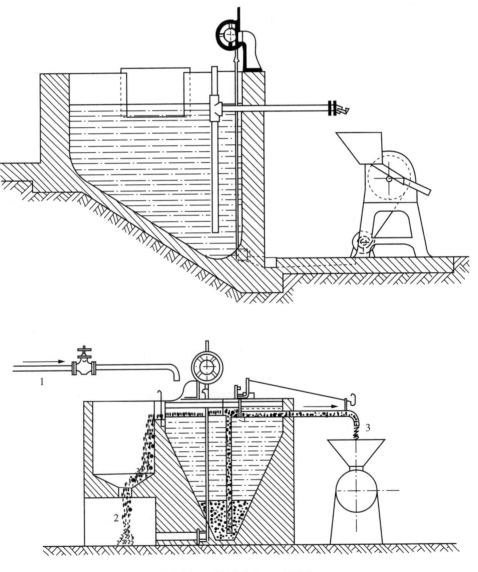

1—供水管;2—浮果收集处;3—沉果出口。

图 8 - 1　咖啡浮选设备结构示意图

2)脱皮

脱皮是将外果皮和中果皮去掉,也称为剥肉。采收后的咖啡果应于当天进行脱皮,若当天不能进行脱皮,则必须将鲜果在水中存放,否则很快会发酵。将咖啡果喂入脱皮机的方法有干法和湿法两种:干法是在脱皮机上方设一个漏斗形果箱,靠重力喂入;湿法就是通过虹吸管将水和咖啡果一起喂入脱皮机,这种方法用水较多,并且喂入不够均匀。

脱皮可采用脱皮机进行。常用的咖啡脱皮机有鼓式、盘式和辊式三种类型。虽然形式各异,但工作原理是相同的,都是通过圆鼓与胸板,圆盘与挡板以及辊、壁之间的相对运动来达到脱皮的目的。鼓、盘、辊筒的表面凹凸不平,靠起伏的钝齿对咖啡果的摩擦,而把表皮和果肉除掉,从而分离出咖啡豆。目前,我国多采用辊式脱皮机。脱皮的技术要求:剥净率≥95%,破碎率≤5%,损失率≤2%。

3)筛选

筛选是将脱皮的咖啡豆与果皮和部分未脱皮的果分离开。筛分设备最简单的是振动筛,长方形的筛做往复运动,筛眼的大小应根据所加工的原料而定,筛眼的形状以六角形为好。另外,转筒式分离筛在圆筒上打有卵圆形小孔,分离筛的下面是一个水泥池,可将湿豆收集起来,流送到发酵池中。部分未脱皮或脱皮不干净的果则留在筛上,随倾斜的筛流入第二台脱皮机。还有一种由细钢丝编成的旋转分离筛,这种转筒筛浸在水泥池中,除了可将湿豆分离沉下池底之外,还可把浮起的不饱满豆分离出来,与未脱皮或脱皮不干净的果一起送至第二台脱皮机。这种转筒筛起了初步分级的作用,从筛眼漏下的豆是饱满的,颗粒也较大,可以分开处理。

倾斜式转筒筛多用于缺水地区,不能分离浮豆。旋转分离筛的效果更好,但需安装螺旋输送浆将果皮、未脱皮之果推向后面。架上安有打棒,把夹在筛眼中的豆打下,使其落入水槽底。出口处有一块板子,可定期将浮豆、果皮打出。水槽是关闭的,要定期开放,排出湿豆,送至发酵池。

4)脱胶

咖啡浆果脱皮后,内果皮上还残留着黏液,它是由糖、酶、果胶和植物纤维等物质组成的。残留的黏液给微生物生长提供有利营养源,致使咖啡质量下降。除去这种黏液的过程就称为脱胶。目前,脱胶常采用以下几种方法。

① 自然发酵脱胶:将咖啡内果皮外的一层果胶质通过发酵使之变成可溶性物质,便于用水洗去。将脱去果肉后的湿咖啡豆堆放在发酵池里进行发酵。发酵过程是指通过酶的作用使果胶物质水解和降解,以便洗去黏液。发酵的过程是天然的,主要依靠咖啡果内含的果胶酶在适宜的温度下起发酵作用,把内果皮外的可发酵物质变成水溶性物质。发酵的时间因气温而不同。在热带地区一般在 24 h 内可发酵完毕,高山地区则往往要 2~3 d,冬季有时经数月仍未能发酵完毕。

发酵是否完成是一个关键问题,在控制自然发酵过程中,要经常检查。一般来说,若发酵不彻底,则仍有一层可发酵物质附在内果皮外。这种咖啡豆经干燥以后,还有继续发酵的可能。在潮湿的气候中,这种咖啡豆很易吸水,引起咖啡豆变质,色泽也会加深。发酵过分也会破坏咖啡豆的品质。

在自然发酵中含有很多杂菌,它们除了分解果胶之外,还会分解蛋白质,发出恶臭的气味。若咖啡豆长期浸在这些分解物之中,将会吸收分解物的气味而变劣;破坏性的细菌亦会对咖啡豆本身起作用,特别是咖啡豆在脱皮中受到损伤时更容易被侵害。这种咖啡豆会变成红褐色,在焙炒后冲饮时带有酸味,国际标准中称为酸咖啡豆。一批咖啡豆中若有几粒这样的酸咖啡豆,会使整批豆受到影响。若发酵不充分,则脱胶不干净,豆粒呈深灰色,并且易回潮发霉。检查发酵是否完全时,将发酵豆用清水洗净,然后,判定豆的内果皮上是否有滑手的感觉。若手搓豆子有粗糙感,则可认为发酵过程已经完成。在发酵过程中要随时检查,才能保证咖啡豆的质量。

发酵的方法有两种,一种是开式法(用得较多,且发酵较快),另一种是水下法。

开式法:将脱皮和分选出的咖啡豆,装入发酵池内;然后,将发酵池内的水排尽。为防止表面一层豆过于干燥,每天要将咖啡豆至少翻动一次,发酵池应建在屋檐下或用荫棚把发酵池遮盖,避免阳光的直接照射,也可防止雨淋或阻挡夜间的露水。在有些地方,每天用水把咖啡豆洗一次,除去表面杂质。

水下法:将咖啡豆放入发酵池后,不排水而且要使咖啡豆全部被水浸没,使全部发酵过程都在水下进行。研究表明,水下发酵的产品质量优于开式发酵。然而,发酵时间则要长一些。因此,要用更多的发酵池来处理湿豆,一般要多用 2～3 d,这是一个严重的缺点。在水下发酵时,所用的水源必须清洁。

发酵池保持清洁也是很重要的。在每次装入湿豆之前,应检查是否有前一次已发酵的豆未清理干净,并用水把发酵池清洗干净。如果豆中有果皮残块亦应除去,因为这些碎果皮会使豆色加深。浮起的豆,也应分出另行加工。发酵池可用水池制成,也可用木料,一般多用木料。发酵池的数量应满足产量要求,一般设 4 个池或更多一些。池的大小应按需要而定。但应当有一定的深度使热量不会很快消失,小型池的尺寸是长×宽×高＝1.3 m×1.3 m×2 m。

② 化学脱胶:用一定浓度的碱液(不同品种,不同地区,用量不同)除去咖啡豆表面的胶质。以 5％咖啡豆重的氢氧化钠溶液浸洗,一般经 15～30 min 搅拌后,豆上的黏液可以洗净。洗净后的咖啡豆还得在水中浸泡 16 h。用碱脱胶可以把整个脱胶清洗过程连续起来。特别是在冬季低温条件下,对于长时间发酵仍不能完全脱胶,或产量太大,发酵池容纳不了的情况,使用此法即可解决问题。

③ 酶法脱胶:使用果胶酶分解咖啡内果皮上的果胶物质,除去咖啡豆上的黏液。酶制剂用量以湿豆重量的 0.2％加入时,其发酵温度为 42.0～47.6 ℃,可在 1 h 内将果胶物质分解。酶制剂用量在 0.01％～0.02％,需要 5～10 h。

④ 机械脱胶:将脱皮后的咖啡豆在发酵池中自然发酵 6～8 h,然后经过脱胶清洗机进行机械搅拌、摩擦、清洗等连续作业除去黏液。经此法脱胶的咖啡豆无滑黏感,而有沙砾感,并且晒干后的带衣咖啡豆颜色淡黄光亮。脱壳后的咖啡豆呈浅蓝绿色。

5)洗涤

将脱胶后的咖啡豆的黏液清洗干净,去掉种皮和轻豆,再进行干燥,清洗用水应干净卫生。机械脱胶法中脱胶和清洗是连续进行的。清洗不干净或未洗的咖啡豆还会发酵,产生酸的咖啡豆。洗涤的目的在于清除一切残留在内果皮表面上的中果皮和细菌等杂质。在滴水及干燥过程中,若清洗不干净,则附在内果皮上的黏液会发生后期发酵而损害咖啡的品质。洗涤初期排出的水是混浊的而且含菌量极高。此后,排出的水则逐渐澄清,洗涤末期排出的水必须是清澈干净的。

6)干燥

咖啡豆由种衣、种皮和种仁组成。种衣的结构相当密实,种仁呈胶体状,属毛细管多孔结构。这种结构使其干燥过程非常缓慢,特别是含水率降至 20% 以下时,由于毛细管壁的吸附水和胶体物质的渗透水蒸发缓慢,无法在高温下快速干燥。因此,咖啡干燥是一个非常复杂的过程,必须将咖啡豆的水分含量降低到 10%～12%,才便于储藏。

7)脱壳

干法制得的带壳咖啡干果,必须除去外壳。湿法制得的带内果皮咖啡豆亦需将内果皮除去,这一工序称为脱壳。通常干法加工是在咖啡园内进行的,而湿法制得的带内果皮咖啡豆则集中由专门脱壳的工具来加工。在国外,许多小农本身无能力购置机器时,也以干果的形式出售,再集中由脱壳工厂加工。

8)分级

将干燥的咖啡豆脱壳后,应将咖啡壳、果枝及其他杂物清除掉。同时,拣出变色豆、臭豆等,并把圆豆、碎豆挑出。咖啡豆中总会存在一些杂质和缺陷豆,因此,必须进行分级,才能使咖啡豆以商品咖啡豆的形式出售。

(2)烘焙

烘焙的目的是改变咖啡豆内部某些化学成分的组成,使咖啡豆产生浓郁的香气。咖啡豆烘焙原理是生的咖啡豆在 200 ℃ 以上烘烤,吸收了大量热量;当烘烤 6～7 min 时,咖啡豆开始发生热解反应。有些糖分转化为二氧化碳,水分蒸发,新的芳香成分逐渐逸出来,形成所谓的咖啡油脂,并与烟酸、柠檬酸、奎宁酸、苹果酸、醋酸及咖啡因等数百种芳香物质结合。随着烘焙时间的延长,有些成分会被碳化,形成不良的苦涩味。掌握烘焙时间是影响咖啡风味的最关键控制点,也是烘焙出最高焦糖化和最少碳化的咖啡豆的关键所在。

此外,烘焙要注意火候,控制好温度,不断搅拌,使咖啡豆受热均匀。烘焙温度一般为 200～250 ℃,烘焙时间为 20～30 min。可以通过听声音、看颜色、闻味道来判断咖啡豆烘焙的程度。例如,随着持续加热,咖啡豆颜色会由灰色转变为金黄色再变成褐色,进而变成微量出油的赤褐色,接着变成大量出油的黑褐色。如果继续烘焙下去,表面的油会被烤干,呈死黑色。咖啡豆颜色由浅转深,这是由焦糖化和酸性物质起变化所致的。

(3)粉碎

经过烘焙后的咖啡豆,蒸发掉了大量水分,变得脆而容易粉碎,使用粉碎机研磨粉碎,过一定目数的筛,选择适宜粒径的咖啡粉。细度太细则会导致后续萃取过度,产生苦味;太粗则会导致萃取不足,清淡如水,滋味不足。

(4)浸提

浸提工艺是决定咖啡水提液品质的最重要环节。目前,工业化生产最适合的浸提方式是水浸提法。该方法浸提效率高,设备简单,操作容易。提取方式有虹吸式、滴水式、喷射式和蒸煮式。实际生产中通常使用喷射式或蒸煮式。一般浸提温度选择 90～100 ℃,浸提时间和料液比根据咖啡粉的品种、重量和咖啡粉粒度决定。在提取过程中不断搅拌,让磨渣充分溶解在热水中。长时间在高温下提取会造成咖啡香气物质的损失和有效成分的破坏,不良风味物质浸出。因此,浸提完成后,应通过板框式过滤机等过滤得到咖啡提取液,并迅速冷却降温。

2. 低咖啡因咖啡提取液的制备

常用的制备低咖啡因咖啡提取液的方法有以下三种。

① 欧式处理法（european process）：分为直接和间接两种方法。直接法是用蒸气或者热水打开咖啡生豆的气孔，将咖啡因溶剂直接加入咖啡生豆内部，当溶剂将咖啡因溶解后，再用蒸汽把咖啡因带出。这种处理方法会有苯等有机溶剂残留。间接法是将咖啡生豆中所有的味道都溶解到热水中，一定时间后，将溶解有所有味道的热水与咖啡生豆分开。然后，在热水中加入可以吸收咖啡因的溶剂，此时咖啡因会溶解在溶剂中。再将咖啡生豆放入无咖啡因的热水中，咖啡生豆将剩余的咖啡风味物质吸收。

② 瑞士水处理法（swiss water-only process）：是目前比较环保的方法，分为两大步骤。第一步，将咖啡生豆浸泡在热水中，热水会把咖啡豆中所有的风味因子包括咖啡因全部移除掉。这一步的咖啡生豆被丢弃不用，剩余的水通过活性炭滤器过滤掉咖啡因，余下富含咖啡风味因子的热水。第二步，将新一批的咖啡豆浸泡在这样的热水中，因为其他风味因子的浓度接近饱和而不会再释放，所以只会释放出咖啡因，不会释放出其他风味因子，从而得到低咖啡因咖啡豆。这种方法比较安全，但因为用到热水，不可避免会影响咖啡的风味。

③ 二氧化碳超临界处理法（CO_2 SCF process）：将咖啡生豆吸收水分，膨胀至两倍大，浸泡在液态二氧化碳中，在高压状态下，二氧化碳能主动与咖啡因结合，咖啡因就会开始移动。二氧化碳具有高选择性，不会去捕捉咖啡豆中的碳水化合物及蛋白质，因为碳水化合物及蛋白质是咖啡豆中风味及气味的主要成分。最后，被抽风式活性炭滤器滤除掉。这种处理方法成本较高，目前应用并不广泛。

3. 咖啡浓缩液的制备

咖啡的浓缩工艺有真空浓缩、反渗透和超滤浓缩、冷冻浓缩等。因浓缩液运输和存储方便，其被广泛用于咖啡饮料的生产原料。目前，咖啡浓缩液和速溶咖啡粉生产工艺中的浓缩工艺基本采用真空浓缩，一般采用大于 0.09 MPa 的真空度，浓缩温度为 23～35 ℃，浓缩液中的可溶性固形物含量可以提高到 60% 以上。该浓缩工艺缺点是香气物质损失较大，咖啡浓缩液口感不佳，能耗较高。

4. 速溶咖啡粉的制备

将咖啡浓缩液经过一定的干燥方式，蒸发掉绝大部分水即可制成速溶咖啡粉。干燥方式有喷雾干燥、真空干燥、冷冻干燥等。国内采用的方法通常是喷雾干燥。喷雾干燥时，进风口温度为 210～310 ℃，出风口温度为 60 ℃。该方法成本低，但咖啡香气成分损失比较大。冷冻干燥生产的咖啡粉品质更好，香气成分损失较少但相对成本高，工艺技术要求高。相关制备工艺将在固体饮料章节介绍。

（二）咖啡（类）饮料生产工艺

1. 生产工艺流程

咖啡（类）饮料的生产工艺流程如图 8-2 所示。

2. 工艺要点

咖啡（类）饮料的生产工艺要点具体如下。

① 步骤一：根据产品配方要求，准确称取原料。在 50～60 ℃ 的纯水中加入奶粉，搅拌

溶解 15~20 min。溶解完成后,通过泵将料液输送至混合罐中,静置水合 10~15 min,冷却至 10 ℃以下,待用。

② 步骤二:在产品口感及成品货架期方面,增稠剂具有重要的作用,依据胶体不同特性,适当加入一定温度的配料用水,在高速剪切设备中进行溶解,通常时间控制在 10~15 min。待溶解完成后,料液冷却并泵送至混合罐中,待用。

③ 步骤三:在一定温度下,进行速溶咖啡粉/咖啡浓缩液溶解。此过程需注意搅拌频率,过快容易产生大量泡沫,从而可能影响生产效率。

④ 步骤四:咖啡溶液的 pH 偏酸性,与蛋白质结合易导致蛋白质变性,从而产生沉淀。生产时通常会通过加入缓冲盐类物质,进行咖啡溶液 pH 的预调节。预先配置适量的缓冲盐溶液进行 pH 调节,以 pH 接近奶粉溶液 pH 为宜。

⑤ 步骤五:在预混后的咖啡溶液中加入适量的食用香精,再通过泵送至混合罐。

⑥ 混料:开启搅拌,设置一定的搅拌速度,通常搅拌 10~15 min。

⑦ 标准化:检测 pH 和总固形物含量(total solid,TS)。若 pH 未达到配方标准要求,则通过酸度调节剂(如碳酸氢钠)进行调节。最后,依据 TS 进行最终定容。

⑧ 过滤:为了得到口感和稳定性好的咖啡饮料,必须将大颗粒物质或异物过滤除去。同时,有的企业会配置金属探测仪来去除金属异物。

⑨ 均质:目的是将咖啡饮料中的脂肪进一步破碎,提高乳化效果和稳定性。通常先将料液预热到 70 ℃左右,在一定真空度下进行脱气。随后,在 2.5 MPa(一级压力为 20 MPa,二级压力为 5 MPa)压力下,完成均质。

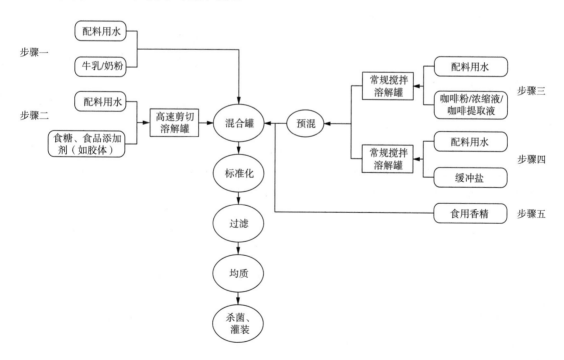

图 8-2　咖啡(类)饮料的生产工艺流程

注:结合产品开发需求明确是否添加乳、糖、植脂末等食品辅料及食品添加剂,图中工艺流程可进行适当删减。

⑩ 杀菌、灌装:咖啡(类)饮料为中性或者接近中性饮料,通常会添加含有耐热性芽孢菌的乳液或乳制品,必须采用严格的杀菌工艺彻底杀菌。采用纸盒等包装材料形式的一般采用高温瞬时杀菌方式,常用的杀菌温度为 110～135 ℃,杀菌时间为 3～10 s。杀菌后,立即冷却,然后灌装,封口。例如,采用玻璃瓶等包装材料形式,高温瞬时杀菌后,再进行巴氏杀菌,灌装后在 85～100 ℃下保温 15～20 min,或者灌装后在 121 ℃下保温 30 min。

第二节　植物饮料的分类及常规生产工艺

目前,消费者对健康饮品的需求越来越大。植物饮料是继碳酸饮料、瓶装水、茶饮料、果汁饮料、功能饮料之后的新型饮料,凭借"天然、营养、绿色、健康"的特性,逐步赢得了消费者的青睐和追捧,成为饮料消费的新时尚。

一、植物饮料的概念

《饮料通则》(GB/T 10789—2015)中植物饮料(botanical beverage/drinks,植物饮品)的定义是,以植物或植物提取物为原料,添加或者不添加其他食品原辅料和(或)食品添加剂,经加工或发酵制成的液体饮料,包括可可饮料、谷物类饮料、草本(本草)饮料、食用菌饮料、藻类饮料、其他植物饮料,不包括果蔬汁类及其饮料、茶(类)饮料和咖啡(类)饮料。

植物提取物(botanical extract)是指植物(包括可食的根、茎、叶、花、果、种子)的水提取液或其浓缩液、粉。

二、植物饮料的分类

《植物饮料》(GB/T 31326—2014)中植物饮料被分为六大类。

① 可可饮料(cocoa beverage)是指以可可粉、可可豆为原料,添加或不添加其他食品原辅料和(或)食品添加剂,经加工制成的饮料。

② 谷物类饮料(cereal beverage)是指以谷物为原料,添加或不添加其他食品原辅料和(或)食品添加剂,经加工制成的饮料。

③ 草本饮料/本草饮料(herb beverage)是指以国家允许使用的植物(包括可食的根、茎、叶、花、果、种子)或其提取物中的一种或几种为原料,添加或不添加其他食品原辅料和(或)食品添加剂,经加工制成的饮料,如凉茶、花卉饮料等。

④ 食用菌饮料(edible fungi beverage)是指以食用菌和(或)食用菌子实体的浸取液或浸取液制品为原料,或以食用菌的发酵液为原料,添加或不添加其他食品原辅料和(或)食品添加剂,经加工制成的饮料。

⑤ 藻类饮料(algae beverage)是指以藻类为原料,添加或不添加其他食品原辅料和(或)食品添加剂,经加工制成的饮料,如螺旋藻饮料。

⑥ 其他植物饮料(other botanical beverage)是指除上述五类之外的植物饮料。

需要注意的是,国家允许使用的植物见有关部门发布的名单,包括既是食品又是药品的物品名单等。

上述六类饮料依据国家标准要求,其理化指标有所差异。不同类别植物饮料理化要求见表 8-2 所列。

表 8-2　不同类别植物饮料理化要求

产品类别		项目	指标要求
可可饮料		固形物[a]/(g/L)	≥5
草本饮料/本草饮料	花卉		≥0.1
	其他		≥0.5[b]
谷物类饮料[c]		总膳食纤维/(g/L)	≥1

注:① 食用量规定见有关部门发布的相关内容。

② 固形物指来源于植物原料和(或)其提取物的固形物,如来源于可可或其提取物的固形物、来源于国家允许使用的植物或其提取物的固形物,不包括来源于糊精、食糖、果葡糖浆等辅料的固形物。

"[a]"表示以原料配比或计算值为准,饮料中来源于植物固形物的计算公式为$(c \times m)/V$,其中 c 为所使用植物提取物固形物的含量(g/kg),m 为使用的植物制品质量(kg),V 为饮料体积(L)。通过产品进货台账、配料方案及日常在线投料进行生产管理。

"[b]"表示以有食用量规定的植物为原料,其使用量应严格执行有关规定。

"[c]"表示谷物类饮料应执行《谷物类饮料》(QB/T 4221—2011)的有关规定。

三、植物饮料常规生产工艺

因植物饮料所用原料种类不同,生产工艺会有所不同,下面分别介绍可可饮料、谷物类饮料、草本(本草)饮料、食用菌饮料和藻类饮料的生产工艺及关键操作要点,并对植物饮料中常见的质量问题进行分析。

(一)可可饮料的生产工艺

可可饮料主要原料为可可豆。可可豆为可可果实的种子,富含可可脂、可可碱等物质,也是制作巧克力的主要原料。新鲜的可可豆经发酵、干燥、烘焙得到带有巧克力香气的可可豆。然后,经过研磨、碱化、压榨、粉碎得到可可粉,再经过调配、均质、过滤、杀菌及灌装等工序制成可可饮料。在实际生产中,大多数企业常选择直接使用可可粉来调配饮料成品。可可饮料的生产工艺流程如图 8-3 所示。

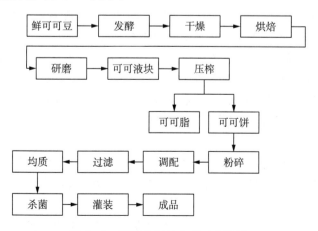

图 8-3　可可饮料的生产工艺流程

可可饮料生产工艺要点如下。

1. 发酵

发酵的目的是除去可可豆外层的果肉,杀死种胚,阻止发芽,促使可可豆内部的生物化学成分产生变化,形成风味前体,使可可豆的颜色、香气、滋味符合要求。发酵方法有木箱发酵法、堆积发酵法、浅盘发酵法。

未经发酵的可可豆不但香气和风味低劣,而且组织结构发育不够完全,缺少脆性。因此,可可豆在成为商品之前一般都要经过发酵处理。可可豆的发酵过程是一个相当复杂的生物化学变化过程,多种微生物(酵母菌、霉菌等真菌和细菌)和酶参与其中。经发酵处理后,可可果的子叶部分分离,色素细胞碎裂,可可碱和鞣质含量下降,糖转变为酸,使含糖量下降,果胶含量增加,蛋白质被酶解成为可溶性含氮物。由于这一系列的生物化学变化,发酵的可可豆焙炒后才具有巧克力特有的香味。在发酵过程中,可可豆内部原酪状组织逐渐转变成坚韧的组织,最后成为坚脆组织,并产生裂缝。同时,色泽也从豆灰色逐渐变成紫红色、暗棕色。

可可豆的发酵一般采用堆积法。将可可豆堆成堆,用大蕉叶遮盖。每堆可可豆约为100 kg,如果堆太小,温度上升量就不能满足酵母菌的生长繁殖。也有将可可豆放入浅盘中,用麻袋布盖面进行发酵,该方法适用于工厂化发酵加工。其发酵周期视可可豆的品种而定,一般薄皮豆的发酵期为 2~3 d,厚皮豆可长达 5~7 d。发酵过程的温度要控制得当,以厚皮豆发酵为例,开始发酵产生热量,温度可能升至 50~51 ℃。堆垛大小影响发酵温度。发酵温度过低和过高对可可豆的品质变化有较大影响,因此必须控制好发酵温度。

2. 干燥

干燥的目的是降低水分含量,散发掉发酵产生的不良气味,减少苦涩味。常用的方法为日晒法和风干法。

成熟的可可果实含有大量水分,采摘后必须及时处理,以免变质。在可可果发酵过程中,在酵母菌和酶的作用下,糖发酵转变为乙醇和乙酸,果肉细胞破裂,最终成为污浊的黄色液体。因此,经过发酵的可可豆应及时干燥。

一般将可可豆露天堆放,利用日光直接干燥;也可将可可豆装入浅盘内,经日光照射自然干燥,日光干燥温度为 45~60 ℃。在干燥气候条件下一般需要 6 d,在潮湿气候下则需要3 周才能达到干燥要求。也可将可可豆装盘送入烘房干燥,效率较高的干燥方式是采用旋转干燥设备热风干燥。烘房干燥可将干燥时间缩短为 2 d,旋转式干燥则只需 1 d。可可豆干燥温度一般保持为 45~50 ℃,不能超过 90 ℃。高品质可可豆应先洗涤后,再干燥。干燥作用可使可可豆的水分从 40%左右减少到 6%~9%,以利于较长期储藏。通过干燥,可可豆水分减少,蛋白质和脂肪含量增大,碳水化合物含量也有所增大,而单宁质和可可碱含量则增加不多,咖啡碱和着色剂含量则明显降低。

3. 烘焙

烘焙(焙炒)可以改变可可豆内部化学组成成分,增强可可豆特有的香气。减少水分可使可可豆变脆,易于研磨。常用的烘焙方法有热空气加热法、卧式转筒式外加热法、连续流动床加热法。

焙炒是在干热状态下进行的,它会使可可豆发生物理和化学变化,是加工可可和巧克力制品的一个极为重要的关键工艺。焙炒可可豆可起到以下作用:①除去可可豆中的残余水分,使豆壳变脆、豆粒膨胀,使豆肉和壳易于分离;②使豆肉和胚芽分离;③通过热处理,松散细胞组织结构,使油脂易于渗透出来,具有良好的可塑性质,便于磨酱加工;④使可可豆细胞内的淀粉颗粒成为可溶性微粒;⑤使细胞色素发生变化,增加油脂色泽;⑥使可可豆的香味和风味增加,从而形成可可制品特有的香味;⑦使可可豆的有机酸、糖、蛋白质发生反应,产生可可制品特有的滋味及香味。

可可液块、可可脂、可可粉和巧克力的色、香及味品质,在很大程度上取决于可可豆的焙炒程度。焙炒的基本原则是最大限度地取得合格的豆肉,具有满意的香气和味道,壳与肉容易分离,并有较高的豆肉收得率。影响焙炒程度的基本因素则是加热处理的时间和温度。要确定可可豆焙炒温度,除了要确定可可豆的含水量外,还涉及多种因素,如可可豆品种、可可豆大小、成品的品质要求、加工方法、焙炒方式及加工设备等。一般制作巧克力的可可豆焙炒温度为 95～104 ℃,而制作可可粉的可可豆焙炒温度为 104～121 ℃。可可豆的焙炒时间可根据焙炒设备类型和批量大小而定,一般焙炒时间为 15～70 min。

焙炒一般采用转鼓式焙炒机。若以直接火加热,单位容量为 100 kg,焙炒时间为 45～60 min。若采用球形焙炒机,以热空气焙炒,焙炒时间为 15～30 min。若采用连续式焙炒机,以热空气焙炒,时间为 15～30 min。目前,国内可可制品厂都采用连续式焙炒机处理可可豆。除用火、热空气加热外,还可采用红外线和高频方式加热。

可可豆经过焙炒后,最大的变化是失重。可可豆中的水分、乙酸和少量挥发酸,在高温条件下蒸发和挥发,通常失重在 6% 左右,其中 4.6% 是豆肉失去的,1.4% 是豆壳挥发的。可可豆经过焙炒后,豆肉的色泽加深为深褐色,豆肉的辛辣味减少。这些变化是由可可豆中的多元酚,在焙炒过程中发生氧化造成的。此外,蛋白质、淀粉、生物碱等成分发生了变化,尤其是生物碱呈减少趋势。

4. 研磨

将可可豆研磨成粉末以便溶解充分,制备可可液块。可可液块也称为可可料或苦料。将可可豆经过焙炒去壳后分离出来碎仁,再将碎仁研磨成酱体,得到的酱体称为可可液块,其在温热状态下具有流体的特性;冷却后,凝固成块,呈棕褐色,香气浓郁并有苦涩味,含有极多的脂肪和其他复杂的组成。可可液块的含水量必须严格控制,若超过 4%,很容易发生品质变化,储藏温度以 10 ℃为宜。将可可豆肉加工成可可液块时,可采用各种类型的磨碎机,如盘式、齿盘式、辊式、叶片式和球磨式磨碎机。

经磨细的可可酱料,采用压榨机压榨取出可可脂。可可脂又称可可白脱,是从可可液块中提取出的一类植物硬脂。液态时呈琥珀色,固态时呈淡黄色,或乳黄色,具有可可特殊的香味和很窄的塑性范围,在 27 ℃以下几乎全部是固体。随温度的升高,可可脂会迅速熔化,到 35 ℃时完全熔化。

可可粉也是对可可豆直接加工处理后所得的可可制品。从可可液块中除去部分可可脂即得可可饼,再将可可饼粉碎后,经筛分所得的棕红色粉体即可可粉。可可粉具有浓烈的香气,不需要添加香料,可直接用于巧克力和饮料生产。

5. 调配

按照配方加入适量的甜味剂、乳化剂、稳定剂等,以改善产品口味和稳定性。

6. 均质

均质的目的是使产品中的颗粒进一步破碎,使乳化剂充分发挥作用,进一步改善产品口感和饮料的稳定性。

7. 杀菌

可可饮料为中性或者接近中性饮料,pH 在 6.0 以上,杀菌温度一般在 115～120 ℃,保持 10～15 min。

(二)食用菌饮料的生产工艺

食用菌中蛋白质含量约占可食部分鲜重的 4%,占干物质总量的 20%～30%,其含量是大白菜、番茄、白萝卜等常见蔬菜的 3～6 倍,是香蕉、甜橙的 4 倍,接近于肉、蛋类食物,其中人体必需的 8 种氨基酸含量较高。此外,食用菌中还含有少量稀有氨基酸,如甲硫氨基酸亚砜、丙氨酸、羟脯氨酸等。食用菌富含维生素,并富含多种矿物质,如铁、钙、磷、钾、锌、锰、铜等。例如,每 100 克银耳干品含钙 357 mg、铁 185 mg;每 100 g 双孢蘑菇干品含钾 640 mg、钠 10 mg。这种高钾低钠的食品对高血压患者是十分有益的。食用菌含糖量少,释放热能值低,一般脂肪含量为干重的 4%,而且不饱和脂肪酸含量高,是健美及减肥者的首选食品。食用菌还具有降血压、降糖、调节机体代谢、健胃、保肝等多种的医疗保健功能,每一种食用菌都可称为营养保健佳品。

根据原料的不同,食用菌饮料的生产通常采用浸提式和发酵式两种生产工艺。浸提式是以食用菌子实体作为生产原料,经浸提、加水、糖、酸等调配而成;发酵式是以可食用的食用菌培养液为生产原料,通过接种食用菌菌种后发酵、加糖和酸等制成。大中型食用菌饮料生产企业都会选用两种工艺,小规模企业一般选用浸提式,其设备简单,成本较低。食用菌饮料的生产工艺流程如图 8-4 所示。

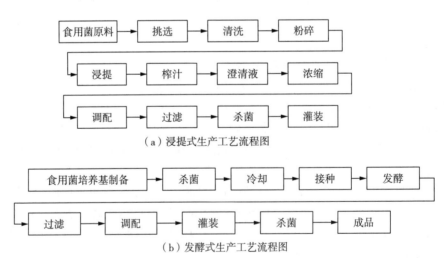

(a)浸提式生产工艺流程图

(b)发酵式生产工艺流程图

图 8-4　食用菌饮料的生产工艺流程

工艺操作要点说明如下。

1. 食用菌前处理

对于以食用菌子实体为原料进行加工的产品,要对原料进行前处理,包括挑选、清洗、粉碎等工序。进入加工厂的新鲜的食用菌常带有泥土、杂质,并有一些腐烂、压碎的次品等。因此,原料在加工前首先要进行挑选,剔除腐烂的食用菌。然后,切掉根部,再用纯化水充分洗净。清洗的目的是洗去食用菌表面附着的泥沙、杂质及大量的微生物,这是保证产品安全卫生的重要措施，再用粉碎机粉碎成粉末。粉碎的目的是增大食用菌比表面积，使浸提时营养物质充分溶出，缩短浸提时间。将干制的食用菌置于适量的水中浸泡，再清洗干净即可。

2. 浸提

在粉碎后的原料中加入数倍的水，浸提温度控制为 80～90 ℃，浸提时间为数小时至十几小时，视原料的种类、粉碎程度和浸提温度而定。一般采用多次浸提的方式，以充分提取有效成分。第一次提汁后，将原料再泡于热水（大多采用 80～90 ℃）中，进行第二次提汁，得到第二次提取液，再进行第三次及第四次提汁。第三次及第四次的提取液因浓度过稀，可循环用于下一批食用菌的提汁。用温水浸泡提汁后，再用有机溶剂提取一次。这样得到的饮料有效成分更完全。采用的有机溶剂有乙醇等溶剂。得到浸提液后，用蒸馏或浓缩的方法除去有机溶剂，再做成水溶液。

3. 澄清

为了提高产品的稳定性，防止分层，在加工过程中必须进行澄清处理。常用的澄清方式有自然澄清法、冷冻澄清法、加热澄清法、离心澄清法、膜过滤等。

4. 浓缩

按照配方要求的浓缩比进行浓缩，一般采用减压浓缩方式。

5. 调配

按照配方要求加入一定量的甜味剂、酸味剂、食用香精、色素等，以获得良好的色、香、味。

6. 食用菌培养基制备

对于发酵式生产工艺来说，食用菌培养基的制备是保障生产顺利进行的关键工序。碳源和氮源是食用菌生长及繁殖的主要营养物质，应选择适宜的碳氮比。此外，还需要无机盐等，常用的无机盐有磷酸二氢钾、磷酸氢二钾、硫酸镁等。接种前要对培养基进行彻底杀菌。

7. 发酵

发酵前将高温杀菌后的培养基冷却至菌种适宜生长的温度，同时也需要适宜的培养环境，如适宜的水分、湿度、氧气、光照等。培养过程中，要保证无杂菌感染。

8. 杀菌与灌装

如采用高温瞬时杀菌方式，杀菌温度一般为 121 ℃，杀菌时间为 3～5 s。然后，采用无菌冷灌方式进行灌装。

（三）草本（本草）饮料的生产工艺

中国人素有"药食同源"的传统，中医中也大量以草本植物入药，中国丰富的原材料资源为草本饮料的发展奠定了良好的基础。

草本饮料定位主要为养生和草本，如汉方草本饮、养生五谷、草本鲜果茶等产品从功能上涵盖了美颜、瘦身、祛湿、补养气血、暖体、降火、润喉、健胃消食等大众常见的养生需求。我国主流草本饮料大多为凉茶，具有悠久的历史。广泛的民间性、定位大众认知度及企业的大力推广，使我国凉茶在全球饮料行业中占据了重要地位。当前市场中，凉茶主要以罐装、瓶装、利乐包等包装形式进行销售，其中以罐装为主。《植物饮料 凉茶》（QB/T 5206—2019）中规定凉茶（herbal tea）是指以 4 种或 4 种以上标准附录 A 中所列的（56 种）植物或其水提取物为主要原料，添加或不添加国家允许使用的其他植物（包括可食的根、茎、叶、花、果、种子)或其水提取物、其他食品原辅料、食品添加剂,经加工制成的饮料。要求总黄酮含量≥20.0 mg/mL,原料添加量的固形物含量≥50 mg/100 mL,以有食用量限量规定的植物为原料,其使用量应严格执行有关规定。食用量限量规定见有关部门文件,固形物不包括来源于其他植物原料及糊精、食糖、果葡糖浆等辅料的固形物。下面就罐装凉茶饮料简要介绍其生产工艺。罐装凉茶的生产工艺流程如图8-5所示。

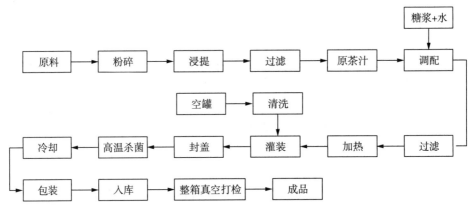

图8-5　罐装凉茶的生产工艺流程

工艺操作要点如下。

1. 原料

选取的原料需符合国家相关规定。凉茶原料通常选用具有功效性的成分物质,如金银花、菊花、夏枯草、桔梗、黄精、人参等。依据前期产品的定位及配方要求,选择适合的原料,原料品质要符合基本验收要求,无虫卵、腐败等质量问题,去除杂质后待用。

2. 前处理工序

将合格的物料进行粉碎,目的是提高物料有效成分的浸出率,对处理后的中药材在一定的料水比和温度下进行浸提,通常将温度控制为(85±10)℃,料水比为1:60~1:20。提取后的料液经过滤后,可泵入调配罐。将一级或优级白砂糖加入一定量85℃以上的配料用水中,待溶解完全后,经加压、过滤工序,除去糖浆中的杂质和异物,送入调配罐。

3. 调配

添加稳定剂、甜味剂、食用香精等符合食品添加剂使用标准要求的物料,最后加水定容。

4. 过滤和加热

调配好的料液经双联过滤器过滤,之后被送至缓冲罐,再经过热交换器加热至(90±5)℃,泵送至灌装机中,进行灌装。

5. 灌装和封盖

通过控制灌装速度,保证灌装后产品中心温度在80℃以上,立即进行封盖。

6. 高温杀菌

封盖后的产品进入杀菌釜,按照设定好的杀菌温度和时间进行杀菌,温度一般控制为(121±2)℃,时间控制为40~50 min。

7. 整箱真空打检

产品入库放置72 h后,进行整箱真空打检,并贴上识别标签,合格后即成品。

(四)藻类饮料的生产工艺

海藻是海洋中有机物的原始生产者和无机物的天然富集者,含有丰富的营养物质。海藻基本由下列五大类营养成分组成。①蛋白质和氨基酸:蛋白质含量为 8%～30%,而且必需氨基酸含量多。海藻蛋白质的组成氨基酸(如丙氨酸、天冬氨酸、谷氨酸、甘氨酸、脯氨酸等中性及酸性氨基酸)较多,这与陆生蔬菜相似,碱性氨基酸中精氨酸含量较高,这是陆生蔬菜等植物所没有的特征。②碳水化合物:占干重的 20%～60%,是藻体的主要成分,具体包括琼胶、卡拉胶、褐藻胶、蕨藻胶等多种胶体物质,以及淀粉、纤维素和多糖类等成分。③脂肪:含量低,多在 4%以下。但海藻能合成二十二碳六烯酸(DHA)等不饱和脂肪酸,有些藻类还能合成被誉为"脑黄金"的二十碳五烯酸(EPA)。其中,绿藻中 EPA 所占的比例较高,约占 30%。④维生素:藻类含有多种维生素,B 族维生素的含量与蔬菜相比毫不逊色。尤其是紫菜等红藻类中维生素 B_{12} 的含量很高,而陆生植物中几乎不含维生素 B_{12}。⑤无机质:在海藻干物质中,灰分占 15%～30%,海藻中几乎全有海水中存在的钙、钠、钾、磷、碘、锌、铁等微量元素,而且这些微量元素多以可以供人体直接吸收利用的有机活性态存在。因此,海藻素有天然微量元素宝库之称。

海藻中还含有具有独特生理调节作用的活性物质,如海藻多糖、海带氨酸、高不饱和脂肪酸、牛磺酸、多卤多萜类化合物、甾醇类化合物、β-胡萝卜素等,可以预防肥胖、胆结石、便秘、肠胃病等代谢性疾病,并具有降低血压、降低血糖、预防动脉硬化和血栓形成等功效。

藻类经加工后可制成藻类饮料。藻类饮料可以分为三类:第一类是利用藻类原汁(或全浆)制成的各种果肉型或果汁型饮料,如海带全浆;第二类是利用藻类浸取液,复配调味后制成的饮料,如苹果海带复合汁;第三类是加工后的藻类与其他的固体物料混合后制成的固体饮料,如绿藻晶、速溶藻类粉末饮料。藻类饮料的生产工艺流程如图 8-6 所示。

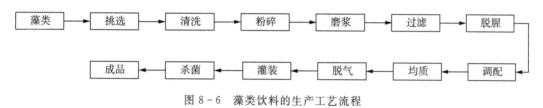

图 8-6　藻类饮料的生产工艺流程

工艺操作要点如下。

1. 原料前处理

选择新鲜、无腐烂的原料,采用清水进行浸泡,并剔除原料中杂质、次品等,切掉边角料,清洗干净。藻类干制品应该选择无霉变及长虫的原料,复水后用纯化水清洗干净,以保障产品的品质。例如,干海带可在其质量 10 倍的清水中浸泡 3～4 h,使其充分吸收膨胀。但清水浸泡时间不宜过长,以防可溶性成分的损失。浸泡水温以 20 ℃左右为宜。若以 3%～4%淡盐水代替清水浸泡,可缩短浸泡时间,并减少营养成分的损失,还起到护色的作用。而用鲜海藻可省去浸泡工序,直接进行清洗去杂处理。

2. 粉碎

通过粉碎机将原料粉碎成粉末。

3. 磨浆

加入一定比例的去离子水,用胶体磨将原料磨成浆液。经过过滤,得到滤液。

4. 脱腥

脱腥是藻类生产中关键的工序。藻类中含有含氮化合物（腥味蛋白质）、萜烯类化学物质、低分子游离有机物（如肉蔻酸、亚油酸、棕榈酸、丙酸、富马酸等），这些是腥味的主要来源，需除去。

5. 调配

按照配方要求，加入配料以改善产品的风味。

6. 脱气、均质

经过磨浆后的浆液中混入了大量的空气，必须将之除去，防止灌装后气泡上浮。常用的脱气方法是真空脱气法，即将浆液泵入真空罐中，使真空度在 0.096 MPa 以上，温度控制在 50～70 ℃，使浆液中的空气逸出。为了提高产品的稳定性，防止产生沉淀，将浆液用均质机进行均质。均质压力一般为 20～30 MPa。

7. 杀菌

产品灌装密封后采用高温瞬时杀菌方式，在 121 ℃下杀菌 20～30 min，冷却后检验合格制得成品。

（五）谷物类饮料的生产工艺

谷物类饮料可以用多种谷物杂粮（如大米、小米、黑米、玉米、薏米及燕麦等）作为原料，制作时可以生产单一品种饮料，也可以采用几种原料复合调配或添加其他的水果、蔬菜等制作复合饮料，既可制作成未发酵的调配型谷物类饮料，也可制作成发酵型谷物类饮料。按照《饮料通则》（GB/T 10789—2015），谷物类饮料归属于植物饮料类，是饮料大家族中的新品类，是通过现代工艺生产的可直接饮用的产品，不但能够充分保留谷物中对人体健康有益的营养成分，而且口感更好，饮用更方便，吸收更容易。

谷物类饮料的制作工艺包括原料的选择、浸泡、漂洗、破碎/磨浆、糊化、酶解、发酵、调配、均质、灌装和杀菌等。通过现代食品加工技术生产可直接饮用的产品，不但能充分保留谷物中原有营养成分，而且口感特别好，带有谷物特有的风味。谷物类饮料的生产工艺流程如图 8-7 所示。

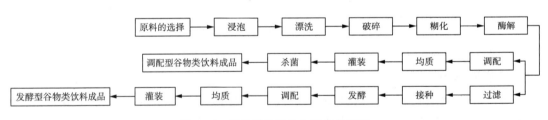

图 8-7　谷物类饮料的生产工艺流程

工艺操作要点说明如下。

1. 原料前处理

原料前处理主要包括原料的选择、浸泡及漂洗三道工序。选择颗粒饱满、无虫蛀、无霉变的原料，并除去原料中的沙子等杂质。挑选后，采用清水进行浸泡，使谷物吸水软化，便于后续的磨浆或粉碎。浸泡用水量、温度、时间可根据原料的实际情况而定。浸泡结束后原料要冲洗干净。

在某些谷物类饮料的生产过程中，为增加成品的烘烤香味，可采用焙烤处理。将漂洗干净的原料先进行沥水处理。然后,根据原料的情况,设置适当的烘烤温度和时间进行焙烤处理。例如,将沥去水分的玉米平铺在烤盘中,铺成两粒玉米粒厚度,入箱焙烤,温度控制在170 ℃。当有少量玉米发生爆裂时,每隔 5 min 左右搅拌一次,直至玉米全部烤成焦褐色的半发泡状。大米可采用 190 ℃进行焙炒,小米则只需文火炒香即可。焙炒时必须注意温度不能太高,时间不能过长,以免给成品带来苦味及使蛋白质变性产生褐变,影响产品品质。

2. 破碎

为了促进原料中可溶性物质的溶出及使原料符合酶解工艺要求,需要对原料进行破碎处理。谷物的破碎可以采用磨浆或者粉碎的方式。磨浆时可使用磨浆机或者胶体磨将谷物加适量水磨成浆液。粉碎是使用粉碎机粉碎后,过 40 目以上的筛网,并根据产品要求对谷物进行 3~5 次重复粉碎,以获得较细的谷物颗粒。

3. 糊化

糊化是谷物类饮料生产中关键的工序之一,目的是使谷物中的淀粉糊化。糊化是指将淀粉混合于水中并加热,当达到一定温度后,淀粉溶胀、分裂成黏稠且均匀糊状体的过程。谷物的主要成分为淀粉,淀粉种类、颗粒大小不同,糊化温度、吸水量均不同。生产中,通常在 80~100 ℃下,蒸煮 15~30 min。经过糊化的淀粉容易被淀粉酶水解。影响淀粉糊化的因素有以下几点。

(1)颗粒大小与直链淀粉含量

破坏分子间的氢键需要外能,分子间结合力大,排列紧密时,拆开微晶束所需的外能就大,因此糊化温度就高。由此可见,对于不同种类的淀粉,其糊化温度不会相同。一般来说,小颗粒淀粉内部结构紧密,糊化温度比大颗粒高;直链淀粉分子间结合力较强,因此直链淀粉含量高的淀粉比支链淀粉含量高的淀粉难糊化。所以,可从糊化温度上初步鉴别淀粉的种类。

(2)食品中的含水量

水作为一种增塑剂,影响淀粉分子的迁移,决定淀粉分子链间的聚合速率。随着水分含量的增加,淀粉糊化温度提高,糊化热焓变化明显,并且不同淀粉完全糊化所需的水分含量也不同。

(3)添加物

高浓度糖能降低淀粉的糊化程度,脂类物质能与淀粉形成复合物并降低糊化程度,提高糊化温度。食盐有时会使糊化温度提高,有时会使糊化温度降低。

(4)酸度

pH 为 4~7 对糊化的影响不明显;当 pH 大于 10 时,降低酸度会使糊化加速。生产中,常在 80~100 ℃下,加热 15 min,进行糊化处理。

4. 酶解

淀粉糊化后,必须进行酶解,使糊化后的淀粉分子被分解成低聚糖或糊精等成分。在生产发酵型谷物类饮料时,还需将糊精进一步转化成葡萄糖,使淀粉能够被微生物充分利用。

(1)液化

液化是用淀粉酶水解淀粉,使其分子质量变小,黏度急骤下降,成为液体糊精的过程。淀粉颗粒的结晶性结构对于酶作用的抵抗力较强。例如,细菌 α-淀粉酶水解淀粉颗粒和水解糊化淀粉的速度比约为 1∶20 000,由于这种原因,需要先加热淀粉乳液,使淀粉颗粒吸水膨胀,破坏其结晶结构后加入液化酶。淀粉乳液液化是酶法工艺的首要步骤。目前,国内学者主要利用双酶法(即 α-淀粉酶液化处理之后,再进行糖化酶处理)处理原料米汁。

淀粉乳液糊化后,黏度提高,流动性变差,难搅拌,传热速率受到严重影响,难以获得均匀的糊化结果。特别是在较高浓度和大量物料的情况下,操作更加困难。α-淀粉酶对于糊化的淀粉具有很强的催化水解作用,能很快水解糊精和低聚糖分子量范围内的分子,使黏度急速降低,流动性增高。工业生产中,将 α-淀粉酶先混入淀粉乳液中,然后加热,淀粉糊化后立即液化。淀粉乳液浓度高达 40%,液化后,其流动性变高,便于操作。液化的另一个重要目的是为糖化创造有利条件。糖化过程就是利用淀粉酶或酸的催化作用,使淀粉分解为低分子糖(如低聚糖、葡萄糖等)的过程。糖化使用的葡萄糖酶和麦芽糖酶都属于外酶,水解作用从底物分子的非还原末端进行。在液化过程中,淀粉分子被水解成糊精和低聚糖,底物分子数量增多,尾端基增多,糖化酶作用的机会增多,有利于糖化反应。

液化时常使用 α-淀粉酶,它水解淀粉和其水解产物分子中的 α-1,4 糖苷键,使分子断裂,黏度降低。α-淀粉酶属于内酶,水解从分子内部进行,不能水解支链淀粉的 α-1,6 糖苷键,但能越过此键继续水解。液化酶的用量随酶制剂活力的高低而定,活力高则用量低。

在液化过程中,淀粉糊化,水解成较小的分子,至于应当达到何种程度,这需要考虑不同的因素。黏度应当降低到足够的程度以适于操作。葡萄糖酶属于外酶,水解只能由底物分子的非还原尾端开始,底物分子越多,水解生成葡萄糖的机会越多。但是,葡萄糖酶先与底物分子生成络合结构,而后发生水解催化作用,这需要底物分子的大小具有一定的范围,有利于生成这种络合结构,过大或过小都不适宜。根据生产实践,淀粉在酶液化工序中水解,当水解到葡萄糖值为 15～20 时较为合适。若水解超过这种程度,不利于糖化酶生成络合结构,影响催化效率,糖化液的最终葡萄糖值较低。

在谷物类饮料生产中,采用耐高温 α-淀粉酶制剂进行淀粉的液化,主要原因是这种酶制剂是水解淀粉最强的酶,不仅耐高温,还有不依赖 Ca^{2+}、作用 pH 范围大等特点。将浆液的 pH 调至 6.2 ± 0.2,加入 α-淀粉酶制剂,其用量为 100 pg/g 淀粉。同时,加入 0.2%～0.25% $CaCl_2$ 作为酶活性剂,在 70～90 ℃下作用 30～60 min,再将浆液加热至沸进行灭酶。

(2)糖化

在液化工序中,淀粉经 α-淀粉酶水解成糊精和低聚糖等较小分子产物,糖化是利用葡萄糖酶进一步将这些产物水解成葡萄糖。纯淀粉完全水解时因水解增重,每 100 份淀粉能生成 111.11 份葡萄糖。从生产葡萄糖的要求来看,希望能达到淀粉完全水解的程度,但现在工业生产技术还没有达到这种水平。工业中,常用葡萄糖值表示淀粉的水解程度或糖化程度。糖化液中还原性糖全部被当作葡萄糖计算,占干物质的百分率称为葡萄糖值。

葡萄糖的实际含量稍低于葡萄糖值,因为还有少量的还原性低聚糖存在。随着糖化程度的增加,二者的差别减小,糖化操作比较简单,将淀粉液化液引入糖化罐中,调节到适当的温度和 pH,混入需要量的糖化酶,保持 2～3 d,达到最高的葡萄糖值,即得到糖化液。糖化装置具有夹层,用来通冷水或热水调节和保持温度,并具有搅拌器。保持适当的搅拌,避免发生局部温度不均匀现象。

糖化的温度和 pH 取决于所用糖化酶制剂的性质。对于曲霉来说,一般合适的条件是温度为 60 ℃,pH 为 4.0～4.5;对于根霉来说,一般合适的条件是温度为 55 ℃,pH 为 5.0。根据酶的性质选用较高的温度,因为糖化速度较快,感染杂菌的危险较小。选用较低 pH 的原因是,糖化液的着色浅,易于脱色。加入糖化酶之前,要注意先将温度和 pH 调节好,避免在不适当的温度和 pH 下酶的活力受影响。在糖化反应过程中,pH 稍有降低,可以调节 pH,也可将初始 pH 稍调高一些。与液化酶不同,糖化酶不需要钙离子。糖化酶制剂的用量取决于活力的高低,活力高则用量少,如在生产谷物类饮料时,将液化好的浆液冷却至 50 ℃,调节 pH 至 5.0,加入糖化酶制剂(如 β-淀粉酶),其用量为 80~100 U/g 淀粉,作用时间为 30 min 到数小时,糖化结束后将浆液煮沸灭酶。

5. 发酵

对于发酵型谷物类饮料,需接入预先培育好的菌种,接种结束后,在(42±1)℃下发酵 6~8 h。然后,在 4 ℃下存放一段时间,使其后熟,使最终酸度达到 0.8%~1%。

6. 调配

无论发酵型谷物类饮料还是调配型谷物类饮料,均需要进行调配工序。同时,为了改善产品口感和稳定性,需要加入一定量的甜味剂、酸味剂、增稠剂等食品添加剂。常用的增稠剂有黄原胶、羧甲基纤维素钠、琼脂、卡拉胶及果胶等。一般采用两种或者两种以上的稳定剂,这样复配效果更佳。值得注意的是,添加增稠剂时,加入前先与白砂糖或者酸味剂混合均匀,在 60 ℃以上高速剪切 15~30 min,使其完全溶解。

7. 均质

先将调配好的浆液预热到 65 ℃。然后,利用均质机在 20~30 MPa 下均质处理。一般均质二次,二次均质的产品稳定性较好。

8. 灌装与杀菌

均质后的料液立即进行灌装,并封口,然后在 121 ℃下杀菌 15 min 左右。冷却后,经检测合格后即得成品。

(六)植物饮料中常见的质量问题及处理方法

1. 植物饮料腥味问题

对于藻类、荠菜、鱼腥草等饮料来说,原料含有特殊的腥味。腥味的主要构成物质是一些低分子含氮化合物、菇烯类化合物及低分子游离有机酸,如肉豆蔻酸、亚油酸、棕榈酸、丙酸及富马酸等。常用如下脱腥方法对其进行处理。

① 酸煮法:常用 1%~5% 柠檬酸及醋酸等酸味剂,将切碎后的含有腥味的植物放入酸液中加热煮沸 5~10 min;然后,在 90~95 ℃下保温 30~120 min,使原料熟化并脱腥;最后,用清水漂洗,去除残留酸液。对脱腥要求不高时,该方法较为适用。

② 乙醇法:采用 3~5 倍体积的 25% 乙醇溶液浸泡原料 3~8 h,中间搅拌数次,使其脱腥。然后,回收乙醇,用清水将原料清洗干净。

③ 吸附法:采用硅藻土或活性炭进行吸附。将制得的清液,泵入硅藻土或活性炭过滤器中过滤,部分腥味成分被硅藻土或活性炭吸附。但是,该方法也易造成溶液脱色现象产生,部分营养成分易被吸附。

④ 碱煮法:常采用 2%~5% 的碳酸钠溶液,操作同酸煮法。

⑤ 发酵法:先将植物原料配制成 10%~20% 溶液,灭菌处理,冷却后接种酵母菌进行发酵脱腥。酵母菌添加量为 0.2%~0.6%(质量比),温度在 30~40 ℃,pH 为中性。发酵 30~60 min 后,升温到 100 ℃,煮 15~30 min,使酵母菌失活。接种酵母菌后,通过酵母菌的

发酵作用可消除腥味蛋白质,同时发酵过程中产生一些中间代谢产物,对腥味有一定的掩盖作用。若发酵过度,副产物增多,会使饮料呈现不良的发酵味,使原料的天然色泽消失。

⑥ 酶解脱腥:在植物原料中加 4～10 倍体积的水,依次破碎、打浆、灭菌及冷却后,调整pH 至 6.0～7.0,根据酶的活力,添加 1%～3% 的中性蛋白酶或木瓜蛋白酶等,在 45～60 ℃下保温 2～4 h,中间不断搅拌。之后,升温到 95～100 ℃。在植物原料中加 4～10 倍体积的水,依次破碎、打浆,并保温 15～20 min,灭酶,然后降至室温。由于蛋白酶的降解作用,腥味逐渐降低。当酶解过度时,蛋白质内部的疏水性氨基酸暴露出来,在蛋白酶的作用下产生较短的肽和氨基酸,出现类似于发酵的气味。对于螺旋藻,由于其色泽主要是由叶绿素、藻蓝素、别藻蓝素等色素产生的,在酸性环境下容易发生褐变,在碱性条件下可以得到有效的保护。因此,螺旋藻的酶解脱腥选用碱性蛋白酶。

⑦ 真空脱腥法:该方法适合含有挥发性腥味成分的植物原料。在植物原料中加水,依次破碎、打浆后,加热溶液至 50～60 ℃;然后,泵入脱气罐中,通过真空泵脱气 10～20 min,去除挥发性腥味成分。

总之,脱腥的方法要根据原料中含有的腥味成分种类及浓度,结合产品的特点,因地制宜地采取适当的方法加以处理。

2. 植物饮料稳定性问题

稳定性是影响植物饮料产品质量的较大问题之一。植物饮料种类多样,因原料特性不同,加工工艺不同。植物饮料分为澄清汁植物饮料和混浊汁植物饮料,尤其是混浊汁植物饮料是一个复杂的热力学体系,具有不稳定性的特点。蛋白质、脂肪、淀粉及粗纤维等以不同形式存在于体系中,这些成分与溶液之间有较大的密度差。密度差导致植物饮料不稳定,在加热或存放过程中出现析出、分层、沉淀等不稳定现象。引起植物饮料不稳定的因素包括水质硬度、分散体系的成分、颗粒大小、小分子聚合、pH、微生物等。在植物饮料的研发、生产过程中,稳定性问题是必须解决的问题。

目前,主要从加工工艺技术和添加稳定剂方面来提高植物饮料稳定性,具体措施如下。

(1)研磨

根据 Stokes(斯托克斯)定律,粒子沉降的速率与粒子半径的平方成正比。粒径越大,沉降速率越快,越容易沉淀析出。因此,通过合理的研磨工序参数和次数来降低分散粒子的半径是提高植物饮料稳定性的有效方法。

(2)均质

通过均质可以进一步减小分散粒子的粒径,一定的均质压力可使植物饮料中粗纤维、淀粉粒子明显减小。对于含有大量蛋白质、脂肪的植物饮料来说,均质也可以使蛋白质和脂肪粒子破碎细化,使脂肪均匀地分散在饮料中,有效改善脂肪上浮现象,使产品体系更加稳定。同时,均质也可以增强乳化剂乳化效果。通常来说,均质温度越高,乳化剂迁移吸附的速度越快,乳化效果越好。因此,控制好均质压力、均质温度及均质次数,可以明显提高饮料体系的稳定性。

(3)酶解

采用适量的淀粉酶或蛋白酶等,在一定温度下对植物饮料进行酶解处理,将淀粉、蛋白质等大分子物质分解为麦芽糖、糊精、多肽和氨基酸等可溶性小分子物质,从而提高植物饮料稳定性。生产中常用的酶制剂有 α-淀粉酶、β-淀粉酶、蛋白酶、果胶酶、纤维素酶等。确定合适的酶制剂添加量、酶解温度和酶解时间在酶解工序中至关重要。

（4）稳定剂

乳化剂及增稠剂被作为稳定剂应用于植物饮料生产中,以增强体系的黏度或者乳化性。添加稳定剂是提高稳定性的有效方法,选择合适的稳定剂至关重要。增加黏度可以减缓沉降速率。植物饮料中常用的稳定剂有黄原胶、卡拉胶、羧甲基纤维素钠、结冷胶、微晶纤维素等。稳定剂常用单一或复合的形式,使用两种或两种以上增稠剂复配使用有协同增效的作用,可以达到更好的效果。乳化剂是一类具有亲水基和疏水基的表面活性剂,可以降低两相界面的张力,提高脂肪在乳状液中分布的均匀性和稳定性,防止脂肪上浮及溶液中粒子间相互聚合,达到稳定的效果。常用的乳化剂有单、双甘油硬脂酸酯,聚甘油脂肪酸酯,蔗糖脂肪酸酯等。通常选择不同亲水疏水平衡值（HLB值）的复配乳化剂来使用,比单一使用某种乳化剂时的乳化效果好。因此,使用时常常将几种乳化剂配合使用。例如,谷物类饮料含有大量的原淀粉,很容易老化析水,乳化剂的疏水基团进入 α-螺旋结构与淀粉形成络合物,可以防止淀粉发生老化回生现象。亲水性增稠剂也有很强的抑制淀粉老化的作用,多数增稠剂是多糖物质,其羟基能与淀粉链上的羟基及周围的水分形成大量的氢键,起到阻止淀粉老化的作用。另外,增稠剂都具有很高的吸水、持水能力,能对失水老化起到延缓作用。

（5）杀菌

食用菌饮料、藻类饮料中含有丰富的蛋白质、脂肪及糖类等,特别适合微生物生长、繁殖,微生物使饮料中的糖、蛋白质等成分分解,pH发生变化,风味劣变,破坏其稳定性,从而产生混浊,出现分层和沉淀现象。因此,需要根据产品的pH及包装形式,选择合适的杀菌工艺及参数,对植物饮料进行及时及彻底杀菌,防止微生物感染。

思考题

1. 咖啡(类)饮料的概念、分类及生产工艺是什么？
2. 咖啡(类)饮料中含有哪些营养及功能成分？
3. 植物饮料的概念、分类及产品特征是什么？
4. 谷物类饮料的生产工艺是什么？
5. 藻类饮料的生产工艺是什么？
6. 植物饮料可以采用什么方法脱腥？
7. 植物饮料中常见的质量问题及控制方法是什么？
8. 什么是谷物类饮料？
9. 什么是草本饮料/本草饮料？

（王金铃、魏巍、何述栋）

GB/T 30767—2014
《咖啡类饮料》

GB/T 31326—2014
《植物饮料》

第九章　蛋白饮料

教学要求：

1. 掌握含乳饮料的定义和分类；

2. 了解配制型中性含乳饮料和配制型酸性含乳饮料的生产工艺；

3. 掌握植物蛋白饮料的分类；

4. 理解豆乳生产工艺及工艺要点；

5. 掌握影响豆乳类饮料质量的因素及克服的方法。

教学重点：

1. 含乳饮料的定义和分类；

2. 发酵型含乳饮料的特点；

3. 植物蛋白饮料的分类；

4. 影响豆乳类饮料质量的因素及克服的方法。

教学难点：

1. 含乳饮料的定义和分类；

2. 影响发酵型含乳饮料稳定性的因素；

3. 影响豆乳类饮料质量的因素及克服的方法。

蛋白饮料是以乳或乳制品，或其他动物来源的可食用蛋白，或含有一定蛋白质的植物果实、种子或种仁等为原料，添加或不添加其他食品原辅料和(或)食品添加剂，经加工或发酵制成的液体饮料。在《饮料通则》(GB/T 10789—2015)中，蛋白饮料又被分为含乳饮料、植物蛋白饮料、复合蛋白饮料、其他蛋白饮料。

第一节　含乳饮料

含乳饮料是以乳或乳制品为原料，加入水及适量辅料经配制或发酵而成的饮料制品。含乳饮料还可称为乳(奶)饮料、乳(奶)饮品。结合《饮料通则》(GB/T 10789—2015)和《含乳饮料》(GB/T 21732—2008)中的相关规定，含乳饮料主要分为配制型含乳饮料、发酵型含乳饮料、乳酸菌饮料。

一、配制型含乳饮料

(一)定义

《含乳饮料》(GB/T 21732—2008)中规定，配制型含乳饮料是以乳或乳制品为原料，加入水，以及白砂糖和(或)甜味剂、酸味剂、果汁、茶、咖啡、植物提取液等中的一种或几种调制而成的饮料。

(二)分类

1. 配制型中性含乳饮料

配制型中性含乳饮料是指以原料乳或乳粉为主要原料，加入水和适量辅料，如可可、咖啡、果汁、蔗糖和稳定剂等物质，经有效杀菌制成的具有相应风味的含乳饮料。根据国家标准，该类饮料中的蛋白质含量应≥1%。受整体创新和健康意识的影响，近年来不断研发出更多的关于中性含乳饮料的新型产品,果汁、谷物、咖啡、燕麦、坚果,甚至茶都被用于其中。所采用的包装形式主要有塑料瓶、塑料杯和塑料袋。

2. 配制型酸性含乳饮料

配制型酸性含乳饮料是指用乳酸、柠檬酸或果汁将牛乳的 pH 调整到酪蛋白的等电点(pH＝4.6)以下,而制成的一种乳饮料。根据国家标准,这种饮料的蛋白质含量同样应≥1％。

(三)产品的加工工艺流程

配制型含乳饮料通用的生产工艺流程如图9-1所示。根据灭菌方式不同,其生产工艺流程可以分为如下三个途径。

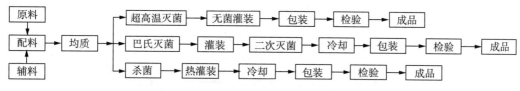

图9-1　配制型含乳饮料通用的生产工艺流程

1. 配制型中性含乳饮料工艺流程

配制型中性含乳饮料的生产工艺流程如图9-2所示。

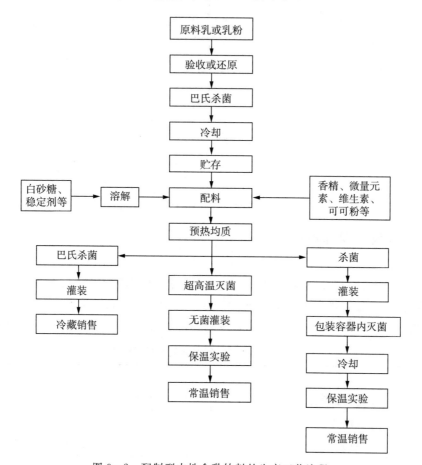

图9-2　配制型中性含乳饮料的生产工艺流程

2. 配制型酸性含乳饮料工艺流程

配制型酸性含乳饮料的生产工艺流程如图 9-3 所示。

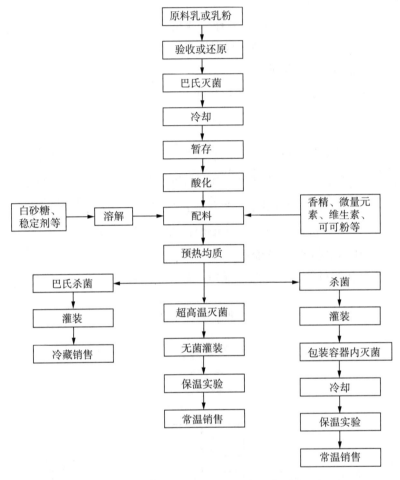

图 9-3　配制型酸性含乳饮料的生产工艺流程

(四)配方设计及原料要求

1. 配方设计

配制型含乳饮料一般以原料乳或乳粉为主要原料,辅以乳酸或柠檬酸、蔗糖、稳定剂、香精、色素等,根据产品需要有时也加入一些维生素(如维生素 A、维生素 D)和矿物质。经过搅拌混合均匀、灭菌处理,最后进行灌装。典型的配制型含乳饮料配料表见表 9-1 所列。

表 9-1　典型的配制型含乳饮料配料表

成分	比例
牛乳或复原乳	35%~40%(禁止加动物水解蛋白)
白砂糖	8%~15%
稳定剂	0.35%~0.6%(禁用非食用明胶)
柠檬酸钠	0.5%

（续表）

成分	比例
果汁或果味香精	适量
色素	适量
柠檬酸、乳酸等酸味剂	0.5%左右,按滴定酸度控制

2. 原料要求

(1)原料乳及乳粉

配制型含乳饮料的品质与所使用的生鲜牛乳或乳粉密切相关,因此必须对原料乳及乳粉提出较高的要求。一般选用脱脂鲜乳或脱脂乳粉,以防止制成的产品出现脂肪圈。若以生鲜牛乳为原料,原料牛乳应符合《食品安全国家标准　生乳》(GB 19301—2010)中对生乳的要求。原料牛乳的用量根据产品配方的要求,直接加入配料中。若以乳粉为原料,乳粉应符合《食品安全国家标准　乳粉》(GB 19644—2010)的要求。利用乳粉制备复原乳的过程为将乳粉加入 45~50 ℃的温水中,使用搅拌器搅拌溶解,待乳粉完全溶解后,停止搅拌,让乳粉在 45~50 ℃下保温 20~30 min。

(2)稳定剂

① 稳定剂的种类:对于中性含乳饮料来说,若使用高质量的原料乳作为原料,配方中可不加稳定剂。但在大多数情况下,尤其是选用乳粉为原料时,配方中必须加入稳定剂。中性含乳饮料常用的稳定剂有羧甲基纤维素钠(CMC‐Na)、海藻酸钠、卡拉胶、黄原胶、瓜尔豆胶等。其中,卡拉胶是悬浮可可粉颗粒的最佳稳定剂,原因如下:一方面,它能与牛乳蛋白质结合形成网状结构;另一方面,它能形成水凝胶,从而使可可粉均匀地悬浮在体系中。稳定剂的使用量一般为 0.1%~0.5%。

对于酸性含乳饮料来说,一般情况下会添加稳定剂。常用的稳定剂有羧甲基纤维素钠(CMC‐Na)、果胶、藻酸丙二醇酯(PGA)等。CMC‐Na 因其价格低廉,被较为广泛使用;果胶及藻酸丙二醇酯(PGA)虽然价格较贵,但是因品质高常被用于高档酸性含乳饮料中。

② 稳定剂的加入方法:传统的溶解方法一般是先将稳定剂与蔗糖按 1∶10~1∶5 的比例,以干态混合均匀,然后,加入 60~75 ℃热水中,在正常的搅拌速度下溶解均匀;或者,可先经过胶体磨处理后,再溶解均匀;还可在高速搅拌(2 500~3 000 r/min)下,将稳定剂缓慢加入冷水中,或 75 ℃左右热水中溶解;此外,还可通过水粉混合机溶解处理后,添加到配料中。

(3)水的质量

配料用水同其他饮料用水,如使用自来水作水源,可采用反渗透净化(RO 膜过滤)做进一步软化处理,以达到饮料用水(净化水或纯化水)的要求。若配料使用的水碱性过高,会影响饮料的口感,也容易导致蛋白质沉淀、分层。关于配制型含乳饮料的配料水质要求参见饮料用水相关标准。

(4)白砂糖

白砂糖应符合《白砂糖》(GB/T 317—2018)中一级品的要求。为保证最终产品的质量,应先将白砂糖溶解于热水中,然后煮沸 15~20 min 进行杀菌,再经过双联过滤器过滤后备用。

(5)酸度调节剂

配制型含乳饮料一般用柠檬酸、乳酸和苹果酸作为酸味剂,其中使用最多的是柠檬酸。用柠檬酸调节 pH 时,应注意浓度:一方面,柠檬酸对口腔有很强的酸刺激;另一方面,柠檬酸浓度过高时,会使体系的 pH 过低,从而导致蛋白质瞬间变性而絮凝,甚至会影响到稳定剂的溶解性和稳定性。因此,配制时,一般酸味剂的配制浓度为 10%～20%,最好采取雾状喷洒的方式,在 100 r/min 左右的转速下添加,以便充分混匀,避免局部过度酸化现象的发生。除柠檬酸外,苹果酸和乳酸的使用也较多,它们在味觉上的特点各不相同。苹果酸的口感中带有一股淡淡的涩味,使其使用受到了一定的限制;乳酸本身的口感较为平淡,但后味较强,酸味释放缓慢;柠檬酸的入口感较为刺激,恰恰与乳酸具有互补效果。乳酸为液体,运输不便,价格较高,因此实际使用时一般采取部分乳酸和柠檬酸混合的方式,其中以乳酸居多。

(6)防腐剂

配制型含乳饮料中常用的防腐剂有苯甲酸、山梨酸及生物防腐剂等。现在采用生物防腐剂较为流行。由于苯甲酸和山梨酸微溶于水,常用其钠盐和钾盐(即苯甲酸钠和山梨酸钾)代替。一般用适量的 40～50 ℃的水溶解防腐剂后,将其添加到配料中。

(五)操作要点

1. 配制型含乳饮料

(1)加工过程质量控制点

① 乳原料验收:一般原料乳酸度应小于 18 °T,细菌总数最好控制在 2×10^5 CFU/mL 以内。对超高温产品来说,还应控制牛乳中的需氧芽孢数及耐热需氧芽孢数。若采用乳粉还原法来生产风味乳饮料,乳粉也必须符合国家标准方可使用。

② 乳粉的还原:首先,将软化的水加热到 45～50 ℃;然后,通过乳粉还原设备;待乳粉完全溶解后,停止罐内的搅拌(图 9-4)。在此温度下,水合 20～30 min。适用于批量加工的再混合装置如图 9-5 所示。

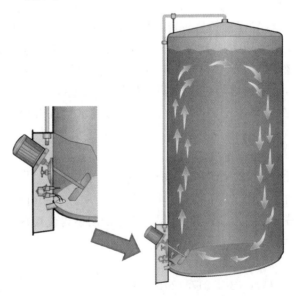

图 9-4 带螺旋桨式搅拌器的奶仓

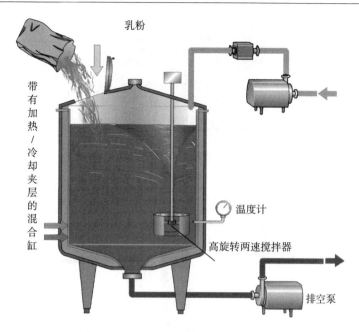

图 9-5　适用于批量加工的再混合装置

③ 巴氏杀菌:待原料乳检验完毕或乳粉还原后,先进行巴氏杀菌,同时将乳液冷却至 4 ℃。巴氏杀菌装置如图 9-6 所示。

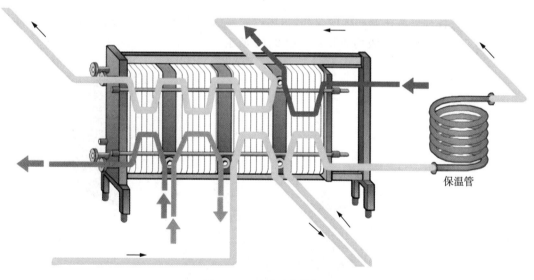

图 9-6　巴氏杀菌装置

④ 配料:根据配方,准确称取各种原辅料;将所有原辅料加入配料罐中,低速搅拌 15～25 min,确保所有的物料混合均匀,尤其是使稳定剂均匀分散于乳中;最后,加入香精,充分搅拌均匀。配料阀控制系统如图 9-7 所示。不同的香精、色素耐热性不同,因此若采用二次灭菌方式,所使用的香精和色素应能够耐 121 ℃的高温;若采用超高温灭菌方法,则应能够耐 137～142 ℃的高温。应测算香精、色素的损失量,尽量补足损失部分,减少加热对其香气及颜色的影响。

图 9 - 7　配料阀控制系统

⑤ 均质:各种原料在调和罐内调和后,用过滤器除去杂物;然后,进行高压均质,均质压力一般为 5~25 MPa。二级均质装置如图 9 - 8 所示。

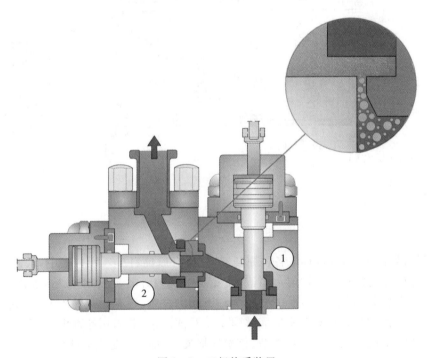

图 9 - 8　二级均质装置

⑥ 超高温灭菌:在脱气和均质后进行。首先,进行脱气,脱气后温度一般为 70~75 ℃,然后再均质。灭菌温度与 UHT 杀菌一样,通常采用的灭菌参数为 125 ℃、4 s。由于可可粉中含有芽孢,灭菌强度较一般风味含乳饮料要强,因此可可或巧克力风味含乳饮料常在 139~142 ℃下灭菌 4 s。对塑料瓶或其他包装的二次灭菌产品,一般在 135~137 ℃下杀菌 2~3 min。灌装后,在 115~121 ℃下灭菌 15~20 min。最后,冷却到 25 ℃以下。超高温灭菌灌装系统如图 9-9 所示。

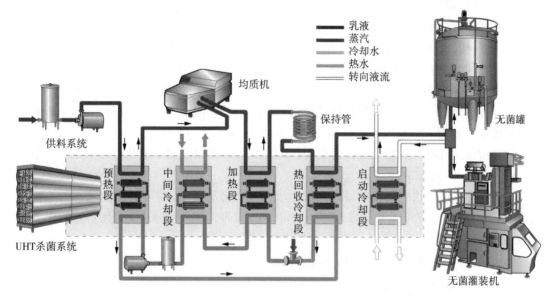

图 9-9　超高温灭菌灌装系统

2. 配制型酸性含乳饮料

① 乳粉的还原:用大约一半的 50 ℃左右的软化水来溶解乳粉,确保乳粉完全溶解。

② 稳定剂的溶解:将稳定剂与为其质量 5~10 倍的白砂糖预先干混;然后,在 2 500~3 000 r/min 高速搅拌下,将混合物加入 70 ℃左右的热水中,打浆溶解,经胶体磨研磨后,稳定剂均匀分散于水中。

③ 混料:将稳定剂溶液、剩余白砂糖及其他甜味剂,加入原料乳或还原乳中,混合均匀后,进行酸化。

④ 酸化:酸化过程是配制型酸性含乳饮料生产中最重要的步骤,调酸过程对成品的质量影响很大。

A. 为了得到最佳的酸化效果,酸化前应将牛乳的温度降至 20 ℃以下。

B. 为了能使酸溶液与牛乳充分均匀地混合,混料罐应配备高速搅拌器。同时,用软化水将酸味剂的浓度稀释为 1%~5%,可通过喷洒器,以液滴形式,迅速及均匀地将软化水分散于混合料液中。若加酸液浓度太高或加酸过快,会使酸化过程形成的酪蛋白颗粒粗大,易出现沉淀现象。

C. 为避免局部酸度偏差过大,可在酸化前在酸液中加入一些缓冲盐类,如柠檬酸钠等。

D. 为保证酪蛋白颗粒的稳定性,在升温及均质前,应先将牛乳的 pH 降至 4.0 以下。

⑤ 调和:酸化过程结束后,将香精、复合微量元素及维生素加入酸化的乳中。同时,对

产品进行标准化定容。

⑥ 灭菌:由于配制型酸性含乳饮料 pH 一般为 3.8～4.2,其属于酸性食品,杀菌的对象主要为霉菌和酵母菌,杀菌条件为 137 ℃、4 s。杀菌设备中一般有脱气和均质处理装置,常用均质压力为 20 MPa。

如果配制型酸性含乳饮料采用塑料瓶的包装形式,通常在灌装后,采用 95～98 ℃、30～45 min 的热水杀菌方式进行杀菌。

3. 配料设备简介

① 化糖锅:一种结构较简单,并兼有加热和冷却装置的溶糖设备。

② 配料桶:由桶身、搅拌装置、冷却装置等组成。不管是一次灌装,还是二次灌装,均需先配制好糖浆,即将经溶解、过滤后的澄清糖液,按配方加上其他原料,如稳定剂、香精、色素、果汁等,均匀调和在一起。

③ 料液混合泵:利用高速旋转的翼轮,将所需混合的乳粉和水进行充分的拌和,以得到所需的还原乳的设备。所吸料的最高温度一般为 80 ℃。

④ 强力搅拌桶:一般要求搅拌速度为 2 500～3 000 r/min,用于酸化处理和配料。强力搅拌桶带外夹套,通水冷却。

⑤ 冷热缸:用于饮料的加热、冷却、保温、杀菌、老化及储存。新型冷热缸均可与 CIP 清洗系统配套使用,具有保温性能好,加热(冷却)快,附带 CIP 清洗头,全封闭,附防蝇、防尘及透气孔等优点。

4. 影响配制型酸性含乳饮料质量的因素

(1)原料乳及乳粉的质量

由于受酸的影响,配制型酸性含乳饮料对乳粉或原料乳的要求较高。其中,酪蛋白要有较高的稳定性,乳粉的细菌总数应控制在 1×10^4 CFU/g 以内。

(2)稳定剂的种类和质量

果胶是配制型酸性含乳饮料最常用的稳定剂,其对酪蛋白颗粒具有最佳的稳定效果。这是因为果胶属于聚半乳糖醛酸的一种,它的分子链在 pH 为中性和酸性时带负电荷。当果胶被加入酸性含乳饮料中时,它会附着于酪蛋白颗粒的表面上,使酪蛋白颗粒带负电荷。同性电荷互相排斥的作用可使酪蛋白颗粒避免聚合成大颗粒而产生沉淀。考虑到果胶分子在使用过程中的降解趋势及在 pH=4 时稳定性最佳,生产中将配料的 pH 调整到 3.8～4.21。考虑到果胶成本较高,现国内厂家通常采用其他稳定剂与果胶混合作为复配稳定剂来使用,如耐酸的羧甲基纤维素(CMC)、黄原胶和海藻酸丙二醇酯(PGA)等。在实际生产中,两种或三种稳定剂混合使用比单一使用效果好,使用量随着产品的酸度、蛋白质含量的增加而增加。在配制型酸性含乳饮料中,稳定剂的用量一般在 1% 以下,同时应保证充分溶解。但是,经过生产实践发现,用不含果胶的复合稳定剂生产出来的产品与以果胶为稳定剂生产出来的产品,在稳定性及口感方面均存在明显的差距。

(3)水的质量

饮料加工中应使用软水,否则会影响饮料的口感,也易造成蛋白质沉淀、分层。配制型含乳饮料用水首先要符合《生活饮用水卫生标准》(GB 5749—2022)的规定,特殊产品用水还要符合《瓶装饮用纯净水》(GB 17323—1998)的规定。

(4)酸的种类

配制型酸性含乳饮料一般使用柠檬酸、乳酸和苹果酸作为酸味剂。其中,用乳酸作为酸味剂生产出的产品的质量最佳。但乳酸为液体,运输不便,价格也较高,因此一般采用柠檬酸与乳酸的混合溶液作为酸味剂。

5. 配制型含乳饮料稳定性的检验方法

① 观察法:将少量饮料成品倒在玻璃杯的内壁上,若形成了如牛乳一般细的、均匀的薄膜,则证明产品质量稳定。

② 显微镜镜检:取少量产品放在载玻片上,用显微镜观察。若视野中观察到的颗粒很小且分布均匀,表明产品稳定;若观察到大的颗粒,表明产品在储藏过程中不够稳定。

③ 离心沉淀:取 10 mL 的成品放入带刻度的离心管内,在 2 500 r/min 转速下离心 10 min。离心结束后,观察离心管底部的沉淀情况,若沉淀量低于 1%,表明该产品是稳定的,否则产品不稳定。

6. 配制型酸性含乳饮料常见的质量问题及解决办法

(1)沉淀及分层

沉淀是配制型酸性含乳饮料生产中较为常见的质量问题,主要原因如下。

① 选用的稳定剂不合适:所选稳定剂在产品保质期内达不到应有的效果。为解决此问题,可考虑使用果胶或果胶与其他稳定剂复配使用。一般采用纯果胶时,用量为 0.35%～0.6%,但具体的用量和配比,必须通过试验来确定。

② 酸液浓度过高:调酸时,若酸液浓度过高,很难保证局部牛乳与酸液能良好地混合,从而局部酸度偏差太大,导致局部蛋白质沉淀。解决的办法是,酸化前将酸稀释为 1% 或 5% 的溶液。同时,也可在酸化前,将一些缓冲盐类(如柠檬酸钠等)加入酸液中。

③ 调配罐内的搅拌器的搅拌速度过低:搅拌速度过低,就很难保证整个酸化过程中酸液与牛乳能均匀地混合,从而导致局部 pH 过低,产生蛋白质沉淀。因此,为生产出高品质的配制型酸性含乳饮料,必须配备一台带高速搅拌器的配料罐。

④ 调酸过程中加酸速度过快:可能导致局部牛乳与酸液混合不均匀,从而使形成的酪蛋白颗粒过大,很难保持酪蛋白颗粒的悬浮性。因此,整个调酸过程中,加酸速度不宜过快。

⑤ 均质达不到预期的效果:均质机的关键部件是均质阀,若均质阀使用时间过长,而不及时更换零件,或部件松动造成漏气都会造成均质效果不理想。均质的压力低于 15 MPa、温度低于 50 ℃ 时,也会影响均质效果,造成沉淀及分层现象发生。

(2)产品口感过于稀薄

有时生产出来的配制型酸性含乳饮料喝起来像淡水一样,给消费者的感觉是厂家偷工减料,欺骗消费者。造成此类问题的原因是,乳粉的热处理不当或最终产品的总固形物含量过低。因此,生产前应确认是否采用了品质合适的乳粉,以及杀菌前检测产品的固形物含量是否符合标准。

(六)具体实施例

下面以咖啡乳饮料的加工为具体实例展开说明。

1. 生产工艺流程

咖啡乳饮料的生产工艺流程如图 9-10 所示。

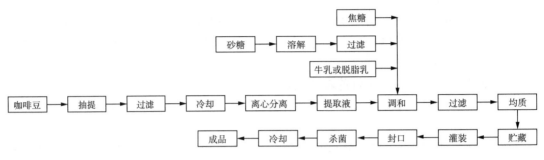

图 9-10 咖啡乳饮料的生产工艺流程

2. 产品配方

咖啡乳饮料配方见表 9-2 所列。

表 9-2 咖啡乳饮料配方　　　　　　　　　单位:kg

成分	质量	成分	质量
白砂糖	44	食盐	0.3
脱脂乳粉	24	碳酸氢钠	0.5
加糖炼乳	86	蔗糖酯	1.0
焙炒咖啡豆	18	香精	1.0

3. 生产要点

(1)咖啡抽提液的制备

目前,大多数厂家以咖啡抽提液制品或速溶咖啡为原料生产牛乳咖啡。制备咖啡抽提液时选用的咖啡豆必须经过焙炒才能形成咖啡风味,焙炒的程度比较重要和复杂。焙炒后,水分、蔗糖、绿原酸和蛋白质含量减少。一般牛乳咖啡所用的咖啡豆比常规饮用咖啡的焙炒程度重些。因为咖啡酸会使牛乳中的蛋白质不稳定,所以酸味强的咖啡要少用,苦味大的咖啡可适量多用。

咖啡抽提液的工艺方法有虹吸式、滴水式、喷射式及蒸煮式。生产中使用的多为喷射式和蒸煮式。一般将咖啡豆在 90～100 ℃的热水中进行提取。高温长时间条件下提取会使咖啡风味降低,所以应根据使用目的来控制抽提温度、时间、液量等,以获得所需的抽提液。咖啡抽提液中含有碳水化合物、脂肪、蛋白质、羰基化合物、挥发性硫化物等,其中羰基化合物、挥发性硫化物等这些物质形成了咖啡特有的香味。值得注意的是,咖啡抽提液中还有单宁,它可使乳蛋白凝固,导致混浊等现象发生。所以,抽提后应立即冷却。另外,对抽提液需用筛网过滤,以免咖啡粒混入。

(2)溶糖

咖啡饮料应选用优质白砂糖作为甜味剂,因为咖啡乳与果汁、汽水是不相同的。蛋白质粒子、咖啡提取液中的粒子及焦糖色素粒子等的分散使饮料为胶体状态,条件的微小变化可导致成分的分离。在所采用的条件中,pH 的影响最为显著。当 pH 降至 6 以下时,饮料成分分离的可能性就很大。各种糖类加热前后 pH 及酸度的变化见表 9-3 所列。由表 9-3 可见,白砂糖在此情况下的变化最小。

表 9 - 3　各种糖类加热前后 pH 及酸度的变化*

糖的种类	pH		酸度/%	
	加热前	加热后	加热前	加热后
白砂糖	6.99	6.33	0.027	0.046
果葡糖浆	7.01	5.83	0.028	0.099
果糖	6.88	5.78	0.033	0.109
饴糖	7.02	6.29	0.025	0.062
葡萄糖	7.02	6.10	0.028	0.067
白砂糖＋葡萄糖	6.99	6.30	0.028	0.067
白砂糖＋果葡糖浆	6.95	6.2	0.029	0.074

注:"*"表示加热条件为 120 ℃、15 min。

咖啡乳饮料是中性饮料,而且乳类等原料营养丰富。若原料中含耐热性芽孢,则必须采用严格的杀菌工艺将其杀灭(一般加热条件为 120 ℃、20 min)。在这样的工艺条件下,伴随以分解反应为主的化学变化会使饮料变质。糖中污染的专性厌氧菌 Clthermoaceticum 是牛乳咖啡变质的原因之一,为此可采用如下方式进行处理:①选择无嗜热性细菌、无污染的优质原料;②对糖液进行紫外线杀菌;③添加 0.02%～0.05%的蔗糖酯,可有效地防止产品变质。

(3)乳及乳制品的调制

鲜乳可直接使用,若用脱脂乳粉、全脂乳粉等,需要经过溶解、水合及均质处理成乳液。

(4)混合

由于咖啡抽提液和乳液在混合罐内直接混合后,会产生蛋白质凝固现象,所以将糖液入罐后,应加碳酸氢钠或磷酸氢二钠等碱性物质,也可将二者混合使用,调制 pH 使之在 6.5以上,再加入食盐水溶液。将蔗糖酯溶于水后加入乳中均质并泵入罐内,必要时加入消泡剂(硅酮树脂等)。然后,加入咖啡抽提液和焦糖。最后,加入香精,充分搅拌混合。

(5)灌装

原料调配好后经过滤及均质处理。然后,经板式热交换器加热到 85～95 ℃,再进行灌装和密封。本制品易于起泡,故不应装填过满,制品应保持 33.9～53.3 kPa 的真空度。

(6)杀菌冷却

咖啡乳饮料所用的原料含有耐热的高温芽孢。为防止其引起败坏,一般要保持温度为120 ℃,杀菌 20 min。然后,冷却到 40 ℃以下。

二、发酵型含乳饮料

(一)定义

在《含乳饮料》(GB/T 21732—2008)中,含乳饮料的品种有配制型含乳饮料、发酵型含乳饮料与乳酸菌饮料之分。实际上,乳酸菌饮料是发酵型含乳饮料中的一种。按照定义,二者主要的区别是发酵用菌种不同:发酵型含乳饮料的菌种可以是乳酸菌,也可以是除乳酸菌以外的其他有益菌(如酵母菌)等,或者混合菌种;而乳酸菌饮料只用乳酸菌发酵而成。

（二）分类

1. 发酵型含乳饮料

发酵型含乳饮料指的是以乳或乳制品为原料，在经乳酸菌等有益菌培养发酵制得的乳液中加入水，以及白砂糖和（或）甜味剂、酸味剂、果汁、茶、咖啡、植物提取液等中的一种或几种调制而成的饮料，如乳酸菌乳饮料。根据其是否经过杀菌处理而区分为杀菌（非活菌）型和未杀菌（活菌）型。发酵型含乳饮料还可称为酸乳（奶）饮料、酸乳（奶）饮品。《含乳饮料》（GB/T 21732—2008）中要求其蛋白质含量≥1.0 g/100 g，出厂时活菌型发酵乳饮料中的乳酸菌活菌数≥1×10^6 CFU/mL。

2. 乳酸菌饮料

乳酸菌饮料指的是以乳或乳制品为原料，在经乳酸菌发酵制得的乳液中加入水，以及白砂糖和（或）甜味剂、酸味剂、果汁、茶、咖啡、植物提取液等中的一种或几种调制而成的饮料。根据其是否经过杀菌处理而将乳酸菌饮料区分为杀菌（非活菌）型和未杀菌（活菌）型。《含乳饮料》（GB/T 21732—2008）中要求其蛋白质含量≥0.7 g/100 g，出厂时活菌型发酵乳饮料中的乳酸菌活菌数≥1×10^6 CFU/mL。

（三）产品的加工工艺流程

发酵型含乳饮料的加工可采用下面两种方法。

① 先将牛乳进行乳酸菌等有益菌发酵制成酸乳，然后根据配方加入白砂糖、稳定剂、水等杀菌及冷却，经混合、均质后直接灌装（非杀菌型）；灭菌型则经热处理后灌装，或灌装后热处理。

② 先按发酵型含乳饮料的配方，将所有原料混合在一起，然后再经乳酸菌等有益菌发酵，并直接灌装（非杀菌型）；灭菌型则经热处理后灌装，或灌装后热处理。

考虑到生产过程的实用性，大多数生产厂家采用第一种方法生产发酵型含乳饮料。该方法与酸乳生产最大的区别在于先发酵成无糖酸乳，再加糖等配料调制。发酵型含乳饮料的加工除以生鲜牛乳为原料外，也可以乳粉为原料。

1. 以生鲜牛乳为原料的发酵型含乳饮料

以生鲜牛乳为原料的发酵型含乳饮料的生产工艺流程如图 9-11 所示。

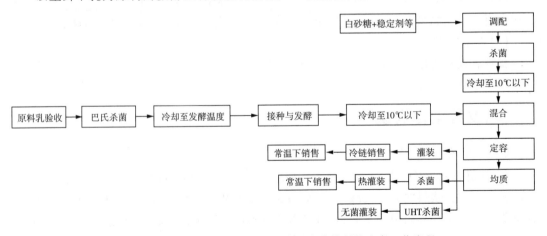

图 9-11　以生鲜牛乳为原料的发酵型含乳饮料的生产工艺流程

2. 以乳粉为原料的发酵型含乳饮料

以乳粉为原料的发酵型含乳饮料的生产工艺流程如图 9 - 12 所示。

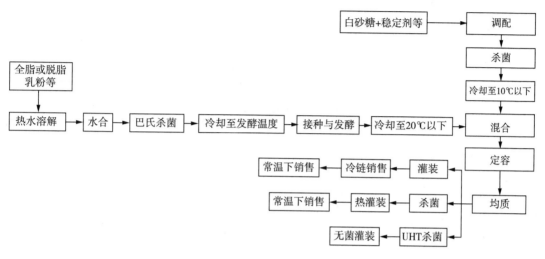

图 9 - 12　以乳粉为原料的发酵型含乳饮料的生产工艺流程

3. 褐色乳酸菌饮料

褐色乳酸菌饮料因践行保护肠胃及促进消化这一理念,受到人们的欢迎。目前,国内关于褐色乳酸菌饮料的定义并不明确,被广泛认可的是以脱脂奶粉、葡萄糖为原料水合后均质,经过高温长时间热处理后,添加乳酸菌进行 72 h 的时间发酵。最后,通过均质、调配而成的口感清爽、具有独特风味的发酵型含乳饮料。

褐色乳酸菌饮料的生产工艺主要包括灭菌、发酵、配料、均质、冷却、灌装等。目前,市售的褐色乳酸菌饮料主要包括两种:杀菌型和活菌型。如果不考虑活菌对人体健康的影响,杀菌型比活菌型乳酸菌饮料有更好的稳定性。这是由于活菌型褐色乳酸菌饮料在产品贮存、运输、销售、食用前过程中,菌体仍要生长繁殖,从而发生后酸化现象,使产品 pH 降低,不利于乳酸菌饮料的稳定。此外,可以通过试验选择最佳工艺条件。养乐多褐色乳酸菌饮料以干酪乳杆菌和瑞士乳杆菌为菌种,以果胶或大豆多糖为稳定剂,在 37 ℃下发酵 48 h,此时产品最佳。褐色乳酸菌饮料既是一个胶体分散体系,又是一个乳化分散体系,属于热力学不稳定体系,易出现分层、絮凝等现象。加入适当稳定剂是避免该现象发生的有效方法之一。一般要求添加到乳酸菌饮料中的稳定剂具有良好的耐酸性、热稳定性和水溶性。目前,褐色乳酸菌饮料常用的稳定剂有羧甲基纤维素钠、果胶、大豆多糖、双乙酰酒石酸单双甘油酯等。其中,大豆多糖应用较为广泛。有研究表明,大豆多糖作为褐色乳饮料的稳定体系,与果胶等相比具有更清爽的口感,其稳定作用受添加量与水硬度影响较大,但几乎不受 pH 与热处理温度的影响。

(四)配方设计及原料要求

1. 配方设计

几种发酵型含乳饮料的配方见表 9 - 4～9 - 6 所列。

表9-4　发酵型含乳饮料配方一

成分	含量/%	成分	含量/%
发酵乳/含乳固体	40	果汁	5
维生素C	0.05	稳定剂	0.25
香精	0.02	柠檬酸	0.03
蔗糖	12	水定容至100%	

表9-5　发酵型含乳饮料配方二

成分	含量/%	成分	含量/%
脱脂发酵乳(固体物)	30	柠檬酸	0.10
稳定剂(CMC、黄原胶)	0.35	苹果酸	0.15
柠檬酸三钠	0.02	白砂糖	8
橘子香精	0.02	水定容至100%	
浓缩橘汁	8		

表9-6　发酵型含乳饮料配方三

成分	含量/%	成分	含量/%
全脂发酵乳	30～50	蔗糖(或相当的甜味剂)	11～13
稳定剂	0.35	柠檬酸	适量
防腐剂	≤0.03	香精	适量
色素	适量	水定容至100%	

发酵型含乳饮料典型的成品标准要求：蛋白质含量为1.0%～1.5%，脂肪含量为1.0%～1.5%，蔗糖含量为≥10%，稳定剂含量为0.3%～0.6%，总固形物含量为15%～16%，pH为3.8～4.2。

2. 原料要求

(1)发酵乳原料和发酵剂

生鲜牛乳或全脂乳粉复原乳、脱脂乳或脱脂乳粉复原乳、半脱脂乳等均可作为发酵乳原料，其质量要求及发酵剂(乳酸菌和益生菌等菌种)的选用与要求等均同酸乳的生产。食品加工用乳酸菌(lactic acid bacterium，LAB)是对能使糖发酵，并产生大量乳酸的细菌的通称，不能液化明胶，是一类无芽孢、无运动、革兰氏染色阳性细菌，主要包括乳杆菌属(*Lactobacilus*)、双歧杆菌属(*Bifidobacterium*)、链球菌属(*Streptococcus*)、乳球菌属(*Lactococcus*)、明串珠菌属(*Leuconostoc*)和片球菌属(*Pediococcus*)等。按照使用温度，其分为嗜温乳酸菌(使用温度为18～37℃的乳酸菌产品)和嗜热乳酸菌(使用温度为30～45℃的乳酸菌产品)。通常将生鲜牛乳或全脂复原乳与脱脂乳或脱脂乳粉复原乳两者混合，使非脂乳固体的含量达到10%～15%。根据需要还可适当添加葡萄糖、酵母菌膏等促进乳酸菌生长的物质。

（2）糖类

糖类一般以蔗糖为主,也可用果葡糖浆、低聚果糖、糖醇类等甜味剂。白砂糖既是甜味剂,使产品具有一定的甜味,改善风味;又是主要配料,提高产品的固形物含量和黏度,但要考虑维持活菌数所需要的渗透压。发酵型含乳饮料的糖含量一般为9%~12%。

（3）酸类和果汁

如果发酵产酸不足以达到要求,可用柠檬酸、苹果酸、乳酸、酒石酸及混合酸等酸味剂,进行适当调酸。酸味剂的使用同配制型含乳饮料。生产果汁型乳酸菌饮料时,使用最多的是橙汁。除此之外,菠萝汁、苹果汁、柑橘汁、鲜桃汁、葡萄汁、山楂汁及哈密瓜汁等也较多应用。

（4）香精、色素和稳定剂

发酵型含乳饮料（乳酸菌饮料）的风味以水果香型为首选。常用柑橘系列的果汁香精或菠萝香精,其次是香蕉、木瓜、草莓、芒果等香精。一般使用焦糖色素或胡萝卜素等调色。使用胡萝卜素调色时应注意,因其既可作为色素,同时也是营养强化剂,故用作色素时还要考虑《食品安全国家标准　食品添加剂使用标准》（GB 2760—2024）和《食品安全国家标准 食品营养强化剂使用标准》（GB 14880—2012）规定的使用范围和剂量,避免违规添加。选用色素时要根据最终产品的香型决定,使味与色互相吻合。

发酵型含乳饮料的稳定剂主要使用耐酸性的羧甲基纤维素钠（CMC - Na）和藻酸丙二醇酯（PGA）。此外,还可使用琼脂和明胶。稳定剂对乳酸菌饮料的组织状态和稳定性起着关键的作用,使用量在0.35%以下。添加时要考虑稳定剂的黏度,黏度过高会产生糊口感。

（五）操作要点

1.（非杀菌型）发酵型含乳饮料

（1）发酵前原料乳成分调整（标准化）

牛乳中蛋白质的含量会直接影响酸乳的黏度、组织状态及稳定性,建议发酵前将调配料中的非脂乳固体含量调整到15%~18%,实行标准化,可通过添加脱脂乳粉、原料乳、蛋白粉或乳清粉来实现。

（2）脱气、均质和巴氏杀菌

该均质工序位于原料乳的巴氏杀菌前,如果原料乳中空气含量高或用复原乳作原料,均质前先对产品进行脱气。否则,产品内空气过多,容易损坏均质头。均质机通常配置于巴氏杀菌系统中,均质温度为60~65 ℃,一级均质压力为20 MPa左右,二级压力为5 MPa左右。发酵接种前,巴氏杀菌可杀死乳中的酵母菌、致病菌及腐败微生物,灭活酶类并使部分乳清蛋白变性。巴氏杀菌方式同酸乳生产,其中原料乳中含有酵母菌,若杀灭不彻底,容易产生具有气泡和龟裂现象的异常凝乳,影响发酵型含乳饮料（乳酸菌饮料）的感官和味觉。

（3）发酵菌种的制备和过程控制

发酵剂的菌种选用和制备同酸乳生产,最常使用的是嗜热链球菌和保加利亚乳杆菌,混合菌株比例为1:1。这两种菌最显著的特点是具有共生现象,即嗜热链球菌生长代谢时会产生乳酸,并导致氧气减少,这些都将促进保加利亚乳杆菌的生长;而保加利亚乳杆菌生长代谢时产生的氨基酸又可以促进嗜热链球菌的生长。

发酵剂的制备需在严格的卫生条件下,制作间最好有经过滤的正压空气,操作前小环境要用 400～800 mg/L 次氯酸钠或二氧化氯溶液喷雾消毒,操作过程中应尽量避免杂菌污染。每次接种时容器口端最好用 200 mg/L 的次氯酸钠或二氧化氯溶液浸湿的干净纱布擦拭,以防止噬菌体的污染。

发酵型含乳饮料(乳酸菌饮料)的发酵过程与酸乳不同之处在于,酸乳生产是先将白砂糖等配料加入乳中后再发酵,其中糖等配料的渗透压可能会对菌种生长发酵产生一定的影响;而乳酸菌饮料使用的酸乳可加(也可不加)糖等配料发酵。因此,发酵的过程和终点可能有所不同,厂家可根据自己对发酵型含乳饮料(乳酸菌饮料)的酸乳配料要求来确定发酵终点。值得注意的是,若生产高黏度的发酵型含乳饮料(乳酸菌饮料),发酵后应将所有离心泵换为螺杆泵。另外,混料时应避免搅拌过度。

(4)配料和均质

发酵完成后,生产厂家可根据配方进行配料。一般来说,发酵型含乳饮料(乳酸菌饮料)的配料包括酸、乳、糖、果汁、稳定剂、酸味剂、香精和色素等。需要注意的是,若选用含蔗糖酸乳作配料,在计算和添加白砂糖时应考虑其中已有的蔗糖量。

配料后应充分搅拌均匀,然后进行均质。为获得最佳均质效果须将配料温度调整到 45 ℃。因为如果温度低于 20 ℃,稳定剂不易融入乳液中;但温度高于 50 ℃,易导致大部分活菌被杀死,酪蛋白易形成较硬的颗粒,产生沉淀现象。均质后的配料液要继续慢慢搅拌,以促进水合,防止粒子的再结合。

(5)灌装

因为此类产品属活菌型产品,并且须保持一定数量的活菌,所以其灌装方式应选用低温或无菌灌装。添加的辅料也须经过杀菌处理。冷却至适当温度后混合,还要适当添加防腐剂(注意防腐剂本身对菌种的影响),以延长保质期。

2.(灭菌型)发酵型含乳饮料

(灭菌型)发酵型含乳饮料生产工艺流程和制作方法基本同活菌型乳酸菌饮料。二者主要区别在于均质后不直接进行低温灌装,而是进行杀(灭)菌,再进行无菌或热灌装。具体如下:添加剂、酸、糖等与发酵乳混合均匀后,经预热、均质,进入杀(灭)菌工序。对于超高温灭菌型乳酸菌饮料,在 137 ℃下杀菌 4 s,即可进行无菌灌装;对于巴氏杀菌型乳酸菌饮料,灌装后一般在 85 ℃下加热 15～20 min,即可达到常温 3 个月以上的保质期。不同的杀菌处理对产品的黏度影响不同,生产中应注意杀菌温度对产品物理和化学性质的影响。另外,稳定剂的作用也有所不同。稳定剂除起增稠稳定作用外,还可保护乳蛋白,避免其在热处理过程中受损。

3.影响发酵型含乳饮料(乳酸菌饮料)质量的因素

(1)原料乳及乳粉质量

发酵型含乳饮料(乳酸菌饮料)的生产必须使用高质量的原料乳或乳粉,原料乳或乳粉中细菌总数应低,并且不含抗生素。

(2)稳定剂的种类及质量

对于发酵型含乳饮料(乳酸菌饮料)来说,最佳的稳定剂是果胶或与其他胶类的混合物。

① 果胶的性质。果胶起到稳定作用的前提条件是它能完全溶解,而保证它完全溶解的首要条件是它能均匀分散于溶液中,不结块。一旦结块,胶类物质将非常难溶于水。通常在

pH＝4 时,果胶稳定性最佳。另外,糖的存在能对果胶起到一定的保护作用。

② 果胶的种类。果胶分为低脂果胶和高脂果胶两种。对于酸性含乳饮料而言,最常使用的是高脂果胶,因为它能与酪蛋白反应,并附着于酪蛋白颗粒的表面上,从而避免调酸过程中 pH 在 4.6 以下,避免酪蛋白颗粒因失去电荷而相互聚合产生沉淀。

③ 果胶的用量。果胶的用量由下列因素决定。

蛋白质含量:一般来说,若蛋白质含量高,果胶用量也应相应提高。当蛋白质含量较低时,果胶用量可以减少,但不是成比例地减少。

酪蛋白颗粒的大小:不同的加工工艺使酪蛋白形成的颗粒的体积不同。若颗粒过大,则需要使用更多的果胶去悬浮;若颗粒过小,因小颗粒具有相对大的表面积,故需要更多的果胶去覆盖其表面,果胶用量应增加。

产品热处理强度:一般来说,产品热处理强度越高,果胶含量也应越高。

产品的保质期:产品所需的保质期越长,稳定剂用量也越多。

④ 果胶的溶解。要使果胶发挥应有的稳定作用,必须保证果胶能完全分散并溶解于溶液中。

(3)果蔬辅料的质量控制

发酵型含乳饮料(乳酸菌饮料)中常加入一些果蔬原料,若这些原料本身的质量不高或配制饮料时预处理不当,则会在保存过程中使饮料的感官质量不稳定,如饮料变色、褪色、沉淀等。因此,在选择及加入果蔬辅料时应经过多次小试,保存试验时间至少为 1 个月。果蔬本身的色素会受到一些因素(pH、光照、酶和金属等)的影响而发生褪色。在生产中可考虑加入一些抗氧化剂,如维生素 E、维生素 C、胡萝卜素、茶多酚、花青素等,对果蔬的色泽具有良好的保护作用。

(4)发酵过程

酪蛋白颗粒的大小是由发酵过程及发酵后加热处理情况所决定的。因此,对发酵过程控制的好坏直接影响产品的风味、黏度和稳定性。

(5)均质效果

为保证稳定剂能起到应有的稳定作用,必须使它均匀地附着于酪蛋白颗粒的表面上。要达到此效果,必须保证均质机工作正常,并采用合适的均质温度和压力。

4. 发酵型含乳饮料(乳酸菌饮料)稳定性的检验方法

发酵型含乳饮料(乳酸菌饮料)成品稳定性检查方法与配制型酸性含乳饮料相同。

5. 发酵型含乳饮料(乳酸菌饮料)中常见的质量问题

(1)饮料中活菌数的控制

发酵型含乳饮料(乳酸菌饮料)要求饮料中活性乳酸菌含量大于 1×10^6 CFU/mL。欲使乳酸菌保持较高活力,应选用耐酸性强的乳酸菌种(如嗜酸乳杆菌、干酪乳杆菌)作为发酵剂。为了弥补发酵本身的酸度不足,需补充柠檬酸。但是柠檬酸的添加会导致活菌数下降,所以必须控制柠檬酸的使用量。苹果酸对乳酸菌的抑制作用小,与柠檬酸并用可以减少活性菌数的下降,同时又可改善柠檬酸的涩味。

(2)沉淀

沉淀是发酵型含乳饮料(乳酸菌饮料)中常见的质量问题。乳蛋白中 80% 为酪蛋白,其等电点为 4.6。通过乳酸菌发酵，并添加果汁或加入酸味剂而使饮料的 pH 为 3.8～4.2。此时，酪蛋白处于高度不稳定状态。此外，加入果汁、酸味剂时，若酸浓度过大，加酸时混合液温度过高，加酸速度过快，以及搅拌不均等，均会引起局部过分酸化，而发生分层和沉淀。为使酪蛋白胶粒在饮料中呈悬浮状态，不发生沉淀，应注意以下几点。

① 均质。均质可使酪蛋白粒子微细化，抑制粒子沉淀并提高料液黏度，增强稳定效果。均质压力通常为 20～25 MPa，温度为 51～55 ℃。均质后的酪蛋白微粒失去了静电荷、水化膜的保护，粒子间的引力增强，增加了碰撞机会且碰撞时很快聚成大颗粒，比重加大引起沉淀。因此，均质必须与稳定剂配合使用，方能达到较好效果。

② 添加稳定剂。稳定剂不仅能提高饮料的黏度，防止蛋白质粒子因重力作用下沉，更重要的是它本身是一种亲水性高分子化合物，在酸性条件下与酪蛋白形成保护胶体，防止凝集沉淀。此外，由于牛乳中含有较多的钙，在 pH 降到酪蛋白的等电点以下时，牛乳中的钙以游离钙状态存在，钙离子与酪蛋白之间易发生凝集而沉淀。故添加适当的磷酸盐（一种稳定剂）使其与钙离子形成螯合物，起到稳定作用。

③ 添加蔗糖。添加 13% 蔗糖不但使饮料酸中带甜，而且糖在酪蛋白表面上形成被膜，可提高酪蛋白与其他分散介质的亲水性，并能提高饮料密度，增加黏稠度，有利于酪蛋白在悬浮液中的稳定。另外，发酵乳与糖浆混合后要进行均质处理，这是防止沉淀必不可少的工艺过程。均质后的物料要进行缓慢搅拌，以促进水合作用，防止颗粒的再聚集。

④ 添加有机酸。添加柠檬酸等有机酸是引起饮料产生沉淀的因素之一。因此，必须在低温条件下使其与蛋白质胶粒均匀、缓慢地接触。另外，酸的浓度要尽可能小，添加速度要缓慢，搅拌速度要快。一般地，酸液最好以喷雾形式加入。

⑤ 控制好发酵乳的搅拌温度。为了防止沉淀产生，还应特别注意控制好搅拌发酵乳时的温度，以 7 ℃ 为最佳。实际生产中冷却至 20～25 ℃ 后，开始搅拌。若在高温时搅拌，凝块将收缩硬化，此后将无法防止蛋白胶粒的沉淀。

(3)脂肪上浮

这是在采用全脂乳或脱脂不充分的脱脂乳作原料时，由均质处理不当等引起的。应改进均质条件，如增加压力或提高温度。同时，选用酯化度高的稳定剂或乳化剂，如卵磷脂、单硬脂酸甘油酯或脂肪酸蔗糖酯等。但是，最好采用含脂率较低的脱脂乳或脱脂乳粉作为乳酸菌饮料的原料，并且进行均质处理。

(4)果蔬料的质量控制

为了强化饮料的风味与营养，常常加入一些果蔬原料，如果汁类的椰汁、芒果汁、橘汁、山楂汁、草莓汁等，蔬菜类的胡萝卜汁、玉米浆、南瓜浆、冬瓜汁等。有时，还加入蜂蜜等成分。若这些物料本身的质量不高或配制饮料时预处理不当，在保存过程中会引起饮料感官质量的不稳定，如饮料变色、褪色、出现沉淀、污染杂菌等。因此，在选择及加入这些果蔬物料时，应注意杀菌处理。

(5)卫生管理

乳酸菌饮料酸败方面的最大问题是酵母菌的污染。由于添加了蔗糖、果汁，当制品中混入酵母菌时，在保存过程中，酵母菌迅速繁殖产生二氧化碳气体，并形成酯臭味和酵母菌味等令人不愉快风味。另外，在乳酸菌饮料中，因霉菌繁殖，其耐酸性很强，也会损害制品的风味。酵母菌、霉菌的耐热性弱，通常在 60 ℃ 下，加热 5～10 min，即被杀死。所以，在制品中出现的污染,主要是二次污染。使用蔗糖、果汁的乳酸菌饮料加工车间的卫生条件必须符合国家卫生标准要求,以避免制品被二次污染。

(六)具体实施例

非活性乳酸菌饮料的主要生产工艺与活性乳酸菌饮料基本相同。主要差别在于前者最终要进行杀菌。下面以果汁乳酸菌饮料生产为例介绍其生产方法。

1. 生产工艺流程

果汁乳酸菌饮料的生产工艺流程如图 9-13 所示。

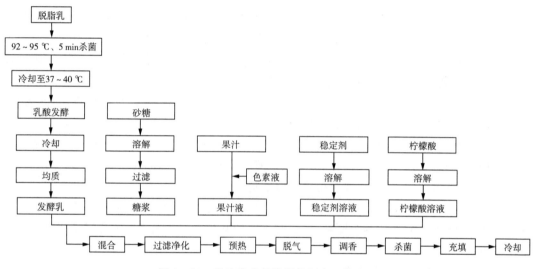

图 9-13 果汁乳酸菌饮料的生产工艺流程

2. 配方

果汁乳酸菌饮料的配方如下:发酵脱脂乳含量为 5%,砂糖含量为 10%,果汁含量为 10%,稳定剂含量为 0.2%,柠檬酸含量为 0.15%,抗坏血酸含量为 0.05%,香精含量为 0.1%,色素适量,水加至 100%(以上均为体积分数)。

3. 生产要点

① 原料的选用。果汁可使用带果浆成分的果汁,但要用果胶酶除去尽量多的果胶成分,可用乳蛋白水溶液作预处理以除去果胶和酚类物质。稳定剂主要有果胶、天然胶质、CMC-Na、PGA、黄原胶等,混合使用效果更好。稳定剂要充分溶解后使用。

② 发酵。发酵菌种可用保加利亚乳杆菌、嗜热链球菌和乳链球菌等。因风味主要来自果汁,可不选用产香菌。

③ 混合。发酵乳、糖浆、果汁、酸溶液混合时要注意调配顺序,要在低温搅拌的状态下将果汁和酸溶液缓慢、均匀地加入。

④ 脱气。混合后的物料经热交换器预热至 40~50 ℃后,进行真空脱气。脱气不完全会导致装瓶后泡沫上浮,而泡沫对蛋白质、色素、果胶等物质产生吸附,易于引起分离现象。特别是当含有果浆时,脱气不完全易造成果浆上浮。另外,脱气处理降低了氧的含量,可以防止氧化及风味劣化。

⑤ 调香、杀菌。脱气后加香精调香。然后,进行杀菌、包装。杀菌可以采取以下三种

方法：

A. 灌装后，在包装物内，70～80 ℃下杀菌 5 min 后，迅速冷却；

B. 使用高温短时（HTST）杀菌法时，用片式或管式换热器，加热产品至 70～80 ℃，保持30 s，进行热灌装，最后冷却至 20 ℃；

C. HTST 杀菌，在 70～90 ℃下保持 30 s，或者 UHT 杀菌，在 140 ℃下保温 4 s，然后冷却至 15～20 ℃，最后进行无菌包装。

第二节　植物蛋白饮料

《饮料通则》（GB/T 10789—2015）中规定，植物蛋白饮料（plant protein beverage）是以一种或多种含有一定蛋白质的植物果实、种子或种仁等为原料，添加或不添加其他食品原辅料和（或）食品添加剂，经加工或发酵制成的制品，如豆奶（乳）、豆浆、豆奶（乳）饮料、椰子汁（乳）、杏仁露（乳）、核桃露（乳）、花生露（乳）等，其成品蛋白质含量≥0.5 g/100 mL。

根据加工原料不同，植物蛋白饮料可分为豆乳类饮料、椰子乳（汁）饮料、杏仁乳（露）饮料、核桃乳（露）饮料、花生乳饮料和其他植物蛋白饮料。

以两种或两种以上含有一定蛋白质的植物果实、种子、种仁等为原料，添加或不添加其他食品原辅料和（或）食品添加剂，经加工或发酵制成的制品也可称为复合植物蛋白饮料，如花生核桃、核桃杏仁、花生杏仁复合植物蛋白饮料。

复合蛋白饮料（mixed protein beverage）是以乳或乳制品，和一种或多种含有一定蛋白质的植物果实、种子或种仁等为原料，添加或不添加其他食品原辅料和（或）食品添加剂，经加工或发酵制成的制品。

除以上之外的蛋白饮料称为其他蛋白饮料（other protein beverage）。

一、豆乳类饮料

（一）定义和分类

依据《植物蛋白饮料　豆奶和豆奶饮料》（GB/T 30885—2014）规定，以大豆为主要原料，经加工制成的预包装液体饮料按照产品特性分为豆奶、豆奶饮料。豆奶产品按照工艺分为原浆豆奶、浓浆豆奶、调制豆奶、发酵豆奶。其中，发酵豆奶按照特性，又分为发酵原浆豆奶、发酵调制豆奶。豆奶饮料产品按照工艺，分为调制豆奶饮料、发酵豆奶饮料。发酵型产品根据是否经过杀菌处理，分为杀菌（非活菌）型和未杀菌（活菌）型。具体定义和分类如下。

1. 豆奶（豆乳）

① 原浆豆奶（豆乳）：以大豆为主要原料，不添加食品辅料和食品添加剂，经加工制成的产品，也可称为豆浆。

② 浓浆豆奶（豆乳）：以大豆为主要原料，不添加食品辅料和食品添加剂，经加工制成的、大豆固形物含量较高的产品，也可称为浓豆浆。

③ 调制豆奶（豆乳）：以大豆为主要原料，可添加营养强化剂、食品添加剂、其他食品辅料，经加工制成的产品。

④ 发酵原浆豆奶（豆乳）：以大豆为主要原料，可添加食糖，不添加其他食品辅料和食品添加剂，经发酵制成的产品，也可称为酸豆奶或酸豆乳。

⑤ 发酵调制豆奶(豆乳):以大豆为主要原料,可添加营养强化剂、食品添加剂、其他食品辅料,经发酵制成的产品,也可称为调制酸豆奶或调制酸豆乳。

2. 豆奶(豆乳)饮料

① 调制豆奶(豆乳)饮料:以大豆、豆粉、大豆蛋白为主要原料,可添加营养强化剂、食品添加剂、其他食品辅料,经加工制成的、大豆固形物含量较低的产品。

② 发酵豆奶(豆乳)饮料:以大豆、大豆粉、大豆蛋白为主要原料,可添加食糖、营养强化剂、食品添加剂、其他食品辅料,经发酵制成的、大豆固形物含量较低的产品。

感官要求及理化要求见表9-7和表9-8所列。

表9-7　感官要求

项目	要求	
	原浆豆奶、浓浆豆奶、调制豆奶、豆奶饮料	发酵豆奶
色泽	乳白色、微黄色,或具有与原料或添加成分相符的色泽	
滋味和气味	具有豆奶或发酵型豆奶应有的滋味和气味,或具有与添加成分相符的滋味和气味;无异味	
组织状态	组织均匀,无凝块,允许有少量蛋白质沉淀和脂肪上浮,无正常视力可见外来杂质	组织细腻、均匀,允许有少量上清液析出;或具有添加成分特有的组织状态,无正常视力可见外来杂质

表9-8　理化要求

项目	指标			
	豆奶		豆奶饮料	
	浓浆豆奶	原浆豆奶、调制豆奶、发酵豆奶	调制豆奶饮料	发酵豆奶饮料
总固形物/(g/100mL) ≥	8.0	4.0	2.0	
蛋白质/(g/100g) ≥	3.2	2.0	1.0	
脂肪/(g/100g) ≥	1.6	0.8	0.4	
脲酶活性	阴性			

在出厂期,未杀菌(活菌)型产品的乳酸菌活菌数≥1×10^6 CFU/mL,在销售期应按照产品标签标注的乳酸菌活菌数执行。

(二)产品的生产工艺流程

1. 豆乳的生产工艺流程

豆乳是将大豆粉碎后萃取其中的水溶性成分,再经离心过滤除去不溶物制得的。大豆中的大部分可溶性营养成分在这个过程中转移到豆乳中。豆乳的生产工艺流程如图9-14所示。

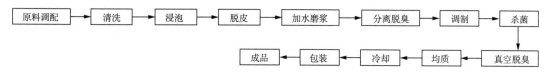

图9-14　豆乳的生产工艺流程

2. 发酵酸豆乳的加工工艺流程

发酵酸豆乳是大豆制浆后,加入少量乳粉或某些可供乳酸菌利用的糖类作为发酵促进剂,经乳酸菌发酵而产生的酸性豆乳饮料。发酵酸豆乳既保留了豆乳饮料的营养成分,在发酵过程中又能产生乳酸及许多风味物质,赋予饮料浓郁芳香的特有风味。其又可分为凝固型和搅拌型两种,各生产工艺流程如图 9-15 和图 9-16 所示。

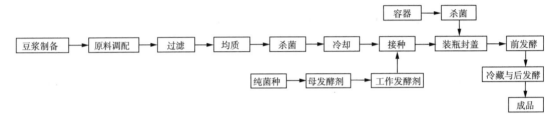

图 9-15　凝固型发酵酸豆乳的生产工艺流程

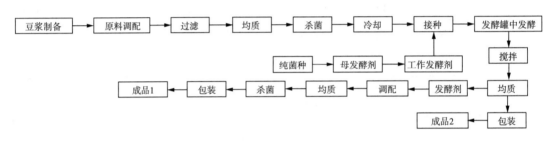

图 9-16　搅拌型发酵酸豆乳的生产工艺流程

(三)操作要点

1. 豆乳加工工艺要点

(1)原料选择

制作豆乳的原料有全大豆、去皮大豆、全脂大豆粉、脱脂大豆粉(豆粕)、大豆蛋白等。以新鲜的全大豆为原料制得的豆乳质量最好;去皮大豆和全脂大豆粉不耐储藏,易发生油脂氧化反应,需及时加工;脱脂大豆粉(豆粕)极易发生油脂氧化反应,并且蛋白质部分变性,制得的豆乳质量较差;大豆蛋白(如分离蛋白、浓缩蛋白等)也可以加工成豆乳,但原料成本偏高,产品缺乏香味,可能是缺少脂溶性香气的缘故。

(2)清洗、浸泡

浸泡大豆的目的是软化大豆组织结构,降低磨耗和磨损,提高胶体分散程度和悬浮性,同时有利于蛋白质有效成分的提取。通常将大豆浸泡于 3 倍的水中,浸泡温度和时间是决定大豆浸泡速度的关键因素。温度越高,浸泡时间越短。在 70 ℃下,浸泡 0.5 h;在 30 ℃下,浸泡 4~6 h;在 20 ℃下,浸泡 6~10 h;或者在 10 ℃下,浸泡 14~18 h。浸泡好的大豆吸水量为 1.1~1.2 倍,当豆皮平滑而胀紧时,种皮易脱离,易于沿子叶横切面断开。中心部分与边缘色泽基本一致时,表明浸泡适度。

为了钝化酶的活性,减轻豆腥味,生产中常在浸泡前将大豆用 95~100 ℃水热烫处理 1~2 min。在浸泡液中加入 0.3% 浓度的 $NaHCO_3$,可以减少豆腥味的产生,并有软化大豆组织的效果。

(3)脱皮

脱皮是豆乳加工过程中的关键工序之一。通过脱皮可以起到以下作用:①减少从土壤中带来的耐热菌,提高产品的储藏性;②降低皂苷、异黄酮等苦涩味物质的含量,改善豆乳风味和口感,降低起泡性;③缩短脂肪氧化酶钝化所需的加热时间,降低储存蛋白的热变性程度,防止非酶褐变,赋予豆乳良好的色泽。

脱皮通常在浸泡之前进行,称为干法脱皮。也有采用湿法脱皮的,即将大豆浸泡后才去皮。干法脱皮时,大豆含水量应在12%以下,否则严重影响脱皮效果。当大豆水分偏大时,可以在热风干燥机中干燥处理,热风温度一般为105~110 ℃。大豆干法脱皮常用凿纹磨,间隙调节至可使多数大豆裂成2~4瓣的程度,再经重力分选器或吸气机除去豆皮。因为脱皮后大豆原料的脂肪易发生酶促氧化,产生豆腥味,所以脱皮大豆需及时加工。

(4)磨浆与分离

大豆经浸泡去皮后,加入适量的水直接磨成浆体。制浆过程必须与灭酶工序相结合。磨浆方法有粗磨和细磨。粗磨时选用磨浆机磨浆,采用的是热水磨浆,磨浆温度应控制为85~90 ℃,目的是降低酶的活性,以便最大限度地减少豆腥味,提高饮料的口感。在研磨过程中,受到摩擦力及剪切力等的共同作用,大豆被破碎成均匀的1~10 μm的小颗粒。此过程不仅可以使大豆彻底破碎,有效成分溶出,同时浆体受到一定的均质作用,乳化性和悬浮性提高,改善了豆乳的口感品质。采用的料水比为1:20~1:15(M/V)。细磨时用胶体磨进行磨浆,磨浆温度一般控制为75~80 ℃。经过胶体磨磨浆后,应有90%以上的固形物可通过200目。

浆体通常采用离心操作进行浆渣分离。大豆经磨浆破碎后,脂肪氧化酶会在一定温度、含水量和氧气存在条件下起作用,迅速产生豆腥味。因此,在磨浆前应采取抑酶措施。

(5)调配

调配的目的是生产各种风味的豆乳产品,同时改善豆乳稳定性和质量。豆乳的调配是在带有搅拌器的调配罐内进行的,按照产品配方和标准要求,加入各种配料,充分搅匀或再加水稀释到一定比例即可。通常还添加稳定剂、甜味剂、赋香剂、营养强化剂和豆腥味掩盖剂等。

① 稳定剂:生产上通过添加乳化剂使水和油溶性成分乳化,提高产品稳定性。豆乳是以水为分散介质,以蛋白、脂肪等为分散相的宏观体系,呈乳状液,具热力学不稳定性。常用的乳化剂以蔗糖脂肪酸和卵磷脂为主。此外,还可以使用山梨糖酯、聚乙二醇山梨糖酯等。如把两种以上的乳化剂配合使用,效果会更好。蔗糖脂肪酸酯添加量一定要控制为0.003%~0.5%。豆乳的稳定性还与黏度有关,常用增稠剂,如CMC-Na、海藻酸钠、黄原胶等来提高产品稠度,其用量为0.05%~0.1%。由于不同增稠剂及不同乳化剂间常具有增效作用,通常多种乳化剂、增稠剂配合使用。

② 赋香剂:生产中常用香味物质调制各种风味的豆乳,还有利于掩盖豆乳本身的豆腥味。常用香味物质有甜味剂(宜选用双糖)、奶粉、鲜奶、可可、咖啡、椰浆及奶油香精等。

③ 营养强化剂:豆乳中虽然含有丰富的营养物质,但也有其不足之处,如含硫氨基酸、维生素A、维生素D等都有必要进行强化。豆乳最常补充的是钙,生产上常使用碳酸钙(CaCO₃),由于碳酸钙溶解度低,宜均质处理前添加,避免碳酸钙沉淀。为了防止因添加钙

盐引起的豆乳沉淀,在蛋白质含量低于 1.0% 的情况下,可先在豆乳中添加一种或两种 κ- 酪蛋白、富含 κ-酪蛋白的酪蛋白、脱磷酸 β-酪蛋白。然后,再添加钙盐就不会再出现沉淀现象。

④ 豆腥味掩盖剂:豆乳生产中虽然采用了各种脱腥脱臭的方法,但腥臭味物质总会有残存,因此在调配时加一些掩盖性物质也是必要的。把植物油和小麦粉混合物经短时间加热处理后,按 0.1%~5% 的比例与豆乳混合可起到掩盖豆腥味的作用。在豆乳中加入热凝固的卵白,也可起到掩盖豆腥味的作用。

(6)杀菌、脱臭

调配好的豆乳应进行高温瞬时灭菌(UHT)。灭菌的条件一般为 110~121 ℃、10~15 s。其目的主要是破坏抗营养因子,减弱残存酶的活性,杀灭部分微生物的同时提高豆乳温度,有助于脱臭。灭菌后的豆乳应及时泵入真空脱臭器进行脱臭处理,以最大限度地除去豆浆中的异味物质。真空度控制为 0.03~0.04 MPa,不宜过高,以防气泡溢出。

(7)均质

均质是生产优质植物蛋白饮料不可缺少的工序,其作用如下:①防止脂肪上浮;②使吸附于脂肪球表面的蛋白质量增加,缓和变稠现象;③提高蛋白质稳定性,防止出现沉淀;④增加成品的光泽度;⑤改善成品口感。

均质处理是提高豆乳口感和稳定性的关键工序。豆乳在高压下从均质阀的狭缝中压出,油滴、蛋白质等粒子在剪切力、冲击力与空穴效应的共同作用下,进行微细化,形成稳定性良好的乳状液豆乳。均质的效果取决于均质的压力、物料温度和均质次数。均质压力越大,均质效果越好,但均质压力受到设备性能的限制,生产中均质压力一般为 20~30 MPa。均质时物料的温度也影响均质效果,温度越高,往往效果越好,一般控制物料的温度为 70~90 ℃。均质次数越多,均质效果也越好。从经济和生产效率的角度出发,生产中一般均质 1~2 次。

均质工序可以放在杀菌之前,也可以放在杀菌之后。豆乳在高温杀菌时,会引起部分蛋白质变性,产品杀菌后会有少量沉淀存在。均质放在杀菌之后,豆乳的稳定性高,但生产线需采用无菌包装系统,以防杀菌后的二次污染。

(8)杀菌

由于蛋白质含量高,pH 接近中性,产品如需长期保存,杀菌时应以肉毒梭状芽孢杆菌为对象。高温杀菌是豆乳加工厂最常用的方法,采用高温杀菌的公式为 $\frac{15-30-15}{121}$。

超高温瞬时灭菌是近年来在豆乳生产中采用的方法。将豆乳加热至 130~138 ℃,经过十至数十秒灭菌,然后迅速冷却和无菌包装。该方法可以显著地提高豆乳的稳定性和口感。

(9)包装

豆乳的包装形式很多,常用的包括玻璃瓶、复合袋、蒸煮袋、利乐包、易拉罐等。可根据计划产量、成品保藏要求、包装设备造价、杀菌方法等因素统筹考虑,权衡利弊,最后选定合适的包装形式。

若采用瓶装形式,需进行二次杀菌。豆乳在调配后进行过一次杀菌,但灌装到玻璃瓶后,因玻璃瓶及瓶盖带菌,以及灌装压盖时空气的介入等都会造成污染,所以必须在压盖后再进行一次杀菌,称为二次杀菌。全脂豆乳经过二次杀菌后,其中的蛋白质可能会因变性产生少量絮状沉淀。同时,由于脂肪析出,在玻璃瓶颈部会形成白色的脂肪圈。另外,加入糖类后,二次杀菌高温处理中会因美拉德反应而出现褐变。为了克服这三个方面的问题可采取以下措施。

① 减少沉淀的形成。可在浸泡时加 NaHCO$_3$,提高水的比例,最大比例为豆：水＝1：20,控制磨浆后豆浆的 pH 在 6.5 以上,在过滤后进行调配时,加入 0.3%～0.4% 的明胶等稳定剂。然后,进行均质,再灌装杀菌。

② 防止脂肪圈的出现。因二次杀菌温度在 121 ℃ 以上,脂肪会上浮并附着于玻璃瓶颈部的内壁上,结成白色环状或脂肪圈。在杀菌前采用 25 MPa 以上的压力均质,彻底打碎脂肪球。同时,加入适量的乳化剂可较好地防止脂肪圈的出现。

③ 减缓豆乳的褐变作用。为了克服由美拉德反应造成的褐变,豆浆经脱臭、灭菌、均质后,待冷却到 30 ℃ 左右时加糖,再灌装进行二次杀菌。另外,少加糖或采用不参与褐变反应的甜味剂(如糖醇等)代替蔗糖,或控制二次杀菌时的温度、时间及采取反压降温等措施,均可减少褐变反应。

2. 酸豆乳加工工艺要点

酸豆乳生产主要可以分为酸豆乳基料的制备、发酵剂的制备和接种发酵三道工序。

(1)酸豆乳基料的制备

酸豆乳基料的质量决定着产品的色、香、味、形,其制备过程同纯豆乳生产工艺,调配时需要注意如下三点。

① 糖:调配过程中加入糖的主要目的是促进乳酸菌的繁殖,提高酸豆乳的质量,同时调味。可选用的糖的种类很多,一般来说添加 1% 左右的乳糖和葡萄糖的效果比其他糖要好。乳糖对链球菌、乳脂链球菌和二乙酰乳链球菌的产酸量有明显的促进作用,葡萄糖在某些情况下对乳酸菌发酵的产酸作用效果更好,葡萄糖对链球菌、乳脂链球菌、二乙酰乳链球菌、戴氏乳杆菌和干酪乳杆菌的产酸均有明显促进作用。在豆乳中,添加蔗糖只适用于某些乳酸菌,并且一般与乳清粉配合使用。

② 稳定剂:添加稳定剂的目的是保证产品的稳定性,因而要求所添加的稳定剂在酸性条件下不易被乳酸菌分解。常用的有明胶、琼脂、果胶、卡拉胶、海藻胶和黄原胶等。单独使用时,明胶添加量为 0.6%,琼脂添加量为 0.2%～1.0%,卡拉胶添加量为 0.4%～1.0%。各种稳定剂也可混合使用,使用时需事先用水溶化后再加入。

③ 调味添加剂:根据产品的需要还可添加香精及香料,有时可以添加牛乳或果汁以增加产品风味。果汁添加量一般小于 10%,牛乳的添加量不受限制。上述原料搅拌均匀后,依次进行过滤、均质(20 MPa)、灭菌(85～90 ℃、5～10 min)处理。然后,迅速冷却至菌种的最佳发酵温度。如采用保加利亚乳杆菌和嗜热乳链球菌混合菌种,可冷却至 45～50 ℃;若采用乳链球菌,则需冷却至 30 ℃。

(2)发酵剂的制备

发酵剂质量的好坏直接影响成品的风味和制作工艺条件的控制。发酵剂的制备过程与酸乳发酵剂相似,包括纯菌种的复壮、母发酵剂的制备和工作发酵剂的制备三个步骤,但发酵酸豆乳生产所用的工作发酵剂的培养基最好与生产状态一致,即采用豆乳为培养基。生产发酵剂制备好后,在 0～5 ℃ 冷库中储存待用。

(3)接种发酵

冷却后的原料可接种制备好的发酵剂,接种量随发酵剂中的菌数含量而定,一般为1%~5%。然后,进行发酵(或称前发酵)和后熟(在0~5℃冷库中,进行冷却后熟,大约需要4 h)。在前发酵过程中,需控制好发酵温度和时间两个参数。一般来说,温度通常控制为35~45℃,不同菌种发酵最适温度不同。对于混合菌种的发酵而言,发酵温度在低限时接近乳酸菌的最适生长温度,有利于乳酸菌的生长繁殖;发酵温度在高限时可以使发酵酸豆乳在短时间内达到适宜的酸度,凝结成块,从而缩短发酵时间。发酵酸豆乳的发酵时间随所用菌种及培养温度的不同而略有差异,一般控制在10~24 h。判断发酵工序是否完成,主要依据就是酸度和pH。发酵好的酸豆乳pH应为3.5~4.5,酸度应为50~60°T。

另外,能够用于发酵的乳酸菌很多,而有些乳酸菌在发酵过程中也表现出一定的共生优势,生产中多采用混合菌种,这样可使发酵易于控制且产品风味柔和,质量高。常用的配合方式是嗜热乳链球菌和保加利亚乳杆菌,其混合比例为1:1;保加利亚乳杆菌和乳链球菌混合比例为1:4;嗜热乳链球菌、保加利亚乳杆菌和乳脂链球菌混合比例为1:1:1。生产凝固型酸豆乳时,接入发酵剂后,迅速灌装、封盖;然后,进入发酵室培养发酵。生产搅拌型酸豆乳时,接入发酵剂后,先在发酵罐中培养发酵;然后,搅拌、均质、分装后,出售。根据产品特性,有些在分装前还要进行适当调配;生产非活菌型的酸豆乳饮料时,调配后还要进行灭菌处理,最后,灌装。

3. 影响豆乳类饮料的质量因素及解决办法

大豆中的酶类和抗营养因子是影响豆乳质量、营养和加工工艺的主要因素。大豆中有近30种酶类,其中脂肪氧化酶、脲酶对产品质量影响最大。大豆抗营养因子中的胰蛋白酶阻碍因子、凝血素和皂苷对产品质量影响最大。脂肪氧化酶存在于许多植物中,以大豆中的活性最高,可催化不饱和脂肪酸氧化降解成正己醛、正己醇,这是豆腥味产生的主要原因。杀灭脂肪氧化酶是产生无腥豆乳的关键。脲酶是大豆中各种酶中活性最强的酶,能催化分解酰胺和尿素,产生二氧化碳和氨,也是大豆的抗营养因子之一,易受热失活。

(1)豆腥味的产生与防治

大豆的豆腥味不是起因于某一种特定的物质,而是几种甚至几十种风味成分对人的嗅觉产生的综合效应,主要包括醛类、醇类、酮类、酯类、烃类、酸盐类和呋喃类等。其中,己醛和己醇的含量与豆腥味轻重关系最密切。其产生的途径主要有以下两个方面。一是在大豆生长过程中形成:在大豆生长过程中,由于脂肪氧化酶的存在及其作用,大豆本身就含有豆腥味成分。同时,在光照的作用下,大豆食品中的核黄素分解也会产生一定的豆腥味。研究发现,有些致腥味的小分子化合物与大豆蛋白中的末端氨基和羧基结合形成的较复杂的化合物,也同样具有豆腥味且不易去除。二是在加工过程中产生。脂肪氧化酶多存在于靠近大豆表皮的子叶处,在整粒大豆中活性很低。但在大豆粉碎过程中,由于其被氧气和水激活,将其中的多价不饱和脂肪酸(主要是亚油酸、亚麻酸等)氧化,生成过氧化物,进而再降解成多种低分子醇、醛、酮、酸和胺等挥发性成分。而这些小分子化合物大都具有不同程度的异味,从而形成了大豆腥味。大豆中的多不饱和脂肪酸在加热时发生的非酶促氧化反应,也会产生少量的豆腥味成分。

脂肪酸酶促反应的主要途径如图9-16所示。

生产豆乳时,要防止豆腥味的产生必须钝化脂肪氧化酶。脂肪氧化酶的失活温度为

80～85 ℃。故用加热的方法可使脂肪氧化酶丧失活性。实际加热方法有干豆加热再浸泡制浆和先浸泡再热烫然后磨浆两种。其中,后一种方法豆腥味仍较重。这可能是水浸泡时脂肪氧化酶活性增强且有利于脂肪氧化反应进行的缘故。但是,在加热钝化酶过程中,存在一个矛盾之处,即加热可使酶钝化的同时,也使其他蛋白质受热变性,这样就降低了蛋白质的溶解性,不利于磨浆时蛋白质的抽提。因此,生产中,一方面要防止豆腥味产生;另一方面又要保持大豆蛋白质有较高的溶解性,即尽可能做到在保证脂肪氧化酶钝化的前提下,使大部分其他蛋白质不变性。目前,较好的钝化酶的方法有加热法、化学法和生物法。

| 亚油酸、亚麻酸等 | 脂肪氧化酶、氧气 | 过氧化物 | 降解 | 醛、酮、醇、呋喃、α-酮类、环氧化物等异味成分 |

图 9 - 16　脂肪酸酶促反应的主要途径

　　1)加热法

　　加热法是一种最常用的消除豆腥味的方法。加热可钝化脂肪氧化酶,使一些豆腥味成分挥发,并产生豆香味来掩盖部分豆腥味。加热处理还可破坏胰蛋白酶抑制因子、血球凝集素和脲酶等抗营养因子。饮用生豆浆会使人体在数分钟内严重腹泻,但是加热对蛋白质的稳定性及其溶解性有一定的影响。因此,选择合适的加热条件十分重要。目前,主要的方法有以下几种。

　　① 干热法:在大豆脱皮浸泡前,利用高温热空气对其进行烘烤。此方法对脂肪氧化酶的钝化有良好效果。短时间加热除豆腥味不是很明显,但是长时间的加热会导致大豆中蛋白质因为严重失水发生不可逆变性。

　　② 湿热法:主要是在大豆脱皮后,利用高湿蒸汽或沸水煮的方法对大豆进行加热处理。一般地,大豆在 95 ℃下加热 10 min,或在 100 ℃下处理 5 min,即可使脂肪氧化酶失活,且成品风味较好。

　　③ 热磨法:在大豆研磨时,用 85 ℃以上的热水代替冷水。此法不仅能钝化脂肪氧化酶,还可减少氧气混入,从而减少了豆腥味成分的产生。

　　2)化学法

　　① 调节 pH 法:该法是调节 pH,使其偏离脂肪氧化酶的最适 pH,从而抑制其活性。研究发现,pH 在 4 以下时,将大豆浸泡 15～20 min,即可抑制 80% 的酶活性。大豆在 3% 的 $NaHCO_3$ 溶液中浸泡 2～3 h,或在 0.5% 的 $NaHCO_3$ 溶液中浸泡 8 h,都可使豆腥味及苦涩味大大减轻。生产中一般选用碱液浸泡大豆,这样做可取得抑制脂肪氧化酶活性和提高蛋白质溶出率的效果。

　　② 金属螯合法:脂肪氧化酶是一种含有非血红素铁的蛋白质,它必须在 Fe^{3+} 状态下才能催化反应,脂质过氧化物对它有激活作用。EDTA、磷酸盐、酒石酸、柠檬酸等均可通过螯合 Fe^{3+} 而抑制脂肪氧化酶的活性。因此,大豆在磨浆之前加入一定量的复合磷酸盐具有抑制脂肪氧化酶活性的作用。

　　③ 添加抗氧化剂或还原剂法:脂肪氧化酶的分子结构中有 2 个二硫键和 4 个巯基,使用抗氧化剂(碘酸钾、溴酸钾、半胱氨酸、巯基乙醇、维生素 C、亚硫酸盐等)可钝化脂肪氧化酶。此外,添加一定的还原剂还可增加大豆蛋白的溶解性。氧化剂或还原剂与金属螯合剂联合使用具有协同增效作用。若用 2.5 mmol/L 半胱氨酸与 5 mmol/L 柠檬酸混合溶液浸

泡大豆 2 h 后,酶活性几乎完全损失。

④ 酶解法:在豆乳中加入一定量的蛋白酶,对蛋白质进行适量水解,不仅能消除部分豆腥味,还可提高蛋白质的溶出率。但是,该法也造成大豆蛋白部分水解。

3)生物法

乳杆菌和链球菌可完全去除未发酵豆乳中导致豆腥味的主要成分之一,即己醛。豆乳发酵之后,产生的乳酸香味还可进一步掩盖豆腥味。同时,豆乳经发酵后,既能发挥大豆的营养功能,又能消除豆乳中的抗营养因子,使大豆蛋白质的消化率得到明显提高,还含有一些活性肽等生理活性物质,具有较强的保健作用。

豆腥味的脱除和掩盖方法具体如下。

① 真空脱臭法:除去豆乳中豆腥味的一个有效方法。将加热的豆奶喷入真空罐中,抽真空,排出挥发性的豆腥味成分。

② 掩盖法:在大豆食品中添加牛奶、水果、花卉、芝麻、花生、咖啡及可可等呈味物质,能掩盖豆乳的部分豆腥味。

③ 去皮法:脂肪氧化酶主要分布在大豆的表皮及靠近表皮的子叶中,大豆去皮后再加工,可以改善大豆产品品质。

另外,大豆发芽法或高压静电场、脉冲电场等技术也能有效抑制大豆脂肪氧化酶的活性。实际生产中,通过单一方法去除豆腥味相当困难。因此,在豆乳加工过程中,钝化脂肪氧化酶是最重要的,再结合脱臭法和掩盖法,可以使产品的豆腥味基本消除。

(2)苦涩味的产生与防止

豆乳中苦涩味的产生是因为大豆在加工生产豆乳时产生了具有各种苦涩味的物质。例如,卵磷脂氧化生成的磷脂胆碱;蛋白质水解产生的苦味肽及部分具有苦涩味的氨基酸、有机酸;不饱和脂肪酸氧化产物黄酮类,都是构成豆乳苦涩味的物质。在生产豆乳时应尽量避免生成这些苦味物质,如控制蛋白质水解程度,添加葡萄糖内酯,控制加热温度及时机,使溶液接近中性。另外,发展调制豆乳,不仅可掩盖大豆异味,还可增加豆乳的营养成分及新鲜口感。

(3)生理有害因子的去除

胰蛋白酶抑制因子是抑制或阻碍胰蛋白酶消化作用的物质。大豆凝集素(凝血素)会凝固红血球,造成血液凝固。胰蛋白酶抑制因子和凝血素属于蛋白质类,在 100 ℃下,加热 15~30 min 即可使其失活。在生产中,通过热烫、杀菌等加热工序,基本可以达到去除这两类抗营养因子的目的。

二、椰子乳(汁)饮料

(一)定义

《植物蛋白饮料 椰子汁及复原椰子汁》(QB/T 2300—2006)中将椰子乳饮料分为了两种——椰子汁和复原椰子汁。椰子汁指以新鲜椰子果肉为原料,经加工制得的饮料。复原椰子汁指以椰子果肉制品,如椰子果浆、椰子果粉等为原料,经加工制得的饮料。以上两种产品的蛋白质含量≥0.5 g/100 g,脂肪含量≥1.0 g/100 g,可溶性固形物(20 ℃,以折光计)要求≥8.0%,低糖型产品(20 ℃,以折光计)为 3.0%~6.0%,无糖型产品应符合 GB

13432—2013 的规定。椰子果肉应新鲜,成熟适中,风味正常,无病虫害,无腐烂,无褐变现象。以椰子果肉为原料生产的椰肉制品,风味正常,无褐变现象。所生产的饮料产品要求色泽呈均匀一致的乳白色或微灰白色,具有椰子果肉特有的滋味与气味,无异味,组织状态呈均匀、细腻的乳浊液,允许有少量脂肪上浮或蛋白质沉淀,但摇动后仍能均匀一致,无正常视力可见外来杂质。

(二)生产工艺流程

椰子乳(汁)饮料的生产工艺流程可分为生产工艺流程(1)和(2)。

生产工艺流程(1)如图 9-17 所示。

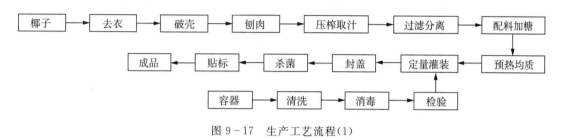

图 9-17　生产工艺流程(1)

生产工艺流程(2)如图 9-18 所示。

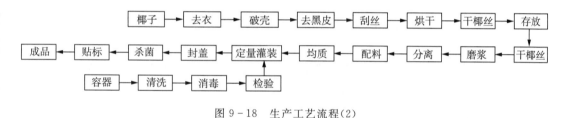

图 9-18　生产工艺流程(2)

(三)操作要点

1. 生产工艺流程(1)

(1)原料处理

椰子要选新鲜成熟的椰子果。用自来水将椰子外壳表皮附着的泥沙和杂物冲净后,用人工用专用刀除去椰子衣,敲破或锯开外壳,取出果肉,刮去椰肉外皮,送入锤式粉碎机破碎。破碎至疏松状态时榨汁最佳。

(2)椰子汁的制备

破碎后的果肉按其质量加入 2 倍的去离子水搅拌均匀后,压榨取汁,榨出的果汁要及时处理,不能久置于常温下和暴露于空气中。应立即将压榨后的椰子果汁进行超高温瞬时杀菌(120 ℃下,保持 3 s)。然后,冷却至 25 ℃。粗滤后,静置 5~8 h,取上清液备用,或用离心机分离出清液。

(3)调配

将糖、乳制品等辅料加入椰汁中进行调配。椰子乳中加入 4%~6% 的白砂糖、0.10%~0.25% 的乳化剂(脂肪酸酯)和适量增稠剂(如单甘酯、海藻酸钠、黄原胶 CMC-Na 等)、乳制品等搅拌均匀。为防止椰子乳的 pH 接近其等电点,可适当调节 pH。当 pH

小于 6.2 时,可加入 NaHCO$_3$ 进行调配;当 pH 大于 6.5 时,可加入柠檬酸进行调配。

(4)均质

在 20～25 MPa 及 80～82 ℃下,将料液均质两次。

(5)杀菌

椰子汁饮料是中性的,因此要进行高温杀菌。常用的杀菌方法:将椰子汁从 80 ℃升温至 121 ℃,保温 5 min。然后,在 25 min 内将其冷却至 50 ℃。

2. 生产工艺流程(2)

(1)原料处理

将成熟的椰子洗净后,沿中部剖裂,使椰子水流出,收集过滤后备用。将椰子分裂成两半,用特制的带齿牙刮丝器刮出椰肉,使之成为疏松的椰丝。然后,在 70～80 ℃下烘干,储存备用。

(2)加水磨浆

按椰丝:水=1:10(质量比),将椰丝和 70 ℃净化过的热水混合搅拌均匀,水中可加入 0.04%碳酸钠。然后,进行磨浆分离过滤或压滤,滤液备用。

(3)调配

将糖、香精等辅料加入滤液中,进行调配。

(4)均质

将料液依次在 23 MPa、80 ℃和 30 MPa、80 ℃的操作条件下,均质两次。

(5)灌装杀菌

常用的杀菌方法:将椰子汁在杀菌罐中在 8 min 内从 25 ℃升温至 121 ℃,保温 20 min。然后,反压冷却至 50 ℃后,出杀菌罐。

三、杏仁乳(露)饮料

(一)定义

杏仁是蔷薇科植物山杏的种子。杏仁中含有 40%～50%的油脂、24%左右的蛋白质和多种维生素,矿物质含量也相当丰富,尤以 Ca、P、K 最为突出,其分别是牛奶中含量的 3 倍、6 倍及 4 倍。杏仁中还含有少量的氰化物。每 100 g 苦杏仁中含有 250 mg 氰化物,具有一定的毒性。因此在食品加工过程中必须先对杏仁进行去毒处理。

《植物蛋白饮料 杏仁露》(GB/T 31324—2014)中定义杏仁露(almond beverage)是以杏(armeniaca)仁为原料,可添加食品辅料、食品添加剂,经加工、调配后制得的植物蛋白饮料。杏仁及其他食品辅料应符合相应的国家标准和行业标准等有关规定。杏仁应选用成熟饱满、断面呈乳白色或微黄色、无哈喇味、无霉变、无虫蛀的果仁。杏仁露原料中去皮杏仁的添加量在产品中的质量比例应大于 2.5%,并且不得使用除杏仁外的其他杏仁制品及其他含有蛋白质和脂肪的植物果实、种子、果仁及其制品。产品中蛋白质含量≥0.55 g/100 g,脂肪含量≥1.30 g/100 g,棕榈烯酸/总脂肪酸含量≥0.50%,亚麻酸/总脂肪酸含量≤0.12%,花生酸/总脂肪酸含量≤0.12%,山嵛酸含量<0.05%。要求产品具有乳白色或微灰白色,或具有与添加成分相符的色泽;具有杏仁应有的滋味和气味,或具有与添加成分相符的滋味和气味;无异味;组织状态为均匀液体,无凝块,允许有少量蛋白质沉淀和脂肪上

浮,无可见外来杂质。

(二)生产工艺流程

杏仁乳(露)饮料的生产工艺流程如图 9-19 所示。

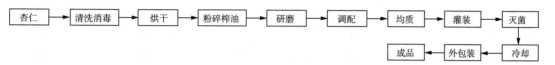

图 9-19 杏仁乳(露)饮料的生产工艺流程

(三)操作要点

1. 脱苦(苦杏仁)

加工苦杏仁时要特别注意脱苦处理。否则,苦杏仁苷含量高会引起中毒。苦杏仁脱苦的方法是把苦杏仁放入 90～95 ℃的热水中浸泡 3～5 min,使杏仁皮软化,皮表面变得平展。捞出后,放入脱皮机中进行机械脱皮;或手工去皮,再把脱皮后的杏仁放入50 ℃左右的水中浸泡。每天换 1～2 次水,浸泡 5～6 d 后便可捞出,晒干。

2. 杏仁消毒

把洗净的杏仁放入浓度为 20～30 mg/L 的二氧化氯溶液中进行消毒,浸泡 10 min 后捞出,用清水洗干净,捞出沥干水,再把杏仁放入烘干室中烘干。烘干室温度为 65～70 ℃,烘干时间为 20～24 h。

3. 粉碎榨油

把烘干后的杏仁放入榨油机中,粉碎榨油除去杏仁中的油脂。然后,把除去油脂的杏仁用胶体磨研磨成糊状。

4. 调配

调配比例为杏仁 5%、白砂糖 8%、柠檬酸适量,其余为水。最好在调配时向杏仁乳中加入蔗糖酯乳化剂,用量是每 1 kg 杏仁乳中加 1～3 g 蔗糖酯。调配过程中,将研磨成糊状的杏仁泥调入温水中,搅拌均匀成杏仁液;用 200 目筛过滤后,再用离心泵泵入夹层锅中,加入白砂糖,再调入柠檬酸,使 pH 为 7±0.2。然后,加温煮沸,除去液面浮沫。

5. 均质

煮沸的杏仁液冷却至 50～60 ℃,用 200 目筛过滤。然后,在 40 MPa 下进行均质。

6. 灌装

把已均质的杏仁液装瓶,并加盖密封。

7. 灭菌

产品密封后,及时高温灭菌(121 ℃下,灭菌 10～25 min)。

8. 冷却及包装

冷却后,进行外包装并入库。

四、花生露(乳)饮料

(一)定义

花生仁具有较高的营养价值,蛋白质含量高且可消化性达到89%以上。花生仁含蛋白质 28%,其中 90% 为球蛋白。除了赖氨酸、蛋氨酸、苏氨酸含量略低外,花生仁的其余氨基酸含量均接近联合国粮食及农业组织/世界卫生组织推荐值。花生仁中的脂肪酸含量高达 40% 以上,其中不饱和脂肪酸含量较高,有亚油酸、亚麻酸、棕榈酸、花生四烯酸等,这些脂肪酸对血管壁上沉积的胆固醇具有溶解作用。

花生露(乳)饮料是以花生仁为原料,经加工、调配后,再经高压杀菌或无菌包装制成的乳浊状植物蛋白饮料。其产品的蛋白质含量≥0.8 g/100 g,脂肪含量≥1.0 g/100 g,清淡型花生乳可溶性固形物(20 ℃,按折光计)≥4.0%,浓缩型可溶性固形物≥8.0%(20 ℃时,pH 为 6.0～8.0)。

(二)生产工艺流程

花生露(乳)饮料的生产工艺流程如图 9-20 所示。

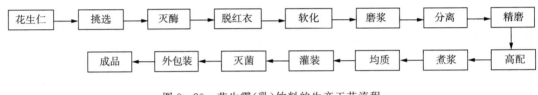

图 9-20　花生露(乳)饮料的生产工艺流程

(三)操作要点

1. 灭酶

花生仁中含有脂肪氧化酶,常用加热法钝化。具体方法有干法和湿法:干法在 130 ℃下烘烤 5～10 min,湿法用沸水热烫 2～3 min,清水漂洗冷却。灭酶的温度不宜过高,时间不宜过长,以免蛋白质变性。

2. 脱红衣

花生仁红衣色素影响产品的色泽,使产品颜色变深,并且红衣中的单宁影响产品的口感。因此,制浆前应脱去花生红衣。可用化学脱皮剂脱红衣,也可用碱水浸泡。另外,也可用花生脱衣机进行机械脱衣,脱衣率达 98%。

3. 软化

磨浆前花生仁用适量的 $NaHCO_3$ 稀溶液浸泡软化,以便磨浆和花生营养物质的溶出。浸泡时间依水温而定,一般为 4～10 h。

4. 制浆

采用磨浆机或自分式砂轮磨粉碎粗磨,加水量一般为 8～15 倍,用 80～100 目筛网或离心去除浆渣。也可在浆渣中加适量的水再磨浆,以提高原料的利用率。

5. 调配与均质

制得的浆料应加热至 90 ℃以上,同时按配方要求调配。然后,在 30 MPa 及 70 ℃下,高压均质。

6. 灌装与灭菌

灌装温度一般保持在 70 ℃以上,密封后形成一定的真空度。在 120 ℃下,杀菌 20 min 以上。冷却后,进行外包装后入库。

五、核桃露(乳)饮料

(一)定义

核桃含有丰富的蛋白质、脂肪、矿物质、维生素、亚油酸、钙、磷、铁等营养物质,经常食用有滋润肌肤、乌须发、顺气补血、止咳化痰、润肺补肾等功效。

《植物蛋白饮料 核桃露(乳)》(GB/T 31325—2014)定义核桃露(乳)是以核桃仁为原料,可添加食品辅料、食品添加剂,经加工、调配后制得的植物蛋白饮料。要求核桃仁及其他食品辅料符合相应的国家标准、行业标准和(或)有关规定。其中,核桃仁应选用成熟、饱满、断面呈乳白色或微黄色、无哈喇味、无霉变、无虫蛀的果仁。核桃露(乳)饮料原料中去皮核桃仁的添加量在产品中的质量比例应大于3%,并且不得使用除核桃仁外的其他核桃制品及含有蛋白质和脂肪的植物果实、种子、果仁及其制品。要求产品色泽为乳白色、微黄色,或具有与添加成分相符的色泽;具有核桃应有的滋味和气味,或具有与添加成分相符的滋味和气味;无异味;为均匀液体,无凝块,允许有少量蛋白质沉淀和脂肪上浮,无正常视力可见外来杂质。其产品的蛋白质含量≥0.55 g/100 g,脂肪含量≥2.0 g/100 g,油酸占总脂肪酸的比例≤28%,亚油酸占总脂肪酸的比例≥50%,亚麻酸占总脂肪酸的比例≥6.5%,(花生酸+山嵛酸)占总脂肪酸的比例≤0.2%。

(二)生产工艺流程

核桃露(乳)饮料的生产工艺流程如图9-21所示。

图9-21　核桃露(乳)饮料的生产工艺流程

(三)操作要点

1. 挑选漂洗

选用无虫蛀、无霉变、不溢油的新鲜核桃仁,用清水漂洗除去泥沙和残壳等异物。

2. 软化、脱皮

用清水浸泡使核桃仁吸水膨胀,组织软化,以利于脱皮、磨浆和营养成分的提取。浸泡时,核桃仁∶水为1∶2左右,浸泡时间为4~5 h。用1%~2%的NaOH溶液煮沸处理核桃仁3~5 min,然后,用高压水冲洗除去外皮。

3. 去色

脱皮后的核桃仁,在0.5% NaCl和0.02% $NaHSO_3$混合溶液中浸泡3~4 h,进行护色漂白处理。然后,用清水漂洗2遍及以上。

4. 磨浆

用磨浆机,采用85 ℃以上热水热磨,钝化脂肪氧化酶,水与核桃仁的比例为7∶1(v/m)。

5. 分离

用200目筛网的浆渣分离机进行浆液分离。为提高蛋白质的得率,可用热水对残渣进行浸泡提取,浆液可作为下次磨浆用水。

6. 调配

将白砂糖、乳化剂、增稠剂等进行溶解及过滤,按照配方的比例与核桃浆液进行混合,并搅拌均匀。调配用水宜采用硬度小于 4 °d 的软水,以防金属离子引起蛋白质凝聚、沉淀现象。

7. 预均质

用胶体磨细磨 1 次,即进行预均质,充分混匀料液并细化,以利于脱气、脱臭和高压均质。

8. 真空脱臭

料液在真空度为 20～30 kPa 的真空脱臭罐内进行脱臭,同时也起到脱气的作用。然后,迅速冷却料液到 85 ℃以下。

9. 均质

将料液在 40 MPa 及 75 ℃下,用均质机均质一次。

10. 灌装

将料液用灌装机进行灌装。

11. 灭菌

在高压灭菌釜内,采用 $\dfrac{10-15-10}{121}$ 的灭菌公式,对料液进行湿热灭菌。

12. 成品保存

将灭菌冷却后的瓶装饮料,贴上标签,放入成品库储存。

六、植物蛋白饮料加工的关键控制点

用来生产植物蛋白的原料中,除含丰富的蛋白质以外,一般都含有较多的油脂。例如,大豆中蛋白质的含量一般在 40%左右,而其油脂含量一般在 25%;花生仁中蛋白质的含量一般在 25%,而油脂含量高达 40%;核桃、松子的油脂含量更是高达 60%;杏仁中的油脂含量也高达 50%。在生产植物蛋白饮料时,蛋白质变性、沉淀和油脂上浮是最常见,也是最难解决的技术问题。此外,植物蛋白原料中一般还含有油脂、淀粉、纤维素等物质,其榨出来的汁(或打出来的浆)是一个十分复杂而又不稳定的体系。影响植物蛋白饮料稳定性的因素很多,生产的各个环节都要进行严格控制。

(一)原料

植物籽仁中蛋白质、脂肪、糖类等的含量与其成熟度有关。因此,植物蛋白饮料的生产首先要求原料的成熟度要好。另外,还要求原料新鲜,色泽光亮,籽粒饱满,无虫蛀、霉变及病斑且储存条件良好。

劣质原料的危害主要如下:因储藏时间过长,脂肪已部分氧化,产生哈喇味;而且因脂肪氧化酶的作用产生豆腥味及生青味等不愉快的味道,直接影响饮料风味;同时,影响其乳化性能;有的蛋白质变性,经高温处理后易完全变性而呈豆腐花状;若有霉变的则可能产生黄曲霉毒素,影响消费者的健康。也可以利用豆饼、花生饼等为植物蛋白原料生产蛋白饮料,但往往由于其中蛋白质因高温、高压处理而变性、变质及焦化,难以取得很满意的效果,需要控制原料的加热或焙烤温度及时间。总而言之,若使用劣质原料生产产品,不但产品的口味差,而且稳定性很差,蛋白质易沉淀,油脂易析出,甚至危害消费者健康。

另外,原料的添加量对产品的稳定性影响也很大。若原料的添加量不同,对乳化稳定剂的品种和用量、生产的工艺条件等都会有不同的要求。因此,生产时应根据产品的原料添加量而选用不同的乳化稳定剂,并确定其合适的添加量。生产设备的选用和工艺参数的确定也应以此为依据。一般来说,原料的添加量越大,产品中油脂、蛋白质及一些其他物质(如淀粉、纤维)的含量也越高,要形成稳定的体系也越难,对于乳化稳定等工艺的要求也就越高。

原料的预处理通常包括清洗、浸泡、脱皮、脱苦、灭酶等。不同的植物蛋白饮料,应针对其原料性质采用适当的预处理措施。需要注意,生产植物蛋白饮料时,对水质的要求很高。硬度高的水,易出现油脂上浮和蛋白质沉淀现象。若硬度太高,甚至会导致刚杀菌出来的产品就产生严重的蛋白质变性,使产品呈现豆腐花状。因此,用于生产植物蛋白饮料的水必须经过严格的处理,最好使用去离子水。

清洗是为了去除表面附着的尘土和微生物。对于新鲜椰子,还要先除去椰衣及外硬壳,有时还要同时削去椰肉外表棕红色的外衣,才可得加工椰子汁用的椰肉。

浸泡的目的是软化组织,有利于蛋白质有效成分的提取。经过预处理的植物籽仁,一般都先经浸泡工序。浸泡可软化植物籽仁的细胞结构,疏松细胞组织,降低磨浆时能耗与缓解设备磨损,提高胶体分散程度和悬浮性,提高蛋白质的提取率。浸泡时,应根据季节调节浸泡水温度及浸泡时间,一般不宜采用沸水,以免蛋白质变性。通常夏季浸泡温度稍低,浸泡时间稍短;冬季浸泡水温稍高,浸泡时间适当延长。浸泡不充分(时间短,水温低),蛋白质等营养物质提取率低;浸泡时间过长,蛋白质已经变性,有的甚至出现异味。杏仁除去外衣前,通常采用温水浸泡杏仁;然后,再用橡胶板或橡胶棍对搓除去外衣。浸泡杏仁时对水的温度、pH有较严格的要求。

脱皮的目的是减轻异味,提高产品品质。各种植物蛋白原料的表皮(或外衣)都会对产品的质量产生负面影响,因此大豆在加工之前,最好脱皮。若去皮不彻底会产生豆腥味;花生仁用于加工花生奶时,也要脱去红衣。脱花生仁红衣时有湿法(先浸泡,后去皮)及干法(先烘烤,再去皮及浸泡)两种;若花生衣、核桃皮去得不彻底,则饮料颜色变暗,残留的衣或皮形成红色或褐色的沉淀,影响产品的外观。

衡量植物籽仁脱皮效果好坏的指标主要是脱皮率、仁中含皮率和皮中含仁率。采用干法脱皮时,应控制植物籽仁含水量,才能提高脱皮效果。采用湿法脱皮时,应使植物籽仁浸泡适当的时间,吸足水分,脱皮效果才能明显提高。生产植物蛋白饮料时,应严格控制脱皮率。常用的脱皮方法具体如下。

① 湿法脱皮:如将大豆浸泡后去皮。

② 干法脱皮:常用凿纹磨、重力分选器或吸气机除去豆皮。

脱皮后需及时加工,以免脂肪氧化,产生哈喇味。

(二)磨浆

原料经浸泡、去皮等预处理后,加入适量的水进行磨浆。磨浆前,要清除泥沙、玻璃及铁屑等异物。先经磨浆机进行粗磨,加水应加足,量不可太少,以免影响出浆率,一般控制在配料水量的50%~70%。然后,再用胶体磨进行细磨,使其组织内蛋白质及油脂充分析出,以利于提高原料利用率。通过粗磨、细磨后,浆体中90%以上的固形物应通过150目。因为磨浆后,脂肪氧化酶在一定温度、含水量和氧气存在条件下,会催化脂肪酸氧化产生豆腥味,所以,磨浆前应采取必要的抑酶措施或者快速磨浆。

(三)浆渣分离

各种原料经过粗磨、细磨浆后,通过浆渣分离机、三足式离心机或卧式离心机进行分离。其残渣除了作为饲料外,还可进一步进行烘干,作为其他食品(饼干、糕点、固体饮料等)的原料。经过分离得到的汁液,就是生产植物蛋白饮料的主要原料。

为了提高浆液中有效成分的利用率,并提高产品的稳定性,需采用合适的磨浆或收汁方法,如热磨法、加碱磨浆法或二次磨浆法等。另外,一般厂家通过打浆法所得的浆液中含有较多的粗大颗粒和一些不溶性成分(如淀粉、纤维素等),须过滤去除部分或全部去除这些成分后,再进行后序工艺。否则,所生产的产品会产生大量沉淀,甚至出现分层,严重影响产品的质量。一般来说,要生产出较长时间内较为稳定的产品,过滤的目数应在 200 目以上。

有些植物蛋白原料(如椰子、杏仁、核桃、碧根果、花生等)由于油脂含量较高,可采用高速离心分离方法,将其中部分油脂分离,或者先低温榨油,用粕来生产饮料。但是,许多植物蛋白饮料的香味主要来自油脂,如天然杏仁汁香味主要来自杏仁油,天然椰子汁香味来自椰油。植物籽仁的油脂中含有大量不饱和脂肪酸,并含有人体自身能合成的必需脂肪酸。因此,在加工工艺上,应将其油脂尽可能保留在饮料中,以提高产品的香味。合理选择具有高乳化稳定效果的乳化剂与稳定剂,才能尽可能得到品质稳定均一的优良产品。

(四)调配

经过分离得到的浆液,按照各种配方进行调配。调配的目的是生产各种风味的产品,同时有助于改善产品的稳定性和质量。通常可添加稳定剂、甜味剂、赋香剂和营养强化剂等,这些物质用余下的 30%~50%水量来溶解。若乳化稳定剂使用不当,则不可能生产出能长期保持均匀一致、无油层、无沉淀的植物蛋白饮料。因为经过榨汁(或打浆)的植物蛋白液不像牛乳那样稳定,它是一个不稳定的体系,各种成分密度不一样,颗粒大小不一致,需要外加稳定剂来形成稳定的体系。植物蛋白饮料的乳化稳定剂一般是由乳化剂、增稠剂及一些盐类物质组成的。为了使乳化剂、增稠剂溶解均匀,可用砂糖作为分散介质,加水调匀。将乳化剂、增稠剂与分离汁液混合均匀。混合设备可采用胶体磨及均质机,以增加饮料的口感、细腻感。然后,通过管式或板式热交换器加热升温到所需的温度。加热调制是生产各种植物蛋白饮料的关键工序之一,不同的品种采用不同的乳化剂与增稠剂及不同的添加量。应严格控制加热温度及时间,以防止蛋白质变性。同时,严格控制好饮料的 pH,在调配时,尽量用碳酸氢钠将料液的 pH 控制为 6.5~7。避开蛋白质的等电点(pH 为 4.0~5.5),以确保形成均匀乳白的饮料。

增稠剂主要是亲水的多糖物质,能与蛋白质结合,从而起到保护作用,减少蛋白质受热变性;充分溶胀后能够形成网状结构,显著增大体系的黏度,从而减缓蛋白质和脂肪颗粒的聚集,达到降低蛋白质沉降和脂肪球上浮速度的目的。乳化剂一般是一些表面活性剂,其作用是可以降低油水相的界面张力,使乳状液更易形成,并且界面能大为降低,提高乳状液的稳定性;乳化剂在进行乳化时,包围在油微滴四周形成界面膜,防止乳化因子因相互碰撞而发生聚集作用,使乳状液稳定。

由于乳化剂和增稠剂的种类很多,同时,各种植物蛋白原料所含的蛋白质和脂肪的量和比例不同,生产时所选择的添加剂及其用量也不尽相同,尤其是乳化剂的选择十分关键。如何选择合适的乳化剂和增稠剂并确定它们的配比是一个较复杂的问题,需经长时间的试验方能确定。单独使用某一种添加剂难以达到满意的效果。将两种或两种以上添加剂按照某一比例复配使用,利用它们之间的协同作用,效果往往更好,如采用单硬脂酸甘油酯、聚甘油脂肪酸酯、微晶纤维素等。若生产厂家无此技术或出于生产便利考虑,可以直接选用一些复配厂家的产品。

稳定剂溶解得好与否,也是影响产品质量的关键因素。一般来说,植物蛋白饮料的乳化稳定剂中乳化剂的含量较高。因此,在溶解时温度不宜过高(一般为 $60 \sim 75 \ ℃$),否则乳化剂易聚集成团,即使重新降低温度也难以再分散,可以通过胶体磨使其更好地分散。

饮品中存在 Ca^{2+}、Mg^{2+} 等离子,蛋白质会通过 Ca^{2+}、Mg^{2+} 等形成桥键而聚合沉淀。盐类物质,如磷酸盐(磷酸一氢钠、磷酸二氢钠、聚磷酸盐等)能够螯合这些离子,从而减少蛋白质的聚集;磷酸盐能吸附于胶粒的表面上,从而改变阳离子与脂肪酸、阴离子与酪蛋白之间的表面电位,使每一个脂肪球包覆一层蛋白膜,从而防止脂肪球集聚成大颗粒。磷酸盐还具有调节 pH、防止蛋白质变性等作用,这些都有助于体系的稳定。

另外,在生产植物蛋白乳时,有些辅料对产品的质量也会产生明显的影响。例如,在生产豆奶、花生奶或核桃露时,会加入一定量的乳粉($0.2\% \sim 1.0\%$)以改善产品的口味。对于鲜销产品,乳粉对产品的稳定性的影响不是很明显。但若是生产长时间保存的产品,乳粉则会产生明显的影响,必须对乳化稳定剂的种类和用量进行调整。否则,经一段时间(一般7 d)放置后,会发生油脂析出及产生沉淀等现象。有许多厂家生产植物蛋白饮料时,会加入一定量的淀粉或变性淀粉,以增大产品的黏度,提高质感。此时,对淀粉的种类、浓度和处理方式也有严格的要求。因为淀粉不溶于水,易沉淀,若不加以控制,产品放置后会产生分层,饮用时会明显感觉到上稀下稠,有时甚至结块。从稳定性方面来考虑,应该尽可能少地添加淀粉类成分,最好是不添加。因为,此类成分即使杀菌时稳定,在储藏过程中也易因淀粉的回生而影响产品的稳定性,可以采用变性淀粉替代淀粉。

(五)杀菌、脱臭

杀菌的目的是杀灭部分微生物,破坏抗营养因子,钝化酶,同时提高温度,以利于脱臭。杀菌常用的工艺参数为 $110 \sim 120 \ ℃$,$10 \sim 15 \ s$。杀菌后,料液要及时泵入真空脱臭器,进行脱臭处理。植物蛋白饮料由于其原料的特性及加工特性,极易产生青草臭和加热臭等异臭。真空脱臭法是除去植物蛋白饮料中不良气味的有效方法。将植物蛋白饮料在高温下泵入真空罐中后,部分水分瞬间蒸发,同时带出挥发性的不良风味成分,由真空泵抽出,脱臭效果较为显著。一般操作控制真空度为 $25 \sim 40 \ kPa$,不宜过高,以防气泡冲出。

(六)均质

生产植物蛋白饮料时,均质是必要的工序。因为植物蛋白饮料一般含有大量油脂,若不均质,油脂难以乳化分散,而会聚集上浮。均质可以防止脂肪上浮,能使吸附于脂肪球表面上的蛋白质量增加,缓和变稠现象。均质还可以大大提高乳化剂的乳化效果,使整个液体形成均匀稳定的状态。均质后的产品在稳定性、消化性、乳白度、光泽、口感等方面都得到明显改善。

均质工序由均质机来完成。均质机主要由高压往复柱塞泵和均质器组成。均质加工是在均质阀中进行的。物料在高压下进入可调节的间隙(一般小于 0.1 mm),获得极高的流速(150~200 m/s)。在冲击湍流和剪切力等的作用下,将原先粗糙的植物蛋白加工成极微细的颗粒,从而得到细微而均匀的液-液乳化及固-液分散体系,提高了植物蛋白饮料的稳定性。均质时的压力及温度越高,效果越好,但受机械设备性能限制,必须控制相应的温度和压力。要达到较好的均质效果,温度一般为 75~85 ℃,压力一般为 25~40 MPa。

增加均质次数也可提高效果,二次均质能有效提高产品的稳定性。植物蛋白饮料生产中,有时进行两次均质。一次均质压力为 20~25 MPa,二次均质压力为 25~60 MPa,均质温度一般为 60~80 ℃。植物蛋白饮料通过高压均质可减小颗粒直径,从而延缓沉降速度,使产品稳定(不易沉淀及分层)。另外,加入稳定剂后溶液黏度增加,颗粒沉降速度降低,从而使饮料保持更好的稳定性。均质工序一般在饮料杀菌前。

(七)灌装杀菌

植物蛋白饮料富含蛋白质、脂肪、碳水化合物等营养成分,很易变质,需以一定包装形式供应给消费者。散装是一种最简单的包装方法。另外,还有玻璃瓶、塑料瓶、复合袋、易拉罐、利乐包等包装形式。可根据产量、成品保质期、包装设备、杀菌方式、生产成本等因素统筹考虑,权衡利弊,最后选用适合的包装形式。采用无菌包装时可显著地提高产品质量,在常温下货架期可达数月之久,包装材料轻巧,一次性消费无须回收,这些均可给运输、销售和消费带来方便。但是,其设备费用高。

植物蛋白饮料杀菌后,应尽快冷却下来,可将 4 ℃的植物蛋白饮料装于 200 L 保温桶中,输送到销售点,分配给消费者。一般在 30 ℃下,经 30 h 饮料的温度仅升到 9 ℃。因此,在一天内销售产品,质量可以保证。但是,如在室温下长期存放,必须将植物蛋白饮料灌装于玻璃瓶、复合蒸煮袋或易拉罐等容器中,装入杀菌釜内采用高温杀菌方法,进行分批杀菌。杀菌时可采用 121 ℃下保温 20 min 的杀菌条件,冷却阶段必须加反压。否则,会因杀菌釜中压力降低,而容器内外压差增加,将瓶盖冲掉,或将薄膜袋爆破。杀菌后的成品可在常温下长期存放。此方法的设备费用较低,但费力、费时,产品质量不太高。有些品种易引起脂肪析出,产生沉淀、蛋白质变性等问题。由于制品在高温下长时间加热,部分热不稳定的营养成分受到破坏,使色泽加深,香气损失,产生煮熟味和青草味,风味明显下降。为了避免上述现象的发生,超高温短时连续杀菌和无菌包装在植物蛋白饮料生产中日渐被应用。其优点是,产品在 130 ℃以上的高温下,仅需保持数十秒的时间,然后迅速冷却,既可充分保留产品色、香、味等感官质量,又能较好地保持饮料中一些热不稳定的营养成分。

七、植物蛋白饮料常见的质量问题及预防措施

(一)腐败变质

植物蛋白饮料富含蛋白质及糖类等营养成分,容易发生胀罐、胀袋和酸败等变质现象,其产生的原因分析及控制措施如下。

① 原料的选取不当。生产植物蛋白饮料时,宜选择新鲜、无霉变、成熟度较高的植物籽仁。

② 杀菌方式选择不正确。欲达到室温下长期存放产品的目的,有两种杀菌方式可以选择:一种是先灌装,然后在 121 ℃下,保温 15~20 min;另一种就是采用超高温瞬时杀菌(即

UHT 法),然后无菌灌装。

③ 杀菌过程控制不当。在高压杀菌过程中,产品在进入杀菌罐之前要分层放置,不能过多、过挤,以防止杀菌不彻底;对 UHT 无菌灌装方式,按规定对 UHT 杀菌机进行有效的 CIP 清洗,使 UHT 杀菌机处于正常工作状态,温度显示准确。对于包材必须经过双氧水杀菌,不能有遗漏之处。无菌灌装区域在工作期间应始终处于无菌状态,严格检查封门质量。

④ 设备、管道的清洗与消毒不彻底。要生产杀菌效果很好的产品,不但杀菌方式的选择、对杀菌过程的控制十分重要,而且设备、管道的清洗与消毒也是保证产品品质的相当重要的因素。管道的清洗程序如下:

A. 用清水冲洗 10～15 min;

B. 用生产温度下的热碱性洗涤剂(2%～2.5%的氢氧化钠溶液)循环 10～15 min;

C. 用清水冲洗至中性,即 pH 为 7;

D. 定期(如每周)用 65～70 ℃的酸性洗涤剂循环 15～20 min。对于 UHT 杀菌方式,除按照规定进行有效的 CIP 清洗外,在进料前对 UHT 杀菌机和无菌灌装机之间的所有管路和无菌罐,用高温热水循环 40 min。杀菌前,应仔细检查管路活节处有无渗漏现象,检查活节处的密封垫是否完好。

(二)脂肪上浮与蛋白质聚集、絮凝、凝结、沉淀等

在生产工艺、设备控制相对较好的前提下,产品在货架期内出现的主要问题是产品的稳定性问题(即脂肪上浮与蛋白质聚集、絮凝、凝结、沉淀等)。这些问题产生的原因及控制措施如下。

① 水质不符合饮料用水要求。若水的硬度过高,不但会降低蛋白质原料的利用率(即降低蛋白质的溶解度),而且会引起蛋白质一定程度的变性,从而造成饮料分层及沉淀量增加。所以,用水一定要符合饮料用水要求,特别是水的硬度。

② 原料的预处理不当。对于植物蛋白饮料类产品,原料的预处理十分关键,因为它不但会影响产品的口感和风味,而且会影响产品稳定性。例如,生产花生乳时,若花生烘烤过度,会引起蛋白质部分变性,导致饮料内出现絮状物,沉淀量增多。一般花生的烘烤温度为 120～130 ℃,时间为 20～25 min。

③ 均质条件的选择不合适。均质的压力、温度和均质次数是保证均质效果的重要工艺参数。若均质压力及温度较低,则脂肪、蛋白质粒子的直径较大,容易引起颗粒聚集,从而引起脂肪上浮和沉淀。在生产中建议进行两次均质。一次均质压力为 20～25 MPa,二次均质压力为 30～40 MPa,均质温度为 70～80 ℃,均质效果较好,物料颗粒直径可达到 1～2 μm。

④ 杀菌强度控制不当。在杀菌过程中,高温对植物蛋白饮料稳定性的影响主要表现在对蛋白质变性作用的影响上。高温破坏蛋白质的二级及三级结构的键,使蛋白质的疏水基团暴露,使蛋白质和水分子之间的作用减弱,导致溶解度下降,从而使其稳定性降低。所以,杀菌时在满足生产工艺的条件下,应该尽量缩短加热时间,杀菌后应该迅速冷却,尽可能采用 UHT 法,这样可以显著提高产品的稳定性,同时能较好地保持产品的色、香、味等感官品质及营养成分。

⑤ 乳化稳定剂的选择与使用不当。乳化稳定剂一般由乳化剂、增稠剂、盐类及其他一些助剂构成。乳化剂是植物蛋白饮料中重要的一类食品添加剂,它不仅具有典型的表面活性作用,使界面张力明显降低,从而防止脂肪上浮,还能与食品中的碳水化合物、蛋白质、脂

类等发生特殊的作用。常用的乳化剂包括分子蒸馏单甘酯、单硬脂酸甘油酯、三聚甘油酯、蔗糖酯等。针对这几种乳化剂,其选择与搭配有两个原则。

A. 所选乳化剂的值与体系(产品)亲水疏水平衡值(HLB)相近。

B. 不同 HLB 值的乳化剂互相搭配使用,效果会较好。

增稠剂的主要成分是多糖类或蛋白质。增稠剂的增稠作用是蛋白饮料保持稳定的重要因素。由于黏度增加,饮料组织稳定化,限制了金属离子的活动。此外,一些增稠剂通过其所带的电荷与蛋白质作用,从而起到保护蛋白质的稳定作用。在植物蛋白饮料中常用的增稠剂有瓜尔豆胶、黄原胶、魔芋胶、卡拉胶、羧甲基纤维素钠、微晶纤维素等。另外,通过增稠剂的协同作用,可以发挥食品胶的互补作用,使其以最少的用量达到最好的使用效果。实验证明,总用量为 0.05%～0.1% 的瓜尔豆胶、魔芋胶、黄原胶的协同作用,可以对植物蛋白饮料的稳定性起到很好的作用。目前,复配乳化稳定剂有以下优点:

A. 充分发挥每种单体乳化剂和亲水胶体的有效作用;

B. 使乳化剂之间、增稠剂之间及乳化剂与增稠剂之间的协同效应充分发挥;

C. 提高生产的精确性和良好的经济性、可行性。

(三)产品带有生青味或豆腥味

植物蛋白饮料产生生青味或豆腥味一般是因为灭酶强度不够或操作不当。如对花生采用烘烤方式灭酶,烘烤温度为 130～140 ℃,时间为 30～40 min(时间长短与花生的干燥程度及物料的量有关)。但也不能烤得时间过长,否则可能导致蛋白质变性产生絮凝,一般烤至花生皮转色即可。对于大豆,则采用热烫方式灭酶,快速使大豆中的脂肪氧化酶失活,以免产生豆腥味。另外,可采用热水磨浆,同时选用好的香精增强奶的香味,如在花生乳中添加奶粉或者香精等可以很好地掩盖生花生味。

总之,植物蛋白饮料的质量影响因素很多,有物理、化学及微生物方面。这些因素涉及原辅料、设备、生产工艺及管理方面等。这些因素都不是孤立存在的,而是相互之间有紧密联系的。所以,生产植物蛋白饮料时,首先采用先进的加工工艺、加工机械,选用适当的乳化稳定剂,才能生产出口感好及稳定性好的产品。

八、复合蛋白饮料

以乳或乳制品和不同的植物蛋白为主要原料,可添加食品辅料,经加工或发酵制成的产品称为复合蛋白饮料。其中,植物蛋白是指含植物蛋白的可食用原料或加工制品,采用发酵工艺制成的产品,根据发酵后是否经过杀菌处理分别称为杀菌(非活菌)型和未杀菌(活菌)型。复合蛋白饮料原料中,乳或乳制品的添加量在产品蛋白质中应≥30%,产品声称的植物蛋白的添加量对产品蛋白质的贡献率应≥20%。

思考题

1. 简述配制型含乳饮料的定义及分类。

2. 简述蛋白饮料的定义及分类。

3. 简述影响豆乳类饮料的质量因素及解决办法。

4. 简述发酵型含乳饮料的定义及分类。

5. 简述植物蛋白饮料的定义。

6. 简述植物蛋白饮料常见的质量问题及预防措施。
7. 简述复合蛋白饮料的定义。
8. 简述乳酸菌饮料常见质量问题。

（何述栋、牛天骄、吴永祥）

GB/T 21732—2008

《含乳饮料》

第十章 风味饮料和特殊用途饮料

教学要求：

1. 了解风味饮料的概念、分类及产品特征；

2. 掌握特殊用途饮料分类，运动饮料、电解质饮料等饮料定义；

3. 了解特殊用途饮料的特征要素及应具备功能；

4. 了解最近其他特殊用途饮料的发展趋势及特点。

教学重点：

1. 风味饮料的概念；

2. 特殊用途饮料分类；

3. 特殊用途饮料特征要素及应具备功能和特点。

教学难点：

1. 风味饮料的概念；

2. 特殊用途饮料特征要素及应具备功能。

第一节 风味饮料的定义和质量控制

一、风味饮料的定义

风味饮料是以糖（包括食糖和淀粉糖）和（或）甜味剂、酸度调节剂、食用香精（料）等中的一种或者多种作为调整风味的主要手段，经加工或发酵制成的液体饮料，如茶味饮料、果味饮料、乳味饮料、咖啡味饮料、风味水饮料及其他风味饮料等。

茶味饮料是以茶或茶香精为主要赋香成分，茶多酚含量达不到茶饮料基本技术要求的饮料。

果味饮料是以食糖和（或）甜味剂、酸味剂、果汁、食用香精、茶或植物抽提液等全部或其中的部分为原料，经调制而成的果汁含量达不到水果饮料基本技术要求的饮料，有澄清和混浊两种状态，碳酸化和非碳酸化两种类型。商业生产的果味饮料主要有甜橙、葡萄、柠檬、葡萄柚、苹果、菠萝、宽皮橘、醋栗、西洋李、欧洲黑莓和酸果蔓等。

乳味饮料是以食糖和（或）甜味剂、酸味剂、乳或乳制品、果汁、食用香精、茶或植物抽提液等全部或其中部分为原料，经调制而成的乳蛋白含量达不到配制型含乳饮料基本技术要求，或经发酵而成的乳蛋白含量达不到乳酸菌饮料基本技术要求的饮料。

咖啡味饮料是以咖啡或咖啡香精为主要赋香成分，咖啡因含量达不到咖啡饮料基本技术要求的饮料，不含低咖啡因咖啡饮料。

风味水饮料是不经调色处理，不添加糖（包括食糖和淀粉糖）的风味饮料，如苏打水饮料、薄荷水饮料、玫瑰水饮料等。

其他风味饮料是指除上述五类之外的风味饮料。

在风味饮料中要有少量的风味物质以增加口味。饮料中应用的各种风味物质包括天然风味物质、与天然风味物质组成相同的物质及人工合成风味物质。

天然风味物质是用植物成分（或者加一些动物产品），直接或经过加工供人们使用的风味成分,如橘子、香子兰豆及烤咖啡豆。天然风味物质很少直接使用,而是经过加工、萃取或蒸馏得到天然风味浓缩物后再应用。这些天然风味浓缩物的化学成成分及结构较为复杂。

与天然风味物质组成相同的物质有人工合成的,有用化学方法从芳香原料中分离出来的。其特点是与天然风味物质的化学性质一致,可以直接或间接使用。虽然没有明确限制与天然风味物质组成相同的物质可以作为日常消费品使用,但值得一提的是,天然食品原料中的风味物质还不够多。

从世界范围需求看,已有数百种人工合成风味物质在使用,有一些用量较大,如乙基香兰素、乙基麦芽酚,但大多数风味物质用量有限。现已事先评价了以上这些使用中的人工合成风味物质的毒性,它们只有通过审查才能使用。

二、风味饮料的质量控制

风味饮料常见的质量问题主要包括特征风味不明显,变味,发生沉淀、凝块和食品添加剂超标等。

(一)特征风味不明显

造成风味饮料产品中的特征风味不明显的主要原因是风味物质含量不足,或者风味成分易挥发,同时伴随着风味物质变性、沉淀等问题。因此,实际生产过程中饮料制造商应严格要求风味物质添加剂的质量和饮料配制控制等环节。

(二)变味

变味也是风味饮料常出现的质量问题之一。造成变味的原因如下:可能是有些天然的风味物质随着储藏时间的延长变得不稳定,发生变味;生产过程中的操作不当也会引起风味饮料的变味,如产品被微生物污染会出现酸味、乙醛味等;柠檬酸过量会造成涩味;香精质量差,使用不当会出现异味;回收瓶未洗净会引入各种杂味等。因此,可以通过加强对水处理、原辅料质量、配料、洗瓶、灌装、杀菌及其他包装容器的清洗消毒等工序的控制,以及加强操作人员的卫生管理,有效解决以上问题。

(三)发生沉淀、凝块

调配时用的风味添加剂质量差,灭菌温度过高,加工过程中杀菌不彻底,或在杀菌后微生物二次污染会导致沉淀或凝块。要解决这些问题,须加强风味添加剂的质量管理,以及严格控制灭菌工艺参数。

(四)食品添加剂超标

风味饮料中通常会添加食用香精(料)、甜味剂、酸味剂等,以此作为调整风味的主要手段。虽然国家对食品添加剂的使用标准有严格规定,但生产过程中盲目追求低成本、功能性、口味特性,劣质或食品添加剂超标使用的情况依旧层出不穷。因此,除了规范生产过程中食品添加剂的使用外,提升生产者的食品安全与责任意识也很重要。

第二节　特殊用途饮料

纵观特殊用途饮料市场,众多国内外运动饮料、能量饮料和营养素饮料品牌布满市场,可谓琳琅满目。目前,特殊用途饮料在整个饮料市场份额中的比例还不大。随着上市品牌不断增多,种类进一步丰富,认知度进一步提升,销售量快速增长,整个行业呈现出良好的发展态势。

根据《饮料通则》(GB/T 10789—2015)的分类标准,特殊用途饮料是指加入具有特定成分的适应所有或某些人群需要的液体饮料,分别为运动饮料、营养素饮料、能量饮料、电解质饮料及其他特殊用途饮料。根据相关标准的定义,特殊用途饮料最大的特点是根据目标人群的需要,添加特定的营养成分或功效成分,也就是俗称的功能性饮料。以运动饮料为例,运动饮料是根据运动时能量消耗,机体内环境改变和细胞功能下降等运动时生理消耗的特点,而配制的需要针对性地补充运动时丢失的营养,起到保持、提高运动能力,消除运动后疲劳的一种特殊饮料。一般而言,其具有一定的含糖量、适量的电解质、适量的维生素、低渗透压等特点。补充一定量的糖分才能起到补充能量的作用;补充钾、钠等电解质可以保持体液的平衡,防止肌肉疲劳;补充适量B族维生素可以促进新陈代谢;补充维生素C则可以清除自由基,减少其对机体的伤害,延缓疲劳的发生。另外,适量的牛磺酸和肌醇,可以促进蛋白质的合成,防止蛋白质的分解,调节新陈代谢,加速疲劳的消除等。常见特殊用途饮料产品及依据质量标准见表10-1所列。

表 10 - 1　常见特殊用途饮料产品及依据质量标准

产品名称	定义	依据质量标准
运动饮料	营养素及其含量能适应运动或体力活动人群的生理特点的饮料,能为机体补充水分、产品明示执行标准电解质和能量、可被迅速吸收的制品	产品明示执行标准
营养素饮料	添加适量的食品营养强化剂,以补充机体营养需要的制品,如营养补充液	产品明示执行标准
能量饮料	含有一定能量并添加适量营养成分或其他特定成分,能为机体补充能量或加速能量释放和吸收的制品	产品明示执行标准
电解质饮料	添加机体所需要的矿物质及其他营养成分,能为机体补充新陈代谢消耗的电解质、水分的制品	产品明示执行标准
其他特殊用途饮料	为适应特殊人群的需要而调制的饮料	产品明示执行标准

一、运动饮料

全民健身运动的快速普及,给运动食品的发展带来了很大机遇,人们对运动食品的需求量与日俱增且对产品的质量要求也越来越高。《食品安全国家标准　运动营养食品通则》(GB 24154—2015)中运动营养食品是指为满足运动人群(指每周参加体育锻炼3次及以上、每次持续30 min及以上、每次运动强度达到中等及以上的人群)的生理代谢状态、运动能力及对某些营养成分的特殊需求而专门加工的食品。《饮料通则》(GB/T 10789—2015)中,运动饮料是指营养成分及其含量能适应运动或体力活动人群的生理特点,能为机体补充水分、电解质和能量,可被迅速吸收的制品。

运动饮料(sports drinks)的雏形早在1927年英国就已经出现,当时的药剂师威廉·欧文(William Owen)为了给生病的人提供一种简单的热量和能量来源,发明了葡萄适

(Lucozade)。在1965年,佛罗里达大学的肾脏病专家 Robert Cade(罗伯特·凯德)博士专门为支持运动员训练而开发的饮料 Gatorade(即佳得乐)则被认为是世界上首款运动饮料。当时,佛罗里达大学橄榄球教练 Douglas 注意到球员在训练和比赛中体重丢失过多,尽管喝了很多水但没有便意,同时还有中暑现象发生。于是,Douglas 就找到佛罗里达大学的 Robert Cade 博士。Robert Cade 博士在人体运动生理理论的基础上,设计了一款帮助运动员从剧烈运动中体液损耗及疲劳中恢复过来的饮料,其主要营养成分包括水、碳水化合物和电解质。该款饮料就命名为 Gatorade,成为世界上最早的运动饮料,其作用很快得到了公众的认可。随着 Gatorade 饮料的流行,很多类似的饮料产品应运而生。例如,运动饮料(Propel、Powerade、Muscle Milk 等)旨在维持体液容量及电解质平衡,及时补充能量,改善体温调节和体内代谢。近年来,美国、日本分别成为全球运动饮料市场占有份额最大、运动饮料人均饮用量最高的国家。不论在品牌包装还是在口感风味方面,美国均有较强的发展优势;在日本,运动饮料消费对象群不特别强调运动专有属性,更具有普遍性,口味细化现象突出,采取系列产品营销的思路,满足多样化的市场需求。

从20世纪80年代的"健力宝"电解质饮料开始,到20世纪90年代引入"红牛"维生素功能饮料,我国运动饮料迅猛发展,各种品牌及饮料品种如雨后春笋般出现。

(一)运动人群的营养需要

运动与营养是促进健康的两大基本要素,而运动与营养又是相互促进、相互影响、密切相关的。合理的营养应与每个个体的生长发育、身体机能需求相适应,运动过程中还应满足个体参加体育锻炼或运动训练的需要,提供足够的碳水化合物、蛋白质、脂肪、无机盐、维生素及水等成分,以满足机体的消耗,促进机体的恢复。

1. 运动与碳水化合物

碳水化合物是人体活动能量的主要来源,是运动时主要热能来源和能量供应者,在运动饮料中其作用极其重要。虽然蛋白质、脂类等物质也可以通过各类转化途径提供能量,但在运动强度大、频率快、时间短的情况下,都不能快速提供能量。在运动中合理补充糖分,使机体血糖含量维持在一定范围,可明显推迟运动疲劳的发生,保持良好的运动状态。运动后及时补充糖分,也有利于肝糖原和肌糖原的恢复,改善机体疲劳状况,促进体力恢复。

2. 运动与蛋白质

蛋白质是人体重要组成部分,与人体的运动能力有密切的关系。运动时体内蛋白质代谢加强,代谢速率加快,分解增多。较长时间的有氧运动排汗量大时,含氮化合物也会随汗液排出体外。进行系统力量训练时,人体蛋白质的需要量也会增加。

补充蛋白质可以作为肌肉恢复中合成蛋白质的原料,但仅从食物中补充蛋白质,可能引起过多脂肪的摄入,故可在运动饮料中添加蛋白质,提高机体体能并延长机体耐力。氨基酸是合成蛋白质的底物,进入人体消化道后可被迅速吸收。其中,有3种人体必需的氨基酸(即亮氨酸、缬氨酸和异亮氨酸)被称为支链氨基酸。研究表明,支链氨基酸能促进肌肉蛋白质合成,为运动提供能量储备并推迟运动性疲劳的发生。另外,小分子的多肽比蛋白质或氨基酸更容易被吸收,可使运动人群迅速恢复和增强体力,减少骨骼肌蛋白质的负平衡。

3. 运动与脂肪

脂肪是构成人体组织的重要物质之一,大量储存在脂肪组织、肝脏和骨骼肌内。同时,脂肪又是人体正常安静状态、饥饿或中低强度运动时体内能量的主要来源。脂肪质量轻,产生的热量高,可提供大量的能量,因此在运动中具有重要作用;但是由于脂肪氧化供能时耗氧量大,比较适合在长时间、低强度运动项目中供能。例如,在耐力运动、马拉松运动中,脂肪的氧化供能效率往往是决定运动员胜败的关键性因素之一。同时,分布在内脏和皮下的脂肪可防止热量散失而保持体温,并保护组织器官及神经系统免受机械损伤。

4. 运动与维生素

维生素是人体为维持正常的生理功能而必须从食物中获得的一类微量有机成分。每种维生素都有各自的生理功能,它不是构成机体组织和细胞的组成成分,也不产生能量,其作用主要是参与机体的代谢调节。在能量消耗增加的情况下,一些维生素的需要量也会增加。例如,维生素 B_1 在能量代谢生成 ATP 的过程中起着重要作用。维生素 B_1 缺乏时,其代谢物丙酮转化成乳酸,乳酸堆积会导致疲劳,损害有氧运动能力,影响正常神经冲动和传导,并影响消化功能和食欲。维生素 E 是一种重要的抗氧化营养素之一。在特殊条件下进行训练后,补充维生素 E 有提高吸氧量、减少血乳酸等的作用。

5. 运动与无机盐

由于机体细胞、组织和器官在发挥生理功能的过程中,需要各类无机盐参与协调反应,如维护机体液态或胶体渗透压,血液酸碱平衡以及神经、肌肉兴奋传导等,以保证机体维持正常状态。在运动状态下,各项应激生理机能增强,体内反应速度加快,矿物质含量逐渐减少。同时,机体为了避免体内温度过高,加速汗液排放以维持体温恒定,使得钾、钠、氯及镁等离子流失增多。如长期进行高强度活动,没有及时补充无机盐等微量元素,人体活动能力将会受到影响。主要无机盐离子的功能见表 10-2 所列。

表 10-2 主要无机盐离子的功能

无机盐离子	主要功能
钠离子	是细胞外液中存在的主要阳离子,调节渗透压,参与神经冲动传导
氯离子	是胃酸成分,调节渗透压
钾离子	是细胞内液中的主要阳离子,调节渗透压,参与葡萄糖的运输和神经冲动传导
镁离子	参与能量代谢,促进肌肉收缩,是骨骼和牙齿的成分
钙离子	促进肌肉收缩,是骨骼和牙齿的成分
含磷离子	是骨骼和牙齿的成分,维持体内酸碱平衡、中枢神经传导
锌离子	利于皮肤和伤口的愈合,是酶的成分
铁离子	是血球素和肌球素的成分,参与氧气的运输

6. 运动与水分

机体内水分具有参与机体构成、运输营养物质、代谢废物和调节体温等重要生理作用。在人体运动时,能量消耗巨大,短时间内产热增多,人体排汗增多,容易出现失水,甚至脱水现象。如果人体脱水量达到体重的 2%,那么会对机体产生不良影响。因此,在运动的不同阶段合理补充水分可以有效降低运动给人体带来的影响,减缓体液丢失,维持体内水分,使运动能力保持在正常的水平。

7. 运动与其他功能性物质

剧烈活动会对机体产生很多影响。例如,局部组织缺氧、肌肉纤维组织损伤、乳酸等代谢产物堆积,易使机体产生不良反应,影响人体正常生理活动。在运动饮料中添加一定量的功能性成分,可有效缓解运动中机体出现的能量耗竭、乳酸等代谢产物堆积、自由基损伤及中枢神经疲劳等状况。

近年来,许多植物活性物质被发现具有抗运动性疲劳功能,可作为运动饮料的原辅料。例如,在植物多糖方面,板栗多糖能提高运动耐力,降低运动后血乳酸和血尿素氮的含量,提高肌糖原和肝糖原的含量;沙枣多糖能延长小鼠负重游泳时间,增加肝糖原含量,减少血清尿素氮含量,降低血乳酸含量;此外,从灵芝、冬虫夏草及芦荟中分离提取的多糖也被证实具有抗运动疲劳作用。在抗疲劳方面,甜菜红色素能延长小鼠负重游泳时间,减少血乳酸和血清尿素氮含量,并加速其清除速率,增加肝糖原和肌糖原含量,具有抗疲劳作用;在黄酮抗疲劳方面,大豆异黄酮能延长小鼠游泳力竭时间,增加血清游离脂肪酸含量,降低血乳酸和尿素氮含量。机体运动时产生的过多自由基,可使体内生物膜中脂质发生过氧化反应,从而造成运动能力降低。然而,牛磺酸可提高体内抗氧化酶系统的活力,进而增强机体的抗氧化能力,从而增强机体的运动能力。另外,牛磺酸还能有效调节 Ca^{2+} 稳态失调。因此,牛磺酸常作为功能成分被添加到运动饮料中。随着研究的不断深入,更多的功能成分被应用于运动营养食品中,为广大运动人群提供选择。

(二)运动饮料的开发

运动饮料的开发与一般饮料不同,不仅要求食品本身的色、香、味俱全,还需要考虑特殊用户群体的营养需求和食用场景要求。因此,对于运动饮料的开发程序一般包括以下步骤:

① 确定目标用户及用户需求;

② 根据用户需求确定产品开发要素及配料选择;

③ 对同类产品进行分析,结合用户体验和反馈进行配方改良,形成初步的配方;

④ 对初步配方进行小试,再进行感官评价及产品功能性评价等,确定产品小试配方;

⑤ 在小试配方的基础上,制定原辅料、生产工艺、产品标准及包装规格等;

⑥ 进行产品的中试,优化产品的最终配方;

⑦ 进行正式生产。

其中,感官评价多从产品的滋味、风味、色泽和糖酸比等方面进行评价;产品功能性评价以抗疲劳动物等试验为主。运动耐力的提高是抗疲劳能力加强最直接的表现。缺氧对机体是一种劣性刺激,影响机体的氧化供能导致疲劳,耐缺氧能力反映了机体抗疲劳的能力。很多针对运动耐力和耐缺氧能力的试验作为动物抗疲劳试验的评判标准展开。现有的运动耐力动物试验一般选择小鼠,并进行跑台试验、负重游泳试验、爬竿试验、水迷宫试验、鼠尾悬挂试验及旋转棒试验等。

1. 运动饮料的要素

与普通饮料不同,运动饮料根据运动需要,同时将补充水分、糖分与电解质结合起来,可以有针对性地补充运动时所丢失的营养成分,起到保持、提高运动能力的作用。运动饮料的品种多样,根据不同的分类标准可分为不同类型。根据消费人群不同,运动饮料可以分为大众运动饮料、健身运动饮料及专业运动饮料。对于大众运动饮料的消费人群来说,运动饮料只是一种流行的饮料种类;健身运动饮料则添加了更多营养素及抗疲劳成分,适合长期从事运动健身、体能消耗大的人群饮用;专业运动饮料适合从事职业运动的人群饮用。运动员长时间进行超负荷的训练,体内水分、电解质及糖分等物质流失更快,因此针对他们开发的运动饮料在配方上也更为复杂和多样,饮料的饮用时间也有严格的要求。

　　鉴于运动时人体会大量流失水分及电解质,运动饮料配方中应有足够的糖来补充能量,并且有适量的电解质改善机体内环境。在运动饮料中加入蛋白质、氨基酸等成分能够明显改变肌肉组织的代谢反应,因此蛋白质和氨基酸也是运动饮料中常见的添加物。运动饮料的风味会显著影响饮用量,同时饮用量还与胃排空率和渗透压有关。因此,在设计配方时,需考虑到各个要素。

2. 运动饮料的配方设计

(1)特定的糖含量和组合

　　配方科学的运动饮料中必须含有一定量的糖,这样有利于血液中血糖浓度的保持,减少储存糖原的消耗,延缓疲劳发生,从而有助于提高运动成绩。如果采用蔗糖、葡萄糖和果糖作为原料,一般采用 6% 的糖浓度,从加快体液的恢复、提供能量角度来说,这是一个最佳浓度。糖浓度高于 6% 时吸收减慢,导致饮料滞留于胃肠道中。常用碳水化合物的体内生物特性见表 10-3 所列。

表 10-3　常用碳水化合物的体内生物特性

评价指标	葡萄糖	蔗糖	果糖	麦芽糊精
胃排空	极好	极好	中等	极好
胃肠适应性	易	易	难	较易
需要消化程度	否	低	高	中等
吸收程度	易	易	一般难度	易
运动中能量供给	极好	极好	一般	极好
运动后糖原恢复	极好	较好	差	极好
血糖指数	高	中等	低	高

(2)适量的电解质

　　运动出汗导致钾、钠等电解质大量丢失,从而引起身体乏力,甚至抽筋,导致运动能力下降。而饮料中的钠、钾离子不仅有助于补充汗液中丢失的钠、钾离子,还有助于保持血液容量,使机体得到更充足的水分。《运动饮料》(GB 15266—2009)也对于该类饮料中钠和钾离子的含量进行了规定。运动饮料理化指标见表 10-4 所列。如果饮料中的电解质含量太低,那么其起不到补充的作用;如果含量太高,那么又会引起胃肠的不适,并使饮料中的水分不能被机体有效吸收。除此之外,饮料中的电解质可以增进饮料的口感,刺激人喝水的欲望,这对于经常运动的人来说是很重要的。运动饮料更多地注重对钠、钾的添加,有的饮料的配方中对钙、镁也有一定的要求。

表 10 - 4　运动饮料理化指标　　　　单位:mg/L

项目	指标
钠	50～1200
钾	50～250

（3）必要的维生素

运动饮料还需要考虑增加运动中有大量需求的维生素含量。例如,缺少维生素 B_1 会影响糖的代谢;维生素 B_2 与线粒体中发生的氧化反应关系最大,而且对于有氧性耐力运动也很重要;肌糖原分解、乳酸和氨基酸的生糖作用都与维生素 B_6 相关;维生素 C 则用以清除自由基,减少其对机体的伤害,延缓疲劳的发生。《食品安全国家标准　运动营养食品通则》（GB 24154—2015）中也指出,进行中长跑、慢跑、快走、骑自行车、游泳、划船、跳有氧健身操、跳舞、户外运动等耐力类项目的人群,其食品中需要添加维生素 B_1 和维生素 B_2。

（4）合适的渗透压

液体渗透压是指单位体积液体所拥有微粒的数目,饮料中的糖分、电解质、蛋白质、氨基酸等物质都会影响渗透压。根据渗透压的不同可将运动饮料分为高渗型、等渗型及低渗型。饮料的渗透压会影响饮用量。不同渗透压范围标准见表 10 - 5 所列。血浆的渗透压范围为 280～300 mmol/L,与该范围一致的饮料称为等渗型饮料;低于该范围的饮料称为低渗型饮料;高于 300 mmol/L 的饮料称为高渗型饮料。

等渗型饮料的渗透压与人体渗透压基本一致,饮料中的物质能更快地被人体吸收。摄入低渗型饮料会使血液渗透压降低,使体内析出离子,从而抑制人体喝水的欲望。高渗型饮料的溶质微粒浓度高,会造成口渴感,同时可能导致胃排空率降低,造成肠胃不适。

表 10 - 5　不同渗透压范围标准

类型	指标/(mmol/L)
低渗透压	＜280
等渗透压	280～300
高渗透压	＞300

运动饮料主要是为了给人体补充水分、电解质、碳水化合物等营养成分,宜设计成等渗型或低渗型。各种糖的分子大小不同。因此,糖的浓度一样时,其渗透压不同。可以利用这种性质在饮料中添加葡萄糖、蔗糖或果糖,来调节饮料的渗透压。

（5）胃排空速率

饮料中的物质需要经过小肠才能被消化吸收,因此胃排空速率的快慢影响着饮料物质的吸收速率。胃排空是指食物从胃排入十二指肠的过程。影响胃排空速率的因素包括饮料的渗透压、pH 和人体胃液体积及人的运动强度。胃液体积影响胃排空速率。胃液体积越大,胃排空速率也越快。胃容物中溶质的浓度越大,胃排空可能会越慢。添加葡萄糖、氯化钠等成分使胃容物的渗透压增大,也会延迟胃的排空。饮料 pH 过低时,同样不利于胃排空,因而运动饮料设计成中性较好。另外,冷冻饮料会使胃排空率下降,不利于增加饮料的摄入。运动后体温升高,喝冷饮会对消化道造成强刺激,可能造成腹痛、腹泻,故运动饮料不适宜在过低温度下饮用。

(6)无碳酸气、无咖啡因、无酒精

含气饮料是众多饮料中的一种类型,含气饮料使饮用者喉部有灼烧感,并使其产生胃部胀气和不适、胃痉挛甚至呕吐等症状,从而抑制饮料的摄入。所以,为增加饮用量,运动饮料中不宜含气。咖啡因和酒精有一定的利尿及脱水的作用,会进一步加重体液的流失。

3. 运动饮料的安全性

运动饮料的开发是为了补充运动中消耗的能量和丢失的体液、无机盐等。其对象有一定的针对性,该饮料不是所有人群都适合饮用。

在日常生活中,许多人活动较少或从事的活动强度较低,机体能量消耗不多,长期饮用运动饮料会使体内能量堆积,导致肥胖的概率增高,不建议该类人群长期饮用该饮料。对于普通人群来说,运动饮料中含有较多的电解质,会增加机体心血管和泌尿系统的负担,特别是有心血管疾病、肾病者或高血糖者不适合饮用运动饮料。同时,运动饮料中还含有较多的微量元素或无机盐,容易刺激肠胃反应、腐蚀牙龈和干扰心脏信号的传导等,因此,孕妇、儿童及老人等人群也不适宜饮用运动饮料。

4. 运动饮料的工艺

目前,运动饮料工艺流程如图 10-1 所示。

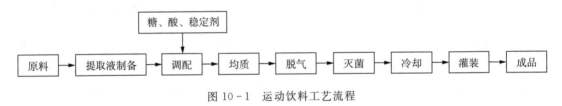

图 10-1 运动饮料工艺流程

尤其需要注意的是,各物质的配比以降低饮料的渗透压、提高胃排空率为目标。目前,我国的饮料工业已发展成为食品产业的一个重要的组成,整个生产布局趋向于规模化、机械化及自动化,生产效率进一步提高。其中,灭菌、灌装包装等工艺都进行了巨大的技术革新。

(1)灭菌技术

灭菌是为了杜绝饮料中含有致病菌、产毒菌、腐败菌等病原微生物存在。传统的杀菌方式一般为对水加热进行高温灭菌,杀菌温度主要采用 121 ℃,时间持续 15～30 min。但此条件对运动饮料中热敏性营养成分及风味口感会产生影响,并且这种方法对灭菌容器的耐热及耐压性要求较高。为了更好地保证产品的风味及色泽等品质,超高温瞬时灭菌、高压灭菌、膜冷除菌、辐射杀菌等新技术应运而生。其中,超高温瞬时灭菌一般加热温度为 135～150 ℃,时间为 2～8 s。超高温瞬时灭菌技术分类及特点见表 10-6 所列。由于微生物对高温的敏感性远大于大多数食品成分对高温的敏感性,超高温瞬时灭菌能在很短的时间内有效杀死微生物,并且能保持应有的品质。高压灭菌技术一般指产品在大于 200 MPa 高压环境中进行杀菌,从而达到商业无菌状态,但该法在较低的压力下对孢子几乎无效。高压灭菌可明显减少饮料中化学成分变化及品质劣变。然而,杀灭饮料中所有微生物需要较高的压力,目前该技术仍不能实现较高的杀菌压力(800 MPa 以上)。超滤膜除菌技术是采用现代膜分离技术去除不同相对分子质量的物质以达到除菌的目的,膜的孔径为 3 μm 时可以截留霉菌的孢子,孔径为 1.2 μm 时可以截留酵母菌,孔径为 0.45 μm 时可截留大肠杆菌

等一般细菌。辐射杀菌放射只限于钴 60 及铯 137 的 γ 射线、10 MeV 以下的 X 射线,放射线照射后产生的羟基自由基等使 DHA 被切断,并无法修复而使微生物死亡。

表 10 - 6　超高温瞬时灭菌技术分类及特点

分类	方式	适应黏度/(cPa·s)	固体	优缺点
直接式	输注式	1～100 万	<15mm	高黏度,固体也可以。因直接加热,加工制品会变薄
	喷射式	1～5000	不可	时间短、品质高;因局部加热,会产生热变性;同时因直接加热,加工制品会变薄
间接式	管式	1～10000	<5mm	以中黏度、小固体为对象;适用性广
	板式	1～500	不可	效率高、运转费低,降低物料黏度
	搅拌式	1～100 万	可	高黏度、固体也可以;但有时会产生滞留;设备投资大,运转费用高

(2)灌装包装技术

近年来,随着新型包装技术和材料的出现,运动饮料行业在包装技术方面也得到发展,其中无菌灌装技术应用最为广泛。该技术始于 20 世纪 30 年代,在 60 年代就已用于商业生产。它是一种在食品包装前经过短时间灭菌,在无菌的环境中(包装物、被包装物、灌装机均无菌)采用无菌灌装设备充填、封合的包装技术,有利于延长饮料保质期。传统的饮料灌装技术主要为热灌装技术。根据包装材料形式,热灌装瓶可分为聚对苯二甲酸乙二醇酯(polyethylene terephthalate,PET)热灌装瓶、双向拉伸聚丙烯(biaxially-oriented polypropylene,BOPP)热灌装瓶。目前,前者由于外形轻质、透明及方便携带特点备受消费者欢迎,尤其是 PET 热灌装瓶已发展成熟,占据国内饮料包装市场的主要份额,年增长率超过 50%。后者 BOPP 热灌瓶是采用注(挤)—拉—吹技术加工而成的包装容器,其具有低成本、耐高温性、安全环保等优点,在运动饮料及保健饮料热灌装包装方面表现卓越,是 PET 热灌装瓶最有力的竞争对手。

热灌装分为两种。一种是高温热灌装,即物料经过 UHT 杀菌后,降温到 85～92 ℃后进行灌装;同时,产品保持恒定的灌装温度;然后,保持该温度对瓶盖进行杀菌。另一种是中温灌装后,再将产品升温到 65～75 ℃,进行巴氏杀菌。这两种方式无须对产品、瓶子和盖子进行单独灭菌,只需将产品在高温下保持足够长的时间,即可对瓶子和盖子进行杀菌。高温热灌装及中温灌装巴氏杀菌工艺流程分别如图 10 - 2 和图 10 - 3 所示。

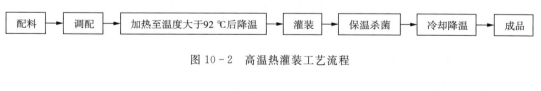

图 10 - 2　高温热灌装工艺流程

图 10 - 3　中温灌装巴氏杀菌工艺流程

传统的饮料热灌装方式,虽可达到无菌要求,但由于长期处于高温状态下,会导致产品口味的改变和营养的损失,而且有的热灌装饮料需添加防腐剂。无菌冷灌装是指在无菌条件下对饮料产品进行冷(常温)灌装。其过程是先将产品、瓶子、盖子分别杀菌;然后,在无菌环境下灌装,直至完全密封后才离开无菌环境。无菌冷灌装技术工艺要求复杂,但是其产品在风味和营养方面,具有热灌装无法比拟的优势。无菌冷灌装工艺流程如图 10-4 所示。无菌冷灌装与热灌装的对比见表 10-7 所列。

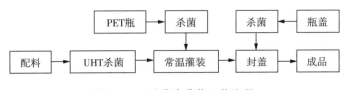

图 10-4　无菌冷灌装工艺流程

表 10-7　无菌冷灌装与热灌装的对比

对比项目		冷灌装	热灌装
对瓶子的要求	压力影响	无	很大,可能造成扁瓶
	瓶子来源	在线吹瓶	必须将吹制的瓶子放置一段时间后才能用于生产
	瓶子品质	质量轻,壁薄	质量重,壁厚
	瓶型要求	可根据客户的要求自由设计	需要对瓶子加固(加强筋)的特殊设计
灌装温度/℃		常温(20~30)	85~92
工艺		先冷却再灌装	先灌装再冷却,需要冷却隧道
瓶及盖的处理		在灌装前先将瓶及盖杀菌	只对瓶做简单的清洗
环境要求		高,灌装区域要求无菌	较低
灌装产品		特别适合灌装热敏性物质	会破坏热敏性物质,对维生素 C 等营养成分破坏大
成本		瓶及盖的成本低,化学清洁剂的成本高	瓶及盖的成本高,化学清洁剂的用量少

对比热灌装方式,现今发展起来的 PET 无菌冷灌装集光电一体化、自动化控制等新技术于一体,使产品受热时间短,尤其适用于热敏性饮料产品,其关键的生产工艺是对包装材料灭菌,其中《PET 瓶无菌冷灌装生产线》(GB/T 24571—2009)中规定了 PET 瓶无菌冷灌装生产线的术语和定义、型号、型式、设备组成、基本参数、无菌线工作条件、要求、试验方法、检验规则、标志、包装、运输及储存等要求。

二、营养素饮料

膳食营养是保证不同健身人群精力充沛和身心健康的物质基础。营养供给不足,能量不够会加剧体内蛋白质的分解,使机体瘦弱,加快衰老进程。如果膳食质量不高,种类不全,易发生营养不良和贫血。反之,摄入食物过多,使体内脂肪堆积,含氮物质增多,反而加重心血管、消化、泌尿系统负担,还会引发疾病(糖尿病)等。营养素饮料(nutritional beverage)是指添加适当的营养强化剂,补充机体营养需要的制品,如营养补充液。

(一)孕妇营养素需求

孕妇是指处于妊娠特定生理状态下的人群。孕期妇女通过胎盘转运给胎儿生长发育所需营养。与非孕期同龄妇女相比,孕妇及胎儿的生长发育需要更多的营养。除了均衡营养和平衡膳食之外,孕妇还需要特别关注叶酸、碘和铁等营养素的补充。孕期营养元素摄入不足,会影响到母体的健康,如缺铁引起的母体贫血,缺钙和维生素 D 所导致的母体骨质软化症等;同时,也会影响胎儿的体格及智力发育。由于胎儿组织、器官发育先后不同,孕期不同时期的营养将会影响胎儿不同组织和器官的发育。例如,孕妇早期营养不良,出生婴儿小,但比例正常;孕后期营养不良将影响出生婴儿的体格比例,而对出生体重无影响。

与非孕期同龄妇女相比,孕期妇女生理状态及代谢有较大的改变,这是为了适应妊娠期孕育胎儿的需要。孕期妇女内分泌会发生变化,如血液、血浆等生化指标,包括营养或营养素代谢产物的浓度也有较大的改变,蛋白质代谢加强,身体水分增加,肾、呼吸及胃肠功能也相应发生变化。

1. 孕妇与能量

孕妇的热量摄取,除了满足本身需要外,还要满足胎儿需要。20 世纪 80 年代,中国妇幼营养相关研究者对中国孕妇能量消耗和需要量进行了大量的调查及研究,提出孕妇在非孕基础上增加 200 kcal/d 的能量是适宜的。《中国居民膳食指南(2022)》中也指出,在孕中期孕妇每天需要增加 300 kcal 能量,在孕晚期需要增加 450 kcal 能量。

2. 孕妇与蛋白质

在我国,传统居民膳食以谷类为主,谷类蛋白质利用率通常较低。《中国居民膳食指南(2022)》建议孕期膳食蛋白质增加值在孕中期、孕晚期分别为 15 g/d 及 30 g/d。补充蛋白质应以动物性食品和大豆等优质蛋白质为宜。

3. 孕妇与微量元素

与非孕相比,妊娠期间各种矿物质的代谢发生适应性变化,以保障胎儿获取充足。孕期钙及铁等矿物质及锌、碘等微量元素的需要量均增加,尤其是铁对孕妇来说更为重要。我国推荐孕妇摄铁量为 28 mg/d,而我国膳食普遍以植物性食物为主,单纯的日常膳食很难满足孕妇对铁的需求,因此孕妇缺铁较为严重。因此,孕期需口服硫酸亚铁 0.3 g/d,并进食富含铁的食物(如动物肝脏、肉类及血液、鱼类、蛋、芝麻等)。表 10-8 为《食品安全国家标准 孕妇及乳母营养补充食品》(GB 31601—2015)中规定的孕妇营养补充食品中必需成分的含量。

表 10-8　孕妇营养补充食品中必需成分的含量

营养素	孕妇营养补充食品含量(以每日计)
铁/mg	9～18
维生素 A/μg	230～700
维生素 D/μg	3～10
叶酸/μg	140～400
维生素 B_{12}/μg	1.2～4.8

(二)学龄前儿童营养素需求

学龄前儿童是指未达到入学年龄,即年龄为 3～6 岁的儿童。学龄前儿童处于生长发育的重要时期,体内旺盛的新陈代谢、体格、脑和神经系统的发育,以及活泼好动,决定了其对营养的需要高于成人。在此时期,给予合适的营养摄入有助于儿童身高及体重的增长,同时对促进大脑发育具有重要作用。微量元素在儿童生长发育中也发挥必不可少的作用,任何一种微量元素的缺少都会破坏机体的生理平衡,引发一系列生长及发育问题。

1. 学龄前儿童与能量

与成年人相比,除基础代谢、活动消耗和食物的生热效应以外,生长发育的能量消耗为儿童所特有。与成人相同,学龄前儿童依靠碳水化合物、脂肪和蛋白质提供能量。考虑到基础代谢耗能及活动耗能可能降低,儿童肥胖发生率的增加,儿童总的能量需要估计量可能较以往有所下降。《中国居民膳食指南(2022)》推荐的 3～6 岁学龄前儿童总能量供给范围是 1 300～1 700 kcal/d,其中男孩高于女孩。

2. 学龄前儿童与蛋白质

学龄前儿童为正氮平衡,对蛋白质的需求高于成年人。为满足人体细胞及组织的需要,对蛋白质的质量,尤其是必需氨基酸的种类和数量应有一定要求。大豆及其制品、奶及奶制品都是优质蛋白质的来源。

3. 学龄前儿童与脂肪

脂肪作为主要的能量供应物质,对于学龄前儿童来说既要防止热能摄入不足,又要防止摄入过多发生肥胖症。同时,建议多摄入优质的脂肪酸,如 DHA、EPA 等。

4. 学龄前儿童与碳水化合物

学龄前期儿童不宜摄入过多的糖和甜食,而应以含有复杂碳水化合物的谷物类为主,如大米、红豆、绿豆等各种豆类。适量的膳食纤维是学龄前儿童肠道所必需的。美国对于 2 岁以上幼儿膳食纤维的每天最低推荐量为年龄加 5 g,如 3 岁儿童每天至少摄入 8 g,4 岁儿童每天至少摄入 9 g,以此类推。但过量的膳食纤维在肠道内易膨胀,引起肠胃胀气、不适或腹泻,影响食欲和营养素的吸收。

5. 学龄前儿童与微量营养素

矿物质和维生素的需要量也不容忽视,学龄前儿童骨骼生长发育迅速,此时需要大量的钙补充;随着儿童肌肉组织的发育和造血功能的逐渐完善,学龄前儿童对铁的需要量也高于成人。维生素对促进儿童生长发育,保证儿童健康成长非常重要。5 岁以上儿童对维生素的需要量与成人相当。研究表明,缺铁性贫血、缺钙是我国学龄前儿童较为常见的营养缺乏性疾病。

(三)老年人营养素需求

老年人是社会的特殊群体,联合国将 60 岁及以上的人群定义为老年人。随着人类社会的进步和世界人口的发展,人口老龄化已经成为全球性问题。据《世界人口前景(2015 年修订版)》预计,2015～2030 年间,全球 60 岁及以上的人口将增长 56%,从 9.01 亿人增加至 14 亿人;到 2050 年达到近 21 亿人。老年人的年龄增加会导致消化系统老化,包括牙齿的脱落、唾液与咀嚼能力下降、胃酸减少和消化能力的衰退,肠道运转与消化吸收能力的下降,使其在营养需求上具有一定的特殊性。同时,体内激素水平的变化导致营养素的负平衡,因此老年人对某些营养素的需求有所增加。

1. 老年人与蛋白质

蛋白质对于老年人来说,相较于其他营养素更为重要,但却是老年人膳食中比较脆弱的一环。一方面,老年人可能因为各种原因,摄入的蛋白质的质和量难以达到要求,但体内蛋白质每天却在持续损失;另一方面,老年人在消化、吸收和利用蛋白质上,远低于其他人群。因此,摄入容易消化的优质蛋白质(动物性食品和豆类)非常必要。

2. 老年人与矿物质

衰老常见的症状是骨矿物质流失,这可能导致严重的骨质疏松症,进而限制老年人的活动。女性老年群体的骨质流失风险更高,特别是在更年期后,平均每年比男性高 2%～3%。这是雌激素缺乏导致肠道对钙吸收减少,以及肾脏对钙的重吸收减少所致的。铁缺乏症在老年群体中十分普遍。随着年龄的增长,人体无法维持铁储存和铁供应之间的平衡,容易引起铁缺乏并导致贫血。锌是参与酶促反应、转录、免疫细胞信号传导、DNA 合成及各种微量营养素代谢的必需营养素。老年人血清锌浓度低,会导致免疫系统减弱,增加感染或患病风险。锌缺乏还会导致味觉下降,从而影响老年人的食物摄入。

3. 老年人与维生素

老年人对维生素的利用率下降,户外活动减少使皮肤合成维生素 D 的功能下降,加之肝脏和肾脏功能衰退导致活性维生素 D 合成减少,容易使老年人缺乏维生素 D。B 族维生素在维持细胞功能和脑萎缩方面具有相互关联的作用,对老年人至关重要。维生素 B_{12}、维生素 B_6 和叶酸的缺乏会影响认知功能,并伴有老年人普遍存在的抑郁症状。调查研究发现,我国 80% 以上的老年人(60 岁以上)对维生素 A 的摄入量没有达到推荐摄入量(recommended nutrient intake,RNI)水平,只有 25% 的老年人对维生素 C 的摄入量达到该RNI 水平;全国城乡老年人的维生素 E 摄入量明显不足,尤其是农村老年女性。

(四)营养素饮料的开发

下面以适合老年人食用的固体饮料为例,介绍营养素饮料的开发。一般认为,老年人营养素饮料需要达到以下三个标准:(1)提供所需营养;(2)符合老年人口味和咀嚼能力;(3)有助于调节生理机能。

目前,关于国内老年人食品的研发和创制主要集中在营养补充方面,而对于质构和感官设计尚无系统研究。因此,在设计老年人营养产品配方时,除了考虑营养因素外,还要注重质构和感官。老年人的生理变化和功能障碍会导致一系列的饮食和吞咽问题,从而影响营养物质的消化吸收和生物利用率。老年人食品质地应柔软,避免黏性质地和不易分解的纤维结构;同时,大多数老年人患有厌食症或对食品的感应程度下降,因此利用天然香料增强老年人食品感官风味同样重要。

国内外已经有越来越多的企业开始关注对老年人食品的开发。例如雀巢公司的饮食增稠粉,主要原料有麦芽糖、糊精、黄原胶和氯化钾。该产品可以溶解在水、饮料和食物中,通过改变不同的添加量,可以达到不同的浓度,来适应不同程度的吞咽障碍患者。荷尔美食品有限公司开发了主要原料为高果糖玉米糖浆和食品用改性淀粉等的花蜜型水、果汁等一系列产品,如荷尔美花蜜型苹果汁,可以直接饮用。表 10-9 为老年人营养素固体饮料参考配方。

表 10-9　老年人营养素固体饮料参考配方

原辅料	配料量/(g/kg)
大豆分离蛋白	260
浓缩牛奶蛋白	260
小麦麸粉	180
麦芽糊精	140
菊粉	80
鱼胶原蛋白肽	50
魔芋粉	20
复合维生素	3
复合矿物质	5
低聚果糖	0.1

营养素固体饮料生产工艺简易操作过程(生产环境温度应当控制为 18～26 ℃,相对湿度为 45%～65%,成品的水分≤5%)。其工艺流程如下:

称料→混合 1→混合 2→混合 3→内分装→外包装→成品。

1. 称料

按照配方准确称取物料。

2. 混合

混合的目的是使多组分物质含量均匀一致。

混合 1:采用等量递增法,将低聚果糖与菊粉进行混合均匀。

混合 2:把混合物与流动性较好及用量少的物料(魔芋粉、小麦麸粉、复合维生素、复合矿物质)投入混合设备中,预混 20 min。

混合 3:大豆分离蛋白、浓缩牛奶蛋白、鱼胶原蛋白肽、麦芽糊精过振动筛(20 目),然后加入上述混合好的物料中,混合 1.5 h,形成最终混合后物料,装入袋中备用。

3. 内分装(按 50 g/每瓶分装,瓶的容量为 360 mL)

分装时,将混合后的物料用瓶装粉剂灌装生产线灌装。用 PP 塑料瓶分装,每瓶装入 47.4 g,控制装量不低于 47.4 g,每 20 min 抽查装量一次,做好记录。

4. 外包装

贴上标签及装箱。

三、能量饮料

《饮料通则》(GB/T 10789—2015)中规定,能量饮料(energy drinks)是指含有一定能量并添加适量营养成分或其他特定成分,能为机体补充能量,或加速能量释放和吸收的饮料制品。从 20 世纪 60 年代开始,能量饮料从日本兴起,然后传播到其他亚洲国家。到了 20 世纪中期,能量饮料传播到了美国及欧洲,并广为流行。在形式上,能量饮料为一种具有果汁风味或无果汁风味,能够快速提供能量,多数充有碳酸气,但也有不充气及粉状的产品。我国能量饮料产业的正式兴起是在 1995 年年底,中国红牛建设工厂,次年产品在国内市场上市。随着更多品牌饮料的加入,能量饮料的用户群体扩大到各类需要熬夜和连续高强度工作的职业人群,如司机、蓝领和快递员等人员。统计数据显示,2014—2019 年,能量饮料线上平台销售金额复合增速为 15.02%,是九大类饮料中增速最快的品种。相关数据也显示,2020 年全球能量饮料市场规模约为 458 亿美元,预计 2031 年这一数字将达到 1 084 亿美元。

(一)能量饮料的主要成分

能量饮料产品一般含有葡萄糖、牛磺酸、咖啡因、植物萃取物、矿物质、维生素等多种成分,这些成分相互配合,协同作用,能够促进人体新陈代谢,吸收与分解糖分,迅速为人体补充大量的能量物质,并调节神经系统功能,从而达到提神醒脑、补充体力、抗疲劳的功效。因此,人在生理性疲劳或体内能量物质缺乏,以及能量代谢不足或存在障碍时,饮用能量饮料可充分补充能量,快速消除疲劳并且振奋精神,从而提高工作效率与生活质量。

(二)能量饮料的安全性

目前,市场上大多数能量饮料含有的高浓度咖啡因、牛磺酸等成分会使交感神经兴奋。老年人、儿童、孕妇和各种慢性疾病患者在选择能量饮料时要谨慎,应注意饮料上所注明的成分,根据各种营养素的不同,依照成分补充身体所需。发育未完全的青少年过量补充能量饮料,会超出消化系统和神经系统的承受能力,加重身体调节的负担,所以不建议饮用。如果是高血压、糖尿病患者,最好也不要饮用该饮料。因为能量饮料含有的功能成分会引起血管收缩,升高血压,使病情加重。对于健康成年人来说,能量饮料适用于特定的有缓解疲劳需求的情况,如开车、熬夜、高强度的工作或学习等,而不适合所有情况,更不能代替水。

(三)能量饮料的发展趋势

能量饮料存在诸多争议,许多产品为达到提神的功效,大量添加咖啡因,最终导致人们对此类产品的安全性质疑;部分能量饮料选用葡萄糖和果糖为主要甜味剂,在迅速补充能量的同时,也可能会导致肥胖的发生。能量饮料中如含有咖啡因,经常饮用或过量饮用会导致心脏病,发生猝死,增加流产风险,容易使人上瘾,损伤人的认知能力。

近年来,随着人们消费观念和饮食嗜好的改变,能量饮料的概念被逐渐放大,由"高能"逐渐向"低能"转变,更加强调其对于精神疲劳的作用,而弱化产品中含有的能量为机体快速供能的作用。目前,市场上减糖甚至零糖能量饮料深受广大消费者的喜爱。例如,某饮料品牌推出的零糖能量饮料,仅含有 27 kJ/100 mL 的能量,主要添加 L-茶氨酸及维生素 B_6 等,从而起到缓解疲劳、补充营养素的作用。目前,此类新兴的能量饮料(如果汁能量饮料、茶/咖啡能量饮料、植物能量饮料、减糖能量饮料、零糖能量饮料等)市场增长迅速。绿色环保、植物健康及可持续性成为越来越多消费者关注的方向。区别于传统的能量饮料,未来能量饮料的发展趋势,将不仅仅局限于能量补充,而更多的是缓解精神疲劳。

(四)能量饮料的开发工艺

1. 工艺流程

富含人参、黄精及茯苓的能量饮料的生产工艺流程如图 10-5 所示。

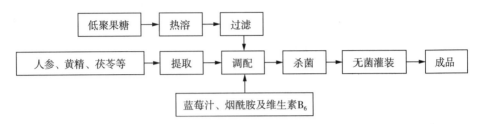

图 10-5　富含人参、黄精及茯苓的能量饮料的生产工艺流程

2. 操作要点

(1)原料处理

将人参、黄精及茯苓等经水提取,将得到的提取液用澄清工艺精制备用。将低聚果糖用足量的水(90 ℃)溶解过滤备用。

(2)调配混合

配方中,甜味剂一般使用低聚果糖,其作用为增加能量,调整风味。酸味剂一般使用柠檬酸,柠檬酸是应用较为广泛的酸味剂,与甜味配合,具有圆润和爽快的味道。在瓶装饮料中,添加柠檬酸可保持或改进饮料的风味,提高某些酸度较低的瓶装饮料的酸度,降低微生物的抗热性,抑制其生长,防止酸度较低的瓶装饮料发生细菌性膨胀和破坏,延长保质期。柠檬酸钠可缓和酸味,改进口味。将人参、黄精等提取液以及蓝莓汁、维生素 B_6、烟酰胺与糖液混合后,再加入柠檬酸及柠檬酸钠。最后,加去离子水定容。搅拌均匀后,用 5 μm 过滤器过滤。

(3)杀菌、灌装

采用低温杀菌法:采用水浴杀菌工艺,杀菌温度为 95 ℃,时间为 30 min,然后,冷却至室温。其优点是,操作简单,设备投资较小;缺点是,水浴灭菌工艺加热时间长,对产品的风味影响较大,容易造成营养成分的损失。UHT 杀菌:杀菌温度为 112 ℃,时间为 30 s(或杀菌温度为 121 ℃,时间为 5 s),冷却温度小于 30 ℃。其优点是,灭菌温度高,时间短,能较大程度地保持产品的天然风味,减少有益于人体的营养成分的损失。UHT 杀菌与无菌灌装技术相结合,可以做到商业无菌,保留食物营养与风味的同时,大大延长产品的保质期和提高安全性。现在大多数饮料生产企业采用 UHT 杀菌技术。植物能量饮料的参考配方见表 10-10 所列。

表 10-10　植物能量饮料的参考配方

原辅料名称	配方量(1000 L)
低聚果糖	80 kg
人参及黄精提取液	20 kg
烟酰胺	10 g
维生素 B_6	2 g
蓝莓或苹果汁等果汁	6 kg
柠檬酸	1.2 kg
柠檬酸钠	0.4 kg
纯化水	加水定容至 1000 L

四、电解质饮料

《饮料通则》(GB/T 10789—2015)中规定,电解质饮料(electrolyte beverage)是添加机体所需要的矿物质、水及其他营养成分,能为机体补充新陈代谢消耗的电解质、水分的制品。我国的电解质饮料最早可以追溯到1984年"中国魔水"——健力宝的横空出世,其作为我国最早的电解质运动饮料成为能量饮料的雏形,2000年后其风靡欧美和日本等发达国家。它含有钾、钠、钙、镁等电解质,成分与人体体液相似,饮用后能迅速被身体吸收,及时补充人体因大量运动出汗所损失的水分和电解质(盐分),使体液达到平衡状态。饮用电解质饮料,可以保持体内较高水平的血糖值,降低人体内的血乳酸浓度,促进体内环境良性循环,降低血尿素浓度,缓解疲劳。

(一)人体中的电解质

电解质是指人体内所含的一些矿物质,如钠、钾、钙及镁等人体中含量较多的元素。美国运动医学院博士迈克尔·伯杰龙认为电解质是带有正电荷或负电荷的物质,如钠和钾。这些电解质既可以帮助肌肉接收大脑的信号,从而进行收缩,也可以留住水分,并将其疏散到各个细胞。体内电解质虽然不能提供能量,但在维持机体完成各种生理活动中发挥着重要作用。电解质对于运动员来说,在肌肉收缩、氧的转运、正常心率节律的调控、抗氧化剂的活性调节、酶类的活化、血液的酸碱平衡及保持水的供给平衡方面都扮演着重要的角色。正常情况下,人体内的电解质处于相对恒定的状态。但是,在高温、高湿环境下长时间运动,人体产热大幅度增加。随着排汗量的增加,某些电解质(主要是钠、钾、镁)也会随着汗液排出体外。汗液中电解质的成分主要是钠和钾,还有少量的镁、钙离子等。运动时间越长,强度越大,电解质丢失越多。电解质的丢失对运动能力的发挥产生不同程度的影响。个体差异、体表部位、出汗量、机体生理变化等都会影响汗液中电解质的含量。汗液、血浆和细胞内液中主要电解质成分的浓度见表10-11所列。

表10-11　汗液、血浆和细胞内液中主要电解质成分的浓度　　单位:mmol/L

成分	汗液	血浆	细胞内液
钠离子	20~80	130~155	10
钾离子	4~8	3.2~5.5	150
钙离子	0~1	2.1~2.0	0~2
镁离子	<0.2	0.7~1.5	15
氯离子	20~60	96~110	8

(二)电解质在人体中的作用及平衡调节

电解质广泛分布在细胞内外,参与体内许多重要的功能和代谢活动,对维持正常生命活动起着非常重要的作用。人体内电解质分布情况如下:在正常人体内,钠离子约占细胞外液阳离子总量的92%,钾离子约占细胞内液阳离子总量的98%。钠、钾离子的相对平衡,维持着整个细胞的功能和结构的完整。电解质代谢紊乱可使全身各器官系统,特别是心血管系统、神经系统的生理功能和机体的物质代谢发生相应的障碍,严重时可导致死亡。

1. 维持体液渗透压和水平衡

钠离子、氯离子是维持细胞内液渗透压的主要无机盐离子。正常人体细胞内、外液渗透压基本相等,由此维持细胞内、外液水的动态平衡。

2. 维持体液的酸碱平衡

体液电解质组成缓冲对调节酸碱平衡。

3. 维持神经、肌肉的应激性

神经、肌肉的应激性需要体液中一定浓度和比例的电解质来维持。当钠离子、钾离子浓度过低时,神经肌肉应激性降低,可出现四肢无力甚至麻痹现象;当钙离子、镁离子浓度过低时,神经、肌肉应激性增高,可出现手足抽搐现象。

4. 维持细胞正常的物质代谢

多种无机盐离子作为金属酶或金属活化酶的辅助因子,在细胞水平上对物质代谢进行调节。

(三)电解质饮料的特点

《饮料通则》(GB/T 10789—2015)中提及了电解质饮料这个概念,但对于电解质饮料应该含有哪些成分及含量是多少,尚未给出明确的技术指标,国家尚未出台明确规定。目前,市面上的电解质饮料中含有哪些营养元素,含量是多少,都是由生产厂家自行设定的。人们在高温环境中长时间劳作和参加一定量的运动过后,体温也随之升高。人体为了散热就会出汗,一些电解质就会跟随汗液排出体外。这些电解质中含有人体所必需的钠、钾、钙等离子。因此,劳作和运动后,会发生水和电解质流失。饮用纯净水虽然能够解渴,但纯净水不含电解质。运动期间或运动后,补液会有助于维持运动员水、盐代谢平衡,促进疲劳的消除。但是,电解质饮料配制依据的确定和电解质浓度的配比问题需要进一步研究。对于较长时间的运动项目,Gisofi 推荐钠离子浓度为 $20\sim30$ mmol/L,钾离子浓度为 $5\sim10$ mmol/L。在曼彻斯特大学的研究中针对长时间运动丢失过多电解质的情况,钠和钾的推荐量分别是 $20\sim50$ mmol/L 和 $3\sim6$ mmol/L。

(四)高温环境作业人员与电解质补充

高温环境中,保持各种体液的正常含水量对维持人体内环境稳定和保持良好的耐力都十分重要。首先,水对调节体温有重要作用,它可以吸收较多的热而本身温度变化不大。作为体液主要成分的水,能通过血液循环和体液交换将体内的热迅速送至体表经皮肤而散发,所以在这方面水的作用是机体其他成分无法代替的。而水作为汗液的组成成分,又在皮肤表面通过蒸发汽化而起散热作用。每克水在 37 ℃ 完全蒸发时约吸收能量 2.51 kJ(600 cal),散热效率很高。其次,保持体液的正常含水量对维持人体生理生化功能也十分重要,水是良好的溶剂,多种营养物质和代谢产物主要溶解于血浆和细胞间液的水中,再进行运输。水的溶解力强,体内许多物质都能溶于水,而溶解和分散的物质才容易起化学反应,所以水对于促进人体内许多化学反应是十分重要。高温环境下因大量出汗而失水时,可产生血液浓缩,血浆容量和细胞外液减少,体温调节障碍,体温升高,能量代谢和蛋白质分解代谢增强,心跳加快,尿量减少及其他系列生理生化变化,从而导致疲乏无力,工作效率下降,热适应能力降低。人们大量出汗时,随汗会丢失大量的水分和电解质,因此需特别注意补充电解质。

1. 钠

钠对保持体液的渗透压和体液平衡,维持肌肉的正常收缩和保持酸碱平衡都具有重要作用。高温下因大量出汗而失盐过多,可引起电解质平衡的紊乱。若只补充水分而不及时补充盐分,会造成细胞外渗透压下降、细胞水肿、细胞膜电位显著改变,引起神经肌肉兴奋性增高,导致肌肉痉挛。同时,钠是细胞外液中的主要阳离子,大量出汗引起的失钠使人体内阳离子总量减少,为使阴、阳离子平衡,碳酸相应地减少。因而,大量出汗降低了血浆中碳酸盐缓冲系统中 $NaHCO_3$ 与 H_2CO_3 的比例(正常为 20∶1),血液 pH 下降,可能引起酸中毒。另外,因出汗而大量损失水和电解质时,若不及时补充,则会出现一系列失水和失电解质症状。和体液相比,汗是一种低渗液。若大量出汗而不补充水,则会使失水大于失电解质,到一定程度即可出现以失水为主的水和电解质的代谢紊乱。此时,出汗减少,体温上升,血液浓缩,口干,头疼,心悸,严重时会发生周围循环衰竭。若大量出汗只补充水而不补充电解质,则可出现以缺电解质为主的水和电解质代谢紊乱,主要表现为肌肉痉挛,即热痉挛。以上两种情况在临床上均称为中暑,是两种不同类型的中暑。因此,对于大量出汗的高温作业者,必须注意对水及电解质的补充,这是高温营养保障中具有重要意义的措施之一。

2. 钾

汗中矿物质除氯化钠外还有钾、钙、镁等多种元素的盐类,大量出汗亦可引起这些元素的大量损失。汗中这些丢失的矿物质占矿物质总排出量的比例:钠为 54%～68%,钾为 19%～44%,钙为 22%～23%,镁为 10%～15%,铁为 4%～5%。近年来,有学者提出缺钾可能是引起中暑的原因之一,因此高温作业者的补钾问题应引起重视。高温作业者不但因出汗丢失大量的钾(每天可失钾 3 910.2 mg),而且在大量出汗、血钠降低、血容量减少的情况下,近肾小球细胞感受到这些变化后刺激肾素分泌,通过肾素-血管紧张素-醛固酮作用系统,使醛固酮分泌增加,使尿钾排出量显著增加,每天为 1 798.7～2 932.6 mg,这样由汗和尿排出钾的总量就会超过摄入量而引起负平衡。正常成人人体约含钾 15640 mg,其 80% 分布于细胞内液中,在细胞内维持渗透压的总离子量中钾约占 50%。因此,钾对维持细胞内液及细胞容积有重要作用。同时,体内钾离子的动向与水、钠离子和氢离子的转移密切相关,钾代谢失常往往导致水的分布及酸碱平衡紊乱。血钾浓度对心脏活动也有重要作用,血钾降低时心脏容易产生期前收缩及其他心律异常。人体在热环境中进行体力活动时,若钾排出量增加及一般膳食标准钾摄入量偏低,会出现负钾平衡,从而导致血清钾含量偏低。由于钾对保持人体在高温环境中的耐力和防止中暑有重要作用,有人建议高温作业者补盐时应补充包括钾在内的含多种电解质的矿物质,而不是单纯补充氯化钠。

3. 钙

通常汗液中钙的排出量每天仅为 15 mg,但高温作业时可增加汗钙的损失。研究发现,在气温 37.8 ℃下作业 16 d,每天 7.5 h 做 100 min 定量运动,汗钙排出量为 20.2 mg/h,占机体总钙排出量的 33.2%,每天钙负平衡为 166 mg。热习服(热适应)后汗钙含量仍较高,尿钙含量不降低,不能补偿汗钙的损失。

4. 镁

沙漠中的采油工每天摄入镁 265.8 mg,随汗排出的镁为 380.6 mg,负平衡为 114.8 mg。在严重恶劣环境中,汗中丢失的镁可达机体镁总丢失量的 1/4。研究人员又发现,高温作业后血清镁浓度降低0.9%,而常温下只降低0.4%。镁的降低可引起抽搐,注射镁盐对治疗抽搐有效。

(五)电解质饮料的设计

电解质饮料是根据运动时生理消耗的特点而配制的,可以有针对性地补充运动时丢失的营养,起到保持及提高运动能力、加速运动后疲劳消除的作用。目前,市场上电解质饮料最具代表性的是健力宝电解质饮料、宝矿力水特电解质饮料、佳得乐运动饮料等。表10-12为电解质饮料的参考配方。

表10-12　电解质饮料的参考配方

原辅料名称	配方量
葡萄糖	32 kg
氯化钠(食用盐)	0.4 kg
氯化钾	0.2 kg
葡萄糖酸锌	0.03 kg
柠檬酸	0.6 kg
麦芽糖醇	0.1 kg
食用香精	0.3 kg
纯化水	加水定容至1 000 L

五、其他特殊用途饮料

随着我国经济的发展,人们已经从最初解决温饱到如今追求更高的生活品质。我国是慢性病高发国家,肥胖、高血压及糖尿病等疾病让人们在享受现代生活的同时,也承受着现代文明所带来的负面影响。如何保证人们既能吃饱吃好,又能讲究营养、健康,减少能量食物及不健康食物的摄入,是整个食品行业都需要努力的方向。而饮料是人们日常生活中高消费频次的食品,开发更多健康、具有功效性的饮料产品,是该行业的未来发展方向与趋势。

(一)低热量饮料

现在饮料厂家在配方中多添加大量蔗糖作为甜味剂以保证饮料的口感,但过多地食用糖分会导致肥胖,诱发糖尿病,这与现代的健康饮食理念是相悖的,而且也限制了饮料的食用人群范围,不利于饮料行业的健康发展。因此,在健康饮食的风潮下,低热量甚至零热量饮料越来越受消费者的喜爱。

低热量饮料(low calorie beverage)是指添加少量糖或糖的代用品(如高倍甜味剂、麦芽糖醇、低聚糖、赤藓糖醇等),研制出的在人体内产生较少能量的饮料。20世纪80年代初,添加可溶性纤维、低聚糖的低热量饮料开始进入日本市场。添加物均为低甜度、低热量,并且具有某种生理活性的物质,基本不增加血糖、血脂。随着科技的进步,赤藓糖醇、低聚异麦芽糖、阿拉伯糖、低聚果糖、低聚半乳糖、山梨糖醇、麦芽糖醇等新的甜味剂被逐步开发出来并引起了人们的关注。常用的甜味剂与蔗糖性质对比见表10-13所列。

表 10 - 13　常用的甜味剂与蔗糖性质对比

原料	相对甜度倍数	甜味特性	安全性	pH 稳定性	热稳定性/℃
蔗糖	1.00	纯正	好	2~11	<200
赤藓糖醇	0.7	清凉	好	2~12	<200
阿斯巴甜	200	纯正	好	3~5	<80
AK 糖（安赛蜜）	200	金属味	较好	2~10	<225
甜蜜素	40~60	余味差	较差	3~10	<250
甜菊糖	200	苦涩味	较好	3~9	<200
三氯蔗糖	600	较纯正	好	>3	<75
纽甜	7 000~13 000	纯正	好	>3	<100

　　针对低热能食品的开发研究,我国从天然植物中提取了多种低热值的功能性甜味剂,并批量生产。目前,我国生产的天然甜味剂主要有甜菊糖苷、罗汉果糖苷等。此外,将人工合成的二肽甜味素(如阿斯巴甜)等高倍甜味剂作为蔗糖的替代品添加到饮料中,大大降低了在人体内产生的能量,这些高倍甜味剂成为生产低糖、低热量饮料较理想的甜味剂。高倍甜味剂的甜度一般能够达到蔗糖的几百倍甚至几千倍。因此,在饮料中少量添加就能达到其所需甜度,并且零热量。但是,高倍甜味剂往往有一些后苦味和金属味等不良味道,并且有的化学合成的产品对身体有潜在的危害。因此,仅添加高倍甜味剂无法获得较好的口感和味道,且由于固形物的不足,饮料的口感饱满度也会急剧下降。为达到完美的口感,通常将填充型甜味剂和高倍甜味剂复配使用。糖醇类产品是常用的填充型甜味剂,如麦芽糖醇、甘露糖醇、木糖醇和山梨糖醇等,但这些糖醇均是通过化学加氢法制得的。出于对消费者的安全和健康考虑,日本、欧美等国家和地区的饮料生产商多年前就已经不常使用这类甜味剂,纷纷转向更健康、更天然的零热值配料,如赤藓糖醇等。

(二)其他功效饮料

1. 益生元饮料

　　益生元饮料(prebiotic beverage)在当前食品注重功能性的时代备受关注。益生元是指能够选择性地刺激特定肠道菌的生长、活性而有益于宿主健康的非消化性食物成分。这是1995 年国际"益生元之父"格伦·吉布索博士对益生元进行的定义。格伦·吉布索等在2004 年又给出了最新的定义:益生元是一种可被选择性发酵且专一性地改变肠道中对宿主健康有益菌群的组成和活性的配料(ingredient),常被称为"双歧因子"。

　　目前,国际上认可较多的益生元主要包括菊粉、低聚乳果糖、低聚木糖、低聚异麦芽糖、低聚半乳糖、低聚果糖、大豆低聚糖、水苏糖、多酚(如花青素)等。与低聚异麦芽糖相比,双歧杆菌最喜食低聚木糖和大豆低聚糖中的棉子糖,其次是低聚果糖。综合化学稳定性等多种因素,低聚木糖是效果最好的双歧杆菌增殖因子之一,但与低聚异麦芽糖等相比,其生产规模和产量较小、成本较高、商业应用较少。低聚果糖口感比蔗糖清爽,味道纯正,不带任何后味,能够提供更圆润的口感和更持久的果香味,极大地改进了产品的外观和口感质量。低聚果糖属水溶性膳食纤维,热值低、难消化。低聚果糖在人体内仅被有益菌双歧杆菌有选择性地吸收,为乳酸杆菌等有益菌所利用,即只增殖有益菌并能抑制有害菌(致病菌),具有双向调节之功效。低聚异麦芽糖不但能被体内消化酶水解,有 25% 转变为葡萄糖,而且热值为葡萄糖的 5 倍,比蔗糖更高。低聚异麦芽糖可被部分梭菌利用,而肠内大部分梭菌属于有害腐败菌,会引起人体消化道不适。因此,低聚异麦芽糖既有利于有益菌,又有利于有害菌增殖,不具有双向调节的功能。低聚异麦芽糖的耐热及耐酸性极佳,浓度为 50% 的糖浆在 pH 为 3 和温度为 120 ℃下长时间加热不会分解,应用到饮料、罐头及高温处理或低 pH 食品中可保持其特性和功能。

由于低聚糖大多数在理化性质和饮料应用特性方面与蔗糖具有相似性,饮料开发时只需直接用功能性低聚糖代替或部分代替原来的甜味剂(蔗糖)即可,而加工工艺不须进行太大改动。下面列举几种常见的应用功能性低聚糖的饮料。

(1)果汁饮料

蔗糖应用于果汁饮料,口感和风味备受消费者的青睐,但是蔗糖含量较高,增加了果汁饮料的渗透压,在夏天饮用会使人产生越喝越渴的感觉,而且易使人发胖,患龋齿。如果用功能性低聚糖替代部分蔗糖应用于果汁饮料,既不影响饮料的风味,又可避免发胖和降低龋齿的发病率,并能刺激体内的双歧杆菌的生长和繁殖,使其成为保健型果汁饮料。产品中功能性低聚糖的种类和添加量,将影响果汁产品的稳定性和风味。为获得较好的饮料产品,建议对主要因素(果汁、含糖量、功能性低聚糖、柠檬酸及稳定剂等)进行试验,以获得各因素较好的配比。

低聚木糖产品形式有糖浆状和粉末状两种,理化性质十分稳定,对热具有很高的稳定性,在酸性条件下储藏的稳定性好。果汁饮料多为酸性饮料,可考虑将低聚木糖作为主要添加种类。低聚果糖的黏度、保湿性及在酸性条件下的热稳定性与蔗糖都接近。由于其在 pH 为 4 的酸性条件下易加热发生分解,因此将低聚果糖应用于酸性果汁中时应注意,在酸性条件下不能长时间加热。以低聚木糖为例,对于成年人,推荐低聚木糖用量为 0.7 g/d,果汁按 500 mL/d 计,添加量以 0.14 g/100 mL 为宜,可以满足保健功能的需要。

(2)含乳饮料

含乳饮料在国内外市场上已出现多年。它除了具有乳香味外,一般还带有水果味,两种风味相融合使含乳饮料的风味独特,再加上具有一定的营养,因此,含乳饮料深受广大消费者的欢迎,尤其是受到儿童和年轻妇女的欢迎。在含乳饮料中加入功能性低聚糖,在很大程度上可增加含乳饮料的营养和保健功能。在普通酸牛乳中添加双歧杆菌增殖因子,既使酸牛乳发挥了它的特有作用,又提高了肠内有益菌的比例。大豆低聚糖理化性质很稳定,可应用于含乳饮料和需加热杀菌的酸性饮料中,并且在低于 20 ℃下保存 6 个月完全不分解。含乳饮料生产工艺流程如图 10-6 所示。

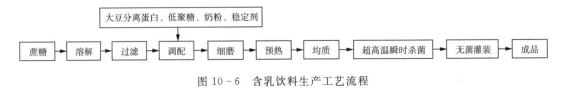

图 10-6 含乳饮料生产工艺流程

操作要点:用 55～60 ℃温水将干粉混合料溶解后,加入蔗糖及植物油混合均匀。将混合均匀后料液用胶体磨细磨。将细磨好的物料加热至 65～68 ℃,用高压均质机进行均质,均质压力为 20～25 MPa,最好均质 2 次。然后,超高温瞬时杀菌,在 140 ℃下加热 5 s。杀菌后,如进行二次均质,压力为 25～30 MPa。

建议配方:蔗糖的添加量为 4.0%,大豆分离蛋白为 2.0%,大豆低聚糖为 1.2%,奶粉为 1.5%。添加量以低聚异麦芽糖为例,如按每人 10 g/d 计算,酸牛乳为 500 mL/d,添加量以 2 g/100 mL 为佳,若加得过多,甜味过浓,会掩盖鲜乳特有风味。可将配料中乳酸、柠檬酸加水稀释备用,其余固体原料混匀后加水溶解、定容。加热灭菌后,冷却至室温,加入稀释后的酸,再加入香精。依次调配、均质、高温杀菌,制成成品。

(3)运动饮料

功能性低聚糖到达大肠后易被双歧杆菌发酵分解,分解后产生的低分子有机酸降低了肠道 pH,使许多矿物质的溶解度增加,其生物有效性得以提高。其中,低分子丁酸盐又能刺激黏膜细胞生长,进一步提高肠黏膜对矿物质的吸收能力。此外,饮用含有低聚糖的运动饮料,有利于降低运动中血乳酸水平,增加肌肉力量和做功量,还有刺激饮料摄入、提高饮料吸收率的作用。运动饮料的原料可以采用低聚果糖、柠檬酸、电解质、缓冲剂、香精等。运动饮料生产工艺流程如图 10-7 所示。

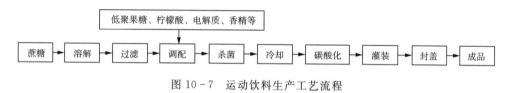

图 10-7　运动饮料生产工艺流程

操作要点:杀菌时,要注意低聚果糖的着色性。若采用低聚异麦芽糖,由于其分子末端为还原基团,与蛋白质或氨基酸共热,会发生美拉德反应而产生褐变着色。着色程度的深浅与糖浓度有关,并受到共热的蛋白质或氨基酸种类、pH、加热温度及时间长短的影响。所以,杀菌工艺应考虑到上述各种因素的配合。以低聚果糖为例,如成年人推荐用量为 4 g/d,运动饮料按 500 mL/d 计,添加量以 0.8 g/100 mL 为宜,可以满足保健功能的需要,而且饮料口感最佳。

益生元符合现代人的健康消费观念,有广阔的开发前景。各种病理学调查指出,今后世界性的肠道疾病将会增加,这已经让人们产生了忧虑。同时,人口结构趋于老龄化,对饮食保健方面的要求越来越高。肠道菌群的介入,将是关系到人类健康极为重要的因素。因此,益生元作为优良促菌物质,开发意义极大。

2. 胶原蛋白肽饮料

胶原蛋白(collagen)是一种天然存在的无支链的纤维蛋白质,是动物体内含量最多、分布最广的蛋白质,主要存在于动物的皮、骨、肌腱等组织中,是人体和脊椎动物的主要结构蛋白,起着支撑器官、保护机体的作用。

胶原蛋白肽是胶原蛋白在一定的外部条件下发生水解反应后得到的产物,其分子量因反应方式、时间和温度等条件的不同而不同,一般为 100～10000 Da。胶原蛋白肽可被人体直接吸收,用于补充人体内的胶原蛋白,从而表现出抗衰抗皱、锁水保湿、增加皮肤光泽、增加皮肤弹性的作用。

胶原蛋白肽饮料是通过添加胶原蛋白源(如胶原蛋白、胶原蛋白肽),并对其他各个组分调配,常添加一些具有美容功效的药食同源食品原料(如枸杞、玉竹等)而成的一种功能性饮料。胶原蛋白肽饮料参考配方见表 10 - 14 所列。

表 10 - 14　胶原蛋白肽饮料参考配方

原辅料名称	配方量(100 L)
枸杞	6 kg
玉竹	5 kg
胶原蛋白肽	10 kg
柠檬汁	6 kg
蜂蜜	8 kg
纯化水	加水定容至 100 L

胶原蛋白肽饮料生产工艺流程如图 10 - 8 所示。

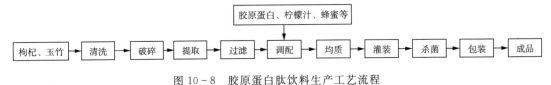

图 10 - 8　胶原蛋白肽饮料生产工艺流程

胶原蛋白肽饮料的生产过程及控制要点如下。

(1)提取、浓缩

称取枸杞和玉竹各 5 kg,加入 15 倍水提取微沸 90 min,提取液离心(8 000 r/min)。然后,将清液在真空度为 0.05～0.08 MPa 及 50～60 ℃的条件下,减压浓缩至 50 kg 的浸膏,备用。

(2)混合、均质

将提取浸膏、胶原蛋白、柠檬汁、蜂蜜加水定容至 100 L,搅拌 30 min。然后,在压力 25～30 MPa 下,用均质机均质一次。

(3)灌装、杀菌、包装

将均质后的液体,灌装(50 mL/瓶)于玻璃瓶中,封盖。然后,在 95～100 ℃下,灭菌 20～30 min。风冷至温度不高于 35 ℃后,打码及包装,将产品送入成品间。

3. 缓压助眠饮料

中国睡眠研究会发布的一项调查显示,我国成年人的失眠发生率高达 38.2%。失眠会使身心疲倦,降低工作效率,长期失眠更会引发代谢性疾病、抑郁症及焦虑症等。γ-氨基丁酸(γ-aminobutyric acid,GABA)、L-茶氨酸和酸枣仁是常用的改善睡眠的主要功能原料。GABA 是一种抑制性神经递质,在大脑中枢神经系统中可镇定兴奋,改善睡眠;L-茶氨酸是一种非蛋白质氨基酸,经口服后在肠道内被吸收。大量研究表明 L-茶氨酸具有缓解焦虑、改善心情及提高认知等作用,可以改善睡眠质量,有助于减轻压力带来的身体症状;酸枣仁是中医安神用药,具有宁心、安神和养肝等功能。

越来越多的饮料企业开始布局助睡眠领域,其中传统企业,如百事可乐推出了 Driftwell 黑莓薰衣草味助眠饮料,用来帮助人们在睡前缓解压力。美国初创企业 Som 推出了 Som Sleep Drink 饮料,产品以镁、维生素 B_6、GABA、L -茶氨酸和褪黑素为功效成分,包装设计十分简洁,向消费者传递出"抛除杂念,享受安睡"的产品理念。2019 年,旺旺集团推出了"梦梦水"饮料,每瓶含 376 mg L -茶氨酸、54 mg GABA 及 35 mg 德国春黄菊花提取物。同时,每瓶饮料近 100 mL,方便用户在睡前饮用,不会增加睡前程序,也不会造成肠胃负担。

在宏观上,我国功能饮料的市场规模逐年扩大,但与欧、美、日等海外市场相比,我国在人均饮用水平和人均消费金额方面仍有很大差距。另外,我国人口老龄化程度加重,人们生活和工作节奏更快,压力更大,以及肥胖、冠心病及糖尿病等的流行,使大众在日常生活中更加关注自己的健康状况。当前,我国符合世界卫生组织对健康的定义的人群数占总人口的15％,另有 15％的人群处于疾病状态,而剩下 70％则处于亚健康状态。因而,健康必然是人们关注的焦点。近年来,"大健康"概念已经成为健康的主流趋势,健康化、功能化及个性化将成为未来的主要发展需求,是促进市场增量的驱动因子。随着饮料产业的迅速发展,产品竞争从单纯的口味变化竞争转向口感、方便、安全、营养、消费群体及消费场景等多方面综合竞争,各种营养素在饮料中的应用也会越来越广泛。

4. 特殊用途饮料新技术

从科学层面上讲,饮料是以水为溶剂、分散剂或悬浮剂的产品,其可以含有具有一定营养或功能的溶质、颗料、脂类,以溶液、乳液及悬浮液等形式存在。也就是说,任何食物都可以饮料的形式存在。特殊用途饮料(包括其浓缩物或固态物)的产品特性决定了其技术创新的无限性,尤其是在营养素强化补充与活性保持方面,诸多技术更是层出不穷。

乳化是特殊用途饮料生产中的常用技术,除了普通乳化外,近年来发展了多层乳化、微乳化、纳米乳化、皮克林乳化、高内相乳液及脂质体等新技术体系,并将之应用于实际生产。胶囊技术是利用惰性多聚的天然或合成的高分子材料,将固体、液体或气体材料包裹在一个微小密闭的胶囊中,形成一种具有半透膜或密封的直径为 $5\sim300~\mu m$ 的微小胶囊,并在一定条件下有控制地将所包裹的材料释放出来,广泛用于特殊用途饮料的营养强化,如维生素 C 微胶囊、酸味剂微胶囊、维生素 AD 微胶囊等。另外,蛋白酶解技术是提高蛋白质饮料功能特性和制备多肽(一般认为在 5 kDa 以下)饮料的必要技术之一。超高压杀菌技术能够保持新鲜果蔬营养与活性成分。用纳米技术对食物进行分子及原子的重新编程时,某些结构会发生改变,能大大提高某些成分的吸收率,加快营养成分在体内的运输,延长食品的保质期。目前,纳米食品主要有钙、硒等矿物质,维生素,添加营养素的钙奶与豆奶,纳米茶和各种纳米功能食品。另外,关于纳米技术是否会干扰细胞代谢的问题,尚存争议。

植物提取物、浓缩果蔬汁、天然风味、甜味剂、蛋白补充剂、麦汁及非酒精发酵的果蔬汁和谷物均可用作特殊用途饮料开发的原辅料。植物性原料中的功能性成分一般采用萃取法来提取。萃取法是将其有效成分先溶解于溶剂中,从而使其得到部分或完全分离的一种方法。在采用萃取法时,溶剂的选择是成功的关键。功能性成分一般分为水溶性和脂溶性成分两类。在萃取水溶性成分时,常用水、酒精水溶液等作为溶剂;在萃取脂溶性成分时,常用乙烷、丙酮、食用油脂等有机溶剂。只有在确定有效成分的性质后,才能正确地选择溶剂。萃取法不但能分离有效成分,还能排除某些有害成分。在进行萃取操作时一般应注意:首先要正确选择溶剂;在用液体萃取液体时,两种液体的密度相差要大,以便于分离,同时应加以搅拌,以增加液体之间的接触面积。萃取固体原料时,可多次或连续长时间萃取。为提高萃取速度,可选择合适的温度、适当粉碎、加速液体流动速度、搅拌及鼓入压缩空气等。

特殊用途饮料的营养强化与补充可以有多种产品定位,如改善微量营养素的摄入。以铁为例,铁的缺乏很大程度上是因为利用率和吸收率低,所以,在饮料中可以考虑添加促进铁吸收的营养成分(如维生素 C、氨基酸、有机酸、还原糖及肌苷等)。以上这些营养成分能与铁整合成小分子可溶性单体,阻止铁沉淀,因而有利于铁吸收。

饮料一般呈酸性(pH<7),故强化剂应当能溶于水,利于均匀混合,还应当对酸较稳定,以免分解失效。通常可以在原料中添加比较稳定的强化剂(如维生素 B_1、维生素 B_2 等),通过各种加工工艺,使其完全混合在一起;也可以在加工过程中添加热敏性强化剂(如维生素 C、赖氨酸等),其先在加热后的某工序中添加,再混合均匀。例如,在液体饮料开发中,可把强化剂制成溶液后在灌装前混入,并搅拌均匀;在固体饮料开发中,可把强化剂碾成粉末与之充分混合,或溶成溶液喷洒进去。此法可减少强化剂的损失,但很难混合均匀。强化饮料加工工艺可以采取改变强化剂的结构、加入稳定剂、改进加工方法等。各种强化剂均有一定的加工适应性,只有对其充分了解以后才能采取有效措施。功能性成分强化后的处理过程(压盖后杀菌、灌装)、产品的包装材料、保藏要求等,因产品不同,其要求也不同。

思考题

1. 简述风味饮料的定义及分类。

2. 简述特殊用途饮料的定义及分类。

3. 简述运动饮料、营养素饮料、能量饮料、电解质饮料的定义。

4. 简述进行运动饮料的配方设计时,应该重点考虑的因素。

5. 列举 5 种特殊用途饮料产品。

6. 简述针对老年人开发营养素饮料时,应该主要考虑的因素。

7. 简述电解质饮料应具备的功能。

8. 请针对糖尿病及肥胖人群,设计一款低热能饮料,简述产品的配方及主要产生工艺。

9. 简述人的体育运动及营养素之间的关系。

10. 简述开发特殊用途饮料的目的及意义。

(刘海燕、孙希云、孙常雁、程云、兰伟)

GB 15266—2009
《运动饮料》

第十一章 固体饮料

教学要求：

1. 掌握固体饮料定义、特点及分类；
2. 理解果香型固体饮料工艺流程、工艺要点；
3. 理解蛋白型固体饮料主要原料、工艺流程、工艺要点；
4. 掌握蛋白型固体饮料生产中应注意的问题，了解其他类型固体饮料种类；
5. 理解增香、干燥及包装。

教学重点：

1. 固体饮料定义、特点及分类；
2. 蛋白型固体饮料生产中应注意的问题。

教学难点：

1. 固体饮料定义、特点及分类；
2. 蛋白型固体饮料生产中应注意的问题。

固体饮料(solid beverages)是指用食品原辅料、食品添加剂等加工制成的粉末状、颗粒状或块状，供冲调或冲泡饮用的固态制品，如风味固体饮料、果蔬固体饮料、蛋白固体饮料、茶固体饮料、咖啡固体饮料、植物固体饮料、特殊用途固体饮料及其他固体饮料等。

固体饮料生产的投资少，周期短，利润高。最近十几年，固体饮料工业发展较快，技术不断更新，新品种、新包装不断出现，各类天然、复合及功能性固体饮料的产量不断增加。

在国外，如美国、日本、欧洲等国家和地区，固体饮料的产量年递增率达到 10％以上，产品主要包括速溶咖啡、燕麦片、奶茶、豆粉、乳粉及果珍等。包装形式有马口铁罐、塑料瓶、塑料袋、纸质等。在国内，固体饮料的产量也在迅速增加，其在饮料工业中已占有相当重要的地位，产品主要包括豆奶粉、豆浆粉、核桃粉、黑芝麻糊、藕粉、果珍粉、速溶咖啡、奶茶、粮谷类等。

目前，固体饮料正朝着组分营养化、品种多样化、功能保健化、成分绿色化、包装优雅化及携带方便化的方向发展。随着我国经济的快速发展和科学技术的进步，固体饮料产品必然会有更大的飞跃，固体饮料在国际市场上的竞争力必将进一步增强。

第一节 固体饮料的特点与分类

一、固体饮料的特点

固体饮料相对于液体饮料来说有以下几个特点。

(一)体积小

一般液体饮料中固形物浓度为 10％～20％。因此，把它们变成固体饮料时，其质量只相当于原来的 1/50～1/10。因为质量大大减轻，且体积较液体饮料小，所以固体饮料食用及携带等更为方便。

（二）便于储存

固体饮料虽然含有微生物生长繁殖的营养成分，但是微生物的生长，除了需要营养物质和适宜的温度外，还必须有足够的水分。由于微生物只能利用游离的水，因此只有在含有营养物质的水溶液中微生物才能生长繁殖。一般来说，当食物的含水量降到 40% 以下时，微生物的活动便受到抑制，不能正常活动。固体饮料的含水量在 7% 以下，微生物在其中根本无法生长繁殖，因此，固体饮料只要生产条件严格、包装完整，其保质期一般较长。

（三）便于家庭饮用

固体饮料由于体积小，能久储，包装形式多样化，可以根据需要冲服饮用，因此特别适合家庭及流动人员饮用。

（四）节省运输包装费用

液体饮料的含水量高达 90% 以上。液体饮料由于营养丰富、水分充足，极适合微生物的生长，因此要确保其卫生，必须在包装上严加注意，对包装材料、包装工艺及杀菌措施均需严格把关。目前，我国多采用塑料瓶、玻璃瓶、易拉罐等对液体饮料进行包装。玻璃瓶包装材料易破碎、塑料瓶包装占用体积大，都给运输带来了极大的不便。而固体饮料多采用小袋包装，包装工艺较简单，包装材料较便宜，且运输费用较低。

（五）生产工艺较简单

液体饮料生产中，杀菌及灌装是一项较关键的工艺。其设备较复杂，卫生要求较高，投资也较大。相比之下，固体饮料的生产工艺较简单，整个设备投资也较少。

二、固体饮料的分类

根据《固体饮料》(GB/T 29602—2013)，固体饮料可以分为以下八类。

（一）风味固体饮料

风味固体饮料是以食用香精(料)、糖(包括食糖和淀粉糖)、甜味剂、酸味剂、植脂末等一种或几种物质作为调整风味主要手段，添加或不添加其他食品原辅料和食品添加剂，经加工制成的固体饮料，如果味固体饮料、果汁固体饮料、乳味固体饮料、茶味固体饮料、咖啡味固体饮料、发酵风味固体饮料等。

（二）果蔬固体饮料

果蔬固体饮料是以水果和(或)蔬菜(包括可食的根、茎、叶、花、果)或其制品等为主要原料，添加或不添加其他食品原辅料和食品添加剂，经加工制成的固体饮料。

1. 水果(果汁)粉

水果(果汁)粉是以水果或其汁液为原料，不添加其他食品原辅料，可添加食品添加剂，经加工制成的固体饮料。

2. 蔬菜(蔬菜汁)粉

蔬菜(蔬菜汁)粉是以蔬菜或其汁液为原料，不添加其他食品原辅料，可添加食品添加剂，经加工制成的固体饮料。

3. 果汁固体饮料

果汁固体饮料是以水果或其汁液、水果粉为主要原料，可添加糖(包括食糖和淀粉糖)和

（或）甜味剂等中的一种或几种其他食品原辅料和食品添加剂,经加工制成的固体饮料。

4. 蔬菜汁固体饮料

蔬菜汁固体饮料是以蔬菜或其汁液、蔬菜粉为主要原料,可添加糖(包括食糖和淀粉糖)和(或)甜味剂、食盐等中的一种或几种其他食品原辅料和食品添加剂,经加工制成的固体饮料。

5. 复合果蔬粉及其固体饮料

复合果蔬粉及其固体饮料是两种或两种以上的水果粉、或蔬菜粉或果汁粉和蔬菜粉复合而成的固体饮料;以两种或两种以上的水果粉、或蔬菜粉或果汁粉和蔬菜粉为原料,可添加糖(包括食糖和淀粉糖)和(或)甜味剂、食盐等中的一种或几种其他食品原辅料和食品添加剂,经加工复合而成的固体饮料。

6. 其他果蔬固体饮料

其他果蔬固体饮料是除以上果蔬固体饮料以外的果蔬固体饮料。

（三）蛋白固体饮料

蛋白固体饮料是以乳和(或)乳制品,或其他动物来源的可食用蛋白,或含有一定量蛋白质的植物果实、种子或果仁或其制品等为原料,添加或不添加其他食品原辅料和食品添加剂,经加工制成的固体饮料。

1. 含乳蛋白固体饮料

含乳蛋白固体饮料是以乳和(或)乳制品为原料,可添加糖(包括食糖和淀粉糖)和(或)甜味剂等中的一种或几种其他食品原辅料和食品添加剂,经加工制成的固体饮料。

2. 植物蛋白固体饮料

植物蛋白固体饮料是以含有一定蛋白质含量的植物果实、种子或果仁或其制品为原料,可添加糖(包括食糖和淀粉糖)和(或)甜味剂等中的一种或几种其他食品原辅料和食品添加剂,经加工制成的固体饮料。

3. 复合蛋白固体饮料

复合蛋白固体饮料是以乳和(或)乳制品、其他动物来源的可食用蛋白,或含有一定蛋白质含量的植物果实、种子或果仁或其制品等中的两种或两种以上为主要原料,可添加糖(包括食糖和淀粉糖)和(或)甜味剂等中的一种或几种其他食品原辅料和食品添加剂,经加工制成的固体饮料。

4. 其他蛋白固体饮料

其他蛋白固体饮料是除以上蛋白固体饮料以外的蛋白固体饮料。

（四）茶固体饮料

茶固体饮料是以茶叶的提取液或其提取物为原料或直接以茶粉(包括速溶茶粉、研磨茶粉)为原料,添加或不添加其他食品原辅料和食品添加剂,经加工制成的固体饮料。

1. 速溶茶(速溶茶粉)

速溶茶(速溶茶粉)是以茶叶的提取液或其浓缩液为主要原料,或采用茶鲜叶榨汁,不添加其他食品原辅料,可添加食品添加剂,经加工制成的固体饮料。

2. 研磨茶粉

研磨茶粉是以茶叶或茶鲜叶为原料,经干燥、研磨或粉碎等物理方法制得的粉末状固体饮料,如抹茶、超微茶粉。

3. 调味茶固体饮料

调味茶固体饮料是以茶叶的提取液或其提取物或直接以茶粉(包括速溶茶粉、研磨茶粉)为原料,添加其他食品原辅料和食品添加剂,经加工制成的固体饮料。

① 果汁茶固体饮料:以茶叶的提取液或其提取物或直接以茶粉、果汁(水果粉)为原料,可添加糖(包括食糖和淀粉糖)和(或)甜味剂、植脂末等中的一种或几种其他食品原辅料和食品添加剂,经加工制成的固体饮料。

② 奶茶固体饮料:以茶叶的提取液或其提取物或直接以茶粉、乳或乳制品为原料,可添加糖(包括食糖和淀粉糖)和(或)甜味剂等中的一种或几种其他食品原辅料和食品添加剂,经加工制成的固体饮料。

③ 其他调味茶固体饮料:除以上调味茶固体饮料以外的调味速溶茶固体饮料。

(五)咖啡固体饮料

咖啡固体饮料是以咖啡豆及咖啡制品(研磨咖啡粉、咖啡的提取液或其浓缩液、速溶咖啡等)为原料,添加或不添加其他食品原辅料和食品添加剂,经加工制成的固体饮料。

1. 速溶咖啡

速溶咖啡是以咖啡豆及咖啡制品(研磨咖啡粉、咖啡的提取液或其浓缩液)为原料,不添加其他食品原辅料,可添加食品添加剂,经加工制成的固体饮料。

2. 研磨咖啡(烘焙咖啡)

研磨咖啡(烘焙咖啡)是以咖啡豆为原料,经过干燥、烘焙和研磨制成的粉末状固体饮料。

3. 速溶/即溶咖啡饮料

速溶/即溶咖啡饮料是以咖啡豆及咖啡制品(研磨咖啡粉、咖啡的提取液或其浓缩液、速溶咖啡等)为原料,可添加糖(包括食糖和淀粉糖)和(或)甜味剂、乳或乳制品、植脂末等中的一种或几种其他食品原辅料和食品添加剂,经加工制成的固体饮料。

4. 其他咖啡固体饮料

其他咖啡固体饮料是除以上咖啡固体饮料以外的咖啡固体饮料。

(六)植物固体饮料

植物固体饮料是以植物及其提取物(水果、蔬菜、茶、咖啡除外)为主要原料,添加或不添加其他食品原辅料和食品添加剂,经加工制成的固体饮料。

1. 谷物固体饮料

谷物固体饮料是以谷物为主要原料,添加或不添加原辅料和食品添加剂,经加工制成的固体饮料。

2. 草本固体饮料

草本固体饮料是以药食同源或国家允许使用的植物(包括可食的根、茎、叶、花、果)或其制品中的一种或几种为主要原料,添加或不添加其他食品原辅料和食品添加剂,经加工制成的固体饮料,如凉茶固体饮料、花卉固体饮料。

3. 可可固体饮料

可可固体饮料是以可可为主要原料,添加或不添加其他食品原辅料和食品添加剂,经加工制成的固体饮料,如可可粉、巧克力固体饮料。

4. 其他植物固体饮料

其他植物固体饮料是除以上植物固体饮料以外的植物固体饮料,如食用菌固体饮料、藻类固体饮料。

(七)特殊用途固体饮料

特殊用途固体饮料是通过调整饮料中营养成分的种类及其含量,或加入具有特定功能成分适应人体需要的固体饮料,如运动固体饮料、营养素固体饮料、能量固体饮料、电解质固体饮料等。

(八)其他固体饮料

其他固体饮料是除以上固体饮料以外的固体饮料,如植脂末、泡腾片、添加可用于食品的菌种的固体饮料等。其中,植脂末是以糖(包括食糖和淀粉糖)和(或)糖浆、食用油脂等为主要原料,添加或不添加乳或乳制品等食品原辅料、食品添加剂,经加工制成的粉状产品。

三、固体饮料的技术要求

固体饮料的原辅料应符合相应的国家标准、行业标准等有关规定。固体饮料冲调或冲泡后应具有产品应有的色泽、香气和滋味,无异味,无外来杂质。水分应不高于7.0%。对于含椰果、淀粉制品、糖渍豆等调味(辅料)包的组合包装产品,水分要求仅适用于可冲调成液体的固体部分。固体饮料按照标签标示的冲调或冲泡方法稀释后应符合的基本技术要求见表11-1所列。

表11-1　固体饮料按照标签标示的冲调或冲泡方法稀释后应符合的基本技术要求

分类		项目		指标或要求
果蔬固体饮料	水果粉	按原始配料计算	果汁(浆)含量(质量分数)/%	100
	蔬菜粉		蔬菜汁(浆)含量(质量分数)/%	
	果汁固体饮料		果汁(浆)含量(质量分数)/%	≥10
	蔬菜汁固体饮料		蔬菜汁(浆)含量(质量分数)/%	≥5
	复合水果粉、复合蔬菜粉、复合果蔬粉		果汁(浆)和(或)蔬菜汁(浆)的含量(质量分数)/%	100
			不同果汁(浆)和(或)蔬菜汁(浆)的比例	符合标签标示
	复合果汁固体饮料、复合蔬菜汁固体饮料、复合果蔬汁固体饮料		果汁(浆)和(或)蔬菜汁(浆)的含量(质量分数)/%	≥10
			不同果汁(浆)和(或)蔬菜汁(浆)的比例	符合标签标示
蛋白固体饮料	含乳固体饮料		乳蛋白含量(质量分数)/%	≥1
	植物蛋白固体饮料		蛋白质含量(质量分数)/%	≥0.5
	复合蛋白固体饮料		蛋白质含量(质量分数)/%	≥0.7
			不同来源蛋白质含量的比例	符合标签标示
	其他蛋白固体饮料		蛋白质含量(质量分数)/%	≥0.7

（续表）

分类			项目	指标或要求
茶固体饮料	速溶茶粉、研磨茶粉	绿茶	茶多酚含量/(mg/kg)	≥500
		青茶		≥400
		其他茶		≥300
	调味茶固体饮料		茶多酚含量/(mg/kg)	≥200
			果汁含量(质量分数)/%(仅限于果汁茶)	≥5
			乳蛋白含量(质量分数)/%(仅限于奶茶)	≥0.5
咖啡固体饮料	速溶咖啡		咖啡因含量/(mg/kg)	≥200a
	研磨咖啡			
	速溶/即溶咖啡饮料			
风味固体饮料、植物固体饮料、特殊用途固体饮料、其他固体饮料				

"a"表示声称低咖啡因的产品,咖啡因含量应小于 50 mg/kg

第二节 固体饮料的主要原辅料和关键生产技术

一、主要原辅料

甜味剂、酸味剂、稳定剂、增稠剂、香精、食用色素也是固体饮料的主要原辅料。在固体饮料加工中还需要添加一些辅助材料,以满足各种需要,主要有以下几种。

(一)果汁

果汁是果汁型和果味型饮料的主要原料,也是生产果味茶固体饮料的重要原料之一。果汁除了赋予固体饮料相应新鲜水果的色、香、味外,还含有人体必需的糖类、维生素、氨基酸、矿物质等营养及功能性成分。值得一提的是,果汁中还含有一些天然色素(如叶绿素、类胡萝卜素、黄酮类物质、植物多酚及花青素等),可以赋予固体饮料丰富多彩的色泽。多种鲜果(如苹果、梨子、广柑、橘子、草莓、杨梅、黄桃、猕猴桃、树莓、刺梨、菠萝、沙棘、葡萄、香蕉、百香果、桑葚等)经过分选、清洗、破碎、压榨(或酶解)、过滤、浓缩、杀菌,均可制得原果汁及浓缩果汁。果汁及其饮料在生产过程中,要尽量避免和铜、铁、铝等金属器皿接触,可采用不锈钢或者玻璃容器及工具。操作时要尽量快速,防止其易氧化成分被空气氧化和香味成分挥发。另外,可采用超滤膜先将果汁初步浓缩,然后再进行真空浓缩。浓缩时,温度尽可能低,且避免与空气接触,防止果汁中营养及其功能性被破坏。果汁浓度的高低要根据果汁固体饮料的配方及生产工艺而定。若能够满足固体饮料的产品及生产需要,则应尽量采用低浓度浓缩果汁,从而降低生产成本,减少果汁中色、香、味及营养成分的损失。若采用真空干燥法或喷雾干燥法,则果汁浓度要低一些,防止产品黏壁及干燥效率低。否则,果汁浓度尽可能高,一般要求为 $40\sim42\,°Bé$,以使固体饮料能含较多果汁成分。

(二)麦芽糊精

麦芽糊精也称为酶法糊精或水溶性糊精,是 D-葡萄糖的一种聚合物,主要成分是糊精。其以大米、玉米及薯类等为原料,经耐高温 α-淀粉酶水解,控制 DE 值(葡萄糖值)在 20％以下,再经液化、脱色、过滤、离子交换、真空浓缩及喷雾干燥而制成。麦芽糊精呈白色粉末,略有甜味,易分散于水中。麦芽糊精可用来提高饮料的黏稠性、溶解性及分散性,降低饮料的甜度。

(三)甜炼乳

甜炼乳以新鲜牛奶为原料,加白砂糖,经真空浓缩而制成。甜炼乳呈淡黄色,一般要求水分含量不低于 26.5％、脂肪含量不低于 8.5％、蛋白质含量不低于 7％、蔗糖含量为 40％～45％、酸度低于 48 °T。甜炼乳主要用作烹饪、饮料和食品加工的配料。

(四)可可粉

可可粉以新鲜可可豆为原料,经发酵、粗碎、去皮等工艺得到可可豆碎片,可可豆碎片再进一步脱脂、粉碎得到可可粉。其水分含量≤3％,脂肪含量为 16％～18％,细度为通过 100～120 目筛。可可粉呈深棕色,具有浓烈的可可香气,可用于生产巧克力、糖果、冰激凌、糕点、固体饮料等食品。

(五)奶油

奶油由新鲜牛乳脱脂所获得的乳脂加工而成,也可以由生牛乳未均质化之前,顶层中脂肪含量较高的一层制得。奶油呈淡黄色,有奶香味,水分含量不大于 16％,酸度<20 °T,脂肪含量>80％。奶油中脂肪含量较高,脂肪颗粒很小,消化率高。另外,奶油中含有人体必需的脂肪酸、维生素 A 及维生素 D,还有卵磷脂等功能成分。奶油可用于生产面包、蛋糕、饮料等食品。

(六)蛋黄粉

蛋黄粉以新鲜鸡蛋为原料,经分离、均质、杀菌及喷雾干燥等多道工序而制成。蛋黄粉呈黄色粉状,具有良好的溶解性、乳化性,脂肪含量不小于 42％,游离脂肪酸含量不大于 5.6％(油酸计)。蛋黄粉可用于生产饼干、焙烤食品、肉制品、儿童食品、膨化食品及固体饮料。

(七)奶粉

奶粉以鲜乳为原料,经杀菌、浓缩及喷雾干燥等多道工序而制成。奶粉可分为全脂奶粉和脱脂奶粉。全脂奶粉由新鲜牛乳直接加工而成,脂肪含量高。脱脂奶粉是新鲜牛乳除去绝大部分脂肪后,加工而成的。奶粉可用于生产乳饮料、酸奶、饼干、面包、蛋糕及糖果等食品。

(八)小苏打

小苏打又称为碳酸氢钠或苏打粉,是一种易溶于水的白色碱性粉末,水溶液呈弱碱性。在蛋白类饮料中,小苏打用于调节饮料的酸度,以避免蛋白质在酸性条件下产生沉淀及悬浮现象。在食品中,小苏打可作为膨松剂、酸度调节剂及稳定剂,可用于生产饮料、焙烤食品及膨化食品等食品。

(九)维生素

维生素作为强化剂,可用于生产营养强化食品及饮料等产品。常用的维生素有维生素 A、维生素 D、维生素 C、维生素 B_1、维生素 B_2、维生素 B_6、维生素 B_{12}、维生素 E、维生素 PP

及维生素 K,以及生物素、泛酸。使用具体维生素时,应考虑其溶解性。

(十)其他添加物

因生产多样化产品的需要,在实际生产固体饮料时,可能还会使用药食同源、天然植物及花卉提取物等辅助材料,这些辅助材料生产厂家可以按照食品生产的规范性要求自行制备,也可以从其他食品生产企业购买。

二、生产工艺

固体饮料的生产工艺一般有两种——分料法和成型干燥法。

(一)分料法

分料法也称为合料法,是将多种原料干燥后,粉碎成一定的颗粒度,再按照配方的比例进行混合生产固体饮料的方法。该方法的特点是原辅料需要预先干燥及粉碎,操作简单,节约能源,产品以粉末状为主。其主要生产设备是干燥机、粉碎机及混合机。

(二)成型干燥法

成型干燥法是将多种原料按配方混合、造粒成型、干燥、过筛(或粉碎过筛)生产固体饮料的方法。该方法是造粒成型后干燥,能生产多种形状的产品。但是,其生产能耗较大,操作极为复杂。在固体饮料的生产中,造粒成型及干燥是该方法的核心工序。在物料的干燥过程中,香味成分会随物料水分而蒸发。因此,要合理控制干燥条件(如温度、时间及真空度等),最大限度地保留香味成分、产品的色泽及营养成分等。

三、关键生产技术

(一)原料预处理

1. 干燥

物料经过分选、去杂及清洗(有些物料可不需要清洗)后,需要利用干燥机进行初步干燥,以减少其水分含量,从而减少后续操作单元的负担,同时保证最终产品的质量。

根据操作压力,干燥机可分为常压干燥机和真空干燥机两类。真空干燥机也称为减压干燥机。真空状态可降低空间的湿分蒸汽分压,从而加速干燥过程,并且降低湿分沸点及物料干燥的温度。因此,真空干燥机适用于热敏性及易氧化物料的干燥。

根据操作的连续性,干燥机可分为间歇式和连续式干燥机。根据干燥介质,干燥机可分为空气、烟道气或者其他干燥介质。根据运动(物料移动和干燥介质流动)方式,干燥机可分为并流、逆流及错流干燥机。根据加热方式,干燥机可分为对流式、传导式及辐射式干燥机等。其中,对流式干燥机又称为直接干燥机,是利用热干燥介质与湿的物料直接接触,通过对流方式传递热量,并且将生成的蒸汽带走。传导式干燥机又称为间接式干燥机,由热源经金属壁材向湿物料传递热量。其生成的湿分蒸汽,可采用减压法抽走,也可采用通入少量吹扫气或者在单独设置的低温冷凝器的表面冷凝等方法移去。传导式干燥机虽然热效率较高、产品不易被污染,但是其干燥能力受金属壁的传热面积的限制,因此通常在真空下操作。辐射式干燥机利用电磁器发射出一定波长范围的电磁波(如微波、红外线等),电磁波被湿物料选择吸收后,转变为热能,从而实现物料的快速干燥。按物料的运动方式,干燥机可分为固定床、搅动、喷雾及组合式。根据结构的差别,干燥机可分为箱式、带式、滚筒、流化床、气流、振动、喷雾及组合式干燥机等。

常见的干燥机包括喷雾干燥机、热风干燥机、流化床干燥机、闪蒸干燥机等。

2. 适合固体饮料加工的干燥设备

固体饮料原料干燥采用的干燥设备主要包括沸腾干燥机、热风干燥机、热风炉干燥机、远红外干燥机、微波干燥机、喷雾干燥机、真空干燥机及真空冷冻干燥机等。

(1)沸腾干燥机

沸腾干燥机(图 11-1)的工作原理是空气在引风机的抽引下,经过空气过滤器过滤、加热器加热,在物料床板小孔中形成热气流。流动性物料从进料口进入机器内,在振动力的作用下,沿水平方向向前抛掷连续运动。热风由下向上穿过流化床,与湿物料换热。热风速度增加到一定数值后,物料呈悬浮状,形成气固混合床(流化床),并使被干燥物料呈沸腾状态,在气体及物料两相大面积接触过程中,物料水分迅速挥发,达到干燥的目的。湿空气经过旋风分离器除尘后,由排风口排出,干燥后的物料由排料口排出。因为流化床中悬浮物料类似沸腾的液体,所以其又被称为沸腾床。该干燥过程是流态化、雾化和干燥三种技术的有机结合。该方法干燥均匀,速度快。沸腾干燥机因为有过滤袋,能有效防止物料飞损,所以主要用于粒径为 $0.1\sim6$ mm 的颗粒及膏状物料的快速干燥。

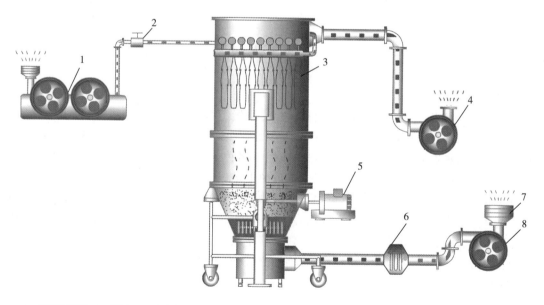

1—空气压缩机;2—阀门;3—脉冲布袋除尘器;4—引风机;5—搅拌电机;6—加热器;7—空气过滤器;8—鼓风机。

图 11-1　沸腾干燥机

(2)热风干燥机

热风干燥机可采用蒸汽、电、燃气或明火作为热源。其通常由加热器、鼓风机、空气过滤器、控制系统等组成。根据生产的连续性,热风干燥机可分为隧道式干燥机(图 11-2)和热风循环干燥机(图 11-3)。鼓风机把过滤后的空气与加热器接触,然后将热空气吹入烘箱内部,使在托盘或网架上物料的水分蒸发。热风循环干燥机中热空气经过风道再次回到加热器。在热空气循环过程中,根据湿度设置,不断排放部分循环空气,补充部分过滤后的新鲜空气。一般可以通过控制物料的厚度和总体质量、热风的温度和风速、排湿的风速和频率,实现食品原料的快速干燥。热风干燥机的特点是温度可控制(60~120 ℃)、烘干时间短、受热均匀、节约能源、产品质量较好,适合多种食品原料的干燥。隧道式热风干燥机相比于热风循环干燥机,生产效率和自动化程度更高。

图 11-2　隧道式干燥机　　　　　　　　图 11-3　热风循环干燥机

(3)热风炉干燥机

热风炉干燥机的工作原理是燃料直接燃烧,空气经净化处理或者加热板受热后,形成热风与物料(片状、块状、条状、粒状)接触加热、干燥或烘烤。热风炉干燥机的能耗约为蒸汽式或其他间接加热器的一半。热风炉干燥机适用于多种干果、蔬菜等的脱水干燥。热风炉是一种产生热风的换热设备,等同于热源。热风炉干燥机内还配有加热管和风机,热风与物料接触,从而带走物料中的水分。热风炉产生的热风温度可控制为 50~160 ℃。热风炉干燥机的优点是热效率高,操作简单,安全性高,不产生爆炸;缺点是由于直接与明火接触的热风中含有粉尘及有害成分,因此不能对食品原料直接干燥。最好的干燥方式是用明火将加热板(或散热片)加热,再通过鼓风机将空气吹到加热板(或散热片)上,受热的空气进一步将食品物料干燥。

(4)远红外干燥机

远红外干燥机是指以远红外线为主导媒介,将电能转变为热能,使物体内部分子在经过远红外线(波长为 0.72~1000 μm 的电磁波)的辐射作用后,吸收远红外线辐射能量,并将其直接转变为热量的干燥设备。当被加热物料分子的固有频率与射入该物料的远红外线的频率一致时,将产生强烈的共振现象。由于共振能使物料的分子运动加剧,因此物料内、外的温度均匀、迅速地上升。也就是说,物料内部分子吸收了远红外线辐射能量而直接转变为热量,从而达到节能、高效,干燥效果好,物料内、外升温均匀,迅速干燥的目的。远红外干燥机干燥流程如图 11-4 所示。

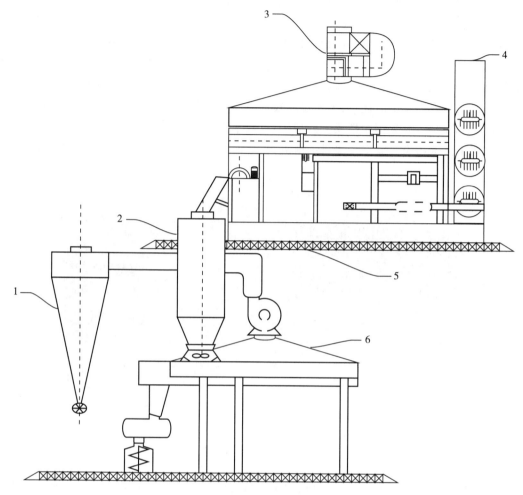

1—旋风分离器;2—保温储罐;3—回收废热换热器;4—储料罐;5—远红外加热器;6—冷却装置。

图 11-4　远红外干燥机干燥流程

(5)微波干燥机

微波是指频率为 $300 \sim 3.0 \times 10^5$ MHz 的高频电磁波。工业上常用的微波频率为 915 MHz 和 2 450 MHz 两个波段。其中,915 MHz 的微波穿透能力较强,常常用于食品的加热、干燥及解冻等。微波使物料内部极性分子(包括水分子)高频振荡,使极性分子相互摩擦引起温度上升,使物料内、外部同时升温,进而使水分蒸发。与其他用于辐射加热的电磁波(红外线、远红外线等)相比,微波的波长较长,穿透性更好,加热时间缩短。一般来说,工业上采用隧道式微波干燥机(图 11-5),其干燥及加热的时间为几分钟至几十分钟。影响微波加热及干燥的主要因素包括微波功率、物料的性质、物料的大小、物料的水分含量、物料的厚度、干燥的速度等。该方法加热较为迅速,效率高。但是,原料的颗粒大小及厚度不一致,可能会导致加热不均匀、干燥不彻底的现象发生。

(6)真空干燥机

真空干燥机是一种在真空条件下对物料进行加热的干燥设备,其可对含有热敏性、易氧化和易分解等成分的物料进行干燥。其通常由干燥器、真空泵和冷凝器等组成,主要有箱式真空干燥机和双锥回转真空干燥机(图 11-6)两种。真空干燥机按操作方式可分为间歇式及连续式真空干燥机。在干燥时,物料处于真空状态,蒸汽压下降使物料表面的水分达到饱和状态而蒸发,并由真空泵排出回收。物料内部的水分不断地向表面渗透、蒸发、排出,因此物料可以在很短的时间内干燥。真空干燥机的工作压力为 -0.1~0.15 MPa,工作温度不大于 85 ℃。真空干燥机的优点:干燥温度较低及干燥周期较短,可以防止食品变色、变质,营养成分不被破坏,避免挥发性成分的损失;热效率高,比一般烘箱提高 2 倍以上;实现间接加热,物料不会被污染。真空干燥机的缺点:生产能力较低,设备的安装和操作费用较高。

图 11-5　隧道式微波干燥机

真空干燥机常用于加工草莓、菠萝、柠檬、猕猴桃、橘子、树莓、樱桃、苹果、番茄等,牛奶、酶解液等热敏感性物料,以及其他需要保持维生素 C 等营养及功能性成分的产品,尤其适用于粉状、粒状及纤维的浓缩及干燥。

(7)真空冷冻干燥机

真空冷冻干燥机(图 11-7)又称为冷冻干燥机,其工作原理是先将湿物料冻结,使液态水分变成固态冰,然后在一定的真空度下,使冰直接气化为水蒸气,直接排出,或由真空系统中的水气凝结器将水蒸气冷凝,从而获得干燥物料。其干燥过程是在低温(-50~-10 ℃)及低真空度(1.3~13 Pa)下发生的。冷冻干燥机的结构多种多样,但均由干燥箱、制冷系统、水汽凝结器、真空系统、加热系统及控制系统等组成。冷冻干燥机按操作方式可分为间歇式和连续式冷冻干燥机;按容量可分为工业用和实验用冷冻干燥机;按能否进行预冻可分为能预冻的和不能预冻的冷冻干燥机。

冷冻干燥机的优点:物料在低压下干燥,不会使易氧化成分氧化变质,热敏成分能保留下来,营养成分和风味损失少,能较好地保留食品原有的成分及色、香、味;物料干燥后保留原有的固体结构及形状,具有较好的速溶和复水性;产品可在常温下长期保存。其缺点:设备投资和运转费用高,干燥时间长,生产成本高。

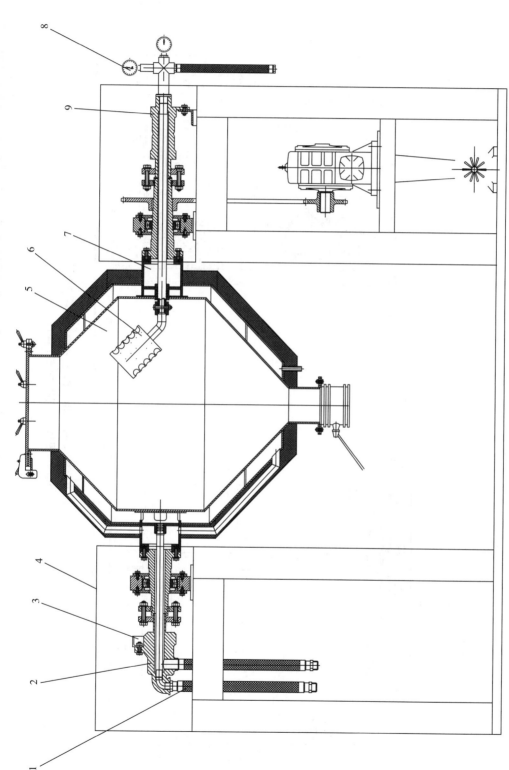

1—冷却水；2—热源进口；3—旋转接头；4—机架；5—罐体；6—真空过滤器；7—密封座；8—真空表；9—旋转接头。

图11-6　双锥回转真空干燥机

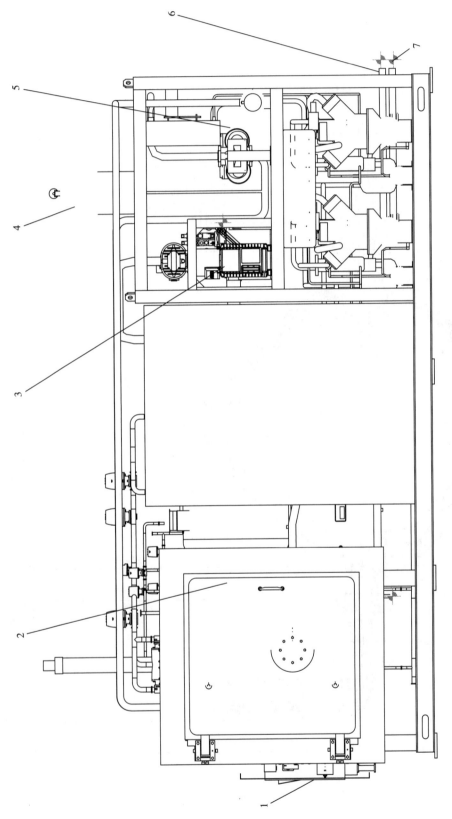

图11-7 真空冷冻干燥机

1—原料；2—冻干粉室；3—真空泵；4—硅油膨胀罐；5—循环泵；6—冷凝水进口；7—冷凝水出口。

3. 淀粉类原料的加工

大米、玉米、小麦、豆类及薯类等淀粉含量较高的原料,需要经过高温加热,将 β-淀粉转化为 α-淀粉。这样加工一方面可以改善产品的溶解性及分散性等物理性质,另一方面有利于人体对产品的消化及吸收。常见的原料加热方式包括高温焙烤(明火炒制、烤箱烘烤等)、挤压膨化等。

(1)高温焙烤

高温焙烤根据热源可分为电热、燃气、导热油及明火炒制法;根据炒制工具可分为炒锅、炒炉及烤箱等形式。在这些炒制方法中,物料往往在 100 ℃ 以上焙烤 10～30 min。采用炒锅和烤炉炒制时,温度不易控制,因此产品的品质很难保持一致,易出现原料中淀粉没有彻底糊化,甚至产品焦煳的现象。烤箱因能够控制温度,产品的品质较为稳定。但是,与挤压膨化相比,高温焙烤的时间较长,营养成分损失较多,产品的颜色较深。

(2)挤压膨化

双螺杆挤压膨化机(图 11-8)主要由供料、挤压、旋切、加热、润滑、控制等系统组成。其工作原理:以谷物(如大米、玉米、小麦及薯类等)为主要原料,适当添加水及其他配料,在膨化机螺杆的推动力作用下,物料向前挤压,使压力逐渐升高(此时物料受到混合、搅拌、摩擦及高剪切的作用),同时加热使物料温度迅速上升(110～200 ℃)。此时淀粉糊化,物料呈现熔化的塑料状态。然后以一定的模孔形状瞬间挤出。物料从膨化机腔体内的高温高压状态突然转变到常温常压状态,其水分骤然蒸发,体积迅速膨胀,内部结构和性质发生较大改变。由于水分蒸发,产品中水分减少,温度下降后,淀粉之间相互凝结,因此物料中会出现很多微孔。通过该机械加工出来的半成品,呈柱状、块状等。因此,半成品通常含有 8%～10% 的水分,需要经过干燥后,再与其他原料混合,进一步制成固体饮料。挤压膨化加工使食品组分的分子结构发生改变,导致淀粉发生糊化及降解,从而提高了还原糖和糊精的含量;也使蛋白质的内部结构及性质发生变化;还使纤维素发生细化和降解等。挤压膨化加工

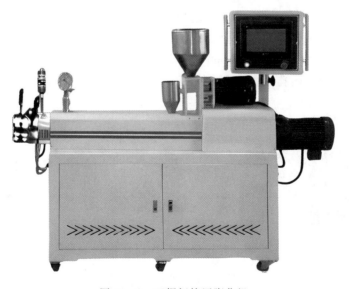

图 11-8 双螺杆挤压膨化机

后原料的利用率和消化吸收率得到进一步提高。双螺杆挤压膨化机的优点：能够实现连续化生产，生产效率高；一般不浪费原料，也不造成污染；加工中原料的营养成分损失较少；因改变了一些营养成分（如淀粉、蛋白质及纤维素等）的结构和性质，故有利于营养成分的消化吸收；经挤压膨化加工后，产生了独特的焦香味，提高了固体饮料等产品的品质。

4. 粉碎

(1)锤式粉碎机

锤式粉碎机（图 11-9）是一种典型的粉碎机，由进料斗、箱体、转子、锤片和筛网等组成。其工作时，物料均匀地进入箱体中，高速回转的锤片冲击、剪切及摩擦，使物料被粉碎。此时，在重力作用下，物料落向底部的筛网。被粉碎的物料小于筛网目数的粒径，通过筛网排出；大于筛网目数的物料阻留在箱体内，持续受到锤片的撞击及研磨作用，直到粉碎至所需出料规格，然后经过筛网卸出，出料的粒度一般为 0～30 mm。锤式粉碎机具有结构简单、适用范围广、生产率高和粉体的粒度小等特点，可用于薯类、谷物、脱水花卉、脱水蔬菜、咖啡、可可、白砂糖及食盐等食品的粉碎。但是，锤式粉碎机主要用于物料的粗粉碎，很难实现纤维含量较高植物原料的超细粉碎。

图 11-9　锤式粉碎机

(2)磨片式粉碎机

磨片式粉碎机（图 11-10）利用活动磨盘和固定磨盘间的高速相对运动，活动磨盘和固定磨盘间的冲击、摩擦、剪切及物料彼此间的撞击等作用，实现物料的粗粉碎。被粉碎物料的粗细程度通过不同孔径的筛网来控制。

图 11-10　磨片式粉碎机

(3)气流粉碎机

气流粉碎机也称为气流磨,其工作原理是在高速(300~500 m/s)的干燥气流下,物料颗粒之间的撞击作用、气流对物料的冲击和剪切作用,以及物料与其他构件的撞击、剪切及摩擦等作用使物料被粉碎。粉碎后的粉体具有粒度较小(一般不大于 5 μm)、粒度均匀、表面光滑、形状规则等优点。但是,气流粉碎机很难对纤维状物料进行充分粉碎。

(4)振动式超微粉碎机

振动式超微粉碎机(图 11-11)是一种干(湿)式物料粉碎及研磨设备。振动式超微粉碎机根据物料的不同特性,利用高速撞击力和剪切力,使物料在磨筒内受到介质的高加速度撞击、切磋、挤压及切割等作用,从而在短时间内达到理想的粉碎效果。物料在粉碎过程中呈流态化,每一个颗粒都具有相同的受力状态,从而在粉碎的同时达到精密混合(分散)的效果。通过调节加速等参数,可以实现物料的粉碎及超微粉碎。振动式超微粉碎机的工作原理(图11-12):在磨筒(粉碎室)中装填研磨介质(如硬质材料的球、棒或柱),磨筒在外加激振力的作用下产生圆振动;磨筒的强烈振

图 11-11 振动式超微粉碎机

动使磨筒内介质产生抛掷运动,在此抛掷运动的作用下,每个介质都产生了与圆振动同向的旋动,与此同时,介质群产生 3~5 周与圆振动反向的低频转动;介质因时而散开、时而互相冲撞,对物料产生正向冲击力 P 和侧向剪切力 L;物料在 P、L 的撞击、压缩和剪切作用下被研细、破壁粉碎。

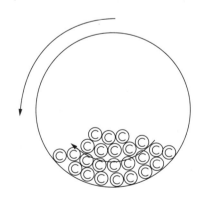
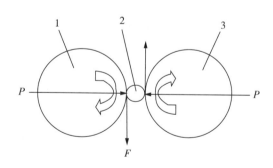

1—介质;2—物料;3—介质。

图 11-12 振动式超微粉碎机的工作原理

工作时,物料在磨筒中与处于振动状态的振击棒接触,利用高强度的振动,使物料在磨腔内受到高速撞击、冲击及剪切作用,实现物料的粉碎。振动式超微粉碎机由磨筒、振击棒、底座、隔声罩、电动机、冷却系统及控制系统等组成。磨筒外有水套,将水套与制冷机或自来

水用软管相连,可控制工作温度。振动弹簧和隔声罩分别起振动隔离、降低噪声的作用。振动式超微粉碎机的优点:粉碎能力强,粉碎后物料的平均粒径为 $150\sim300$ 目($5\ \mu m$);可用于干物料和湿物料的粉碎,结构简单;可对纤维状、韧性、高强度物料进行粉碎。但是,振动式超微粉碎机很难对高糖及高脂肪物料进行有效粉碎。

(二)合料

合料是全部操作的第一道工序。选择符合要求的原料,分别进行预处理,然后充分混合,在此工序中要特别注意以下几个方面。

① 常用的混合设备为单桨槽式混合机(图 11-13)。该设备主要部件是盛料槽,槽内有搅拌桨,槽外有与齿轮联动的把手,还有料槽的支架等,各种原料能在料槽内充分混合,并在混合完毕后自动倒出。也可以采用“V”型混合机、双锥混合机、二维混合机及三维混合机来合料。

“V”型混合机(图 11-14)可用于流动性较好的干性粉状或颗粒状物料的均匀混合。另外,“V”型混合机在混合过程中不会使物料溶解挥发或变质,使物料结构紧凑,混合效率高,操作简单,能适应各种物料的混合,并且均匀率高。

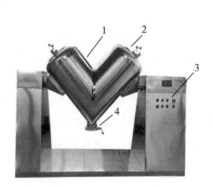

1—搅拌桨;2—盛料槽;3—控制系统。　　　1—“V”型料筒;2—进料口;3—控制系统;4—出料口。

图 11-13　单桨槽式混合机　　　　　　　图 11-14　“V”型混合机

双锥混合机(图 11-15)是通过回转罐体将各种粉料均匀混合的混合设备。该设备由罐体、驱动装置、滑环箱、支撑台架及控制系统等组成。双锥混合机的工作原理:由电动机、减速机经齿轮传动带动混合罐体转动。双锥混合机的工作原理:工作时,将配制好的各种粉料加入罐体内,通过罐体的回转,物料靠其重力、离心力反复进行聚合和分离,从而达到混合均匀的目的,混合好的物料靠自重由排料口卸出。该设备具有混合均匀、操作方便、劳动强度低、工作效率较高等特点。

二维混合机(图 11-16)的转筒可同时进行两个方向的运动,即转筒的转动和转筒随摆动架的摆动。二维混合机的工作原理:被混合物料在转筒内随转筒转动、翻转、混合的同时,又随转筒的摆动而发生左右来回的掺混运动,在这两个运动的共同作用下,物料可在短时间内得到充分的混合。与传统的混合机相比,二维混合机的转筒底部不积料,物料混合充分。

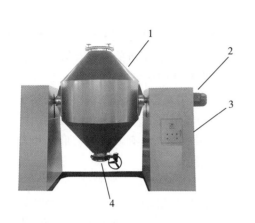

1—双锥料筒；2—变速电机；3—控制系统；4—料口。
图 11-15　双锥混合机

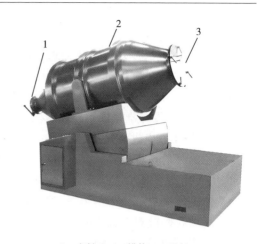

1—出料口；2—罐体；3—进料口。
图 11-16　二维混合机

三维混合机(图 11-17)由主动轴、被动轴和万向节支撑着混料桶在 X、Y、Z 轴方向上做三维运动。筒体除了自转运动，还进行公转运动，筒体中的物料时不时进行扩散流动和剪切运动，从而加强物料的混合效果。三维混合机因筒体的三维运动，克服了其他种类的混合机混合时产生离心力的影响，减少了物料比重偏析，保证了物料的混合效果。该设备具有物料混合速度快、混合均匀等特点。

合料时必须按照配方投料，投料的顺序一般为白砂糖、其他甜味剂、增稠剂、柠檬酸、香精及色素等。果蔬味固体饮料一般的配方是白砂糖

图 11-17　三维混合机

97%，柠檬酸或其他食用酸 1%，香精 0.01%～0.1%，食用色素控制在国家食品安全标准以内。果蔬汁固体饮料的配方基本上与果蔬味固体饮料相似，所不同的是以浓缩果汁取代全部或绝大部分香精，柠檬酸和食用色素也可不用或少用，果蔬味和果蔬汁固体饮料均可在上述配方基础上加入糊精，以减少甜度。

② 白砂糖需用粉碎机粉碎并过 60 目筛网，然后再投料。白砂糖采用的粉碎设备一般为磨片式粉碎机，它将白砂糖由颗粒状粉碎成细粉。这既利于其混合，又利于其有效地吸收其他成分，还能避免产品有色点、硬块。

③ 如需投入麦芽糊精同样要经粉碎、过筛，并在糖粉加入后再加入混合机。

④ 食用色素和柠檬酸要先用水溶解，再分别投料。如果所用的是果蔬汁，则最好用浓缩果蔬汁，并在配料时尽量少加水或不加水，柠檬酸可少用或不用。

⑤ 投入混合机的全部用水控制为全部投料量的 5%～7% 为宜。全部用水包括果蔬汁中的水，用以溶解食用色素和溶解柠檬酸的水，也包括溶解香精的水。若用水过多，则成型机不好操作，并且颗粒坚硬，影响质量；若用水过少，则产品不能形成颗粒，只能成为粉状，不符合质量要求。若用果蔬汁取代香精，则果蔬汁浓度必须尽量高，并且绝对不能加水合料。

（三）成型

成型即造粒,也称为颗粒化或速溶化。成型是将混合均匀、干湿适当的坯料放进颗粒成型机造型,使坯料成颗粒状的一种生产技术。其产品颗粒大小与成型机的筛网孔眼大小直接相关,必须合理选用,一般以 6～8 目筛网为宜。造型后呈颗粒状的坯料,由成型机出口进入盛料盘。成型设备主要是摇摆式颗粒成型机。成型机的主要作用是将混合好的散料通过旋转的滚筒,由筛网挤压而出成为颗粒。筛网的规格可根据产品的规格要求来选择,随时更换。

造粒的目的是将粉状、块状、溶液或熔融液体等原料成型为具有大致均匀形状和大小的颗粒,从而提高速溶性,增加流动性,减少飞散性和吸湿性等。

造粒方法大致可分为两类:一类是将粉末凝聚成规定大小的凝聚造粒法;另一类是将大的块状坯料粉碎成规定大小的粉碎造粒法。其中,凝聚造粒法又分为两种:一种是加水将粉体粒子表面润湿,使粉体相互黏结的湿式造粒法;另一种是不加水而用物理压力,使粉体相互黏结的干式造粒法。固体饮料生产中常用的造粒方法主要有以下几种。

1. 转动造粒

转动造粒是在粉体运动过程中喷水或喷黏结剂溶液进行凝聚造粒的方法。这类造粒机主要有转筒式、旋转式和振动分级筛造粒机等。转筒式造粒机(图 11 - 18)的工作原理:粉末、液体及黏稠物料通过进料口进入转筒内部,在一定转速的转筒作用下,物料受到摩擦力从而形成颗粒状物料。旋转式造粒机(图 11 - 19)的工作原理:将混合好的物料加入料筒中,物料在旋转碾刀的压力作用下,从筛筒孔中穿孔而出,形成颗粒。旋转式造粒机所成型颗粒的大小由筛筒孔控制,可更换筛筒的大小进行调节。振动分级筛造粒机(图 11 - 20)将物料造粒后,得到的颗粒大小不一致,通过振动筛,并经过多层筛网分成筛上物、筛下物不同规格,并将物料从不同的出料口排出。

如果将液体掺入细粉末并搅拌,那么细粉末易结成粒状物。液体和固体相互接触会产生黏结力,从而形成团粒。可润湿团粒来解决上述问题,最常用的润湿相是水,或者能在团粒中形成毛细黏结力的水溶液,也可以采用其他液体或黏结剂。常用的搅拌方法是利用圆盘、锥形或筒形转鼓回转时的翻动、滚动及帘式垂落运动来搅拌。

图 11 - 18 转筒式造粒机

图 11 - 19 旋转式造粒机

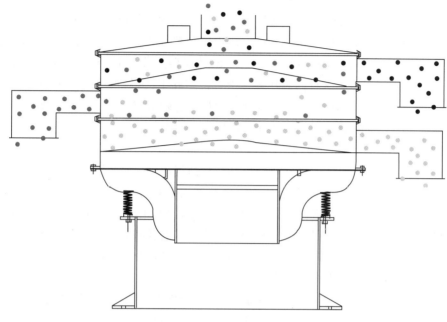

图 11-20　振动分级筛造粒机

2. 搅拌造粒

搅拌造粒是将粉末在有混合搅拌叶片的容器中高速搅拌,同时添加水或黏合剂溶液凝聚造粒的方法。搅拌造粒的设备有捏合机、搅拌造粒机等。其生产工艺同转动造粒。

3. 流动层造粒

流动层造粒是粉体依靠气流流动、喷水或黏结剂凝聚造粒的方法,其可分为间歇式和连续式两种。间歇式是将数种原料进行混合的造粒操作。连续式适合单一原料的大量连续生产,产品为多孔的柔软颗粒,速溶性好,主要用于果汁、可可、汤料、乳粉等各种颗粒状干燥食品的生产。

4. 气流造粒

气流造粒是将粉体分散在气流中,利用喷水或蒸汽凝聚造粒的方法。气流造粒的产品为多孔的柔软颗粒,速溶性好。

5. 挤压造粒

挤压造粒是粉体在混合机中加湿,利用螺旋活塞或挤出机(如单螺杆挤压造粒机和双螺杆挤压造粒机)将原料从筛网或模孔中挤出,因筛网的孔径及模具的形状不同,形成不同粒径及形状颗粒的方法。在用挤压法进行造粒的过程中,粉末是在限定的空间中通过施加外力而压紧为密实状态的。团聚力包括絮团的桥连力、低黏度液体黏结力、表面力和互聚力。团聚操作的成功与否,一方面取决于施加外力的有效利用和传递,另一方面取决于颗粒物料的物理性质。

根据所施外力的物理系统不同,挤压法大致分为两大类:一类是模压,物料装在封闭模槽中,利用往复运动的冲头进行模塑,由于只受单向压缩力,因此压实固结时,几乎不发生颗粒内部运动和剪切;另一类是挤压系统,在该系统中,物料承受一定的剪切和混合作用,在螺旋或滚子的推动下,经开口模或锐孔而成型。

6. 粉碎造粒

粉碎是食品加工中的重要工序,其目的是将大颗粒物料粉碎成为小颗粒。根据原料粒度和成品粒度,粉碎可分为粗粉碎、中粉碎、细粉碎和超细粉碎。食品行业中主要是细粉碎和超细粉碎。细粉碎是指成品粒径小于 100 μm 的粉碎操作,超细粉碎是指成品粒径小于 30 μm 的粉碎操作。在固体饮料的制作过程中常使用此工艺,对产品进行成型加工,主要是将在压片机或辐筒机中压缩成型的物料破碎、造粒。粉碎造粒得到的产品粒度分布广、不定型,但粉碎造粒不适合附着性和热可塑性强的原料。

7. 喷雾造粒

喷雾造粒是将液体、泥状或糊状原料喷雾在高温气流中,使液滴瞬时干燥的方法。在喷雾时,液态料(溶液、胶质液、膏状物、乳化液、泥浆液或熔融物)弥散在气体(一般为空气)中,通过热量传递或质量传递(或者两个传递过程同时进行)而生成固体颗粒。颗粒生成的机理有液态料形成小滴而硬化成固体颗粒,料液沉附在已有的粒核表面而形成固体颗粒物,在喷入的黏结剂作用下小粒子黏聚在一起而形成团粒等。喷雾干燥的粒子直径一般为 40～80 μm。根据需要,可以通过喷雾干燥时操作条件和装置的改进,获得大直径的颗粒。喷雾造粒可以进一步分为离心喷雾造粒、附聚造粒、喷雾干燥造粒、直接造粒(喷雾与流动层干燥组合)、多喷嘴式干燥造粒、冲击破碎式造粒、交叉喷嘴造粒、喷雾干燥式顶部混合造粒、泡沫式喷雾干燥造粒(在较高液压下喷入氮气或二氧化碳,使喷雾液滴恢复常压,液滴处于膨松状态,颗粒较喷雾干燥时大,多用于速溶咖啡、速溶茶的生产中)、再加湿式造粒及微胶囊化造粒。喷雾干燥造粒机如图 11-21 所示。

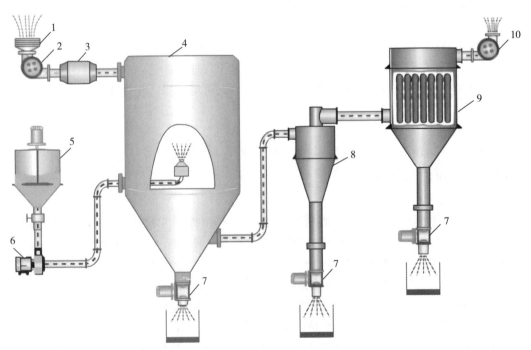

1—空气过滤器;2—送风机;3—加热器;4—干燥塔;5—储料罐;6—送料泵;
7—卸料阀;8—旋风分离器;9—布袋除尘器;10—引风机。

图 11-21　喷雾干燥造粒机

（四）干燥

颗粒坯料放入烘盘后,轻轻摊匀摊平,即可放进干燥箱干燥。这种干燥箱应配有真空系统,以便尽快排除水分。如果混合料中含有较多量的果蔬汁,那么在选择干燥工艺条件时,应选择受热时间较短的工艺条件,以减少果蔬汁中对温度敏感的营养素的损失。针对产品的性质,还可以采用流化床干燥或冷冻干燥等方法。

（五）过筛

干燥后的产品有时会发生粘连现象,须将大颗粒及结块颗粒除去。具体除去方法:将产品通过 6～8 目筛网,保持产品颗粒基本一致。

（六）包装

将通过检验合格的产品,摊晾至室温后再用包装机进行包装。若在品温较高的情况下包装,则容易回潮,引起产品变质。包装不紧密,也会引起产品的回潮及变质。包装的常用设备有真空包装机、薄膜袋包装机、金属罐包装机等。

第三节　风味固体饮料

果香型固体饮料是风味固体饮料中较为常见的一种。其以糖、果汁、营养强化剂、食用香料、着色剂等为主要原料而制成,用水冲溶后具有与品名相符的色、香、味等感官性状。按其原汁含量,果香型固体饮料又可分为果汁型和果味型两种。果汁型固体饮料实际上是一种固体状的果蔬汁饮料,这类饮料有各种果蔬汁的粉和晶等;果味型固体饮料的原汁含量少,通过添加果味类香精(料)、糖、甜味剂、酸味剂调整饮料的口感。

一、主要原料

果香型固体饮料的主要原料是甜味剂、酸味剂、香精、香料、果汁(或不加果汁)、食用色素、麦芽糊精、稳定剂和增稠剂等。

（一）甜味剂

甜味剂是果香型固体饮料的主要原料,不但赋予产品一定的甜度,而且使产品具有一定的外观和品质。甜味剂以蔗糖为主,也可使用葡萄糖、麦芽糖醇、阿拉伯糖、果糖、麦芽糖、低聚果糖、甜菊糖等。针对糖尿病及肥胖人群,可采用赤藓糖醇、甜菊糖、麦芽糖醇、甜菊苷、罗汉果提取物等非糖类甜味剂,在保证产品甜度的同时减少能量的输入。有时添加两种及两种以上甜味剂,以保证产品甜味温和,同时减少苦涩味等异味。

（二）酸味剂

酸味剂是果香型固体饮料的重要原料之一,其能使产品具有一定的酸味,体现水果本身的糖酸比。另外,酸味剂还有保持产品中维生素 C 等营养成分稳定、促进食欲的作用。常用的酸味剂有柠檬酸、苹果酸及酒石酸等。其中,最常用的是柠檬酸,其酸味较为纯正,成本较低,一般添加量为 0.5%～1%。

（三）香精和香料

香精和香料使固体饮料具有各种新鲜水果的香气和滋味。可以根据产品的风味,采用特定的水果香精,如甜橙、苹果、橘子、芒果、柠檬、菠萝、香蕉、杨梅、水蜜桃、樱桃、草莓、树莓等。所采用的香精应为水溶性的,且热稳定性较好、香味纯正无异味。产品中香精的用量因香精的品质及产品质量要求而异,一般用量为 0.1%～0.5%。有时,因产品质量要求,需要添加纯天然香精。

(四)果汁

果汁是果汁型固体饮料的主要原料,果汁型固体饮料中原果汁含量宜在 10% 以上。因此,应根据产品质量要求,添加适当的原果汁或浓缩果汁。

(五)食用色素

为使产品具有与鲜果相应的色泽和鲜果的真实感,可加入食用色素。无论采用何种色素,都需按照卫生管理部门的规定,用量不能超过国家食品添加剂卫生标准的相关规定。为提高产品的质量及安全性,以尽量添加天然色素,少添加乃至不添加人工色素为基本原则。

(六)麦芽糊精

麦芽糊精可以用来改善固体饮料的冲调性,其可降低生产成本,提高冲调时的黏稠性、溶解性,降低甜度。若饮料需要增加黏稠性和甜度,则可添加麦芽糊精。

(七)稳定剂和增稠剂

稳定剂和增稠剂用来改善不同物料的物理性质及组织状态,增加混合后物料的黏度,使其保持稳定状态。常用的稳定剂有羧甲基纤维素钠、明胶、卡拉胶、阿拉伯胶、黄原胶、海藻酸钠及果胶等;常用的增稠剂有蔗糖酯、单硬脂酸甘油酯及复合乳化剂等。果汁型及果味型固体饮料中常用的增稠剂有果胶、羧甲基纤维素钠、海藻酸钠等。

二、主要生产设备

果香型固体饮料的主要生产设备需根据工艺来决定,为降低成本,物料的干燥方法一般采用真空干燥法、热风(沸腾)法、微波干燥法及远红外加热干燥法等。以上方法具有设备投资少、操作简便、产品质量稳定、能耗低、生产成本低等特点,因此应用较为普遍。该固体饮料生产采用以下生产设备。

(一)砂糖粉碎机

砂糖粉碎机一般为磨片或锤式粉碎机,其主要作用是将颗粒状的白砂糖粉碎成粉末状,以利于白砂糖与其他物料混合均匀。

(二)合料设备

合料一般采用单桨槽式混合机,也可以采用"V"型混合机、双锥混合机、二维混合机及三维混合机。

(三)成型设备

成型设备一般可用转筒式造粒机、旋转式造粒机和振动分级筛造粒机。

(四)干燥设备

果香型固体饮料干燥设备通常采用真空干燥机,也可采用远红外干燥机、微波干燥机、热风沸腾干燥机、冷冻干燥机。

(五)封口设备

果香型固体饮料的包装可用塑料瓶、复合薄膜袋、马口铁罐、玻璃瓶。复合薄膜袋包装可采用连续式塑料封袋机;马口铁罐和玻璃瓶包装,也可采用罐头封盖机及旋盖机。

(六)其他设备

对于规模较小的企业,可直接从果汁生产企业采购浓缩果汁来生产果汁型固体饮料,不必自己生产果汁。对于规模较大的企业,为了节约成本,可自己加工果汁,但需要购置漂洗、破碎、压榨、酶解、过滤及浓缩等生产设备。

三、生产基本工艺

果香型固体饮料的生产可以采用喷雾干燥法、浆料真空干燥法、干料真空干燥法、干料沸腾干燥法、干料远红外加热干燥法等。果香型固体饮料的生产工艺流程如下:

原料→配料→干燥→过筛→包装→成品。

(一)原辅料预处理

原辅料预处理时需注意如下情况。

① 白砂糖需先用粉碎机粉碎,通过80~100目筛,成为细糖粉后才进行配料。

② 若使用其他甜味剂,如葡萄糖、木糖醇、山梨糖醇、阿拉伯糖等,须先通过60目筛,然后投料,保证合料均匀,不出现色点和白点。

③ 如使用麦芽糊精,需要过筛,在加入糖粉之后投料。

④ 食用色素和柠檬酸需分别用少量水溶解后再投料,然后投入香精,搅拌均匀。

⑤ 投入混合机的全部用水(包括溶解色素及柠檬酸等用水)控制为5%~7%。如果用水过多,产品的颗粒坚硬,影响质量,并且造粒机不易操作;如果加水过少,产品不易成颗粒状,仅仅为粉末状,不符合质量要求。如果用果汁,尽量采用高浓度的浓缩果汁,减少水的添加量。

(二)合料

合料是固体饮料加工重要的工序之一。一般来说,物料在预处理后,先合料,再经过成型及烘干等工序进行加工。合料是保证产品中原辅料均匀性的重要环节。合料时,须按照产品的配方投料。一般来说,果味型固体饮料中的白砂糖添加量为95%~97%,柠檬酸或其他酸味剂添加量控制为0.3%~1.0%,食用香精添加量控制为0.1%~0.5%。若添加食用色素,其添加量必须控制在规定的国家食品卫生标准内。

(三)造粒

造粒是将混合均匀、干湿适当的物料,放进成型机造粒,使其成为颗粒或者块状。一般以6~8目筛孔为宜。造粒设备主要有转筒式造粒机、旋转式造粒机和振动分级筛造粒机。造粒后的颗粒由成型机出料口进入盛料盘。

(四)烘干

烘干是将盛料盘中的颗粒坯料摊匀铺平,放进干燥设备(热风干燥机、微波干燥机等)进行常压干燥,温度控制为70~80℃。也可以采用真空干燥机进行干燥,保证产品有良好的色、香及味。

(五)筛分

筛分是将干燥好的产品通过6~8目筛进行筛选处理,以除掉大颗粒或结块,使产品颗粒大小基本一致。

(六)包装

包装是将通过检验合格的产品冷却至室温后进行包装、贴标及打码操作,使其为成品。

四、果香型固体饮料的生产实例

(一)草莓晶

1. 生产工艺流程

草莓晶的生产工艺流程如图 11 - 22 所示。

草莓 → 挑选 → 打浆 → 酶解 → 过滤 → 浓缩 → 调配 → 造粒 → 干燥 → 包装 → 成品

图 11 - 22　草莓晶的生产工艺流程

2. 原料挑选

选择新鲜及成熟的草莓,除去病虫害、腐烂及霉变的水果,去掉叶及梗,将水果清洗干净。

3. 打浆

用打浆机将草莓打成浆状。

4. 酶解

在打浆后的草莓浆中,添加液体质量 0.1% 的果胶酶,在 50～55 ℃ 下作用 4～6 h,至果胶完全被水解。

5. 过滤

将酶解液用 100 目左右的滤布或者过滤器过滤,收取滤液。

6. 浓缩

用真空浓缩机或双层锅浓缩草莓酶解液。用双层锅浓缩时,控制温度为 60～65 ℃,并不断搅拌。当可溶性固形物达到 55% 以上时,按照果汁与白砂糖的质量比(1∶7～8),添加白砂糖(白砂糖用 60～80 目筛网过滤)。

7. 配料

浓缩草莓浆(50 °Bé)30 kg、蔗糖 80 kg、麦芽糊精 5 kg、柠檬酸 0.5 kg。

8. 合料

将原辅料用合料机均匀混合。

9. 造粒

将合料后的物料用造粒机造粒,控制筛孔的孔径为 10～20 目。

10. 干燥

把造粒后的物料置于真空干燥机中,在 50～60 ℃ 下进行干燥,直至物料中水分含量不大于 4% 时为止。待产品冷却后,包装、贴标及打码,即得成品。

(二)橘子晶

1. 生产工艺流程

橘子晶的生产工艺流程如图 11 - 23 所示。

图 11-23　橘子晶的生产工艺流程

2. 原料预处理

将麦芽糊精、阿拉伯胶先后倒入夹层锅后,加入一定量的去离子水,加热至 100 ℃,中间不断搅拌,待物料均匀后,保温 40～50 min。然后,冷却至 40～50 ℃。再加入橘子水溶性香精,搅拌均匀。将明胶用冷水浸泡 1～2 h 后,加入另外一个夹层锅中,用蒸汽加热溶解,并且加入胡萝卜素,搅拌均匀。然后,将该溶液倒入第一个夹层锅中,加入白砂糖、柠檬酸及香精等其他配料。橘子晶的生产配方为阿拉伯胶 150 g、明胶 200 g、麦芽糊精 3 kg、胡萝卜素 60 g、橘子香精 200 mL、柠檬酸 400 g、白砂糖 30 kg,去离子水适量。

3. 过滤

溶解好的原辅料用双联过滤器过滤,去除悬浮颗粒及其他不溶性杂质。

4. 乳化

将滤液用胶体磨研磨并乳化处理。

5. 配料、混合

将乳化后冷却的混合料倒入混合机内,加入 100 目左右的白砂糖粉、去离子水,不断搅拌,至原辅料混合均匀,控制混合物料的水分含量在 10% 以内。

6. 造粒、干燥

将混合好的物料加入造粒机进行造粒。然后,用沸腾干燥机进行干燥,利用蒸汽或电加热,以及鼓风机将空气加热至 60 ℃,干燥至物料的水分含量在 4% 以内。

(三)猕猴桃晶

1. 生产工艺流程

猕猴桃晶的生产工艺流程如图 11-24 所示。

图 11-24　猕猴桃晶的生产工艺流程

2. 原料挑选

选用新鲜、饱满、汁多、香气浓、成熟度高、无虫伤和无发霉变质的猕猴桃果实。

3. 清洗

用流动清水漂洗果实表面的泥沙和污物,再用清水冲洗干净。

4. 破碎

将猕猴桃果实去皮,果肉用打浆机破碎成浆状。

5. 榨汁

用螺旋压榨机或杠杆式压汁机将猕猴桃榨汁。预先将破碎的果肉装入洗净的布袋中,扎紧袋口。然后,缓慢加压,使果汁逐渐外流。第一次压榨后,可将果渣取出,加入果渣质量 10%～20% 的清水,搅匀再装袋重新压榨一次,也可将破碎果汁加热至 65 ℃ 趁热压榨,以增加出汁率。一般出汁率为 65%～70%。果汁用滤布粗滤一次。为提高出汁率,也可以添加果胶酶酸解。

6. 浓缩

一般可在不锈钢夹层锅内进行常压浓缩,蒸汽压力控制为 250 kPa。在浓缩过程中,为加快蒸发和防止焦化,应不断搅拌。果汁对热敏感性很强,浓缩时间越短越好,因此应适当控制投料量,使每锅浓缩时间不超过 40 min。待浓缩至含量为 58%～59%时(用手持糖度计测得)即可出锅。

7. 调配

将干燥的白砂糖磨成粉,并将糖粉过筛。然后加入 15 kg 浓缩汁、白砂糖粉 35 kg,搅拌均匀。为提高风味,也可添加适量柠檬酸。

8. 成型

一般用颗粒成型机将物粒搅拌成米粒大小,待真空干燥后,用孔径为 2.5 mm 或 0.9 mm 的尼龙筛或金属筛过筛。

9. 干燥

将已成型的猕猴桃粉颗粒均匀铺放在不锈钢烘盘中,厚度为 1.5～2 cm。控制烘干温度为 65 ℃,每 2 h 将盘内猕猴桃粉颗粒上下翻动一遍,使之受热均匀,加速干燥至物料水分含量在 4%以下为止。

10. 包装

待干燥后的成品冷却后立即包装。

11. 质量标准

猕猴桃晶成品呈黄绿色,大小均匀,无杂质,溶解后的饮料呈黄绿色,味酸甜,具有猕猴桃汁的风味。

12. 注意事项

加工过程要迅速,尽量缩短受热时间,防止维生素 C 被氧化。同时,防止金属污染,因此忌用铁和铝等器具。严格注意加工车间卫生,防止微生物及其他感染。

第四节　蛋白固体饮料

一、蛋白固体饮料生产工艺

蛋白固体饮料的生产工艺,基本上可分为真空干燥法和喷雾干燥法,真空干燥法用得比较普遍。蛋白固体饮料的生产工艺流程如图 11-25 所示。

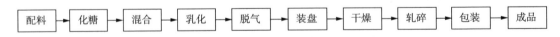

图 11-25　蛋白固体饮料的生产工艺流程

① 化糖:在化糖锅中加入一定量的水,按照配方加入麦芽糖醇、低聚果糖、麦芽糊精及 β-环状糊精等,加热搅拌溶化,待其全部溶解后,用 40～60 目筛网的双联过滤器过滤,加到夹层锅或配料罐中。待温度为 50～70 ℃时,边搅拌边加入适量的碳酸氢钠,用以中和原料

的酸度,避免随后所加奶类等物料出现凝结。一般碳酸氢钠的加入量是原料质量的0.1%～0.2%。先在夹层锅或配料罐中加入适量的水,然后按照配方加入脱脂奶粉、大豆分离蛋白,使温度升高至 70 ℃,搅拌混合。脱脂奶粉、大豆分离蛋白需先过 40～60 目的筛网,以免硬块进入锅中影响产品质量。浆料混合均匀后,先经 40～60 目的双联过滤器过滤,再加入配料罐中。

②混合:在配料罐内,甜味剂与奶浆充分混合,可以加入适量的柠檬酸,以突出奶香,并提高牛奶的热稳定性。

③乳化:用胶体磨、均质机、超声波乳化机等进行两道以上的乳化过程,使浆料中的脂肪球破碎成小的微粒,防止脂肪悬浮,从而提高及改善产品的乳化性能。

④脱气:在前面的处理过程中,料液会混进大量空气,应该排除,以防物料在干燥时产生发泡现象,使物料从烘盘中溢出。浓缩脱气一般采用真空脱气的方法,当从视孔中看到浓缩锅内的浆料不再有气泡溢出时,说明脱气已完成。脱气浓缩还有调整浆料水分的作用,一般应使完成脱气的浆料水分控制为 25%～30%。

⑤装盘:将脱气完毕且水分含量适宜的物料,分装于烘盘内,每盘物料的厚度一般为0.7～1.0 cm。

⑥干燥:干燥初期,真空度压力保持为 90～93 kPa,之后提高到 94～98 kPa。一般干燥时间为 90～100 min,控制物料的水分含量在 4%以内。干燥完毕后,先停止加热,然后放进冷却水进行冷却 20～30 min,待物料温度下降后,再消除真空。然后出料,全过程的时间为120～150 min。

⑦轧碎:将干燥完成的蜂窝状物料,放进轧碎机(粉碎机)中轧碎,进一步用 100～200目的筛网过滤。在此过程中,保持操作温度为 18～25 ℃,相对湿度(relative humidity,RH)为 40%～45%,以避免产品吸潮。

⑧包装:按照固体饮料产品质量要求,进行抽样检验。检验合格的产品,在 20 ℃及相对湿度为 40%～45%条件下,进行包装。根据原料的成分情况和产品的质量要求,确定各种原料的配比。为增加产品的溶解性和黏稠性,可加入 10%～20%的麦芽糊精。

二、豆浆粉的生产实例

当前,市场上的蛋白型固体饮料主要以豆浆粉、豆奶粉及含奶粉固体饮料为主。豆奶粉及豆浆粉的生产工艺相近,区别在于前者中添加了牛奶或奶粉。

大豆蛋白饮品包括豆浆粉、豆奶粉、豆粉、液态豆奶等。我国的大豆蛋白饮料行业起步于 20 世纪 80 年代。大豆蛋白饮品生产所需的大豆原料供应充足,成本低廉;豆浆粉是纯植物蛋白固体饮料,在中西式快餐连锁机构中应用很多;豆奶粉是动植物蛋白互相结合的品种,其营养更加全面。发展植物蛋白饮料产业有利于我国城乡居民膳食营养结构的优化。

(一)豆浆粉原料质量要求

豆浆粉所用原料为食用大豆,按照《大豆》(GB 1352—2023)中对一级大豆的质量要求执行,蛋白质、杂质、水分等指标不得低于该标准。豆浆粉原料大豆质量标准见表 11 - 2所列。

表 11-2　豆浆粉原料大豆质量指标

等级	完整粒率/%	杂质/%	水分/%	感官特性
1	≥95.0	≤1.0	≤13.0	粒色为黄色;粒形多为圆形、椭圆形,有光泽或微光泽;脐色多为黄褐、淡褐或深褐色;籽粒饱满、大小均匀

注:在前处理阶段大豆脱皮在 95% 以上,但采取烘干脱皮工艺时,不能造成大豆蛋白变性。

(二)豆浆粉质量要求

目前,我国尚没有豆浆粉国家标准,可参照《速溶豆粉和豆奶粉》(GB/T 18738—2006)的相关规定执行。

1. 感官要求

豆浆粉感官要求见表 11-3 所列。

表 11-3　豆浆粉感官要求

项目	要求
色泽	淡黄色或乳白色,其他型产品应符合添加辅料后该产品应有的色泽
外观	粉状或微粒状,无结块
气味和滋味	具有大豆特有的香味及该品种应有的风味,口味纯正,无异味
冲调性	润湿下沉快,冲调后易溶解,允许有极少量团块
杂质	无正常视力可见外来杂质

2. 理化要求

根据产品类型不同,豆浆粉的理化指标会有所差别,这些差别主要体现在水分、蛋白质、脂肪、总糖、灰分、溶解度等方面,具体见表 11-4 所列。

表 11-4　豆浆粉的理化指标

项目		普通型	高蛋白型	低糖型	低糖高蛋白质	其他型
水分/%	≤	4.0	4.0	4.0	5.0	4.0
蛋白质/%	≥	18.0	22.0	18.0	32.0	18.0
脂肪/%	≥	8.0	6.0	8.0	12.0	8.0
总糖(以蔗糖计)/%	≤	60.0	50.0	45.0	20.0	55.0
灰分/%	≤	3.0	3.0	5.0	6.5	5.0
溶解度/(g/100g)	≥	97.0	92.0	92.0	90.0	92.0
总酸(以乳酸计)/(g/kg)	≤	10.0				
尿素酶(脲酶)活性　定性法		阴性				
尿素酶(脲酶)活性　定量法/(mg/g)	≤	0.02				
总砷(以 As 计)/(mg/kg)	≤	0.5				
Pb/(mg/kg)	≤	1.0				
Cu/(mg/kg)	≤	10.0		20.0	10.0	

3. 微生物要求

豆浆粉中蛋白质和糖类含量很高,其微生物含量需要严格控制指标。豆浆粉微生物指标见表 11 - 5 所列。

表 11 - 5 豆浆粉微生物指标

项目		指标
菌落总数/(CFU/g)	≤	30 000
大肠菌群/(MPN/100 g)	≤	90
致病菌(沙门氏菌、志贺氏菌、金黄色葡萄球菌)		不得检出
霉菌/(CFU/g)	≤	100

豆浆粉的感官指标、理化指标、微生物指标均应符合国家相关标准规定。

(三)生产工艺

豆浆粉的生产对原料要求较高,除了在原材料上择优选择、严格把关之外,在生产环节也需要严格控制,这样才能生产出高质量的豆浆粉产品。

1. 生产工艺流程

原料大豆运入厂内,进行先期清选,经计量秤称重,提升机输送,储存于大豆仓中。整个豆浆粉生产需要经过清选和除杂、干燥、脱皮、灭酶、磨浆、分离、脱气、调配、浓缩、预热、喷粉、储粉、包装、检验、入库多个工序。豆浆粉的生产工艺流程如图 11 - 26 所示。

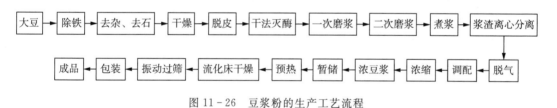

图 11 - 26 豆浆粉的生产工艺流程

2. 工艺描述

豆浆粉生产主要分为前处理、制浆、调配、浓缩、喷粉、包装等主要工段。

(1)前处理工段

大豆由一层车间外的设备输送至车间内,然后进入生产线前端的小存料槽内。经斗提机输送至振动筛设备,对物料中的杂质(泥土、沙石、玻璃、草叶及梗等)进行清理;清理后的物料经斗提机进入干燥机,对物料进行干燥处理。干燥机由上端进料,下端出料,出料口设有控制出料量的插板。在干燥机箱体一侧有排潮管路,该管路接入除尘器,除尘器出口接至车间外;干燥后的物料经斗提机输送至比重去石机,清理物料中的并肩石;清理后的物料经斗提机提升至二层车间,对物料进行冷却处理。冷却机由上端进料,下端出料,出料口设有控制出料量的插板;冷却后的物料再经斗提机输送至脱皮机进行脱皮处理。脱皮后的大豆经斗提机送至二次分离豆皮设备。分离下来的豆皮进入收豆皮旋风器,在收豆皮旋风设备出口处,设置防堵闭风器;第一次脱皮后的大豆物料中,有部分豆皮黏附在豆瓣上,还有部分豆皮没有被分出去;物料进入二次分离豆皮设备,豆瓣上黏附的豆皮和没有被分出去的豆皮会被清理出来,并由收豆皮旋风器收集。前处理工段工艺流程如图 11 - 27 所示。

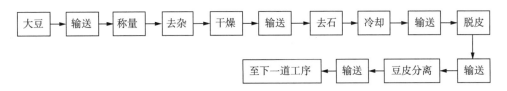

图 11-27 前处理工段工艺流程

(2)制浆工段

脱完皮的干豆由真空吸引装置输送到软化失活装置的上部料斗中,然后定量送入软化失活装置,在热水中短暂软化升温后,再由蒸汽短时间加热灭酶。软化失活后的大豆立刻进入粗磨机。粗磨时加入热水和少量的碳酸氢钠溶液,粗磨后立即进入精磨机进一步磨碎。研磨后的糊泵入沉降式离心机中进行第一道浆渣分离。分离出来的豆渣加热水混合,混合后的豆渣浆液泵入第二道沉降式离心分离机中做二次分离。分离出来的豆渣排放到指定地点,分离出来的稀豆浆作为磨浆水输送到粗磨机。第一道离心分离出的豆浆输送到豆浆暂存罐,然后,泵入煮浆机的升温罐中,逐步升温到 105 ℃后,进入熟成罐。熟成后的豆浆输送到豆浆暂存罐,之后泵入真空脱气装置中。脱气后的豆浆输送到豆浆暂存罐。最后,由换热器将豆浆冷却到 20 ℃左右。

(3)调配工段

经制浆工段送入暂存罐中的豆浆,由电磁流量计控制流量。流量可预先设定,当达到一定量后进料自动停止,混合系统开始启动。混合系统启动后,将豆浆吸入高效混合机(具有乳化功能)并与混合罐形成循环。然后,将需要添加的各种干粉辅料经筛粉机倒入漏料斗,并流入高效混合机中进行混合溶解。同时,将要添加的糖浆和已溶解好的维生素、微量元素等也加入高效混合机的自吸管道中,进行在线混合乳化循环。

溶解混合好的物料经离心泵通过双联过滤器过滤,再送入均质机中均质,这样可以保证豆浆中的脂肪和纤维及添加的脂肪都被彻底打碎,并可以防止添加的油状物与产品分离(采用高效混合乳化机混料后可以不均质)。

(4)浓缩工段

将调配工段中已经混合好的物料通过离心泵输送到蒸发器,进行浓缩。浓缩的作用是使豆浆的浓度更高。加热既要使豆粉达到食用的要求,又要使大豆蛋白不变性。加热的注意事项:利用水浴加热,以免大豆蛋白黏附在锅壁上;加热时要不断搅拌,以使受热均匀;浓缩器内的加热管应通过 80 ℃左右的热水循环加热,以免大豆蛋白质黏附在锅壁,防止蛋白质变性。当浓缩液的固形物为 11%~12%(加有抗坏血酸的豆浆浓缩到 13%~14%)时,即可进入喷粉工段。

(5)喷粉工段

喷雾干燥是豆浆粉制造过程中的重要环节,其直接影响产品的质量。喷雾干燥工作原理:物料由高压泵经高压管的塔顶均风器中间喷入塔内,经喷头雾化成雾化角为 55°~65°的雾滴。多个喷头之间的雾滴相碰在一起会产生附聚作用,雾滴与相对湿度很低的热风接触,二者瞬间发生强烈的热交换。热风的热能供给雾滴使其水分蒸发,再配合流化床可以使物料干燥成水分含量符合要求的粉粒;蒸发出来的水分被热风带走,并通过双级旋风分离器由排风机排入大气。其中,大部分产品落入塔体下端的固定流化床和塔锥体部分。塔锥体部分的粉料由振锤振落一同落入固定流化床辅助干燥。辅助干燥后的粉粒送至三段振动流化床进行三次干燥和冷却。由塔体排风管和振动流化床带走的细粉被旋风分离器捕集于旋转阀中,通过一级旋风分离器跑掉的细粉由二次旋风分离器再捕集一次。由罗茨风机将两次捕集到的细粉送到塔顶并喷入多个喷枪之间,与雾滴相碰进行塔内二次附聚。

(6)包装工段

由喷粉工段得到的物料此时已经形成粉粒,可根据市场情况进行产品包装。包装需要在高于十万级净化级别的包装车间内进行。包装后的成品进入待检区,检验合格后进入成品库房储存,上市销售。

3. 工艺指标

制浆工段每天工作 20 h(其余时间为机器清洗时间),喷粉工段每天工作 24 h。假设一条生产线每天生产豆浆粉 20 t,每吨豆浆粉中,纯豆粉含量为 335 kg、饴糖含量为 600 kg、白砂糖含量为 60 kg、磷脂含量为 3 kg、其他配料为 2 kg。每年按 300 d 计算,一条生产线每年加工大豆 4 800 t,其中杂质含量按 0.31% 计算,年加工大豆 4 785 t。大豆出粉率为 42%,出皮率为 15.5%(含损耗),出渣率为 42.5%。在实际生产中,副产物豆渣中水分含量为 80% 左右。

第五节　固体饮料产品常见的质量问题及处理方法

一、溶解性及分散性差

固体饮料因物料中含有大颗粒、纤维、大分子及不溶于水的成分,产品的溶解性及分散性较差,可以采取如下方法进行处理。

① 深度粉碎或采用筛孔较小的筛布过滤,降低物料的平均粒径。一般来说,颗粒度为 100～200 目的固体饮料具有良好的溶解性及分散性。

② 若含有脂溶性成分,添加适当的乳化剂,使产品在水中呈均匀的乳化状态。

③ 对于含有纤维等水不溶性大颗粒成分的物料,可以添加麦芽糊精、CMC 及海藻酸钠等增稠剂,增加物料的黏度,保持产品在水中具有良好的分散性,不分层。

④ 不同原辅料充分混合。

二、结块

原辅料中水分含量过高、在加工过程中物料吸湿、采用阻气性差的包装材料,都可能导致产品结块,可以采取如下方法进行处理。

① 控制原辅料的水分含量。

② 对成品进行干燥。

③ 物料干燥后,冷却至室温,在相对湿度 45% 以下进行包装。

④ 产品在低温、干燥的条件下储存及运输。

三、变色

导致产品变色及颜色加深的原因:物料在加工过程中,果蔬原料产生酶促褐变、含蛋白质较高的原料与糖类成分产生美拉德反应;产品在储藏过程中,受到氧气、高温及光线等的影响,其中的维生素 C 自动发生氧化反应。可以采取如下方法进行处理。

① 果蔬原料在加工过程中,采取适当的漂烫条件(温度、时间及 pH 等)对多酚氧化酶进行灭酶。

② 采取恰当的干燥手段:控制干燥温度及时间等条件,尽量缩短干燥时间。必要时,物

料的干燥采用真空干燥或者冷冻干燥方式。

③ 调节物料的 pH,保持天然色素的稳定性。

④ 采用真空包装或者充氮包装方式隔绝氧气,保证产品包装的密封性。

⑤ 产品储存在阴凉、避光及干燥的环境下。

⑥ 采用非糖类甜味剂替代白砂糖或葡萄糖。

四、变味

固体饮料产品出现变味,可能是因为物料中脂肪氧化酶或过氧化物酶没有被彻底灭活,从而导致物料中脂肪的氧化(在氧气、高温及光线的作用下,脂肪被氧化)和香精(特别是萜类)的氧化。可以采取如下方法进行处理。

① 严格控制各项工艺参数,尤其是杀菌温度和保温时间,使脂肪氧化酶及过氧化物酶活性丧失。

② 采用真空包装或者充氮包装方式隔绝氧气,保证产品包装的密封性。

③ 产品储存在阴凉、避光及干燥的环境下。

④ 添加抗氧化剂,阻止脂类成分的氧化。

五、产品杂质含量高

产品杂质含量高的原因具体如下。

① 原料没有清洗或去杂。

② 采用气流粉碎或沸腾干燥时,空气过滤不当,造成物料被空气中灰尘污染。

③ 生产的设备或器具清洗不当,物料被二次污染。

④ 干燥的温度过高,时间较长,造成产品焦煳。

思考题

1. 什么是固体饮料? 有哪些类型?

2. 固体饮料加工过程中用到的主要设备有哪些?

3. 在干燥等步骤中如何抑制风味物质的流失?

4. 影响果蔬固体饮料品质的因素有哪些?

5. 应当如何有效解决蛋白固体饮料加工过程中蛋白质变性的问题?

6. 用含淀粉的谷物等原料开发固体饮料时,可采用哪些处理工艺? 为什么?

（杨福明、孙汉巨）

GB/T 29602—2013
《固体饮料》

第十二章　饮料包装材料及容器

教学要求：

1. 掌握包装的作用；

2. 理解玻璃容器的特点；

3. 掌握金属包装材料和容器的优点；

4. 掌握塑料材料的种类和特点；

5. 熟悉纸包装的优缺点。

教学重点：

不同饮料包装物的特点及适用性。

教学难点：

不同饮料包装物的特点及适用性。

第一节　包装的定义、功能和分类

伴随着琳琅满目的饮料品种的出现，饮料包装行业也迅速发展起来，打破了单一的玻璃包装容器垄断的格局，金属、塑料、复合纸等材质相继应用在饮料包装上，玻璃瓶、易拉罐、聚酯(PET)瓶、聚丙烯(PP)瓶、利乐包、康美包等包装形式相继出现。包装对于饮料的保护、品质维持和提升、流通、销售来说具有重要意义。因此，在选择包装材料时，需要考虑商业机会、产品包装的加工要求、包装材料的加工特性，以及包装材料是否满足货架期需求、装饰形式、后期的升级空间等因素。因此，了解和区分包装材料、加工的容器特性和饮料特性的关系具有重要意义。

一、包装的定义

根据《包装术语　第1部分：基础》(GB/T 4122.1—2008)，包装(package)的定义如下：为在流通过程中保护产品，方便储运，促进销售，按一定技术方法而采用的容器、材料及辅助物等的总体名称。也指为了达到上述目的而采用容器、材料和辅助物的过程中施加一定方法等的操作活动。

对现代包装的定义，各个国家不尽相同，但基本含义是一致的，可归纳成两个方面的内容：一是关于包装商品的容器、材料及辅助物品；二是关于实施包装封缄等的技术活动。

饮料包装(drinks package)是指采用适当的包装材料、容器和包装技术，把饮料包裹起来，以使饮料在运输和储藏过程中保持其价值和原有的状态。

二、包装的功能

现代商品社会中，包装对商品流通起着极其重要的作用。包装的科学合理性会影响商品的质量可靠性，以及能否以完美的状态传达到消费者手中。包装的设计和水平直接影响产品本身的市场竞争力，乃至品牌、企业形象。现代包装的功能主要有以下四个方面。

(一)保护商品

保护商品是包装的基本功能。在储运、销售、消费等流通过程中的各种条件及环境因素,包括自然因素(光线、氧气、水及水蒸气、高低温等)和人为因素(冲击、振动、跌落等),都有可能对商品造成严重破坏。采用科学合理的包装可使商品免受或极大地减少不利影响,以达到保护商品的目的。

(二)方便储运

包装能为生产、流通、消费等环节提供诸多方便,如能方便厂家及运输部门搬运装卸、仓储部门堆放保管、商店陈列销售,也方便消费者携带、取用和消费。现代包装还注重包装形态的展示方便、自动售货方便、消费时的开启和定量取用方便。一般来说,产品没有包装就不能储运和销售。

(三)促进销售

包装是提高商品竞争力、促进销售的重要手段。精美的包装能在心理上征服消费者,增加其购买欲望。在超市中,包装更是充当着"无声推销员"的角色。当前,商品内在质量、价格成本竞争已转向更高层次的品牌形象竞争,而包装形象直接反映了一个品牌和一个企业的形象。包装标签可以为顾客提供一些基本信息,给顾客带来方便,从而促进销售。

(四)提升商品价值

包装是商品生产的继续,产品通过包装才能免受各种损害,从而避免降低或失去其原有的价值。因此,投入包装的价值不但在商品出售时得到补偿,而且能给商品增加价值。

随着科技的发展和需求的多元化,人们还赋予包装一些新的功能,如可以改变食品微环境条件来延长货架期,改善安全性和感官特性功能,具有监测包装食品的环境条件和生理变化等品质相关信息的能力。人们把以上具有新功能的包装分别称为活性包装(active packaging)和智能化包装系统(intelligent packaging systems)。

三、包装的分类

现代包装种类很多,因分类角度不同形成了多样化的分类方法。

(一)按在流通过程中的作用分类

按在流通过程中的作用,包装可分为销售包装和运输包装。

(二)按包装结构形式分类

按包装结构形式,包装可分为贴体包装、泡罩包装、热收缩包装、可携带包装、托盘包装、组合包装等。

(三)按包装材料和容器分类

按包装材料和容器,包装的分类见表12-1所列。

表 12-1　包装的分类(按包装材料和容器)

包装材料	包装容器类型
纸与纸板	纸盒、纸箱、纸袋、纸罐、纸杯、纸质托盘、纸浆模塑制品等
塑料	塑料薄膜袋、中空包装容器、编织袋、周转箱、片材热成型容器、热收缩膜包装、软管、软塑料、软塑箱、钙塑箱等

（续表）

包装材料	包装容器类型
金属	马口铁、无锡钢板等制成的金属罐、桶、管等,铝、铝箔制成的罐、软管、软包装袋等
复合材料	复合软包装材料(纸、塑料薄膜、铝箔等组合而成的)制成的包装袋、复合软管等
玻璃、陶瓷	瓶、罐、坛、缸等
木材	木箱、纸条箱、胶合板箱、花格木箱等
其他	麻袋、布袋、草或竹制包装容器

（四）按包装技术分类

按包装技术,包装可分为真空充气包装、气调包装、脱氧包装、防潮包装、罐头包装、无菌包装、热收缩包装、热成型包装、缓冲包装等。

第二节　纸类包装材料及容器

现代包装工业体系中,纸和纸包装容器占有非常重要的地位。在我国,纸类包装材料占包装材料总量的 40% 左右。从发展趋势来看,纸类包装材料的用量会越来越大。

目前,经表面处理的复合纸、纸板、特种加工纸已形成一定规模的开发应用。纸容器可分为复合纸盒、纸杯、组合罐等。随着塑料白色污染所造成的环境保护问题日益严重,纸类包装制品将有更加广泛的应用前景。

一、纸类包装材料的特点

（一）纸类包装的优点

纸类包装材料之所以在包装领域首屈一指,是因为其具有一系列独特的优点,具体如下。
① 加工性能好,印刷性能优良。
② 具有一定机械力学性能,便于复合加工,成型性好。
③ 卫生、安全性好。
④ 原料来源广泛,品种多样,成本低廉,容易实现大批量生产。
⑤ 容器质量较轻,缓冲性好,应用广泛。
⑥ 废弃物可回收利用,无白色污染。

（二）纸类包装的缺点

纸类包装的缺点具体如下。
① 容器不透明,看不清内容物。
② 密封精度和耐压性较差。
③ 不适合加热杀菌及阻隔空气。

二、饮料包装用纸种类

（一）复合纸

复合纸(compound paper)是将纸与其他包装材料相贴合而制成的一种高性能包装纸,

大量用于软饮料包装中。常用的复合材料有塑料、塑料薄膜(如 PE、PP、PET、PVDC 等)、金属箔(如铝箔)等。复合纸通过涂布、层合等方法,改善了纸的单一性能,提高了包装的综合性能。《液体食品复合软包装材料》(QB/T 3531—1999)适用于以原纸、高压低密度聚乙烯、铝箔等为原材料,经挤压复合而成,专供瑞典利乐公司无菌灌装机包装液体食品之材料。产品按质量分 A、B、C 三个等级,要求无毒无害,内层聚乙烯的卫生要求必须符合标准规定。液体食品复合软包装材料技术指标见表 12-2 所列。

表 12-2　液体食品复合软包装材料技术指标

指标名称	单位	规定		
		A 等	B 等	C 等
套印精度	mm	≤0.5	≤1	≤1
塑料膜与铝箔黏结力	N	≥4.41	≥3.43	≥1.47
塑料膜与纸的黏结程度	%	≥90	≥70	≥50
塑料膜涂层定量偏差	g/m²	±3	±4	±6
包装盒宽度偏差	mm	±0.8	±0.8	±1
压痕线与印刷图案套准偏差	mm	±0.5	±1	—
分切位置偏差	mm	±1	±1	—

(二)袋滤纸

袋滤纸(tea bag paper)是一种低定量专用包装纸,用于袋泡茶等固体饮料的包装,通常称为泡茶袋。使用袋滤纸的目的是提高茶汤浸出率。要求袋滤纸纤维组织均匀,无折痕皱纹,无异味,具有较大的湿强度和一定的过滤速度,耐沸水冲泡,同时应有适应袋泡饮料自动包装机包装的干强度和弹性。非热封型茶叶滤纸技术指标见表 12-3 所列,其参考的标准是《非热封型茶叶滤纸》(GB/T 28121—2011)。

表 12-3　非热封型茶叶滤纸技术指标

指标名称		单位	规定		试验方法
			Ⅰ型	Ⅱ型	
定量		g/m²	12.5±1.0	14.5±1.0	《纸和纸板定量的测定》(GB/T 451.2—2002)
厚度 ≥		μm	20	30	《纸和纸板厚度的测定》(GB/T 451.3—2002)
抗张强度 ≥	纵向	kN/m	0.55	0.60	《纸和纸板 抗张强度的测定 恒速位伸法(20 mm/min)》(GB/T 12914—2018)
	横向		0.20	0.20	
湿抗张强度≥	纵向	kN/m	0.12	0.12	《纸和纸板 浸水后抗张强度的测定》(GB/T 465.2—2008)

（续表）

指标名称	单位	规定		试验方法
		Ⅰ型	Ⅱ型	
滤水时间　≤	s	1.0	1.0	《纸和纸板　过滤速度的测定》(GB/T 10340—2008)
透气度(1 kPa)　≥	cm³/(min·cm²)	12 000	10 000	《卷烟纸、成形纸、接装纸、具有间断或连续透气区的材料以及具有不同透气带的材料　透气度的测定》(GB/T 23227—2018)
交货水分	%	4.0～10.0		《纸、纸板和纸浆　分析试样水分的测定》(GB/T 462—2023)
异味	—	合格		《非热封型茶叶滤纸》(GB/T 28121—2011)附录 A
漏茶末	—	合格		《非热封型茶叶滤纸》(GB/T 28121—2011)附录 A

三、饮料包装用纸容器

饮料包装用纸容器以纸为基材，用塑料、铝箔、蜡等复合加工而成，主要用于牛奶、软饮料等非碳酸性/充气性液体食品包装，一般要求纸容器具有无毒、卫生、无异味、耐化学性、高温隔阻性和热封性的特点。常见的形式有复合纸杯、纸袋、无菌包装纸盒、复合纸罐等。

(一)复合纸杯

复合纸杯(composite paper-cup)是一种很实用的纸质容器。它是以纸为基材的复合材料经卷绕与纸胶合而成的，口大底小，形状如杯，并带有不同的封口形式。制杯是在制杯机上完成的。目前，日本、美国、德国的制杯机较为先进，最高速度为 200 只/min。制杯用的原材料主要有三类：第一类是 PE(聚乙烯)/纸复合材料，因耐沸水煮而作为热饮料杯；第二类是涂蜡纸板材料，主要作为冷饮料杯或常温、低温的流体食品杯；第三类是 PE/Al/纸，主要作为长期保存型纸杯，具有罐头的功能，因此也被称为纸杯罐头。纸杯有有盖和无盖之分，杯盖可用黏结、热合或卡合的方式装在杯口上以形成密封。

复合纸杯杯身用的是片材，杯底用的是卷材，二者材质相同。制杯过程：杯身片材毛坯从制杯机的供纸系统输入，并卷成筒体贴合成型；杯底用的卷材经过冲切拉伸系统后成型；这两部分套合、黏结，杯口卷边，杯底翻边，压花印刷制成最终产品。

纸杯的特点是质轻、卫生、价廉、便于废弃处理。杯身若制成波纹状，则具有保温性能，因此这种纸杯也称为保温杯。目前，发达国家把纸杯作为饭店、饮料店、宾馆、飞机、轮船等的一次性使用容器，用于盛装乳制品、果蔬汁饮料、冰激凌及快餐面等食品。表 12-4 所示为几种常见纸杯的应用。

表 12-4 几种常见纸杯的应用

纸杯类型	适用食品
纸、Al/纸、纸/Al、纸/Al/PE	快餐类
蜡/纸、纸/蜡、蜡/纸/PE	冰激凌、冷饮料、乳制品
PE/纸/PE、纸/PE、皱纹纸/纸/PE	热饮料、乳制品、快餐类

(二)复合纸罐

复合纸罐(composite paper - can)是近年来发展起来的一种用纸与其他材料复合制成的包装容器。由于复合纸罐集合了多种包装材料的包装性能,因此具有特定的包装功能,主要应用于固体饮料、粉状固体饮料、浓缩果汁饮料等的包装中。

1. 性能及应用

复合纸罐的优点是成本低、质量轻、外观好、废品易处理,具有隔热性,可以较好地保护内容物,可代替金属罐和其他容器,耐压强度与马口铁罐相近,内壁具有耐蚀性,外观漂亮且不生锈,实用性强。它的缺点是罐身厚度一般较金属罐大 3 倍,封口和开启较困难,金属盖与罐身的接合处在受压时影响密封性的可能性大。

复合纸罐既可用于粉体、块体等内容物的包装,也可用于油性黏流体内容物的包装,还适用于流体内容物的包装,如奶粉、调味品、酱类食品乃至果汁饮料等的包装。例如,美国约有 85% 的浓缩柑橘汁采用复合纸罐包装,日本有 50% 以上的饮料用铝质易开盖的复合罐包装。复合纸罐也可应用于特殊包装,如真空包装,包括咖啡奶粉及花生等的"干"真空包装浓缩汁及调味品的"湿"真空包装;压力包装,包括充氮快餐食品和含气饮料包装。复合纸罐的绝热性可阻隔外界温度,但在冷冻和热加工包装上因会减缓冷却和加热的速度而不适用。

2. 结构与材料

复合纸罐一般由罐身、罐底和罐盖组成。罐身一般有平卷式和螺旋式两种,平卷式要比螺旋(斜卷)式强度高。罐身虽然层数或厚度越大,强度越高,但成本及制罐、封口、加工困难也会随之增大,而且罐身直径也会受到限制。采用金属底盖有利于增大容器的强度和刚性。复合纸罐罐身所有的材料包括价格较低的全纸板(内涂料)和成本较高的复合材料。

① 内衬层应具有卫生性和内容物保护性,常用的有塑料薄膜(如 PE、PP)、蜡纸、半透明纸、防锈纸、玻璃纸及复合内衬等。常用的复合内衬有 40~60 GSM 褐色牛皮纸/9 μm 铝箔涂料(普通罐)和 40~60 GSM 褐色牛皮纸/9 μm 铝箔/15~20 μm HDPE(高密度聚乙烯,优质罐)等。国外常用内衬薄膜的物理性能见表 12-5 所列。

表 12-5 国外常用内衬薄膜的物理性能

物理性能	聚丙烯			聚酯	LDPE(低密度聚乙烯)	离子键树脂
	取向拉伸	取向拉伸并PVDC(聚偏二氯乙烯)涂布	未取向拉伸			
撕裂强度/N	0.03~0.10	0.03~0.10	0.5~3	0.12~0.27	0.5~1.5	0.5~1.5
耐破强度/kPa				379~551	69~83	69~83

（续表）

物理性能	聚丙烯			聚酯	LDPE（低密度聚乙烯）	离子键树脂
	取向拉伸	取向拉伸并PVDC（聚偏二氯乙烯）涂布	未取向拉伸			
水蒸气透过性/[g·mm/(m²·24h)]	0.295	0.118～0.197	0.591	0.591	0.787～1.181	0.787～1.181
透氧性/[cm³·mm/(m²·24h)]	39.37	0.394～1.181	62.99	1.181～1.575	196.84	98.42～118.1
伸长率/%	35～475	35～475	550～1000	60～150	100～700	400～800
耐强酸	良	良	良	良	良	良
耐强碱	良	良	良	良	良	良
耐脂肪和油	良	良	良	良	良	优

②　中间层也称为加强层，应具有高强度和刚性，常采用的是含 50%～70% 废纸的再生牛皮纸板多层结构。

③　外层商标纸应具有较好的外观性、印刷性和阻隔性，普通罐常用的是 80～100 GSM 预印的漂白牛皮纸和 15 GSM LDPE/90 GSM 白色牛皮纸复合商标纸，优质罐常用的是预印的铝箔商标纸和 9 μm 铝箔/90 GSM 褐色牛皮纸复合商标纸。

④　黏合剂常用的是聚乙烯醇-聚醋酸乙烯共混物、聚乙烯、糊精、动物胶等。

⑤　复合纸罐的罐底和罐盖常用纸板、金属（马口铁和合金铝）、塑料及复合材料等几种材质。金属盖的种类有死盖、活盖和铝（Al）质易拉盖等几种；塑料盖（金属底）的种类有加铝箔和不加铝箔之分。罐底常用的有塑料底、金属底和 0.03～0.05 mm PE/0.3～1 mm 铝箔的复合底。

（三）无菌包装纸盒

无菌包装纸盒主要用于国际流行的软饮料无菌包装，具有无毒、卫生、耐腐蚀、耐高温等特性，主要用于包装果蔬汁、含乳饮料、植物蛋白饮料、茶（类）饮料等。常见的包装容量为 250～1 000 mL。按无菌灌装工艺分类，其主要有如下形式。

1. 预成型纸盒

预成型纸盒是指纸盒在制盒厂成型后再送给用户灌装封口。该类纸盒因成本高、占空间、易破坏、易污染，现在已很少使用。

2. 预切压痕纸盒

预切压痕纸盒是在制盒厂以模切压痕好纸和坯料，然后用户在盒子成型及灌装封口机上完成纸盒成型、灌装、封口等包装操作得到的成品纸盒。该类纸盒一般为巨型截面、人字形顶。材料为 LDPE/纸/LDPE 复合纸或 LDPE/纸/铝箔/LDPE 复合纸。国际上典型的有国际纸业公司和利乐包装公司推出的人字顶形无菌包装盒。

3. 后成型纸盒

后成型纸盒是将卷筒复合材料放入纸盒成型机及灌装机上进行成型、灌装、封口而成的无菌包装盒。复合材料有 5 层和 7 层两种。该类纸盒形状有砖形、人字顶形和梭形（正四面体形）。国际上典型的有国际纸业公司和利乐包装公司推出的无菌包装纸盒,厚度约为 0.35 mm,纸板占 80%,接触饮料层为塑料。图 12-1 为各种液体食品包装用纸容器。

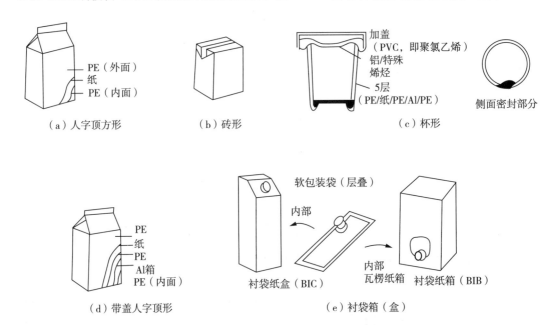

图 12-1　各种液体食品包装用纸容器

第三节　塑料包装材料及容器

　　塑料是一种以高分子聚合物（树脂）为基本成分,再加入一些用来改善其性能的各种添加剂（如增塑剂、稳定剂、润滑剂、色料等）制成的高分子材料。塑料用作包装材料是现代包装技术发展的重要标志。塑料因原材料来源丰富,成本低廉,性能优良,成为近 40 年来世界上发展较快、用量巨大的包装材料。

一、塑料包装材料的特点

（一）塑料包装材料的优点

塑料包装材料的优点具体如下:

① 质轻,物理机械性能好;

② 阻隔性和渗透性适宜;

③ 具有优良的化学稳定性;

④ 具有良好的加工和装饰适应性。

（二）塑料包装材料的缺点

塑料包装材料的缺点具体如下:

① 强度不如钢铁等金属材料;

② 耐热性不及金属和玻璃;

③ 有些塑料带有异味，其内部低分子物有可能渗入食品中；

④ 塑料废弃物的处理较为困难。

二、饮料包装常用塑料种类

(一)聚乙烯

聚乙烯塑料的主要成分是聚乙烯(PE)。PE 是乙烯单体经加成聚合而成的高分子化合物，为无臭、无毒、乳白色的蜡状固体，结构式为 $\left[CH_2-CH_2\right]_n$。PE 的分子结构为线性，简单规整且无极性，柔顺性好，易于结晶。

PE 的特性具体如下：在包装特性上阻水阻湿性好，但阻气和阻有机蒸气的性能差；具有良好的化学稳定性，常温下几乎不发生任何反应；有一定的机械抗拉和抗撕裂强度，柔韧性好；耐低温性很好，能适应食品的冷冻处理，但耐高温性能差，一般不能用于高温杀菌食品的包装；光泽度透明度不高；聚乙烯分子无极性，导致印刷性能差，用作外包装时需经电晕和表面化学处理改善印刷性能；加工成型方便，制品灵活多样；热封性能好，广泛用于复合材料的热封层；PE 树脂本身无毒，添加剂量极少，因此被认为是一种卫生、安全性好的包装材料。

聚乙烯依据密度和结构的不同，分为低密度 PE(LDPE)、中密度 PE(MDPE)、高密度 PE(HDPE)和线性低密度 PE(LLDPE)。LDPE 因具有较好的柔软性、耐冲击性和透明性，常用来制作薄膜；HDPE 的机械强度、阻隔性和耐热性都较好，多用来制作饮料的容器。

(二)聚丙烯

聚丙烯塑料的主要成分是聚丙烯(PP)。PP 的分子结构为线性 $\left[\begin{matrix}CH-CH_2\\|\\CH_3\end{matrix}\right]_n$，大分子侧链(—CH_3)无极性，但主链上有规则或无规则的分布，影响分子的结晶性。PP 的密度为 $0.90\sim0.91\ g/cm^3$，是目前最轻的食品包装用塑料材料。

PP 的特性具体如下：在包装特性上阻隔性优于 PE，水蒸气透过率和氧气透过率与 HDPE 相似，但阻气性较差；机械力学性能较好，强度、硬度及刚性都高于 PE，尤其是具有良好的抗弯强度；化学稳定性良好，在 80 ℃以下对酸、碱、盐及许多溶剂有较好的稳定性；耐高温性优良，可在 100～120 ℃下长期使用，无负荷时可在 150 ℃使用；耐低温性比 PE 差，−17℃时性能变脆；光泽度高，透明性好，印刷性差，成塑加工性能良好，但制品收缩率较大，热封性比 PE 差，总体安全性高于 PE。

PP 是常见的塑料之一，可制成任何食品用塑料包装，如食品专用塑料袋、食品塑料盒、吸管等。PP 是唯一可以放进微波炉加热的塑料。食品级 PP 片材常用于速冻水饺及微波加热食品的包装。

(三)聚酯

聚酯塑料的主要成分是聚酯(PET)。聚酯是聚对苯二甲酸乙二醇酯的简称，俗称涤纶树脂。其结构式为 $\left[\begin{matrix}C\\\|\\O\end{matrix}-\bigcirc-\begin{matrix}C\\\|\\O\end{matrix}-OCH_2CH_2O\right]_n$。聚酯大分子因主链含有苯环而具有高强韧性，因含有柔性醚键(—O—)而具有较好的柔顺性，具有强极性。苯环的存在使聚酯大分子可能为结晶，也可能为无定型结构。

聚酯用于食品包装,与其他塑料相比具有许多优良的包装特性,具体如下:具有优良的阻气、阻湿及阻油等高阻隔性,化学稳定性良好;具有其他塑料所不及的高强韧性能,抗拉强度是 PE 的 5～10 倍,是聚酰胺的 3 倍,抗冲强度也很高,还具有良好的耐磨和耐折叠性;具有优良的耐高低温性能,可在－70～120 ℃环境中长期使用,短期使用可耐 150 ℃高温,并且高低温对其机械力学性能影响很小;光亮透明,可见光透过率高达 90％以上,并可阻挡紫外线;印刷性能较好,卫生,安全性好,溶出物总量很小。但因熔点高,成型加工、热封较困难。

聚酯也有较好的耐药性,经过拉伸,强度高又透明,许多清凉饮料都使用聚酯瓶包装;不吸收橙汁的香气成分(α-柠檬烯),具有良好的保香性。因此,PET 作为原汁用保香型包装材料是很适合的。聚酯明显的缺点是抗氧透性差,经过改性制得的新型"聚酯"包装材料聚苯二甲酸乙二醇酯(PEN)与聚酯结构相似,只是以萘环代替了苯环。PEN 具有比 PET 更优异的阻隔性,特别是阻气性、防紫外线性和耐热性比 PET 更好。聚苯二甲酸乙二醇酯作为一种高性能、新型包装材料,有一定的开发前景。

(四)聚碳酸酯

聚碳酸酯塑料的主要成分是聚碳酸酯(PC)。聚碳酸酯(PC)的分子式为

$$H \left[O-C-O- \bigcirc -C- \bigcirc \right]_n O-H \text{。}$$

PC 主链结构规整,决定了它既能够结晶,又难于熔体结晶。PC 有很好的透明性和机械力学性能,尤其是低温抗冲击性能。PC 是一种非常优良的包装材料,但因价格贵,应用范围受到限制。在包装上聚碳酸酯可注塑成型为盆、盒,吹塑成型为瓶和罐等各种韧性高、透明性好、耐热又耐寒的产品。在包装食品时,因其透明可制成"透明"罐头,可耐120 ℃高温杀菌处理。其存在的不足之处是因刚性大而耐应力、开裂性差和耐药性较差。应用共混改性技术与之共混成塑料合金,可改善其应力、开裂性,但其共混改性产品一般失去了光学透明性。

三、塑料包装容器

塑料通过各种加工手段,可制成具有各种性能和形状的包装容器及制品。软饮料包装上常用的有塑料瓶、塑料包装袋、可挤压瓶等。塑料包装容器成型加工方法很多,常用的有注射成型、中空吹塑成型、片材热成型等。根据塑料的性能,制品的种类、形状、用途和成本等可选择合理的成型方法。

(一)塑料瓶

塑料瓶具有许多优异的性能,因而被广泛应用在液体食品包装上。除酒类的传统玻璃瓶、陶瓷瓶包装外,塑料瓶已成为主要的液体食品包装容器,且有取代普通玻璃瓶的趋势。

1. 塑料瓶成型工艺方法

① 挤-吹工艺。挤-吹工艺是塑料瓶最常用的成型工艺。该工艺流程:在塑料挤出机上将树脂加热熔融并通过模口挤出空心管坯,然后送入金属模具内经一定长度合模后,从另一端向管内吹入压缩空气使塑料管管坯膨胀贴模,经冷却后形成制品。挤-吹工艺是生产

LDPE、HDPE 等材料小口瓶的主要方法。

　　② 注-吹工艺。注-吹工艺流程：将塑料熔融注塑成具有一定形状的型坯，然后移去注塑模并趁热换上吹塑模，吹塑成型、冷却，形成制品。注-吹是生产大口容器的主要方法，所适用的塑料品种主要有 PS(聚苯乙烯)、HDPE、LDPE、PP、PVC(聚氯乙烯)、PAN(聚丙烯腈)等。

　　③ 挤-拉-吹工艺。挤-拉-吹工艺流程：将塑料熔融并通过模口挤出管坯，然后在拉伸温度下进行纵向拉伸并用压缩空气吹模成型，经冷却定型后开启模取出成品。制品因定向拉伸而提高了透明度、阻隔性和强度，降低了成本和质量。这种成型工艺所适用的塑料品种主要是 PP 和 PVC。

　　④ 注-拉-吹工艺。注-拉-吹工艺流程：瓶坯用注射法成型，再经拉伸和吹塑成型。该工艺的优点是制品精度高，颈部尺寸精确无须修正，容器刚性好，强度高，外观质量好，适合于大批量生产；缺点是对狭口或异形瓶较难成型。这种工艺适用于 PET、PP、PS 等塑料瓶的成型。

　　⑤ 多层共挤(注)-吹工艺。多层共挤(注)-吹工艺主要用于多层复合塑料瓶罐的成型。

　　2. 饮料包装常用塑料瓶

　　在饮料包装中选用塑料包装材料时需要考虑温度(气体的渗透性随着温度的增加而上升)、湿度(环境中湿度增加会提高透气性)、结晶性(结晶性上升，气体的透气性下降)和方向性(双向拉伸会降低膜的透气性)等因素。目前，包装上应用的塑料瓶品种有 PE、PVC、PET、PS、PC、PP 等。

　　(1)硬质 PVC 瓶

　　PVC 是聚氯乙烯的简称，相对坚硬。硬质 PVC 瓶的优点是质量轻、不易破碎、可以回收再利用，缺点是与玻璃瓶和 PET 瓶相比透明性差。硬质 PVC 瓶无毒、质硬、透明性好，在食品包装上主要用于食用油、酱油及不含气饮料等液态食品的包装。PVC 瓶有双轴拉伸PVC 瓶和普通吹塑 PVC 瓶两种。双轴拉伸 PVC 瓶其阻隔性和透明度均比普通吹塑 PVC瓶好，用于碳酸饮料包装时最大二氧化碳充气量为 5 g/L，且在 3 个月内能保持饮料中二氧化碳含量稳定。但是，应注意双轴拉伸 PVC 瓶的阻氧性极为有限，不宜盛装对氧气敏感的液态食品。PVC 不环保，但价廉。由于含氯，PVC 具备一定毒性，不可用于食品包装。

　　(2)PET 瓶

　　PET 瓶一般采用注-拉-吹工艺生产，是定向拉伸瓶的最大品种，具有线性和半结晶状态。其特点为强度高、阻隔性高、透明美观、保香性好、质轻(仅为玻璃瓶的 1/10)、再循环性好，可用于饮料瓶及包装袋等。PET 瓶在含气饮料包装上几乎取代了玻璃瓶。PET 瓶虽具有许多优点，具有高阻隔性，但是对二氧化碳的阻隔性不佳。PET 瓶的使用温度不大于65 ℃，可用于冷饮料的包装。

　　PET 包装材料非常适合软饮料和果汁产品，在全球碳酸饮料、果汁饮料、茶(类)饮料和瓶的使用水四大饮品包装中 PET 瓶装份额超过 70%。PET 瓶饮料如图 12-2 所示。PET包装具有高清晰度、坚固和瓶颈一致性等特性。PET 在一些有特殊需求的饮料包装中，不仅需要考虑罐装、货架期等要求，还需要在瓶壁、坚硬度、透气性等方面进行考虑。在碳酸饮料中，内部的压力让瓶身坚硬，适合巴氏杀菌和物流。

图 12-2　PET 瓶饮料

(3)PS 瓶和 PC 瓶

PS 又称为聚苯乙烯系塑料,是指大分子链中包含苯乙烯基的一类塑料。PS 瓶只能用注-吹工艺生产,这是因为 PS 的脆性影响了制品的修正。PS 瓶光亮透明、尺寸稳定性好、阻气防水性能较好、价格较低,因此可适用于对氧气敏感的产品包装。值得注意的是,PS 不适合包装含大量香水或调味香料的产品,因为其中的酯和酮会溶解 PS。PS 瓶使用温度超过80 ℃时,易分解出有毒物质。目前,PS 常被用作酸奶杯等。

PC 瓶具有极高的强度和透明度、耐热、耐冲击、耐油及耐应变,但其不足是价格昂贵、加工性能差、加工条件要求高。在食品包装上用作小型牛奶瓶,可进行蒸汽消毒,也可采用微波灭菌,能重复使用 10 余次,在国外的应用也较为广泛。

(4)PP 瓶

采用挤-吹工艺生产的普通 PP 瓶,透明度、耐油性、耐热性比 PE 瓶好,但它的透明度、刚性和阻气性均不及 PVC 瓶,并且低温下耐冲击能力较差,易脆裂,因此较少应用。采用挤(注)-拉-吹工艺生产的 PP 瓶,性能相比于普通 PP 瓶得到明显改善,有些性能还优于 PVC瓶,并且拉伸后质量减轻,可以节约 30% 左右的原料,可用于包装不含气果汁饮料及日用化学品。PP 瓶适合热灌装的饮料。瓶子也是通过挤压吹塑而成的,可以多层吹塑,设置隔氧层。因为大部分的瓶子是椭圆形,产品收缩导致体积减小。这种技术通常用在果汁产品包装中,可以抵抗真空下的瓶子变形。PP 瓶子具有更好的变形回复能力,是理想的可挤压包装。PP 颜色为奶白色,整体透明,具有很强的吸引力。

3. 塑料瓶的发展方向

对于饮料包装而言,塑料瓶的发展方向主要是提高瓶子的阻隔性,采用更高阻隔性树脂和共挤(注)复合。可以使用聚对苯甲酸乙二醇酯(PET)、乙烯-醋酸乙烯共聚物(EVAL)、聚偏二氯乙烯(PVDC)等塑料,也可采用 PET/PVDC、PET/EVAL 等复合瓶来生产性能更好的瓶子。在复合瓶中,涂布 PVDC(即 K 涂 PET)是最常用的方法。欧洲国家已采用 K涂 PET 瓶灌装含汽饮料。瓶体的轻量化和高速化生产也是塑料瓶的发展方向。提高拉伸倍率,在提高瓶体强度和气密性的同时,降低瓶体质量,节省原材料和成本。

（二）高温杀菌塑料罐

高温杀菌塑料罐的材料为 PP－EVOH（乙烯-乙烯醇共聚物）－PP，其特点在于夹层以 EVOH 为材料，保气性良好，保存期与罐头相同，在常温下可保存 2 年，可用于取代目前的金属罐。

（三）可挤压瓶

可挤压瓶的材料为 PP－EVOH－PP，其主要用共挤压技术制造而成，保气性、挤压性良好，用于热充填、不杀菌的食品包装，如蜂蜜、果酱等。各种塑料瓶使用性能比较见表 12－6 所列。

表 12－6　各种塑料瓶使用性能比较

项目	PE 瓶		PP 瓶		PVC 瓶	PET 瓶	PS 瓶	PC 瓶
	LDPE	HDPE	拉伸 PP 瓶	普通 PP 瓶				
透明性	半透明	半透明	半透明	半透明	透明	透明	透明	透明
水蒸气透过性	低	极低	极低	极低	中	中	高	高
透氧性	极高	高	高	高	低	低	高	中—高
二氧化碳透过性	极高	高	中—高	低	中—高	低	高	中—高
耐酸性	○—★	○—★	○—★	○—★	☆—★	○—☆	○—☆	○
耐乙醇性	○—★	☆	☆	☆	☆—★	☆	○○	
耐碱性	☆—★	☆—★	★	★	☆—★	×—○	☆	×—○
耐矿物油性	×	○	○	○	☆	☆	○	☆
耐溶剂性	×—○	×—○	×—☆	×—☆	×—☆	☆	×	×—☆
耐热性	○	☆	☆	☆	☆	☆	☆	★
耐寒性	★	★	×—○	★	○	☆	×	☆
耐光性	○	○	○—☆	○—☆	×—☆	☆	×—○	☆
耐热性温度/℃	71～14	71～121	121～127	121～127	60～65	38～71	93～104	127～138
硬度	低	中	中—高	中—高	高—中	中—高	高—中	高
价格	低	低	中	中—高	中	中	中	极高
主要用途	小食品	牛奶、果汁、食用油	果汁、小食品	饮料、果汁	食用油、调料	碳酸饮料、食用油、酒类	调料、食用油	婴儿奶瓶、饮料

注：★表示极好，☆表示好，○表示一般，×表示差。

第四节　金属包装材料及容器

金属材料（metal material）用于食品包装有近 200 年的历史。金属包装材料以金属薄板或箔材为原材料，再将之加工成各种形式的容器来包装食品。金属包装材料及容器因具有优良的包装特性和包装效果、生产效率高，以及良好的流通储藏性能等，在食品包装上的应用越来越广泛，已成为现代重要的四大包装材料之一。

一、金属包装材料的特点

(一)金属包装材料的优点

金属包装材料的优点具体如下。

① 高阻隔性能。金属材料可阻挡气、汽、水、油及光等的通过,用于软饮料包装时表现出极好的保护功能,能使包装食品有较长的货架寿命。

② 优良的机械力学性能(resistibility)。金属材料具有良好的抗张、抗压、抗弯强度、韧性及硬度,用作软饮料包装时表现出耐压、耐温、耐湿度变化和耐微生物侵害的性能,其包装的食品便于运输和储存,使商品的销售范围大大增加。同时,金属包装材料可以进行机械化及自动化操作,且密封可靠,效率高。

③ 容器成型加工性好且生产效率高。金属具有良好的塑性变形性能,易于制成软饮料包装所需要的各种形状的容器。现代金属容器加工技术与设备成熟,生产效率高(如马口铁三片罐生产线生产速度可达1 200 罐/min,铝质两片罐生产线生产速度可达3 600 罐/min),可以满足食品大规模自动化生产的需要。

④ 金属包装材料具有良好的耐高低温性、良好的导热性、耐热冲击性特性,用作软饮料包装时可以适应食品冷热加工、高温杀菌及杀菌后的快速冷却等需要。

⑤ 金属包装制品表面装饰性好。金属具有光泽,并且可通过表面彩印装饰提供理想、美观的产品形象,以吸引消费者,促进产品销售。

⑥ 金属包装废弃物易回收处理,既可以减少金属包装废弃物对环境的污染,同时,又可以节约资源。

(二)金属包装材料的缺点

金属包装材料的缺点具体如下。

① 化学稳定性差、不耐酸碱腐蚀,特别是用其包装高酸性内容物时,易被腐蚀。同时,金属离子易析出,从而影响食品风味,这在一定程度上限制了其使用范围。

② 相对成本较高,但会随着生产技术的进步和大规模化生产而得以改善。

二、饮料包装常用金属材料

金属包装材料按材质主要分为两类:一类为钢基包装材料,包括镀锡薄钢板(马口铁)、镀铬薄钢板(tin or free steel,TFS 板)、涂料板、镀锌薄钢板及不锈钢板等;另一类为铝质包装材料,包括铝合金薄板及铝箔等。

(一)镀锡薄钢板

镀锡薄钢板(tinplate)是在低碳薄钢板表面上镀锡而制成的产品,简称镀锡板,俗称马口铁板。其大量用于制造包装食品的各种容器,也用于制造其他材料容器的盖或底。

1. 镀锡薄钢板的制造流程和结构组成

镀锡薄钢板的制造流程:将低碳钢($C<0.13\%$)轧制成约 2 mm 厚的钢带,然后酸洗、冷轧、电解清洗、退火、平整及剪边加工,再经清洗、电镀、软熔、钝化处理和涂油后,剪切成镀锡薄钢板板材成品。镀锡薄钢板所用镀锡为高纯锡($Sn>99.8\%$)。锡层也可用热浸镀法涂敷。该法所得镀锡薄钢板锡层较厚,用锡量大,镀锡层不需要进行钝化处理。镀锡薄钢板结构由五部分组成。镀锡薄钢板断面图如图 12-3 所示,由内向外依次为钢基板、锡铁合金层、锡层、氧化膜和油膜。

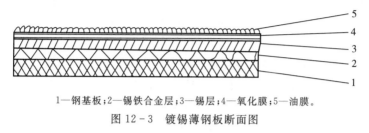

1—钢基板;2—锡铁合金层;3—锡层;4—氧化膜;5—油膜。

图 12-3　镀锡薄钢板断面图

2. 镀锡薄钢板的耐腐蚀性

饮料种类繁多,成分及特性各不相同,因此对用镀锡薄钢板制成的包装容器的耐腐蚀性有不同的要求。镀锡薄钢板的耐腐蚀性与构成镀锡薄钢板每一结构层的耐腐蚀性都有关。

① 钢基板的耐腐蚀性能主要取决于钢基板的成分、非金属夹杂物的数量和表面状太钢基板表层夹杂物的数量。

钢基板的成分对其耐腐蚀性也有影响。钢基板中含磷、硫及铜等成分一般会给其耐腐蚀性带来有害的影响。但是包装有些食品时又表现出特殊的情况。例如,包装橘子类含柠檬酸的食品时用由含铜稍多的钢基板制成的镀锡板容器,灌装可口可乐类含二氧化碳饮料时用由含硫稍多的钢基板制成的镀锡板容器,反而表现出较好的耐腐蚀性。

评价钢基板的耐腐蚀性时用酸浸时滞值(pickle lag)表示,即钢基板浸入盐酸之时起至溶解反应速度恒定时所需要的时间(s)。酸浸时滞值越小,表示钢基板的耐腐蚀性越好。一般钢基板的酸浸时滞值不超过 10 s。

② 锡层要求镀锡完全覆盖钢基板表面,但实际镀锡层存在许多针孔,其中暴露出钢基板的孔隙称为露铁点(图 12-4)。镀锡薄钢板上露铁点的多少用孔隙度表示,即每平方分米镀锡薄钢板上孔隙数或孔隙面积。镀锡薄钢板上的露铁点在有腐蚀性溶液存在的条件下将发生电化学腐蚀。在无氧、酸性环境下,锡的电位发生逆转,由比铁的电位高转为比铁的电位低,锡为阳极,铁为阴极。当镀锡薄钢板上孔隙度大时,露铁点阳极极化程度相对减小,腐蚀电流增大,从而使锡层加速溶解,加快钢基板失去锡保护的速度。

镀锡薄钢板孔隙度的大小与镀锡工艺和质量、镀锡层厚度有关。保证钢基板表面净化处理质量,采用良好镀锡工艺,增加镀锡量等都可以减少露铁点。热浸镀锡薄钢板锡层较厚,所以比电镀锡薄钢板露铁点少、耐腐性好,但是锡耗用量较大,成本也较高。

此外,在镀锡薄钢板加工和使用中,机械刮伤所产生的破坏锡层连续性的现象也将严重

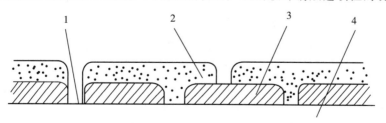

1—露铁点;2—锡层;3—锡铁合金层;4—钢基板。

图 12-4　镀锡板断面示意图

影响镀锡薄钢板的耐腐蚀性。锡层连续性对耐腐性的影响用铁溶出值(iron solution)表示。铁溶出值是指将一定面积的镀锡薄钢板在模拟酸性溶液中,保持一定温度和时间后,测其铁的溶出量。铁溶出值越小表示锡层连续性越好,镀锡薄钢板耐腐性越好。一般镀锡薄钢板要求铁溶出值簇 $\leqslant 1~\mu\mathrm{m/cm}^2$。另外,镀锡层锡的纯度和锡层晶粒大小也将影响锡层的耐腐蚀性。

③ 锡铁合金层处于钢基板和锡层之间,其主要成分是锡铁金属化合物。锡铁合金层不连续的孔隙暴露出的不都是钢基板,更多的是锡铁合金层。在酸性水果汁液等介质中锡铁合金层的电位比铁高,它和锡层偶合构成一种受锡铁合金层的极化程度控制的阴极控制型腐蚀体系。此时,若锡铁合金层不连续,则钢基体暴露增多,锡铁极化程度减小,锡的溶解速度加快。所以,提高锡铁合金层的连续性和致密性可以有效地改善镀锡薄钢板的耐腐蚀性能。镀锡薄钢板生产中加强镀锡前的清洗,清除钢基板表面的杂质,合理控制软熔处理工艺,可增加锡铁合金层的质量,从而提高镀锡薄钢板的耐腐蚀性。

④ 氧化膜镀锡薄钢板表面的氧化膜有两种:一种是锡层本身氧化形成的 SnO_2 和 SnO,另一种是镀锡板钝化处理后形成的含铬钝化膜。SnO_2 是稳定的氧化物,而 SnO 是不稳定的氧化物,所以两者数量的多少将影响镀锡薄钢板的耐腐蚀性。在 100 ℃ 以下,形成 SnO_2 且随温度的升高数量增加;在 100 ℃ 以上,形成 SnO 且随温度的升高数量增加。所以,合理控制镀锡板加工的温度,以获得 SnO_2 层可提高镀锡薄钢板的耐腐蚀性。但氧化物过多可能对镀锡薄钢板的成型加工和表面涂饰加工带来不利影响,从而间接地影响镀锡薄钢板耐腐蚀性。含铬钝化膜使镀锡薄钢板的耐腐蚀性大大提高,而且钝化膜的含铬量越多,耐腐蚀性越好。含铬钝化膜可有效抑制锡氧化变黄、硫氧化变黑。但是,钝化膜在 pH<5 的环境中易脱落。先采取阴极钝化处理,再进行阳极处理,可提高钝化膜的附着性。

⑤ 油膜镀锡薄钢板表面的油膜将板与腐蚀性环境相隔开,防止锡层被氧化发黄,防止水汽使镀锡薄钢板生锈。此外,油膜在镀锡薄钢板使用和制罐中起润滑剂作用,可有效防止加工、运输过程中锡层擦伤破损,导致镀锡薄钢板的腐蚀。但油膜会给制罐加工、表面涂饰加工带来不利影响。

(二)无锡薄钢板

因金属锡资源少、价格高,镀锡薄钢板成本较高。为降低产品包装成本,在满足使用要求的前提下,可由无锡薄钢板替代马口铁用于软饮料包装,可替代的无锡薄钢板品种包括镀铬薄钢板(tin or free steel,TFS)、镀锌薄钢板和低碳钢薄板。

1. 镀铬薄钢板

镀铬薄钢板是由钢基板、金属铬层、氧化铬层和油膜构成的,如图 12-5 所示。

镀铬薄钢板的制造流程与镀锡薄钢板基本相同,只是将钢基板表面镀锡改为镀铬,主要制造过程如下:

钢板轧制→电解清洗→退火→平整清洗→电镀铬→钝化处理→清洗干燥→涂油→成品。

镀铬薄钢板因镀铬层韧性较差,冲拔、盖封加工时表面铬层易损伤破裂,故不能适应冲拔、减薄、多级拉深加工。镀铬薄钢板不能锡焊,制罐时接缝需采用熔接或

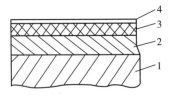

1—钢基板;2—金属铬层;
3—氧化铬层;4—油膜。

图 12-5　镀铬薄钢板结构

黏接方式。镀铬薄钢板的优点：表面涂料施涂加工性好,涂料在板面附着力强,比镀锡薄钢板表面涂料附着力高 3~6 倍;适用于制造罐底、罐盖和两片罐;可采用较高温度烘烤;镀铬薄钢板加涂料后具有的耐蚀性比镀锡薄钢板高,价格比镀锡薄钢板低 10% 左右,具有较好的经济性。

2. 镀锌薄钢板

镀锌薄钢板是在低碳钢基板表面上镀上一层厚 0.02 mm 以上的锌层所制成的金属板材,其制造过程如下:

低碳钢板→轧制→清洗→退火处理→热浸镀锌→冷却→冲洗→拉伸矫直。

镀锌薄钢板也可经电镀锌制成。此法所获起保护作用的锌层较热浸镀锌板薄且防护层中不出现锌铁合金层,所以电镀锌板的成型加工性和可焊性较好,但耐腐蚀性不如热浸镀锌板。镀锌板主要用作大容量的包装容器。

(三)铝质包装材料

铝质包装材料具有许多优良的阻隔性、气密性、防潮性、遮光性等,并且资源丰富,广泛用于软饮料包装。

1. 铝质材料的一般包装特性

铝质材料的一般包装特性如下。

① 铝是轻金属,密度为 2.7 g/cm^3(约为镀锡薄钢板的 1/3),用作包装材料可降低储运费用,方便包装商品的流通和消费。

② 铝导热性能好(导热系数为钢的 3 倍),耐热冲击,可满足包装食品加热杀菌和低温冷藏处理要求。

③ 铝优良的阻挡气、汽、水、油透过的性能,良好的光屏蔽性(反光率达 80% 以上),对包装食品有很好的保护作用。

④ 铝具有银白色金属光泽和良好的耐大气腐蚀性,铝在空气中易氧化形成组织致密、坚韧的氧化铝薄膜,从而保护内部铝避免被继续氧化。

⑤ 铝具有较好的机械力学性能,纯铝强度虽不如钢,但比纸、塑料要高。

⑥ 纯铝易于制成铝箔并可与纸、塑料膜复合,可制成具有良好综合包装性能的复合包装材料。

⑦ 包装废弃物可回收再利用,在减少包装废弃物对环境污染的同时,可节约资源。

⑧ 铝加工性能好。因其延展性较好,适合冷热加工和二次加工。

铝对各种食品的耐蚀性见表 12-7 所列。

表 12-7　铝对各种食品的耐蚀性

食品种类	耐蚀性	食品种类	耐蚀性	食品种类	耐蚀性
啤酒	○	酱油	⊕—△	面包屑	○
葡萄酒	⊕—○A	醋	○	明胶	○
威士忌	⊕,○A	砂糖水	○,○H	汽水	⊕○—△,○
白兰地	⊕,○A	食料油	○	果汁	○—△,○A
杜松子酒	⊕,○A	脂肪	○	橘子汁	△,○A

（续表）

食品种类	耐蚀性	食品种类	耐蚀性	食品种类	耐蚀性
清酒	○	牛乳	○，○H	柠檬汁	⊕—△，○A
牛油	○	炼乳	○	洋葱汁	○，○H
人工干酪	○	奶油	○	苹果汁	⊕
干酪	○—△	巧克力	○B		
盐	⊕—△	发酵粉	○		

注：○表示不被侵蚀；⊕表示稍被侵蚀，但可使用；△表示被侵蚀；○A表示阴极氧化时不被腐蚀；○H表示加热不被腐蚀；○B表示沸点以上不被腐蚀。

铝制包装也有一些不足，如耐腐蚀性差。对于果汁或者碳酸性饮料而言，pH通常低于4.5。在此酸性环境中，铝会与饮料中的酸发生反应而被腐蚀。此外，铝的焊接性能差，机械强度相对较低，成本较高。

2. 铝质包装材料的种类及应用

用于食品包装的铝质材料主要包括工业纯铝和铝合金两大类。工业纯铝指铝含量大于99.0%。按铝的纯度不同分为L1、L2、L3、L4、L5、L6几种，L1～L6杂质含量依次增高。包装用铝合金主要为铝中加入少量锰、镁的合金（称为防锈铝），使用较多的品种是防锈铝LF2（铝镁合金）和防锈铝LF21（铝锰合金）。这些铝材可被加工成铝薄板（Al thin plate）、铝箔和铝丝用于食品包装。

① 铝薄板。将工业纯铝或防锈铝合金制成厚度为0.2 mm以上的板材称为铝薄板。铝薄板的机械力学性能和耐腐蚀性能与其成分关系密切。工业纯铝的强度低、塑性高，但随杂质含量的增加，塑性降低，耐腐蚀性也变差。铝内加入少量锰、镁合金元素后合金内部形成单一固溶体的结构，使合金的强度比纯铝高，同时仍保留良好的塑性和耐腐蚀性。由于其延展性较好，铝板多制成一次冲拨成型的两片罐。铝合金可用于生产冲拨罐和薄壁拉伸罐等两片罐及饮料瓶盖。

② 铝箔。铝箔是一种用工业纯铝薄板经多次冷轧、退火加工制成的可持续性金属箔材。食品包装用铝箔厚度一般为0.05～0.07 mm；与其他材料复合时所用铝箔厚度一般为0.03～0.05 mm，甚至更薄。铝材的杂质含量、轧制加工时产生的氧化物、轧辊上的硬压物等将会使加工出的铝箔上出现针眼，从而影响铝箔的阻透性能。铝箔越薄针眼出现的可能性越大，数量越多。一般认为厚度小于0.015 mm的铝箔不能完全阻挡气、汽及水的透过。厚度不小于0.015 mm的铝箔透过系数为0。铝箔易受到机械损伤及腐蚀，所以铝箔较少单独使用，通常与纸、塑料膜等材料复合使用。铝复合膜材料的组成及用途见表12-8所列。

表 12-8　铝复合膜材料的组成及用途

用途	箔厚/μm	加工箔构成
口香糖（内装）	7	Al/蜡/薄页纸
香烟	7	Al/黏合剂/模造纸
粉末食品	7	PP/黏合剂/牛皮纸/黏合剂/Al/PE
纸容器	7	Al/黏合剂/马尼拉纸

（续表）

用途	箔厚/μm	加工箔构成
贴纸	7	Al/黏合剂/高质纸
红茶	7	玻璃纸黏合剂/Al/黏合剂/模造纸/PE
牛油	7～8	Al/黏合剂/羊皮纸
复合罐	7	薄纸/黏合剂/牛皮纸/黏合剂/Al/PE
蒸煮袋	9	PET/黏合剂/Al黏合剂/聚烯烃
干酪	10	喷漆/Al/喷漆
巧克力板	8～15	①平箔；②Al/PVC；③Al/PE；④Al/蜡/薄页纸
封瓶箔	15～30	①平箔；②Al/PVC
"PTP"包装	20	Al/热封层
药品	20～40	①玻璃纸/PE/Al/PE；②着色玻璃纸/黏合剂/Al/PE
皇冠盖	50	热封涂层/Al/耐热喷漆
乳酸饮料瓶盖	50	Al/PE/热融胶
箔容器	30～150	①平箔；②喷漆/Al/喷漆；③喷漆/Al/黏合剂/PP

三、金属包装容器

饮料包装用金属容器按形状及容量大小分为桶、盒、罐及管等多种。其中，金属罐使用范围最广，使用量最大。

（一）金属罐的分类

金属罐（metal can）可以按所用材料、罐的结构和外形及制罐工艺不同进行分类。金属罐的分类见表 12-9 所列。此外，金属罐按罐是否有涂层分为素铁罐和涂料罐，按食用时开罐方法不同分为罐盖切开罐、易开盖罐、罐身卷开罐等。

表 12-9　金属罐的分类

结构	形状	工艺特点	材料	代表性用途
三片罐	圆罐或异形罐	压接罐	马口铁	密封要求不高的食品罐，如茶叶罐、月饼罐、糖果巧克力罐和饼干罐等
		黏接罐	无锡薄钢板	各种饮料罐
		电阻焊罐	无锡薄钢板、铝、马口铁、无锡薄钢板	各种饮料罐、食品罐、化工罐
两片罐	圆罐或异形罐	浅冲罐	马口铁、无锡薄钢板、铝	肉罐头、水果蔬菜罐头、菜肴罐头、乳制品罐头、各种饮料罐头（主要是碳酸饮料）
		深冲罐（DRD）	马口铁、无锡薄钢板、铝	
		深冲减薄拉深罐（DWI）	马口铁、铝	

(二)金属罐结构

金属罐按结构分为两片罐(two-piece can)和三片罐(three-piece can)。

两片罐由罐身和罐盖两部分组成。两片罐是用冲床将金属薄板拉伸成设定的形状,使罐底罐身连成一体,故也常称为冲压罐。目前,用于饮料(如啤酒、碳酸饮料等)包装的金属罐主要是铝质两片罐。两片罐的罐盖有普通盖和易拉盖(图 12-6)两种。易拉盖与普通盖不同的是易拉盖盖面上有刻痕和拉环。两片罐是罐身与罐底为一体的金属罐,没有罐身接缝,只有一道罐盖与罐身卷封线(图 12-7)。

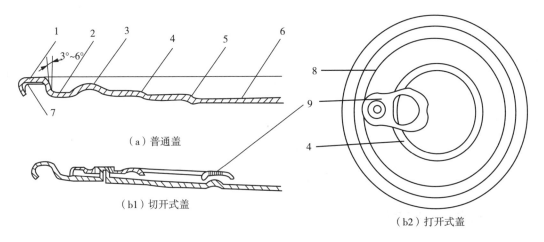

（a）普通盖

（b1）切开式盖

（b2）打开式盖

1—钩圆边;2—育胖;3—外面筋;4——级斜坡;5—二级斜坡;6—盖心;7—注胶;8—刻线;9—拉环。

图 12-6　罐盖结构

图 12-7　两片罐饮料

两片罐相对于三片罐来说,具有如下优点:密封性好,罐身由冲拔直接成型,无渗漏;不用焊接密封,避免焊锡的铅污染;美观大方,罐身无接缝;生产效率高,只有两个部件,罐身制造工艺简单;质量轻,节省原材料,两片罐较三片罐的壁要薄,无罐身纵缝,与罐底也无接缝。两片罐的缺点具体如下:设备投资大,对材料性能、制罐技术等要求较高,装填的物料种类较少(一般用于填充有充气灌装或者碳酸饮料等有一定内压的产品,以保持罐体强度),相对三片罐来说容易变形。

三片罐别名为马口铁三片罐,主要以马口铁为材质,由罐身、罐底和罐盖三部分组成(图12-8)。罐身有接缝,罐身与罐盖、罐底卷封。接缝处的连接方式可分为锡焊罐、电阻焊罐和黏接罐。大型罐的罐身有凹凸加强压圈,可以起到增加罐身强度和刚性的作用。罐底、罐盖结构相同,其结构有钩圆边、肩脚、外面筋、斜坡、盖心和密封胶几部分。三片铁罐主要是指将印刷好图案的马口铁制成各种形状的马口铁罐,作为饮料、月饼、茶叶、奶粉等食品的容器。

图 12-8　三片罐饮料

三片罐与其他包装容器相比,优点如下:机械性能好,刚性好,强度大,不易破裂,阻隔性好,材质均匀。

图 12-9 为马口铁罐的三片罐结构。其由罐身、罐底和罐盖三部分组成。为了提高罐盖(底)的力学强度,将盖钩与罐身翻钩卷合,盖钩内注密封胶;盖上鱼眼状外凸筋与逐级降低的斜坡构成盖的膨胀圈。膨胀圈可以增强罐盖强度,并适应罐装食品冷热加工时热膨胀和冷收缩恢复正常形状的需要,满足罐封机械加工的要求,以及显示罐装食品是否败坏等。所以,膨胀圈的形式取决于饮料等食品品种、食品性质、罐内顶隙及真空度等因素。

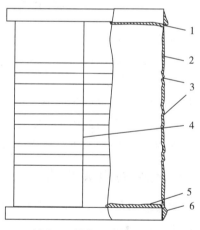

1—罐盖;2—罐身;3—罐身加强压筋;
4—罐身接缝;5—罐底;6—卷封边。
图 12-9　马口铁罐的三片罐结构

(三)罐型与规格

金属罐按外形不同分为圆罐、冲底圆罐、方罐、冲底方罐、椭圆罐、冲底椭圆罐、梯形罐和马蹄形罐等。典型金属罐罐型如图12-10所示。

金属罐是包装标准化的典范,在碳酸饮料、果汁包装中被广泛使用。金属罐大小和外形是影响产品销售的重要因素;材料的品质决定了包装的质量。例如,镀锡低碳铁中,锡能保护铁表面不受腐蚀。两片罐因质量轻、省材料、成型速度快,可实现高效率的连续生产,在软饮料包装中被广泛使用。

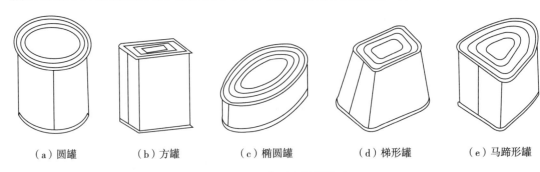

（a）圆罐　　　　（b）方罐　　　　（c）椭圆罐　　　　（d）梯形罐　　　　（e）马蹄形罐

图 12-10　典型金属罐罐型

在空罐生产过程中,利用锤子将金属片冲压成中空的杯状,然后利用硬质合金环强化、重新拉伸、薄化增加罐子的高度,直到成型。然后,修剪成设定的高度后,再清洁、涂膜、装饰。罐盖在罐装后向外边缘密封,罐身通过涂漆保护,罐内通过喷涂涂层(环氧树脂和溶胶类树脂)防止内部饮料对金属的腐蚀。因为铝可塑性强,具有良好的开口特性,所以罐底由铝制成。数字打印和装饰技术的进步使两片罐装饰质量显著提升。此外,如果成品需要收缩打包,那么罐子在打包之前需要保持干燥。

我国的铝罐和铁罐的生产水平已经很高,与其他包装材料相比,其成本较低,包装的寿命较长,密封性较好,对于维持饮料的特性特别是碳酸饮料的特性具有重要作用。金属罐的不足之处在于透明性差,具有不可重新密封的弊端,仅适合一次性使用。

第五节　玻璃材料及容器

玻璃是一种古老的包装材料,3000 多年前埃及人首先制造出玻璃容器,由此玻璃成为食品及其他物品的包装材料。玻璃是以石英石(构成玻璃的主要组分)、纯碱(助熔剂)、石灰石(稳定剂)为主要原料,加入澄清剂、着色剂、脱色剂等,经 1 400~1 600 ℃高温熔炼成黏稠玻璃液,再经冷凝而成的非晶体材料。玻璃具有其他包装材料无可比拟的优点,作为包装材料其显著的特点如下:高阻隔、耐压、耐腐蚀、耐热、优良的光学特性、化学稳定性好及易成型。但是,玻璃容器质量重且易破碎的性能缺点限制了它在软饮料包装上的使用。

一、玻璃的包装特性

玻璃(glass)的化学组成及其内部结构特点决定了其具有以下包装特性。

(一)化学稳定性

玻璃的一个突出优点是具有极好的化学稳定性。一般来说,玻璃内部离子结合紧密,具有极好的化学惰性,可抗气体、水、酸、碱等侵蚀,不与被包装的食品发生作用,具有良好的包装安全性,适宜婴幼儿食品及药品的包装。

(二)物理性能

玻璃的物理性能具体如下。

① 密度较大。包装常用的玻璃密度为 2.5 g/cm³ 左右,密度远大于除金属以外的其他包装材料。玻璃制品壁厚,其质量大于同容量的金属包装制品,这一性能会影响玻璃制品的运输费用,不利于包装食品、仓储搬运及消费者的携带。

② 透明光亮。玻璃具有良好的透光性,可充分显示内装食品的形和色。对于要求避免紫外光或其他波长光的饮料,可采用有色玻璃。

③ 导热性能差。在高温时主要是辐射传热,低温时则以热传导为主。玻璃的热膨胀系数(约为 10×10^{-7} K^{-1})较低。因此,玻璃可耐高温,用作食品包装时能经受加工过程中的杀菌、消毒、清洗等高温处理,能适应食品微波加工及其他热加工。但是,常用的玻璃材料对因温度骤变而产生的热冲击适应能力差。

④ 高阻隔性。玻璃具有对气、汽、水、油等各种物质的高阻隔性,其透过率为 0,这是它作为软饮料包装材料的又一突出优点。

⑤ 抗压能力强。玻璃抗压强度为 $200 \sim 600$ MPa,但抗张强度($50 \sim 200$ MPa)低。

二、玻璃容器的结构及制造

用玻璃制成的各种形状和结构的瓶罐容器是用于食品包装的主要形式。玻璃容器的结构包括瓶口、瓶身、瓶底三部分。玻璃瓶的基本结构如图 12-11 所示。

① 瓶口是容器之口,是食品向瓶内灌装的通道和瓶盖的盖封口。瓶口包括密封面封口突起、瓶口环、瓶口合缝和瓶口与瓶身接缝。瓶口有卡口、螺纹口、王冠盖口和撬开口等多种形式。

② 瓶身是容器的主要部分,包括瓶颈、瓶肩、侧壁、瓶根部、瓶身合缝等。其尺寸决定了容器的容量,它的结构和形状对容器的外观及饮料灌装操作和使用都有影响。

③ 瓶底包括瓶底座、瓶底和瓶身接缝。瓶底座端面为环形平面,使瓶立放平稳。瓶底向内凹成曲面,使瓶更好地承受内压。瓶底端面或内凹面设有点状、条状花纹以增加瓶立放的稳定性,减少磨损,提高瓶的内压强度和水锤强度,降低瓶罐所受的热冲击。瓶底还可能标示有容器的制造日期、模具编号、商标等。

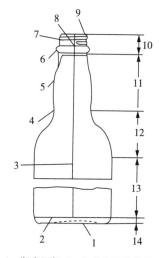

1—瓶身凹部;2—瓶底和瓶身接缝;
3—瓶身合缝;4—瓶颈基点;
5—瓶口和瓶身接缝;6—加强环;
7—螺纹;8—瓶口合缝;
9—封合面;10—瓶嘴;11—瓶颈;
12—瓶肩;13—瓶身;14—瓶底。
图 12-11　玻璃瓶的基本结构

三、玻璃容器的发展

玻璃容器包装食品具有光亮透明、卫生、安全、耐压、耐热、阻隔性好等优点,但其质量大、易破碎的缺点使传统玻璃容器在食品包装上的应用受到限制。轻量瓶、强化瓶的出现为玻璃容器在包装工业中的竞争打开了新的局面。

(一)轻量瓶

轻量瓶是指在保持玻璃容器的容量和强度的条件下,通过减少壁厚而减轻重量制得的玻璃容器。玻璃容器的轻量化可降低运输费用,减少食品加工杀菌时的能耗,提高生产效率,增加包装品的美感。为保证轻量瓶的强度及其生产质量,对其制造过程和各生产环节的要求更为严格,要求原辅料的质量必须特别稳定。同时,对轻量瓶的造型设计、结构设计的要求也更高。此外,还必须采取一系列的强化措施以满足轻量瓶的强度和综合性能的要求。

(二)强化瓶和强化措施

为改善或提高玻璃容器的抗张强度和冲击强度,可以采取一些强化措施使玻璃容器的强度得以明显提高,强化处理后的玻璃瓶称为强化瓶。若强化措施用于轻量瓶上,则可获得高强度轻量瓶。

1. 物理强化

物理强化即玻璃容器的钢化淬火处理。将成型玻璃容器放入钢化炉内加热到玻璃软化温度以下某温度后,再在钢化室内用风吹或在油浴中急速冷却。经钢化处理的容器比普通容器抗弯强度提高5~7倍,抗冲击强度也明显提高。经钢化处理的容器在受到过大的力作用而破碎时,玻璃破碎成没有尖锐棱角的碎粒,可减少对使用者的损伤。

2. 化学强化

化学强化即将玻璃容器浸在熔融的钾盐中,或将钾盐喷在玻璃容器表面,使半径较大的钾离子置换玻璃表层内半径较小的钠离子,从而使玻璃表层形成压应力层,由此提高玻璃容器的抗张强度和抗冲击强度。这种钢化处理可适应薄壁容器的强化处理要求。

3. 表面涂层强化

玻璃表面的微小裂纹对玻璃强度有很大影响,采用表面涂层处理可防止瓶罐表面的划伤,增大表面的润滑性,减少摩擦,提高强度,此方法常用作轻量瓶的增强处理。

四、玻璃容器在饮料中的应用

玻璃的化学性质稳定,具有透明性,可以增加饮料本身的澄清度;玻璃的刚性和强度使之适合高速装瓶生产,且清洁卫生;玻璃不具有通透性,且保留碳酸的能力较好,适合非充气和充气饮料的包装;玻璃容器可以回收利用,是一种高品质的饮料包装材料。玻璃瓶装饮料如图12-12所示。但是,玻璃瓶较重,不利于运输和操作。此外,玻璃易碎,在遭受撞击时易爆。

图12-12 玻璃瓶装饮料

　　玻璃瓶根据能否重复使用,分为一次性玻璃瓶和重复性玻璃瓶。一次性玻璃瓶在设计的时候考虑轻量化;重复性玻璃瓶往往设计得更重,标准更严格。玻璃瓶的高阻隔性,隔绝了氧气,避免了二氧化碳的溢出,延长了碳酸饮料的货架期。因此,虽然PET占据了大瓶碳酸饮料的包装市场,但是玻璃在小瓶装饮料和碳酸果汁市场中占据了主导地位。

第六节　饮料包装设计

一、饮料包装设计的特点

　　饮料包装的视觉形象设计是通过图形、图像、符号、色彩、文字等视觉元素的编排构成来传递商品的物理和精神属性,是引导消费者较为直接及有效的方法。文字是饮料包装设计中不可缺少的部分,是商品信息的窗口,起到画龙点睛的作用。在色彩及图案的配合下,文字的可读性、艺术性及审美性极为重要。不同的印刷体具有不同的风格,适于表现不同特性的饮料产品。在包装设计中应用最为丰富的还是装饰体。装饰体的形式多种多样,其变化形式主要有外形、笔画、结构及形象变化等多种。

　　色彩是饮料包装设计的一大主题,它通过对人们视觉的刺激在人们心中产生主观感受,客观决定饮料的产品形象。所以,色彩设计十分重要。好的色彩设计在充分装饰饮料的同时,恰到好处地充当饮料产品说明书的作用。饮料包装色彩还能引起人们感观上的联想,如视觉、听觉、味觉及嗅觉。合理设计的色彩能让人们通过感官联想来正确认识饮料包装所要传达的资讯。饮料包装的色彩之所以能影响人们的情感历程,是因为色彩在人们心理上产生的色觉与生理上的很多方面存在着相似之处,即一种感觉与另一种感觉的相互转换——通感。例如,橙色使人想起甜美的橙子,青色使人想起酸酸的柠檬,同等大小的白色圆点比黑色圆点看起来大些等。总体而言,色彩给人的生理感觉可概括为与视觉、听觉、味觉和嗅觉的关系。要让受众在对饮料包装的色彩观察中得到舒服和滋润的美感,就要仔细地对色彩设计做出选择,做到适合消费群体。饮料包装色彩搭配与消费群体有密切的关系。饮料的主要消费群体是儿童和青年人,这个群体对色彩的选择比较"感性",不像老年人对色彩的选择偏于理性,所以饮料包装的色彩设计应以儿童和青年人对色彩的审美观为主。虽然理性稳重的色彩也备受钟爱,但在搭配上也要有时代感(图12-13)。

图12-13　元气森林系列饮料包装

二、饮料包装的容器设计

饮料容器的造型设计需要遵循一定的设计原则,其不像色彩、图案、文字的设计那样自由,更多考虑的是制作工艺、成本、运输及容量等因素。饮料容器可以以玻璃、陶瓷、塑料、金属及纸等为主要材料。这些材料具有良好的保护功能,能防止内装饮料液氧化、变质,更能有效地密封,防止内容物外泄。饮料容器造型设计除了要遵循防护功能以外,还要体现美感,因为容器除了保护商品外,还具有传达商品信息的功能。它的造型艺术形式、文化性能直接影响消费者对商品的选择和购买。它本身就是产品的一个组成部分,直接与商品的使用方式有关。现代包装容器的功能不仅仅是容纳、保护和运输商品,它和包装装潢设计一样,也成为促进商品销售、提升商品形象、成就商品品牌的重要手段。因此,在进行饮料包装容器设计时,要考虑产品的成分、容量、规格、推广及销售服务等。国内外饮料品在包装容器设计的创新上主要遵循以下几个原则。

(一)造型上新颖别致

饮料包装容器造型作为包装设计构成中的重要视觉形态,在包装与饮料之间起着承上启下、递进情感的作用,发挥着外包装难以体现的持久魅力。成功的容器造型设计也是刺激消费者购买欲望的原因之一。在容器造型上,常见的创新方法具体如下。

1. 打破常规比例法

打破常规比例法即打破常规饮料容器的比例,创造小巧精致的造型(图 12-14)。

图 12-14   小巧精致的饮料包装

2. 系列法

系列法通常是在容器容量大小,瓶身、瓶盖颜色上加以区别,这种方法非常适合表现某种饮料的系列产品(图 12-15)。

3. 变形拟态法

变形拟态法即对人、物等形态进行概括模拟,并加以夸张手法。利用这种方法设计的容器通常活泼可爱。这种方法适合表现儿童类饮料产品(图 12-16)。

图 12 - 15　小巧精致的系列饮料产品包装

图 12 - 16　娃哈哈系列儿童类饮料产品

(二)容器使用上的方便性

在当今快节奏的生活中,如果某饮料的容器设计能使消费者在携带和饮用上更快捷、更便利,那么这也将成为该饮料很吸引人的一个亮点。在对容器使用的方便性进行设计时,应该从以下几个方面考虑。

1. 便于握持及携带

对于中小容量的即开即饮型饮料,其瓶体直径不能太大;对于超大容量的饮料,其设计时应尽量满足人们手提的需要。总之,必须从人体工程学的角度,根据目标消费群体的生理机能做出合理设计,以便于握持及携带(图 12 - 17)。

2. 便于开启、饮用

便于开启、饮用的饮料包装如图 12 - 18 所示。

图 12-17 "盈盈一握"瓶造型包装

图 12-18 便于开启、饮用的饮料包装

3. 便于二次保存

通常情况下,人们并不能把一瓶饮料一次性喝完,如果需要留着下次饮用就必须进行二次保存。因此,密封口的重复开启与关闭、方便储藏等功能就成为设计要点。

4. 容器种类上的多样性

有些人买可口可乐时喜欢选择瓶装的,而有些人则喜欢选择罐装(听装)的。也许有人认为他们之所以做出不同的选择是出于对包装容量的考虑,其实有时只是个人的喜好和习惯。因此,对于同一种饮料,设计师可以对其包装容器进行多样化的设计,以满足不同人群的喜好和需求,如 True Fruits 公司的多样化奶昔包装(图 12-19),瓶盖可以拧下来,换上食盐喷洒器或茶叶过滤器附件。

图 12-19 True Fruits 公司的多样化奶昔包装

(三)包装材料与技术上的创新

近年来,采用新材料及新技术对产品进行包装已是饮料企业推出新产品、提高产品档次、增加产品市场竞争力、控制生产成本的一个重要手段。消费者崇尚乐趣和体验,商品包装中新材料、新技术的应用都可能成为购买商品的直接原因。因此,对饮料品包装的材料和技术进行创新是必要的,通常有以下几种手段。

1. 原有材料应用领域的创新

包装材料创新并不一定是要开发新材料,它包括把现有材料应用到新产品包装中,扩大现有材料的应用领域。例如,目前易拉罐包装主要应用于碳酸饮料(图 12 - 20)和汽茶的包装,人们可以考虑把它广泛应用到其他饮料[果汁、功能性饮料、茶(类)饮料等]包装上,或许包装上创新能带来一些新的亮点。

2. 新材料的开发利用

选用哪种包装材料,取决于需要包装的产品类型。例如,随着消费者对优质产品和便利包装的要求越来越高,杭州娃哈哈集团有限公司采用 PET 塑料瓶(图 12 - 21)来包装产品,因为 PET 瓶具有高阻隔性、抗冲击、易成型、透明、质轻、无毒、成本低、重复利用率高等优点。这种包装一上市,很快受到广大消费者的喜爱。

图 12 - 20　易拉罐包装设计

图 12 - 21　营养快线 PET 塑料瓶包装设计

3. 健康、环保材料的应用

近年来,人们保护生态环境的意识越来越强。如果利用环保材料包装饮料,将极大地提高原有产品的附加值。例如,美国拜尔塔矿泉水公司采用一种新型饮料瓶来包装矿泉水。该瓶子采用以玉米为基础而开发出来的聚乳酸树脂为材料,用这种材料制成的瓶子能够在75~80 d 内完全分解,在竞争激烈的瓶装水市场,这无疑是一个很好的卖点。2021 年,可口可乐公司与丹麦公司 Pabcoco 合作,推出以北欧木浆纸为新材料而制成的"纸瓶子"(图 12 - 22),其材料 100% 可再生、完全可回收,同时又符合食品安全的要求。

图 12-22 以北欧木浆纸为新材料而制成的"纸瓶子"

思考题

1. 简述饮料的包装材料的种类及特点。

2. 简述包装饮料用玻璃瓶的性能及特点。

3. 简述包装饮料的金属罐的类型及各自的特点。

4. 适合饮料生产的塑料包装材料及容器有哪些？分别有哪些特点？

5. 用于包装饮料的复合包装材料有哪些？可以以什么样的形式包装？

（王可、张强、魏巍、何述栋）

GB 7718—2011
《食品安全国家标准
预包装食品标签通则》

GB 28050—2011
《食品安全国家标准
预包装食品营养标签通则》

附　　录

附录 A　摄氏、华氏温度对照表

摄氏度/℃	华氏度/℉	摄氏度/℃	华氏度/℉	华氏度/℉	摄氏度/℃	华氏度/℉	摄氏度/℃	华氏度/℉	摄氏度/℃	华氏度/℉	摄氏度/℃
−10	14.00	15	59.00	11	−11.67	36	2.22	61	16.11	86	30.00
−9	15.80	16	60.80	12	−11.11	37	2.78	62	16.67	87	30.56
−8	17.60	17	62.60	13	−10.56	38	3.33	63	17.22	88	31.11
−7	19.40	18	64.40	14	−10.00	39	3.89	64	17.78	89	31.67
−6	21.20	19	66.20	15	−9.44	40	4.44	65	18.33	90	32.22
−5	23.00	20	68.00	16	−8.89	41	5.00	66	18.89	91	32.78
−4	24.80	21	69.80	17	−8.33	42	5.56	67	19.44	92	33.33
−3	26.60	22	71.60	18	−7.78	43	6.11	68	20.00	93	33.89
−2	28.40	23	73.40	19	−7.22	44	6.67	69	20.56	94	34.44
−1	30.20	24	75.20	20	−6.67	45	7.22	70	21.11	95	35.00
0	32.00	25	77.00	21	−6.11	46	7.78	71	21.67	96	35.56
1	33.80	26	78.80	22	−5.56	47	8.33	72	22.22	97	36.11
2	35.60	27	80.60	23	−5.00	48	8.89	73	22.78	98	36.67
3	37.40	28	82.40	24	−4.44	49	9.44	74	23.33	99	37.22
4	39.20	29	84.20	25	−3.89	50	10.00	75	23.89	100	37.78
5	41.00	30	86.00	26	−3.33	51	10.56	76	24.44	101	38.33
6	42.80	31	87.80	27	−2.78	52	11.11	77	25.00	102	38.89
7	44.60	32	89.60	28	−2.22	53	11.67	78	25.56	103	39.44
8	46.40	33	91.40	29	−1.67	54	12.22	79	26.11	104	40.00
9	48.20	34	93.20	30	−1.11	55	12.78	80	26.67	105	40.56
10	50.00	35	95.00	31	−0.56	56	13.33	81	27.22	106	41.11
11	51.80	36	96.80	32	0.00	57	13.89	82	27.78	107	41.67
12	53.60	37	98.60	33	0.56	58	14.44	83	28.33	108	42.22
13	55.40	38	100.40	34	1.11	59	15.00	84	28.89	109	42.78
14	57.20	39	102.20	35	1.67	60	15.56	85	29.44	110	43.33

目前使用的温标主要有摄氏温度（Celsius temperature，记号为 t，单位为℃）、热力学温度（Thermodynamic temperature，记号为 T，单位为 K）、华氏温度（Fahrenheit temperature，记号为 t_F，单位为℉）、兰氏温度（Rankine temperature，记号为 T_R，单位为°R）和雷氏温度（Réaumur temperature，记号为 $t_{Ré}$，单位为°Ré），它们之间的换算关系如下：

$$a \text{ ℃} = {}_{(4/5)} a \text{ °Ré} = \left[{}_{(9/5)} a + 32 \right] \text{ ℉}$$

$$b \, °Ré = _{(5/4)} \, b \, °C = [_{(9/4)} b + 32] \, °F$$

$$c \, °F = _{(5/9)} (c-32) \, °C = _{(4/9)} (c-32) \, °Ré$$

$$d \, °C = (d+273.15) \, K$$

$$e \, K = (e-273.15) \, °C = [1.80 \times (e-273.15) + 32] \, °F = _{(9/5)} e \, °R$$

摄氏温度与华氏温度的最典型的换算式如下:

$$5(x \, °F - 50) = 9(y \, °C - 10)$$

式中,x——华氏温度的值;

y——摄氏温度的值。

附录 B 碳酸气吸收系数表

压力 /MPa	温度/℃																			
	0.32	0.33	0.34	0.35	0.36	0.37	0.38	0.39	0.40	0.41	0.42	0.43	0.44	0.45	0.46	0.47	0.48	0.49	0.50
0	7.12	7.29	7.46	7.63	7.80	7.97	8.14	8.31	8.48	8.64	8.81	8.98	9.15	9.32	9.49	9.66	9.83	10.00	10.17
1	6.84	7.01	7.17	7.33	7.49	7.66	7.82	7.98	8.14	8.31	8.47	8.63	8.79	8.96	9.12	9.28	9.44	9.61	9.77
2	6.59	6.74	6.90	7.06	7.21	7.37	7.52	7.68	7.84	7.99	8.15	8.31	8.46	8.62	8.78	8.93	9.09	9.24	9.40
3	6.35	6.50	6.65	6.80	6.95	7.10	7.25	7.40	7.56	7.71	7.86	8.01	8.16	8.31	8.46	8.61	8.76	8.91	9.06
4	6.13	6.27	6.42	6.56	6.71	6.85	7.00	7.14	7.29	7.43	7.58	7.72	7.87	8.02	8.16	8.31	8.45	8.60	8.74
5	5.92	6.06	6.3	6.34	6.48	6.62	6.76	6.91	7.05	7.19	7.33	7.47	7.61	7.75	7.89	8.03	8.17	8.31	8.45
6	5.73	5.86	6.00	6.13	6.27	6.41	6.54	6.68	6.81	6.95	7.09	7.22	7.36	7.49	7.63	7.76	7.90	8.04	8.17
7	5.53	5.67	5.80	5.93	6.06	6.19	6.32	6.45	6.59	6.72	6.85	6.98	7.11	7.24	7.37	7.51	7.64	7.77	7.90
8	5.33	5.46	5.58	5.71	5.84	5.96	6.09	6.22	6.34	6.47	6.60	6.72	6.85	6.98	7.10	7.23	7.36	7.48	7.61
9	5.14	5.27	5.39	5.51	5.63	5.75	5.88	6.00	6.12	6.24	6.36	6.49	6.61	6.73	6.85	6.98	7.10	7.22	7.34
10	4.97	5.08	5.20	5.32	5.44	5.55	5.67	5.79	5.91	6.03	6.14	6.26	6.38	6.50	6.61	6.73	6.85	6.97	7.09
11	4.80	4.91	5.03	5.14	5.25	5.37	5.48	5.60	5.71	5.82	5.94	6.05	6.17	6.28	6.39	6.51	6.62	6.73	6.85
12	4.64	4.76	4.87	4.98	5.09	5.20	5.31	5.42	5.53	5.64	5.75	5.86	5.97	6.08	6.19	6.30	6.41	6.52	6.63
13	4.50	4.61	4.72	4.82	4.93	5.04	5.14	5.25	5.36	5.47	5.57	5.68	5.79	5.89	6.00	6.11	6.21	6.32	6.43
14	4.37	4.47	4.57	4.68	4.78	4.88	4.99	5.09	5.20	5.30	5.40	5.51	5.61	5.71	5.82	5.92	6.02	6.13	6.23
15	4.24	4.34	4.44	4.54	4.64	4.74	4.84	4.94	5.04	5.14	5.24	5.34	5.44	5.54	5.65	5.75	5.85	5.95	6.05
16	4.10	4.19	4.29	4.39	4.48	4.58	4.68	4.78	4.87	4.97	5.07	5.17	5.26	5.36	5.46	5.55	5.65	5.75	5.85
17	3.98	4.07	4.16	4.26	4.35	4.45	4.54	4.64	4.73	4.82	4.92	5.01	5.11	5.20	5.30	5.39	5.49	5.58	5.67
18	3.86	3.95	4.04	4.13	4.23	4.32	4.41	4.50	4.59	4.68	4.77	4.87	4.96	5.05	5.14	5.23	5.32	5.42	5.51
19	3.75	3.84	3.93	4.02	4.11	4.20	4.28	3.37	4.46	4.55	4.64	4.73	4.82	4.91	5.00	5.09	5.18	5.26	5.35
20	3.65	3.74	3.82	3.91	4.00	4.08	4.17	4.26	4.34	4.43	4.52	4.60	4.69	4.78	4.86	4.95	5.04	5.12	5.21
21	3.55	3.64	3.72	3.80	3.89	3.97	4.06	4.14	4.23	4.31	4.39	4.48	4.56	4.65	4.73	4.82	4.90	4.98	5.07
22	3.45	3.53	3.61	3.69	3.77	3.86	3.94	4.02	4.10	4.18	4.27	4.35	4.43	4.51	4.59	4.67	4.76	4.84	4.92

附　　录　　381

(续表)

压力/MPa	温度/℃																		
	0.32	0.33	0.34	0.35	0.36	0.37	0.38	0.39	0.40	0.41	0.42	0.43	0.44	0.45	0.46	0.47	0.48	0.49	0.50
23	3.34	3.42	3.50	3.58	3.66	3.74	3.82	3.90	3.98	4.06	4.14	4.22	4.30	4.37	4.45	4.53	4.61	4.69	4.77
24	3.25	3.32	3.40	3.48	3.56	3.63	3.71	3.79	3.86	3.94	4.02	4.10	4.17	4.25	4.33	4.40	4.48	4.56	4.64
25	3.16	3.23	3.31	3.38	3.46	3.53	3.61	3.68	3.76	3.83	3.91	3.98	4.06	4.13	4.20	4.28	4.35	4.43	4.50

附录 C　糖锤度、波美度、相对密度对照表(20 ℃)

糖锤度/°Bx	相对密度(20℃/22℃)	波美度/°Bé	糖锤度/°Bx	相对密度(20℃/22℃)	波美度/°Bé	糖锤度/°Bx	相对密度(20℃/22℃)	波美度/°Bé
5	1.019 65	2.79	40	1.178 53	21.97	74	1.374 96	39.51
6	1.023 66	3.35	41	1.183 68	22.5	74.5	1.378 18	39.79
7	1.027 7	3.91	42	1.188 87	23.04	75	1.381 41	40.03
8	1.031 76	4.46	43	1.194 1	23.57	75.5	1.384 65	40.28
9	1.035 86	5.02	44	1.199 36	24.1	76	1.387 9	40.53
10	1.039 98	5.57	45	1.204 67	24.63	76.5	1.391 15	40.77
11	1.044 13	6.13	46	1.210 01	25.17	77	1.394 42	41.01
12	1.048 31	6.68	47	1.215 38	25.7	77.5	1.397 69	41.26
13	1.052 52	7.24	48	1.220 8	26.23	78	1.400 98	41.5
14	1.056 77	7.7	49	1.226 25	26.75	78.5	1.404 27	41.74
15	1.061 04	8.34	50	1.231 74	27.28	79	1.407 58	41.99
16	1.065 34	8.89	51	1.237 27	27.81	79.5	1.410 89	42.22
17	1.069 68	9.45	52	1.242 84	28.33	80	1.414 21	42.47
18	1.074 04	10	53	1.248 44	28.86	80.5	1.417 54	42.71
19	1.078 44	10.55	54	1.254 08	29.38	81	1.420 88	42.95
20	1.082 87	11.1	55	1.259 76	29.9	81.5	1.424 23	43.19
21	1.087 33	11.65	56	1.265 48	30.42	82	1.427 59	43.43
22	1.091 83	12.2	57	1.271 23	30.94	82.5	1.430 96	43.67
23	1.096 36	12.74	58	1.277 03	31.46	83	1.434 34	43.91
24	1.100 92	13.29	59	1.282 86	31.97	83.5	1.437 73	44.15
25	1.105 51	13.84	60	1.288 73	32.49	84	1.441 12	44.38
26	1.110 14	14.39	61	1.294 64	33	84.5	1.444 53	44.63
27	1.114 8	14.93	62	1.300 59	33.51	85	1.447 94	44.86
28	1.119 49	15.48	63	1.306 57	34.02	85.5	1.451 37	45.09
29	1.124 22	16.02	64	1.312 6	34.53	86	1.454 8	45.33
30	1.128 98	16.57	65	1.318 66	35.04	86.5	1.458 24	45.57
31	1.133 78	17.11	66	1.324 76	35.55	87	1.461 6	45.8

（续表）

糖锤度/°Bx	相对密度(20℃/22℃)	波美度/°Bé	糖锤度/°Bx)	相对密度(20℃/22℃)	波美度/°Bé	糖锤度/°Bx	相对密度(20℃/22℃)	波美度/°Bé
32	1.138 61	17.65	67	1.330 9	36.05	87.5	1.465 16	46.03
33	1.143 47	18.19	68	1.337 08	36.55	88	1.468 62	46.27
34	1.148 37	18.73	69	1.343 3	37.06	88.5	1.472 1	46.5
35	1.153 31	19.28	70	1.349 56	37.56	89	1.475 59	46.73
36	1.158 28	19.81	71	1.355 85	38.06	89.5	1.479 09	46.97
37	1.163 29	20.35	72	1.362 18	38.55	90	1.482 59	47.2
38	1.168 33	20.89	73	1.368 56	39.05			
39	1.173 41	21.43	73.5	1.371 76	39.3			

附录 D　折光率与可溶性固形物换算表(20℃)

折光率	可溶性固形物/%	折光率	可溶性固形物/%	折光率	可溶性固形物/%	折光率	可溶性固形物/%	折光率	可溶性固形物/%	折光率	可溶性固形物/%
1.333 0	0.0	1.354 9	14.5	1.379 3	29.0	1.406 6	43.5	1.437 3	58.0	1.471 3	72.5
1.333 7	0.5	1.355 7	15.0	1.380 2	29.5	1.407 6	44.0	1.438 5	58.5	1.473 7	73.0
1.334 4	1.0	1.356 1	15.5	1.381 1	30.0	1.408 6	44.5	1.439 6	59.0	1.472 5	73.5
1.335 1	1.5	1.357 3	16.0	1.382 0	30.5	1.409 6	45.0	1.440 7	59.5	1.474 9	74.0
1.335 9	2.0	1.358 2	16.5	1.382 9	31.0	1.410 7	45.5	1.441 8	60.0	1.476 2	74.5
1.336 7	2.5	1.359 0	17.0	1.383 8	31.5	1.411 7	46.0	1.442 9	60.5	1.477 4	75.0
1.337 3	3.0	1.359 8	17.5	1.384 7	32.0	1.412 7	46.5	1.444 1	61.0	1.478	75.5
1.338 1	3.5	1.360 6	18.0	1.385 6	32.5	1.413 7	47.0	1.445 3	61.5	1.479 9	76.0
1.338 8	4.0	1.361 4	18.5	1.386 5	33.0	1.414 7	47.5	1.446 4	62.0	1.481 2	76.5
1.339 5	4.5	1.362 2	19.0	1.387 4	33.5	1.415 8	48.0	1.447 5	62.5	1.482 5	77.0
1.340 3	5.0	1.363 1	19.5	1.388 3	34.0	1.416 9	48.5	1.448 6	63.0	1.483 8	77.5
1.341 1	5.5	1.363 9	20.0	1.389 3	34.5	1.417 9	49.0	1.449 7	63.5	1.485 0	78.0
1.341 8	6.0	1.364 7	20.5	1.390 2	35.0	1.418 9	49.5	1.450 9	64.0	1.486	78.5
1.342 5	6.5	1.365 5	21.0	1.391 1	35.5	1.420 0	50.0	1.452 1	64.5	1.487 6	79.0
1.343 3	7.0	1.366 3	21.5	1.392 0	36.0	1.421 1	50.5	1.453 2	65.0	1.488 8	79.5
1.344 1	7.5	1.367 2	22.0	1.392 9	36.5	1.422 1	51.0	1.454 4	65.5	1.490 1	80.0
1.448	8.0	1.368 1	22.5	1.393 9	37.0	1.423 1	51.5	1.455 5	66.0	1.491 4	80.5
1.345 6	8.5	1.368 9	23.0	1.394 9	37.5	1.424 2	52.0	1.457 0	66.5	1.492 7	81.0
1.346 4	9.0	1.369 9	23.5	1.395 8	38.0	1.425 3	52.5	1.458 1	67.0	1.494 1	81.5
1.347 1	9.5	1.370 6	24.0	1.396 8	38.5	1.426 4	53.0	1.459 3	67.5	1.495 4	82.0
1.347 9	10.0	1.371 5	24.5	1.397 8	39.0	1.427 5	53.5	1.460 5	68.0	1.496 7	82.5

（续表）

折光率	可溶性固形物/%	折光率	可溶性固形物/%	折光率	可溶性固形物/%	折光率	可溶性固形物/%	折光率	可溶性固形物/%	折光率	可溶性固形物/%
1.348 7	10.5	1.372 3	25.0	1.398 7	39.5	1.428 5	54.0	1.461 6	68.5	1.498 0	83.0
1.349 4	11.0	1.373 1	25.5	1.399 7	40.0	1.429 6	54.5	1.462 8	69.0	1.499 3	83.5
1.350 2	11.5	1.374 0	26.0	1.400 7	40.5	1.430 7	55.0	1.463 9	69.5	1.500 7	84.0
1.351 0	12.0	1.374 9	26.5	1.401 6	41.0	1.431 8	55.5	1.465 1	70.0	1.502 0	84.5
1.351 8	12.5	1.375 8	27.0	1.402 6	41.5	1.432 9	56.0	1.466 3	70.5	1.503 3	85.0
1.352 6	13.0	1.376 7	27.5	1.403 6	42.0	1.434 0	56.5	1.467 6	71.0		
1.353 3	13.5	1.377 5	28.0	1.404 6	42.5	1.435 1	57.0	1.468 8	71.5		
1.354 1	14.0	1.378 1	28.5	1.405 6	43.0	1.436 2	57.5	1.470 0	72.0		

附录 E　固形物对温度的校准表

温度/℃	固形物含量/%														
	0	5	10	15	20	25	30	35	40	45	50	55	60	65	70
10	0.50	0.54	0.58	0.61	0.64	0.66	0.68	0.70	0.72	0.73	0.74	0.75	0.76	0.78	0.79
11	0.46	0.49	0.53	0.55	0.58	0.60	0.62	0.64	0.65	0.66	0.67	0.68	0.69	0.70	0.71
12	0.42	0.45	0.48	0.50	0.52	0.54	0.56	0.57	0.58	0.59	0.60	0.61	0.61	0.63	0.63
13	0.37	0.40	0.42	0.44	0.46	0.48	0.49	0.50	0.51	0.52	0.53	0.54	0.54	0.55	0.55
14	0.33	0.35	0.37	0.39	0.40	0.41	0.42	0.43	0.44	0.45	0.45	0.46	0.46	0.47	0.48
15	0.27	0.29	0.31	0.33	0.34	0.34	0.35	0.36	0.37	0.37	0.38	0.39	0.39	0.40	0.40
16	0.22	0.24	0.25	0.26	0.27	0.28	0.29	0.29	0.30	0.30	0.30	0.31	0.31	0.32	0.32
17	0.17	0.18	0.19	0.20	0.21	0.21	0.21	0.22	0.22	0.23	0.23	0.23	0.23	0.24	0.24
18	0.12	0.13	0.13	0.14	0.14	0.14	0.14	0.15	0.15	0.15	0.16	0.16	0.16	0.16	0.16
19	0.06	0.06	0.06	0.07	0.07	0.07	0.07	0.08	0.08	0.08	0.08	0.08	0.08	0.08	0.08
应加入之校正值															
21	0.06	0.07	0.07	0.07	0.07	0.08	0.08	0.08	0.08	0.08	0.08	0.08	0.08	0.08	0.08
22	0.13	0.13	0.14	0.14	0.15	0.15	0.15	0.15	0.15	0.16	0.16	0.16	0.16	0.16	0.16
23	0.19	0.20	0.21	0.22	0.22	0.23	0.23	0.23	0.23	0.24	0.24	0.24	0.24	0.24	0.24
24	0.26	0.27	0.28	0.29	0.30	0.30	0.31	0.31	0.31	0.31	0.31	0.32	0.32	0.32	0.32
25	0.33	0.35	0.36	0.37	0.38	0.38	0.39	0.40	0.40	0.40	0.40	0.40	0.40	0.40	0.40
26	0.40	0.42	0.43	0.44	0.45	0.46	0.47	0.48	0.48	0.48	0.48	0.48	0.48	0.48	0.48
27	0.48	0.50	0.52	0.53	0.54	0.55	0.55	0.56	0.56	0.56	0.56	0.56	0.56	0.56	0.56
28	0.56	0.57	0.60	0.61	0.62	0.63	0.63	0.64	0.64	0.64	0.64	0.64	0.64	0.64	0.64
29	0.64	0.66	0.68	0.69	0.71	0.72	0.72	0.73	0.73	0.73	0.73	0.73	0.73	0.73	0.73
30	0.72	0.74	0.77	0.78	0.79	0.80	0.80	0.81	0.81	0.81	0.81	0.81	0.81	0.81	0.81

附录 F 保健食品原料目录 营养素补充剂(2023 年版)

原料				每日用量				功效
营养素	化合物名称	标准依据 *	适用范围	功效成分	适宜人群/岁	最低值	最高值	
钙	碳酸钙	《食品安全国家标准 食品添加剂 碳酸钙(包括轻质和重质碳酸钙)》(GB 1886.214—2016)	所有人群	Ca(以 Ca 计)/mg	1～3	120	500	补充钙
	醋酸钙	《食品安全国家标准 食品营养强化剂 醋酸钙(乙酸钙)》(GB 1903.15—2016)	4 岁以上人群		4～6	150	700	
	氯化钙	《食品安全国家标准 食品添加剂 氯化钙》(GB 1886.45—2016)	所有人群		7～10	200	800	
	柠檬酸钙	《食品安全国家标准 食品营养强化剂 柠檬酸钙》(GB 1903.14—2016)	所有人群		11～13	250	1 000	
	葡萄糖酸钙	《食品安全国家标准 食品添加剂 葡萄糖酸钙》(GB 15571—2010)	所有人群					
	乳酸钙	《食品安全国家标准 食品添加剂 乳酸钙》(GB 1886.21—2016)	4 岁以上人群		14～17	200	800	
	磷酸氢钙	《食品安全国家标准 食品添加剂 磷酸氢钙》(GB 1886.3—2021)	所有人群		成人	200	1 000	
	磷酸二氢钙	《食品安全国家标准 食品添加剂 磷酸二氢钙》(GB 1886.333—2021)	4 岁以上人群		孕妇	200	800	
	磷酸三钙	《食品安全国家标准 食品添加剂 磷酸三钙》(GB 1886.332—2021)	所有人群					

（续表）

| 营养素 | 原料 | | | 每日用量 | | | | 功效 |
	化合物名称	标准依据 *	适用范围	功效成分	适宜人群/岁	最低值	最高值	
钙	硫酸钙	《食品安全国家标准　食品添加剂　硫酸钙》(GB 1886.6—2016)	所有人群	Ca（以 Ca 计）/mg	乳母	200	1 000	补充钙
	L-乳酸钙	《食品安全国家标准　食品添加剂　L-乳酸钙》(GB 25555—2010)	所有人群					
	甘油磷酸钙	《中华人民共和国药典(2020 年版)》中的"甘油磷酸钙"	4 岁以上人群					
	柠檬酸苹果酸钙	《食品安全国家标准　食品营养强化剂　柠檬酸苹果酸钙》(GB 1903.18—2016)	4 岁以上人群					
	酪蛋白磷酸肽＋钙	酪蛋白磷酸肽:《食品安全国家标准　食品营养强化剂　酪蛋白磷酸肽》(GB 31617—2014)。钙:符合所用的化合物标准	由所选钙的化合物确定。酪蛋白磷酸肽与钙的比例为 1∶20～1∶5					
镁	碳酸镁	《食品安全国家标准　食品添加剂　碳酸镁》(GB 25587—2010)	所有人群	Mg（以 Mg 计）/mg	4～6	30	200	补充镁
	硫酸镁	《食品安全国家标准　食品添加剂　硫酸镁》(GB 29207—2012)	所有人群		7～10	45	250	
					11～13	60	300	
	氧化镁	《食品安全国家标准　食品添加剂　氧化镁(包括重质和轻质)》(GB 1886.216—2016)	所有人群		14～17	65	300	
	氯化镁	《食品安全国家标准　食品添加剂　氯化镁》(GB 25584—2010)	所有人群		成人	65	350	
	L-苏糖酸镁	国家卫生和计划生育委员会 2016 年第 8 号公告	所有人群		孕妇	70	350	
	葡萄糖酸镁	《食品安全国家标准　食品营养强化剂　葡萄糖酸镁》(GB 1903.29—2018)	所有人群		乳母	70	40	
钾	磷酸氢二钾	《食品安全国家标准　食品添加剂　磷酸氢二钾》(GB 1886.334—2021)	所有人群	K（以 K 计）/mg	4～6	250	1 200	补充钾
					7～10	300	1 500	
	磷酸二氢钾	《食品安全国家标准　食品添加剂　磷酸二氢钾》(GB 1886.337—2021)	所有人群		11～13	400	2 000	

（续表）

原料				每日用量				功效
营养素	化合物名称	标准依据 *	适用范围	功效成分	适宜人群/岁	最低值	最高值	
钾	氯化钾	《食品安全国家标准　食品添加剂　氯化钾》(GB 25585—2010)	所有人群	K（以K计）/mg	14～17	400	2 200	补充钾
	柠檬酸钾	《食品安全国家标准　食品添加剂　柠檬酸钾》(GB 1886.74—2015)	所有人群		成人	400	2 000	
	碳酸钾	《食品安全国家标准　食品添加剂　碳酸钾》(GB 25588—2010)	4岁以上人群		孕妇	400	2 000	
	葡萄糖酸钾	《食品安全国家标准　食品营养强化剂　葡萄糖酸钾》(GB 1903.41—2018)	所有人群		乳母	500	2 400	
锰	硫酸锰	《食品安全国家标准　食品添加剂　硫酸锰》(GB 29208—2012)	所有人群	Mn（以Mn计）/mg	4～6	0.3	1.5	补充锰
					7～10	0.5	2.5	
					11～13	0.6	3.5	
	葡萄糖酸锰	《食品安全国家标准　食品营养强化剂　葡萄糖酸锰》(GB 1903.7—2015)	所有人群		14～17	0.8	3.8	
					成人	1.0	4.0	
					孕妇	1.0	4.0	
					乳母	1.0	4.0	
铁	葡萄糖酸亚铁	《食品安全国家标准　食品营养强化剂　葡萄糖酸亚铁》(GB 1903.10—2015)	所有人群	Fe（以Fe计）/mg	1～3	1.5	7.0	补充铁
	富马酸亚铁	《食品安全国家标准　食品营养强化剂　富马酸亚铁》(GB 1903.46—2020)、《中华人民共和国药典(2020年版)》中的"富马酸亚铁"	所有人群		4～6	2.0	8.0	
	硫酸亚铁	《食品安全国家标准　食品添加剂　硫酸亚铁》(GB 29211—2012)	所有人群		7～10	2.5	10.0	
	乳酸亚铁	《食品安全国家标准　食品营养强化剂　乳酸亚铁》(GB 1903.47—2020)	4岁以上人群		11～13	3.5	15.0	
					14～17	3.5	15.0	
	琥珀酸亚铁	《琥珀酸亚铁》[WS1-(X-005)-2001Z]、《食品安全国家标准　食品营养强化剂　琥珀酸亚铁》(GB 1903.38—2018)	4岁以上人群		成人	5.0	20.0	
					孕妇	5.0	20.0	
	焦磷酸铁	《食品安全国家标准　食品营养强化剂　焦磷酸铁》(GB 1903.16—2016)	所有人群					
	柠檬酸铁	《食品安全国家标准　食品营养强化剂　柠檬酸铁》(GB 1903.37—2018)	所有人群		乳母	5.5	20.0	
	柠檬酸亚铁钠	国家卫生健康委员会公告2018年第8号	所有人群					
	氯化高铁血红素	《食品安全国家标准　食品营养强化剂　氯化高铁血红素》(GB 1903.52—2021)	所有人群					

（续表）

原料				每日用量				功效
营养素	化合物名称	标准依据*	适用范围	功效成分	适宜人群/岁	最低值	最高值	
锌	硫酸锌	《食品安全国家标准　食品添加剂　硫酸锌》(GB 25579—2010)	所有人群	Zn（以 Zn 计）/mg	1～3	0.8	3.0	补充锌
	柠檬酸锌	《食品安全国家标准　食品营养强化剂　柠檬酸锌》(GB 1903.49—2020)、《中华人民共和国药典(2020 年版)》中的"枸橼酸锌"	所有人群		4～6	1.0	5.0	
	柠檬酸锌（三水）	（原）卫生部 2013 年第 5 号公告、《食品安全国家标准　食品营养强化剂　柠檬酸锌》(GB 1903.49—2020)	所有人群		7～10	1.5	6.0	
	葡萄糖酸锌	《食品安全国家标准　食品添加剂　葡萄糖酸锌》(GB 8820—2010)	所有人群		11～13	1.5	8.0	
	氧化锌	《食品安全国家标准　食品营养强化剂　氧化锌》(GB 1903.4—2015)	所有人群		14～17	2.0	10.0	
	乳酸锌	《食品安全国家标准　食品营养强化剂　乳酸锌》(GB 1903.11—2015)	所有人群		成人	3.0	15.0	
	乙酸锌	《食品安全国家标准　食品营养强化剂　乙酸锌》(GB 1903.35—2018)	所有人群		孕妇	2.0	10.0	
	氯化锌	《食品安全国家标准　食品营养强化剂　氯化锌》(GB 1903.34—2018)	所有人群		乳母	2.0	10.0	
硒	亚硒酸钠	《食品安全国家标准　食品营养强化剂　亚硒酸钠》(GB 1903.9—2015)	所有人群	Se（以 Se 计）/μg	4～6	5	30	补充硒
	富硒酵母菌	《硒酵母菌》[WS1‑(x‑005)‑99Z]《食品安全国家标准　食品营养强化剂　富硒酵母》(GB 1903.21—2016)	4 岁以上人群		7～10	8	40	
					11～13	10	50	
	L‑硒‑甲基硒代半胱氨酸	《食品安全国家标准　食品营养强化剂　L‑硒‑甲基硒代半胱氨酸》(GB 1903.12—2015)	4 岁以上人群		14～17	10	60	
					成人	10	100	
					孕妇	10	60	
	硒化卡拉胶	《食品安全国家标准　食品营养强化剂　硒化卡拉胶》(GB 1903.23—2016)	4 岁以上人群		乳母	15	80	
	硒蛋白	《食品安全国家标准　食品营养强化剂　硒蛋白》(GB 1903.28—2018)	4 岁以上人群					

（续表）

原料				每日用量				功效
营养素	化合物名称	标准依据 *	适用范围	功效成分	适宜人群/岁	最低值	最高值	
铜	硫酸铜	《食品安全国家标准　食品添加剂　硫酸铜》（GB 29210—2012）	所有人群	Cu（以 Cu 计）/mg	4～6	0.1	0.3	补充铜
					7～10	0.1	0.4	
					11～13	0.1	0.5	
	葡萄糖酸铜	《食品安全国家标准　食品营养强化剂　葡萄糖酸铜》（GB 1903.8—2015）	所有人群		14～17	0.2	0.6	
					成人	0.2	1.5	
					孕妇	0.2	0.7	
					乳母	0.3	1.0	
维生素 A	醋酸视黄酯	《食品安全国家标准　食品添加剂　维生素 A》（GB 14750—2010）《食品安全国家标准　食品营养强化剂　醋酸视黄酯（醋酸维生素 A）》（GB 1903.31—2018）	所有人群	维生素 A（以视黄醇计）/μg	1～3	50	300	补充维生素 A
					4～6	60	400	
					7～10	80	500	
	棕榈酸视黄酯	《食品安全国家标准　食品添加剂　棕榈酸视黄酯（棕榈酸维生素 A）》（GB 29943—2013）	所有人群		11～13	100	700	
	β-胡萝卜素	《食品安全国家标准　食品添加剂　β-胡萝卜素》（GB 8821—2011）《食品安全国家标准　食品添加剂　β-胡萝卜素（发酵法）》（GB 28310—2012）（原）卫生部 2012 年第 6 号公告	所有人群		14～17	130	800	
					成人	160	800	
					孕妇	120	800	
					乳母	200	1200	
维生素 D	维生素 D₂	《食品安全国家标准　食品添加剂　维生素 D₂（麦角钙化醇）》（GB 14755—2010）	所有人群	维生素 D_2（以麦角钙化醇计）/μg	1～3	2.0	10.0	补充维生素 D
					4～6	2.0	15.0	
					7～10	2.0	15.0	
					11～13	2.0	15.0	
	维生素 D₃	《食品安全国家标准　食品营养强化剂　胆钙化醇（维生素 D₃）》（GB 1903.50—2020）《中华人民共和国药典（2020 年版）》中的"维生素 D₃"	所有人群	维生素 D_3（以胆钙化醇计）/μg	14～17	2.0	15.0	
					成人	2.0	15.0	
					孕妇	2.0	15.0	
					乳母	2.0	15.0	

（续表）

原料				每日用量				功效
营养素	化合物名称	标准依据*	适用范围	功效成分	适宜人群/岁	最低值	最高值	
维生素 B₁	盐酸硫胺素	《食品安全国家标准 食品添加剂 维生素 B₁（盐酸硫胺）》（GB 14751—2010）	所有人群	维生素 B₁（以硫胺素计）/mg	1～3	0.1	0.6	补充维生素 B₁
					4～6	0.2	1.5	
					7～10	0.2	1.5	
	硝酸硫胺素	《食品安全国家标准 食品营养强化剂 硝酸硫胺素》（GB 1903.20—2016）《中华人民共和国药典（2020年版）》中的"硝酸硫胺"	所有人群		11～13	0.3	2.0	
					14～17	0.3	2.0	
					成人	0.5	20.0	
					孕妇	0.3	2.5	
					乳母	0.3	2.5	
维生素 B₂	核黄素	《食品安全国家标准 食品添加剂 维生素 B₂（核黄素）》（GB 14752—2010）	所有人群	维生素 B₂（以核黄素计）/mg	1～3	0.1	0.6	补充维生素 B₂
					4～6	0.2	1.5	
					7～10	0.2	1.5	
	核黄素 5'－磷酸钠	《食品安全国家标准 食品添加剂 核黄素 5'－磷酸钠》（GB 28301—2012）	所有人群		11～13	0.3	2.0	
					14～17	0.3	2.0	
					成人	0.5	20.0	
					孕妇	0.3	2.5	
					乳母	0.3	2.5	
维生素 B₆	盐酸吡哆醇	《食品安全国家标准 食品添加剂 维生素 B₆（盐酸吡哆醇）》（GB 14753—2010）	所有人群	维生素 B₆（以吡哆醇计）/mg	1～3	0.1	0.6	补充维生素 B₆
					4～6	0.2	1.5	
					7～10	0.2	1.5	
					11～13	0.3	2.0	
					14～17	0.3	2.0	
					成人	0.5	10.0	
					孕妇	0.3	2.5	
					乳母	0.3	2.5	
维生素 B₁₂	氰钴胺	《食品安全国家标准 食品营养强化剂 氰钴胺》（GB 1903.43—2020）《中华人民共和国药典（2020年版）》中的"维生素 B₁₂"	所有人群	维生素 B₁₂（以钴胺素计）/μg	1～3	0.2	1.0	补充维生素 B₁₂
					4～6	0.2	1.5	
					7～10	0.3	2.0	
					11～13	0.4	2.5	
					14～17	0.5	3.0	
					成人	0.5	10	
					孕妇	0.6	5.0	
					乳母	0.6	5.0	

（续表）

原料				每日用量				功效
营养素	化合物名称	标准依据 *	适用范围	功效成分	适宜人群/岁	最低值	最高值	
烟酸（烟酸）	烟酸	《食品安全国家标准　食品添加剂　烟酸》（GB 14757—2010）	所有人群	烟酸（以烟酸计）/mg	1～3	1.0	5.0	补充烟酸
					4～6	1.5	7.5	
					7～10	2.0	10.0	
					11～13	2.5	12.0	
					14～17	3.0	15.0	
					成人	3.0	15.0	
					孕妇	2.5	15.0	
					乳母	3.0	15.0	
	烟酰胺	《食品安全国家标准　食品营养强化剂　烟酰胺》（GB 1903.45—2020）、《中华人民共和国药典（2020年版）》中的"烟酰胺"	所有人群	烟酰胺（以烟酰胺计）/mg	1～3	1.0	7.0	
					4～6	1.5	9.0	
					7～10	2.0	13.0	
					11～13	2.5	15.0	
					14～17	3.0	18.0	
					成人	3.0	50.0	
					孕妇	2.5	15.0	
					乳母	3.0	18.0	
叶酸	叶酸	《食品安全国家标准　食品添加剂　叶酸》（GB 15570—2010）	所有人群	叶酸（以叶酸计）/μg	1～3	30	150	补充叶酸
					4～6	40	200	
					7～10	50	250	
					11～13	70	350	
					14～17	80	400	
					成人	80	500	
					孕妇	110	500	
					乳母	110	500	
生物素	D-生物素	《生物素》[WS-10001-(HD-1052)-2002]《食品安全国家标准　食品营养强化剂　D-生物素》（GB 1903.25—2016）	所有人群	生物素（以生物素计）/μg	1～3	3	15	补充生物素
					4～6	4	25	
					7～10	5	30	
					11～13	7	45	
					14～17	8	50	
					成人	10	100	
					孕妇	8	50	
					乳母	10	60	

（续表）

营养素	化合物名称	标准依据*	适用范围	功效成分	适宜人群/岁	最低值	最高值	功效
胆碱	酒石酸胆碱	《食品安全国家标准　食品营养强化剂　酒石酸氢胆碱》（GB 1903.54—2021）《重酒石酸胆碱》[WS‐10001‐(HD‐1250)‐2002]	所有人群	胆碱（以胆碱计）/mg	1～3	40	240	补充胆碱
					4～6	50	300	
					7～10	60	400	
					11～13	80	500	
					14～17	90	600	
					成人	100	1 000	
					孕妇	80	500	
	氯化胆碱	《食品安全国家标准　食品营养强化剂　氯化胆碱》（GB 1903.36—2018）	所有人群		乳母	100	700	
维生素C	L‐抗坏血酸	《食品安全国家标准　食品添加剂　维生素C(抗坏血酸)》（GB 14754—2010）	所有人群	维生素C(以L‐抗坏血酸计)/mg	1～3	6	60	补充维生素C
					4～6	10	100	
	L‐抗坏血酸钠	《食品安全国家标准　食品添加剂　抗坏血酸钠》（GB 1886.44—2016）	所有人群		7～10	10	100	
					11～13	15	150	
	L‐抗坏血酸钙	《食品安全国家标准　食品添加剂　抗坏血酸钙》（GB 1886.43—2015）	所有人群		14～17	20	200	
					成人	30	500	
	抗坏血酸棕榈酸酯	《食品安全国家标准　食品添加剂　抗坏血酸棕榈酸酯》（GB 1886.230—2016）	4岁以上人群		孕妇	25	250	
					乳母	30	300	
维生素K	维生素K₁	《中华人民共和国药典（2020年版）》中的"维生素K₁"	所有人群	维生素K(以植物甲萘醌计)/μg	4～6	10	60	补充维生素C
					7～10	10	70	
					11～13	15	90	
					14～17	15	100	
					成人	15	100	
					孕妇	15	100	

（续表）

原料				每日用量				功效
营养素	化合物名称	标准依据*	适用范围	功效成分	适宜人群/岁	最低值	最高值	
维生素K	维生素K₂（发酵法）	国家卫生和计划生育委员会公告2016年第8号	所有人群	维生素K₂（以七烯甲萘醌计）/μg	乳母	15	100	补充维生素C
	维生素K₂（合成法）	国家卫生健康委员会2020年第9号公告						
泛酸	D-泛酸钙	《食品安全国家标准　食品营养强化剂　D-泛酸钙》（GB 1903.53—2021）《中华人民共和国药典（2020年版）》中的"泛酸钙"	所有人群	泛酸（以泛酸计）/mg	1～3	0.4	2.0	补充泛酸
					4～6	0.5	5.0	
					7～10	0.7	7.0	
					11～13	0.9	9.0	
					14～17	1.0	10.0	
					成人	1.0	20.0	
					孕妇	1.0	10.0	
	D-泛酸钠	《食品安全国家标准　食品营养强化剂　D-泛酸钠》（GB 1903.32—2018）	所有人群		乳母	1.0	10.0	
维生素E	D-α-生育酚	《食品安全国家标准　食品添加剂　维生素E》（GB 1886.233—2016）	所有人群	维生素E（以d-α-生育酚计）/mg	4～6	1.5	9.0	补充维生素E
	D-α-醋酸生育酚		所有人群					
	D-α-琥珀酸生育酚		所有人群		7～10	2.0	14.0	
					11～13	3.0	25.0	
	dl-α-醋酸生育酚	《食品安全国家标准　食品添加剂　维生素E(dl-α-醋酸生育酚)》（GB 14756—2010）	所有人群		14～17	3.0	25.0	
					成人	5.0	150	
	dl-α-生育酚	《食品安全国家标准　食品添加剂　维生素E(dl-α-生育酚)》（GB 29942—2013）	所有人群		孕妇	3.0	25.0	
	维生素E琥珀酸钙	《食品安全国家标准　食品营养强化剂　维生素E琥珀酸钙》（GB 1903.6—2015）	4岁以上人群		乳母	4.0	30.0	

（续表）

原料				每日用量				功效
营养素	化合物名称	标准依据*	适用范围	功效成分	适宜人群/岁	最低值	最高值	
β-胡萝卜素	β-胡萝卜素	《食品安全国家标准　食品添加剂　β-胡萝卜素》(GB 8821—2011)	成人	β-萝卜素/mg	成人	1.5	5	补充β-胡萝卜素
		《食品安全国家标准　食品添加剂　β-胡萝卜素（发酵法）》(GB 28310—2012)	成人		成人	1.5	5	
		《食品安全国家标准　食品添加剂　天然胡萝卜素》(GB 31624—2014)	成人		成人	1.5	7	
		原卫生部 2012 年第 6 号公告	成人		成人	1.5	5	
二十二碳六烯酸(DHA)	二十二碳六烯酸油脂	DHA 藻油原料技术要求（见附件中说明）	成人	DHA（以 $C_{22}H_{32}O_2$ 甘油三酯计）/mg	成人	200	1 000	补充 n-3 多不饱和脂肪酸

说明:"标准依据*"中,当标准更替时参考最新标准内容。

说明:

DHA 藻油原料技术要求

【来源】　DHA 藻油利用裂壶藻（*Schizochytrium* sp.）或吾肯氏壶藻（*Ulkenia amoeboida*）或寇氏隐甲藻（*Crypthecodinium cohnii*）菌种,经过生物发酵制得。化合物名称为顺式-4,7,10,13,16,19-二十二碳六烯酸,分子式为 $C_{22}H_{32}O_2$。结构式如下:

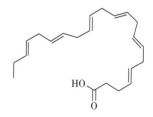

【感官要求】

感官指标应符合附表 F-1 规定。

附表 F-1 感官指标

项目	要求
色泽	浅黄色至橙黄色
滋味、气味	具有本品特有的滋味
状态	油状液体,无肉眼可见外来异物

【理化指标】

理化指标应符合附表 F-2 规定。

附表 F-2 理化指标

项目		指标	检验方法
不皂化物/%	≤	4.0	《动植物油脂 不皂化物测定 第 1 部分:乙醚提取法》(GB/T 5535.1—2008)
水分/%	≤	0.1	《食品安全国家标准 食品中水分的测定》(GB 5009.3—2016)第四法或《食品安全国家标准 动植物油脂水分及挥发物的测定》(GB 5009.236—2016)
不溶性杂质/%	≤	0.2	《动植物油脂 不溶性杂质含量的测定》(GB/T 15688—2008)
溶剂残留/(mg/kg)		不得检出 (检出值<10mg/kg 时,视为未检出)	《食品安全国家标准 食品中溶剂残留量的测定》(GB 5009.262—2016)
过氧化值/(g/100 g)	≤	0.06	《食品安全国家标准 食品中过氧化值的测定》(GB 5009.227—2016)
酸价(以 KOH 计)/(mg/g)	≤	1.0	《食品安全国家标准 食品中酸价的测定》(GB 5009.229—2016)
反式脂肪酸/%	≤	1.0	《食品安全国家标准 食品中反式脂肪酸的测定》(GB 5009.257—2016)
黄曲霉毒素 B_1/(μg/kg)	≤	5.0	《食品安全国家标准 食品中黄曲霉毒素 B 族和 G 族的测定》(GB 5009.22—2016)
铅(以 Pb 计)/(mg/kg)	≤	0.1	《食品安全国家标准 食品中铅的测定》(GB 5009.12—2017)
总砷(以 As 计)/(mg/kg)	≤	0.1	《食品安全国家标准 食品中总砷及无机砷的测定》(GB 5009.11—2014)
总汞(以 Hg 计)/(mg/kg)	≤	0.3	《食品安全国家标准 食品中总汞及有机汞的测定》(GB 5009.17—2021)

【标志性成分指标】

标志性成分指标应符合附表 F-3 规定。

附表 F-3　标志性成分指标

项目	指标	检验方法
二十二碳六烯酸(DHA,以 $C_{22}H_{32}O_2$ 甘油三酯计)/(g/100 g) ≥	35	《食品安全国家标准　食品中脂肪酸的测定》(GB 5009.168—2016)

【储存】
避光,密封,在适宜的温度下保存。

【商品化原料使用要求】

DHA 藻油作为保健食品原料进行产品备案时,可以使用符合本标准要求的 DHA 藻油,并添加必要的抗氧化剂或稀释剂等作为辅料制得的商品化原料。商品化原料所用的辅料应收录于《食品安全国家标准　食品添加剂使用标准》(GB 2760—2024)或《保健食品备案产品可用辅料名单》中,并应符合国家相关标准及有关规定。使用商品化原料时应按照预处理原料的备案有关规定填写原料和辅料使用信息。

商品化原料由于工艺需要必须添加维生素 C 或维生素 E 作为抗氧化剂的,应当检测维生素 C 或维生素 E 指标值并作为产品技术要求的理化指标,备案产品的注意事项中明确"本品含有维生素 E 或维生素 C"。因工艺需要而添加的辅料,如维生素 C、维生素 E 等,不得声称保健功能。对于 DHA 与维生素 C 或维生素 E 复配的备案产品,应提供研发资料,证明备案产品安全有效。

参 考 文 献

[1] 蒲彪,胡小松.饮料工艺学[M].3版.北京:中国农业大学出版社,2016.

[2] 崔波.饮料工艺学[M].北京:科学出版社,2014.

[3] 阮美娟,徐怀德.饮料工艺学[M].北京:中国轻工业出版社,2013.

[4] 程凌敏,徐克非,杨绮云,等.食品加工机械[M].北京:中国轻工业出版社,1992.

[5] 蒋和体,吴永娴.软饮料工艺学[M]北京:中国农业科学技术出版社,2006.

[6] 邵长富,赵晋府.软饮料工艺学[M].北京:中国轻工业出版社,1987.

[7] 秦智伟,马文.饮料工艺学[M].哈尔滨:黑龙江科学技术出版社,1999.

[8] 杨桂馥,罗瑜.现代饮料生产技术[M].天津:天津科学技术出版社,1998.

[9] 李勇.现代软饮料生产技术[M].北京:化学工业出版社,2005.

[10] 都风华,谢春阳.软饮料工艺学[M].郑州:郑州大学出版社,2011.

[11] 尤玉如.乳品与饮料工艺学[M].北京:中国轻工业出版社,2014.

[12] 夏晓明,彭振山.饮料[M].北京:化学工业出版社,2001.

[13] 钱应璞.食品工业工艺用水系统[M].北京:化学工业出版社,2004.

[14] 王琳,王宝贞.优质饮用水净化技术[M].北京:科学出版社,2000.

[15] 曹喆,钟琼,王金菊.饮用水净化技术[M].北京:化学工业出版社,2018.

[16] 王琳,王宝贞.饮用水深度处理技术[M].北京:化学工业出版社,2001.

[17] 上海市地质学会矿泉水专业委员会·牛晓英,徐剑斌.饮用天然矿泉水知识问答
     [M].北京:地质出版社,2002.

[18] 李正明,王兰君.矿泉水和瓶装水生产技术手册[M].北京:中国轻工出版社,1997.

[19] 李正明,吴寒.矿泉水和纯净水工业手册.北京:中国轻工业出版社,2000.

[20] 王安霞.产品包装设计[M].2版.南京:东南大学出版社,2015.

[21] 刘协舫.食品机械[M].武汉:湖北科学技术出版社,2002.

[22] 陈黎敏.饮料包装[M].北京:化学工业出版社,2004.

[23] 杨贞耐.乳品生产新技术[M].北京:科学出版社,2015.

[24] 陈野,刘会平.食品工艺学[M].3版.北京:中国轻工业出版社,2014.

[25] 李先保.食品工艺学[M].北京:中国纺织出版社,2015.

[26] 汪志君,韩永斌,姚晓玲.食品工艺学[M].北京:中国计量出版社,2006.

[27] 林亲录,秦丹,孙庆杰.食品工艺学[M].长沙:中南大学出版社,2013.

[28] 白宝兰,刘妍,李想.食品工艺学[M].北京:北京工业大学出版社,2018.

[29] 赵新淮.食品化学[M].北京:化学工业出版社,2005.

[30] 刘玉田,姜爱莉,孙丽芹.藻类食品新工艺与新配方[M].济南:山东科学技术出版
     社,2002.

[31] 蔺毅峰.固体饮料加工工艺与配方[M].北京:科学技术文献出版社,2000.

[32] 秦俊哲,吕嘉枥.食用菌贮藏保鲜与加工新技术[M].北京:化学工业出版社,2003.

[33] 刘宝家,李素梅,柳东,等.食品加工技术、工艺和配方大全(上册)[M].北京:科学技

术文献出版社,1991.

[34] 王家祺,王君.国内外饮料标准及法规指标对比分析[J].中国食品卫生杂志.2020, 32(4):449-455.

[35] 张憨.我国果蔬汁饮料加工现状及发展对策[J].食品与机械,2000(2):4-6.

[36] 李康,干迎.中国饮料行业分析[J].统计研究,1999(1):15-21.

[37] 范金波,安佳鑫,王雨,等.NFC复合梨汁的配方筛选及贮藏品质变化研究[J].包装与食品机械,2020,38(1):8-13.

[38] 李笑颜,张宏康,曾晓房,等.NFC果汁生产新技术及其在柠檬汁加工中的应用[J].农产品加工,2018(10):60-62.

[39] 孙学义,孙振国.NFC果汁:产地初加工的果蔬既营养又健康[J].农产品加工,2014 (5):14-15.

[40] 易媛,左勇,黄雪芹,等.食用植物酵素开发关键技术研究进展[J].食品与发酵工业, 2021,47(7):316-321.

[41] 张群.植物酵素制备关键技术研究[J].食品与生物技术学报,2020,39(10):112.

[42] 朱一方,李贵荣,朱波,等.富含益生元的刺梨饮料配方的优化[J].食品研究与开发, 2020,41(13):119-125.

[43] 刘立存.益生元低聚木糖在办公室功能饮料上的开发应用[J].食品工业科技,2013, 34(23):42-43.

[44] 李江明,刘海,章超桦,等.罗非鱼胶原蛋白多肽果味饮料的生产工艺及稳定性研究 [J].安徽农业科学,2014,42(7):2120-2122,2125.

[45] 沈弘,张邦建,史建国.胶原蛋白茶饮料的研制[J].科技创新导报,2014(1):237.

[46] 卓林霞.胶原蛋白功能性饮料的制备[J].轻工科技,2012,28(3):18-19.

[47] 罗之纲.标准法规及食品安全对饮料研发的影响[J].饮料工业,2016,19(3):72-75.

[48]《饮料通则》(GB/T 10789—2015)标准解读[J].饮料工业,2016,19(2):10-12.

[49] 刘燕.中国果蔬汁饮料的发展现状和未来展望综述[J].现代食品,2018(6):25-27.

[50] 中国食品科技网.全球果蔬汁市场呈现八大关键趋势[J].中国果菜,2017,37 (2):49-50.

[51] 王宁.发酵果蔬汁饮料发展现状及趋势分析[J].农业科技与装备,2017,275 (5):75-76.

[52] 高彦祥.技术创新驱动果蔬汁营养品质提升[J].饮料工业,2017,20(4):68-71.

[53] 王彦蓉,李强,刘鹏,等.果蔬汁生产过程主要危害物质控制技术研究进展[J].中国食物与营养 2016,22(11):13-17.

[54] 曾丹.荔枝浊汁沉淀多酚和蛋白组成分析及其稳定化技术研究[D].武汉:华中农业大学,2015.

[55] 谢明勇,熊涛,关倩倩.益生菌发酵果蔬关键技术研究进展[J].中国食品学报,2014, 14(10):1-9.

[56] 侯爱香.果醋酿造用优良菌种的选育及果醋饮料的研制[D].长沙:湖南农业大学,2007.

[57] 孙英.优质胡萝卜浓缩汁加工关键技术研究[D].北京:中国农业大学,2005.

[58] 毕金峰,陈芹芹,刘璇,等. 国内外果蔬粉加工技术与产业现状及展望[J]. 中国食品学报,2013,13(3):8-14.

[59] 崔继来. 工业化生产速溶茶粉的最佳技术路线和工艺参数研究[D]. 重庆:西南大学,2011.

[60] 董文江,胡荣锁,宗迎,等. 利用 HS-SPME/GC-MS 法对云南主产区生咖啡豆中挥发性成分萃取与分析研究[J]. 农学学报,2018,8(9):71-79.

[61] 冯金晓. 富硒牡蛎蛋白固体饮料的研制[D]. 青岛:中国海洋大学,2009.

[62] 耿丽晶,周围,郭雪,等. 不同生产工艺条件对速溶普洱茶中主要成分含量的影响[J]. 食品工业科技,2013,34(24):265-270,274.

[63] 韩倩倩. 南京市现磨咖啡市场的分析及新品牌营销策略研究[D]. 南京:南京农业大学,2014.

[64] 蒋宾,黄尹,石兴云,等. 以云南铁观音为原料的速溶茶加工研究[J]. 食品研究与开发,2018,39(19):68-73.

[65] 林朝霞,陈园. 运动饮料对体育运动功能的影响[J]. 食品安全质量检测学报,2019,10(8):2300-2303.

[66] 刘建文,丁晓东,周恒勇. 罗汉果固体饮料的生产工艺研究[J]. 现代食品,2019(9):99-104.

[67] 刘仲华. 中国茶叶深加工产业发展历程与趋势[J]. 茶叶科学,2019,39(2):115-122.

[68] 饶建平. 市售即饮咖啡产品及发展趋势分析[J]. 饮料工业,2018,21(2):63-66.

[69] 史小才. 特殊用途饮料中的功效物质及创新应用[J]. 饮料工业,2015,18(6):48-49.

[70] 王卫,张鉴,欧全文,等. 牦牛肉固体饮料溶解稳定性的研究[J]. 食品科技,2013,38(5):140-144.

[71] 王一凡,廖鲜艳,姚敏,等. 基于感官评定和电子鼻技术对天然咖啡挥发性风味特征的研究[J]. 食品工业科技.2014,35(14):166-169.

[72] 文志华,高玉梅,何红艳,等. 咖啡湿法加工对咖啡品质影响探究[J]. 农村经济与科技.2016,27(12):53-54.

[73] 吴琛,盛丽. 冷萃咖啡的现状及应用[J]. 食品安全导刊,2017(21):111.

[74] 杨军国. 功能型速溶茶及其加工工艺探讨[J]. 福建茶叶,2018,40(8):6-8.

[75] 杨刘艳,江和源,张建勇,等. 速溶茶提取技术研究进展[J]. 食品安全质量检测学报,2015,6(4):1193-1198.

[76] 杨延. 茶叶中活性成分分析[J]. 广东蚕业,2019,53(2):22-23.

[77] 袁国强,袁方,余长琦. 风味速溶茶生产技术研究[J]. 河南科学,2019,37(8):1259-1264.

[78] 张文杰. 和田玉枣、花生固体蛋白饮料加工工艺研究[D]. 西安:陕西师范大学,2009.

[79] 纵伟,张华,陈潇潇,等. 喷雾干燥法生产胡萝卜粉的工艺研究[J]. 郑州轻工业学院学报(自然科学版),2010,25(1):16-18.

[80] 邹东恢. 食用菌的保健功能与开发[J]. 西部粮油科技,2002(6):55-57.

[81] STEEN D P, ASHURST P R. Carbonated soft drinks formulation and manufacture [M]. MALDEN:Wiley Blackwell Publishing Ltd.,2006.

[82] DEBASTIANI R，ELIETE I D S C，MACIEL R M，et al. Elemental analysis of Brazilian coffee with ion beam techniques；rom ground coffee to the final beverage [J]. Food research international,2019,119:297 – 304.

[83] HU C J,GAO Y,LIU Y,et al. Studies on the mechanism of efficient extraction of tea components by aqueous ethanol[J]. Food chemistry,2016,194:312 – 318.

[84] VIGNOLI J A, VIEGAS M C, BASSOLI D G, et al. Roasting process affects differently the bioactive compounds and the antioxidant activity of Arabica and Robusta coffees[J]. Food research international. 2014,61(1):279 – 285.

[85] 林英姿,吕尊敬. 饮用水氯消毒副产物的控制研究[J]. 中国资源综合利用,2017,35 (12):62 – 66.

[86] 梁红敏,刘洁,史红梅. 食用植物酵素研究进展[J]. 食品工业,2020,41(7):193 – 197.

[87] 国家质量技术监督局. 瓶装饮用纯净水:GB 17323 – 1998[S/OL].[2022 – 2 – 1]. http:// down. foodmate. net/standard/yulan. php? itemid=1132.

[88] 中华人民共和国国家卫生健康委员会,国家市场监督管理总局. 食品安全国家标准　饮用天然矿泉水:GB 8537—2018[S/OL].[2022 – 2 – 1]. http://down. foodmate. net/ standard/yulan. php? itemid=53159.

[89] 中华人民共和国国家质量监督检验检疫总局,中国国家标准化管理委员会. 天然矿泉水资源地质勘查规范:GB/T 13727—2016[S/OL].[2022 – 2 – 1]. http://down. foodmate. net/standard/yulan. php? itemid=49223.

[90] 中华人民共和国国家卫生健康委员会,国家市场监督管理总局. 食品安全国家标准　饮用天然矿泉水检验方法:GB 8538—2022[S/OL].[2022 – 2 – 1]. http://down. foodmate. net/standard/yulan. php? itemid=123300.

[91] 中华人民共和国国家质量监督检验检疫总局,中国国家标准化管理委员会. 固体饮料:GB/T 29602—2013 [S/OL].[2022 – 2 – 1]. http://down. foodmate. net/ standard/yulan. php? itemid=37981.

[92] 中华人民共和国国家卫生健康委员会,国家市场监督管理总局. 食品安全国家标准饮料:GB 7101—2022[S/OL].[2022 – 2 – 1]. http://down. foodmate. net/standard/ yulan. php? itemid=123301.

[93] 中华人民共和国国家卫生和计划生育委员会. 食品安全国家标准　包装饮用水:GB 19298—2014[S/OL].[2022 – 2 – 1]. http://down. foodmate. net/standard/yulan. php? itemid=42566.

[94] 中华人民共和国国家质量监督检验检疫总局,中国国家标准化管理委员会. 饮料通则:GB/T 10789—2015.[S/OL].[2022 – 2 – 1]. http://down. foodmate. net/ standard/yulan. php? itemid=44518.

[95] 中华人民共和国国家卫生和计划生育委员会. 食品安全国家标准　食品添加剂使用标准:GB 2760—2024[S/OL].[2022 – 2 – 1]. http://down. foodmate. net/standard/ yulan. php? itemid=42543.

[96] 中华人民共和国建设部. 饮用净水水质标准:CJ 94—2005[S/OL].[2022 – 2 – 1]. http:// down. foodmate. net/standard/yulan. php? itemid=9260.

[97] 国家市场监督管理总局,国家标准化管理委员会. 二氧化氯消毒剂卫生要求:GB/T 26366—2021[S/OL].[2022-2-1]. http://down. foodmate. net/standard/yulan. php? itemid=107705.

[98] 中华人民共和国国家卫生和计划生育委员会. 食品安全国家标准 食品添加剂 天然苋菜红:GB 1886. 110—2015[S/OL].[2022-2-1]. http://down. foodmate. net/standard/yulan. php? itemid=48449.

[99] 中华人民共和国国家质量监督检验检疫总局,中国国家标准化管理委员会. 果蔬汁类及其饮料:GB/T 31121—2014[S/OL].[2022-2-1]. http://down. foodmate. net/standard/yulan. php? itemid=41952.

[100] 中华人民共和国卫生部,中国国家标准化管理委员会. 二氧化氯消毒剂发生器安全与卫生标准:GB 28931—2012[S/OL].[2022-2-1]. http://down. foodmate. net/standard/yulan. php? itemid=45558.

[101] 中华人民共和国国家质量监督检验检疫总局,中国国家标准化管理委员会. 碳酸饮料(汽水):GB/T 10792—2008[S/OL].[2022-2-1]. http://down. foodmate. net/standard/yulan. php? itemid=15095.

[102] 中华人民共和国国家质量监督检验检疫总局,中国国家标准化管理委员会. 茶饮料:GB/T 21733—2008[S/OL].[2022-2-1]. http://down. foodmate. net/standard/yulan. php? itemid=14903.

[103] 中华人民共和国国家质量监督检验检疫总局,中国国家标准化管理委员会. 植物饮料:GB/T 31326—2014[S/OL].[2022-2-1]. http://down. foodmate. net/standard/yulan. php? itemid=42457.

[104] 中华人民共和国国家质量监督检验检疫总局,中国国家标准化管理委员会. 植物蛋白饮料 豆奶和豆奶饮料:GB/T 30885—2014[S/OL].[2022-2-1]. http://down. foodmate. net/standard/yulan. php? itemid=42018.

[105] 中华人民共和国国家质量监督检验检疫总局,中国国家标准化管理委员会. 咖啡类饮料:GB/T 30767—2014[S/OL].[2022-2-1]. http://down. foodmate. net/standard/yulan. php? itemid=41612.

[106] 中华人民共和国国家质量监督检验检疫总局,中国国家标准化管理委员会. 运动饮料:GB 15266—2009[S/OL].[2022-2-1]. http://down. foodmate. net/standard/yulan. php? itemid=18478.

[107] 中华人民共和国卫生部,中国国家标准化管理委员会. 食品卫生微生物学检验 冷冻饮品、饮料检验:GB/T 4789. 21—2003[S/OL].[2022-2-1]. http://down. foodmate. net/standard/yulan. php? itemid=1981.

[108] 中华人民共和国国家质量监督检验检疫总局,中国国家标准化管理委员会. 绿茶 第1部分:基本要求:GB/T 14456. 1—2017[S/OL].[2022-2-1]. http://down. foodmate. net/standard/yulan. php? itemid=51392.

[109] 中华人民共和国国家卫生健康委员会,中华人民共和国农业农村部,国家市场监督管理总局. 食品安全国家标准 食品中农药最大残留限量:GB 2763—2021[S/OL].[2022-2-1]. http://down. foodmate. net/standard/yulan. php? itemid=108497.

［110］中华人民共和国国家质量监督检验检疫总局,中国国家标准化管理委员会．红茶
　　第 1 部分：红碎茶：GB/T 13738.1—2017［S/OL］．［2022 - 2 - 1］．http://
　　down. foodmate. net/standard/yulan. php? itemid＝51389.

［111］中华人民共和国国家质量监督检验检疫总局,中国国家标准化管理委员会．红茶
　　第 2 部分：工夫红茶：GB/T 13738.2—2017［S/OL］．［2022 - 2 - 1］．http://
　　down. foodmate. net/standard/yulan. php? itemid＝51390.

［112］中华人民共和国农业部．茶叶中铬、镉、汞、砷及氟化物限量：NY 659—2003［S/OL］.
　　［2022 - 2 - 1］. http://down. foodmate. net/standard/yulan. php? itemid＝4186.

［113］国家市场监督管理总局,国家标准化管理委员会．生活饮用水卫生标准：GB 5749—
　　2022［S/OL］．［2022 - 2 - 1］. http://down. foodmate. net/standard/yulan. php?
　　itemid＝116856.